第23届
国际被动房大会论文集

第23届国际被动房大会组委会◎主编

Conference Proceedings

中国·高碑店 2019年10月9日—11日

天津大学出版社
TIANJIN UNIVERSITY PRESS

图书在版编目(CIP)数据

第23届国际被动房大会论文集：中国·高碑店·2019年10月9日—11日 / 第23届国际被动房大会组委会主编. —天津：天津大学出版社，2020.9
ISBN 978-7-5618-6774-7

Ⅰ.①第… Ⅱ.①第… Ⅲ.①生态建筑－建筑设计－世界－文集 Ⅳ.①TU201.5-53

中国版本图书馆CIP数据核字（2020）第175627号

Di 23 Jie Guoji Beidongfang Dahui Lunwenji

出版发行	天津大学出版社
地　　址	天津市卫津路92号天津大学内（邮编:300072）
电　　话	发行部:022-27403647
网　　址	www.tjupress.com.cn
印　　刷	北京华联印刷有限公司
经　　销	全国各地新华书店
开　　本	210mm×297mm
印　　张	36.25，彩插8页
字　　数	1100千
版　　次	2020年9月第1版
印　　次	2020年9月第1次
定　　价	120.00元

编者序言

沃尔夫冈·费斯特教授

尊敬的第 23 届国际被动房大会参会者，尊敬的读者：

在接下来的 30 年里，我们将决定“智人”的命运。正如我的同事魏伯乐和悦格弗萨茨在文献提到的，我们正面临“饱和”的社会，必须在过多人口和生态圈里找到彼此生存的平衡。因此，能源转移是必经的道路。

目前，碳能源（例如煤炭、天然石油、天然气）已变成生活中不可或缺的能源。燃烧碳能源所排放的二氧化碳释放到大气中，其作为温室气体导致大气层底部的温度急速升高。根据 IPCC（联合国政府间气候变化专门委员会）报道，若二氧化碳排放量持续未改变，将造成地球永久性的气候转变，更进一步危害我们生活的环境。

能源结构的转型是永续发展的必经道路。而永续发展的首要条件为当二氧化碳排放量达到特定值时，经过淬炼程序可以成功移除二氧化碳。然而，到目前为止，各种在大气中提取二氧化碳的技术仍然过于昂贵，而此类技术更增加了石化能源的消耗。根据污染者付费原则，使用化石燃料的消费者需对二氧化碳优化负责并付费。（请参考魏伯乐对“二氧化碳价格”的分析）

能源转型重要的贡献是利用科技来提升节能。大部分现代能源可通过技术的改造提升利用效果，其能源消耗比我们的预期更低（此部分详细内容请参考大会论文集的文章）。其中包含节能空间的供暖和室内温度管控。在这两个项目里，比较现代的新建筑节能可减少 75% 的能源消耗且不影响舒适度。借由现有的技术可以达成此项任务，并已经成功推广到数以千计的项目里。引人注目且低成本的解决方法——被动房，已经被成功证实适合于世界各气候区域。

中国是经济急速发展的国家，特别是在建筑领域。同时，借由良好机会将节能技术提供给新兴建筑。在大会论文集里，无数的文献显示中国正在节能建筑领域正确的路径上发展。大型被动房建筑已经完成，其他被动房仍然在持续建造中。合适的高节能被动房件持续由中国建造商生产，能源有效的使用更是被推广到教育以及相关的训练里。

这些都是我们今年于中国举办第 23 届国际被动房大会最好的原因。我们期待更多的创新文献由活跃的参会者在大会里分享。通过，此届大会，更希望在交织的世界里，能促进更好的合作和文化交流。我们期许在中国节能减碳的计划者、科学家、制造商和领导者们将成功实现节能。

来自欧洲的祝福。

沃尔夫冈·费斯特

因斯布鲁克大学教授，节能建筑和被动房创始者

大会寄语

Maria Patek 玛丽亚·帕特克

尊敬的第 23 届国际被动房大会的与会者们(举行地点:高碑店):

全球变暖给人类带来了巨大的社会、生态和经济挑战。此外,能源和原材料的日益稀缺使得可再生资源更加有效的利用成为迫切的需要。《巴黎协定》和《卡托维兹气候大会规则书》是我们努力确保国家共同体采取联合行动和显著降低气候变化的风险和影响的重大里程碑。

建筑业"贡献"了全球温室气体排放量的三分之一,因此是实现《巴黎协定》气候目标的关键。通过可再生能源技术在建筑改造和新建建筑中实现资源保护、能源效率和社会相容性是节能和环保兼容建筑的关键要素。一些涉及使用被动房配套翻新改造现有建筑的奥地利项目,已经深刻地证实,住宅建筑物的广泛现代化可以节省高达 90% 的能源。通过节约能源和减少二氧化碳排放,这项技术也可以从整体上对经济产生相关的其他影响。

奥地利共和国是被动房领域的全球技术领导者之一。同时,在全球范围内,奥地利的人均被动房密度最高。奥地利的被动房技术之类的环境技术和生态创新享誉国际,并为城市可持续发展提供了技术优势。奥地利共和国很高兴能在环境保护和可再生能源技术的所有领域与中华人民共和国开展合作,尤其是在被动房技术领域。因此,我邀请您来到高碑店,让您相信奥地利的环境技术创新!我期待着中华人民共和国和奥地利共和国之间开展新的合作、经济联系和创业活动。鉴于此,我祝愿高碑店第 23 届国际被动房大会的与会者大获成功、做出突出贡献,并进行激动人心的讨论!

玛丽亚·帕特克

奥地利联邦永续发展和观光部 部长

编者说明

第 23 届国际被动房大会发起人

被动房研究院和因斯布鲁克大学

科研指导

沃尔夫冈·费斯特,因斯布鲁克大学 / 被动房研究院, 因斯布鲁克(奥地利)/ 达姆施塔特(德国)

会议科学顾问委员会

沃尔夫冈·费斯特,因斯布鲁克(奥地利),达姆施塔特(德国)

布朗温·巴里,旧金山(美国)

埃隆德·伯瑞尔,卡皮蒂海岸(新西兰)

邓滨涛,高碑店(中国)

沃尔夫冈·弗雷,弗莱堡(德国)

郝翠彩,石家庄(中国)

约瑟夫·霍赫伯,慕尼黑(德国)

赫尔穆特·科瑞迈耶,沃尔福特(奥地利)

德克·莫伯斯,伍珀塔尔(德国)

斯蒂芬·帕兰萨斯,雅典(希腊)

安德鲁·皮尔,蓝山(加拿大)

路德维希·朗根,瓦森贝格(德国)

盛巳宸,达姆施塔特(德国)

杨·施泰格,达姆施塔特(德国)

迈克尔·特里布斯,博尔扎诺(意大利)

雷纳·瓦伦丁,多尔芬(德国)

胡颐蘅,北京(中国)

拉尔夫·伯米奇,海德堡(德国)

陈守恭,上海(中国)

弗朗兹·弗伦多夫,奥多夫(德国)

韩飞,青岛(中国)

魏贺东,高碑店(中国)

贝特霍尔德·考夫曼,达姆施塔特(德国)

达维德·米丘列克,维也纳(奥地利)

森美和,神奈川(日本)

蒙特·保尔森 ,温哥华(加拿大)

雷纳·普弗格,因斯布鲁克(奥地利)

伯克哈德·舒尔兹·达鲁普,柏林(德国)

宋晔皓,北京(中国)

田蕾,北京 (中国)

杰诺·瓦伦丁,慕尼黑(德国)

米歇尔·瓦苏夫,巴塞罗那(西班牙)

大会组办单位

被动房研究院,达姆施塔特(德国)

贝特霍尔德·考夫曼　科妮莉亚·鲍姆加特纳　奥萨娜·斯基纳斯　露西亚·蒂纳特　况伟

中国国际门窗城,高碑店(中国)

邓滨涛　高海泉　刘伟伟　李恩深

大会日期及地址

2019 年 10 月 9 日—10 月 11 日·中国高碑店

国际被动房大会网

www.passivehouseconference.org

编者:沃尔夫冈·费斯特,因斯布鲁克大学 / 被动房研究院, 因斯布鲁克(奥地利)/ 达姆施塔特(德国)

主编:被动房研究院　达姆施塔特(德国)
　　萧雅玲　苏珊·艾瑟特　奥萨娜·斯基纳斯　玛莉萨·克里格
编辑人员:被动房研究院全体员工,达姆施塔特(德国)
封面设计:玛丽·布吕歇尔,被动房研究院,达姆施塔特(德国)
被动房研究院电子邮箱:mail@passiv.de,mail@phi-ibk.at
被动房研究院院方网站:www.passiv.de

鸣谢:特别感谢河北奥润顺达集团为本书的出版提供的大力支持。

Imprint

Initiator of the 23rd International Passive House Conference

Passive House Institute and University of Innsbruck

Scientific Supervision

Univ.-Prof. Dr. Wolfgang Feist, University of Innsbruck and Passive House Institute, Innsbruck (Austria)/ Darmstadt(Germany)

Advisory Board:

Wolfgang Feist, Innsbruck (AT), Darmstadt (DE)
Bronwyn Barry, San Francisco (US)
Elrond Burrell, Kapiti Coast (NZ)
Bintao Deng, Gaobeidian (CN)
Wolfgang Frey, Freiburg im Breisgau (DE)
Cuicai Hao, Shijiazhuang (CN)
Josef Hochhuber, Munich (DE)
Helmut Krapmeier, Wolfurt (AT)
Dirk Mobers, Wuppertal (DE)
Stefan Pallantzas, Athens (GR)
Andrew Peel, Blue Mountains (CA)
Ludwig Rongen, Wassenberg (DE)
Sichen Sheng, Darmstadt (DE)
Jan Steiger, Darmstadt (DE)
Michael Tribus, Bolzano (IT)
Rainer Vallentin, Dorfen (DE)
Yiheng Hu, Beijing (CN)
Ralf Bermich, Heidelberg (DE)
Shougong Chen, Shanghai (CN)
Franz Freundorfer, Oberaudorf(DE)
Fei Han, Qingdao (CN)
Hedong Wei, Gaobeidian (CN)
Berthold Kaufmann, Darmstadt (DE)
Dawid Michulec, Vienna (AT)
Miwa Mori, Kanagawa (JP)
Monte Paulsen, Vancouver (CA)
Rainer Pfluger, Innsbruck (AT)
Burkhard Schulze Darup, Berlin (DE)
Yehao Song, Beijing (CN)
Lei Tian, Beijing (CN)
Gernot Vallentin, Munich (DE)
Micheel Wassouf, Barcelona (ES)

Organisation

Passive House Institute, Darmstadt , Germany
Bertold Kaufmann, Cornelia Baumgärtner, Oksana Schinas, Luzia Teinert, Wei Kuang
International Windoor City, Gaobeidian, China
Bintao Deng Haiquan Gao Weiwei Liu Enshen Li

Date of the Conference

9th – 11th October 2019, Gaobeidian, China

Conference Homepage

www.passivehouseconference.org

Editor: Univ.-Prof. Dr. Wolfgang Feist, University of Innsbruck and Passive House Institute, Innsbruck (Austria)/ Darmstadt(Germany)

Editor in chief: Passive House Institute, Darmstadt , Germany

Yaling Xiao, Susanne Eiselt, Oksana Schinas, Marissa Kriege

Editoral staff: Staff of the Passive House Institute, Darmstadt, Germany

Cover: Marlies Blücher, Passive House Institute, Darmstadt, Germany

Passivhaus Institut E-mail: mail@passiv.de, mail@phi-ibk.at

Passivhaus Institut Internet: www.passiv.de

Book acknowledgment: Special thanks to Hebei Orient Sundar Group and bring the great support on publication.

All the articles in the proceeding are translated articles and are translated by the translator commissioned by the organizing body. All the editor, editor in chief, publication and others relative organizations are not responsible for translation and the information within the articles. Original proceeding please refers to the Passive House Institute.

第 23 届国际被动房大会主办单位

Passive House Institute

中国国际门窗城 China International Windoor City

universität innsbruck

PASSIVHAUS DIENSTLEISTUNG GmbH

承办单位

奥润顺达 ORIENT SUNDAR

LONGFOR 龙湖

IG PASSIVHAUS Informations-Gemeinschaft Passivhaus Deutschland

International PASSIVE HOUSE Association iPHA

被动房研究院长期合作机构

Sinfonia

Sinfonia 致力于投资先进、大规模的能源解决方案。此项目主要由欧盟第七研究计划项目组（European Union's Seventh Programme）赞助。具体合作信息请参考 Sinfonia 与被动房研究院签署的相关合同（No.609019）。

AZEB

AZEB 代表可负担的零能耗建筑（Affordable Zero Energy Buildings），此项目受到欧盟“地平线 2020”科研计划（European Union's Horizon 2020 Research）赞助。相关创新项目请参考 AZEB 与被动房研究院签署的合同（No.75414）。

被动房研究院长期得到欧盟相关计划的支持，但本出版物内容所涉及的全部责任由作者承担，其信息不代表欧盟委员会意见，欧盟委员会也不对其所含信息负责。

大会日程

星期三，2019 年 10 月 9 日

主题演讲

魏伯乐

环境科学家，罗马俱乐部荣誉主席，联合国环境规划署可持续资源利用委员会联合主席

国际资源小组“一起行动!”

侯立安

环境工程专家，中国工程院院士

健康中国的室内空气质量控制

戴安娜·悦格弗萨茨

环境科学家和工程师，中欧大学环境科学和政策部门教授

2018—2019 政府间气候变化专门委员会评估报导——总结

沃尔夫冈·费斯特

被动房创始者，因斯布鲁克大学教授

被动房——在全球建造健康、舒适、可持续的建筑

星期四，2019 年 10 月 10 日

主题演讲

沃尔夫冈·费斯特
被动房创始者和因斯布鲁克大学教授
演讲主题：全世界被动房技术和组件的最新发展

程才实
河北省住房和城乡建设厅总经济师
演讲主题：河北省超低能耗建筑的成就与经验

徐伟
中国被动式超低能耗建筑联盟理事长
演讲主题：中国近零能耗建筑发展与展望

张小玲
北京康居认证中心主任
演讲主题：中国被动房发展趋势与存在问题

顾修铭
龙湖集团副总裁
演讲主题：龙湖集团的被动房实践：列车新城项目

马丁·梅森博格
梅森博格集团. 欧洲建筑五金协会主席
演讲主题：节能建筑在欧洲的发展

倪海琼
奥润顺达集团总裁
演讲主题：推动新时代被动房产业高质量发展

目录

专题论坛 1

中国:被动房公建项目

专题论坛 2
气密性和质量保证

专题论坛 3
通风系统规划

专题论坛 4
被动房生态设计

Passive House Institute

专题论坛 5
专题研讨:designPH2.0

专题论坛 6
采暖需求气候区的动房项目

专题论坛 7
中国:被动房项目实施

专题论坛 8
建造系统

专题论坛 9
国外既改项目（SINFONIA 项目）

Passive House Institute

专题论坛 10

被动房厨房

专题论坛 11
被动房居住区（项目）

Passive House Institute

专题论坛 12
被动房设计与教育培训

专题论坛 13
被动房公建项目

专题论坛 14
项目监测及结果

专题论坛 15

进阶专场：建筑围护结构

专题论坛 16
欧洲地区被动房改造项目

专题论坛 17

被动房项目：制冷需求气候区

专题论坛 18
政策与补助

专题论坛 19
中国项目：被动房住宅项目

热和冷却系统符合被动房标准。

509 **朴伯烈，郑成**

韩国被动房村

我们在一个小居民点中成功地实现了 18 所经认证的被动房或低能耗建筑。在这 18 所房屋中，6 所达到被动房标准，12 所达到低能耗建筑标准。

专题论坛 20
进阶专场:设计工具介绍

奥地利论坛 21
奥地利被动房及优级被动房探索者

专题论坛 1

中国:被动房公建项目

中国首个 Premium 等级被动房案例分享

杨铭,张昭瑞,王亚峰,蔡倩 / 北京住总集团有限责任公司技术开发中心

摘要

本文以天津大自然广场 2# 楼被动房为案例,简述了 PHPP 的计算流程以及如何通过对门窗、保温、热桥、新风系统、热泵和可再生能源进行优化,从而实现国内首个 Premium 等级被动房。同时,本文也对 PHI 标准与国内关于玻璃参数计算和新风系统的测试方法之间的差异进行了阐述。

引言

被动房起源于欧洲,与传统建筑相比,被动房能够节能 80%~90%(宋昂扬,等, 2016;宋琪, 2015;房涛, 2012)。目前,国内获得德国被动房研究院(PHI)认证的被动房总计有 20 余栋。被动房认证有三个等级,分别是 Classic、Plus、Premium。为了提倡可再生能源在建筑中的使用,Plus 及 Premium 等级被动房均需要满足一定光伏产出(蓝亦睿, 2016; 彭梦月, 2014)。PHPP 是 PHI 研发的被动房能耗计算软件。PHPP 在被动房设计中主要有两个作用:一是进行能耗计算,它的计算结果是评判该建筑是否达到被动房标准的依据;二是实现对各种方案的优化。本文以天津大自然广场 2# 楼被动房为案例,分析了 PHPP 在被动房设计中的应用以及如何实现 Premium 等级被动房。

项目简介

本项目位于天津市武清区,示范建筑为酒店,示范面积为 7 966.6 m^2,项目为框架剪力墙结构,其效果图如图 1 所示。该建筑平面呈一字形,地上 12 层,高 49.8 m,首层包括大堂、咖啡厅、展览、商务等功能,首层以上均为客房(含大床房、标间、套房及高级套房),总客房数为 127 间(其中套房 22 间)。该项目是北京住总集团有限责任公司在全产业链优势下完成的国内第一个自主研究、开发、设计和施工的被动房项目。

本项目获得了住房和城乡建设部被动式超低能耗绿色建筑示范项目、"十三五"近零能耗建筑居住建筑示范工程、中国被动式超低能耗建筑设计评价标识认证的居住建筑等称号,通过了德国被动房研究院(PHI)的 Premium 等级被动房的预认证(图 2)。

图 1　大自然广场 2# 楼效果图

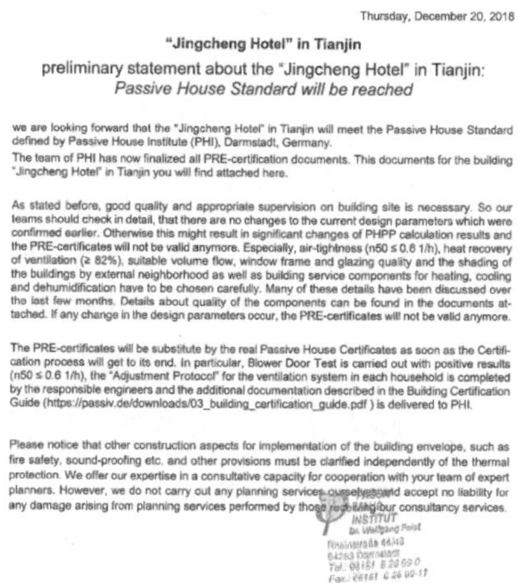

Thursday, December 20, 2018

"Jingcheng Hotel" in Tianjin

preliminary statement about the "Jingcheng Hotel" in Tianjin:
Passive House Standard will be reached

we are looking forward that the "Jingcheng Hotel" in Tianjin will meet the Passive House Standard defined by Passive House Institute (PHI), Darmstadt, Germany.

The team of PHI has now finalized all PRE-certification documents. This documents for the building "Jingcheng Hotel" in Tianjin you will find attached here.

As stated before, good quality and appropriate supervision on building site is necessary. So our teams should check in detail, that there are no changes to the current design parameters which were confirmed earlier. Otherwise this might result in significant changes of PHPP calculation results and the PRE-certificates will not be valid anymore. Especially, air-tightness (n50 ≤ 0.6 1/h), heat recovery of ventilation (≥ 82%), suitable volume flow, window frame and glazing quality and the shading of the buildings by external neighborhood as well as building service components for heating, cooling and dehumidification have to be chosen carefully. Many of these details have been discussed over the last few months. Details about quality of the components can be found in the documents attached. If any change in the design parameters occur, the PRE-certificates will not be valid anymore.

The PRE-certificates will be substitute by the real Passive House Certificates as soon as the Certification process will get to its end. In particular, Blower Door Test is carried out with positive results (n50 ≤ 0.6 1/h), the "Adjustment Protocol" for the ventilation system in each household is completed by the responsible engineers and the additional documentation described in the Building Certification Guide (https://passiv.de/downloads/03_building_certification_guide.pdf) is delivered to PHI.

Please notice that other construction aspects for implementation of the building envelope, such as fire safety, sound-proofing etc. and other provisions must be clarified independently of the thermal protection. We offer our expertise in a consultative capacity for cooperation with your team of expert planners. However, we do not carry out any planning services ourselves and accept no liability for any damage arising from planning services performed by those receiving our consultancy services.

INSTITUT
Dr. Wolfgang Feist

图 2　PHI 的 Premium 等级被动房的预认证

建筑参数优化及国内外标准差异对比分析

1. 门窗及外保温系统

窗户的选取直接影响到建筑的冷热需求。在相同情况下，窗户的太阳能得热系数 g 值越大，冬季进入室内的太阳辐射越多，从而冬季热需求越低。但 g 值的增加同时会增加夏季冷需求。

本项目大量使用落地窗，为了降低围护结构传热损失，外窗采用 Low-E 三玻两腔玻璃，窗框采用森鹰 Passive120 认证窗框。同时，为了降低夏季太阳能得热，外窗全部设置电动百叶外遮阳。PHI 认证过程中的玻璃参数计算方法与我国玻璃参数计算方法有一定区别。PHI 认证过程中玻璃的 U 值和 g 值是根据欧标 EN673 和 EN410 进行计算的，而我国玻璃参数计算根据是《建筑门窗玻璃幕墙热工计算规程》(JGJ/T 151—2008)。两套标准在室外太阳光谱、室外计算温度等方面均有一定差别。表 1 模拟了本项目所使用玻璃在两套标准中的 g 值。从表 1 中可以看出，两套标准中数值相差 8.7%。

表 1　不同标准下玻璃 g 值的差异

标准	g 值
EN 标准	0.46
JGJ/T 标准	0.42

被动房要求有高效的保温系统。外保温厚度越大，冬季热需求就会越低。本项目外墙使用 300 mm 厚的岩棉板，屋顶使用 350 mm 厚的 XPS 保温板，地下室顶板使用 300 mm 厚的岩棉板。以上非透明围护结构技术参数见表 2。

表 2　非透明围护结构技术参数

所用保温材料	保温材料厚度 / mm	传热系数 / [W/(m²·K)]
外墙岩棉板	300	0.108
屋顶 XPS 保温板	350	0.083
地下室岩棉板	300	0.111
XPS 保温板	250	0.115

2. 无热桥设计

建筑围护结构热桥是由于材料的不同导热性能贯穿或者结构厚度变化或者内外面积不同(如墙、天花板和地板连接处)而形成的。热桥的存在不仅会造成建筑物大量的热量流失，而且还会产生室内结露、发霉的情况。为了降低能耗，同时提高室内舒适度，在被动房设计中提倡进行无热桥设计。

本项目重点对幕墙连接件、保温不连续部位、吊架以及新风竖井进行了断热桥处理，如图 3 至图 6 所示。以新风竖井为例，原设计方案中采用了国内常用的新风竖井。冬季室外温度较低，当室外新风进入竖井后，由于室内外温差，新风竖井会预热室外空气，形成热桥。通过对竖井的优化，本项目采取了层层取风、层层排风的方案。

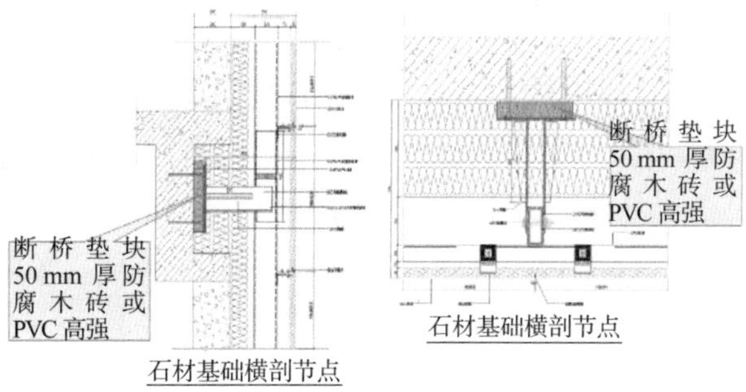

图 3 幕墙连接件断热桥

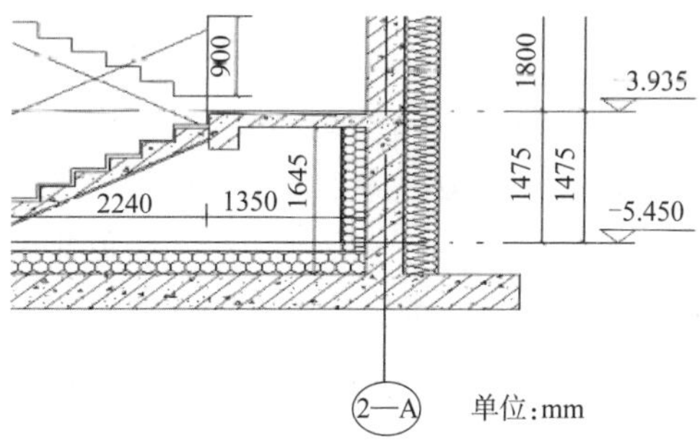

图 4 保温不连续部位断热桥

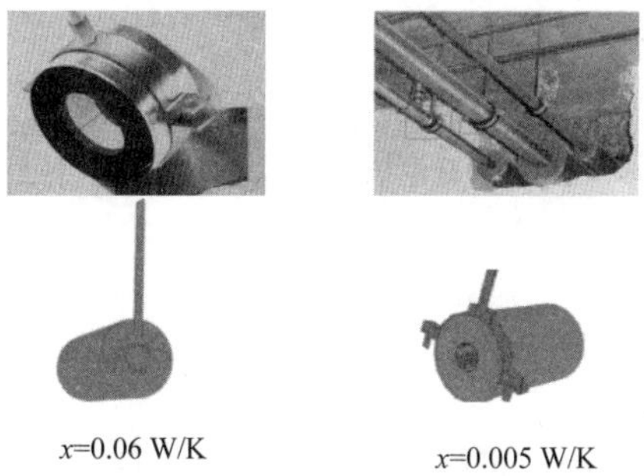

图 5 新风竖井断热桥 1

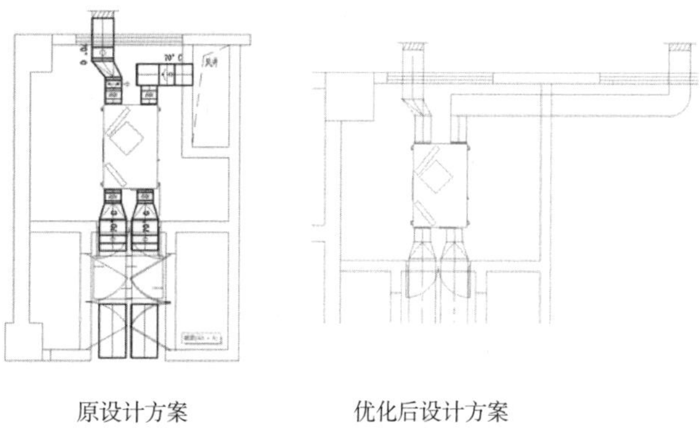

图 6 新风竖井断热桥 2

3. 新风系统热回收效率计算

国内新风系统热回收效率是按《空气–空气能量回收装置》(GB/T 21087—2007)进行检测的，PHI 针对新风系统热回收提出了一套新的检测方法。图 7 简述了两种方法计算公式之间的差异，从中可以看出，按 PHI 方法得出的热回收效率会比国标计算方法低 10% 以上。正因如此，在实际 PHI 认证项目中，PHI 会对国内新风机效率进行折减。而本项目中，新风机热回收效率需大于 80% 才能实现 PHI 最高级。综合考虑以上因素，本项目使用了欧洲进口的 PHI 认证新风机。

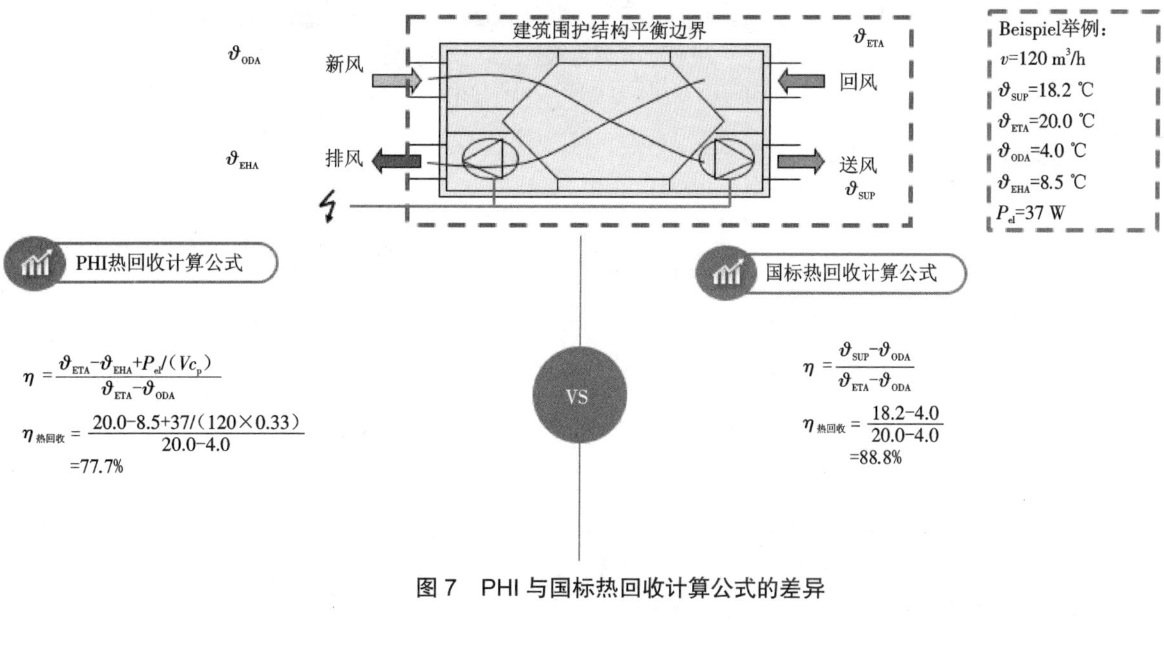

图 7 PHI 与国标热回收计算公式的差异

4. 地源热泵系统

本项目使用地源热泵为建筑供冷、供热和提供生活热水。地源热泵的水泵能耗占建筑总能耗的一大部分。原设计中地源热泵地源侧水泵选取两台 11 kW 的水泵，可按额定功率运行每小时用电量为 22 kW・h 计算。经过模拟计算，大自然广场 2# 楼的冷热负荷极低，且冬季热负荷低于夏季冷负荷。经过重新进行设备选型，地源侧水泵根据冬季和夏季的不同负荷分别选取 4 kW 和 5.5 kW，比原方案总容量降低 56.8%，避免了"大马拉小车"的现象。地源热泵水泵参数见表 3。

表 3　地源热泵水泵参数

参数		原设计		优化后设计	
		数量	功率 /kW	数量	功率 /kW
冬天	地源侧水泵	2	11	1	4
	末端循环泵	2	11	1	3
夏天	地源侧水泵	2	11	2	5.5
	末端循环泵	2	11	2	7.5

5. 可再生能源系统

前文已经提及，Plus 和 Premium 等级的被动房需要满足一定的光伏产出。大自然广场 2# 楼四周无大的遮挡物，非常适合安装光伏组件。因此，在 2# 楼及其周边建筑屋顶布置安装 290 Wp 单晶硅太阳能电池组件 568 块，实际安装容量为 164 kW，以满足 Premium 等级需要，如图 8 所示。

图 8　2# 楼及其周边建筑屋顶光伏系统

结论与展望

（1）本文分析了天津大自然广场 2# 楼在门窗、保温、热桥、新风系统、热泵、光伏等方面的设计方案以及 Premium 等级被动房方案的实现路径，可为中国实现更高等级被动房及产能房研究提供相应经验。

（2）本文简述了 PHI 认证的玻璃热工参数的计算方法及新风热回收效率检测方法与中国相应规范的区别，建议相关研究机构进一步分析 PHI 与国内相关标准的差异。

参考文献

[1] 宋昂扬，吴剑林，高彩凤，等. PHPP 软件在被动式超低能耗绿色建筑设计优化中的作用：以天津中新生态城被动房项目为例 [J]. 建筑科学，2016，32（4）：38-43.

[2] 宋琪. 被动式建筑设计基础理论与方法研究 [D]. 西安：西安建筑科技大学，2015.

[3] 房涛. 天津地区零能耗住宅设计研究 [D]. 天津:天津大学,2012.
[4] 蓝亦睿. 装配式被动房关键节点构造技术研究:以山东建筑大学装配式被动房项目为例 [D]. 济南:山东建筑大学,2016.
[5] 彭梦月. 欧洲超低能耗建筑和被动房标准体系 [J]. 建设科技,2014(21):43-47.

华南地区被动房经验(以杭州、嘉兴为例)

大卫·米库莱柯 /NEUBAU 最佳能源公司

华南地区的初期状况和面临的挑战

在中国南方,被动房的概念受到了强烈的关注,但也曾经面临一些指责,并且缺乏有效的实践项目。对被动房感兴趣的人,现在可以去参观中国南方的两个新的被动房。

在嘉兴和杭州,两个不同的被动房建筑于 2019 年 9 月开盘。为确保这两个项目的质量,目前正在实施被动房研究院建筑认证,目的是达到被动房 Plus 标准,甚至是 Premium 标准。规划、计算和执行工作已由中国当地公司完成,笔者为经被动房研究院鉴定合格的建筑认证员,通过举行会议和现场参观对其进行了检查。

重要的是,这两个项目向这个气候区的被动房关注者展示了已经实现的项目实例,并且解决了他们之前的问题和偏见。这两座建筑证明了华南地区认证的被动房不仅限于住宅。

湿度

中国南方所有建筑面临的一个共同挑战是空气湿度过大,如果不加以考虑,可能会加速破坏建筑结构,影响舒适度或危害人体健康。嘉兴、杭州两地地理距离不到 100 km,气候温暖湿润,全年相对湿度为 75%。杭州全年空气湿度图如图 1 所示。

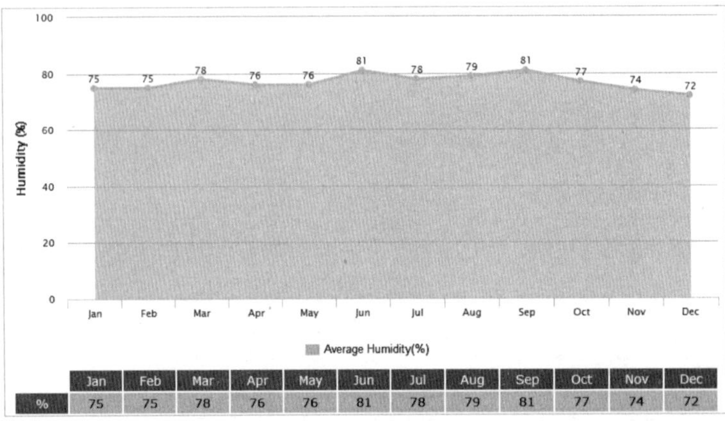

图 1 杭州湿度图

资料来源:https://www.travelchinaguide.com/images/ photogallery/2017/hangzhou-humidity.png, www.travelchinaguide.com.

在这两个项目的通风系统中采取了高效且规模足够大的除湿措施。建筑物的气密性对空气湿度也有很大的影响。

夏季过热

经过认证的被动房在炎热的气候区也能提供尽可能高的舒适度。采用适当的被动房策略,如正确对齐玻璃、机械式防晒和建筑防晒、设计与气候区适当的太阳能得热系数 g 值,就可以大大建筑减少对制冷的需求。在夏季,保温良好的建筑围护结构也能起到重要的隔热作用,但应更精确地计算最低楼层所需要的地面保温层厚度,在可能的情况下,尽量将这部分制冷需求最小化或忽略其可能产生的影响。

嘉兴被动房办公楼

华南地区居住面积为 2 248 m² 的被动房 Plus 办公楼(图 2 和图 3)位于中国电子科技集团有限公司(CETC)的所在地,未来将提供大约 100 个办公空间,并且一楼将用于展览和展示。该办公楼中间的一个大中庭延伸到所有楼层,屋顶上布满天窗,所有屋顶都为玻璃表面,并且东、南和西三面的所有窗户都具有自动防晒功能。

图 2　嘉兴被动房办公楼外景

图 3　嘉兴被动房办公楼内景

1. 建筑围护结构

经典的钢筋混凝土骨架是静态承重结构,保温层由 200 mm 厚的聚氨酯制成。这座 3 层高的新建筑有一个未经改造的地下室,目前用于建设服务。带光伏系统的屋顶、天窗剖面图和三楼平面图如图 4 所示。

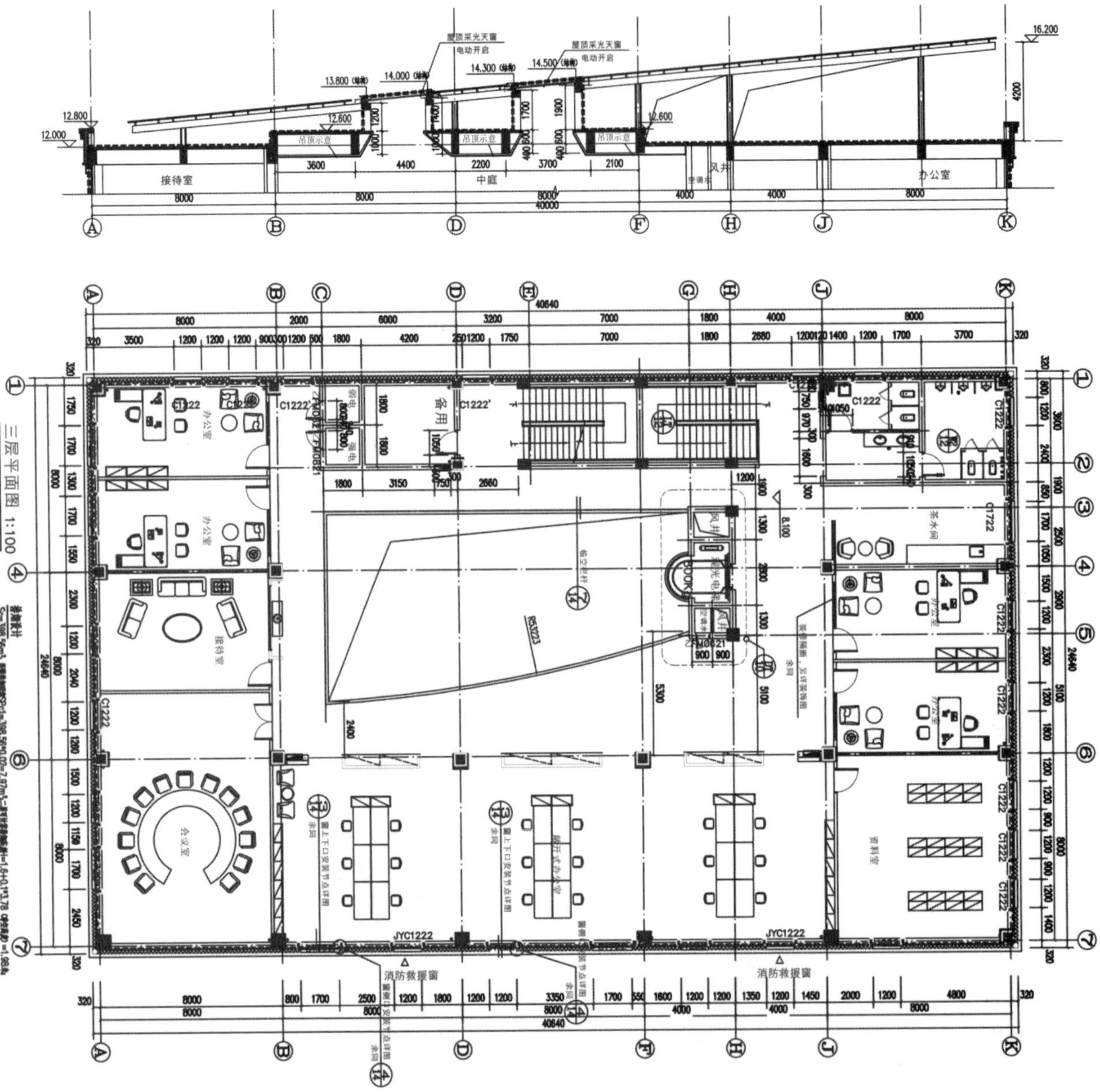

图 4　带光伏系统的屋顶、天窗剖面图和三楼平面图

2. 建设服务

优化后的建筑在地下室设有一个中央通风装置,带有两个用于热量和水分回收的旋转式热交换器和一个除湿器。风机速度采用压力控制,短通风管网采用 CO_2 调节通风管路。

整个建筑由天花板上的表面模块供暖和制冷,而这些模块由地源热泵供能。在潮湿的夏天,使用几个传感器监测室内的露点,这样就不会产生多余的冷凝水。

为了达到被动房 Plus 标准,只优化建筑是不够的,能源也必须实现可持续地生产。在本项目中,整个平屋顶上有 740 m^2 的光伏面积(图 5),不仅可以发电,还可以为屋顶表面遮阳,从而大大减少了屋顶通过直接辐射的得热。

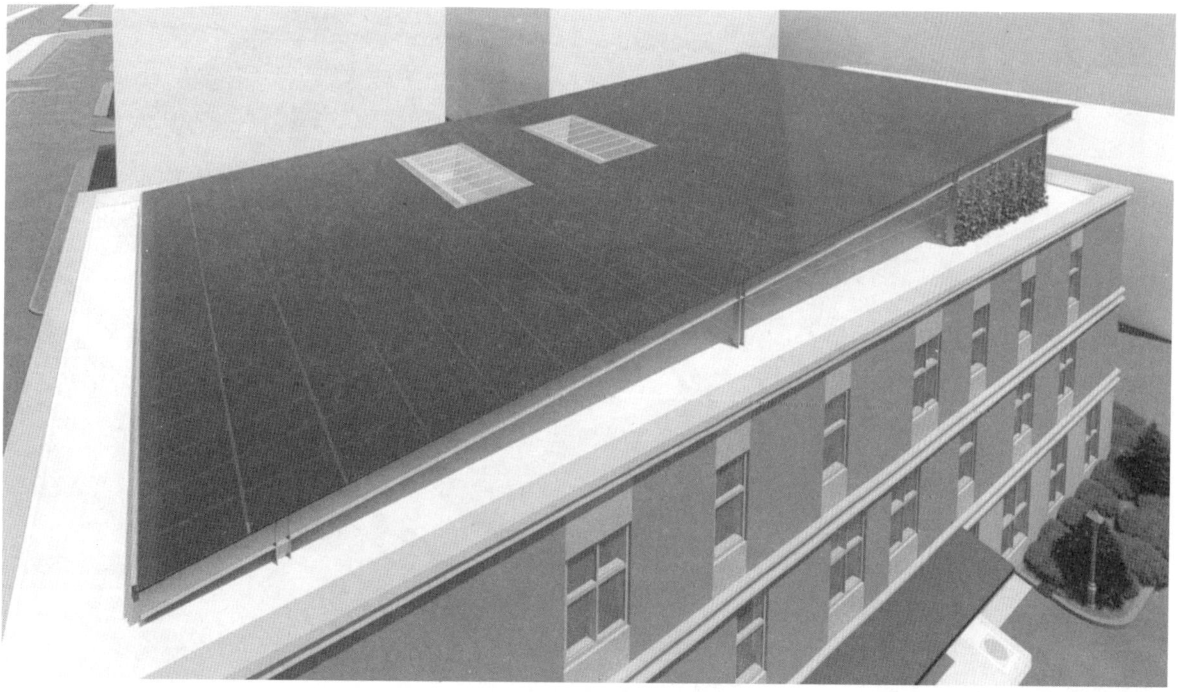

图 5 屋顶上的光伏系统

杭州被动房博物馆

面积为 1 992 m² 的达到被动房水平的新水博物馆位于杭州西南部新水库岸边,该建筑为水主题展览提供了足够的空间,游客可以在多个层面上欣赏到最新的展示技术或活动,并可以看到附近的水库,如图 6 所示。

图 6 杭州被动房博物馆景观

1. 建筑围护结构

大部分建筑都建在山坡上,砖砌的钢筋混凝土骨架用 150~200 mm 厚的聚氨酯来保温,用外立面用石材幕墙覆盖。外立面幕墙的安装点是热桥,因此是双热解耦。

2. 建设服务

由于用途不同,项目采用了 2 个通风装置,每个装置有 2 个用于水分和热量回收的旋转式热交换器以及主动除湿装置。项目采用热泵作为冷热源,通过地板供暖和主动制冷通风入口进行制冷和热量分配,如图 7 所示。

图7 施工中的带防尘装置的主动制冷通风入口

经验

经过与工程师定期协商和联合考察执行情况,保证了两个项目都有很好的执行质量。这两个项目都安装了监测系统,以优化能源消耗和提高舒适度,并证明即使在温暖潮湿的气候下,被动房也可用于不同的用途。

河北省建筑科技研发中心科研楼
——中德节能建筑

田树辉 / 河北省建筑科技研发中心
斯特凡·席尔默 / 德国能源署(DENA)

河北省建筑科技研发中心科研楼(图 1 和图 2)是中德低能耗被动房合作领域第一个完成的大型非住宅项目。该建筑是德国能源署中德节能项目在中国的第一座非住宅建筑，2014 年底竣工。提高建筑能效是河北省建筑科技研发中心科研楼最重要的目标之一。

该项目位于石家庄市淮安西路 395 号，占地 2 100.55 m^2，总建筑面积 14 527.17 m^2，地上建筑面积 12 362.3 m^2，地下建筑面积 2 164.87 m^2，建筑高度 23.55 m，地上 6 层，地下 1 层。该建筑为混凝土框架结构，地震设防烈度为 6 度。

其中，地下 1 层的主要功能为车库和设备用房，地上 6 层为节能新技术示范、科研实验、办公、会议等用房，地上 6 层(12 362.3 m^2)的设计和施工都按照低能耗被动房标准执行。

图 1　河北省建筑科技研发中心科研楼(HABR，2015 年)

项目信息——节能技术

(1)表面体积比：$A/V = 0.161$。

(2)建筑围护结构(图 3 和图 4)。

①外墙 1：300 mm 钢筋混凝土 +220 mm 聚苯乙烯泡沫(EPS)，$K \leqslant 0.138$ W/(m^2·K)。

②外墙 2：200 mm 蒸压加气混凝土 +220 mmEPS，$K \leqslant 0.127$ W/(m^2·K)。

图 2　研发中心、酒店和其他办公楼(HABR,2015 年)

③屋顶:100 mm 钢筋混凝土 +220 mmEPS,$K \leqslant 0.137$ W/($m^2 \cdot K$)。

④外板:100 mm 钢筋混凝土 +220 mmEPS,$K \leqslant 0.140$ W/($m^2 \cdot K$)。

⑤地下室天花板:120 mm 钢筋混凝土 +220 mmEPS,$K \leqslant 0.139$ W/($m^2 \cdot K$)。

⑥窗户:塑料或铝木复合窗框,三玻两腔中空保温玻璃窗(6 mmLow-E+12A+5 mm+0.15V+5 mm),双玻单腔中空保温玻璃窗(6 mmLow-E+12Air+5 mm+12A+5 mm),$K \leqslant 1.0$ W/($m^2 \cdot K$)。

⑦门:铝木复合门,$K \leqslant 1.0$ W/($m^2 \cdot K$)。

(3)气密性:n_{50}=0.22/h。图 5 为迈克尔·梅耶·奥尔伯斯莱本正在进行鼓风机门测试。

(4)通风:具有热回收功能的中央通风系统(效率 79%)。

(5)无热桥施工,外墙和屋面 $K < 0.15$ W/($m^2 \cdot K$)。

(6)窗户:塑料窗框,三玻两腔中空保温玻璃窗(6 mmLow-E+12A+5 mm+0.15V+5 mm),$K \leqslant 1.0$ W/($m^2 \cdot K$)。

(7)朝南窗户采用固定遮阳系统,朝西窗户采用活动遮阳系统。

(8)具有预冷/预热和热回收功能的中央通风系统(效率 79%)。

(9)部分房间采用毛细管供暖和制冷系统,提高能效。

(10)地下室照明采用光导照明系统,白天直接利用自然光。

(11)使用智能能源监测系统每小时记录建筑的能耗。

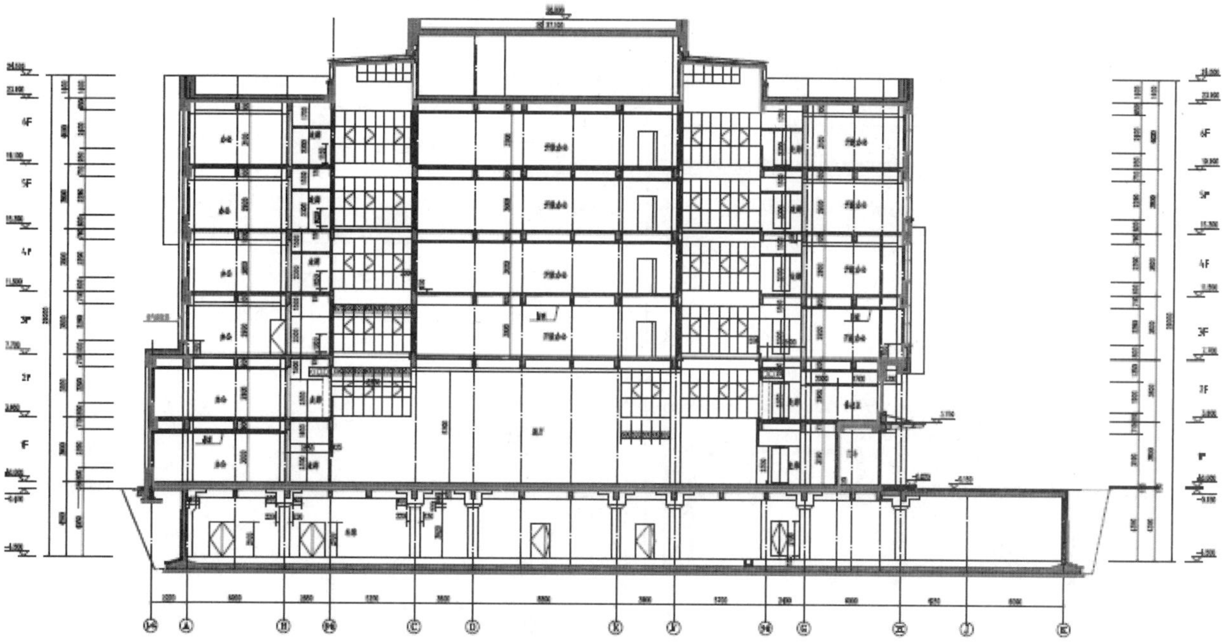

图 3　有气密层的剖面图(HABR,2015 年)

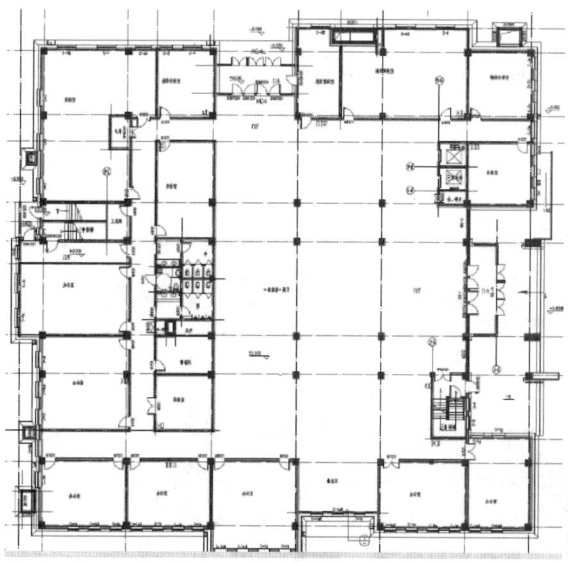

图 4　1 楼平面图(HABR,2015 年)

图 5　鼓风机门测试(HABR,2014 年)

项目信息——建设服务

建设服务是使用可再生能源的中央系统。

具有预冷/预热和热回收功能(效率 79%)的中央通风系统,一台机器位于屋顶,供 4~6 层使用,另一台机器位于地下室内(不在保温围护结构内)。地源热泵在冬季供暖,在夏季制冷,通过送风和额外的风机盘管进行传热。地热对新风在冬季进行预热,在夏季预冷。夏季和冬季工况下的暖通空调(HVAC)系统图如图 6 至图 9 所示。

26 个其他节能技术包括地热泵、废水回用、雨水回收系统、自然通风、楼宇自动化系统、节能电梯技术、频率控制系统等。

HABP 系统的 DENA 证书如图 10 所示。

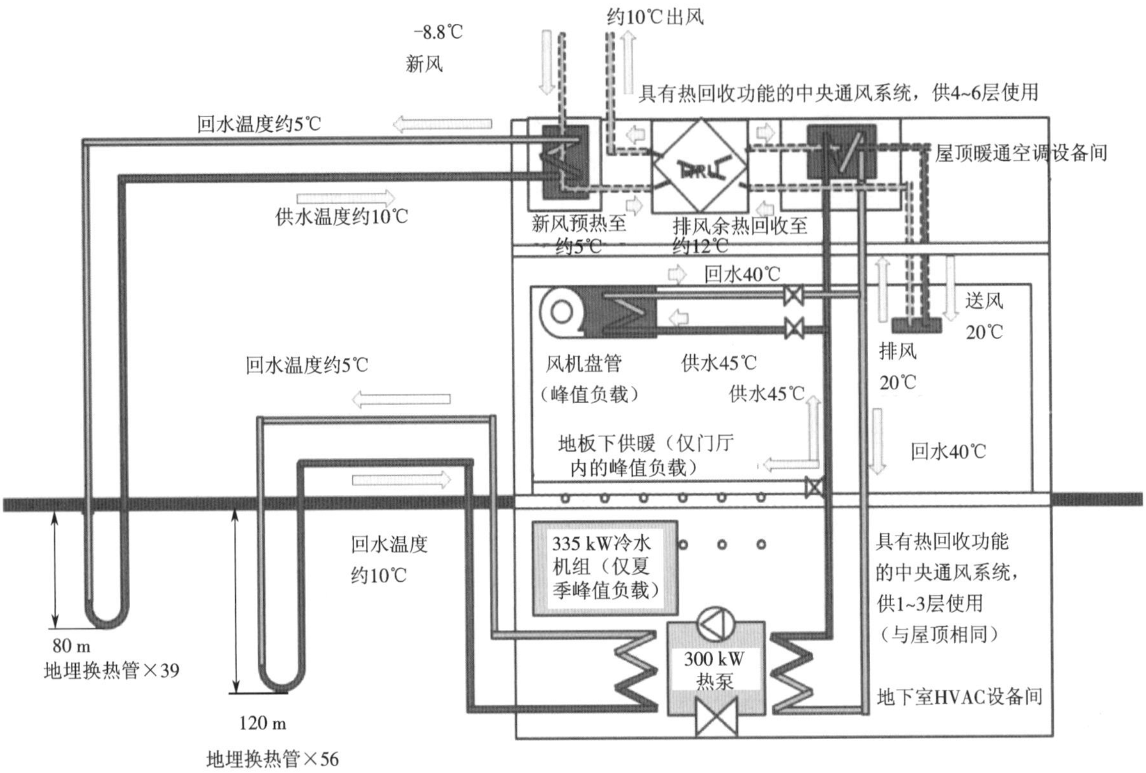

图 6　HVAC 系统冬季工况(欧洲标准)(DENA，2015 年)

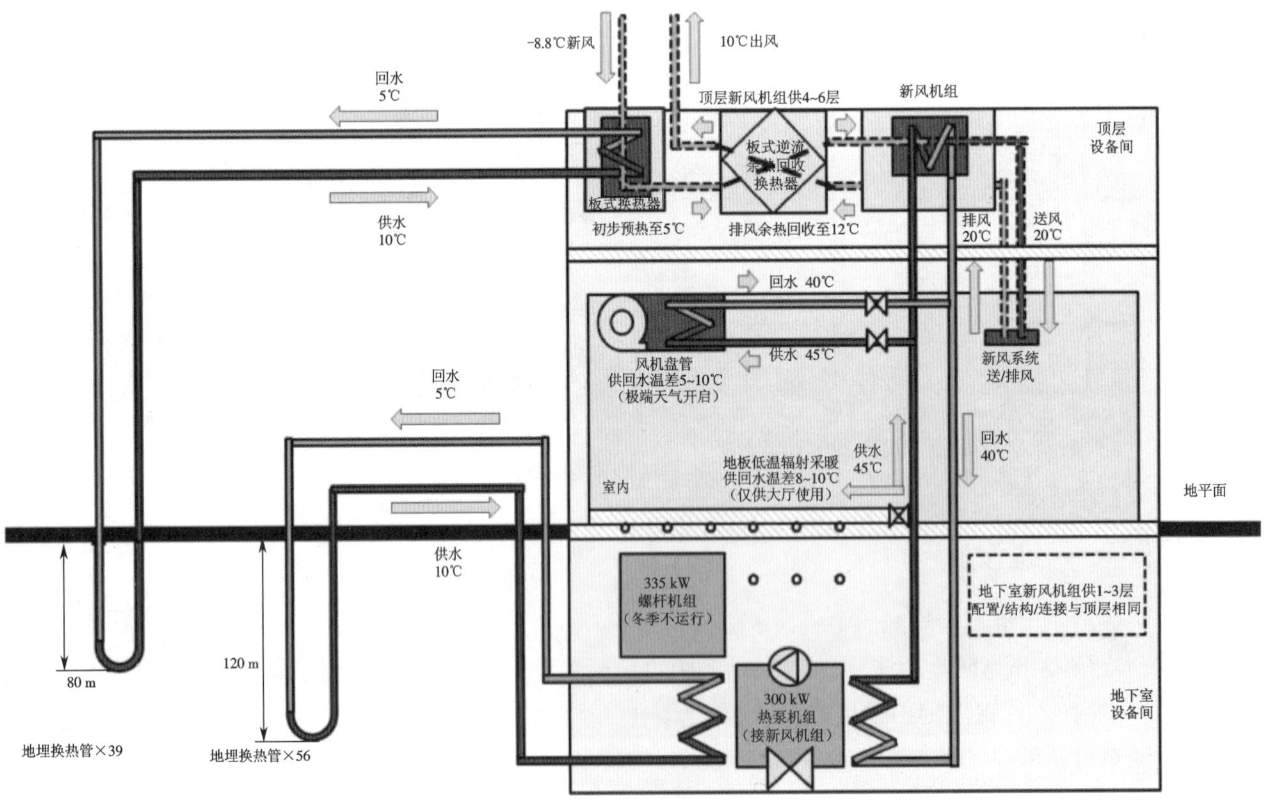

图 7　HVAC 系统冬季工况(中国标准)(DENA，2015 年)

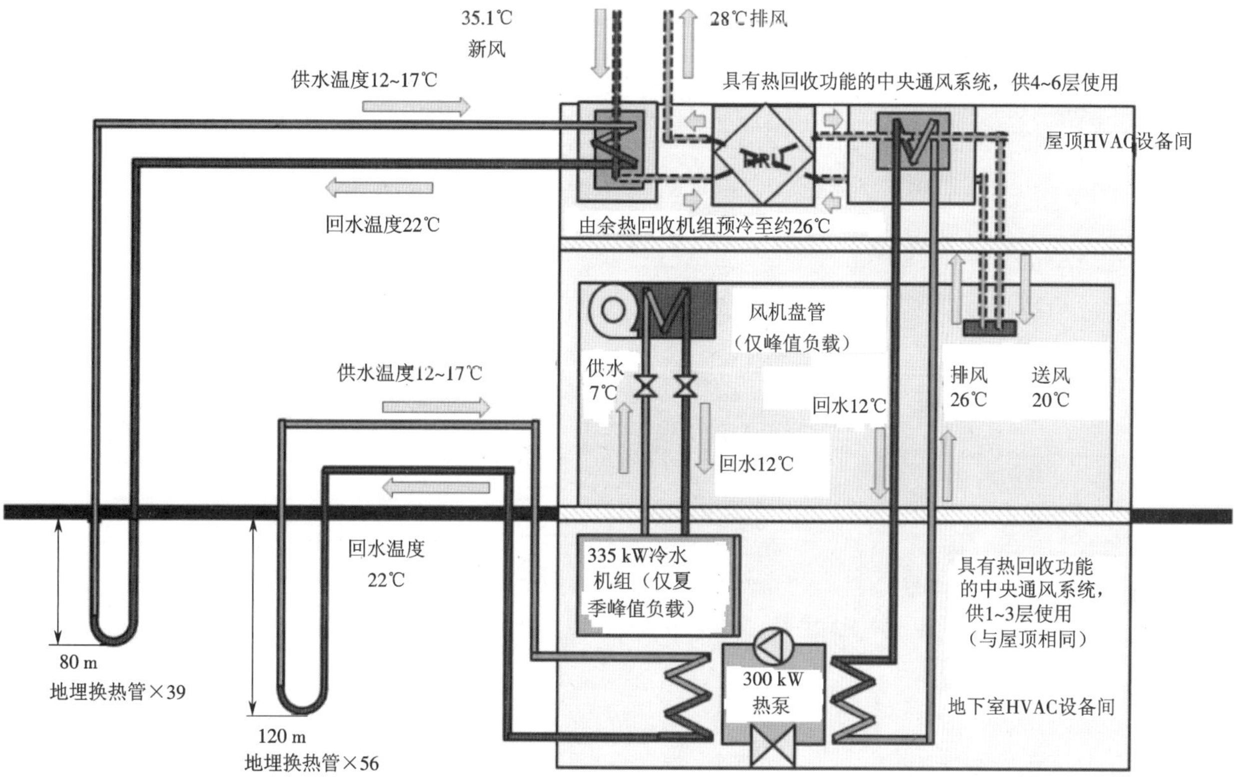

图 8　HVAC 系统夏季工况(欧洲标准)(DENA,2015 年)

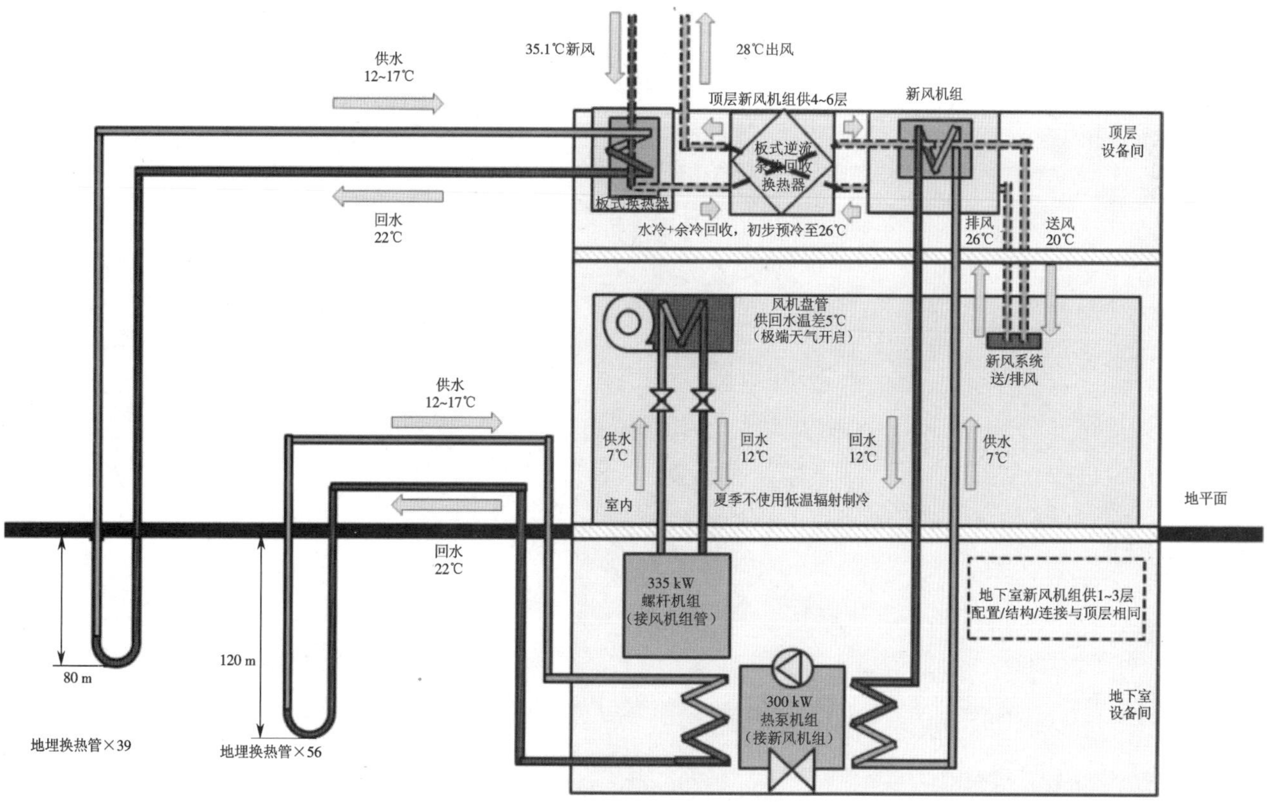

图 9　HVAC 系统夏季工况(中国标准)(DENA,2015 年)

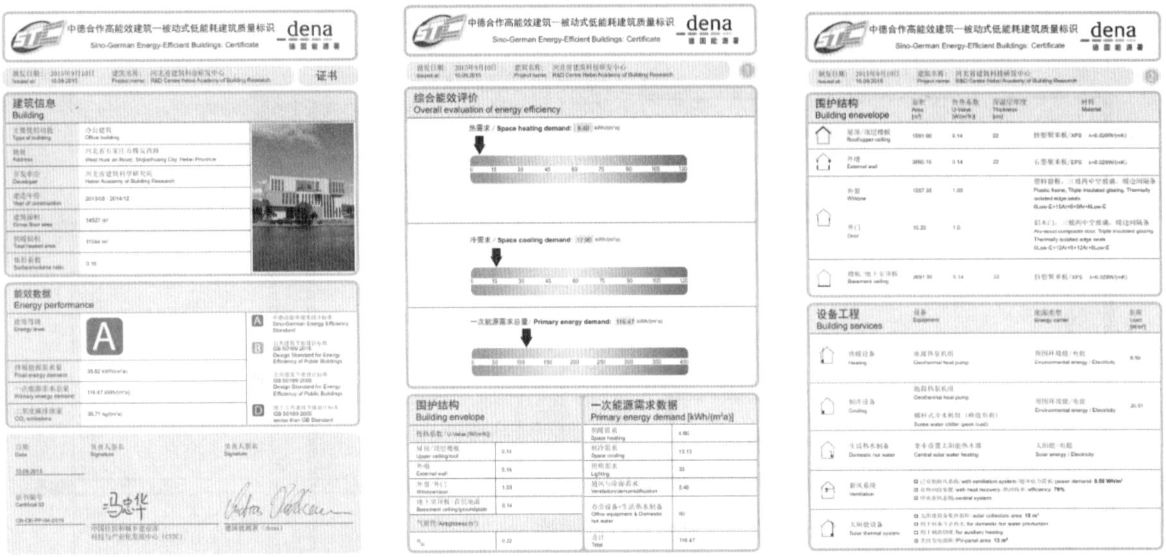

图 10　HABR 办公楼的 DENA 证书(DENA-CSTC,2015 年)

中原地区被动式超低能耗关键技术研究

李莹莹,贠清华,晁岳鹏,黄宇,曹依蕾,李斌,章鹏 / 河南五方合创建筑设计有限公司

引言

目前,建筑能耗大约占社会总能耗的 30%,采暖空调又占到建筑能耗的 50%~70%,而被动式超低能耗建筑可有效降低建筑能耗,成为国家发展资源节约型社会的有效手段。本文针对中原地区被动式超低能耗技术中的气密性、遮阳形式、热回收、可再生能源的利用以及空调能耗特征做了简单分析。

建筑气密性检测过程分析

气密性测试是保证气密性的最重要措施。一般建筑要经过多次测试,在测试过程中采用风速仪、烟雾发生器及红外线成像仪等多种设备,才能保证最终的气密性测试效果。

第一次检测一般在外围护门窗安装完毕,装修还未进场时进行,主要是使用风速仪发现大的漏气点。第一次测试一般由于漏气量过大,基本无法测出 N_{50},主要漏气点一般有:①个别门窗的气密性胶条压合不够紧密;②外窗内侧的气密膜粘贴不够完善;③穿墙管道漏气,穿墙管道气密性处理不到位。第二次检测应在装修基本完成 90% 时进行,主要使用烟雾发生器检测,以发现前期没有发现的小漏气点及装修过程中对气密层产生的破坏,主要漏气点一般有:①门窗框与墙体连接处漏气,气密膜粘贴完之后,在装修过程中由于外力遭到破坏,需重新粘贴的部位;②电线盒漏气,由于线盒处无粉刷层作为气密层,需要进行特殊气密性处理才能保证气密性效果。第三次检测在内装竣工后进行,主要使用红外线成像仪检测,漏气点一般为未灌水的排水管道及出屋面交接处、锁眼等个别未发现的小漏气点,经过简单处理一般都能达到 N_{50}<0.6 的要求。图纸中应完善气密性处理做法,同时气密性测试与施工工序结合能更好地减少现场返工。

不同遮阳形式的节能性分析

以郑州市某公用建筑为例,其建筑面积约 1 520 m^2,地上 3 层,建筑南立面一、二层均为落地窗,中庭上部设大天窗,面积约为 64 m^2。使用 DeST 建筑能耗模拟分析软件对该建筑能耗进行全年动态模拟,选取 4 种常见遮阳形式进行计算:无遮阳、无遮阳 + 普通窗帘、水平百叶和垂直百叶。建筑外墙采用 200 mm 多孔混凝土 +200 mm 聚苯乙烯,传热系数为 0.142 W/(m^2·K);外窗为镀膜三玻 6 mm Low-E+9 mm+200 mm A+6 mm,传热系数为 0.74 W/(m^2·K);空调系统形式为风机盘管 + 全热回收式新风机组,模拟结果见表 1。

表 1 模拟结果

指标	无遮阳	无遮阳 + 普通窗帘	水平百叶遮阳(百叶角度 0°)	垂直百叶遮阳(百叶角度 0°)
采暖季热负荷指标(W/m^2)	12.98	13.63	13.76	13.67
空调季冷负荷指标(W/m^2)	34.35	33.04	33.17	33.30
单位建筑面积能耗(折等效电)[kW·h/(m^2·a)]	128.87	129.96	127.44	126.91

分别计算出后三种遮阳形式相对于无遮阳形式的节能率,采用室内普通窗帘形式时节能率为 −0.85%,采用水平百叶(百叶倾斜角为 0°)形式时节能率为 1.11%,采用垂直百叶(百叶倾斜角为 0°)形式时节能率为 1.52%。由计算结果可以得出垂直百叶相对于其他遮阳形式具有一定的节能优势,节能效果最佳。而无遮阳

+普通窗帘的形式虽然在一定程度上降低了空调季冷负荷指标，但采暖季热负荷指标上升的同时，照明能耗也会增加，最后效果并不节能。针对垂直活动百叶遮阳形式，又选取了不同百叶角度（垂直为零，右倾为正，左倾为负）-45°、-30°、0°、15°、30°、45°、60°、90°进行建筑能耗模拟，结果表明当垂直百叶倾斜角度为0°时，单位建筑面积能耗（折等效电）最小，为126.91 kW·h/（m²·a）。

全热回收系统的节能性分析

为了验证新风热回收系统在中原地区民用建筑内的节能效果，以郑州地区某示范建筑中的新风热回收系统为例，利用ConsERV软件模拟了不同风量（3 000、2 000、1 200 m³/h）下的节能效果，如图1所示。理论计算表明，在夏季工况下热回收系统可节约的空调能耗相当可观；在冬季工况下热回收系统可节约的空调能耗稍低于夏季；在过渡季节则无显著节能效果。

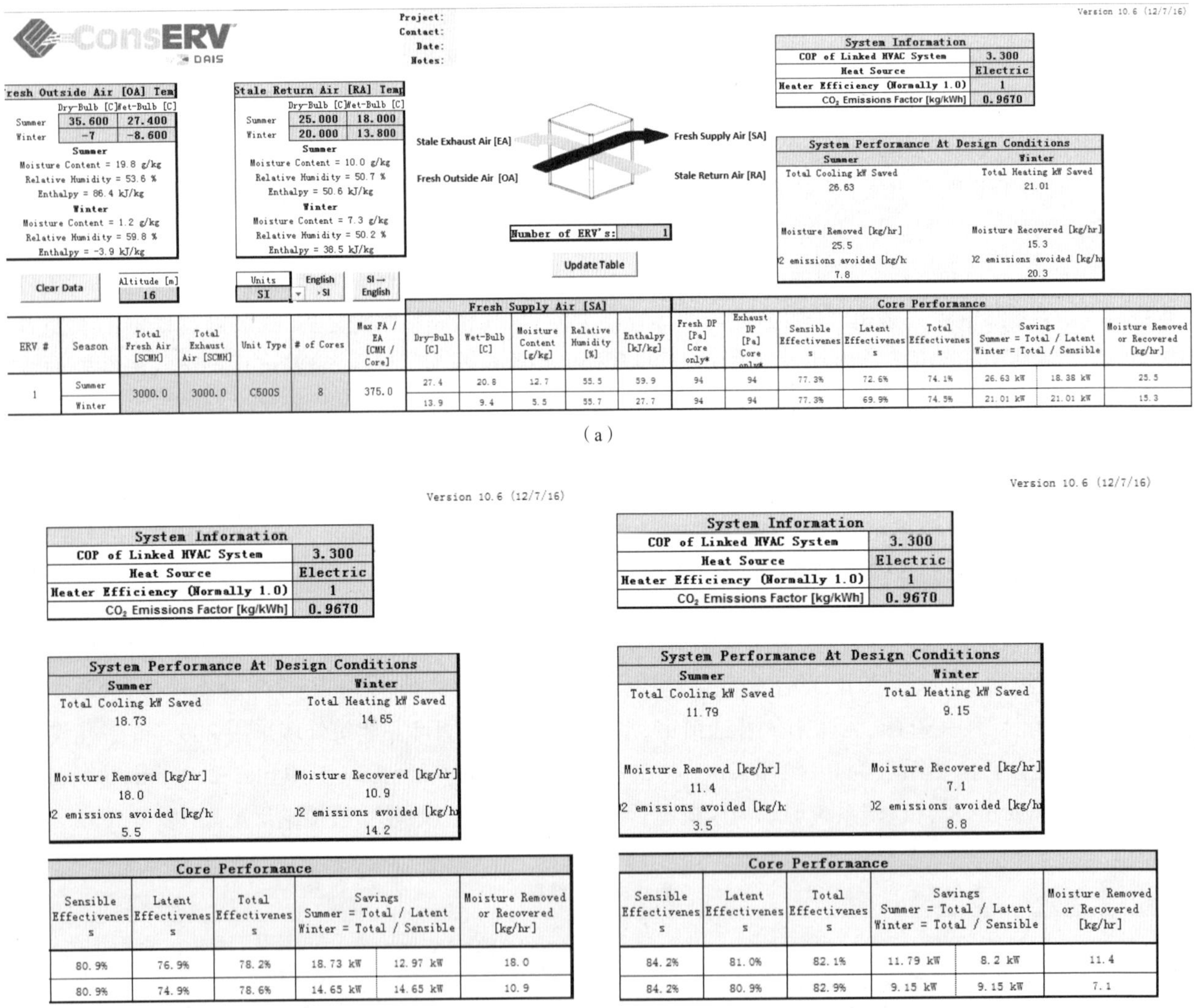

（a）（b）（c）

图1 3 000、2 000、1 200 m³/h风量下的新风热回收系统节能效果模拟

（a）3 000 m³/h （b）2 000 m³/h （c）1 200 m³/h

可再生能源的利用——太阳能辅助一体机系统

光电、光化和光热是有效利用太阳能的三个途径。Zhai等验证了中午前后平均辐射冷却功率可以达到

93 W/m²,而此时垂直入射太阳辐射照度大于 900 W/m²。Goldstein 等通过三大实验测试,在流量为 0.2 L/(min · m²)的条件下可将水冷却至低于环境温度的 5 ℃,相当于有效排热通量高达 70 W/m²,通过进一步与制冷系统耦合的模拟,夏季制冷电耗可减少 21%。太阳能辅助一体机系统是利用太阳能辅助制热和制冷的一套系统,具体工作模式如下,原理如图 2 所示。

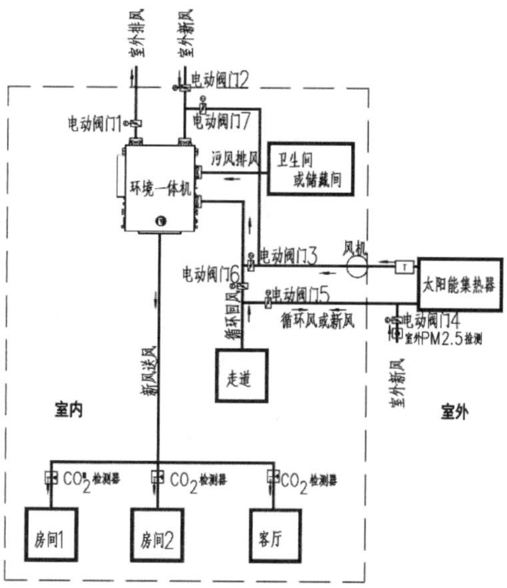

图 2　系统原理图

(1)冬季模式:集热板起预热新风的作用,电动阀 1、4、6、7 开启。

(2)夏季模式:集热板起预冷新风的作用,电动阀 1、4、6、7 开启。

(3)过渡季节模式:当 PM2.5 检测器检测到室外 PM2.5<75 μg 时,开窗通风;当室外 PM2.5 ≥ 75 μg 时,电动阀 1、4、5、6 开启。

空调系统能耗特征分析

夏季制冷能耗需求特征:被动房的能耗需求和气候特征基本契合。7 月建筑物处于冷需求,无热散失;6 月和 8 月大部分时间处于冷需求,热散失时间较少;5 月和 9 月大部分时间处于热损失且冷需求较少。因而,空调系统制冷的运行时间段发生在 5 月底至 9 月初,而在 5 月下旬和 9 月上旬,冷需求主要发生在白天,夜间可通过自然通风降低冷需求。

夏季除湿能耗需求特征:除湿需求在 6 月至 8 月。制冷需求中显热需求所占的比例,6 月为 74%,7 月和 8 月分别为 61% 和 63%。新风系统必须采取除湿措施以减少由新风带入室内的水蒸气。新风系统采用全热回收,可大幅度降低新风的含湿量,减少除湿能耗需求。

冬季采暖能耗需求特征:热需求发生在 11 月至 3 月,11 月和 3 月的热需求远远小于 12 月至 2 月。冬季南向外窗太阳得热明显高于其他外窗的得热量。冬季能量平衡的原则是太阳得热 > 外窗传热。同时,还要衡量南向外窗面积增大所带来的夏季传热和太阳辐射冷负荷,求得全年冷热能耗的综合最小值。南向外窗必须采用外遮阳,在增加冬季得热的同时,减少夏季太阳辐射。

冬季湿度特征:在室内人体散湿、生活散湿的共同作用下,即使不采用额外的加湿措施,室内也可满足相对湿度≥ 30% 的要求。

冬季热平衡分布特征:冬季室内太阳得热占总体得热的 53%,内部得热占总体得热的 22%。自然得热可满足 3/4 的热需求,只有 1/4 的热需求需要额外补充,因此被动房在冬季有明显的节能效果。根据被动房各朝向太阳辐射的强度对比,得出北向、东向太阳辐射较弱,南向、西向、水平向太阳辐射较强。通过 PHPP 能耗平衡计算,综合考虑增加冬季太阳辐射得热,采用适合的遮阳措施减少夏季太阳辐射得热和窗户传热,从而做出最节能、经济的判断。

总结说明

本文主要研究了中原地区被动式超低能耗关键技术,包括气密性检测过程分析;得出了垂直百叶遮阳相比于无遮阳节能率可达 1.52%,且倾斜角度为 0° 时效果最佳这一结论;理论分析全热回收新风系统,表明夏季工况下节约的空调能耗十分可观;还分析了建筑全年空调能耗特征,为空调系统的设计提供参考;最后引入可再生能源利用的一种新形式。

参考文献

[1] 清华大学建筑节能研究中心. 中国建筑节能年度发展研究报告 [M]. 北京: 中国建筑工业出版社,2008.

[2] 陆游. 基于 TRNSYS 的太阳能 - 地源热泵系统模型研究 [D]. 天津:河北工业大学, 2015.

[3] ZHAI Y, MA Y G, DAVID S N, et al. Scalable-mannfactured randomized glass-polymer hybrid metamaterial for daytime radiative cooling. Science 355(6329), 2017.

[4] GOLDSTEIN E A, RAMAN A P, FAN S. Sub-ambient non-evaporative fluid cooling with the sky. Nature Energy, 2(9), 17143(2017).

从 0 到 1

邓滨涛 / 河北绿色建筑科技有限公司

摘要

本文重点介绍了被动房在中国的发展情况,从无到有,再到全面推广。被动房在中国得到了积极推广,示范项目遍及中国的 22 个省市,政府相关部门出台了诸多的政策,鼓励被动房的发展,被动房在中国得到了广泛关注。本文介绍了作者所在单位的不同类型的被动房实践经验以及形成的被动房产业基地,分享了被动房在中国的实践经验,对在中国乃至全球推广被动房具有重要的借鉴意义。

超低能耗建筑,建筑节能的新时代

中国的建筑节能自 20 世纪 80 年代开始经历了 4 个时代,正在向 5G 时代迈进。这个时代同其他 4 个时代相比有 5 个显著的特点。

1. 示范项目最多

据不完全统计,全国的被动房示范项目达到了 160 多项,分布在 22 个省市。其中,获得德国被动房研究院(PHI)认证的项目 15 个,获得德国能源署"中德被动式低能耗建筑质量标识"证书的项目 9 个,获得中国建筑节能协会被动式超低能耗绿色建筑创新联盟(CPBA)认证的项目 32 个。

2. 史上最强政策

据不完全统计,全国各地已经出台 50 多个政策,鼓励被动式超低能耗建筑的发展,而且一些政策针对性强,如石家庄、保定等地。

(1)优先保障用地。

(2)容积率奖励,按其地上建筑面积奖励 9%,且不再增收土地价款及城建配套费用。

(3)房价可上浮 30%,可以提前预售。

(4)给予差别热费和热力贴费减免。

(5)财政补贴标准分别为 200 元 /m^2 和 100 元 /m^2。

3. 行业轰动

全国各地纷纷成立联盟、协会,积极组织各种形式的研讨会、论坛、培训班,编制标准、导则。

4. 国际互动

被动式超低能耗建筑已经超出了地域范围,国际交流与合作日趋频繁。世界被动房大会、亚洲被动房大会吸引了世界各地的爱好者。特别是第 23 届国际被动房大会首次进入亚洲,于 2019 年在中国高碑店中国国际门窗城举办,这是中国乃至世界的一次盛会。

5. 全民关注

经过几年来的实践与探索,越来越多的人了解了被动房,认识了被动房,甚至是喜爱上了被动房。列车新城 2018 年 7 月初的首次开盘即印证了这一点。面对当前低迷的房地产形势,该项目依然保持了高开高走的形式,仅仅一天即全部售完,而且具有很大的溢价空间。

我们在做什么？

1. 被动式超低能耗建筑实践的三步走

第一步：示范项目。我们分别于 2013 年 8 月完成中国首座装配式超低能耗集成示范建筑；2015 年 8 月完成被动式专家公寓楼，并获得德国 PHI 认证和中国被动式超低能耗建筑联盟的认证；2016 年完成中国首座被动式办公楼改造项目，并获得德国 PHI 认证；2017 年完成国家绿色智慧建筑示范中心，并获得德国 PHI 认证。

第二步：建设超低能耗建筑产业基地。配套生产超低能耗建筑核心产品，包括被动式门窗、环境一体机、近零能耗玻璃、建筑遮阳系统、石墨聚苯板。我们深知伴随着超低能耗建筑项目的不断增多，只有提供可靠的材料与设备，才能保证超低能耗建筑的可持续健康发展。我们已经先后为 50 余个项目提供了技术服务和核心产品。

第三步：世界最大规模的被动式建筑示范区——列车新城。建设列车新城的目的就是要探索不同类型的被动式建筑技术和大规模建设的技术、监理、施工管理、材料设备供应的新模式，为被动式建筑规模化推广提供丰富的经验。

2. 开放共享，合作共赢

一枝独秀不是春，百花齐放春满园。

就如同十年前我们决定建设中国国际门窗城一样，其初心就是要为行业打造一个开放、合作、共赢的平台，只有行业大了，我们每个企业才能发展。换句话说，先将蛋糕做大。

中国国际门窗城十年的经验证明，当时的决策是完全正确的——门窗由一个不入流的分部分项工程变成了一个非常重要的行业，特别是在被动式建筑领域起着非常关键的作用。入住门窗城的企业有来自世界 20 多个国家的近 1 000 家企业，每两年一届的国际门窗博览会，每次都有数万人前来参展、观展、交流，许多的企业借此机会达成了多项国际合作。

我们通过示范项目、示范区与多家单位进行了深度合作。如：与河北建筑科学研究院合作的被动式专家公寓楼、中国首座被动式办公楼改造项目；与龙湖集团、清华大学合作的绿色智慧建筑示范中心项目；与龙湖集团、中国建筑科学研究院合作的列车新城项目，并且与中国建筑科学研究院合作建设了国家门窗幕墙监督检验中心。

我们先后组织承办了中欧装配式超低能耗建筑高峰论坛、全国被动房大会、首届雄安新区超低能耗建筑高峰论坛等国际、国内活动，其核心目的就是搭建开放、共享、共赢的平台，扩大行业影响力，推动行业健康可持续发展。

通过示范项目、示范区、产业基地、国际交流与合作，已经有来自世界各地的 18.3 万人次的著名企业、科研机构、政府部门、高校、培训机构、房地产开发商等前来观摩交流，真正起到了示范引领的作用。

也正是多年来的实践与开放包容的平台效应，国际被动房大会选择在中国国际门窗城召开，这无疑将对推动被动式超低能耗建筑的发展奠定坚实的基础。

3. 从城市到农村

当前人们专注的焦点更多的是在城市，中国的城镇化率大约为 58%，距离国际水平尚有一定差距，但已经造成了城市交通拥堵、环境恶化等问题。为追求高质量的教育、生活，更多的人趋向城市，导致城市的房地产市场持续多年的飙升。人们越来越感受到不可承受之重。

我们寄希望于提高城镇化率。提高城镇化率等同于将人们“轰”到城里吗？显然不是，中国有 8 亿人民在农村，如何改善农村的居住环境，提高农民朋友的生活水平，是摆在当前的重要工作。

为此,我们正在建设住宅公园,就是要研究农村的房子如何建成被动房,让广大农民也住上冬天不用燃煤、夏天不用空调的新居,改善农村的住房环境。在中国国际门窗城已经有十栋不同类型的装配式超低能耗建筑样板房。住宅公园将对外开放,可以试住、体验,了解户型、配置、价格。住宅公园汇集了设计、装配式制造、集成材料、设备、装饰装修、家居等全产业链的企业,通过共建共享实现共赢。未来的农村应该是有学校、超市、医院、企业的特色小镇或美丽乡村。

被动式超低能耗建筑集成系统

通过几年的实践与探索,特别是作为被动房设计者、施工者、使用者,我深深体会到被动房绝对不是简单技术的叠加和产品的堆砌,而是一项复杂的集成系统。

被动式专家公寓楼作为被动房的"小白鼠",经过三年多的使用,我们收集了数万个数据,遇到了各种问题,攻克了无数的技术难题,为以后的项目提供了宝贵的经验,将使被动房的品质不断得到提升。这些问题包括了设计、施工、监理、材料、设备、运营维护等方方面面。

我们通过大量的实践、实验、体验总结成功研发出洛卡恩被动房集成系统,即被动窗、被动门、保温系统、新风系统、通风管道系统、建筑遮阳六大核心产品,以及设计与施工、监督检测、运营维护三位一体的保障体系。

第 23 届国际被动房大会

Passive House Institute

专题论坛 2

气密性和质量保证

高层建筑气密性测量指南

索伦·佩帕尔，尤尔根·施纳德 / 被动房研究院

引言

由于高层建筑受到强风和热效应的影响，所以鼓风门测量必须遵守特殊的规则。EN 13829 和 ISO 9972 标准，并没有为此类建筑物的鼓风门测量提供足够的信息。

罗尔夫迈耶和西蒙斯（2017）的实践经验，是从测量一栋 16 层高的建筑（高度约为 60 m）开始的。从图 1（a）中，可以看到显著的热效应，1 层和 16 层之间的自然（即没有鼓风门）压力差约为 30 Pa。如图 1（b）所示，在有风的情况下，压力差在测量期间非常不稳定，根据测量位置的不同，风对测量结果有不同程度的影响。

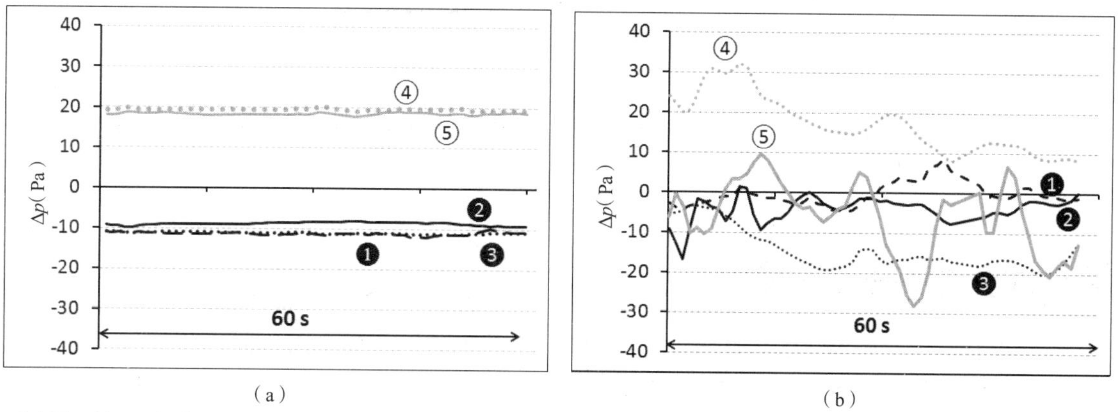

图 1　测量一栋 16 层高的建筑的自然压力差（对最底层的三个侧面（1、2 和 3）和最高层的两个侧面（4 和 5）进行测量）

（a）风力 0 至 1，温差 14 ℃　（b）风力 4，温差 9 ℃

因此，对于大型建筑的气密性测量，最有利的条件是无风状态和较小的内外温差。然而，由于测量必须在施工过程中进行，因此通常很难找到一个合适的测试时间可以满足所有这些条件。

由温差引起的自然压力差，可以采用以下公式进行计算（策勒，2012）：

$$\Delta p_{Th} = 0.04\ \mathrm{Pa/(K \cdot m)} \times h \times \Delta T$$

式中　Δp_{Th}——由于内外温差造成室内外之间存在的压力差，单位为帕斯卡（Pa）；

H——高度，从压力中和面位置开始测量，单位为米（m）；

ΔT——室内外之间的温差，单位为开尔文（K）。

该公式有效的一个前提是整个建筑内部空气空间是开放性相连的，不存在任何相关的压降。

鼓风门测试期间的压力状况

在假定建筑物围护结构均匀分布漏风点的情况下，在建筑物高度的中点处设置压力中和面。在不考虑外部风况的情况下，建筑下部存在欠压，上部存在超压（前提条件是内部温度相对于外部温度更高），如图 2 所示。

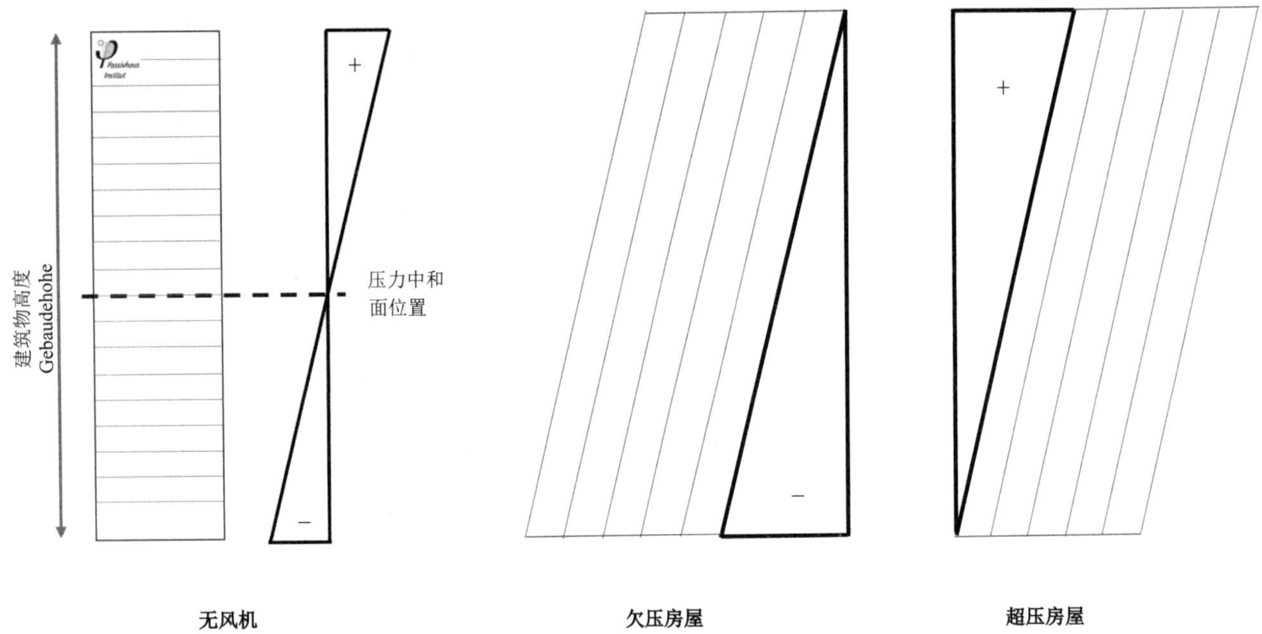

图 2　由热状态引起的摩天大楼压力状况示意图(左)以及在整个建筑中产生负压或正压情况的示意图(中和右)

(实线表示负压或正压测量的不同压力水平)

以某摩天大楼为例进行计算

对高度 H=120 m 的一栋摩天大楼在秋季进行测量,其内外温差 ΔT=15 K。由于热效应,在建筑物的高度方向上产生了约 72 Pa 的压力差。如果压力中和面上升至建筑物高度的一半位置处,则底层的压力差为 −36 Pa,顶层的压力差为 +36 Pa。

根据 ISO 9972 和 EN 13892 标准,气密性测量的最低测量点压力值要求 5 倍于自然压力差,即取 5×(−36 Pa)=−180 Pa,这对于标准测试设备而言是不可行的。

幸运的是,根据图 2,如果整个建筑分别处于欠压或超压状态下,这就是足够了。

对于超压测量的案例,应调整鼓风门,在该类型案例的最低压力测量时,可以在底层位置施加一个小的超压,例如 +5 Pa。对于其余的压力测量案例,例如高达 55 Pa 时,则按照通常的流程进行。在最高层处,由于内外温差,将存在以下压力差:

77 Pa(=5 Pa + 72 Pa)~127 Pa(=55 Pa + 72 Pa)

对于欠压测量系列,应参照最高层采用相同的安全裕度,这将导致底层压力差在 −77~−127 Pa,如图 3 所示。可能出现的情况是鼓风门的校准对这种高压无效。但是,请注意,最终的 n_{50} 值是指产生的 50 Pa 压力差(相当于 86 Pa 的测量压力差)。在图 3 中,测量的压力差达到约 100 Pa 就足够了。

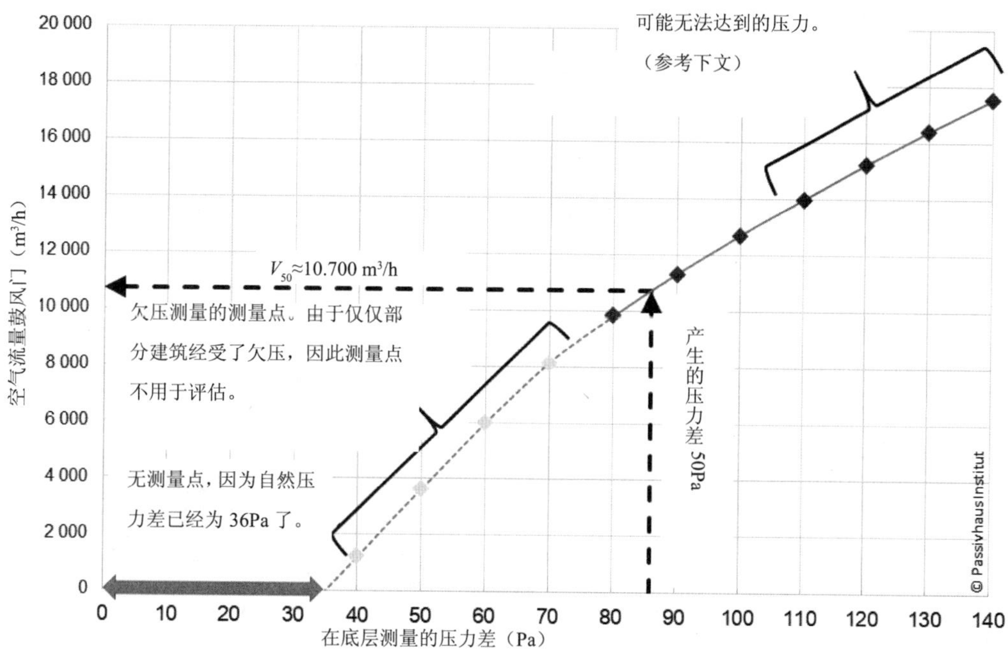

图 3　欠压下的测量曲线

由于热状况，该建筑只是从大约 −72 Pa（在底层测量）开始完全欠压，因此测量点只能从 −80 Pa 左右开始使用。底层的自然压力差为 −36 Pa，因此只能接受负压值较大的测量点。

控制压力分布的最大偏差

根据 EN 13829 和 ISO 9972 标准，鼓风门的测量必须确保建筑物中的任何地方都存在内外压力差，必须观察到 10% 的最大偏差。由于前面所述的热影响在高层建筑中通常是不可能实现的，因此应该认识到，产生的压力差会在 10% 限度以内。有两个方法可以对此进行检查。

（1）测量临界室（从鼓风门可以看到的最远的房间）中的压力差，并减去该高度处的预计自然压力差。然而，其精确度有限，且在较高风速下，该程序相对较难实现。

（2）从鼓风门的位置处，通过楼梯井安装一根压力软管进入临界室，并测量其压力差。由于对软管的热影响与对建筑内部体积的热影响相同，因此无须考虑烟囱效应，推荐该程序。

由于流量公式的非线性引起的测量误差

高层建筑中产生的压力在整个建筑中不均匀，根据流量公式，漏出量流量与压力差非线性相关：

$$V_L = C_L \times (\Delta p)^n$$

式中　V_L——漏出量流量（m³/h）；

C_L——系数 [m³/(h·Pa^n)]；

Δp——内外压力差（Pa）；

n——流量指数，其值为 0.5~1。

因此，利用建筑物围护结构上的平均压差和产生的压力来计算总的漏出量流量，会得出一个错误的结果。严格来说，除非流量指数为 1，否则高压力差和低压力差的偏差不会抵消。

详细分析表明，与其他的测量误差相比，这种影响可以忽略不计，前提条件是只使用整个建筑围护结构的欠压或超压测量点进行计算。

实施测量的实用技巧汇总

（1）风机通常可以全部安装在地面标高处。从地面层开始，各种楼梯井、竖井最适合用于空气分配。在垂直方向上使用额外布置的风机，是不可能在建筑物的所有高度上实现相同压力差的。如果建筑物中存在若干个需要克服重大压力损失的区域（一个接一个的楼梯间的门、楼面的门和公寓的门），则有必要使用若干个装置，将压力分配到建筑物内部容积上，然后测量将由其中的一个装置（通常在地面标高处）产生的压力差所控制，该装置起着“控制中心”的作用。

（2）在地面标高处，安装多个压力差的测量点是有意义的。根据不同的情况，有不同的可能性，如图 4 所示。对评估期间测量到的压力差取平均值。

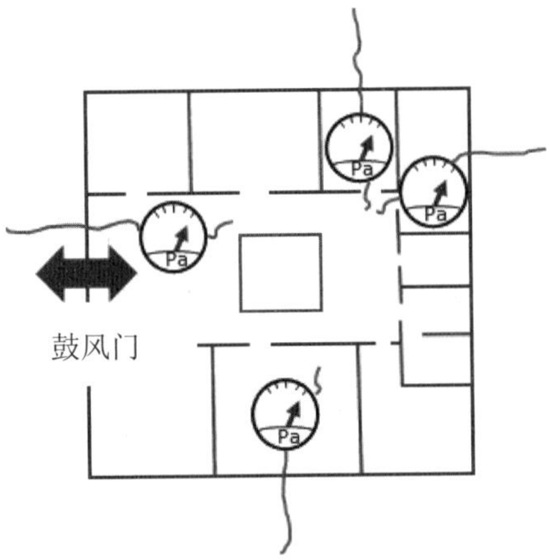

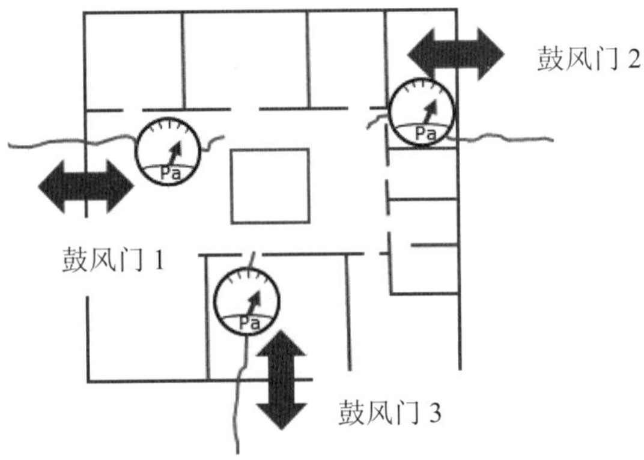

图 4　建筑楼层平面图（测量内外压力差的不同方法）

（a）在四个方向上进行测量（例如采用通过窗户密封的毛细管）

（b）采用三台鼓风门装置进行测量（每台都有其自己完整的内部 / 外部压力差测量）

（3）确定上层楼面的压力差，至少需要增加一个测量点（穿过窗户密封的毛细管，见图 5）。想确定这个压力差值，必须对所有测量点进行测量和记录。在风影响较大的情况下，宜在顶层至少 2 个不同方向进行测量。

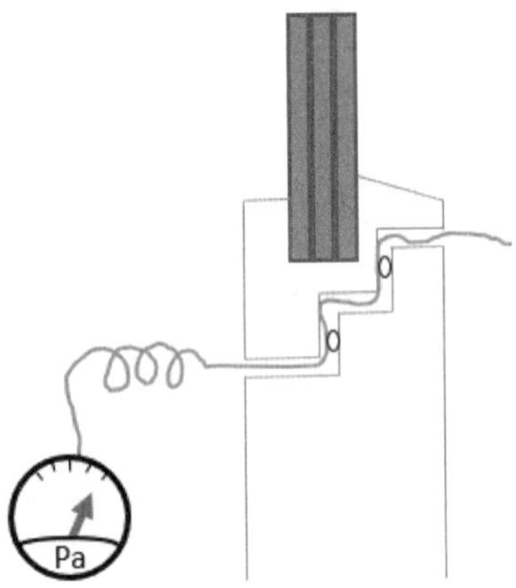

图 5　带有软管连接的毛细管用于进行穿过窗户密封的压力差测量（例如用于顶层的测量）

（4）该测量可用于验证建筑物内所需的均匀压力分布。

（5）一个简单的“帮助”表（Excel 表）可用于计算必要的压力差，其可用于设置压力测试标高。

（6）高层建筑的室内空气温度通常是不均匀的，尤其是在施工阶段。因此，至少在底层和顶层对室内空气温度进行测量和取平均值，这是很有帮助的。

（7）如果切实可行，通过长时间的大量通风（夜间，所有窗户都打开）有助于降低室内和室外的温差。这一程序只是权宜之计，因为其条件是不仅内部空气量而且建筑整体也是被冷却的或被加热的。选择一天中正确的时间，也有助于减少室内和室外的温差。

（8）可以认为自然压力差的值要比低层建筑中压力差的值高得多。

（9）一般来说，必须进行欠压和超压测量，只有平均值才能作为结果使用。

（10）在较高的风速下，预计测量结果不会很准确。

（11）在评估大型建筑时，始终需要计算围护结构的表面积（按照 ISO 9972），确定与围护结构面积相关的泄漏值 q_{E50}，并将其输入测试条件中。

（12）对于负压测量，只能使用整个建筑容积存在负压的测量点（正压情况下，只能使用整个建筑容积存在正压的测量点）。

（13）一般来说，采用经零压校正后的压力差进行评估。

结论

原则上，气密性测量的所有良好实践规则也适用于高层建筑。然而，想要产生如此高的压力通常是不切实际的，以至于可以忽略自然压力差。

在这种情况下，当整个建筑物垂直方向上存在欠压或超压的情况时，在评估中仅仅使用这些压力测量尺度是足够的。而不满足该条件的测量点，必须略去。

参考文献

[1] 罗尔夫迈耶· S，西蒙斯· P. 在风力和热影响下的大型高层被动房（MFH）中进行气密性测量.21 届国际被动房大会会议记录，达姆施塔特被动房研究院，2017.

[2] 策勒·J. 建筑围护结构气密性的测量 // 建筑业气密性专业协会，建筑气密性，第一卷，第二版. 柏林，2012.

气密性材料的选用及不同结构被动房的气密性措施

蔡倩 / 北京住总集团有限责任公司技术开发中心

摘要

随着国内被动房技术的引入，建筑气密性作为被动房的一个关键技术要点而受到关注，但目前国内普通节能建筑对气密性不做要求，也没有相关气密性材料产品和标准。针对这一情况，本文对目前市面上常用的气密性材料进行梳理分析，提出不同气密性材料的适用性，并结合不同建筑的结构特点，总结提出相应的气密性关键节点及处理措施。

引言

建筑物气密性是影响建筑供暖能耗和空调能耗的重要因素。空气渗透引起的热损失占建筑热负荷的25%~50%，Caffey 认为冷热负荷中 40% 由空气渗透引起，Persily 得出的比例为 33%。随着被动房等技术的引入，建筑气密性对能耗的影响也越来越受到重视，建筑的气密性措施也成为建设被动房等超低能耗建筑的主要技术措施之一。但是，由于普通节能建筑对气密性不做要求，所以建筑用气密性材料的相关标准体系还没建立，目前用的产品也都是依赖进口。本文主要基于前期的调研工作，对目前国内使用的气密性专用材料和技术措施进行梳理。

专用气密性材料种类

目前，国内市面上专用的气密性材料包括气密性薄膜和气密性胶带，国外应用较多的气密性产品则鲜有使用。一般生活和工程中常用的封堵材料如普通胶带、发泡聚氨酯泡沫、硅酮胶、保温板、木板等不能作为气密性材料使用。一般气密性材料可按照两种方式进行归类：基底材料不同和使用方式不同。

（1）按照基底材料来分，气密性材料的基底材料主要有无纺布基、塑料基、纸基、铝箔基四种，如图 1 所示。

无纺布基　塑料基　纸基　铝箔基

图 1　不同基材的气密性材料

（2）按照使用方式来分，有自粘型气密性胶带、胶粘型气密性胶带、胶粘型气密性薄膜，如图 2 所示。自粘型气密性胶带为自身产品带有胶，只要撕掉背底纸就可以粘贴。胶粘型气密性胶带为产品本身不可直接粘贴，需要配合专用胶进行粘贴。胶粘型气密性薄膜一般需要双面丁基胶或是气密性胶带进行粘贴。

自粘型气密性胶带　　胶粘型气密性胶带　　胶粘型气密性薄膜

图 2　不同使用方式的气密性材料

气密性材料的适用性

气密性胶带有无纺布基、塑料基、纸基、铝箔基等不同基底材料种类，不同基底材料的气密性胶带决定其适用的粘贴基面不同。气密性薄膜主要是无纺布基的。其中，塑料基、纸基、铝箔基气密性胶带可适用于薄膜、木材、石膏纤维板、金属、硬塑料类的材料面；无纺布基气密性胶带的适用范围最广，除上述材料基面外，还能用于混凝土、砖石上。无纺布基的气密性薄膜主要用于对大面进行整体气密性密封，对于不同基面可选用适用的气密性胶带进行粘贴，因此气密性薄膜对粘贴基面没有适用性范围要求。建议在气密性产品选用过程中向厂商咨询适合的气密性产品以及使用的相应建议，不同厂家不同产品的具体使用条件及适用环境可能不同。

不同结构建筑的气密性处理措施

建筑结构形式不同，需要进行气密性处理的部位和采用的气密性措施就会有所不用。我国目前主要的建筑形式包括现浇结构、装配式结构和少量的木结构，现浇结构又分框架结构和现浇剪力墙结构，装配式结构又分钢结构和混凝土结构等。

1. 框架结构

框架结构建筑的气密性关键节点包括外窗与外墙间的缝隙、穿墙管道与外墙间的缝隙、外墙部位的开关或电线盒、穿外墙电线、二次砌筑部分与现浇混凝土部分的缝隙、二次砌筑部分。不同节点的气密性措施如下（图 3）：

（1）外窗、穿墙管道与外墙间的缝隙，采用气密性胶带密封；

（2）所有外墙部位的开关或电线盒，采用涂抹石膏或黏结砂浆密封；

（3）穿外墙电线（如连接室外照明、外遮阳以及室内插座等），采用气密胶封堵，或采用专用气密性部品处理；

（4）二次砌筑部分与现浇混凝土部分的缝隙，采用气密性胶带粘贴；

（5）二次砌筑部分，宜采用抗裂砂浆抹灰 15 mm 以上且加铺玻纤网。

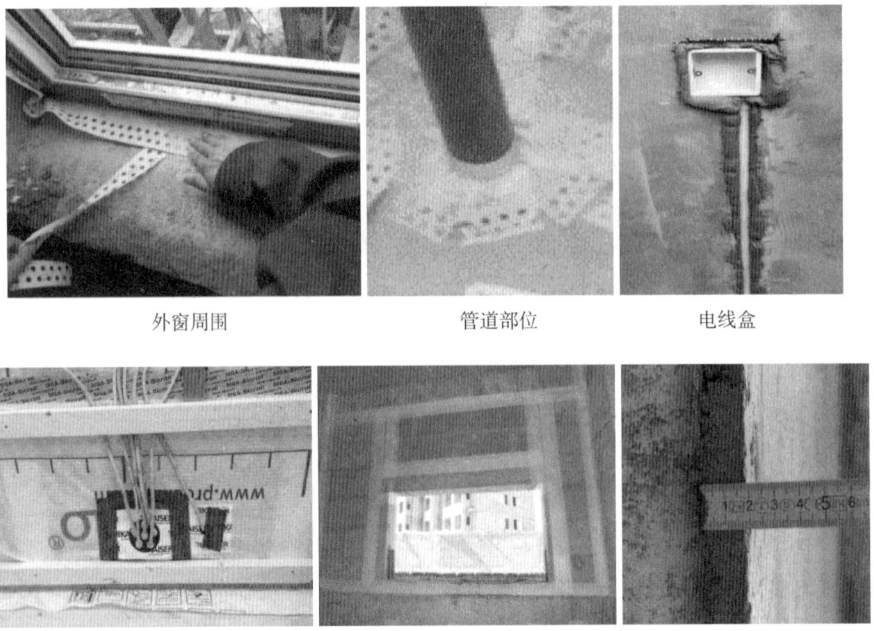

外窗周围　管道部位　电线盒

穿墙电线　不同结构墙体交界处　砌块结构墙体

图 3　框架结构建筑气密性措施

2. 现浇剪力墙结构

现浇剪力墙结构的气密性关键节点包括外窗与外墙间的缝隙、穿墙管道与外墙间的缝隙、穿外墙电线和外围护结构剪力墙上的模板支护螺栓孔。上述气密性节点除剪力墙上的模板支护螺栓孔是现浇剪力墙结构特有的以外，其余节点的做法均与框架结构相同。剪力墙上的模板支护螺栓孔的气密性措施：去除螺栓孔内的塑料管并填充水泥砂浆，水泥砂浆填充密实可起到气密性效果。

3. 钢结构

钢结构建筑主要是靠钢骨架承重受力，而一般外围护结构会采用外挂 PC 构件、蒸压加气混凝土墙板、轻质砌块墙体或是直接在钢框架内填充保温材料等。钢结构建筑的气密性处理节点主要有钢结构骨架与墙板间的结构缝、墙板之间的拼接缝、墙板本身的孔隙。但外墙板不同，气密性处理节点和处理措施也会有所不同，可总结为以下三类情况。

（1）外墙板是 PC 构件。此类外围护结构存在钢结构骨架与墙板间的结构缝、墙板之间的拼接缝，该类缝隙可采用气密性胶带密封，气密性胶带粘贴长度宜超出缝隙边界 50 mm，缝隙两边的粘贴宽度宜不小于 30 mm。PC 构件墙板本身是预制混凝土制品，具有很好的气密性，PC 构件墙板本身不需要再做气密性处理。

（2）外墙板为蒸压加气混凝土墙板或是轻质砌块墙。此类外围护结构除存在钢结构骨架与墙板间的结构缝、墙板或砌块之间的拼接缝之外，还有一个较大的气密性缺陷在于墙板本身应用的材质具有很多孔隙，需要对整体墙面进行气密性处理。一般可在对缝隙采用气密性胶带进行密封后，再采用一定厚度的抹灰方式进行大面气密性处理，如图 5 所示。

图 5　蒸压加气混凝土板的板缝进行气密性处理

（3）外墙采用钢龙骨内部填充保温材料做法。对于此种外墙做法的气密性处理方式可借鉴国外木结构被动房的气密性处理措施，在钢结构内侧大面采用气密性薄膜覆盖在室内侧，构造完整的气密层。

4. 装配式混凝土结构

装配式混凝土结构建筑有很多种结构形式，如装配式框架结构、装配式剪力墙结构、装配式外墙板结构等，但无论是哪种形式的装配式，都有同一个气密性特点，即外围护结构有很多缝隙，其气密性处理方式与钢结构有点相似，首先是要将装配式结构中现浇的结构梁、柱与墙板间的缝隙采用气密性胶带进行粘贴，而后根据不同外墙材质进行气密性处理。

（1）装配式框架结构主要是墙体采用轻质砌块墙，需要对墙体大面采用抹灰的方式进行气密性处理。

（2）装配式剪力墙结构的墙体材质本身不需要再进行气密性处理，只需要将剪力墙的缝隙采用气密性胶带进行密封。

（3）装配式外墙板结构，如果采用蒸压加气混凝土墙板，则需要对整个墙面进行气密性处理，可采用抹灰方式进行气密性处理，也可大面采用气密性薄膜进行密封，如图 6 所示。

图 6　装配式结构内部全部粘贴气密性薄膜

5. 木结构

木结构建筑在国内新建建筑中并不多，但在国外较为普遍。木结构的围护结构需根据采用的木材密实性来确定木板本身可否作为气密层的一部分，如果不行则需要采用气密性薄膜对整个木结构部分进行气密性处理，如木结构屋顶、外墙等部位，薄膜和薄膜的交界处搭接约 10 cm，搭接部位可采用纸基或塑料基气密性胶带粘贴或是采用双面丁基胶带粘贴，在外窗、穿墙管道与外墙的缝隙采用气密性胶带粘贴或是气密性部品，并且木结构外墙与混凝土交界处也采用气密性胶带粘贴，如图 7 所示。

图 7　木结构气密性措施

总结

结合气密性材料特性和建筑特点，选择合适的气密性材料进行气密性处理。目前，国内最常用的有无纺布基、塑料基、纸基、铝箔基的气密性胶带，还有无纺布基气密性薄膜，其中无纺布基的气密性胶带适用范围最广。我国目前主要的建筑形式包括框架结构、现浇剪力墙结构、钢结构、装配式混凝土结构和木结构，不同结构的建筑存在不同的气密性节点和相应的处理措施。

参考文献

[1] 丰晓航，燕达，彭琛，等. 建筑气密性对住宅能耗影响的分析 [J]. 暖通空调，2014(2):5-14.

[2] YOUNES C, SHDID C A, BITSUAMLAK G. Air infiltration through building envelopes: a review[J]. Journal of Building Physics, 2012, 35(3): 267-302.

[3] CAFFEY G E. Residential air infiltration[J]. ASHRAE Transactions, 1979, 85(9): 41-57.

[4] PERSILY A K. Understanding air infiltration in homes[M]. Princeton: Center for Energy and Environmental Studies, Princeton University, 1982.

[5] 谭令舸. 施工中提高建筑气密性的关键技术研究 [J]. 城市建筑，2017(9):92-93.

[6] 吴自敏，楚洪亮，尹述伟，等. 钢结构被动式超低能耗建筑气密性处理措施 [J]. 建筑节能，2018，46(6): 106-109.

高层建筑的气密性测试

迈克·迈耶－奥伯斯莱本 / 迈耶奥伯斯莱本工程师事务所

引言

被动房需要密闭，欧洲人已经深知这一点，但该观念在亚洲人中并不普及。此外，建筑技术也存在差异，亚洲与欧洲采用的技术略有不同。

这就是难以在亚洲建造被动房的原因。许多专用建材尚未出现在亚洲市场，必须从世界其他地区进口，从而导致材料价格上涨，而投资者可能不想承担这些额外费用。此外，相关人员（设计师、工程师和工匠）也并不熟悉这些技术，他们甚至不知道为什么需要实现气密性。

在亚洲，尤其是中国，人们也建造“小型”建筑物，但大多数建筑物都是 10 层或以上的高层建筑。测量高层建筑的气密性不是一件易事，可能会出现很多错误。

高层建筑的气密性测试需要符合哪些要求以及当试验结果可以重现时应牢记哪几点？

经认证的建筑

2018 年 7 月，我们测量了唐山曹妃甸新城 40# 楼的两个楼梯。

40# 楼是一座正在大规模建造中的多户住宅。该建筑为 9 层以上，带有地下室。从大楼的两个楼梯可以进入公寓，因此我们必须进行两次不同的测量。

高层建筑测量中存在的问题

在测量高层建筑时，会遇到一些在测量低层建筑时不存在的问题。这些问题是由于室内外温差、建筑物几何结构和风引起的高压变化造成的。

风对高层建筑具有很大影响，因此最好在风速较低时进行测量。

当压力损失过大时，建筑物的几何形状也会引起一些问题。在前往建筑工地之前，必须在办公室评估建筑物的几何形状。需要注意的是，流动的空气不得通过太多的瓶颈区，否则会造成大量的压力损失。例如在通过一个 1 m × 2 m 的收缩区（如一个住宅门）时，一台明尼阿波利斯鼓风机（约 7 000 m^3/h）的气流会造成 2 Pa 的压力损失，两台鼓风机（14 000 m^3/h）会造成 6 Pa 左右的压力损失，三台鼓风机会在同一收缩区造成约 20 Pa 的压力损失——收缩引起的压力损失是非线性的。

为了防止出现这些问题，需要在建筑物的不同部位使用更多的鼓风机。

较高的温差会导致建筑物中形成不同的高压区域。如果室外温度更低，则建筑物顶部会形成一个超压区，而底部形成一个欠压区。不存在室内外压力差的区域位于建筑物中间的某个位置——精确的位置取决于泄漏的位置。如果室外温度更高，压力区则相反，在建筑物顶部有一个欠压区，而底部有一个超压区。同样，零压力区位于建筑物的中间。

为了保持建筑物顶部和底部之间的较小压力差，应当在温差较小时进行测量，因为此时的热升力基本得到了补偿。

如果在高层建筑中进行测量，必须注意以上特殊要点。

实施测量

我们在 2018 年 7 月进行了测量，当时室外温度远高于建筑物室内温度。因此，我们发现建筑物内部存在负热升力，底部有一个超压区。

对于高层建筑和有众多分支的建筑物，不仅要求在安装鼓风机的底部（第一层）测量自然压力差，还必须在距离鼓风机最远的建筑物顶部或房间里测量压力差。

在当天开始时，我们测得右楼梯底部的超压为 9.2 Pa，顶部欠压为 -10.4 Pa；外部温度为 29.5 ℃，内部温度为 20.5 ℃。

为了补偿压力差和负热升力的影响，我们打开了建筑物底部和顶部的几扇窗户。建筑物内部温度上升到 24.5 ℃，热升力几乎消失。在用外部空气“加热”建筑物一小段时间之后，我们测得右楼梯底部的超压仅为 3.8 Pa，左楼梯底部的超压为 4.4 Pa。

由于建筑物的尺寸（6 667 m^3 净空气量）及几何形状，我们可以分别用一台鼓风机来测量。我们把鼓风机安装在建筑物底层公寓的阳台门上。由于楼梯足够宽，因此公寓门是唯一的收缩区，这样做造成了大约 2 Pa 的压力损失。

在测量过程中，按惯例密封通风和卫生系统的管道，而不用进行其他临时密封，关闭前门、地下室门和所有窗户。由于公寓没有门，不需要打开并固定它们。

安装测量系统后，我们打开鼓风机，在建筑物的所有部位产生了至少 50 Pa 的欠压。然后我们检查整座建筑中的各种气流和泄漏处，并由建筑物内的工匠迅速密封我们发现的所有泄漏处。

最后，我们进行了常规测量，收集了超压和欠压情况下的数据。有必要确保建筑物的每个部位有相同的压力类型，所以在开始数据收集时必须检查这一点。

结果

被动房研究院（PHI）对建筑物围护结构气密性的要求高达 75%，而结果显示，在建筑物的两个楼梯中，右楼梯换气次数为 0.15/h，左楼梯换气次数为 0.14/h。

我们进行的测量符合标准 EN 13829。

在这座建筑物的附近有几座相同的建筑物，它们都应该是被动房，但只有 40# 楼通过了 PHI 认证，因此我们没有在其他建筑物中进行任何测量。

我们按中国的标准对周围所有其他建筑物进行了评估。正如现场管理人员所说，这些建筑物也进行了气密性测量，但只测量部分示范住宅，而非整座建筑物。

在完成测量后，我受邀参加了两座建筑物的测试，即使未使用测量设备，我也发现了建筑物围护结构中的几处泄漏。但进行气密性测试的技术人员未发现这些泄漏处，因为他们并没有进入所有住宅。

前景

从中国的第一栋被动房——上海的“汉堡之家”，到青岛的“Erlebniszentrum 被动房”、高碑店的“被动房博物馆”、长兴的“布鲁克”被动房、左州和哈尔滨的一间办公室和一座酒店、乌鲁木齐的“der Seidenstraße 被动房”、曹妃甸新城 40# 楼、佛山的生物木建筑“穹顶之家”、临朐县和阿斯塔纳的预制建筑以及其他一些有趣的项目，如哈尔滨的世界第一家被动房工厂（Fa.SAYYAS），迄今为止已经积累了很多良好经验。

对于遇到的所有问题，可以通过研讨会和进行 25 次以上的测量，与工匠一起解决。

链接

您可以扫描下面两个二维码下载两本 FLiB 手册,以了解有关建筑物围护结构气密性的更多信息。

FLiB 手册,第 1 部分

FLiB 手册,第 2 部分

被动式超低能耗绿色建筑改造项目的施工控制与能耗运行——以朗诗华北被动房体验中心为例

白羽 / 北京市住宅建筑设计研究院有限公司 / 高工；
钱嘉宏 / 北京市住宅建筑设计研究院有限公司 / 教授级高工；
刘郁林 / 北京市住宅建筑设计研究院有限公司 / 高工；
秦枫 / 朗诗地产北京公司 / 高工；
朱小红 / 北京市住宅建筑设计研究院有限公司 / 高工

摘要

朗诗华北被动房体验中心项目已于2018年2月28日获得PHI Plus级别认证，于2018年4月投入体验使用。本文针对该项目如何实现被动式超低能耗建筑的改造，从施工与运行角度，介绍与分析不同部位的施工与建造过程，并结合项目实际使用情况，分析其能耗运行，总结既有建筑实现被动式超低能耗建筑的项目实践经验。

简介

本项目为国内第一个获得德国PHI Plus级别认证的项目，也是国内首个获此殊荣的既有建筑被动房改造项目。本项目位于北京八达岭经济开发区风谷四路8号院22号楼，原有建筑的性质不变，使用功能调整，除主体结构外全部拆除。改造后建筑功能为被动房体验中心，总建筑面积568.46 m^2，建筑高度为9.75 m；首层为被动房展厅，含展览、接待、会议、办公等功能空间；二层为被动房体验间，含两套住宅户型，首层层高4.2 m，二层层高3.9 m，南侧、西侧分别加设阳台，在满足功能需求的同时起到水平遮阳作用；屋顶设有光伏发电系统（现状），即发即用，并增加太阳能集热系统。

本项目技术要点包括：高性能的围护保温结构、高性能被动房外窗外门、无热桥节点处理、连续完整的建筑气密层设计、高效的热回收新风系统、光伏发电、太阳能热水系统的可再生能源利用技术。

本项目实施前后分别如图1和图2所示。

图1　改造前实景

图 2　改造后实景

施工工序

本项目施工工序组织见表 1。

表 1　项目施工工序组织

<table>
<tr><td>序号</td><td colspan="7">施工工序</td></tr>
<tr><td>一</td><td colspan="7">拆除(保留结构主体等)</td></tr>
<tr><td>二</td><td>二次结构施工</td><td colspan="6">围护结构外墙砌筑、阳台加建、女儿墙、预埋件等</td></tr>
<tr><td rowspan="3">三</td><td rowspan="3">被动房系统施工</td><td>1</td><td>气密性处理(一):构造气密性、穿外墙管气密性</td><td>2</td><td>断热桥安装(室外遮阳支架)</td><td>3</td><td>门窗安装</td></tr>
<tr><td>4</td><td>气密性处理(二):门窗、穿屋面管</td><td>5</td><td>新风系统安装</td><td>6</td><td>保温施工(外墙、屋面、基础、地面)</td></tr>
<tr><td>7</td><td>气密性检测</td><td>8</td><td>外遮阳系统</td><td>9</td><td>其余系统设计</td></tr>
<tr><td>四</td><td colspan="7">设备系统调试</td></tr>
<tr><td>五</td><td colspan="7">精装</td></tr>
</table>

施工控制

(1)拆除:拆除原有门窗与围护结构砌块墙,保留主体结构、基础、柱、梁、楼板、屋面结构。

(2)二次结构施工:根据新的被动房设计,进行围护结构外墙砌筑、阳台加建、女儿墙、预埋件等工序,完成二次结构施工。

(3)气密性处理(一):气密性保障应贯穿整个施工过程,在施工工法、施工程序、材料选择等各环节均应考虑。本工程主体结构为框架结构,在二次结构施工中,结合施工工序,完成外填充墙与原有结构主体连接处、穿墙管道等关键部位的气密性处理。与外界相连的不同构造材料交接处粘贴气密性胶带、穿外墙管粘贴气密性胶带(室内侧为隔汽气密性胶带,室外侧为防水气密性胶带)。

(4)断热桥安装:二次结构施工完成后,安装室外滑动遮阳百叶支架,隔热垫块采用玻璃纤维板,门窗下口采用木隔热垫块。

(5)门窗安装:采用塑钢窗、铝包木外窗、木索结构窗,整窗传热系数为 0.8 W/(m^2·K)。外挂安装窗户、窗框与结构墙间的缝隙处装填预压自膨胀缓弹海绵密封带,外窗洞口与窗框连接处进行防水密封处理,室内侧粘贴隔汽膜,室外侧采用防水透气膜处理,外墙保温层应包裹窗框≥ 25 mm,窗框未被保温层覆盖部分不宜超过 10 mm。

(6)气密性处理(二):门窗安装中的气密性处理包括沿门窗四周粘贴气密性胶带、发泡胶填充缝隙、室内气密性胶带、抹灰;穿屋面管气密性做法同穿外墙做法。

（7）高效热回收新风系统安装：本项目采用新风热泵式空调一体多功能机组，共 4 台。新风采用高效除霾热回收机组，承担室内冷热负荷；新风设置预热装置；显热回收效率为 88%；平均耗电量为 0.40 W · h/m³；通风电力需求为 0.45 W · h/m³（最大风量下）；新风过滤网等级为 F7，回风过滤网等级为 G4；新风口在起居室、卧室外墙；回风口在厨房、卫生间。

（8）保温施工（外墙、屋面、基础、地面等）。

①外墙：粘贴 250 mm 厚石墨聚苯板，传热系数为 0.13 W/（m² · K），保温板平整紧密地粘贴在基墙上，避免出现空腔；保温板外部表面缝隙或局部缺陷，采用发泡保温材料进行填补。

②屋面保温：结构板上采用 300 mm 厚挤塑聚苯板，结构板下采用 100 mm 厚岩棉，传热系数为 0.10 W/（m²·K）；光伏基础墩采用 300 mm 厚挤塑聚苯板包裹，保温连续，防止冷桥发生。

③基础保温：与土壤接触的地下外墙基础、柱子基础外粘贴 250 mm 挤塑聚苯板保温。

④地面保温：采用 140 mm 厚挤塑聚苯板，传热系数为 0.24 W/（m²·K）。框架柱结构之间采用 140 mm 厚泡沫玻璃，保证基础保温与地面保温的连续。

⑤对管线穿外墙部位进行封堵，确保封堵紧密充实。

（9）气密性检测：门窗安装完成后进行气密性检测，检查所有角落、门窗、插座、气密层穿透处、不同材料的连接处。在 50 Pa 的室内外压力差下，本项目气密性检测值 N_{50}= 0.21/h。

（10）外遮阳系统：本项目外遮阳设计采用导轨滑动式可移动外遮阳。

（11）其余系统设计。

①厨房和卫生间通风措施。

②特殊部位处理。

③可再生能源利用：太阳能热水系统、光伏发电（120 片光伏板），每年光伏发电量 3.6 万 kW · h，本项目平均每年每平方米可节约 62 度电。

部分施工过程控制实景如图 3 所示，部分施工过程控制节点如图 4 所示。

图 3 施工过程控制实景

图 4　施工过程控制节点

能耗运行

能源管理平台（图 5）包含的模块有能耗监测（按体验区分别计量，按空调、照明、插座等功能分别计量）、环境监测（PM2.5、CO_2、温度、湿度、TVOC）、壁温监测（东西南北侧墙壁温度、窗户内外表面温度、屋顶内外表面温度）、能耗分析、运行记录。

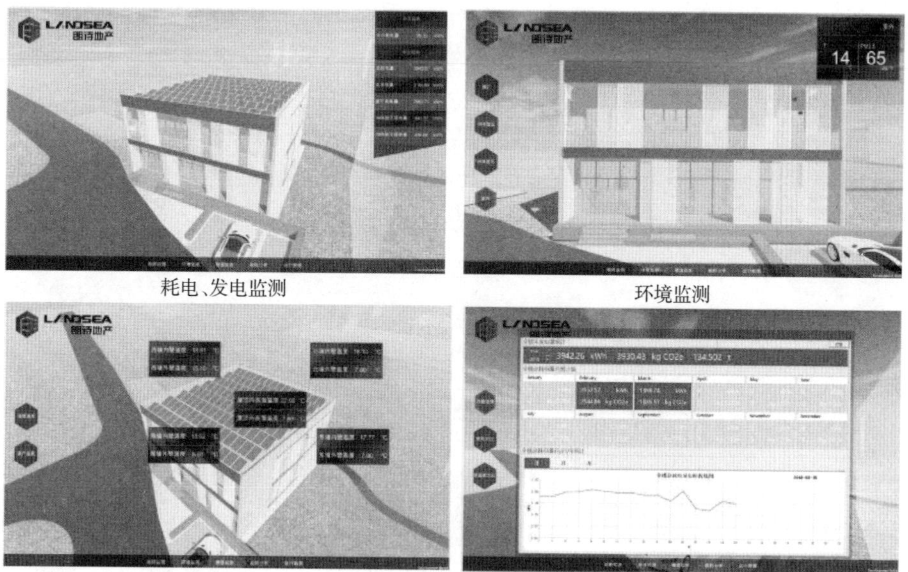

图 5　能源管理平台运行

通过 3—7 月能耗数据的分析与推算，该被动房不可再生的一次能源的值为 111.9 kW · h/(m^2 · a)，与 PHPP 软件的计算结果 94 kW · h/(m^2 · a)接近。空调制冷和供热用电量（包括风机电耗）高于 PHPP 软件的计算结果，分析原因是空调的使用时间和使用方式与软件计算设定不同。在 PHPP 软件的计算中，按公共建筑设计，空调运行时间为 10~11 h，每周运行 5 d，与实际被动房空调间歇性开启、运行时长相差较大；并且在过渡季，空调也经常开启。家电及照明、生活热水的用电量低于 PHPP 软件的计算值。

通过对各个分区的温度、相对湿度、PM2.5 浓度、CO_2 浓度参数进行监测，实时掌握被动房内部环境指数，由分析可知被动房及其空调设备对维持室内空气品质有一定的优越性，但缺乏正确节能使用方法，根据展厅、体验区的实际使用需求，应制定可行性的用户健康使用手册，从而实现良好的节能运行模式。

参考文献

[1] 住房和城乡建设部. 被动式超低能耗绿色建筑技术导则（试行）（居住建筑），2015.

[2] 北京市住房和城乡建设委员会，北京市财政局，北京市规划和国土资源管理委员会. 北京市超低能耗建筑示范工程项目及奖励资金管理暂行办法（京建法〔2017〕11 号），2017-6-30.

[3] 中国建筑标准设计研究院.16J908-8 被动式低能耗建筑——严寒和寒冷地区居住建筑. 北京：中国计划出版社，2017.

[4] 贝特霍尔德·考夫曼，沃尔夫冈·费斯特. 德国被动房设计和施工指南 [M]. 徐智勇，译. 北京：中国建筑工业出版社，2015.

中国被动式超低能耗建筑全过程质量控制的实践与思考

彭梦月 / 中华人民共和国住房和城乡建设部科技与产业化发展中心 / 研究员、副处长

摘要

本文介绍了我国被动式超低能耗建筑的发展现状以及采用基于第三方咨询的全过程质量控制模式的必要性;通过对全过程质量控制案例的分析,阐述了如何通过设计审核、现场施工质量控制和试验监督等措施来保证中国被动式超低能耗建筑的精细化设计和高质量施工;并提出了关于中国被动式超低能耗建筑的规模化和高质量发展的建议。

全过程质量控制的必要性

为了应对气候变化和极端天气,实现可持续发展战略,欧美等发达国家都积极制定了降低建筑能耗的中长期发展目标,推动建筑从超低能耗建筑向近零能耗建筑、零能耗建筑和产能建筑发展已经成为全球建筑节能的发展趋势。中国也在积极推动超低能耗建筑和近零能耗建筑的发展,它可以大幅降低建筑能耗,显著提升和改善人居环境,减轻空气污染,提高建筑质量,延长建筑寿命,有利于能源和经济结构的调整,带动建筑产业转型升级。同时,超低能耗建筑采用优质产品、精细化施工方法以及智能化运营和管理模式,充分彰显了我国优质绿色发展的精髓。

自 2010 年以来,通过依托中德“建筑能效提升”国际合作项目,借鉴德国被动房理念和标准,中国已开展了适合中国国情的被动式超低能耗建筑(以下简称“超低能耗建筑”)的技术标准研究和工程示范。2017 年,住房和城乡建设部在《建筑节能与绿色建筑发展“十三五”规划》中提出:“积极开展超低能耗建筑和近零能耗建筑建设示范,在具备条件的园区、街区推动超低能耗建筑集中连片建设,到 2010 年建设 1 000 万平方米以上的超低能耗和近零能耗建筑示范工程。”在国际合作示范引领和宏观政策引导下,有关省市针对超低能耗建筑示范推广纷纷提出发展目标,不断出台财政补贴、面积奖励和税费减免等经济激励政策,促进各地国内外示范项目蓬勃发展,取得了丰硕成果。在国际示范方面,截至 2019 年 6 月,共计有 35 个中德合作的高效能建筑 - 被动式超低能耗建筑示范项目,遍布 13 个省(直辖市),总面积约 38 万平方米;中国共有 21 个被动房项目通过德国被动房研究院(PHI)认证,总面积约 5.95 万平方米。在国内示范方面,河北、北京、山东、河南和江苏等先锋省市在本地超低能耗建筑示范方面成绩瞩目:截至 2018 年底,北京市示范项目总计 26 个,示范面积 47.1 万平方米;河北省示范项目近 30 个,总建筑面积约 213.4 万平方米;山东省示范项目 42 个,总建筑面积约 78 万平方米。示范项目涵盖住宅、办公楼、学校、幼儿园、展览馆和保障房等主要建筑类型,并涌现了多个 10 万平方米以上连片开发的超低能耗示范小区。

超低能耗建筑在我国发展时间不长,技术难度较高,设计、施工、监理等能力薄弱,高品质系统供应商缺乏。为了保证项目实施效果,我国超低能耗建筑项目普遍采用了基于第三方咨询的全过程质量控制模式,与传统的建筑节能设计咨询模式相比,其具有以下优势:①通过设计和施工阶段的专业技术培训,设计、施工和监理人员能够迅速掌握设计理论和实际操作方面的专业知识与技能;②突破了传统节能建筑在方案设计、施工、选材和竣工验收等方面各自为政的壁垒和相互脱节的矛盾,保证了设计与施工的联动、全过程的优化以及施工的可操作性,有效地解决了建筑设计与实际操作之间的性能错配问题;③与传统项目关注前期评审和事后整改而忽视过程管理的缺点相比,实现了全过程控制和质量可追溯性,可以及时在施工过程中进行方案调整、质量整改,达到精细设计和施工的目的。

全过程质量控制实践与案例分析

中国超低能耗建筑的全过程质量控制贯穿设计、施工和验收的各个阶段，包括设计理论培训、扩初设计指导、能耗模拟计算、设计图纸审查、施工培训、施工现场工程质量检查、建材部品筛选、建筑气密性和热工缺陷测试指导等，具体参见图 1。设计审查和施工质量监督是全过程质量控制的核心。

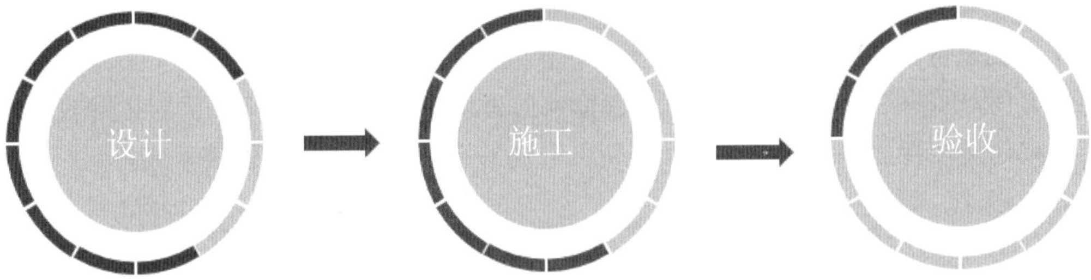

- 设计理论培训
- 能耗模拟计算
- 扩初设计指导和施工图纸审查

- 施工培训交底
- 重要施工节点的现场质量监控
- 关键产品的技术筛选

- 气密性测试指导
- 热工缺陷测试指导
- 质量标识认证

图 1　全过程质量控制流程

设计核查

设计核查内容包括：检查影响节能目标的结构设计是否合理；建筑外围护结构的热工技术参数是否符合标准要求；气密层、保温圈是否完整；采光组件比例是否合理；根据无热桥和气密性原则设计的关键节点的施工方法和连接细节是否完备恰当，如外墙－外墙、外墙－内墙、外墙－阳台、外墙－地面、外墙－女儿墙－屋面、外门窗－遮阳等；建筑采暖、制冷、新风系统、生活热水制备和储能系统等功能设计是否适宜可行，如新风口、出风口和排风口位置以及新风管道布置是否合理；管道是否有隔音降噪措施；采暖、制冷、生活热水以及热交换器和外围护结构之间通风管道是否有适当厚度的保温材料；新风系统是否有防冻融处理，且方案可行；卫生间排气方式是否合理等。

通过对国内 20 多座超低能耗建筑物的图纸进行检查，我们发现，由于设计人员缺乏经验，在非采暖地下室外墙与内隔墙、外门窗（图 2 和图 3）、阳台、穿围护结构管道、雨棚等热桥部位缺乏断热桥设计和连接细节、屋面防水保温构造不合理、门窗防水气密膜粘贴位置不当等问题非常突出。设计核查重点关注上述部位的构造方法，并提出优化意见，例如对于热桥部位，可通过连续不间断的保温或延伸保温、在基墙与金属支架（角码）之间增加隔热垫块、安装断热桥构件等来实现设计优化。

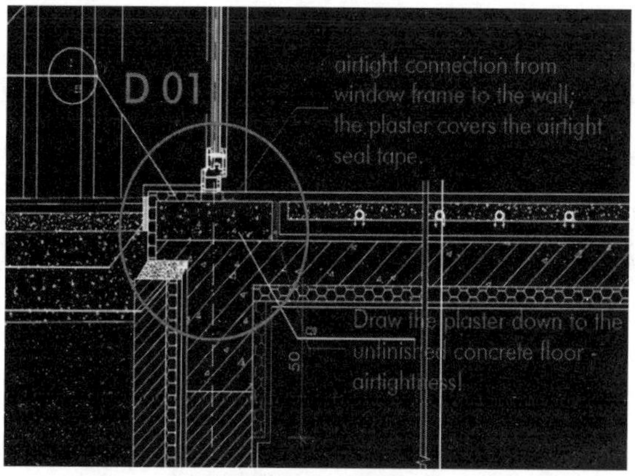

图 2 地下室外墙和外窗热桥节点优化

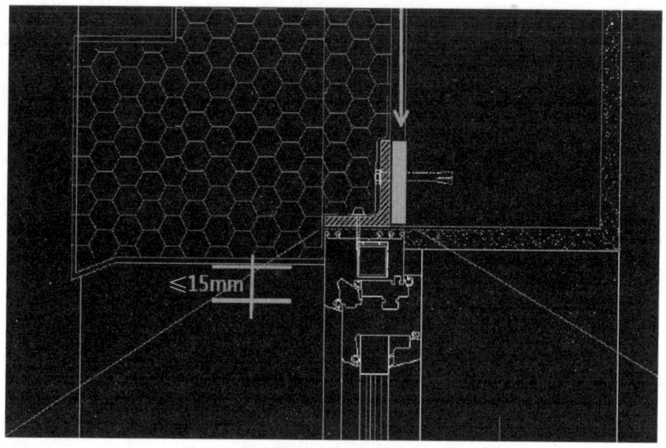

图 3 外窗安装热桥及窗框保温节点优化

过程质量控制

所谓“三分设计、七分施工”,精细化施工是保障超低能耗建筑质量的关键。我国目前还缺乏较完备的超低能耗建筑施工及验收规程,大多数施工人员不了解超低能耗建筑的施工工艺和材料部品性能,因此咨询单位必须在施工前对施工监理人员进行关键节点工艺做法的培训,并在整个施工过程中多次进行现场检查,以进行质量控制。在项目质量控制实践中,我们发现了几个比较突出的问题(参见图 4):①尚未完全确立选择系统供应商的理念,单一产品部品的采购模式导致不同厂家之间产品匹配性和兼容性差,容易出现质量问题,且无法追究主体责任,如透气性差的饰面材料与外墙保温系统不匹配、屋面防水材料不兼容等;②在施工工艺、工序、节点构造等方面存在错误,如岩棉防火隔离带系统中未铺设网格布附加层,屋面防水保温构造错误或材料性能不匹配造成卷材和保温层脱落而导致屋面漏水,采用非气密材料做气密封堵,穿外围护结构的管线、插座或窗户周围未进行气密性处理或气密性构造不完整,用砂浆填充保温板缝隙,穿外围护结构管道未做保温而形成热桥;③选用的材料部品不合格,例如门窗缺少三道密封条或密封条断裂变形、外门型材无耐用性和强度、非断热桥的锚栓和防水膜无延展性等;④施工现场的粗放管理、多工种交叉作业和管理混乱造成部品损坏,例如通过外窗运输物料造成的外窗污染损坏和新风系统安装过程中未做防护造成管道内污染以及岩棉在雨天未能及时防护造成吸水等。通过对材料部品质量、节点构造、施工质量提出建议和整改意见,可以确保超低能耗建筑的高质量。

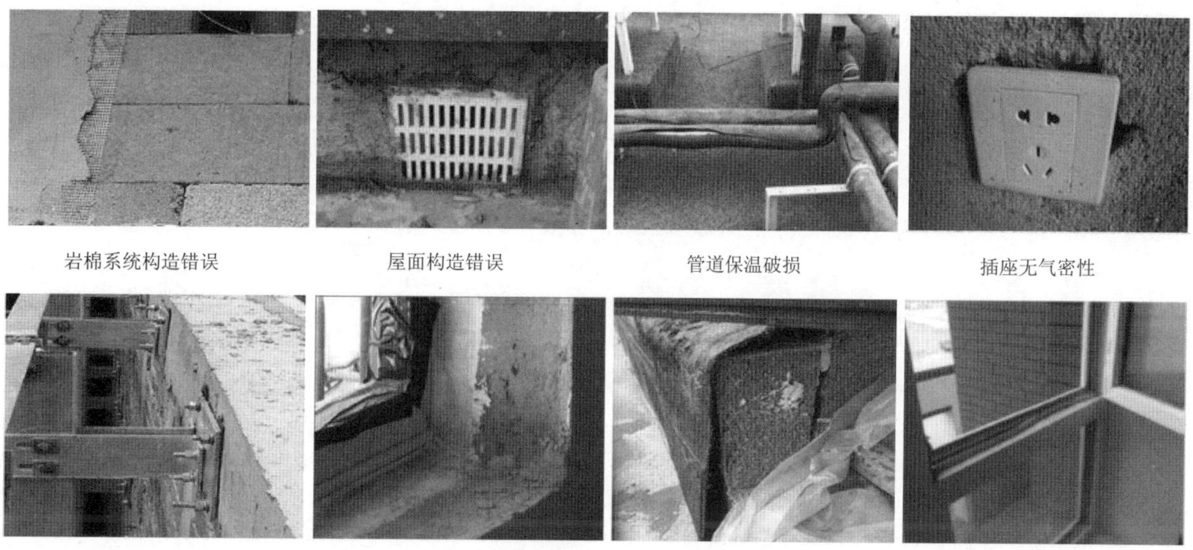

岩棉系统构造错误　屋面构造错误　管道保温破损　插座无气密性

无断热桥　窗口气密性不完整　保温变形和卷材脱落　缺乏耐久性的密封条

图 4 超低能耗建筑施工期间的质量问题

验收测试

超低能耗建筑验收采用国际公认的“鼓风门气密性测试法”，随着超低能耗建筑的普及，这种方法逐步在中国得到广泛应用。为了确保测试结果的准确性，咨询单位会对测试过程进行监控，就测试前准备、测试方法以及在测试过程中气密性漏点查找等提出建议，例如在测试过程中，咨询人员会使用烟管、打火机或风速测量计排查包括门窗锁点、门窗型材边缝、铰链、开关插座、地漏、线缆孔和排风管等处的漏点，以进一步确认围护结构的缺陷，为下一步施工整改和运营管理提供建议。

讨论和建议

全过程质量控制的实践暴露了中国超低能耗建筑发展初期过程中存在的诸多质量问题。为促进超低能耗建筑的健康有序发展，我们提出以下建议：①通过技术培训加强全产业链人才培养，加强岗位技能提升培训，促进建筑业农民工向技术工人转型；②进一步加强超低能耗建筑的技术研发和集成创新，不断扩大和完善超低能耗建筑产业链，实现建筑节能产业的升级换代；③建立和完善设计、施工、验收和认证各个环节相关的技术标准，建立第三方产品技术认证机制和认证目录；④大力推广和规范基于第三方咨询的全过程质量服务机制，将现有的全过程质量控制服务链延伸到建筑物的运行监控和后评估服务领域，这不仅可以优化设计和运行，还可以为高效节能建筑的绿色金融融资提供第三方技术支持和保障。

参考文献

贝特霍尔德·考夫曼，沃尔夫冈·费斯特. 德国被动房设计和施工指南 [M]. 徐智勇，译. 北京：中国建筑工业出版社，2015.

专题论坛 3

通风系统规划

高层既改建筑的创新策略
——意大利特伦托市托里·麦当娜·比安卡 Torri Madonna Bianca 案例

伊利安娜·伊安诺内 /ZEPHIR（意大利被动房屋企业）
安德烈·波恩特根·凯泽 /Studio Bombasaro
弗朗西斯科·内西 /ZEPHIR（意大利被动房屋企业）

引言

意大利的大量现有住房建于第二次世界大战后的经济和城市大发展时期，这些住房总体上质量基本达标，没有重大隐患。意大利近 50% 的住房建于 1945—1970 年。这些建于 20 世纪 60 至 70 年代的建筑中，有一部分专门用作社会住房，经过近 50 年的使用，现在急需进行改造干预。

这种干预的主要特点是需要：

（1）低预算内的综合能源改造；

（2）住宅建筑的翻新干预；

（3）建筑改造。

本文对位于托里·麦当娜·比安卡现代社会住房区的 3 座塔楼在改造时所涉及的解决方案和挑战进行讨论，其中提出的干预措施是欧洲项目“星尘（Stardust）”的一部分。

托里·麦当娜·比安卡（MB）案例研究

MB 住房区是 20 世纪 70 年代特伦托地区最重要的社会干预住房。特伦托地区位于意大利北部，气候温暖。特伦托市的这一扩建遵循现代化城市战略，该战略由低层建筑中分配社会服务的园区中的独立塔楼组成，整个社区有 3 000 名居民。该案例可以被视为该城市战略在意大利成功实施的少数范例之一。其建成已有 50 年，现在迫切需要推进全面改造。干预的第一步是对 3 座塔楼进行改造，作为重建整个社区内 14 座塔楼的试点项目。

目标

为了选择设计策略，社会住房机构（ITEA）发起了一场由建筑师和能源专家组成的多学科团队的建筑竞赛。作为一个多学科团队，Campomarzio、Studio Bombasaro 和 Zephir 给出的获奖提案主要侧重于以下三个方面：

（1）“保守修复”，一种尊重现有建筑的特征、促进与新干预之间对话的建筑改造策略；

（2）“被动房标准改造”，对热围护结构进行深度改造，以大幅降低能耗和改善实际的室内舒适度；

（3）“共同空间”，一种为不同文化和不同世代居民之间的社会互动提供新公共空间的战略。

挑战

MB 项目面临的主要挑战包括：

（1）符合社会住房的一般预算；
（2）极大地提高室内舒适度；
（3）与居住在公寓内的居民一起实现改造工程；
（4）缩短施工周期，以减少对居民的干扰。

为实现这些目标，预期的解决方案是开发预制即插即用的立面方法。

改造策略

1. 热围护结构

在规划改造时，采用即插即用的立面方法，以尽量减少占用现有住宅所需的通道。研究单元系统立面，被称为“单元”的保温墙组件是预制的单个部件，它们是在现场预制的，带有集成的保温层、窗户和气密层。

该系统的最大优点是可以完全从外部安装立面单元，只需要一台起重机即可吊起立面模块，无须使用脚手架。这种类型的改造特别适用于那些居民在改造过程中还居住在建筑物中而需要优先考虑实施速度的建筑物。

虽然其投资成本高于使用外墙外保温系统的传统实心结构的投资成本，但至少可以通过降低装配劳动力成本来部分抵消成本。

这些单元通过固定支架固定在建筑楼板上。安装新立面后，住宅单元内部的工作量大大减少（图 1 和图 2），包括拆除旧窗户和安装内部预制饰面。

图 1　改造后的 3 座塔楼效果图

立面模块技术正在开发阶段。在非常早的阶段，客户希望采用铝立面解决方案。所有细节都经过优化，以最大限度地减少热桥并避免霉菌生长。

尽管铝具有高导热性，但框架的传热损失只增加了 6%。这是缘于塔楼的最佳面积体积比（A/V），这在大型建筑物中非常常见。

事实证明，通常用于摩天大楼的铝框架立面技术成本高昂。即使在降低装配劳动力成本的情况下，较高的投资成本也是不合理的。因此，考虑到意大利消防法不禁止高层建筑使用木质结构，目前正在研究预制木质立面构件。

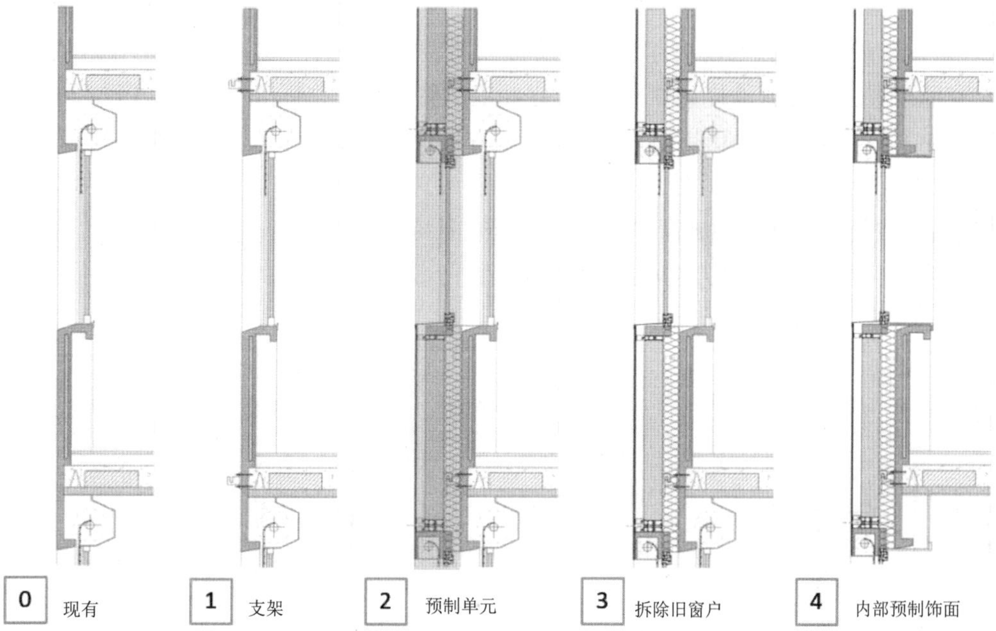

图 2 立面改造步骤(图中显示了新的安装和拆卸组件)

2. 热桥

谈及改造,这个项目面临的最大挑战是热桥。研究所有细节,以确保节能且没有霉菌生长风险,同时始终考虑具有成本效益的解决方案。最相关的细节是阳台连接,这涉及每个楼层的整个西立面。考虑到混凝土楼板的结构方向,也许能够实现完全的隔热。或者,阳台板下面的隔热条也可以是确保没有霉菌生长的一种可行方案。虽然阳台的隔热条显示传热损失显著减少(图 3),但客户决定考虑第二种解决方案以简化施工工程。

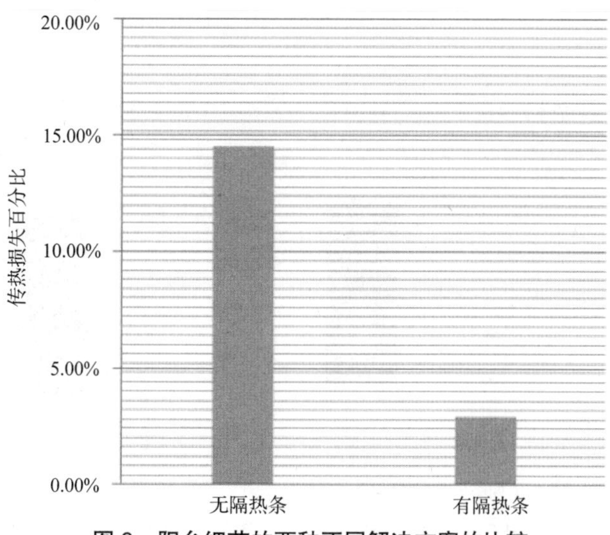

图 3 阳台细节的两种不同解决方案的比较

3. 机械通风系统

研究两种不同的机械通风系统解决方案:具有被动热回收功能的集中式装置和具有热回收功能的纯抽风系统。

（1）具有被动热回收功能的集中式装置（图4）：屋顶上的集中式机械通风装置可供所有公寓使用。为了最大限度地减少建筑内部的工程量，并解决建筑物内没有辅助竖井空间的问题，通风管道设计安装在预制单元后面的立面上，利用现有的抽气管道提供抽气分配，立面上的管道用矿物棉进行隔热。FEM分析与PH luft研究表明，在保温层中安装管道会导致传热损失增加0.4%，并使通风机组的有效热回收效率降低6%。

（2）具有热回收功能的纯抽风系统（图5）：重新使用现有的抽气管道，并通过安装在外立面上的带隔音板的被动入口提供新鲜空气。这是一种更简单、成本更低，并且维护工作量更小的通风方案。为了减少热量浪费，在排气管上安装一个循环热交换器，它可为地面提供热量，使土壤再生，以平衡全年的地面降温。

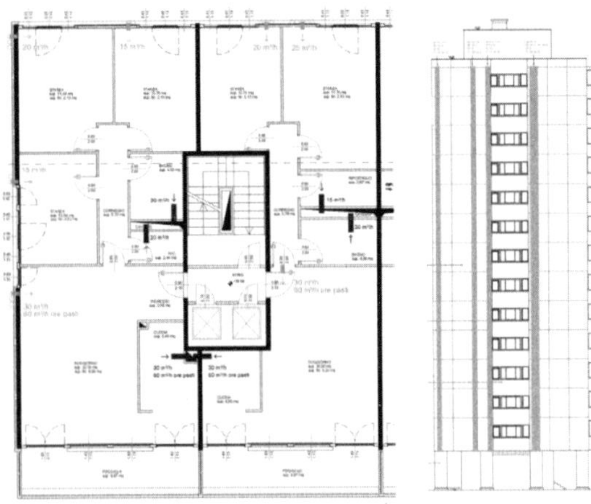

图4　集中式通风装置分配方案

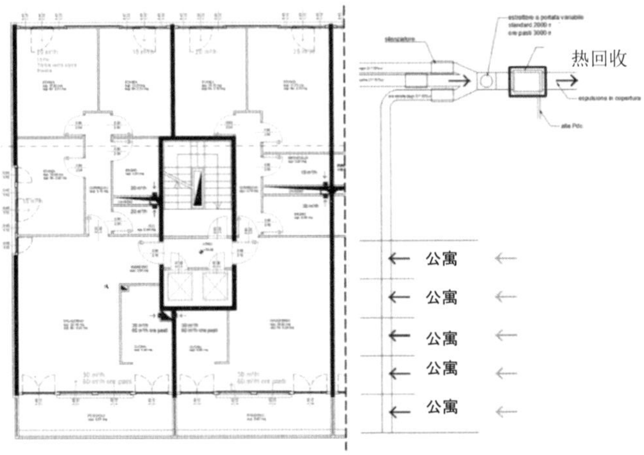

图5　具有热回收功能的纯抽风系统

在LCCA（生命周期舒适度分析）基础上对两种通风方案进行了比较。一方面，集中式装置保证了更高的热回收效率；另一方面，纯抽风系统意味着更少的运行能量需求。只使用一些抽气通风口的更简单的通风解决方案，意味着非常低的投资成本和更少的安装工作量。最后，事实证明这两种解决方案效果几乎相当（图6）。

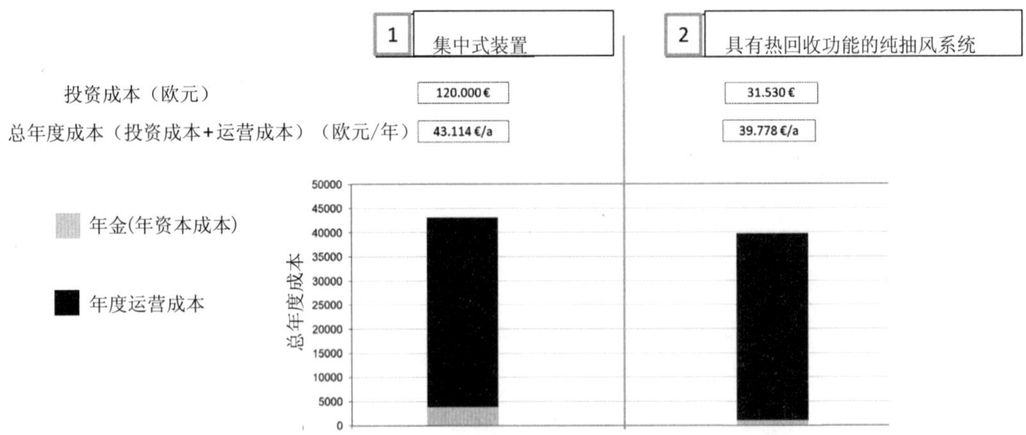

经济边界条件：名义利率=3%，通胀率=1%，考虑的时期=30年，最终能源价格=0.2欧元/千瓦时

欧元/千瓦时，整栋建筑的使用期限=50年

图6　集中式装置和纯抽风系统的经济对比

建筑服务

通过地源热泵满足供暖需求，重新利用现有的加热器进行空间热分配，并已通过实验室测试证明了它们的效率。

在立面上整合一个光伏电站，作为欧洲项目“星尘”的试点项目。

制冷策略

在夏季，使用被动制冷策略来保持建筑物内部的舒适度。确保夏季舒适度的最重要策略包括通过遮阳和自然通风来减少太阳辐射，以冷却与所有公寓相连的楼梯间的混凝土芯。自然通风是一种成本非常低的解决方案，不需要额外的建筑服务，且能够使过热频率显著降低 9%。

结果和前景

本项目面临的主要挑战是确定低成本的标准组件和设计元素，以确保可重现的质量，同时降低需要改造的存量建筑的能源和投资成本。因此，需要对立面改造技术进行进一步分析。迄今为止获得的结果显示其一次能源需求量显著减少。现有建筑与使用集中式装置改造后建筑的比较如图 7 所示，之后将通过对建筑能耗进行为期一年的监测来验证其实际净节能。

现有建筑

	经处理后的楼面面积	m^2	4842.4
空间供暖	供暖需求	kW·h/(m^2·a)	169.03
	热负荷	W/m^2	97
空间制冷	制冷和除湿需求	kW·h/(m^2·a)	—
	冷负荷	W/m^2	—
	过热频率（>25℃）	%	6.87
	湿度过高的频率（>12g/kg）	%	8
气密性	增压测试结果n_{50}	1/h	10.0
不可再生一次能源（PE）	一次能源需求	kW·h/(m^2·a)	265
可再生一次能源（PER）	可再生一次能源需求	kW·h/(m^2·a)	349
	可再生能源发电（与预计建筑占地面积相关）	kW·h/(m^2·a)	0

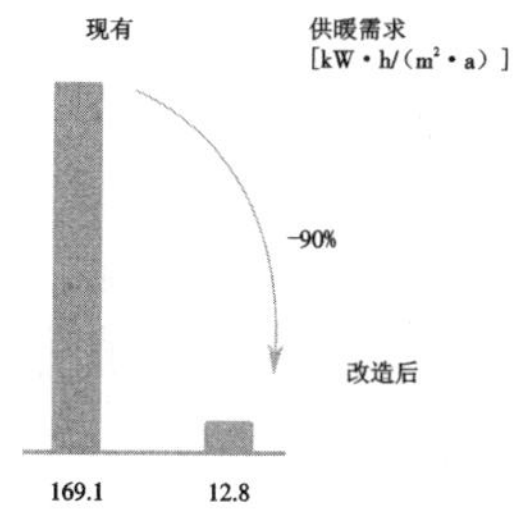

使用集中式装置改造后建筑

	经处理后的楼面面积	m^2	4841.5
空间供暖	供暖需求	kW·h/(m^2·a)	12.78
	热负荷	W/m^2	10
空间制冷	制冷和除湿需求	kW·h/(m^2·a)	—
	冷负荷	W/m^2	—
	过热频率（>25℃）	%	8.75
	湿度过高的频率（>12g/kg）	%	4
气密性	增压测试结果n_{50}	1/h	0.8
不可再生一次能源（PE）	一次能源需求	kW·h/(m^2·a)	103
可再生一次能源（PER）	可再生一次能源需求	kW·h/(m^2·a)	51
	可再生能源发电（与预计建筑占地面积相关）	kW·h/(m^2·a)	45

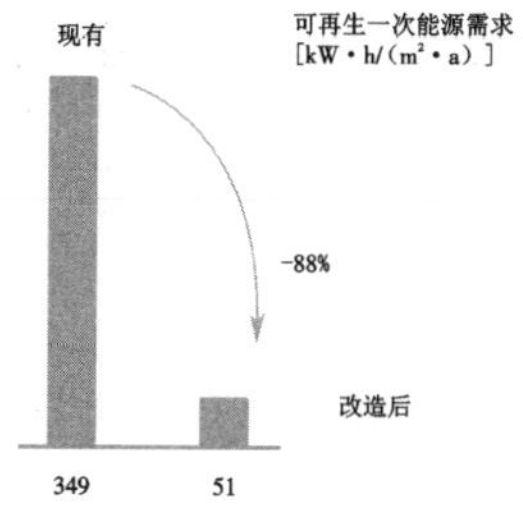

图 7　现有建筑与使用集中式装置改造后建筑的比较

参考

https://ec.europa.eu/energy/en/eu-buildings-database

在(中国)寒冷气候条件下公寓的通风+空调设计布局

江惠君，贝特霍尔德·考夫曼 / 德国被动房研究院

为什么被动房需要高效的通风装置

被动房的理念是拥有舒适的室内环境和非常低的能耗，并且不需要再单独安装供暖系统。只有当所有相关建筑构件都具有高效性时，才能实现这一目标。被动房五大原则之一——高效热(湿)回收通风装置，在降低冬季采暖能耗和夏季制冷能耗方面发挥着重要作用。

众所周知，人类生存离不开空气，保持良好的室内空气质量需要充足的新鲜空气。为了表征室内空气质量，以室内二氧化碳浓度对室内空气质量进行判断。在以人类自身为主要二氧化碳排放源的住宅建筑中，每人的新鲜空气需求量大约为 25~30 m³/h。例如，对于寒温带地区的一个四口之家，每人 30 m³/h 的新鲜空气需求以及与能源有关的 120 m²(经处理后的楼面面积)围护结构能耗，仅由于新鲜空气交换造成的年通风热损失就已经达到 28 kW·h/(m²·a)。这个值对于传统的建筑而言可能不高，然而对于年供暖能量需求限制在 15 kW·h/(m²·a)的被动房来说，则太高了。因此，具有高效热回收功能的通风是必不可少的，热回收率要求超过 75%。

只有这样高效的热回收，才能在很大程度上降低通风热损失，因为房间排出的空气中 75% 以上的热量可以被重复利用，被动地预热室外的冷新鲜空气。

另外，缝隙处的自然通风不足以保证必要的换气次数，开窗通风无法始终保证所需的换气次数。因此，无论如何都需要机械通风。考虑到通过热回收节约的供暖需求不应通过风机的电能消耗来补偿，因此将电能消耗限制在最大 0.45 W·h/m³。

如何实现被动房的优质通风装置

本文就如何满足被动房高效通风装置的要求等方面阐述一些技术解决方案，以保证通风装置在能效和功能方面的质量。

1. 高能效单一部件：热交换器和风机

为了满足热回收率 $\eta_{WRG,t,eff} \geq 75\%$ 的要求，应采用逆流式或交叉逆流式热交换器，因为逆流式热交换器可以提供最佳的换热面积。目前，有几家制造商可提供不同材质(铝和塑料)、各种规格的逆流式热交换器。单台交叉流式热交换器无法实现这一目标。如果在某些情况下只有交叉流式热交换器可用，则应将两台交叉流式热交换器串联，以实现至少 75% 的热回收率。然而，这需要更多的空间，可实现的有效热回收率明显低于逆流式热交换器。

这里应该注意，所要求的 $\eta_{WRG,t,eff}$ 是基于排风侧温度的热回收效率：

$$\eta_{WRG,t,eff}=\frac{(\vartheta_{AB}-\vartheta_{F0,\ korr})+\dfrac{P_{el}}{\dot{m}\cdot c_p}}{(\vartheta_{AB}-\vartheta_{AU})}$$

计算以排风温度为基础：排风冷却越多，装置效率越高。这种方法反映了建筑物通风装置的实际性能。

相比之下，基于送风侧温度的热回收率通常会由于房间漏气和传热(由于保温不足)而导致不现实的高热回收率，这能够显著提高送风温度。

通风装置各部件中风机的耗电量最大，所以只有使用高效的 EC(电子换向)风机，才能满足整个通风装

置(包括控制装置和任何必要的外部系统)对电气效率的高要求($P_{el} \leqslant 0.45W \cdot h/m^3$)。可以通过减少装置的内部压力损失来进一步实现节约电力需求,例如通过扩大过滤器表面积、布置适当的部件和有利的气流路径以及通过紧凑的短风道设计来减少外部压力损失。

2. 质量保证方面

为了保证较高的热回收效率,通风装置的设计必须认真考虑和处理以下几个方面。

1)气密性:外部和内部(送风 / 排风量)

如前所述,我们根据排风侧的温度变化来评估通风装置的热回收效率。在这种情况下,装置外壳的气密性不足会导致更多的热量传递到装置的冷空气侧,导致热回收效率降低。而且良好的气密性可以减少排风与送风之间的气味传递,从而改善空气质量。因此,必须满足低泄漏率。根据文献 [8],应将其限制在平均空气流量的 3%。

为了满足良好的外部气密性,装置和装置外壳上的管道连接必须是密封的。应特别注意装置刚性零件之间的接头处,可在这两个零件之间插入软材料(如橡胶)制成的型材,以提高气密性。

为了保持良好的内部气密性,使两股气流(新鲜空气和排出空气)分离,不仅热交换器必须气密性良好,而且热交换器与装置本体的连接也必须无懈可击。对于热交换器本身,热交换器板与框架的连接必须是持久密封的。热交换器与装置本体的密封连接,可采用密封材料来提高气密性。

发泡聚丙烯(EPP)模塑件是近年来发展起来的一种新型成型材料,在市场上很受欢迎。在这种模塑件中,模塑件的所有对应位置和形状都经过相应的设计,以便所有的组件都能被准确地布置在各自的房间中,并且可以通过适当的形式使接头处容易密封。

2)外壳保温良好(热损失:外壳必须隔热良好)

为了减少不受控制的传热以提高热回收效率,装置外壳必须具有良好的保温性能。此外,充分的防扩散隔热装置有利于避免装置上或装置内出现冷凝水。

如果使用 H_{uber}(流经装置的温度 - 比热流)来表示装置的隔热性能,则应低于 5 W/K,才能确保足够的隔热。该值将随装置尺寸、保温层厚度和隔热材料而发生变化。例如,对于一个截面周长为 2 m、长度为 1.4 m 的装置,可以通过使用导热系数为 0.04 W/(m·K)、平均保温层厚度为 80 mm 的隔热材料来实现 1.3 W/K 的极低比热流。通常情况下,建议保温层厚度至少为 50 mm,才能保证隔热良好。

此外,装置内部始终存在不同的热区:暖区和冷区。因此,这两个不同区域之间必须隔热良好,以减少装置内部的热损失和冷凝水。

3)过滤器的卫生

通风装置最初是用于控制空气卫生,因此必须通过高效过滤器来净化室外空气。在室外空气侧,被动房需要安装效率至少为 ISO ePM1 50% 的精滤器。尽量安装在室外进风口前,且必须安装在热交换器前,以保持整个通风装置及其管道系统的清洁,特别是保持热交换器的清洁,以获得最佳的热回收效率。

在排气侧,需要安装效率至少为 ISO Coarse 60% 的粗滤器,从而保证排气热交换器通道和管道系统的清洁。

3. 在任何操作模式下都必须保证平衡操作(进气、排气),并且最好能自我调节

在具有热回收功能的通风装置中,只有当室外空气和排风的质量流量平衡时,才能实现最佳的热回收性能。不平衡的气流速度会导致建筑物的漏气,从而导致额外的热损失。但非常重要的是,必须满足设计的新风量,才能保证良好的室内空气质量。

然而,在装置使用寿命期内,许多问题都可能导致两种气流不平衡,例如由于过滤器污染或风压波动等原因,系统压力损失增大。为了消除这种不平衡现象,采用一机一体的自动调节策略是有利的。气流不平衡度不应超过 10%,否则将出现显著的额外热损失。

在市场上，已经可以买到不同的自动气流平衡系统，例如速度和功率消耗 / 恒定流量风机、高精度风机风速仪。

1）速度和功率消耗 / 恒定流量风机

在此策略中，风机的转速（r/min）将以一种方式重新调整，使风量可以保持恒定。根据风机类型，有两种不同的控制策略。

Ⅰ. 前向曲叶式风机

对于前向曲叶式风机，电机负荷与风机风量之间的关系是明确的。这一优点使得自动平衡成为可能，无须任何传感器，例如体积流量传感器。

通过绘制风机特性图，可以准确地确定风机的操作点。通过近似函数，可以根据转速和功耗来确定实际操作点。通过比较实际值和设定值，可对速度进行相应的调整。

Ⅱ. 后向曲叶式风机

对于后向曲叶式风机，由于电机功率与转速、空气流量之间的关系不清楚，因此操作点的确定有点困难。在这种情况下，有关空气流量的附加信息是必要的。借助于风机上的一个测量回路，通过测量风机进气喷口的压力，可以确定空气流量。通过速度和传感器发出的信号，可以确定操作点，并与设定值进行比较调整。

2）高精度风机风速仪

在最近一段时间，实现了一项最新的风机技术，即在风机进风口安装集成式气流测控风速仪，利用叶片风速仪可以精确测量气流速度和确定气流。

4. 对于湿热气候和寒冷气候，强烈建议选择湿度恢复（潜热）

因此，采用扩散开放膜或旋转轮的热交换器是重要的解决方案。

对于炎热潮湿气候下的建筑，例如迪拜，由于室外空气湿度大，除等湿冷却外，显著的除湿能源需求也是主要议题。在这些地区，强烈建议采用具有高效被动式湿度回收功能的热交换器，以减少所需的除湿能量需求。在寒冷的气候区，室外空气总是非常干燥，导致室内空气也会过于干燥，例如在叶卡捷琳堡，湿度恢复功能有助于增加室内空气湿度，提高室内舒适度。此外，在寒冷的气候区，湿度恢复功能降低了排风的露点温度和含水量，使热交换器在较低的排风温度下可以起到防冻作用。与干式热交换器相比，排风侧凝结水排放量较少，防冻所需的有效能较少，可以减少整个建筑的一次能源需求。因此，对于这个气候区也强烈推荐高效的湿度恢复功能。这种具有湿度回收功能的热交换器在市场上有售，工作原理各不相同。

对于板式热交换器，热交换器内部的板通常被膜所代替，膜允许水蒸气根据两侧的水蒸气压差进行渗透。

对于某些转轮式热交换器，转子表面涂有吸湿涂层（吸附转子）或经过化学处理（吸湿转子）以实现湿度恢复。

对于寒温带地区的建筑，湿度恢复有利于避免室内空气干燥，也有利于减少冬季的供暖需求。然而，当湿度恢复率超过 60% 且建筑物内部湿度负荷不低时，建议基于室内空气湿度进行气流控制，以防止偶尔室内空气湿度过大造成损坏（霉菌）。

5. 必须正确安装冷凝水排水管，以收集所有可能产生的水

在热交换器的排气侧，由于高效的热回收，通常会出现冷凝水，必须正确排放冷凝水，否则装置将无法正常工作，甚至会损坏装置。要正确收集冷凝水，并正确排放，必须注意以下几个方面。

1）按照制造商的建议正确安装热交换器

热交换器本身应安装在装置中，以便冷凝水可以从发生冷凝的空气侧顺利排出。一个非常实用的方法是让排水方向朝下。当装置设计为水平安装时，热交换器可相应倾斜，使冷凝水流动顺畅。

2）正确安装冷凝水排水管、虹吸管

装置内部应采用可靠的冷凝水排放路线和冷凝水盘，以正确收集冷凝水，且内表面应光滑。此外，冷凝水排放管必须确保冷凝水能够完全排出，最好使用球形虹吸管或类似装置制造，以防止异味。当该装置安装在天花板上时，冷凝水盘可倾斜，冷凝水排水管应向下按一定的坡度（例如至少 2%）安装。

6. 可及性：如有需要，应将部件（热交换器）从装置中取出进行清洗

在规定的时间范围内必须对通风装置及其部件进行检查和清洗，使装置及其部件在工作时能达到预期的良好效率和功能。

在运行过程中，必须保证热交换器的卫生。一方面，对于热交换器本身，必须能够在不破坏热交换器本身的气密结构和装置内部气密结构的情况下，便于取出予以清洗。另一方面，对于作为热交换器防尘保护的过滤器，也必须能够通过检修口方便取出更换，而无须打开整个装置。

如有需要，其他部件必须能够拆卸以进行清洁，并且装置内的表面也必须便于清洗。

7. 装置维修可及性：架构问题

装置的安装方式必须确保装置能够方便地进行任何维护操作，例如更换过滤器（建议至少一年更换一次，如果在空气污染严重的地区，则应更频繁）或清洁热交换器。否则，应留有足够的检查口，以便进入装置，并为维护工作预留必要的空间。

参考文献

[1] 具有成本效益的被动房工作组. 被动房通风系统的尺寸确定. 第 17 号协议，德国被动房研究院，1999-10.

[2] https://vac.ebmpapst.com

[3] W. 费斯特. 被动房设计基础. 达斯贝塞尔出版社，2001.

[4] J. 施纳德，W. 费斯特，T. 舒尔茨，等. 不同气候区的被动房. 德国被动房研究院，2011-11.

[5] https://passipedia.de

[6] 作为认证被动房组件认证的一部分，空气过滤器分类从 EN 779 转换为 ISO 16890 的声明. 德国被动房研究院，2018-11.

[7] 通风装置湿度恢复 <600 m³/h. 德国被动房研究院，2009-11.

[8] 认证为“被动房适用组件”的被动房通风系统的能量和声学评估要求和试验程序. 德国被动房研究院，2009-9.

[9] J. 施纳德，R. 弗鲁格，W. 费斯特. 具有湿度恢复功能的住宅通风装置的能量评估. 德国被动房研究院，2008-10.

基于 Airpak 环境一体机暖通系统气流组织模拟研究

魏兴 / 河北绿色建材有限公司 / 电气工程师

摘要

被动房必备条件之一是具有热回收功能的环境一体机暖通系统，采用 Airpak3.0.16 软件对环境一体机暖通系统进行气流组织模拟，模拟送风口在房间入口处和在房间最远端处时室内空气质量及室内热环境的整体状况。从模拟结果中可以得到室内温度场、空气龄、PPD、PMV 数值参数。通过数值参数对比，可分析出送风口位置的不同对室内空气质量及室内热环境的影响，同时也为环境一体机暖通系统的设计提供数据参照。

引言

随着被动房在全世界的迅速发展，人们的生活环境、学习环境、工作环境发生了巨大的变化，人们逐渐认识到被动房内的气流组织已经成为影响室内空气质量及热舒适性的重要因素之一，在为被动房设计具有热回收功能的环境一体机暖通系统时，通常将送风口送风气流当作射流处理，通过射流计算公式计算送风气流射流参数，粗略地预测气流的分布情况，但是气流具有运动轨迹不规则、形式变化多样的特点，传统的射流经验公式并不能预测和直观体现气流分布的特征，随着计算流体动力学(Computational Fluid Dynamics，CFD)的应用与发展，计算求解结果可预测和体现气流的流动、传热、传质等过程的细节，在很大程度上弥补了环境一体机暖通系统设计中不能预测和直观体现气流分布而造成的不足。

Airpak3.0.16 软件特点

CFD 是计算机和流体动力学互相结合的一门学科，它主要从计算方法出发，利用计算机快速的计算能力求解流体控制方程得到结果，并在后处理器中显示。随着计算机的广泛应用和迅速发展，CFD 不仅得到了飞速发展，而且逐渐成为产品开发研究中的重要工具。Airpak 软件是 CFD 软件中的一员。Airpak3.0.16 软件为目前最高版本。

Airpak3.0.16 是一种准确、快速且易于使用的气流组织模拟工具，已经在住宅通风、厨房通风、工业空调、工业通风、建筑外部风环境、车间厂房等方面的设计中得到了应用，在住宅通风方面主要对室内的环境一体机暖通系统进行气流组织模拟，得到室内温度场、空气龄、PPD、PMV 等参数评价室内空气质量及热舒适性，预测室内气流分布。它不仅提供了简化气流建模技术，同时网格的快速划分功能与 Fluent 解算器相结合，根据计算求解结果进行后处理，展示气流组织的各种流动特性，可为设计师在短时间内提供解决方案，从而减少设计成本，降低设计风险，缩短设计周期。Airpak3.0.16 软件计算流程如图 1 所示。

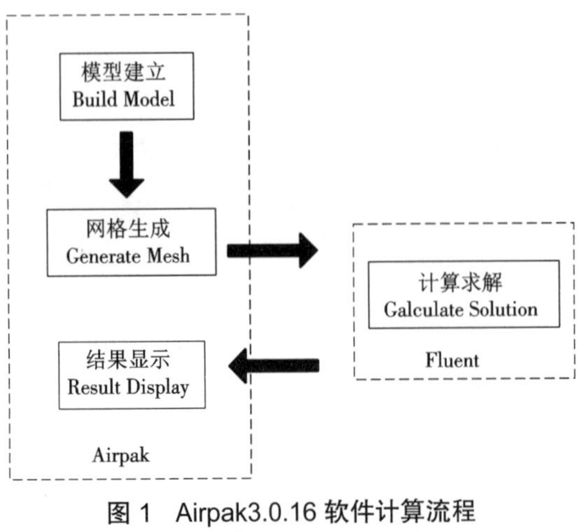

图 1 Airpak3.0.16 软件计算流程

模型建立

本文以经被动房研究院(PHI)认证的河北奥润顺达窗业有限公司专家公寓楼某户型为研究对象(图2),采用Airpak3.0.16软件对环境一体机暖通系统进行气流组织模拟,以冬季制热工况为例,模拟送风口位置在房间入口处和在房间最远端处时室内空气质量及室内热环境的整体状况。此环境一体机分室内机和室外机,不仅可以向室内提供新风、排出污风,还可以提供冷热源,承担所需冷热负荷。客厅、卧室等公共区域设置新风口;卫生间设置集中回风口;餐厅设置循环风口,在厨房、设备间不设置新风口、回风口、循环风口。

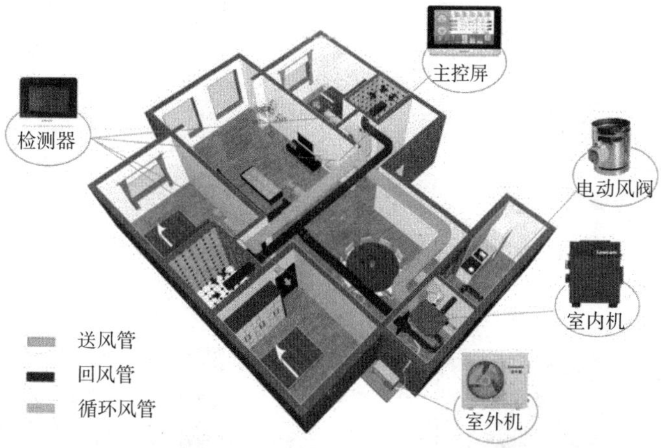

图2 专家公寓楼某户型三维图

客厅、卧室的新风口采用双层百叶侧送风方式,可利用贴附式效应增大气流的射流长度。环境一体机暖通系统采用平衡式送风模式,送入客厅、卧室的空气经过门下缝进入溢流区,然后通过集中回风口进入环境一体机,与新风进行热交换后排出。环境一体机暖通系统与智能电气控制系统相结合,使室内达到"恒温、恒湿、恒氧、恒静、恒洁"健康舒适的状态。

1. 条件设置

环境一体机暖通系统气流组织模拟,送风边界为机械式送风,回风边界为机械式回风,送风口温度、墙体温度根据实际进行设置。

2. 网格划分

网格划分质量的高低直接影响计算精准度和显示结果,对于最终的解决方案至关重要。为了获取高质量的网格,通常将Max X size, Max Y size和Max Z size值最大设置为约1/20房间尺寸,同时对所有送风口进行网格局部加密处理。

处理结果及分析

1. 室内温度场结果

被动房在冬季制热工况下室内温度要求≥20 ℃,从模拟结果图3和图4可得出:送风口位置在房间入口处,室内温度为20.5~21.75 ℃,满足要求;送风口位置在房间最远端处,室内温度为20.15~21.5 ℃,满足要求。

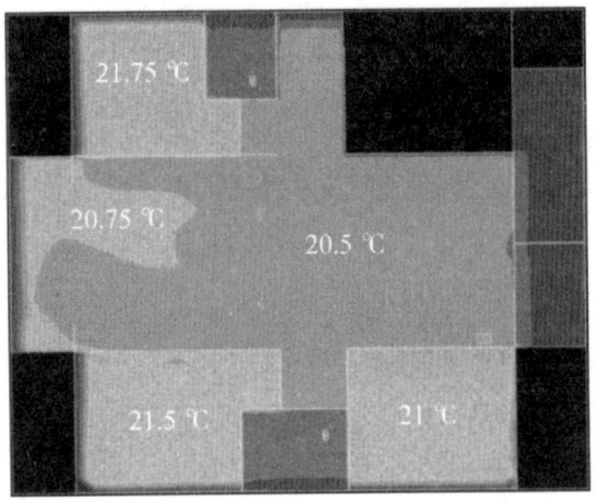

图 3　室内温度场(送风口在入口处)

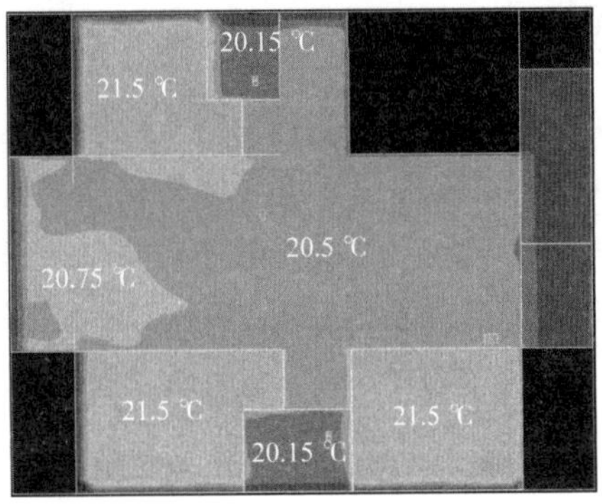

图 4　室内温度场(送风口在远端处)

2. 空气龄结果

被动房室内新风换气次数要求≥ 0.3/h，换算成空气龄指标≤ 12 000 s，从模拟结果图 5 和图 6 可得出：送风口位置在房间入口处，室内空气龄 <2 500 s，满足要求；送风口位置在房间最远端处，室内空气龄 <2 500 s，满足要求。

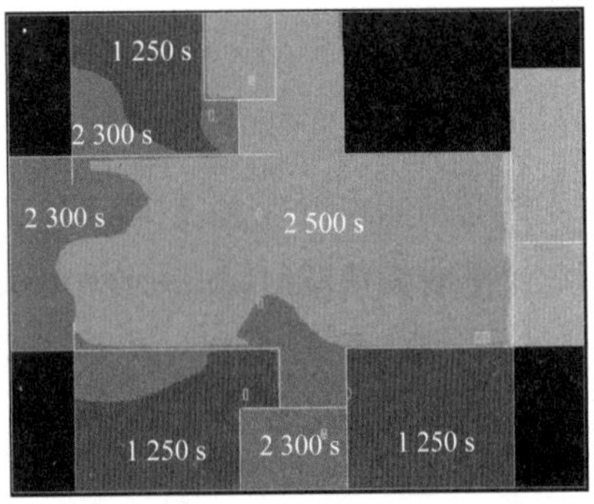

图 5　空气龄(送风口在入口处)

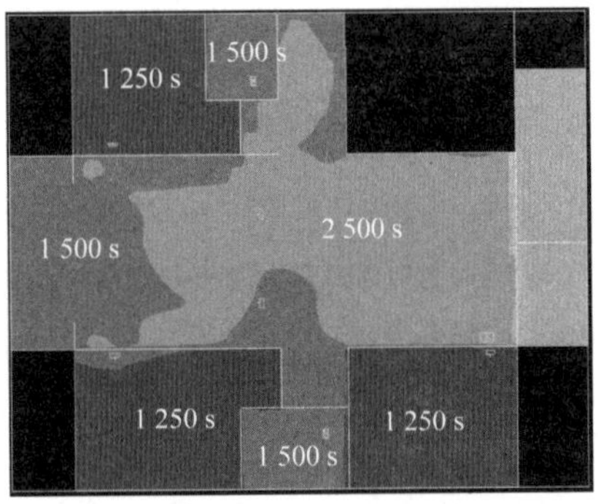

图 6　空气龄(送风口在远端处)

3. PPD–PMV 结果

根据 ISO 7730 标准要求，以预计不满意百分比 PPD、预计平均得票数 PMV 来表述热环境和热舒适度指标。对 PPD 的指标要求为 PPD<10%，对 PMV 的指标要求为 −0.5<PMV<0.5。

从模拟结果图 7 至图 10 可得出：送风口位置在房间入口处，室内 PPD<5.5%，满足要求；送风口位置在房间最远端处，室内 PPD<7.2%，满足要求；送风口位置在房间入口处，室内 PMV 为 −0.18<PMV<0，满足要求；送风口位置在房间最远端处，室内 PMV 为 −0.25<PMV<0，满足要求。

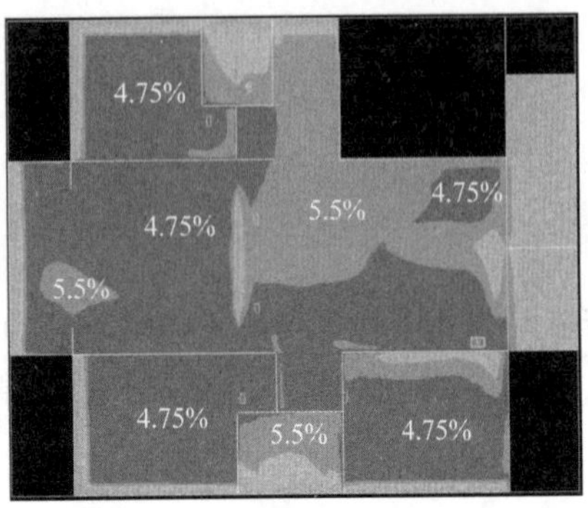

图 7　PPD(送风口在入口处)

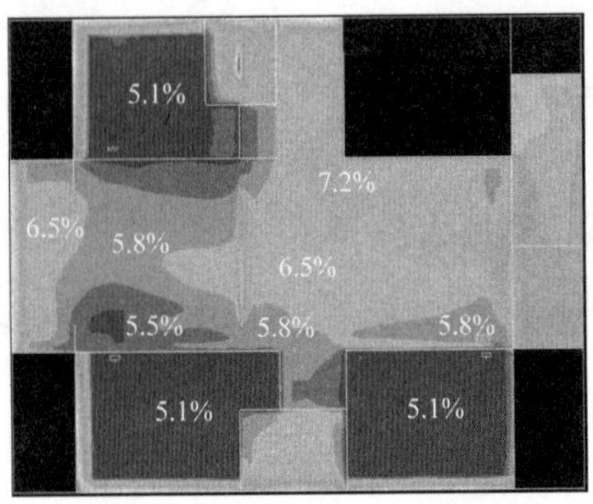

图 8　PPD(送风口在远端处)

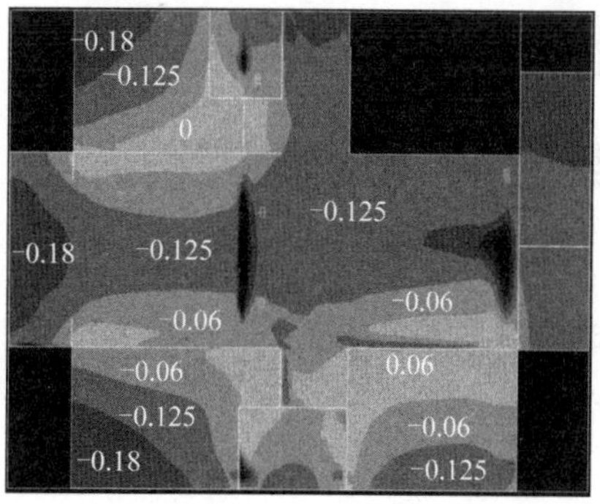

图 9　PMV（送风口在入口处）

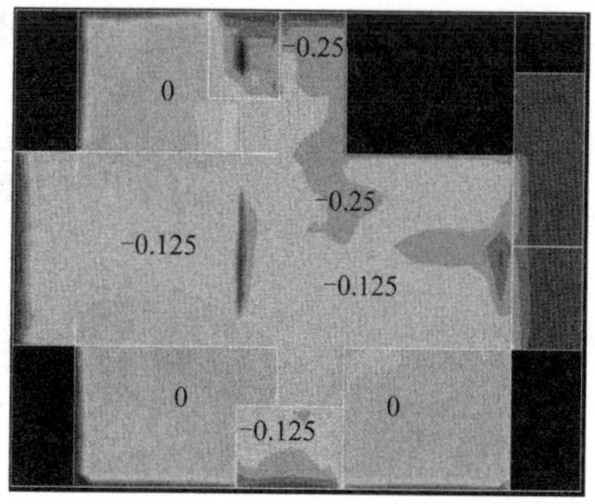

图 10　PMV（送风口在远端处）

4. 结果分析

通过对送风口位置在房间入口处和在房间最远端处进行气流组织模拟，再对比模拟数值与标准值得出，室内温度场、空气龄、PPD、PMV 满足指标范围要求。模拟数值之间进行对比得出，室内温度场、空气龄、PPD、PMV 数值比较接近，通过以上结论可以得出：送风口位置在房间入口处和在房间最远端处仅仅是位置发生改变，对室内空气质量及室内热舒适性的影响不是很大。推荐选择将送风口位置设计在房间入口处的方案，这种设计不仅可以节省材料和降低成本，还可以节约施工时间和提升施工效率。

结论

Airpak3.0.16 软件可预测和直观体现室内气流分布的特性，验证风口位置设计的合理性，通过模拟数值与标准值进行对比，分析出室内空气质量、室内热环境指标的热舒适性的整体状况，不仅为环境一体机暖通系统的设计提供数据参照，而且还为合理提高室内空气质量和改善室内热环境提供依据。

参考文献

[1] 贝特霍尔德·考夫曼，沃尔夫冈·费斯特. 德国被动房设计和施工指南 [M]. 徐智勇，译. 北京：中国建筑工业出版社，2015：22.

[2] ISO 7730，Ergonomics of the thermal environment — Analytical determination and interpretation of thermal comfort using calculation of the PMV and PPD indices and local thermal comfort criteria[S].European：Copyright British Standards Institution，2005.

热回收模式对被动式住宅排风系统湿度和洁净度控制的影响

夏凡轩 / 清华大学建筑技术科学系
莫金汉 / 北京市室内空气品质评价与控制重点实验室

引言

随着建筑能耗的增加和燃煤使用对环境的污染，建筑节能已成为全社会最迫切关注的问题之一。近年来，适合解决这一问题的被动式节能建筑越来越受到人们的重视。被动式住宅是将自然通风、自然采光、太阳辐射、室内非采暖热源等各种被动式节能手段与建筑围护结构的高效节能技术相结合的一种低能耗建筑。这种建筑可以显著提高室内环境的舒适性，大大降低建筑使用能耗，最大限度地减少对主动式机械供暖制冷系统的依赖。

然而，由于其密封性非常好，室内外空气的交换必须通过受控的机械系统来实现，通常在被动式房屋中的通风系统中有热回收系统。热回收装置可分为两类：显热回收装置和全热回收装置。显热回收是从新风和排风的温差中回收能量；全热回收是从新风和排风的焓差中回收能量，即全热回收包括显热的回收和潜热的回收。

在热回收系统之前，排风通常是从浴室排出的，这样可以控制浴室内的污染扩散到整个房间。因此，当浴室排出的高湿度空气通过热回收装置时，装置内或通风管道可能发生冷凝。这种现象会产生诸多弊端，例如设备和管道表面的凝露是细菌和霉菌的理想滋生地。本文以河北省高碑店龙湖被动式住宅为研究对象，分别测试了显热回收和全热回收的凝露和微生物繁殖情况，并对两种被动式住宅热回收系统进行了评价。

实验方法

1. 实验台设计

实验是在两个实际的被动式房屋的新风和排风系统中进行的，一种采用显热回收装置，另一种采用全热回收装置，两个房间的实验过程是相同的。在实验过程中，打开热回收系统，从浴室出口到热回收装置的排风管道内等距放置 5 个温湿度自计仪；启动温湿度自计仪后，30 min 后打开淋浴，以营造实际使用中的高湿度条件；再过 30 min 后，淋浴关闭；然后监测温湿度自计仪屏幕上的湿度数据，直到它们恢复正常状态并记录恢复时间。

2. 微生物培养测试

淋浴前后，用安德森采样器对排风管道正中部的空气进行采样。采样流速为 28.3 L/min，持续 5 min，采样后，从安德森采样器中取出培养皿，在 37 ℃下培养 48 h，然后对培养皿上生长的菌落计数。空气中微生物的浓度 C(CFU/m³)的计算如下：

$$C=\frac{N\times 1000}{Q\times t}$$

式中 N——在培养皿上的菌落数(CFU)；

Q——采样流速(28.3 L/min)；

t——采样时间(5 min)。

实验结果

在实验中，无论是显热回收的房屋还是全热回收的房屋，在淋浴开启后都显示湿度增加。每个管道中的湿度均随着测试点离浴室出口的距离的增加而降低。但全热回收的平均湿度低于显热回收的平均湿度。显热回收的房子需要更长的时间才能回到正常的浴室湿度水平。在潮湿条件下的微生物繁殖情况方面，全热回收的微生物滋生率较低。实验测试还在继续，我们将对结果做更多的讨论分析。

结论

本文研究了热回收装置对被动式住宅排风管道凝露和微生物繁殖情况的影响。结果表明，全热回收式住宅比显热回收式住宅具有更好的性能，可以减少高湿度浴室排风管道的结露和微生物滋生。与正常通风相比，具有热回收功能的通风可确保连续换气，改善空气质量；更重要的是，湿负荷会消散，室内湿度可得到限制。与常规通风相比，这显著降低了霉菌的风险。本文为被动式节能建筑在热回收模式应用方面提供了一个较好的选择。

采用分散式紧凑型热泵通风、供暖、制备生活热水

费比安·奥克斯斯,迪特马尔·西格勒,托尼·卡拉布雷泽,乔治·德门子 / 奥地利因斯布鲁克大学

引言

对于由供暖(燃气、燃油或木柴单炉和电锅炉等)不均匀的小型公寓构成的多户住宅建筑,其改造是一项重大挑战。经验表明,通常不可能进行全面改造,包括通过连接到区域供热、生物质锅炉(有或无太阳能热)或地下水热泵等转换为集中供热和生活热水(DHW)系统。特别是对于由小型公寓构成的住宅建筑,由于空间限制,通常会取消当前使用的分散式(即公寓式)空间供暖、通风和 DHW 制备解决方案(如热泵紧凑型机组)。

通风、供暖和制备生活热水改造方案

1. 研究项目 SaLüH! 的目标

奥地利研究项目 SaLüH! (FFG, Stadt der Zukunft)旨在为住房协会、通风和供暖设备制造商以及规划者提供分散式(即住宅)通风、供暖和 DHW 供应的概念和技术解决方案。其目的是在日常生活中不限制用户的情况下,以一种成本效益高、结构简单的方式,在改造范围内逐步、逐个公寓地实现向高效建筑服务的转变。故设计人员开发了一个由保温、窗户、热回收通风系统、供暖(可选制冷)和生活热水供应组成的整体协调方案,可实现成本效益,且对公寓的干预最小。通过对室内空气质量、热舒适性和能源效率的模拟评估,验证了该概念的可行性。此外,该项目还进行了经济评价。在实验室中开发、优化并测量了用于通风和供暖的立面集成紧凑型热泵以及紧凑型生活热水热泵的功能模型。图 1 显示了参考公寓中通风供暖热泵的概念以及组件的布置(室外和室内机组以及空气分配)。

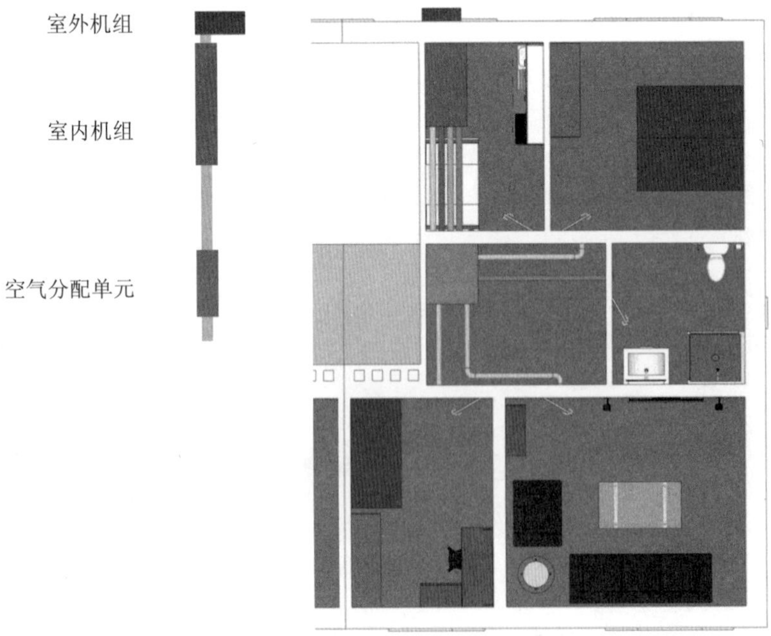

图 1 通风供暖热泵的概念和公寓的平面图以及组件的布置(室内和室内机组以及空气分配)

2. 通风供暖热泵

通风供暖热泵的设计旨在实现最佳效率、紧凑性和低投资成本。通过二次空气(散热器侧)和外部空气(热源侧)的适当再循环,能够分离空气交换的供暖和制冷能力,在很大程度上消除了送风加热的功率限制。此外,还使送风室温度更加可控。该设备还可以通过热泵的可逆操作实现制冷,因此该系统可以满足为改善夏季舒适性而日益增长的能量需求。

图 2 是该系统的两个主要部分的示意图,即立面集成式室外机组和天花板安装式室内机组。所有组件均安装在一个易于安装的经济型泡沫外壳中。该系统从压力损失、通过热交换器的均相流和降低噪声方面优化了导流片。该设计允许进行高度预制,从而降低制造成本。

图 2　安装期间的室外机组和位于 UIBK 紧凑型设备测试台上的带室内、室外机组的功能模型的总体结构

3. 实验室中功能模型的测量

在 UIBK 的实验室(紧凑型装置试验台)中详细测量了通风供暖热泵的功能模型。对热交换器(HRV/ERV)、蒸发器、冷凝器、压缩机、换流器和风机等单个组件进行了预先测量。最后,通过模拟对整个系统的性能进行测量和验证,创建了所有组件的模拟模型并进行参数化。通过这些参数化模型,可以针对不同的应用和边界条件(如不同的流速和温度等)对系统进行评估和优化。

4. 能量回收通风系统

换气限制对确保空气质量来说非常重要,特别是在室外温度长期较低、绝对空气湿度较低的高寒地区,以避免或减少干燥的室内空气,从而提高此类系统的可接受度。湿度恢复缓解了这一问题。在 SaLüH! 项目中,组件测量的重点是比较评估热交换器和所谓的焓交换器(也被称为能量回收通风系统(ERV))。人们越来越需要通过后者来解决冬季室外空气干燥、寒冷的问题。另外,使用 ERV 可以避免热交换器中形成冷凝水,并且可以将通风装置安装在天花板上,并首次系统地研究了传湿对排气送风热泵效率的影响。

5. 室外机组与立面集成

研究人员详细研究了主动组件与现有窗心墙或预制木框架立面的集成。特别是在卫生间和厨房通常非常小的小型公寓中,只有通过立面整合才有可能实现高效的公寓式通风和供暖系统。此外,立面整合可以实现环境和排气管道最小化,从而减少热损失,节省安装成本。在 UIBK 的室外实验室(Passys 试验间)中,测试并测量了具有集成通风和供暖热泵的立面功能模型。测试立面(1 : 1 比例,2.75 m × 2.75 m)被设计为预制木框架结构,并安装带有热泵的集成外部设备(图 3)。在测试立面上安装了几个温度和湿度传感器。除了侧重于性能和效率的室内实验室测试外,还测试了处理和安装等实践内容,并进行了建筑物理测量,如噪声或湿度安全。此外,还进行了热(3D)和湿热(2D)模拟,以验证和评估建筑物的物理特性。通过气密结构和使用高性能保温材料来确保防潮。

图 3 UIBK Passys 试验间中带加热通风热泵的集成室外机的预制木立面的功能示例和立面元件的安装

6. 生活热水热泵

在多户住宅的小型公寓中,通常没有安装空间或安装空间非常宝贵。此外,在高效建筑中,DHW 需求占有较大比例,甚至通常超过空间供暖所需的能量。因此,需要有效的解决方案来取代低效电锅炉系统。将生活热水热泵至少部分地集成到立面中,将大有益处。此外,当热泵安装在立面附近或立面内时,利用外部空气作为热源将更容易且成本更低。

热水制备中,储水机组需要的空间最大。因此,在第一步中,需要进行模拟以确定所需的存储尺寸和热泵容量(热输出),从而覆盖此类公寓的典型放水曲线。选择生活热水热泵测试标准 EN 16147 中的放水曲线 *M*。它包括每天两次淋浴和洗手、冲洗、清洁等小型水龙头放水,每天总共 5.85 kW·h。这相当于一个有两个孩子的普通中欧家庭的能源需求。

对不同存储尺寸和热泵容量进行模拟。对于放水曲线 *M*,确定 55 ℃下的最小存储体积为 90 L。90 L 的容量可供两个各 1.3 kW·h 的淋浴器使用,同时保证储水箱顶部的温度没有显著下降。淋浴后,还可以使用小水龙头放水,同时热泵可在几个小时内完全灌满储水箱(图 4)。使用 800 W 的恒定热泵功率模拟该曲线,其相当于一个负荷仅为 320 W 且能效比(COP)为 2.5 的电插头。对于环境空气热泵,热功率随热源温度的变化而变化。在室外温度为 −2 ℃和储存温度为 55 ℃的情况下输出 800 W 的热泵会在室外温度较高时更快地加热储水箱。在较低温度下,可能需要使用额外的备用电子加热元件,可以安全地进行单相电气连接操作。

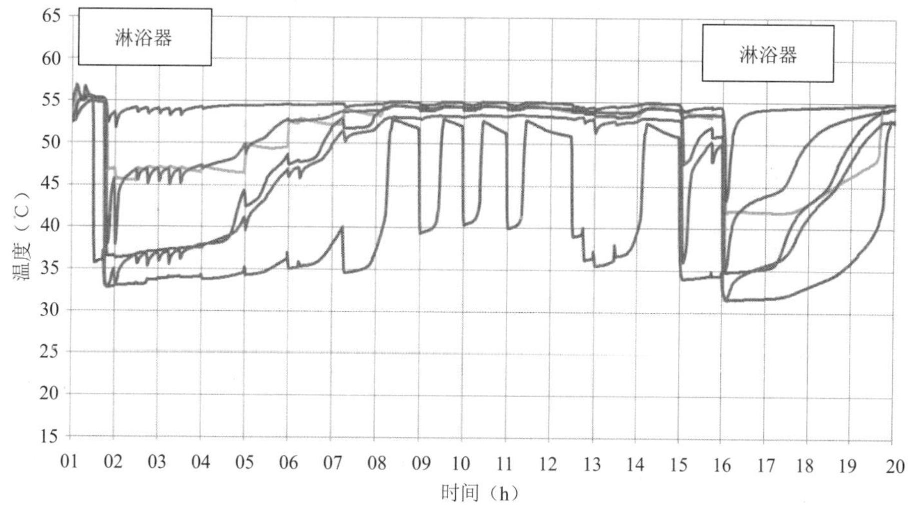

图 4　90 L 储水量和 800 W 加热功率情况下的每日储水温度曲线

7. 立面集成或墙壁施工前安装

对于小型公寓的集成，基本上有三种可能性：①在墙壁施工前安装（参见图 5 左图）；②集成到预制木幕墙中；③在窗户下方代替窗台（参见图 5 右图）。在改造时，外立面仍采取保温措施，将导致额外的储箱保温。

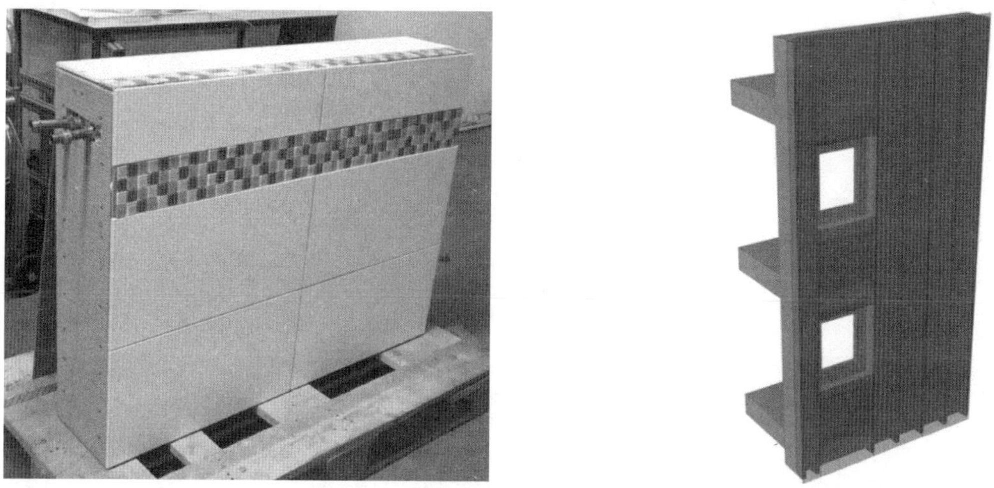

图 5　DHW 热泵的储水模块和储水机组与多层建筑的预制木框架立面的集成

结论

在项目 SaLüH! 中，针对多层住宅楼的改造提出了经济有效的解决方案。对于深度改造建筑，如果不能对 HVAC 系统进行集中改造，那么以排气送风热泵为基础，结合机械通风系统和紧凑型 DHW 热泵的改造方案具有可行性。立面集成允许进行预制、节省空间，且公寓在改造期间也可以有人居住。下一步是让该系统成为示范工厂的一部分。在奥地利的 FFG 项目中，FiTNeS 正在进行的工作集中于开发有效且具有吸引力的立面集成热泵室外机设计。

致谢

该项目由 BMVIT 在 FFG“Stadt der Zukunft”项目中资助。我们还要感谢项目合作伙伴 AEE INTEC、

SIKO Energiesysteme、Vaillant、Pichler Luft、Kulmer Holzbau 和 Internorm。

参考文献

[1] 乔治·德门子,费比安·奥克斯,沃尔夫冈·费斯特. 微型热泵结合热回收机械通风系统模拟与现场监控. 鹿特丹:HPC,2017.

[2] Jähnig D, Fink C, Rohringer C L T, et al.. Bauteilintegrierte warmwasserbereitung auf basis von kleinst-wärmepumpen AEE nachhaltige energie.Austria,2019.

[3] 费比安·奥克斯,迪特马尔·西格勒,乔治·德门子,等. 预制木框架里面集成主动组件用于实现最小程度的改造.Energy Procedia,2015,78:61-66.

[4] 费比安·奥克斯,迪特马尔·西格勒,托尼·卡拉布雷泽. 带分散式热泵的多户住宅深度改造. 奥地利格拉茨:ISEC,2018.

[5] 费比安·奥克斯,迪特马尔·西格勒,克西耶克·亚力山德拉,等.Fassadenintegriertes Lüftungs-Heizungssystem mit Wärmepumpe, Protokollband Nr. 54. 达姆施特塔被动房研究院.

[6] 迪特马尔·西格勒,费比安·奥克斯.Einsatz von Enthalpieübertragern im Mehrgeschosswohnbau in kalten Klimaten, BauSIM 2018, 26-28/ 卡尔斯鲁厄:IBPSA,2018:238-245.

专题论坛4

被动房生态设计

生态建筑材料的使用——以“学习之家”为例

马丁·艾克霍泽 / 奥地利维也纳康普斯高等专业学院

摘要

可持续性、生态和资源保护在生活的所有领域(如食物、交通、住房和生活)中都是必不可少的。由于材料周转率高,建筑业在原材料和自然资源的消耗中所占比例较高。在中欧及其他地区,住宅、办公楼和学校建筑大多是用矿物和化石材料建造的,可再生建筑材料所占比例却很小。随着对建筑生物要求的提高,这一点非常值得注意。在一个关于建筑实例的报告中,我们展示了在多层建筑中使用可再生、可回收、灵活、易拆卸的建筑材料的可能性。这个实例向我们展示了加强多层建筑的绿色施工对气候保护的重要贡献。

项目

1.GESA——建筑物业主

作为一个非营利性的社会经济组织,GESA旨在为就业有困难的人提供帮助。其目标是通过提供建议、工作岗位和指导性工作经验,支持人们重新就业。奥地利的就业服务机构以及下奥地利州为GESA提供了70%~80%的资金。

GESA有大约50名员工,他们从事6个不同领域(房屋改造、绿地养护、木工、清洁、商务办公、创意车间和电脑回收)的教学工作。这些受训人员所做的大部分工作都是非营利组织培训计划的一部分。

GESA的目标是帮助受训人员发展他们的专业和社会技能。因此,GESA不仅雇用教授技术技能和在机构外的工作场所提供指导的培训师,还雇用社会工作者。

在房屋修复、绿地养护和清洁领域工作的培训师主要在公司外工作,仅在室内的培训室进行培训、小组讨论和一对一的讨论。此外,还有各种各样的车间,例如可供客户接受机器培训的创意车间。

2.“学习之家”建筑

GESA总经理约翰·莱希纳打算建造一座对环境“影响最小”的建筑,因此占地面积应尽可能小,同时还应符合该组织的预算(在很大程度上依赖于捐赠和补贴)。

GESA致力于实现未来社会的可持续发展,因此建筑中也应反映出同等程度的环境可持续性。

当局已批准MAGK建筑师的修改委托,建筑场地位于中央火车站附近的圣帕尔滕市中心。在繁华的Daniel Granstraße后面第二排有一片空地,这是扩建的理想地点。

现有的设计已经充分利用了地方当局规定的开发限制(即形式服从功能),这也意味着MAGK建筑师必须使用经批准的结构,这代表本地化的最大允许程度。

建筑每层楼都有不同的功能。

(1)车间和带卫生间的储藏室以及培训师和受训人员的办公室和公共区域均位于一楼。

(2)一楼有接待室、咨询室、会议室、卫生间和社交室(图1)。办公室、咨询室和相关辅助房间位于二楼。

(3)主入口位于庭院,毗邻停车位。第二条通道是与现有建筑相邻的一个小中庭。

(4)主入口通向中央大厅,该大厅通过玻璃天窗采光(图2),天窗可通过垂直通风阀门实现通风(智能制冷)。

(5)可通过电梯和楼梯到达三层,楼梯采用预制的钢筋混凝土构件。

(6)垂直分布的所有装置均位于电梯竖井周围或中心区域。在卫生管道组合和走廊中采用水平分布。

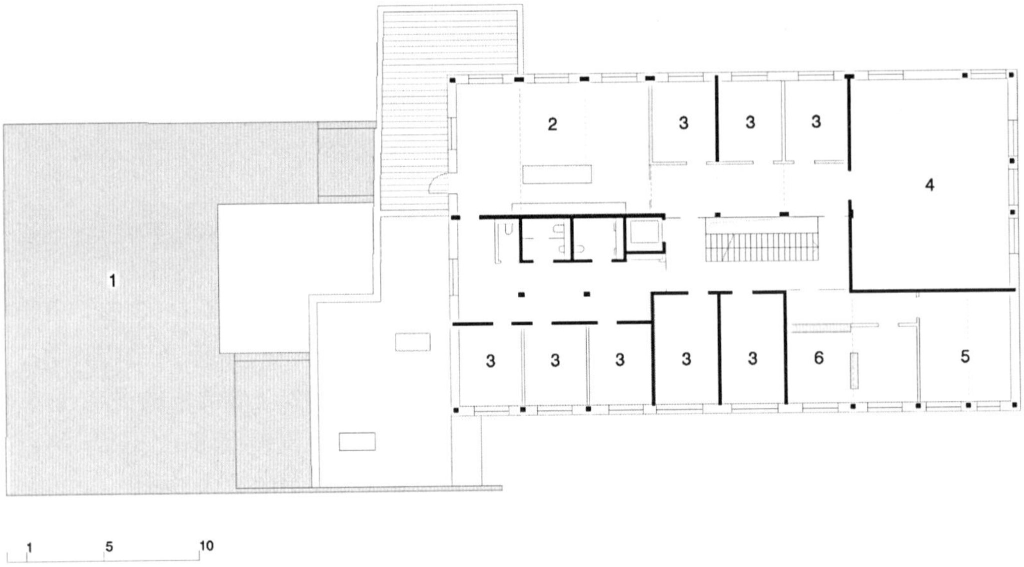

1—现有
2—社交室
3—咨询室
4—会议室
5—办公室
6—秘书处

图 1　MAGK 一楼

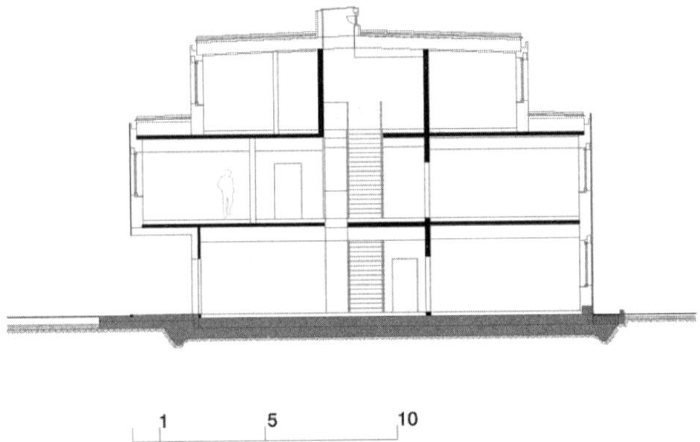

图 2　穿过中庭和玻璃天窗(MAGK)的截面

3. 建筑参数

(1)占地面积:1 236 m²(三层)。
(2)建筑体积:5 574 m³。
(3)防火:一般为 REI 60,屋顶为 REI 30。
(4)主要结构:CLT、GL、木框架构件。

4. 热工性能

(1)立面:0.107 W/(m²·K)(稻草、壤土和木材)。
(2)屋顶:0.095 W/(m²·K)(稻草、壤土和木材)。
(3)地板 / 地基:0.188 W/(m²·K)(混凝土、泡沫玻璃砾石)。
(4)窗:铝壳木质窗 U_w = 0.8 W/(m²·K)。
(5)电:由总线系统控制的 Dali 兼容 LED 灯,用于照亮公共区域和走廊。单独房间的控制和遮阳由总线系统控制。

由于最佳的自然光供应,可以实现能量需求最小化。此外,该建筑后期还配备了可选的光伏系统安装。

(1)供暖:由于保温标准较高,很容易达到秸秆保温被动房标准(供热需求约为 12 kW·h/(m²·a))。供暖和部分制冷需求由使用地下水的水源热泵满足。在位于内墙黏土灰泥中的表面元件分布加热或冷却介质。由两个通风装置（办公室 / 车间）引入新鲜空气，最大限度地减少通风热损失。

（2）制冷：液压系统允许使用墙壁中的嵌板进行温和制冷。场地目前的气候条件允许主要通过被动方式进行调节，如通过窗户和连接到天窗的开口挡板进行夜间降温，再加上地板和墙壁上采用的措施，可以实现温度调节。强制性的外部遮阳板加强了这些措施。

（3）通风系统：该建筑有两个具有热回收功能的中央通风系统，选择带有自动旁路的被动房兼容机组作为通风装置。

系统 1 覆盖建筑内的所有娱乐室（社交室）、会议室、咨询室、行政室、衣帽间和卫生设施，通风装置位于二楼一个小技术室，通过建筑物立面上的一个防风雨格栅实现外部进气，通过屋顶上方的导流罩实现排气，使用 F7 级过滤器过滤外部空气。（EN 779）

入住率波动较大的休息室（社交室、培训室）配备了可变流量控制器，由各自房间的二氧化碳传感器控制。这使得室内空气中的 CO_2 浓度的每小时移动平均值保持在 1 000 ppm 以下。对于其他房间，根据运行时间计划了一个近似恒定的流量，并根据平均使用人数进行调整。在工作时间之外，系统以最低通风水平运作。为了最大限度地减少噪声，使用了高阻尼电话消音器，这使得普通房间的 A 加权声压级在标称体积流量下 <28 dB。

系统 2 涵盖一楼的培训车间。通风装置位于储藏室天花板的底层，通过立面上的防风格栅进行外部进气和排气排放，使用 F7 级过滤器测量外部进气，过滤应符合 EN 779，培训车间的通风系统按需要手动操作。该系统在工作时间以外关闭。

5. 可持续发展概念

到目前为止，本文中提及的所有措施几乎都是近年来所有被动房建筑标准所共有的。本项目与其他项目的具体区别是什么？

其起点是客户希望将影响降到最低。通过位于区域首府中心的良好位置，实现了减少私人汽车，提供电动自行车及充电站。

除了提到的用于降低生命周期中的能量消耗的措施之外，还可以在施工中最大限度地使用可再生和可回收材料，以实现“最小影响”。此外，在有效使用这些建筑材料方面优化了施工过程，同时设计确保建筑物在用途变化方面具有一定的灵活性，并且建筑物在使用寿命结束时易于拆卸。

为了改善小气候并促进雨水储存，将平屋顶设计为大面积的绿色屋顶，使雨水流到各家的房屋范围内。

6. 使用的材料

CLT（交叉层压木）胶合木（GLT）形式的木材 / 木材复合材料主要用作 3 层以上的结构材料。建筑物的水平荷载通过内部 CLT 板被移除，并通过梁高达 50 cm 的 GLT 骨架进一步增强。外立面采用木框架结构，设计成具有高隔热性能的非承重外壳。天花板主要由 5 层厚度为 12 cm 的 CLT 元件制成。屋顶由屋顶桁架和预制秸秆填充的框架元件制成。木材也用作辅助建筑材料，例如用于模板、内外墙面覆盖物以及石膏板木制品。

秸秆可用于非承重捆包技术以及吹入技术。捆包结构使用经认证的草捆，安装在墙壁和屋顶元件中的木框架结构中。使用吹入技术在空腔中填充切碎的秸秆成分，体积重量达到 100~110 kg/m^3。该技术中的保温性能对应于约 0.045 W/（m·K）的传热值（λ）。

黏土具有的良好建筑物理性质，且其高生态潜力会使其在建筑物的不同应用领域中给室内气候和调节带来额外的积极效果。由于仅需要对用作室内灰泥的黏土进行技术检查，因此该项目不考虑将黏土填料作为地板结构的影响。外墙内部和朝南的内墙采用黏土灰浆作为墙壁抹面。外墙结构中石膏的特性主要有助于内墙形成至少 60 min 的耐火性，且在内壁加热层嵌入黏土，起到气候调节的作用。

砾石冲洗过后以散装形式用作地板结构，成为其一个重要组成部分。由于本工程采用了上部结构，我们尽量采用易于拆卸且其组件在很大程度上是可重复利用的上层结构。例如砾石可以改善 CLT 天花板的不良隔音性能，且在建筑物使用寿命结束时易于拆卸。

玻璃泡沫砾石可用作楼板下方周边区域的保温材料。这种材料的高一次能量含量只能通过高度回收和长期使用得以补偿。

总体而言，可再生建筑材料的比例约为 35%，部分具有较高的再回收利用的潜力；金属或矿物或化石来源的可回收材料的比例约为 45%。

7. 应用科学大学维也纳康普斯高等专业学院的后续研究

针对提出的问题，应用科学大学维也纳康普斯高等专业学院以该项目为起点开展了研究工作。作者在应用科学大学维也纳康普斯高等专业学院教学和开展研究，担任硕士学位课程——绿色建筑的负责人。

在不同的方案中，研究侧重于与区域更新资源有关的稳健设计细节、上部结构以及新的组合。

8. 所用建筑材料的生态效应

可以使用不同的方法来计算建筑物和构造物的实际生态效应。正如标准 DIN EN ISO 14040：2006 中所述，“创建生命周期评估的方法不止一种，组织可以根据预期的应用和组织的需求灵活地实施生命周期评估。”除了不同的方法外，还根据非常不同的特征计算生态效应。在整个生命周期评估中，3 个指标（如 OI3 指数）和 24 个指标之间的计算存在差异。

计算温室气体平衡是反映生态影响的常用方法。因此，此建筑选择使用此值，然而它只是众多特征中的一个。计算相应的建筑材料质量，并乘以各自的值。用于此计算的数据集源于 GaBi 软件数据库。

如图 3 所示，很明显钢筋混凝土楼板的 CO_2 排放量最大；岩棉用于湿度非常高的地区，由于用于防火，其 CO_2 排放量位居第二。这是非常值得注意的，因为混凝土作为建筑材料仅用于地基。

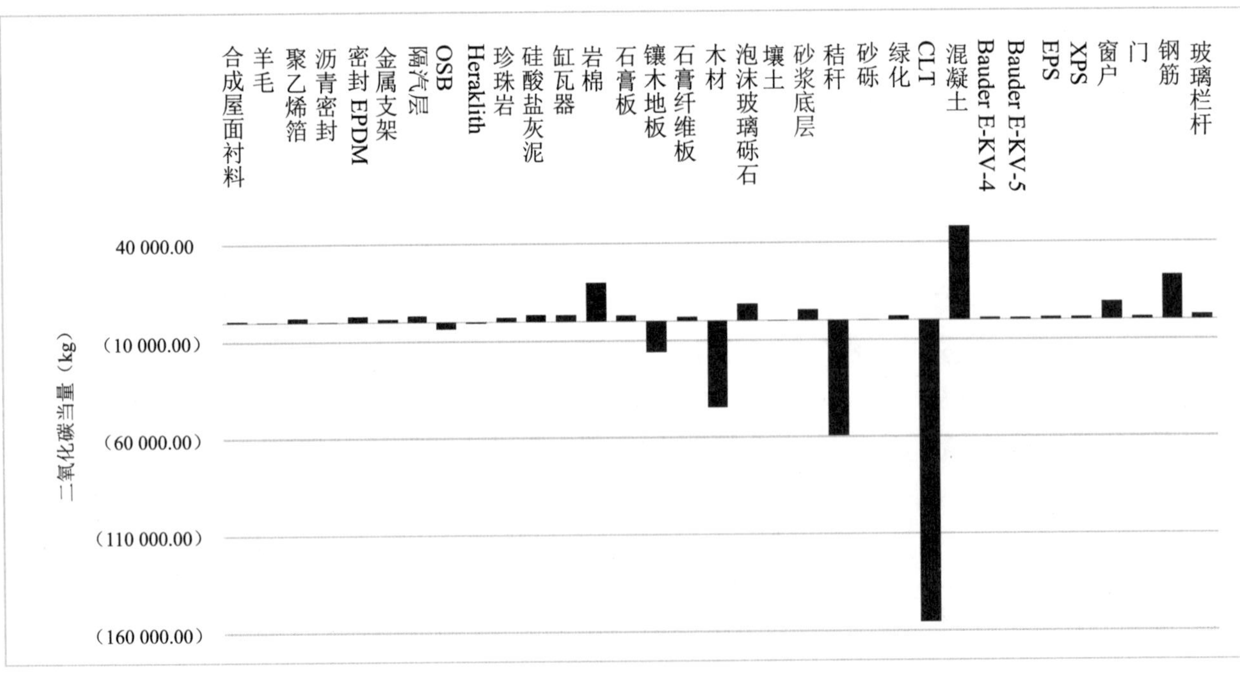

图 3 温室气体平衡建筑组件

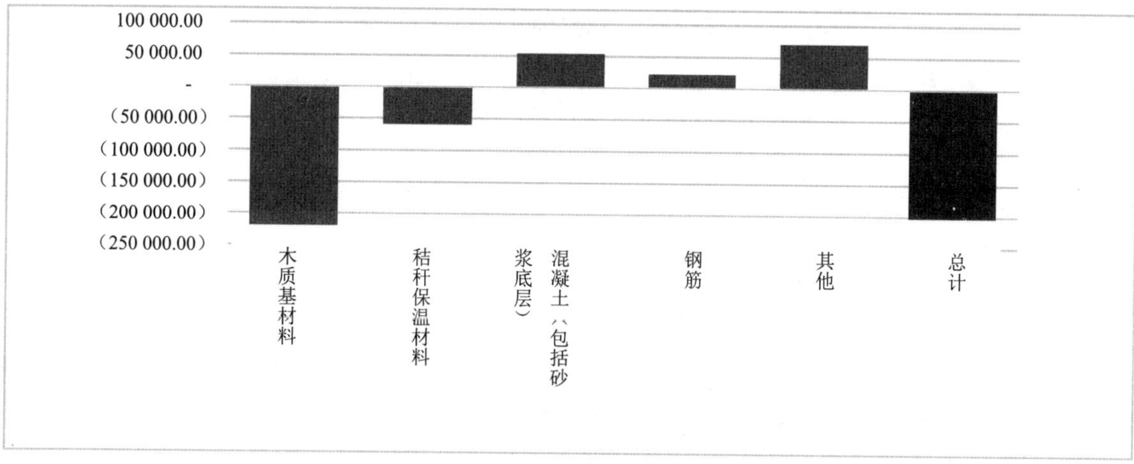

图 4 温室气体平衡建筑材料

图 4 显示了按建筑材料分类累积的温室气体。可再生建筑材料,如木质基材料和秸秆保温材料,会产生负温室气体平衡。虽然钢筋混凝土楼板对环境的影响最大,但整个建筑物显示出了负温室气体平衡。

英国第一个“高层”被动房开发项目的交付、经验教训和碳影响研究

安－玛丽·法伦 / 英国巴斯大学

Agar Grove 总体规划方案简介

Agar Grove 是伦敦卡姆登区一个主要的新经济适用住房开发项目，是经认证的英国最大的被动房建筑。从设计到规划阶段由霍金斯·布朗（Hawkins Brown）和 Mae Architects 公司负责。Architype 目前正在与承包商 Hill Partnerships Ltd. 进行技术交付。总体方案将提供 493 套置换房，其中 53% 为经济适用房。所有 345 个新建单元的目标是达到被动房标准和可持续住宅 4 级标准。为保持社会凝聚力，将现有居民重新安置于新建筑内。为实现该计划的财务可行性，总体规划中的住房密度增加了一倍，以允许在公开市场上出售。

这也是该地区宏观可持续发展战略的一部分，即增加伦敦主要地区的住房密度，这些地区原本的土地使用 / 利用率很低。第一期工程于 2018 年 4 月竣工，包括 5 层和 7 层的大楼各一栋，共有 38 个单元。Agar Grove A 座是英国第一座通过被动房认证且超过 5 层的建筑（图 1）。

图 1　英国卡姆登区 Agar Grove A 座（由 38 套经济适用房组成）南立面（图片来源 ©Jack Hobhouse）

设计挑战和解决方案

1. 施工方法和英国行业中的新技术

Architype 在两个阶段负责前 5 栋楼（共计 95 个单元）的技术交付。关键的挑战是对原始设计进行详细说明，以确保满足被动房标准，而不会改变开发的外观。招标和施工阶段的施工方法是使用混凝土框架，用砖石支撑承载一层完整的外部砖墙。填充结构是 AAC 混凝土砌块。通过与分包商在现场进行可靠的详细说明和定期检查，克服了大量热传导方面的挑战和问题。Architype 制定了一个批准协议，其中包含各个阶段的施工样例部分，需要在每个阶段签字批准，并与现场团队合作提供始终如一的质量。

在招标时，该项目有一个 300 mm 厚的空心墙。通过与 PHPP 的详细设计优化以及承包商供应链的合作，由于初始设计的形状因素非常好，现场交付了一个更优化的成本和能源解决方案。其使用了 150 mm 厚的空心墙，这意味着所需的辅助支撑更小，且热传导和成本影响也比原来的设计更小。

规划批准设计的限制使得需要在所有立面上重建窗台石。Architype 与承包商及其供应链合作，提供定制的窗台系统，以减轻通常与此传统施工细节相关的热桥影响。每个窗台的轮廓都适合在底部安装一个高密度 EPS 的铸造元件，从而最大限度地减少了该组件的显著热桥影响，同时还简化了安装。定制的隔热窗台板改良了英国典型的传统砖窗台板。

2. 气密性——外部方法

为了协助主承包商在建筑物内部执行工程，对 AAC 砌块墙的外层是否具有气密性进行了检测。在各种安全方案下进行的湿热和热分析均取得了积极结果。通过 3D 测序图纸向现场团队传达了新策略（图 2）。

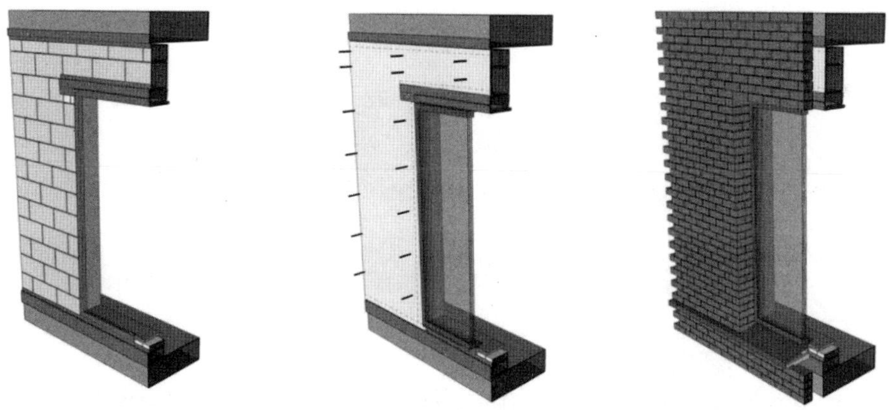

图 2　显示 AAC 砌块墙内层外部气密层开发的 3D 测序图纸

各砌块面板和开口的周边镶边，结合 AAC 砌块墙上的湿抹面灰泥外层，在混凝土框架构件之间提供了一致的气密结构。虽然这在其他气候区和国家都很常见，但这是英国第一次采用这种构造方法。

3. 竣工、缓冲燃料短缺和用户行为

该建筑于 2018 年 4 月完工，目前正在监测其中三个单元的室内舒适性状况，每个季节都会对居民进行定性入住率调查。2016 年英国燃料短缺统计报告显示，每个两床三人单元的年平均空间和热水成本为 560 英镑。Agar Grove 预计每年能源成本为 162.50 英镑，相当于改善了 71%。被动房标准通过减少社会最脆弱群体的能源成本来“缓冲”燃料匮乏。

在监测的公寓中，2018 年冬季的平均室内温度为 22.5 ℃。记录还显示平均室内相对湿度为 40%，且后期 CO_2 含量较低。2018 年英国发生的异常热浪天气事件导致住房在夏季达到舒适条件会更加困难，然而 75%

以上的居住者在大部分时间内感觉较为舒适。这一数据对于被动房社区而言非常常见，这在英国大规模开发中具有开创性意义。它吸引了政府和决策者对大规模实施被动房的关注。

由于欧盟新的数据保护条例，目前的报告仅限于上述信息范围，超出上述信息范围的内容不在本文范围之内。

Agar Grove 2 期碳影响研究

下一个 57 单元的开发正在进行中，现在 A 座已建成。由于节省了资金成本，在承包商的推动下，并经客户同意，对前 95 个单元进行了重大价值工程设计。A 座的施工方法在招标和施工阶段之间没有改变。然而，与整体方案中的几座小型建筑一样，H 座(一座 8 个单元建筑)最初采用了交叉层压木框架结构。出于以下几个原因，改变混凝土框架和砌块填充物，以配合 A 座的交付。

(1)为客户节省大量成本，承包商首选供应链路线和经过适当培训的人员，这是英国典型的施工方法，并且不希望偏离这一点。

(2)在 A 座竣工和完成对项目交付方式的审查之后，施工方法似乎在被动房认证时显示出了交付方面的效率和优化。

之后研究了这一变化对当前阶段一座小型建筑的全碳量影响。这是根据之前英国公布的关于零碳排放的数据得出的，同时考虑到了英国电网的零碳排放作用。英国净零碳的定义包括建筑用碳，本研究的目的是证明在考虑到建筑用碳的情况下，被动房在实现净零碳方面的益处。

隐含碳的重点是寿命，这也是从始到终研究最多的一点。通过使用可再生能源来抵消碳排放以及被动房标准中采用的结构优先方法来评估隐含碳量。出于研究的目的，工作人员评估了整个 60 年的生命周期，将拆除阶段排除在评估之外(图 3)。

图 3　基于寿命的生命周期(由于本研究采用的生命周期寿命方法，计算中排除了拆除阶段)

招标(正交胶合木材方案)和施工(混凝土和 AAC 砌块方案)方法均根据典型被动房和被动房建筑结构性能的净零碳水平(英国定义)进行了评估。在被动房典型定义中，由于被动房能源目标的提高，当地规划政策和当地豁免允许的可再生能源值为 27%(伦敦规划)。对于净零碳，可再生能源考虑了英国电力一次能源因素值 0.2，反映了对 2050 年(在开发项目的 60 年合同期限内)的预测(英国政府商业能源和工业战略)。

在建筑物的生命周期中，隐含碳对建筑物的影响是显著的(图 4)。当添加净零碳以弥补电和热水消耗时，标书 CLT 的内涵能为负值(图 4)。该研究指出，目前计算光电内涵能的方法在学术界尚属空白，且目前英国净零碳能源建筑的定义中尚未包括内涵能。

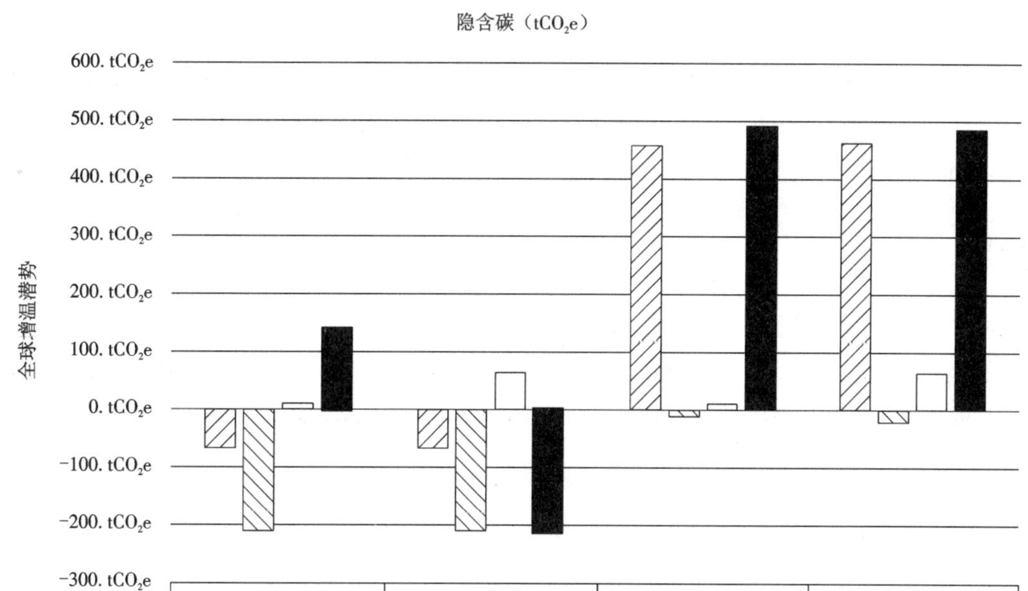

	招标阶段 被动房设计	招标阶段 被动房净零碳设计	施工阶段 被动房典型设计	施工阶段 被动房净零碳设计
▨ 施工阶段	-67.8 tCO_2e	-67.8 tCO_2e	456.1 tCO_2e	461.2 tCO_2e
▧ 可再生能源	-209.9 tCO_2e	-209.9 tCO_2e	-10.8 tCO_2e	-21.5 tCO_2e
□ 避免的负担	9.6 tCO_2e	63.9 tCO_2e	9.6 tCO_2e	63.9 tCO_2e
■ 总计	139.3 tCO_2e	-213.8 tCO_2e	488.8 tCO_2e	483.6 tCO_2e

图 4　60 年寿命内隐含碳排放量的对比图

考虑到综合运营和内涵能值，在被动房项目中使用低隐含碳材料具有重要意义。最坏的情况是前 95 个单元正在采用目前的施工方法。但是，如果该提案满足净零能源增益定义，并且使用的可再生能源数量显著增加，则其性能将比最初的被动房设计提高 21%。作为净零碳建筑，被动房在 60 年的使用寿命中，其总能量提高了 95%（图 5）。

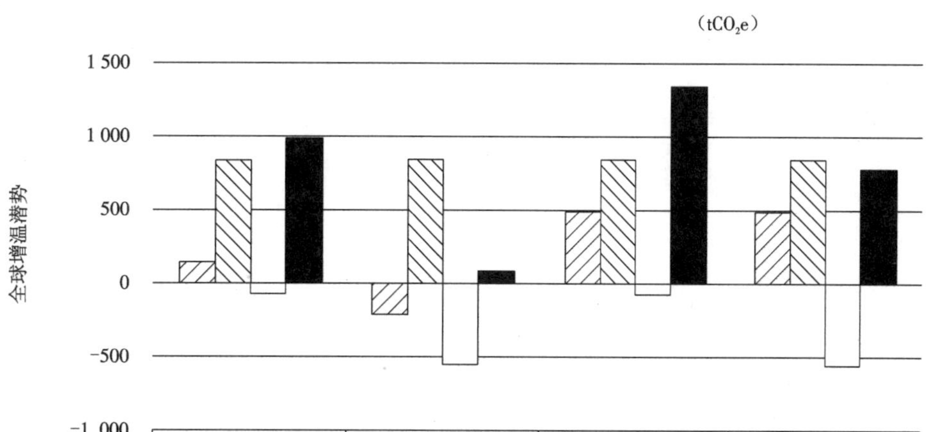

	招标阶段 被动房设计	招标阶段 被动房净零碳设计	施工阶段 被动房典型设计	施工阶段 被动房净零碳设计
▨ 内涵能（tCO_2e）	139.3	-213.8	488.8	488.8
▧ 运行能耗（tCO_2e）	835.4	835.4	834.3	834.3
□ 可再生能源（tCO_2e）	-75	-556	-75	-556
■ 总能源（tCO_2e）	974.7	65.6	1 323.1	767.1

图 5　隐含碳与运营碳的综合分析

结论

本文记录了英国 Agar Grove 一期大型被动房的成功交付，还强调了重建 Agar Grove 493 个单位的碳影响，这是英国被动房规模发展的一个标志，表明其希望采用被动房交付标准。在考虑英国绿色建筑委员会对净零碳建筑的定义时，材料选择的影响至关重要。

参考文献

[1] 被动房：如何走上零碳之路？Passivhaus Trust，2019.

[2] 英国绿色建筑委员会，特温·R，德赛·K，等. 净零碳建筑，框架定义.HKGBC，2019.https：//www.ukgbc.org/wp-content/uploads/2019/04/Net-Zero-Carbon-Buildings-A-framework-definition.pdf

PHPP 和 LCAQuick
——综合能耗及全生命周期的分析工具

詹森·奎因 / 可持续工程有限公司
布莱恩·伯格 /BRANZ Ltd

引言

本文演示了基于 Microsoft Excel 的 LCAQuick 工具与被动房设计包（PHPP）之间的集成，其允许在 PHPP 输入变化时快速计算生命周期评估（LCA）的影响。通过与 LCAQuick 的集成，可以立即量化并得出实现不同热性能水平所产生的温室气体排放（和其他环境指标）与实现这些热性能水平所需的材料之间的潜在权衡。这使得设计师可以使用 PHPP 和 LCAQuick 来优化建筑，同时最大限度地减少能源消耗和多个环境指标。

本文探讨的主要问题是从 LCA 的角度来看（考虑到 $kgCO_2e$），通过围护结构的变化（隔热层厚度和窗的变化）来实现节能，在什么情况下才有意义。被动房的目标是实现经济最优化，但即使是以特定的方式建造的特定住宅，生态最适度也会有所不同。

对于研究的两座已获认证的被动房建筑，即使是在运行能耗为供热需求认证要求一半的情况下，也没有达到测量的生态最适度（$kgCO_2e$）。换句话说，即使达到被动房能耗的一半，也会减少在整个建筑生命周期中释放的 $kgCO_2e$，从而继续增加保温效果。对于地处气候更温暖区、保温效果更好（XPS）的 SIP 建筑，生态最适度接近经认证的被动房性能水平。

LCA——生命周期评价

国际建筑可持续性标准规定了进行建筑 LCA 计算时的环境和其他指标。这些包括基于使用生命周期影响评估的环境影响以及生命周期清单中的能源和材料流值。ISO 标准定义了进行此评估的内容和方式，以允许在不同的研究中进行比较。

LCA 是一种环境系统分析和会计工具，用于量化一个选项的输入和输出，无论是产品、服务，还是组织，可将其与潜在的环境影响联系起来。LCA 是一种系统方法，其中相关系统包括共同产生研究产品或服务的操作。正在评估的系统与提供输入和输出的其他工业系统相关联（图 1），所有这些都被纳入评估范围。

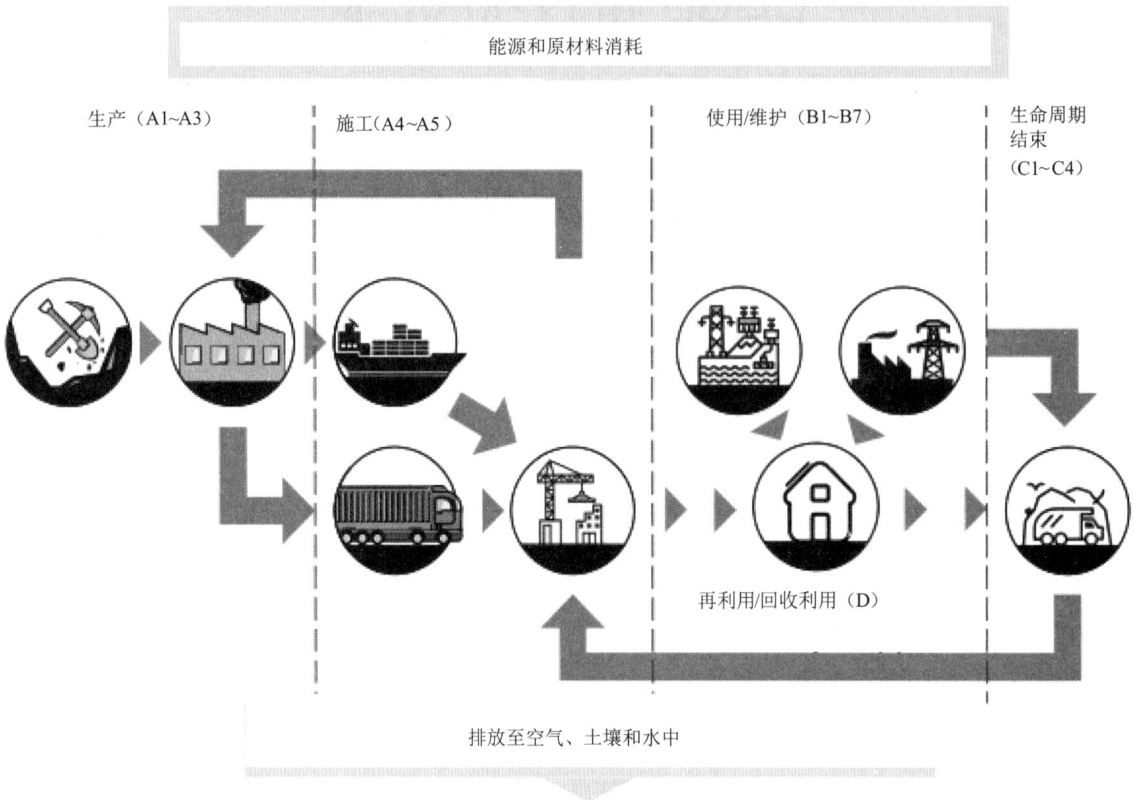

图 1　项目生命周期评价

LCAQuick 符合 EN 15978：2011，涵盖了材料的所有生命周期阶段，从资源开采到生产（A1~A3）、运输再到现场、施工与废弃（A4~A5）、建筑使用阶段，包括运营和维护成本（B1~B7）、建筑寿命终止（C1~C4）以及再利用 / 回收效益（D）。

LCA 清晰和全面地显示了一个系统中的能源和物质流，并提供了一个整体和客观的比较基础。以系统函数的形式给出了结果，以便该功能的值可以和与之相关的环境影响相平衡。

LCA 的结果量化了产品或服务在整个生命周期中的潜在环境影响，以帮助确定改进的机会，并通过比较替代建筑设计和节能措施等给出更环保的方案。

LCAQuick——是什么

LCAQuick 是由 BRANZ（作为免费工具）开发的专门用于新西兰的整体建筑全生命周期 LCA 工具，能够为建筑设计师提供资源，以更好地了解 LCA 是什么，其输出是什么，如何将 LCA 应用到现有的工作流程中，如何在设计中使用它来降低建筑物的环境影响。

BRANZ 一直致力于使 LCAQuick 在早期设计中易于建筑设计师使用。因此，该工具中嵌入了一个常用建筑材料、产品和过程（如电网电力）的生命周期影响评估（LCIA）数据库。这些是预先定义的，反映了新西兰标准惯例。建筑设计师必须输入的主要信息是建筑设计师可以自行计算的信息，例如结构和围护结构的建筑材料数量、能源模型结果和用水量估计。由于 PHPP 输入非常相似，而且这两种工具都基于 Excel，因此这两种工具的链接将允许设计师同时计算建筑围护结构变化的能源影响和 PHPP 工具的 LCA 影响。计算的环境指标是适用于初始设计阶段的一个子集：全球变暖（100 年）；平流层臭氧消耗；酸化；对流层臭氧形成；富营养化；非生物消耗——元素、化石燃料；一次能源总量、非可再生能源、可再生能源。本文侧重于全球变暖（100 年）或气候变化的评估。

关于新西兰特定材料和产品的 LCIA 数据很少。在目前缺乏新西兰特定数据(例如来自已发布的 EPD)的情况下,在概念和初步设计期间,已经开发出结构和热围护结构中使用的产品的通用数据,并对其应用进行了外部审查(BRANZ 作为 LCAQuick 开发一部分)。可访问 https://www.branz.co.nz/buildinglca,在线获取许多关于所使用的数据、方法和验证的论文以及 Excel LCAQuick 工具本身。

与其他工具的比较

其他建筑 LCA 工具(如 eToolLCD)比 LCAQuick 更全面、更复杂,例如它们可以在施工期间调整材料的现场运输距离和损耗率。不同的工具具有不同的材料数据库,且对其国家具有不同的本地化影响。新西兰的市场较小,只有 LCAQuick 和 eToolLCD 可以为新西兰提供所有类型的本地化 LCA 数据库。BRANZ 与其他国际研究组织一起参与国际能源机构研究计划,研究建筑物的环境影响。作为这项工作的一部分,正在使用国家方法评估具有确定材料数量和能源使用的特定建筑。早期研究结果表明,由于我们的制造量较小、进口比例较大以及可再生能源在我们的电力供应中所占比例较高,因此新西兰材料的内含能值较高,且运行能耗影响较小。这一点的主要影响是与 LCAQuick 一起进行的 LCA(通常)会倾向于建议较低的材料影响而不是运行影响。

LCA 的范围

本研究的目的是研究减少运行热能(模块 B6)策略(特别是增加建筑物热围护结构的热阻)的生命周期碳影响以及实现此类降耗所需的额外的建筑材料影响(模块 A1~A5、B2、B4、C1~C4 和 D)。

为实现这一目标,我们评估了 3 个不同的被动房案例研究,其中仅包括与建筑物热围护结构相关的建筑材料。为清楚起见,排除了以下内容:

(1)内部装修、配件、固定装置和建筑设备;

(2)与机械通风及热回收(MVHR)系统相关的材料影响。

将 3 套经认证被动房单户住宅的 PHPP 导入到一个变体文件中并进行修改,使其性能从新西兰规定的最低建筑标准(例如 R1.9 墙)到经认证被动房 PHPP 供热需求的一半不等。选择这些项目是为了代表我们在新西兰看到的三种最常见的被动房建筑施工方法(参见图 2)。典型墙体施工系统汇总见表 1。

表 1 典型墙体施工系统汇总(注:不包括固定装置)

外墙饰面	用于木建筑的水性涂料(外墙)(2 层 /m²) 水性涂料(外墙),底漆 / 密封剂(1 层 /m²)
外墙覆层	经修整和窑干、各种剖面的软木防风雨板(来自可持续森林管理实践)
外墙覆层	聚乙烯(PE)建筑覆盖膜
墙体结构 / 保温层	截面经修整和窑干的软木墙框架(来自可持续森林管理实践) 保温层(90 mm 墙),Pink® Batts® Ultra® R2.8 墙(玻璃棉)
内墙覆层	石膏板(GiB® 标准 10 mm)
内墙饰面	水性丙烯酸底漆 / 底涂层(Dulux 丙烯酸密封底漆底涂层)(1 层 /m²) 水性墙面涂料(Dulux Wash&Wear® 低光泽 - 亮白色)(2 层 /m²)

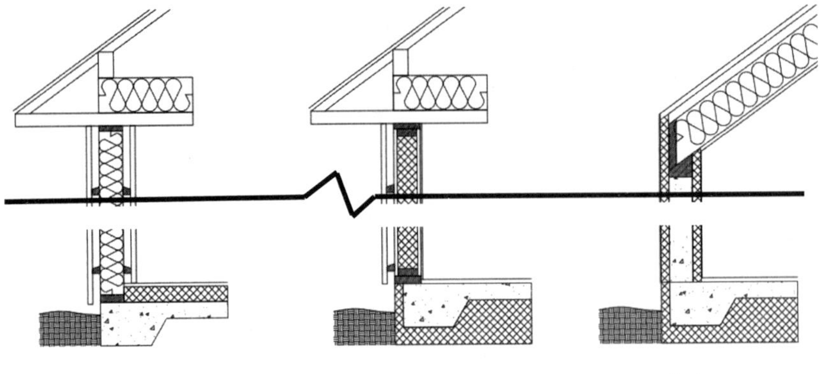

图 2 检查的建筑物结构

(a)顶部隔热混凝土板上的木框架和桁架屋顶上的金属屋面 (b)隔热混凝土板上的隔热混凝土模板(ICF)墙和木椽屋顶上的金属屋顶
(c)隔热混凝土板上的结构隔热板(SIP)墙和桁架屋顶上的金属屋面

结果

图 3 为三座经认证的被动房楼板上的木建筑的 $kgCO_2e$ 即使在经认证被动房的一半运行能耗下,其他材料也开始接近建筑物的运行能耗。其中,案例 1 是新西兰最低建筑规范;案例 2~4 是案例 5 的步骤,案例 5 是经认证的被动房性能,案例 6 是经认证被动房供热需求的一半。

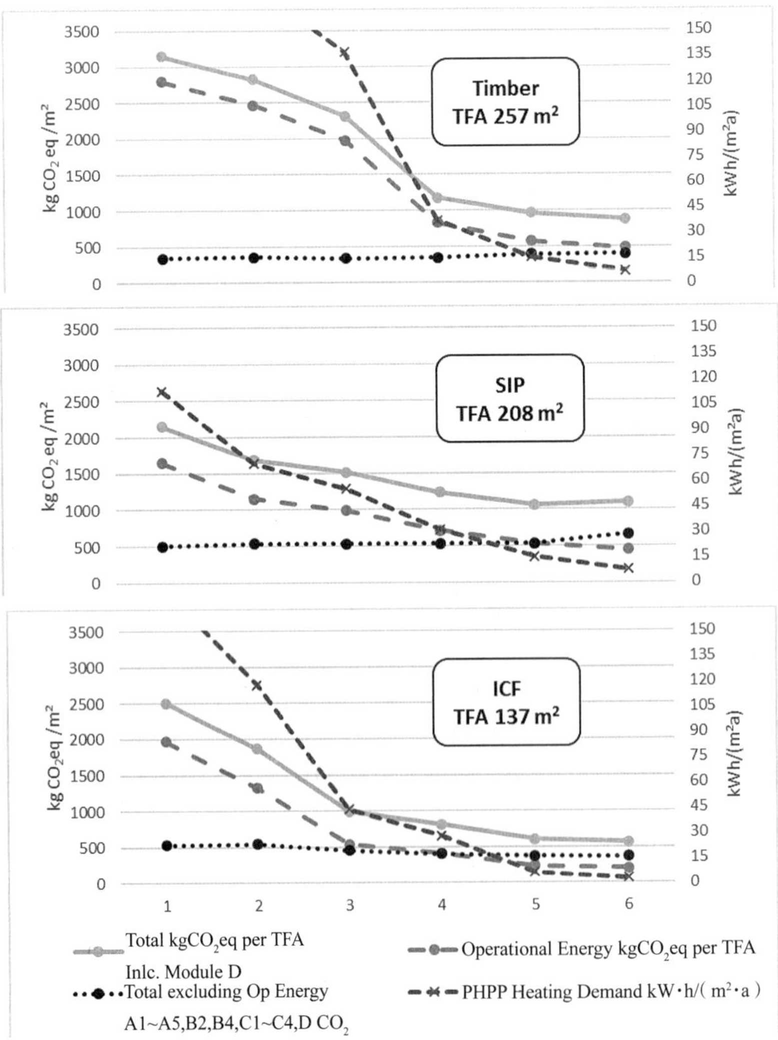

图 3 楼板上木建筑的 $kgCO_2e$

对于研究的三座经认证的特定被动房建筑，随着供热需求降至被动房水平，整体 LCA kgCO_2e 继续减少。木材和 ICF 建筑的供热需求（即案例 6，经认证被动房的一半运行热能）甚至低于 7 kW·h/(m²·a)。对于位于气候较暖区的汉密尔顿的 SIP 建筑，与经认证的 15 kW·h/(m²·a)年供热需求的性能水平相比，7 kW·h/(m²·a)供热需求情况下的整体 LCA kgCO_2e 略有增加。

结论

我们从这三个案例得出的结论是这些建筑物的生态最适度（仅以 kgCO_2e 为单位），鉴于新西兰的内含能源和“绿色”电网，木材和 ICF 建筑的供热需求低于 7 kW·h/(m²·a)，SIP 建筑的供热需求为 15 kW·h/(m²·a)。对于电网中内含能源较低和可再生能源较少的其他国家，生态最适度可能低于这些供热需求值。SIP 建筑在较高的运行能源需求下得以优化，其合理原因包括保温材料中较高的内含能源（选择使用 XPS 代表 SIP 芯隔热）、木材含量的较小增加（在使用阶段存储 CO_2）、相对较差的热损失形式因子以及其所在位置的气候较暖。对于新西兰大多数使用较低内含能源保温材料的气候区域而言，生态最适度（在建筑物生命周期内的 kg-CO_2e）可能低于经认证被动房性能水平的一半。

PHPP 与 LCAQuick 的链接

PHPP 变体文件链接到 Excel LCAQuick 文件，以在变体表上提供能耗、面积（通过 *U* 值和玻璃/框架）、PV 面板参数以及使用的可变厚度。该链接类似于用于将 PHPP 变体文件链接到随 PHPP 软件提供的 EnerPHit 表的方法。在 LCAQuick 中手动创建表格，以使窗口材料数量与变体相匹配。然后在 LCAQuick 中构建 / 选择层以使用变体材料厚度。这会产生两个链接文件，以允许更改 LCAQuick 中的变体，并可视化产生的 LCA 影响。在将变体材料链接到 LCA 材料时，需要特别注意的一点是需要区分基于面积的材料和基于体积的材料。

参考文献

[1] 多戴尔·D，伯格·B. 新西兰整体建筑全生命框架. 概述，BRANZ 研究报告，SR349，2016.

[2] Frischknecht，等. 使用国标法比较同一办公楼的环境评估.2019 年可持续建设环境会议.（即将出版）

气候因素决定的可再生一次能源因子在中国的应用

杰西卡·格罗夫－史密斯，沃尔夫冈·费斯特 / 被动房研究院

引言

被动房研究院开发了一种无与伦比的新方法来评估可再生能源供应背景下的建筑能源需求。简而言之，此概念通过使用“可再生一次能源”（PER）作为可持续性指标，PHPP 建筑建模时的设计选择暗中朝着改善与区域可再生能源的兼容性方向发展，从而实现向完全可再生能源供应的过渡。建筑物的 PER 需求反映了可再生能源供应所需的能力，进而满足建筑物的最终能源需求。因此，该指标根据需求和供应负荷情况，明确考虑了能源储存和分配损失相关因子，从而能够对累积的可再生能源需求进行有意义的评估。

此方法于 2013 年首次作为概念引入，并在第 17、18 届国际被动房大会上提出。然后，设计师将此方法当作被动房项目的一项整体设计参数，并作为被动房设计包（PHPP，2015 年第 9 版）的一部分。

自引入 PER 方法和被动房等级以来，全球有 60 多座建筑（经处理后的楼面面积约 50 000 m^2）通过该系统认证为 Plus 等级被动房或 Premium 等级被动房项目，重新构建了现场或场外可再生能源供应。尽管 PER 评级系统已经使用了四年，但在从业人员中，仍然存在一些问题。我们更为熟悉的是将 CO_2 当量排放、传统的化石燃料基一次能源作为环境指标或净零可再生能源方法等概念。与之相比，该方法需要我们转变对于建筑能源需求的思想见解。

鉴于中国目前正在迅速发展被动房，本文将根据中国不同气候区（从以制冷需求为主导的高温潮湿气候到具有高供暖需求的极冷气候）的选定实例，解释每种方法的原理和意义。

中国：气候条件、能源需求和可再生能源供应

中国幅员辽阔，气候条件多种多样，北部和西部地区天气寒冷，南部地区气候湿热。因此，各个地区急需能源来提供健康舒适的居住和工作环境的时间各不相同，北部（西部）以供暖为主，南部（东部）以制冷和除湿为主。总之，供暖需求高于制冷需求。气候变化导致气温上升，表明制冷需求上升。可再生能源发电的潜力在很大程度上也取决于气候和地理条件（例如光伏发电取决于太阳辐射，风力发电取决于风速和地表粗糙度）。因此，中国可再生能源的年供应密度曲线在全国范围内也具有明显的差异。中国西南部光伏发电潜力最大，北部风力发电密度潜力最大。

目前，中国大部分的电力生产来自煤炭。随着电力总需求的增加，可再生能源产能快速增长，预计煤炭发电的相对比重将下降。中国拥有大量的水电资源，且水电资源是中国目前最主要的可再生能源，也是仅次于煤炭的第二大总体电力来源。可再生能源市场份额正在不断增加，但要达到 100% 的需求覆盖率仍然有一段路要走。意识到并利用效率和可再生能源供应之间的协同作用，在更快实现这一目标而非浪费宝贵的能源资源方面发挥着关键作用。这正是 PER 框架的目的。

中国 PER 因子

PER 加权因子反映了需求与供给之间的时间相关性和季节性不匹配。任何储存需求都意味着损失，特别是为了弥补季节性供应缺口。建筑环境条件中的总能源需求由不同的能源消耗组成——供暖、制冷、生活热水生产、其他家用和辅助用电。总能源需求受人们日常生活习惯和行为（洗澡习惯、电器选择和使用等）的影响，也在很大程度上受建筑本身（位置、朝向、效率水平等）的影响。特别是供暖和制冷的效率水平对全年能源需求的季节性分布有着重要影响。在可再生能源供应方面，年负荷曲线在很大程度上受天气条件的影响，

但在一定程度上也会受到不同技术的影响，即光伏系统（主要是夏季白天）与风（高波动性，通常在冬季夜间时段风力较大）和水电（连续基本负荷，由于降雨、融雪等导致的季节性变化）方面。

为了解释在不同气候条件下，PER 加权因子在各地区的变化情况和原因，本文介绍了中国不同气候区的三个选定地点，重点将放在供暖和制冷方面。家电和生活热水的 PER 因子在所有地点全年都相对恒定，变化不大。以下示例使用文献 [3] 中概述的方法进行计算，使用每小时 IWEC2 数据作为边界条件。

1. 热带气候

选择琼海作为热带气候的代表地点。当地全年气候炎热、潮湿，对制冷特别是除湿有很大的需求。建筑的季节性能源需求曲线与可再生能源供应曲线（在夏季也处于最高点）具有较好的相关性。模拟结果（图 1 和图 2）表明，从春季（制冷需求仍然较低）到秋季（阳光辐射减少，但仍需要制冷和除湿）都需要储存过剩的太阳能。当地制冷的 PER 因子为 1.27，反映出临时储存的相关损失为 27%。在这种气候条件下，供暖没有任何作用。

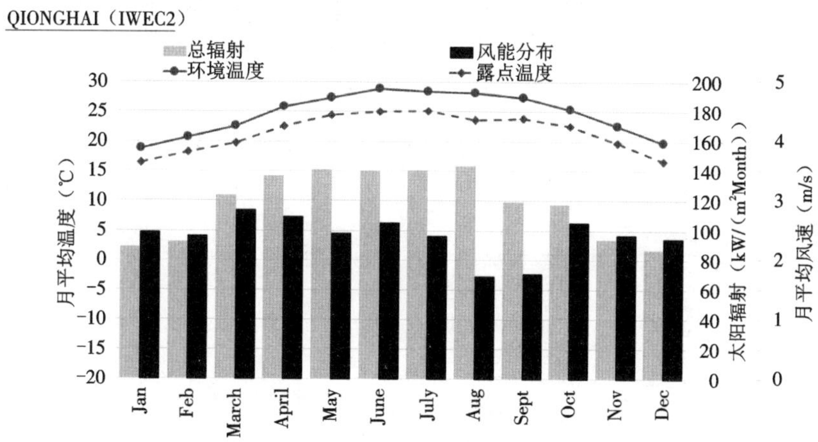

图 1 琼海全年气候条件湿热（在 19.2° 的纬度上，全年月辐射量较高）

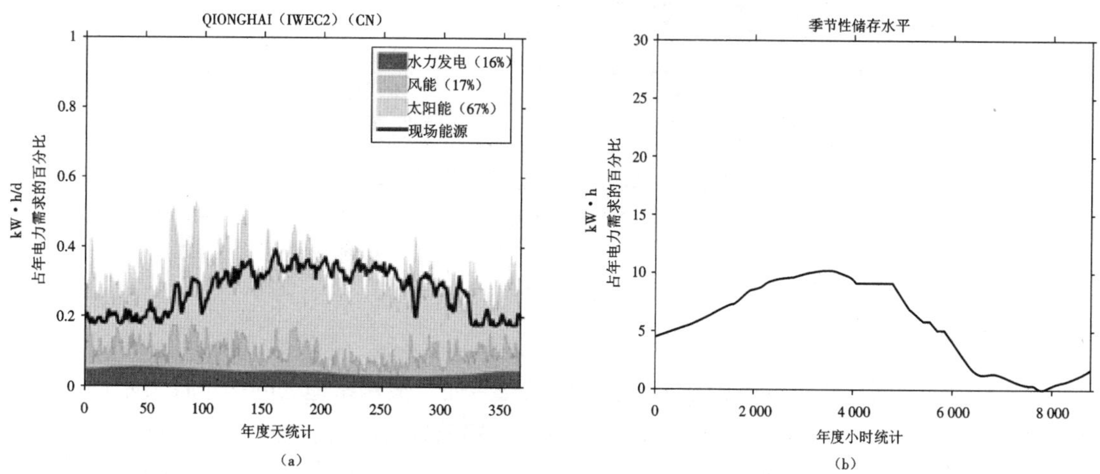

图 2 琼海气候条件下的年负荷曲线

（a）在 100% 可再生能源供应情况下，高效建筑（黑线）与可再生能源供应的电力需求曲线 （b）全年相应的储能要求

2. 冷气候

为了说明另一个极端气候条件，选择乌鲁木齐（大陆性气候）作为具有显著供暖需求的典型地点（图 3 和图 4）。当地冬天极冷，夏天干燥、温暖，可能有一些制冷需求。在可再生能源供应方面，太阳能和风能的开发

潜力在夏季最高，在冬季显著下降。因此，能源需求和供应与季节完全不匹配，夏季供应过剩的可再生能源需要储存起来，用于满足冬季的供暖需求。因此，供暖地区 PER 因子非常高，为 2.06。为了补偿储存损失，需要向电网提供约 2 倍的可再生一次能源，以便能够覆盖建筑的最终能源需求。制冷需求的增加与可再生能源的可利用性密切相关，并且平衡了供暖负荷的季节性主导地位。制冷需求相对较低，能够有效提供，实际上有利于供需的整体及时相关性，这体现在当地制冷 PER 因子为 0.72。

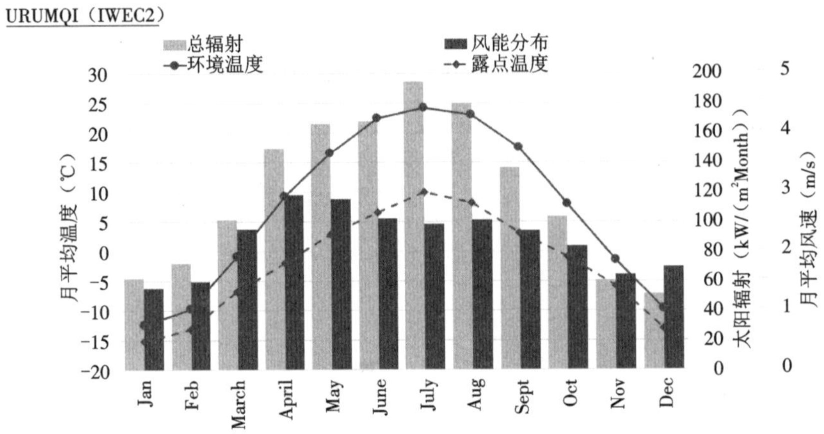

图 3　乌鲁木齐冬冷夏暖（在 43.8° 的纬度上，太阳辐射在一年中变化很大，冬季平均风速也较低）

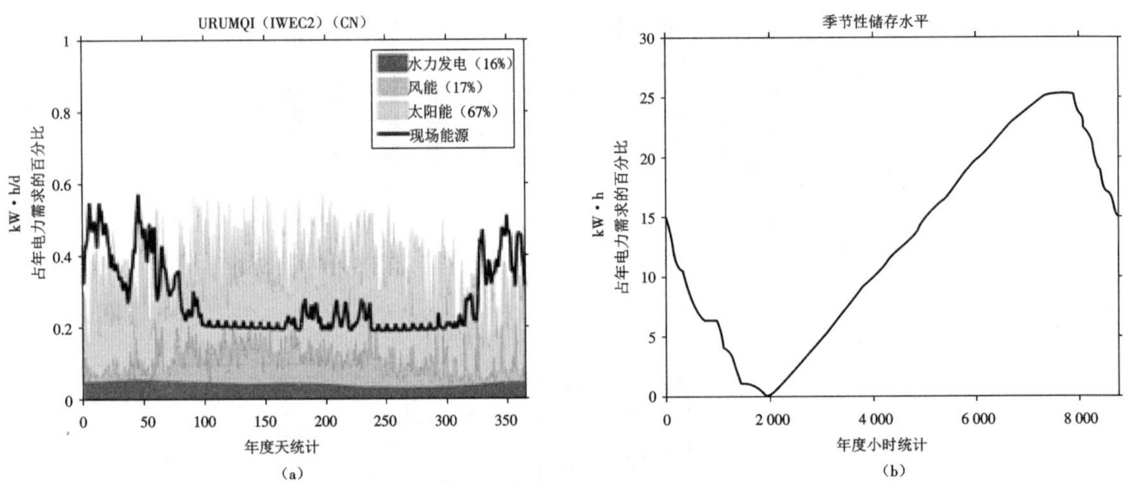

图 4　乌鲁木齐气候条件下的年负荷曲线

（a）在 100% 可再生能源供应情况下，高效建筑（黑线）与可再生能源供应的电力需求曲线

（b）全年相应的储能要求（表明从夏季开始需要大量储存可再生能源，以满足冬季供暖需求）

3. 冬冷夏热

北京冬季寒冷干燥，夏季温暖潮湿。北京是中国众多人口最稠密地区的一个代表示例，冬季需要供暖，夏季需要制冷和除湿（图 5 和图 6）。在此情况下，总水平辐射在春季和初夏最高，在夏末明显下降。全年的风能资源在年初最高，一直持续到 5 月，之后下降。将全年可再生能源与具有代表性的节能建筑能源需求进行对比，可以看出春季能源生产过剩，需要将其储存起来用于制冷以及后期供暖需求。在此特殊情况下，当地供暖 PER 因子为 1.85，制冷 PER 因子为 1.54。制冷 PER 因子较低的事实再次反映出，制冷需求与太阳能可利用性之间具有更好的及时相关性。如果在此特定气候数据文件中，太阳能在夏末期间未下降，制冷 PER 因子将更低。

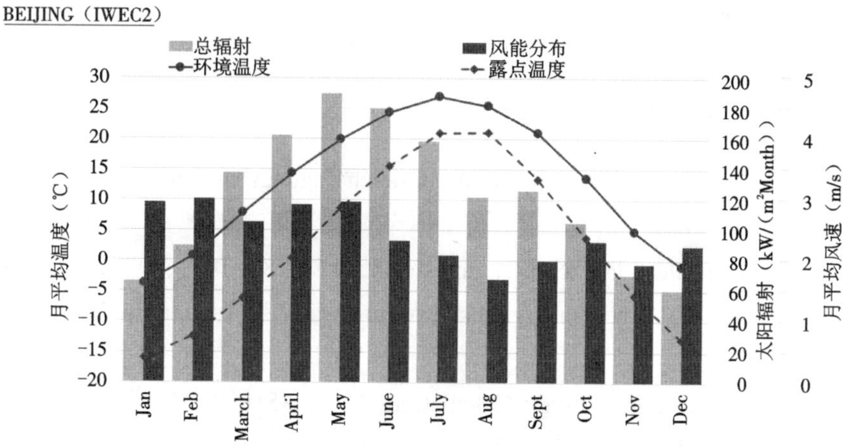

图 5　北京位于 39.9° 纬度，冬季寒冷干燥，夏季温暖潮湿（既有供暖需求又有制冷需求，可再生能源在春季最高）

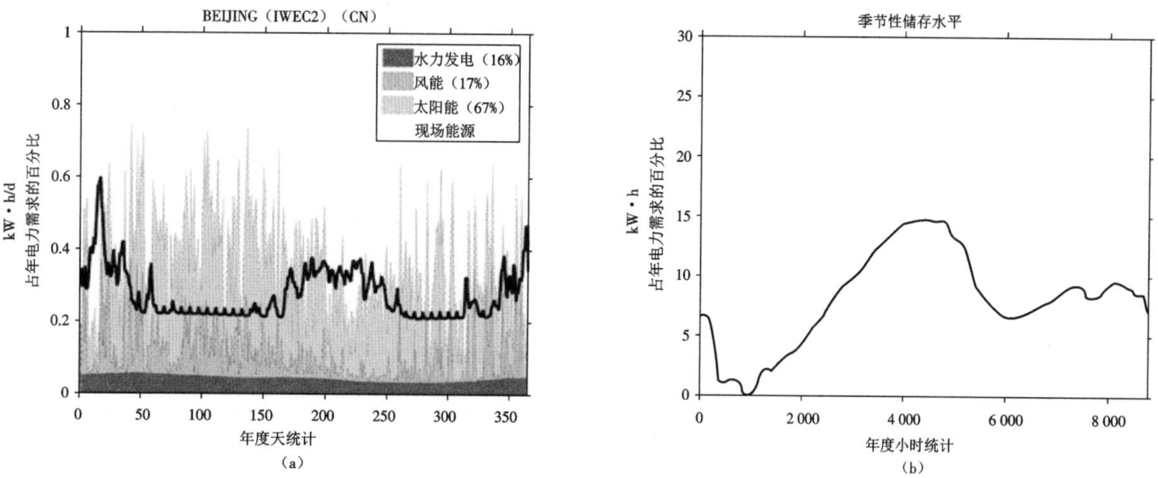

图 6　北京气候条件下的年负荷曲线

（a）在 100% 可再生能源供应情况下，高效建筑（黑线）与可再生能源供应的电力需求曲线　（b）全年相应的储能要求

4. 区域相关性

选择上述三个示例以供说明。在现实中，相关性的完整描述非常复杂，由此产生的 PER 因子并不总是直观的。由于年总负荷曲线对于能源需求具有决定性作用，因此无法对能源消耗本身（如供暖与制冷）进行相互独立的分析。此外，假设各地区的能源需求和供应曲线完全孤立也是不现实的。虽然可再生能源供应分散化和地区化可能有利，可以限制传输损耗，但大型可再生能源系统通常集中安装在气候条件有利的地点（如海上风电场）。例如，利用中国北方多风的气候条件，可以为同一电网的其他地区的供暖提供良好的基本供应。无论如何，必须在更大的区域层面上评估电网内的及时相关性和能源储存需求。

总结和展望

PER（可再生一次能源）方法旨在剖析能源需求和可再生能源供应之间最重要的方面和相互关系。PER 方法将复杂的能源需求及供应问题进行拆解，并将其转化为一个简化的框架，可作为具体的设计指南，以优化建筑与可再生能源供应的协同作用。如本文中的例子所示，可再生能源和需求之间的不匹配程度因气候的不同而具有很大的差异。根据地点和能源使用情况的不同，PER 加权因子不同，设计选择也可能会受到影响，从而优先考虑不易由可持续可再生资源提供最终用途的更高效率。

PER 是被动房研究院正在进行的一项研究课题，也是有关效率与可再生能源供应（净零能耗外）之间相互作用讨论的重要科学和实际贡献。

参考文献

[1] 费斯特· W.Energiekonzepte—das Passivhaus im Vergleich/Tagungsband zur 第 17 届国际被动房大会,法兰克福,2013.

[2] 费斯特·W. 被动房—das nächste Jahrzehnt/Tagungsband zur 第 18 届国际被动房大会,亚琛,2014.

[3] 格罗夫－史密斯· J,费斯特· W.Nachhaltigkeitsbewertung mit PER/Tagungsband zur 第 19 届国际被动房大会,莱比锡,2015.

[4] IWEC2(International Weather for Energy Calculations 2)为 ASHRAE 生成 WBT 的气象数据文件.2019 WBT,www.whiteboxtechnologies.com

[5] 克里克· B.Classic, Plus, Premium 等级:新型被动房级别以及如何达到 /Tagungsband zur 第 19 届国际被动房大会,莱比锡,2015.

多层住宅中的可持续性能源系统

伯克哈特·舒兹·德瑞普 /Schulze Darup & Partner Architekten Berlin – Nuremberg
本杰明·克里克 / 被动房研究院

能源技术——初始情况和成本发展

从基于化石燃料的能源供应转向基于可再生能源需要几代人的努力才能实现，可再生电力系统为这种转变提供了绝佳机会。被动住宅建筑的超低热负荷在这方面具有很高的价值。

与普通建筑相比，被动房建筑的供暖系统可将能源成本降低 25%~50%（图 1）。特别是在外部电路、热交换器和内部分配网络方面都可以经济有效地开发，因此热泵系统可以显著节约成本。此外，图 2 显示，附加能源技术（“2019 和可再生能源”）目前仍计划作为传统建筑服务技术（“2019”）的成本密集型附加技术。从短期来看，通过集成系统解决方案（“2021”）可以节省大约 25% 的费用。此外，这些组件在几年内经济效益将越来越高。特别是在电力系统方面，从制造向工业化生产的转变使得建筑服务技术的成本大大降低。目前，除了之前的组件（2019）之外，还计划了可再生建筑服务技术（“2019 和可再生能源”）。在短期内，可以通过系统解决方案（2021）来降低总成本（2030）；从长远来看，可以通过大幅度减少使用昂贵的组件来降低总成本（€ /m²）。

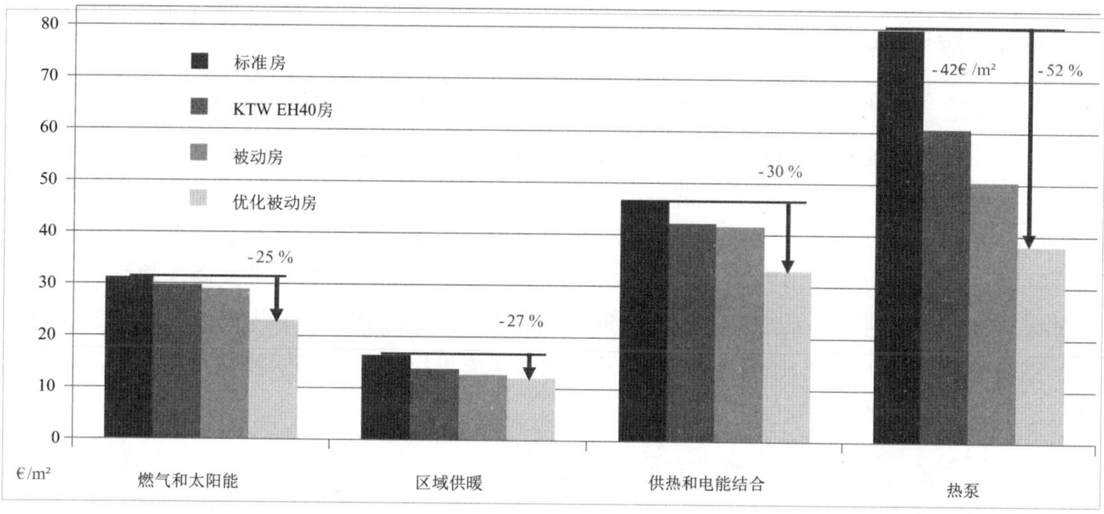

图 1　高能效降低了热负荷，降低了中央系统技术的投资成本（热泵技术可实现很多节省（€ /m²）

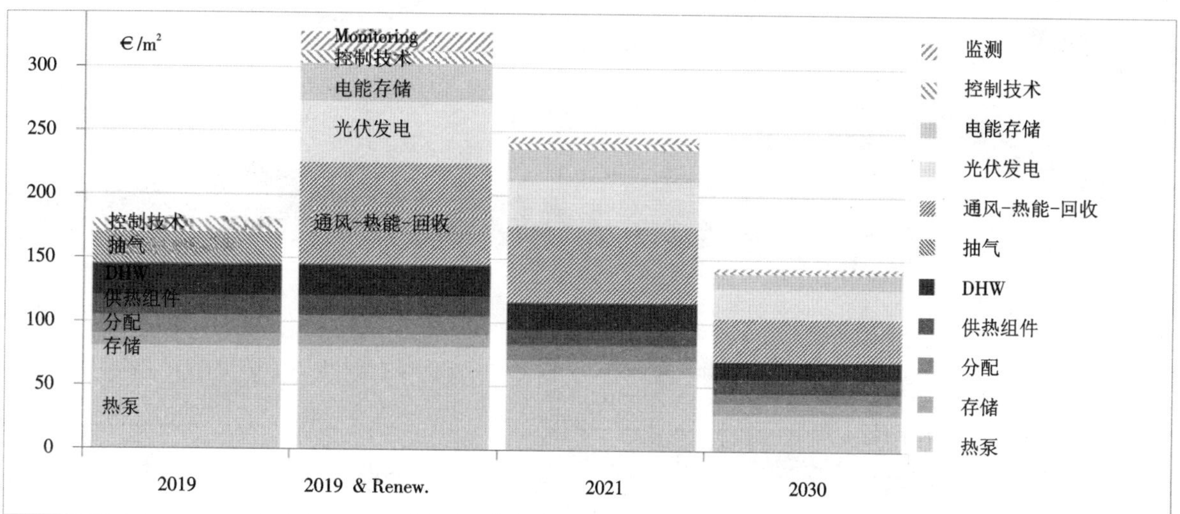

图 2　4 个系统方案对比

舒适的通风装置（带热回收功能的送风 / 排风系统）

在中欧和其他类似的气候区，如果使用排风系统，装有被动房围护结构的建筑物的供暖需求约为 40 kW·h /（m²·a）。如果使用带有热回收功能的送风 / 排风系统，该值降低至 15 kW·h /（m²·a）。在热负荷大大降低的同时，也使上述经济有效的加热技术成为可能，而且热舒适度显著提高。通过优化规划舒适通风的额外投资成本介于 20~40 € /m² $_{生活区域}$，该成本将被此供暖系统可能节省的投资成本所抵消。

可再生能源时代的供暖技术

为了实现我们的气候保护目标，必须在 20~30 年内实现向可再生能源供应的转变。在很大程度上，供暖变革与电力供应系统的转变是并驾齐驱的。这种转变带来了重大挑战，但与此同时，它也提供了巨大的机会。在很大程度上，可以使用小型热泵技术代替复杂的供暖网络。很明显，这种技术可以在工业上大量生产。此外，其还有一个优点，就是可以有效地组合供暖和制冷，从而在炎热和潮湿的气候区域实现协同作用。由于未来温度升高和夏季热浪的影响，以前温和的气候区也会出现制冷需求。

与集中供应系统相比，分散式解决方案具有降低配电网投资和运营成本的优势，其缺点是需要大量的技术设备以及单个部件投资和维护费用较高。对此，可行的解决方案是开发即插即用设备，这些设备大部分是免维护的，其中容易磨损的组件可以在大约 15 年后进行模块化更换。

水的加热在供暖中起着关键作用

根据被动房标准建造的多层建筑对热水的年需求量要高于空间供暖的年需求量。大约 16 kW·h/（m²·a）的可用能源需求经常被超过 100% 的系统损耗抵消，尤其是在正向流动温度超过 60℃的集中供应系统和循环管道中。图 3 显示了热水系统的最终能耗值。燃气锅炉系统的能耗值在 24~38 kW·h/（m²·a）；当与太阳能结合时，可实现 10~15 kW·h/（m²·a）的能耗。就投资成本而言，连续流式加热器成本较低，且损失最小；其结合淋浴水的热回收，可以实现最终能耗约为 10 kW·h /（m²·a）。住宅单元中的分散式微型热泵可将这一能耗减少一半。如果在 45~50℃的较低系统温度下优化和运行分配系统，则中央热泵装置也是如此。这可以通过超滤来实现。结合光伏和电池存储，图 3 中描述的三个电力系统可以提供现场所需能耗的 60% 左右，因此仅需通过外部电源提供剩余 3~4 kW·h/（m²·a）的能耗。

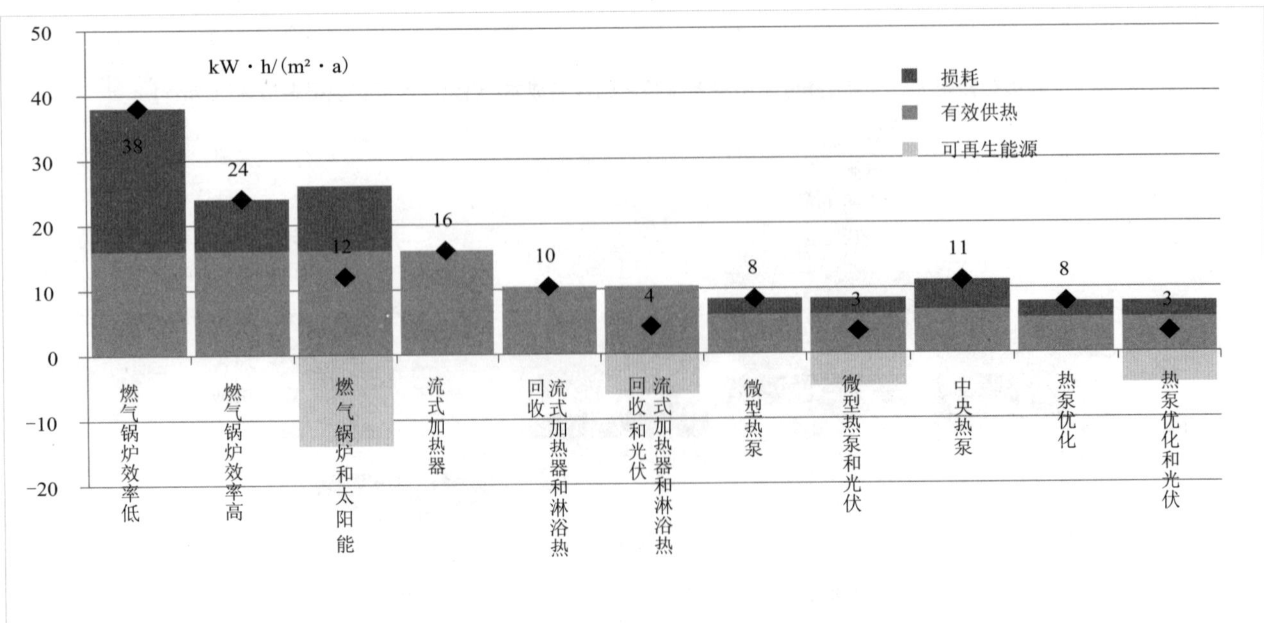

图 3　热水供应变体的最终能源需求

一次能源分析已经显示了以目前的框架条件电力系统的有利数据。如果在规划中考虑光伏和电池存储，那么就可以在热水供热方面取得非常积极的结果（图 4）。通过对未来可再生供应系统的预算分析，这一优势变得更加明显。与此相反，天然气供应不仅产生更高的一次能源值，还抵消了可再生能源发电、负荷管理和适当的光伏现场使用之间的协同效应（图 5）。

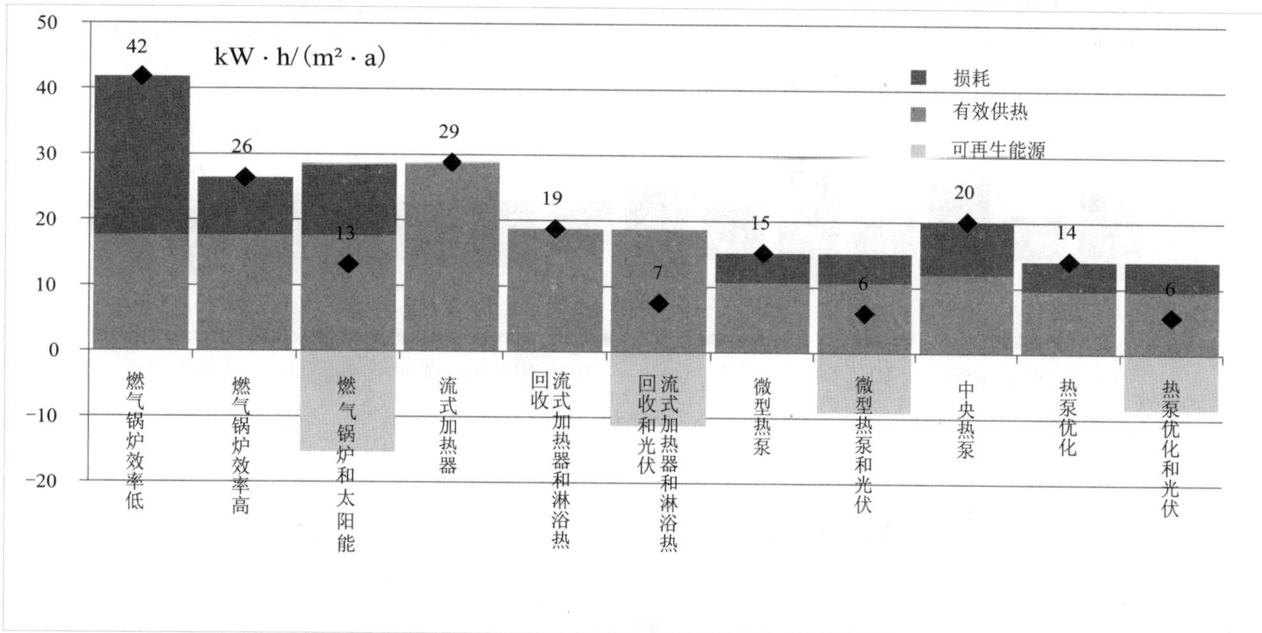

图 4 根据当前一次能源系数热水供应变体的一次能源值

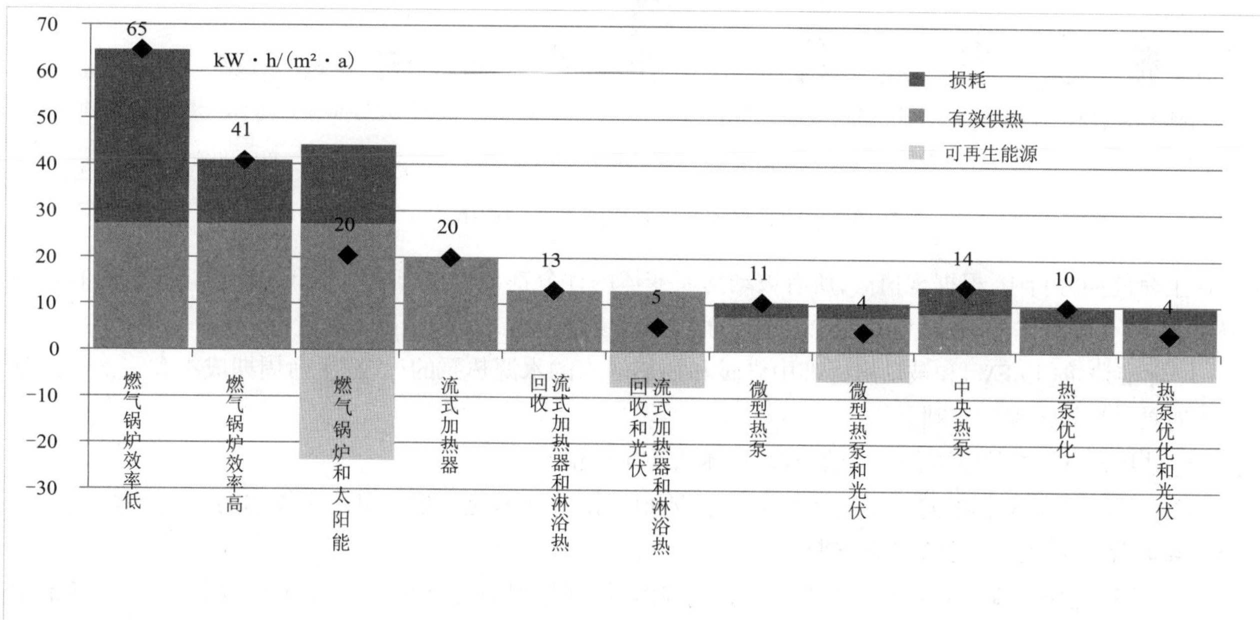

图 5 根据可再生一次能源分析（PER）【kWh/(m²y)】热水供应变体的一次能源需求

多层建筑中供暖解决方案的生命周期成本

在文献 [1] 中，使用现值法确定了不同建筑标准的供热系统的生命周期成本（图 6 和图 7）。可以看到，基于 EnEV 标准，将供暖需求和热负荷分别为 68 kW · h/(m² · a) 和 30 W/m² 的标准建筑与分别为 12 kW · h/

（m²·a）和 9 W/m² 的被动房建筑进行了比较。两种情况下热水的有用能耗均为 16 kW·h/（m²·a）。使用 PHPP 9.7 确定该四层公寓楼具体数值，地下室和经处理后的楼面面积为 1 440 m²，共有 16 个住宅单元。被动住宅标准的建筑围护结构的额外投资成本为 40 €/m² 生活区域，带热回收功能的通风系统的被动住宅的额外投资成本为 40 €/m² 生活区域。依据文献 [2] 和 [4] 中规定的成本，现值计算的其他边界条件如下：实际利息为 1.19%；能源价格依次为：天然气和石油 0.07 €/（kW·h），颗粒 0.05 €/（kW·h），电力 0.30 €/（kW·h），热泵耗电 0.19 €/（kW·h）。所有基于 EnEV 的标准建筑都不如被动房，热泵变体起到非常有利的结果，使用创新系统的直接电热水供应也比较有利，电力系统与光伏系统的结合使效果更好。

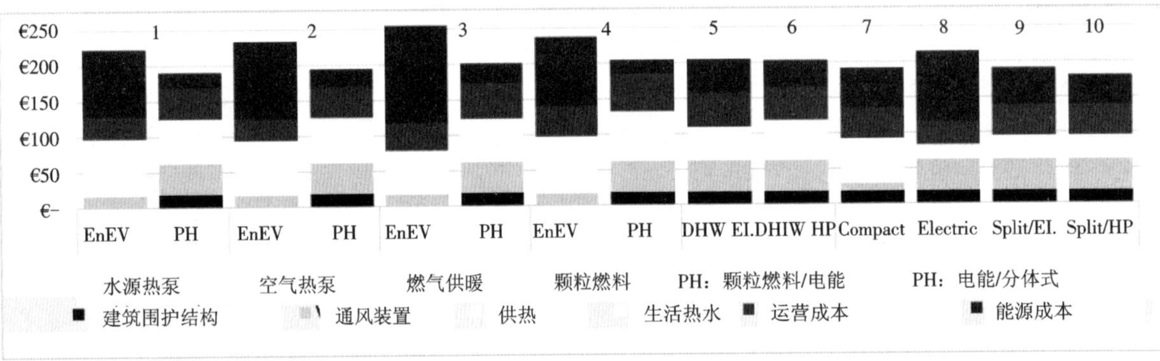

图 6　根据现值法比较建筑标准和供应系统的生命周期成本（€/m² 生活区域）

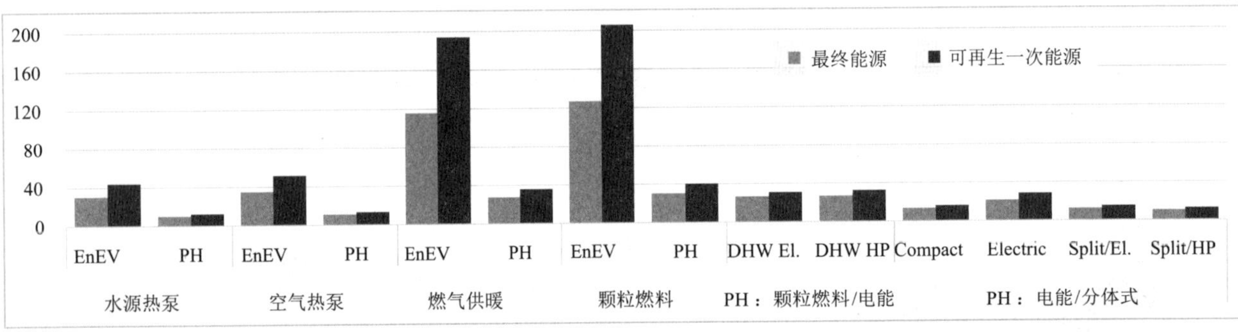

图 7　测试变体的最终能耗和 PER 要求（kW·h/（m²·a））

在生命周期分析中，根据现值法，所有被动房屋变体的评分都优于投资成本较低的标准建筑。所有被动房解决方案（变体 8 除外）在运营和能源成本方面都非常接近。本文比较了以下配置（编号参见图 6）：

（1）标准建筑（EnEV）和被动房标准中供暖和加热热水的水源热泵的比较：生命周期成本和一次能源分析结果对被动房标准非常有利。

（2）对基于空气的热泵进行相同的分析：总体结果非常相似。

3）被动房和 EnEV 标准建筑在气体冷凝技术方面的比较：尤其是考虑到可再生能源的供应平衡，生命周期成本和运营/能源成本集中在计算末期。

（4）使用颗粒的供暖：结果处于相当不利的范围内，特别是因为可以假定，在中期内，用于低温供热的生物量只能在有限的范围内获得，而且成本会增加。

（5）带有空气分配系统、直接电热水（被动房）的中央颗粒物供暖：一般来说，第（4）点中的相对性陈述也适用于这种混合系统。

（6）采用混凝土芯颗粒放射供暖，分体式热水热泵（PH）：如前所述，尽管有良好的热分配器和分散式热泵。

（7）用于加热空气和热水的紧凑型热泵装置（PH）：这种变体是具有良好性能系数的顶级评估之一。

(8)直接电加热,通过空气分配,直接加热热水(PH):低的投资成本被高能耗和没有太阳照射或没有风时期的高热负荷所抵消,这导致中期后续成本上升。

(9)分体式装置和直接电热水供暖(PH):非常经济的变体,特别是在投资成本方面。

(10)使用分体式加热器,通过分散式微型热泵(PH)产生热水:最佳的分散式变体,投资成本低于中央热泵,整体效果出色,运行/能耗成本低。

区域解决方案以及电力和移动性的整合带来的协同效应

未来的可再生供应技术还必须包括除了供暖、制冷、热水之外的用电和移动性。如果将分析框架扩展到地区,并使用可再生能源,可能会带来许多优势:集中管理与电池储存、电解、氢储存相结合的负荷,以实现移动性,并在无法发电时使其重新转换为电能,从而产生积极的协同作用。可更好地利用同时性因素,通过电池容量补偿建筑物的短期高负荷要求和电能的移动性。这种区域供应可以减少大型供热网络,增加区域一级互联部门和经济型可再生能源供应系统的选择。在湿热气候区以及炎热气候区,由于光伏能源的廉价可用性,这种平衡得到了改善。被动房研究院的 DISTRICT-PH 工具涵盖所有这些方面,并为未来的供给系统提供建议。

参考文献

[1] 本杰明·克里克,舒兹·德瑞普.25 年成本递减和生命周期成本——从试点项目到普通消费者. 达姆施塔特/柏林,2019.

[2] 本杰明·克里克. 低能耗和被动房概念建筑供热的经济比较——被动房研究院项目/Eigenprojekt des Passivhaus Instituts. 达姆施塔特,2017.

[3] 伯克哈特·舒兹·德瑞普. 被动房——未来之路?/Tagungsreader Internationale Passivhaustagung. 慕尼黑,2019.

[4] 伯克哈特·舒兹·德瑞普. 高性价比、可持续发展的多层住宅小区——美国联邦环境基金会资助的研究项目报告. 帕林,2019.

专题论坛 5

专题研讨:design PH 2.0

designPH2.0——新的遮阳算法可以为你做什么？

卡米尔·西非朗 / 德国被动房研究院
德拉戈斯·阿诺图 / 德国被动房研究院
大卫·爱德华兹 / 德国被动房研究院

被动房规划轻而易举

designPH 是三维建模工具 SketchUP 的一个插件，它已经成功地应用于世界上许多复杂的项目中。它是由德国被动房研究院开发的，目的是简化被动房设计包（PHPP）中的几何输入，加快效率优化设计。

不同的遮阳计算方法

1. 基于几何输入的 PHPP 计算

目前，PHPP 中的遮阳折减系数是通过输入 3 种离散遮阳类型的深度和偏移来确定的，即水平、悬挑和横向显示，然后用根据经验推导的算法对遮阳系数进行估计，该算法已经采用 Dynbil 针对动态模拟进行过校准。本方法经过 20 多年的不断改进，已被证明具备可靠性。但是，使用这 6 个维度来描述所有的遮阳情况可能会非常耗时。在更复杂的情况下，它也可能具有局限性，因为每种遮阳类型只能输入 1 个遮阳对象，这意味着设计师必须确定哪个对象的影响最大，或计算其平均值。PHPP 第 9 版手册中提到的其他校正系数也需要输入，因为大多数真实世界的遮阳对象不是无限的。

2. 基于 Perez 全天候模型的 designPH2.0 计算

在 designPH2.0 之前，一直都是根据 PHPP 中使用的方法确定遮阳系数。现在 designPH 使用各向异性的 Perez 全天候模型来估计每个窗户平面上接收到的辐射量。对于通过每个窗户看到的遮阳对象，使用三维光线跟踪进行扫描，从中计算遮阳罩，而该遮阳罩可以自动转换为夏季的遮阳系数和冬季的遮阳系数。这为复杂的遮阳情况提供了更容易和更精确的遮阳系数，并对某些类型的遮阳对象具有更高的灵敏度。它还提供视觉反馈，显示由于周围要素的影响，直射光和漫射光被遮挡的程度。

新 designPH2.0 算法的潜力

1. 上述两种方法对能源需求的影响

笔者利用上述 2 种计算方法计算遮阳系数，以了解不同系数对项目能源需求的影响。对于每个窗户，首先在 PHPP 变量表中输入其遮阳要素的几何图形，以便根据 PHPP 方法计算遮阳系数（包括附加校正系数）；然后使用 designPH2.0 计算 SketchUP 中同一项目的遮阳系数，并在变量表的另一列中输入。在经过这些步骤之后，可以比较得到的能量需求。

这项工作是在多个建筑物中进行的，在一个被动房建筑项目中，该工作在 4 个气候区开展。为了应对不同的气候条件，只改变保温层厚度和一些部件（如窗户）。至于遮阳的情况，该住宅位于南侧的河边，在地平线处并没有遮阳要素；在北边，它坐落在一座小山下，如图 1 和图 2 所示。

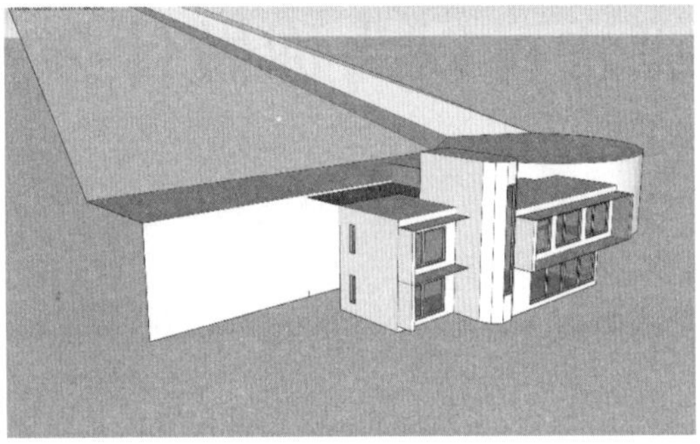

图 1 遮阳环境的西南视图

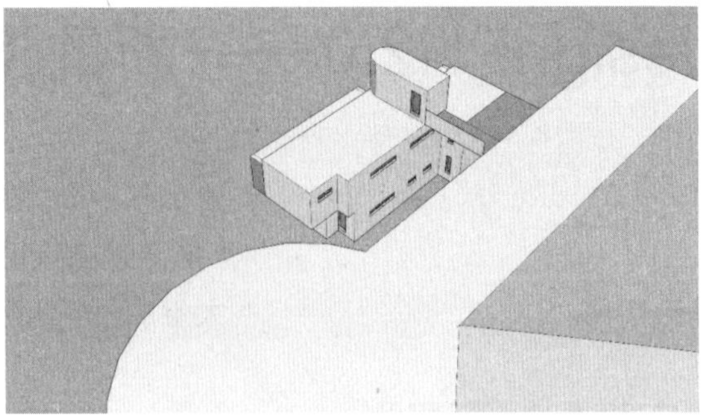

图 2 遮阳环境的东北视图

从表 1 可以看出，气候越冷（而不是太阳照射越少的气候），能源需求的偏差就越小。在如马拉加这样温暖的气候中，这种偏差最大可能达到 1~2 kW·h/(m²·a)，而在更冷的气候中，如莫斯科，这种差异则微不足道。还可以注意到，冬季的 PHPP 遮阳系数是安全的。而且 PHPP 似乎高估了周围环境的遮阳效应，但与能量相比，偏差范围仍然很小。

表 1 使用 PHPP/designPH2.0 遮阳系数时得到的供暖、制冷和 PER 需求量

要求与负荷 \ 地区	莫斯科 PHPP 遮阳	莫斯科 dPH2.0 遮阳	标准气候 PHPP 遮阳	标准气候 dPH2.0 遮阳	马拉加 PHPP 遮阳	马拉加 dPH2.0 遮阳	迪拜 PHPP 遮阳	迪拜 dPH 2.0 遮阳
	寒带		寒温带		温带		热带	
供暖需求（KW·h/(m²·a)）	22.33	22.17	14.96	14.84	5.48	3.22	0.0	0.0
热负荷（W/m²）	18.6	18.6	11.9	11.9	13.3	11.7	0.0	0.0
制冷需求（KW·h/(m²·a)）	1.50	1.44	0.23	0.24	11.07	11.91	65.3	67.2
冷负荷（W/m²）	7.9	7.8	4.4	4.5	13.9	14.2	13.7	13.8
PER 需求（KW·h/(m²·a)）	48.7	48.5	31.6	31.5	32.7	31.8	71.3	72.5

在下一步中，将冬季和夏季的 PHPP 和 designPH2.0 总折减系数与表 2 中每个窗户的 PHPP 和 designPH2.0 总折减系数进行了密切比较。

对于马拉加的冬季情况，南面窗户的 PHPP 遮阳系数被高估了。由于地平线上没有复杂的遮阳要素，我们可以推断，在使用 PHPP 方法时，横向和顶部遮阳要素被认为是无限的，从而导致了这种偏差。

关于夏季的情况，在所有的 4 种气候情况下，稍微低估了北面窗户的遮阳要素。这并不重要，因为大部分太阳辐射都落在了建筑物的其他立面上。而且由于考虑了无限长度，南面窗户的 PHPP 遮阳系数被稍微高估了（<10%）。这使得迪拜的太阳能得热从 2 000 kW·h/a 提高到了 2 500 kW·h/a，因为这个城市拥有大量的太阳辐射。这也就解释了它如何能够将 65 kW·h/(m²·a)的制冷需求增加了大约 2 kW·h/(m²·a)。

表 2　比较根据 PHPP 和 designPH2.0 计算的遮阳系数

马拉加									迪拜				
冬季折减系数					夏季折减系数				夏季折减系数				
窗户	PHPP	dPh2.0	+/–	<10%	PHPP	dPh2.0	+/–	<10%	窗户	PHPP	dPh2.0	+/–	<10%
W_10_N	0.57	0.54	-0.03		0.64	0.56	-0.07		W_10_N	0.65	0.56	-0.09	
W_1_N	0.34	0.29	-0.05		0.38	0.33	-0.06		W_1_N	0.38	0.36	-0.02	
W_2_N	0.43	0.34	-0.09		0.51	0.35	-0.16		W_2_N	0.53	0.38	-0.15	
W_3_N	0.60	0.57	-0.03		0.66	0.62	-0.04		W_3_N	0.67	0.58	-0.09	
W_4_N	0.39	0.31	-0.08		0.48	0.34	-0.14		W_4_N	0.49	0.37	-0.12	
W_5_N	0.42	0.33	-0.09		0.51	0.35	-0.16		W_5_N	0.52	0.38	-0.14	
W_6_N	0.55	0.47	-0.07		0.62	0.57	-0.05		W_6_N	0.63	0.53	-0.10	
W_7_N	0.61	0.59	-0.02		0.67	0.63	-0.04		W_7_N	0.68	0.59	0.09	
W_8_N	0.28	0.37	-0.09		0.31	0.51	0.21		W_8_N	0.30	0.47	0.17	
W_9_N	0.61	0.57	-0.03		0.67	0.58	-0.09		W_9_N	0.68	0.57	-0.11	
W_1_E	0.63	0.71	-0.08		0.21	0.15	-0.06		W_1_E	0.22	0.19	-0.02	
W_2_E	0.29	0.33	-0.04		0.30	0.30	0.00		W_2_E	0.23	0.32	-0.01	
W_3_E	0.18	0.25	-0.06		0.28	0.34	0.06		W_3_E	0.32	0.40	0.08	
W_4_E	0.63	0.65	-0.02		0.21	0.14	-0.07		W_4_E	0.22	0.17	-0.04	
W_5_E	0.88	0.97	0.09		0.94	0.97	0.02		W_5_E	0.95	0.97	0.02	
W_6_E	0.22	0.12	-0.09		0.40	0.47	0.06		W_6_E	0.45	0.37	-0.08	
W_10_S	0.72	0.84	0.12		0.30	0.36	0.06		W_10_S	0.31	0.36	0.05	
W_11_S	0.73	0.88	0.15		0.20	0.20	0.00		W_11_S	0.22	0.23	0.01	
W_12_S	0.73	0.90	0.17		0.20	0.24	0.04		W_12_S	0.22	0.27	0.05	
W_13_S	0.73	0.84	0.11		0.20	0.24	0.04		W_13_S	0.22	0.26	0.04	
W_14_S	0.77	0.93	0.16		0.21	0.25	0.04		W_14_S	0.23	0.28	0.05	
W_15_S	0.73	0.90	0.17		0.20	0.24	0.04		W_15_S	0.22	0.27	0.05	
W_1_S	0.77	0.93	0.16		0.21	0.26	0.04		W_1_S	0.23	0.28	0.05	
W_2_S	0.63	0.77	0.14		0.18	0.25	0.07		W_2_S	0.19	0.28	0.08	
W_3_S	0.63	0.83	0.21		0.18	0.22	0.04		W_3_S	0.19	0.27	0.08	
W_4_S	0.63	0.77	0.14		0.18	0.24	0.06		W_4_S	0.19	0.27	0.08	
W_5_S	0.77	0.92	0.16		0.21	0.25	0.04		W_5_S	0.23	0.28	0.05	
W_6_S	0.63	0.84	0.21		0.18	0.23	0.05		W_6_S	0.19	0.27	0.08	
W_7_S	0.73	0.90	0.17		0.20	0.25	0.05		W_7_S	0.22	0.27	0.05	
W_8_S	0.77	0.93	0.16		0.21	0.25	0.04		W_8_S	0.23	0.28	0.05	
W_9_S	0.73	0.90	0.17		0.20	0.24	0.04		W_9_S	0.22	0.26	0.04	
W_1_W	0.78	0.74	-0.05		0.88	0.89	0.00		W_1_W	0.89	0.87	-0.02	
W_2_W	0.73	0.69	-0.05		0.84	0.86	0.03		W_2_W	0.85	0.84	-0.01	

马拉加冬季	马拉加夏季	迪拜夏季
55%　<10%	88%　<10%	82%　<10%
45%　>10%	12%　>10%	18%　>10%

如果我们更详细地看一下使用这 2 种方法所获得的系数,我们会发现这些基本上具备安全性。

2. 复杂的遮阳情况

designPH2.0 考虑到了所有可见遮阳对象的情况,无论是落叶树、山脉,还是具有不规则地平线的密集街区,这些都提高了遮阳系数的准确性。现在,这些因素不再依赖于设计师的评估,这也就减少了错误的猜测或不适当使用附加校正系数的风险,同时还减少了确定正确遮阳系数的工作量。

3. 利用视觉反馈

除了节省时间和提供更高的精度外, designPH2.0 还允许用户设计、测试和优化各种遮阳措施,并通过为每个窗户提供视觉反馈让用户更好地了解其性能。

例如图 3 中突出显示的放大的西面窗户遮阳屏是为塞维利亚阳光充足的气候而优化设计。首先在 PHPP 中确定了制冷月份,然后在窗户前面放置一个垂直遮阳屏,以避免夏季下午的太阳辐射,如图 4 所示。由于在遮阳罩图上绘制了每月太阳路径,该屏的形状后来得到了改进,与最容易发生过热风险的太阳位置相一致,如图 5 所示。

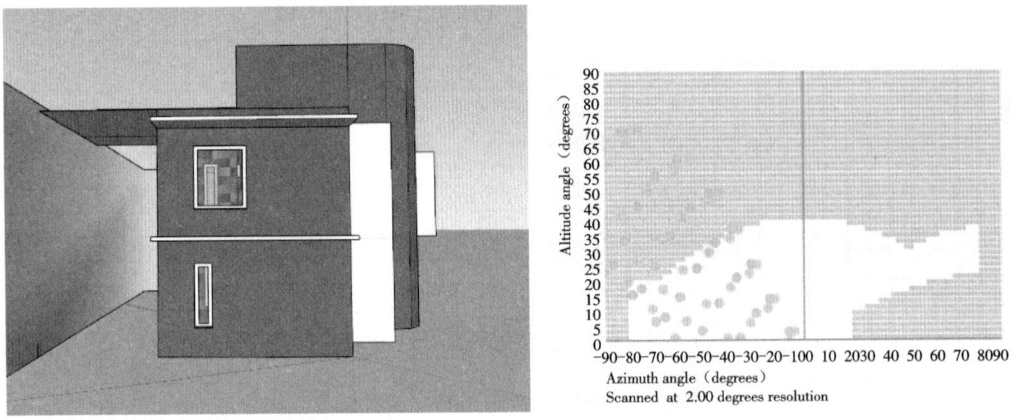

图 3 无遮阳屏和相应的遮阳罩

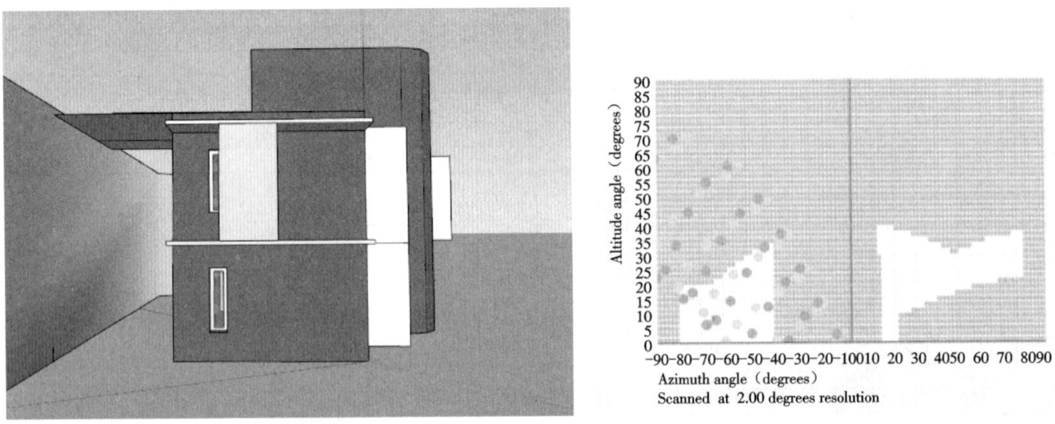

图 4 垂直遮阳屏和相应的遮阳罩

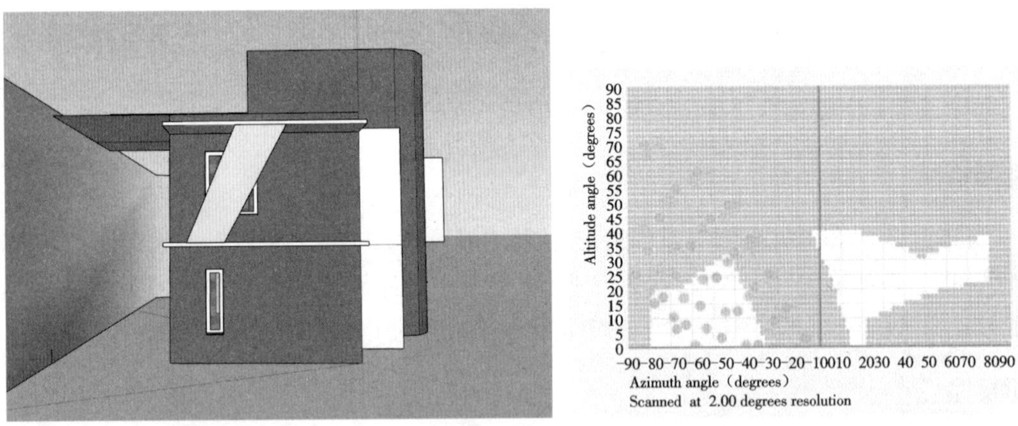

图 5 最佳遮阳屏和相应的遮阳罩

这种进一步的优化确保了午后的光束辐射被阻挡，同时在一年的其余时间内让更多的阳光通过，并改善窗外的景色，如图 6 和图 7 所示。

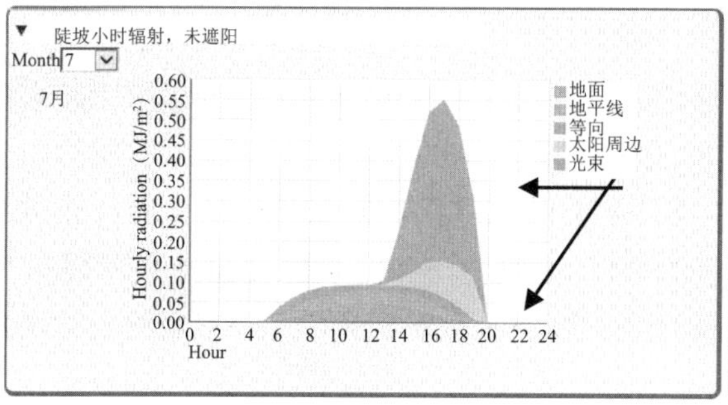

图 6　无遮阳情况下的小时辐射

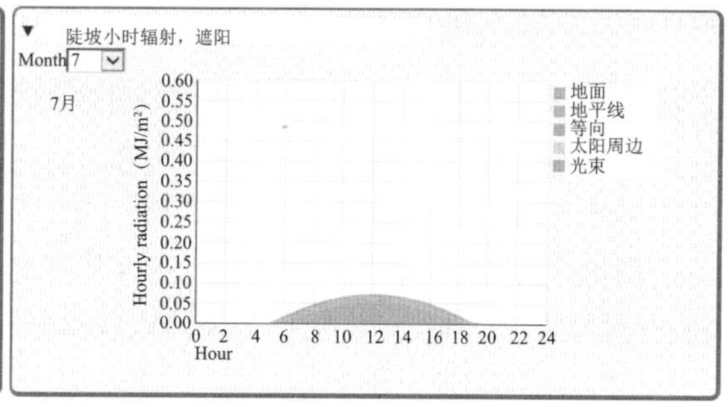

图 7　最佳遮阳屏情况下的小时辐射

4. 树荫的测定

在图 8 和图 9 中，窗户前面有一棵落叶树。对于 PHPP 的方法，设计师可以在 PHPP 第 9 版手册中找到一些经验法则："落叶树在冬季的典型透明度为 50%~80%……在夏季，透明度在 1%~40%，这具体取决于树的类型。"然后，我们需要考虑这棵树与建筑物距离的大小，以评估有多少太阳辐射可能被阻挡，树枝的分额则需要单独评估。

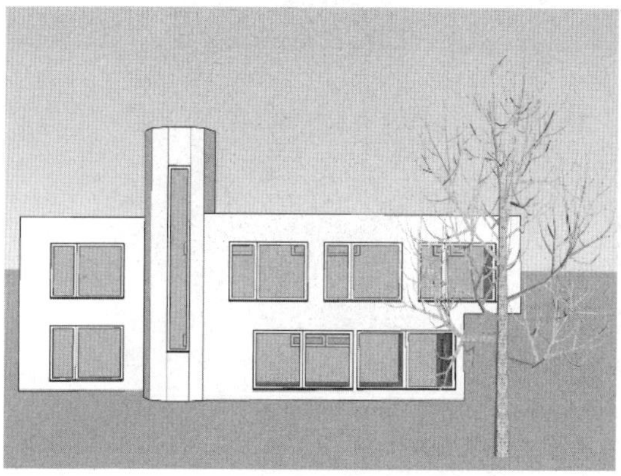

图 8　冬季落叶树的影响

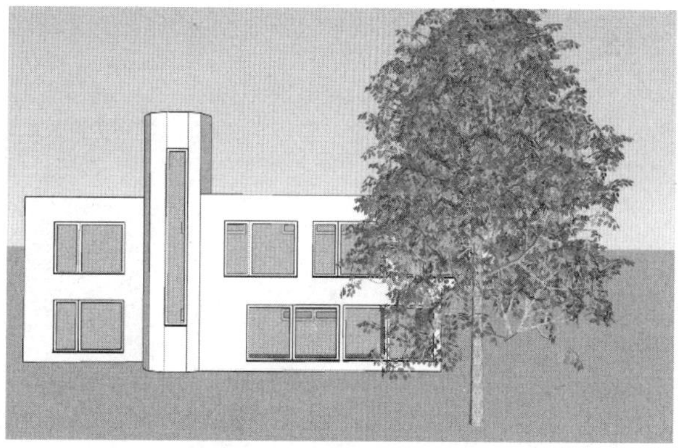

图 9　夏季落叶树的影响

同时，使用 designPH2.0 可以通过简单地隐藏树叶来执行分析。为了仅评估树的影响，移除了周围的遮阳要素。它提供了马拉加（西班牙）冬季和夏季的遮阳系数，分别为 99% 和 91%，在 PHPP 标准气候下冬季和夏季的遮阳系数分别为 96% 和 90%。这棵树似乎没有像预期那样产生那么多的遮阳影响。如图 10 所示，这可以通过相应的遮阳罩图来进行简单的双重检查：由于南部太阳很高，特别是在夏天，所以这个窗户的大部分区域不会被树叶遮挡。由于计算速度非常快，而且树的大小可以很容易地改变，因此也可以测试不同的假设对象（例如正在生长的树）。

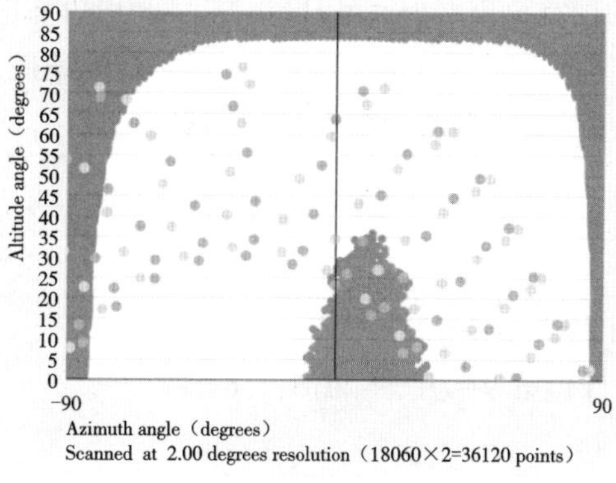

图 10　夏季窗户的遮阳罩

5. 将树木参数输入 designPH

由于常绿树、针叶树不会失去叶子，因此也不需要额外的变化，并且生成冬季和夏季的遮阳折减系数都具备有效性。由于 designPH 不分析隐藏的要素和几何图形，因此只有显示的要素才能通过启用或禁用包含落叶树的图层来建立可以隐藏和显示落叶树叶子的模型。冬季和夏季的遮阳折减系数受树木允许通过的太阳辐射比例的影响。因此，创建两个新图层，并将其命名为“树干”和“夏季树叶”。SketchUP 的三维图库有大量现成的三维模型可供下载和使用。要为项目选择合适的模型，以确保树模型的位置和根据项目的情况调整其尺寸。

导入树的参数后，选择树叶(好的三维模型将树叶单独分组)并将它们指定给一个新创建的图层；然后应该选择树干和树枝，并将其分配给第 2 个创建的图层，如图 11 所示。这样，可以通过启用或禁用树和树叶的相应层来显示或隐藏树和树叶。为了得到夏季和冬季正确的遮阳折减系数，需要进行 2 次建筑遮阳分析(一次显示树叶，一次隐藏树叶)。

图 11　来自 SketchUP 的三维图库的落叶树

由于这在目前不是一个自动化的过程，因此需要分别记录夏季和冬季情况下 2 次分析的结果，需要将结果导出到 2 个 PHPP，并将最终结果合并到第 3 个 PHPP 中，或者将它们从 designPH 遮阳结果中复制到所需的 PHPP 来完成。

结论

在整个开发阶段，测试并比较了 PHPP、designPH2.0 和动态模拟结果(使用 Dynbil)的遮阳输出，发现了良好的一致性和合理的差异。因此，designPH2.0 和 PHPP 都是计算被动房建筑遮阳折减系数的可靠工具。

由于其新的遮阳算法和额外的视觉反馈，designPH2.0 为更快、更可靠的优化和认证过程开辟了道路。除了这些巨大的改进之外，新的遮阳算法可以得到进一步改进，以更快的速度工作，为不透明表面提供更精确的遮阳系数，包括来自邻近建筑物的漫反射以及部分透明的遮阳对象。

参考文献

[1] 佩雷斯，等. 热过程之太阳能工程.4 版.2013.

[2] 德国被动房研究院. 被动房设计包第 9 版手册.2015：116-117.

designPH2.0 说明——如何应用新的遮阳算法？

德拉戈斯·阿诺图 / 德国被动房研究院

基于三维光线跟踪和 Perez 辐射模型的新遮阳算法

1. 方法和输出

通过光线跟踪为每个窗口生成一个遮阳罩，这是一个值矩阵，每个值都表示窗口看到的离散天空段的遮阳状态。这在 designPH 图形用户界面中显示为遮阳罩图（图 1 到图 3），该图可使设计师能够获得每个窗口遮阳情况的视觉反馈。

图 1　毕尔巴鄂的高层被动房 VArquitectos 立面视图

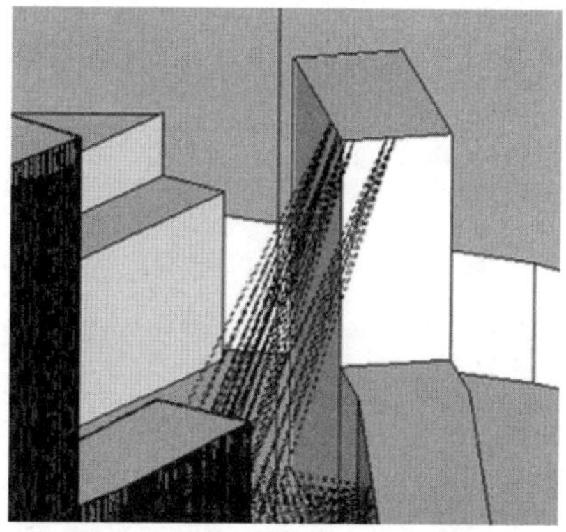

图 2　9 楼东向窗户的遮阳情况

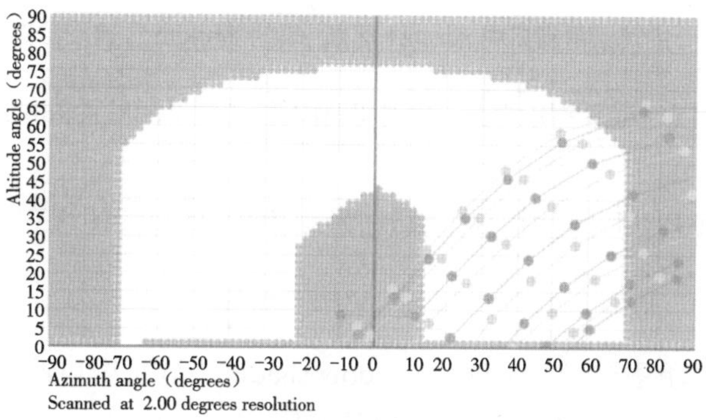

图 3　窗口遮阳罩

使用各向异性的 Perez 全天候模型[①]计算遮阳和非遮阳情况下每个窗口上的可用辐射，其将分别处理辐射的直射光束和漫反射分量。遮阳漫反射辐射是从未遮阳漫反射辐射导出的，并有遮阳罩加权。可用的直射光束辐射是由太阳瞬时位置的一条单独光线轨迹决定的。

每个窗口可用辐射的小时计算是在每个月的代表日进行的，由此导出到 PHPP 的季节性遮阳系数则根据遮阳辐射与非遮阳辐射的比率计算。

① Perez，等人，选自达菲和贝克曼，热过程之太阳能工程，2013 年，第 4 版.

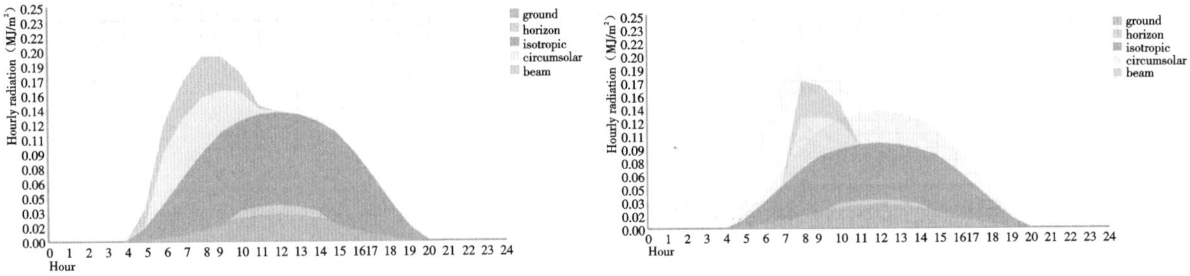

图4 选定窗口一个月(6月)中代表日的可用辐射小时计算

2. 分析多个窗口

当标准 designPH 分析运行时,使用新的遮阳分析算法生成遮阳系数,其结果将反映在 designPH 能量平衡计算中。每个窗口的结果可以在主对话框 Areas(区域)工作表的 Shading(遮阳)屏和 Windows(窗口)屏中看到(图5)。

▼ Shading

Assigned to group -All-

Select	Win ID	Window name	Assigned to group	Width	Height	Installed in	Shading factor (winter)	Shading factor (summer)
⊕	1	W_10_N	2 - North Windows	0.72	0.50	Wall_6287_N	0.63	0.60
⊕	2	W_1_N	2 - North Windows	1.00	0.50	Wall_6041_N	0.27	0.28
⊕	3	W_2_N	2 - North Windows	1.50	0.50	Wall_6041_N	0.33	0.31
⊕	4	W_3_N	2 - North Windows	1.50	0.50	Wall_6041_N	0.67	0.64
⊕	5	W_4_N	2 - North Windows	1.00	0.50	Wall_6041_N	0.30	0.30
⊕	6	W_5_N	2 - North Windows	1.50	0.50	Wall_6041_N	0.32	0.32
⊕	7	W_6_N	2 - North Windows	1.50	0.50	Wall_6041_N	0.54	0.55
⊕	8	W_7_N	2 - North Windows	1.50	0.50	Wall_6041_N	0.69	0.66
⊕	9	W_8_N	2 - North Windows	1.50	0.50	Wall_6041_N	0.39	0.43
⊕	10	W_9_N	2 - North Windows	0.72	0.50	Wall_6287_N	0.67	0.63

↓ show more... (23 rows hidden) ↓

图5 主对话框窗口中 Areas(区域)表的 Shading(遮阳结果)屏

计算出的冬季和夏季遮阳系数被导出到 PHPP 中的相应"Additional shading factor(附加遮阳系数)"列中(遵循经典导出方法)。

遮阳几何体不再被导出到 PHPP 中,因为这无法精确地模拟 designPH 现在可以分析的复杂情况范围。

3. 分析单个窗口

通过选择窗口并从快捷菜单中选择"Analyse window shading(分析窗口遮阳)"(图6),或在"Shading(遮阳)"表中选择同名按钮,可以更详细地检查单个窗口的遮阳情况。结果将显示在主对话框的"Shading(遮阳结果)"表中,该表还同时显示一年中12个月的遮阳罩和小时辐射图,如图7所示。图表左上角的"month(月份)"过滤器可用于显示单个月或一次全部12个月的结果。

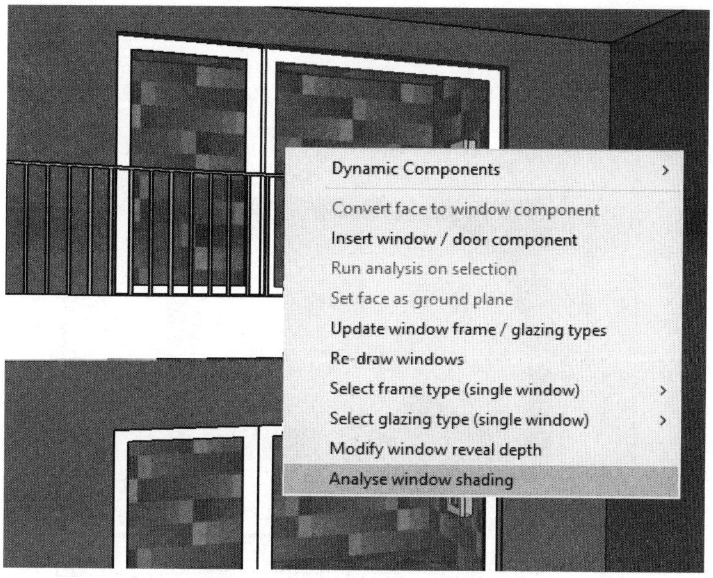

图 6　突出显示“Analyse window shading”的 designPH 快捷菜单

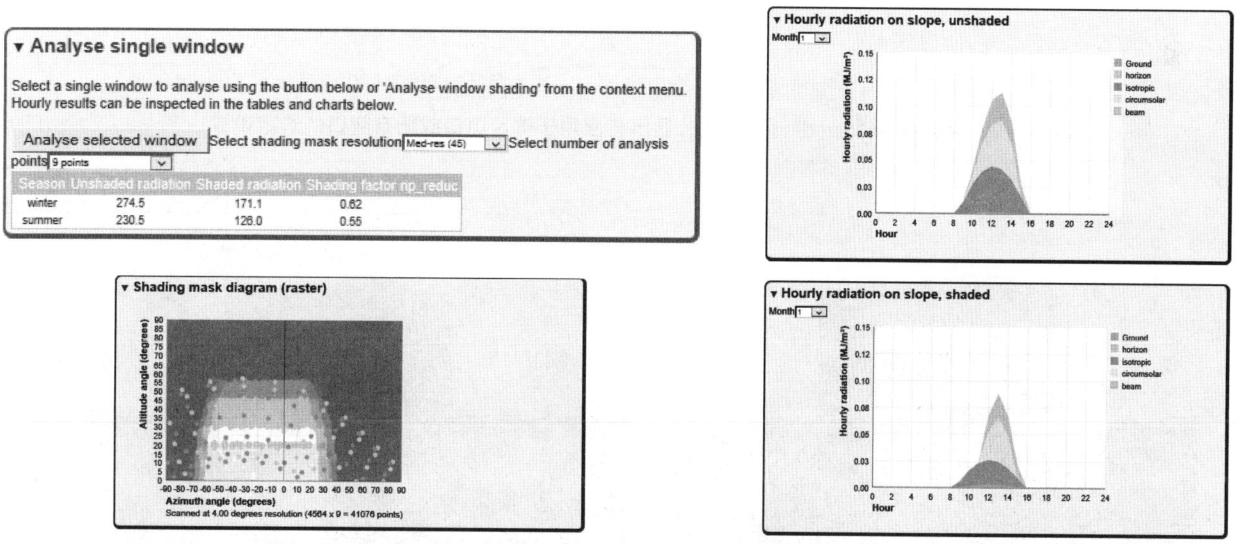

图 7　单窗口分析后“Shading”选项卡中显示的结果

4. 微调遮阳分析以获得最精确的结果

designPH2.0 提供了许多定制分析灵敏度的可能性,这意味着应根据遮阳情况和项目阶段的复杂性,在分析速度和精度之间寻求适当的平衡。

用户可配置的主要设置是每个窗口上的遮阳罩分辨率和分析点数。可以在“Shading”选项卡中找到它们,如图 7 所示。两者对分析结果和遮阳罩图的影响如下:

(1)提高遮阳罩分辨率将提高对小物体的敏感度,并且图表上的绘图点将更小;

(2)增加分析点数将提高对附近物体的敏感度,遮阳罩图将在边界处显示灰度等级,指示窗口仅被遮阳物体部分遮阳的位置。

以下示例提供了有关每种情况设置的建议。

(1)为了在概念设计的中间阶段快速获得结果,具有低分辨率遮阳分析的默认中心点,对于所有遮阳情况而言足够了。

(2)对于项目高级阶段和被动房设计包(PHPP)能量平衡的计算,需要更准确的结果。具有低分辨率或中等分辨率遮阳分析的中心点，对于距离玻璃窗表面至少 20 m 处发现的地平线遮阳物体的小窗侧壁和悬挑（<20 cm）而言足够了，如图 8 至图 9 所示。

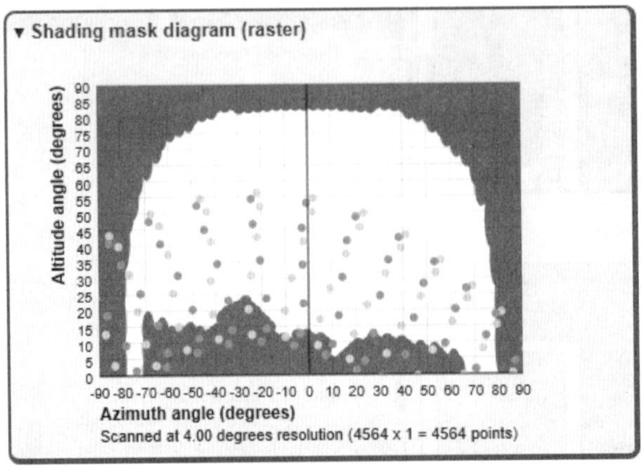

图 8　显示分析窗口的侧壁、悬挑和地平线遮阳的遮阳罩图

（请记住，只有在分析一个窗口以提供有关遮阳情况的详细视觉信息输入时才会生成遮阳罩图。当分析多个窗口的遮阳或启动 designPH 能量平衡分析时，将不会生成遮阳罩图。在这种情况下，遮阳折减系数将显示在“Areas”选项卡的“Shading”部分。）

图 9　designPH“Shading”选项卡，显示将应用于选定窗口或所有窗口的选定设置

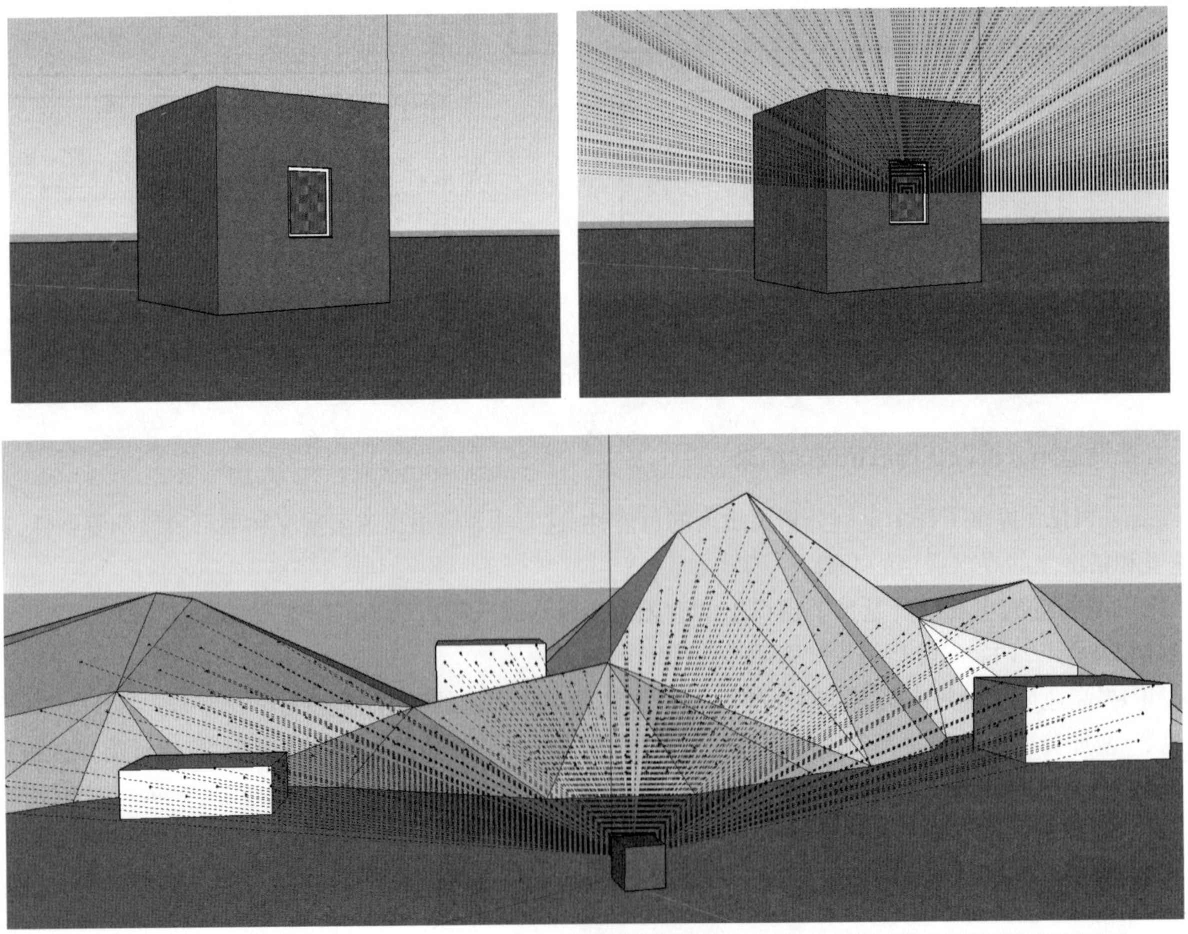

图 10　具有小侧壁和悬挑（<20 cm）的窗口以及在距离玻璃窗表面至少 20 m 处发现的各种地平线遮阳物体

(3)在下列情况下,建议采用 4 个测量点和低分辨率或中等分辨率,对表面积小于 1.5 m^2 的玻璃窗进行分析(图 11 和图 12):

①不均匀的侧壁或 >20 cm 的悬挑;

②距玻璃窗边缘 0~20 m 处的地平线遮阳元素。

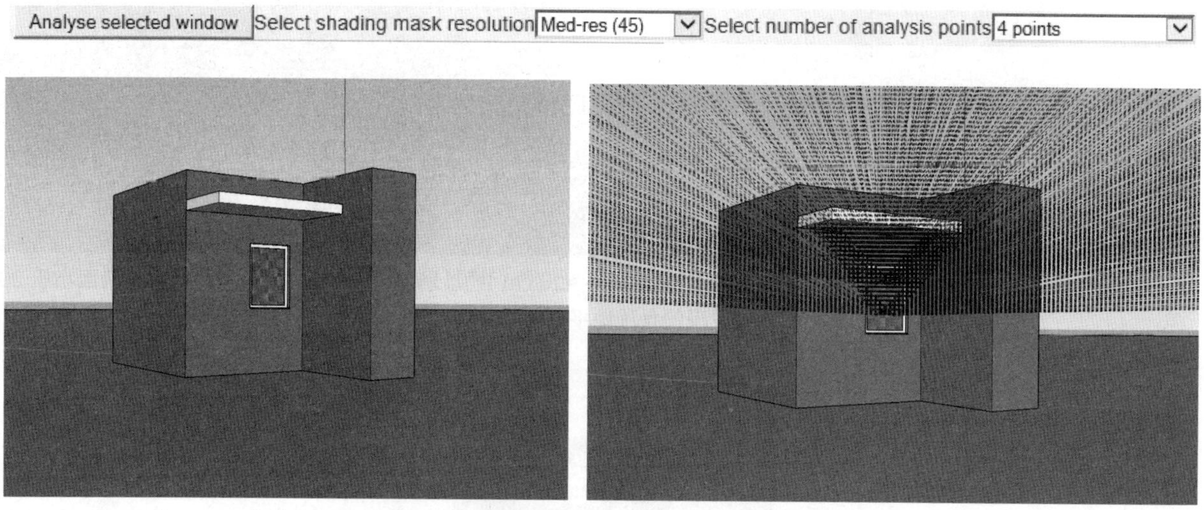

图 11 designPH“Shading”选项卡和具有不均匀的侧壁和悬挑(>20 cm)的窗口以及在距玻璃窗表面小于 20 m 处发现的各种地平线遮阳物体

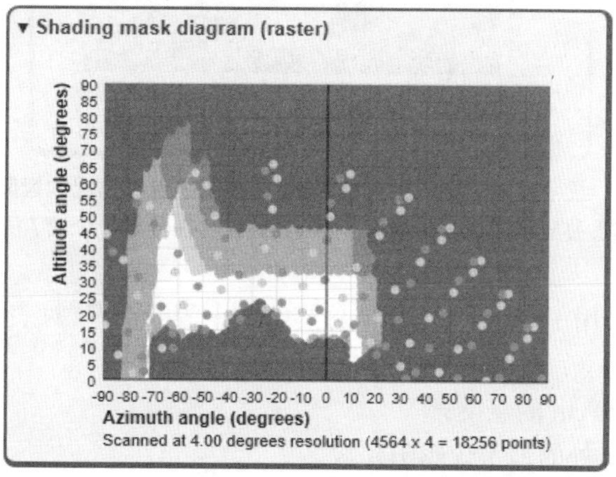

图 12 显示分析窗口的侧壁、悬挑和地平线遮阳情况的遮阳罩图

(由 4 个测量点产生的遮阳罩图,其重叠显示了遮阳的影响。请记住,只有在分析一个窗口以提供有关遮阳情况的详细视觉输入信息时才会生成遮阳罩图)

(4)在下列情况下,建议采用 9 个测量点和低分辨率或中等分辨率,对表面积在 1.5~5.0 m^2 的玻璃窗进行分析(图 13 和图 14):

①不均匀的侧壁和 / 或 >20 cm 的悬挑;

②距离玻璃窗边缘 0~20 m 处的地平线遮阳元素。

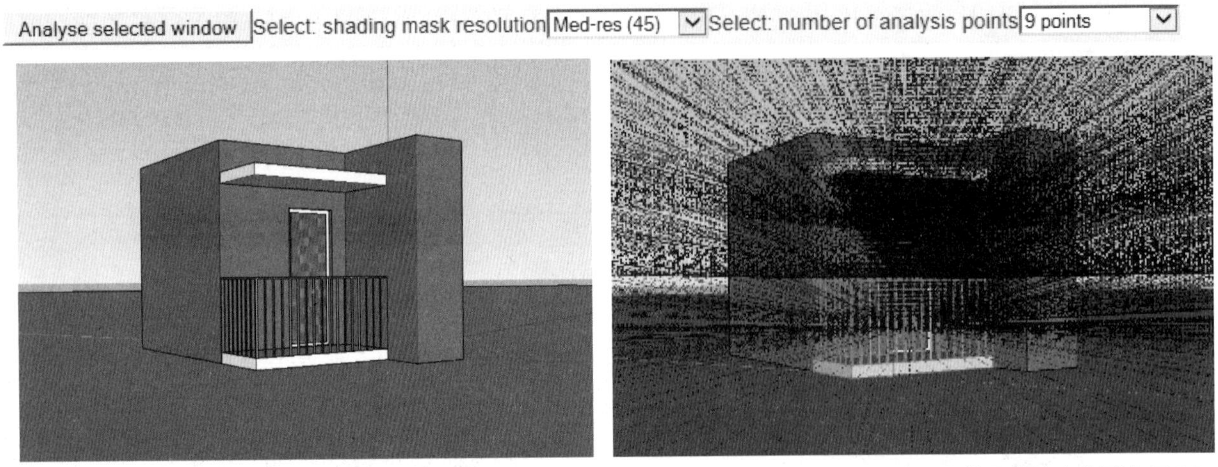

图 13　designPH“Shading”选项卡和具有不均匀的侧壁和悬挑(>20 cm)的玻璃门(2.10 m^2)以及在距玻璃窗表面小于 20 m 处发现的各种地平线遮阳物体

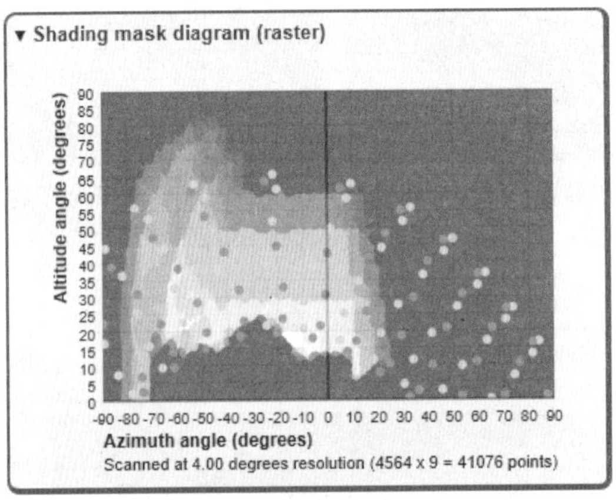

图 14　显示分析玻璃门的侧壁、悬挑和地平线遮阳情况的遮阳罩图

(由 9 个测量点产生的遮阳罩图，其重叠显示了遮阳的影响。请记住，只有在分析一个窗 / 门以提供有关遮阳情况的详细视觉信息输入时，才会生成遮阳罩图)

(5)在下列情况下，建议采用 16 个测量点和低分辨率或中等分辨率，对表面积大于 5.0 m^2 的玻璃窗表面区域进行分析(图 15 和图 16)：

①不均匀的侧壁和 / 或 >20 cm 的悬挑；

②距离玻璃窗边缘 0~20 m 处的地平线遮阳元素。

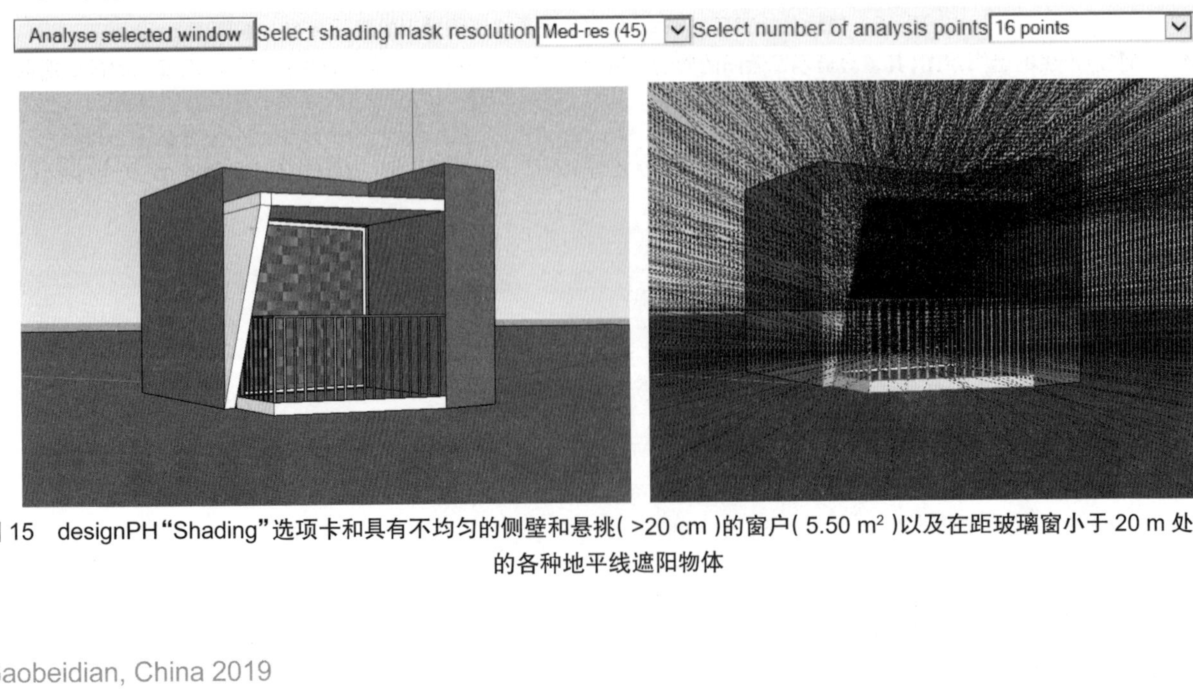

图 15　designPH“Shading”选项卡和具有不均匀的侧壁和悬挑(>20 cm)的窗户(5.50 m^2)以及在距玻璃窗小于 20 m 处发现的各种地平线遮阳物体

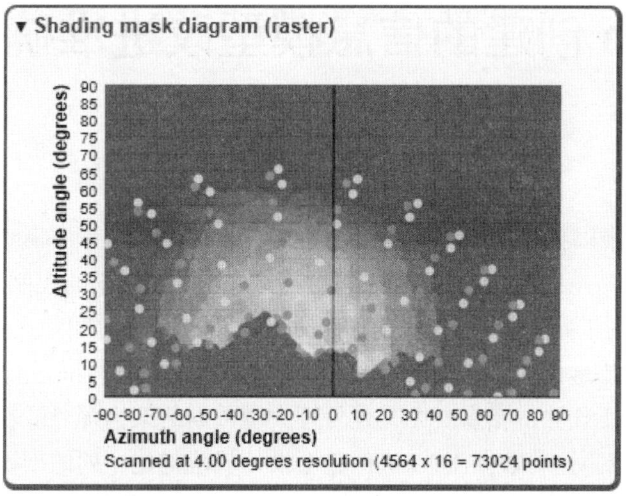

图 16　显示分析窗户的侧壁、悬挑和地平线遮阳情况的遮阳罩图

（由 16 个测量点产生的遮阳罩图，其重叠显示了遮阳的影响。请记住，只有在分析一个窗户以提供有关遮阳情况的详细视觉信息输入时，才会生成遮阳罩图）

（6）建议仅在需要较高灵敏度的遮阳情况下使用中等分辨率和高分辨率，因为在玻璃窗附近发现了精细或非常精细的遮阳元素。

图 17 是一个应使用中等分辨率遮阳分析的实例。

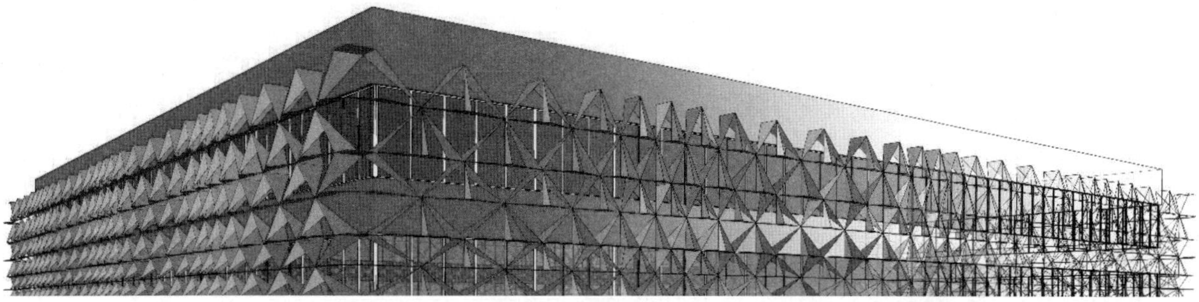

图 17　参数化遮阳系统，安装在立面前方 50 cm 处，具有部分遮阳效果

使用 SketchUp 创建的信息模型改进准确性并简化认证

爱德文·玛雅 /BLDGTYP, LLC

当出现复杂、不寻常或难以执行的切割时,木工通常会花时间制作一个临时工具,通常被称为“钻模”。这些定制的专用工具可以提高精确度、重复精度以及在需要时提供高水平的控制。虽然制作这种工具需要花费额外的精力,但经验丰富的工匠们知道,花费这一点时间就可以在总时间和质量方面提高整个项目的执行力。数字工作者需要足够熟练地使用自己的工具(计算机),并且愿意花时间进行类似的“工具开发”,因为它可以帮助提高准确性和减少工作中的错误。尤其是处理大量数据的架构师、建设商和工程师经常面临这样一个问题:如何最好地管理和控制这些数据流,以确保整个设计规范构建序列的准确性,并允许在必要时对数据进行有效的外部审查。对于被动房建筑,这种外部审查通常由“认证机构”进行,且随着被动房项目规模和复杂性的不断增加,如何最好地将建筑数据从设计师、顾问传达给认证机构这一问题变得越来越难以回答。

在这里,我们将举例说明一个简单的用于更有效地管理与各个房间及其建筑面积、TFA(经处理后的楼面面积)、体积和建筑信息(如房间名称和编号)相关的建筑数据的工具。此工具是作为三维建模应用程序 Trimble SketchUp 的插件而构建的。在撰写本文时, SketchUp 是我们办公室中用于被动房认证项目的首选 3D 建模工具,这主要得益于 SketchUp 的 DesignPH 插件,它允许管理与围护结构相关的数据,如 U 值、窗户大小和表面积。此外,SketchUp 本身非常适用于创建小型临时程序(通常被称为“扩展程序”),并且具有详细记录的“应用程序编程接口”(API)以帮助创建这些脚本。

应该注意的是,虽然一些新的程序和工具(用于将基于 Excel 的 PHPP 链接到各种类型的建筑信息模型)似乎正在开发当中,但在可预见的未来, SketchUp 可能会继续作为被动房工作者的关键建模平台之一。我们对其使用方法的熟悉(由于过去几年的 DesignPH 经验积累)以及 SketchUp 相对于全套 BIM 建模工具的显著更低的成本可能意味着在未来一段时间内, SketchUp 将在被动房生态系统中占有一席之地。虽然 SketchUp 本身不是如 Revit、ArchiCAD 或其他此类平台相同的真正 BIM 程序,但在添加一些小扩展程序后,它可以成为一个相当强大的信息建模工具,能够记录、存储和导出足够数据用于几乎所有与 PHPP 相关的建模任务。尽管 DesignPH 插件已经能够很好地管理几乎所有与围护结构相关的数据,但该工具包目前缺少与建筑面积和各房间数据相关的一些项。这里所说的工具试图填补这一空缺,允许被动房工作者进一步扩展到 DesignPH 逻辑,并通过 3D SketchUp 模型单独管理更多的建筑数据,而无须使用额外的电子表格、图纸或辅助模型。

这样做的好处应该是显而易见的,通过仅在一个地方(3D 模型)管理信息,项目数据的更新变得非常简单化,并且可以利用 SketchUp 的固有计算过程来更准确地报告关键数据,如 TFA、体积和其他房间级数据。所有这些都将有助于缩短建模时间,同时提高从设计师、顾问到认证机构的所有相关人员的灵活性和准确性。

示例:净室内参考体积(V_{n50})

在 PHPP 中,寻求认证的建筑物所需的数据之一是净内部参考体积(V_{n50})。该体积由所有室内净体积之和构成,对于建筑物的能量需求和峰值负荷的精确建模具有非常重要的意义。它也很难计算,且是一个非常常见的错误来源。此外,随着平面图在设计过程中的更改或改进,必须不断更新此值以匹配任何新几何图形。

围绕净体积中包含哪些区域的特定协议以及对项目中每个房间的空间形状进行精确建模的固有困难,使得该数据点的准确计算和验证变得困难。在实践中,许多设计师、顾问将不得不使用一个包含各房间数据的辅助电子表格,因为在默认情况下,PHPP 不包括用于记录房间级数据的任何工作表。这就引入了一个明显的潜在错误来源,因为不仅项目图形必须与此数据表一致,而且项目的所有更新都必须准确地记录在任何此类电子表格中。

除了上述计算和更新难度外,一旦计算出该值并将其纳入 PHPP 中,设计师、顾问必须确立向认证机构传达计算该体积的方法。使用的图纸、电子表格和任何其他工具必须全部一致并且足够清晰,以便外部审查人员能够验证计算的准确性。

精确计算和高效报告这些数据,对于小型项目来说很是困难,而对于大型或复杂的项目,则几乎不可能实现。然而,如果 3D 建筑模型可用于计算和存储房间级数据,这将是一个更有效、更不容易出错的过程(因为通过目视检查可以很容易地发现几何偏差),并允许使用 3D 模型作为 PHPP 的单一数据源,无须二级电子表格或日志。此外,可以利用计算机的计算精度来切实消除建筑面积、体积等评估中的误差(前提是它们在模型中构建精确)。最后,可将这些数据导出到 PHPP 或其他格式,如 SketchUp 的姊妹应用程序 Layout 中的“Auto-Text”标签,如图 1 所示。

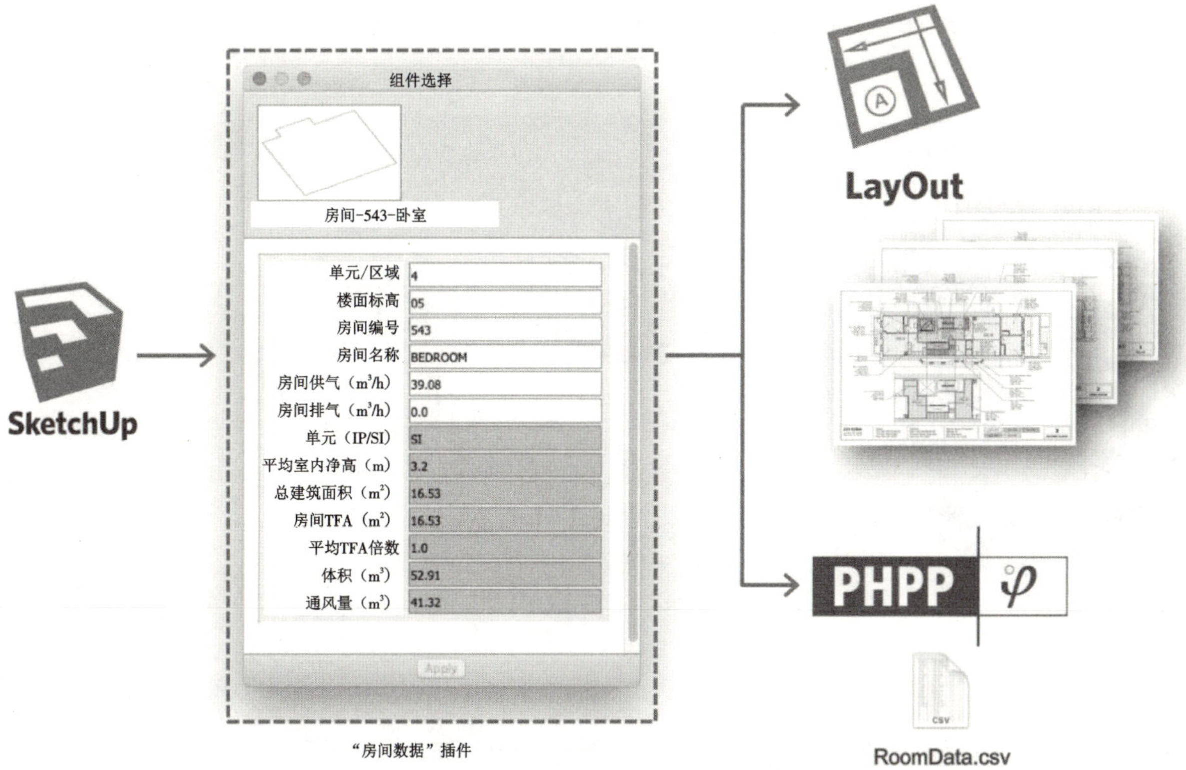

图 1　拟用的工作流程利用 3D SketchUp 模型中构建的新“房间”实体来管理房间级数据
(可以很容易地将这些数据直接输出到 PHPP 或 SketchUp 的姐妹应用程序“Layout”中,以获得准确的认证文件)

逐步使用

使用此工具的步骤相对简单,概述如下。所描述的扩展程序利用 SketchUp 场景中所有实体的固有“属性字典”功能来记录和管理元数据。SketchUp 中的所有实体(请注意,在 SketchUp 中,面、边、组或组件等元素被称为“实体”)能够存储用户确定的属性 - 字典键 / 值对,“动态组件”是一种独特类型的 SketchUp 实体,具有对此类数据管理和报告特别有用的特定功能。

应该注意的是,尽管人们对 SketchUp 平台中的任何扩展程序及其长期稳健性依赖于动态组件存在重大担忧(更不用说完全没有公共 API 供它们使用),但仍存在必须使用它的特定类型的实体,因为这是当前(从 SketchUp 2019 开始)唯一可以将数据“传递”给 Layout 展示绘图工具的组件。鉴于此限制以及内置组件选项窗口的功能,我们选择使用动态组件实现此扩展,但应注意的是,如果忽略了报告和绘图阶段而选用严格的

“仅模型”认证过程，则可以在不使用动态组件的情况下更稳健地构建此扩展程序。

在使用中，第一步是基于建筑物设计的平面图、剖面图或其他信息对房间级几何图形进行精确的 3D 建模。在此阶段，设计师、顾问必须了解关于 V_{n50} 总和中包含哪些空间以及排除哪些空间的规则。如果在 SketchUp 模型中准确地建模此几何体，则可以轻松地将此“房间”对象转换为动态组件，并应用一组预配置的行为和标准化的元数据库格式。

重要的是，房间的动态组件配置应该通过扩展脚本完成，而不是直接由用户直接通过房间对象一次完成。通过利用自动化扩展，这将确保构建的模型之间的标准化，包括 TFA 等数据点的模型计算以及在后期向 CSV 或图形报告。

这个新的房间级数据库便于用户通过组件选项窗口进行访问，并且用户可以根据需要在房间级输入供应和提取的信息，如房间名称、编号、楼层和通风流量。在组件本身内，可以将一个或多个表面“标记”为经过适当加权（100%、60%、50%、30% 或 0%）处理后的楼面表面积（TFA）。如果房间表面描述的是一个封闭的房间体积，则组件能够计算总 TFA（考虑减缩倍数）V_V、V_{n50} 和平均室内净高，这些均在组件选项窗口中报告。

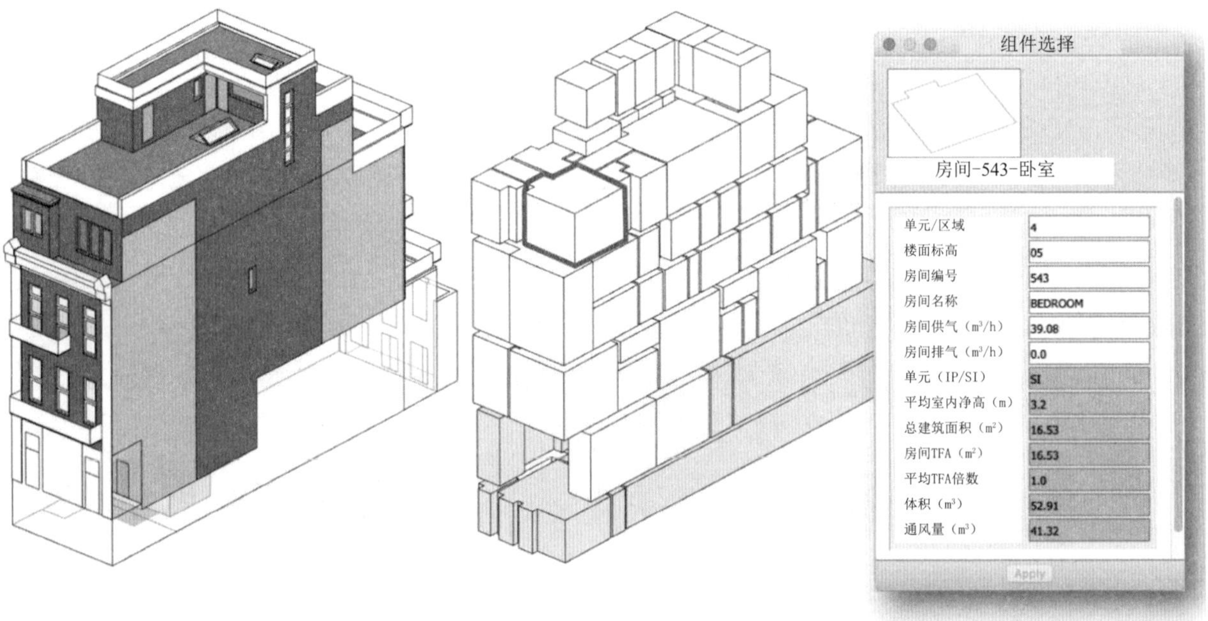

图 2　通常 DesignPH 表面模型（左图）补充有详细的房间 3D 模型（右图）
（房间被“标记”上相关的数据，如名称和编号。将在 3D 模型中自动计算关键数据，如 TFA 和体积）

此数据作为组件定义的一部分被记录下来，创建后可以通过修改几何图形（这将影响 TFA 和体积计算）或直接编辑其 ID 信息（如名称或编号）轻松地更新房间组件。3D 模型现在成为信息管理的主要站点，所有对设计的更新和改进都首先（仅）在这里进行，然后再推进到后续的报告阶段。

有效利用数据

可以导出现在 3D 模型中存储和管理的房间级数据以用于各种用途。在被动房认证的背景下，主要导出数据将链接到 PHPP 能源模型。总建筑物 V_{n50} 以及各房间的通风量（V_V）和建筑面积都是能源模型的相关数据。虽然可以很容易地将总建筑物 V_{n50} 作为单个值输出，以便用于 PHPP 的“通风”工作表，但也可以将详细的各房间数据导出为“加设通风口”工作表格式。这一点尤其有用，因为对于大多数复杂的项目，“加设通风口”工作表将是新风通风系统相关的数据的主要建模输入表。为了确保 PHPP 文件的稳定性，未使用 SketchUp 扩展程序直接操作.xlsx 文件，而是通过使用中间.csv 文件临时存储 SketchUp 模型中的输出数据，然后轻松地将其复制、粘贴到 PHPP Excel 文档中。

除 PHPP 中使用的数据之外，还可以通过 SketchUp 的“Layout”应用程序使用第二种输出形式（图 3）。此程序允许 SketchUp 模型链接到绘图页面，就像 Adobe InDesign 等图形布局工具一样。SketchUp Layout 允许基于 3D 模型轻松编制图纸，并且模型的更改或更新会通过 Layout 图纸中的所有链接页面显示。这种“live”链接有助于减少报告中的错误，并减少编制认证文件所花费的时间，因为 3D 模型本身就是唯一的数据源。

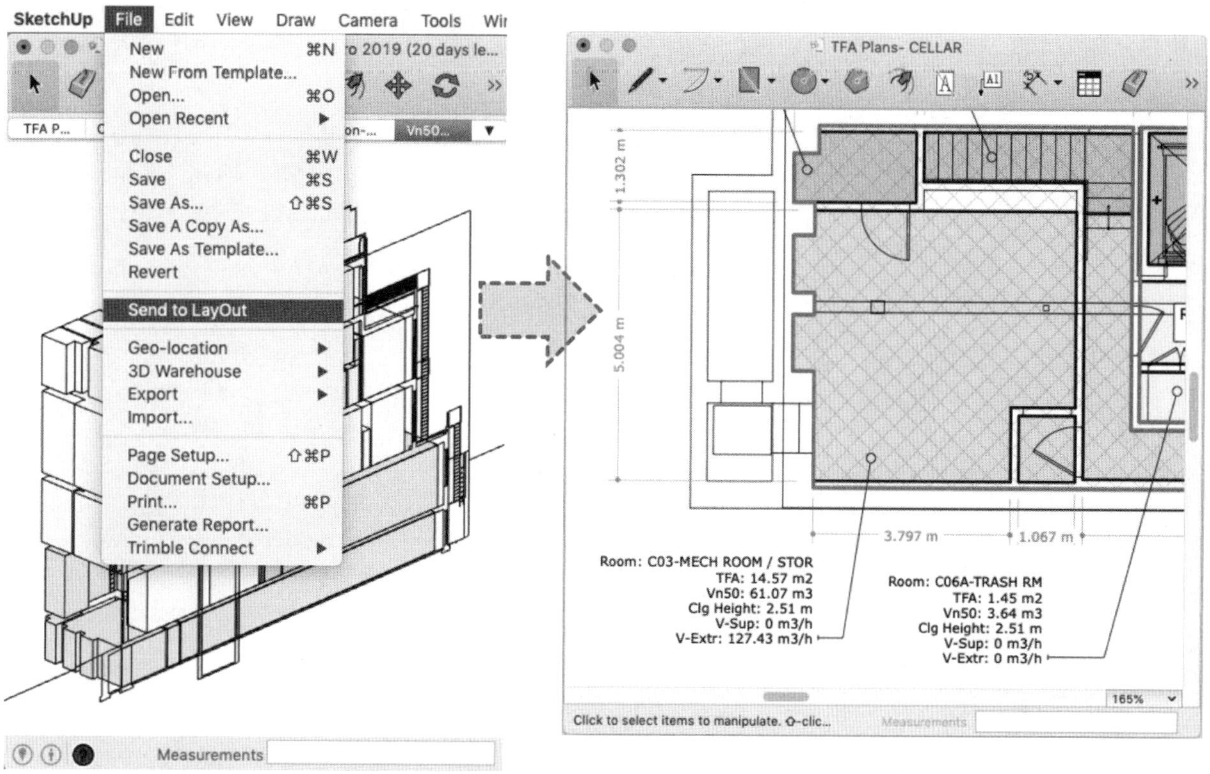

图 3　详细的各房间 SketchUp 模型（左图）可以链接到 SketchUp“Layout”（右图）
（其中可以由 3D 模型显示典型的平面、剖面视图，并且基于 SketchUp 文件属性数据和计算值自动填充文本标签的数据）

重要的是，由于上述房间组件是使用动态组件主干构建的，因此所有实体属性值（用户确定或自动计算）都可以作为“live”数据从 SketchUp 模型传递至 Layout。如果更改了 3D 模型，则计算的数据（建筑面积和体积）和传递给 Layout 图纸的数据也将更新，从而确保在建模人员不直接操作图纸或输出表的情况下，进行输出之间的协调。Layout 图纸仅需要使用内置的“AutoText”格式，该格式要求用户在页面上设置标记以链接至所需的属性字典和需要显示的值。这允许由 3D 模型计算和管理的任何组件级数据（来自实例或定义级）显示在最终平面图、剖面图、结构图上。

结论

上面的扩展程序只是一个很小的例子，但说明了非常简单的代码（上面描述的总扩展程序只有 1 000 行代码，其中“核心”操作少于 400 行）可以显著扩展用于被动房认证的 SketchUp 等程序的功能。

在撰写本文时，有 750 多个“官方”扩展程序可供 SketchUp 免费使用，每个扩展程序都可以完成某种未在“基础”应用程序中构建的特定任务。清晰的 API 以及 SketchUp 中底层代码的可访问性意味着它特别适合创建小型短期工具，以帮助用户准确和有效地克服工作流程中的特定障碍。特别是从事涉及创建和管理大量数据的任务的数字工作者需要培养根据需要创建自己的数字“钻模”（在处理数字数据时帮助确保准确性和效率的简单工具）的技能。

最后，我们认为随着建筑级数据在 3D 模型中变得越来越复杂和详细，想要轻松地将所有这些数据输出到“平面” 2D 格式（如“图纸”）进行审查或评估的想法变得越来越不可行。编制这些文件所涉及的时间和工作是在构建模型时已经完成的工作，没必要再重复，如果外部审查者可以开发“直接”与模型进行交互的能力，就可以消除工作流程中对大量劳动力的需求，并提高审查的准确性。需要重新打包或重新展示模型的次数越少，工作流程中的错误就越少，项目团队的效率就越高。总体而言，如果工作者可以扩展他们的数字工具构建技能，且审查者可以学习直接使用模型工作，则详细的数据模型可以提高准确性，并显著减少被动房认证的工作量。

专题论坛 6

采暖需求气候区的动房项目

187 **亚历克斯·博策尔，丹·惠特莫尔**

在美国和太平洋西北部验证了成功的气密性方法

被动房标准在北美越来越受欢迎，导致追求该标准的大型建筑数量增加。被动房需要满足气密性标准。美国目前只有少数几个司法管辖区将气密性要求纳入了当地的建筑规范，但很少需要进行现场测试。建筑检查员转而依靠平面图、详图和目视检查。此外，对于允许存在泄漏水平的位置，大多数允许的泄漏水平明显高于被动房标准。因此，在满足严格标准方面，气密层的设计和执行以及稳健的测试和验证仍处于早期阶段。

古景市市政厅：加拿大亚寒带气候区的节能建筑

奥斯卡·弗勒查斯 /Flechas Architecture

简介

经市政府和设计建造团队的密切合作，古景市市政厅（图 1 至图 4）于 2018 年夏季完工，目标是满足加拿大亚寒带气候区的被动房标准。该建筑旨在成为亚伯达省第一座获得被动房认证的商业建筑，也是北美第一座获得被动房 2.0 时代认证的商业建筑。

图 1　古景市市政厅西南角角度照片（照片来源：Flechas Architecture）

背景

该建筑身处亚伯达省北部大草原的荒野之中，古景市的愿景是成为环境责任的领导者之一。古景市位于埃德蒙顿以北 350 km 处，冬季漫长寒冷和夏季短暂温和，温度范围从夏季的 22 ℃ 到冬季的 -20 ℃。从 10 月到次年 4 月，温度会降至 0 ℃以下，冬季 -40 ℃的寒冷温度也很常见。此外，该地区的日照时间为夏季的约 307.5 h 到冬季的 100.8 h。

就在这样的环境条件下，当市议会在 2015 年决定建造一个新的市政厅时，他们知道他们需要一个绿色环保型设施来帮助降低运营和维护成本。现有的市政厅因运营成本实在是太高而无法继续存在下去。在考虑改造和升级现有建筑的方案后，市议会意识到新建筑将是一种更可靠的经济方法，因为它有助于最大限度地降低建筑物长期运营的资金成本。

考虑到这一点，市议会了解到被动房是一种高质量的建筑标准，可以保证长期投资和全年的热舒适性。被动房还将允许建筑低投资、零支出，并确保新建筑在短期内不会变得破旧。未来的增建也是一个重要的考虑因素，因为被动房建筑更有可能承受建筑规范的变更，从而节省纳税人未来的开支。

图 2　古景市市政厅西立面照片——正门（照片来源：Flechas Architecture）

为了确定被动房的优势，该市开启了一个周密的两阶段招标过程，其中包括一个标准规范的指示性初步设计，然后是基于初始设计的被动房设计建造招标。最后，古景市确认被动房值得投入额外的初始成本，并签订了设计建造合同，该合同明确了预期的建筑功能和性能以及可控的价格。

尽管新的建设计划不包括政府拨款，但选择被动房可以获得省级和联邦绿色建筑的资助。例如，亚伯达省的节能建筑有资格获得有助于降低太阳能初期投资的激励资金。通过这笔额外的资金，该市安装了 28 kW 的太阳能电池板，这将有助于节省运营成本，并使该项目符合被动房 2.0 时代的认证。

设计

古景市市政厅的设计遵循灵活性、功能性、可达性、舒适性和可持续性的原则。特别针对被动房，主要设计考虑因素包括阳光照射、窗户配列要求以及由于位置偏远和认证业务可用性降低而易于施工和装饰细部。

图 3　古景市市政厅东南角角度照片（照片来源：Flechas Architecture）

设计方案包括面向一般公众开放的高业务区域、市议会会议室和一般行政办公室，分 3 层楼（包括地下室），共 800 m^2 可用区域为工作人员和顾客提供服务。设计中还考虑了建筑东侧的未来扩建。该建筑一楼、二楼的功能平面分布如图 5 所示。

0.27 ha 的场地配置非常适合被动房建筑。主入口位于该场地的西侧，整体向东延伸，并将建筑物的长边向南，所有高业务区域都位于此处。建筑的朝向和矩形布局是实现冬季建筑供暖需求的最佳采光的关键，然而这些特征也对日照时间最长和最暖和的夏日提出了挑战。为确保全年稳定舒适的温度以及空间灵活性，设计时要仔细考虑窗户的大小和间距以及所有朝南窗户上的防晒因素。

尽管该场地的朝向具有优势，但极端的当地气候条件仍然是实现被动房标准的重大挑战。超紧密的建筑围护结构以及由完全隔热的双层墙体、连续的外部纤维板隔热材料和雨幕系统组成的超隔热无热桥木结构，有助于最大限度地减少我们在不传热表面、通风和寒冷气候下的热桥损失，并防止冷凝和减少未来与湿气有关的问题所支付的费用。

朝向、窗户配列和建筑围护系统共同作用的气密性，有助于全年有效保持舒适的室内温度。为了在建筑的三个层面保持稳定的温度和通风规格，项目综合运用了用于冷却的室外 VRF 和带有热回收系统的热泵（用于加热）。

为了改善市政厅美观以及其与周围环境的相互映衬，门框上安装有尺度适宜的遮棚（有凸起的屋顶轮廓线），第二层覆盖有玻璃纤维混凝土墙。这种设计在街道上引人注目且微妙，欢迎游客来访参观。

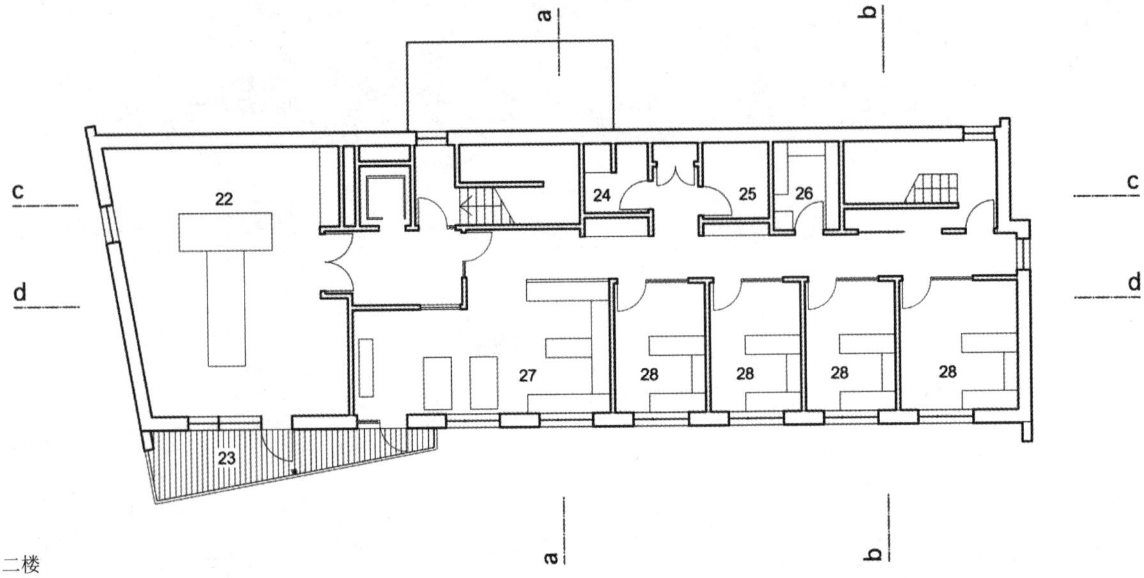

二楼

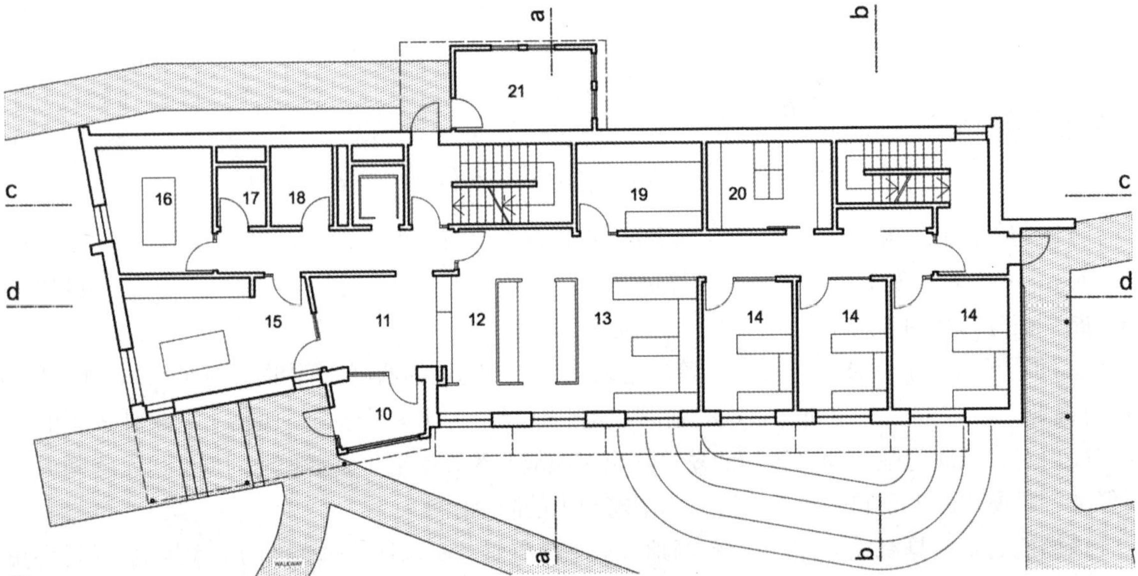

一楼

1—档案
2—电配室
3—电配室
4—服务室
5—男女共用厕所
6—安全存档
7—档案
8—预留扩建空间
9—预留扩建空间
10—前厅
11—大厅
12—接待处
13—开放式工作站
14—办公室
15—会议室
16—会议室
17—男厕
18—男女共用厕所
19—打印室
20—存档
21—服务室

图 5　古景市市政厅一楼、二楼的功能平面分布

图 4 建筑内部照片(照片:Flechas Architecture)

经验

在北方气候下,场地布置和设计优化至关重要。在这种情况下,场地的条件和朝向是一个巧妙的结合,使照射在建筑上的阳光非常适合在室外 -40 ℃ 的温度下仍然保持舒适的室内温度。在如此寒冷的气候下,在一个几乎没有阳光照射的地方,要达到被动房的标准是很困难的。其中,建筑形式、窗户尺寸和遮阳也起着重要作用。

(1)准备达成妥协。进行了多项设计和材料权衡,以符合被动房标准的要求,并确保商业建筑的气密性。例如在当地无法提供商业级被动房认证的自动门系统,但是小尺寸建筑允许将门的住宅部件的规格用作轻型商用。

(2)建筑规范必须与时俱进。为了证明被动房符合亚伯达省建筑规范的要求,设计建造团队密切关注建筑规范规则背后的基本原理,尽管被动房认证的部件和组件与规范的要求相当,但对于加拿大市场来说,仍然是陌生的。

主动地学习被动房——高能效建筑教学

托马斯·莱宾格 /OeAD- 住房办公室

超过 20 年的应用可持续性

OeAD- 住房办公室（OeAD-WohnraumverwaltungsGmbH）是奥地利的一个非营利组织，与其母公司 OeAD 股份有限公司以及全球各类奥地利学生宿舍和合作学院合作。自 1998 年以来，其主要为奥地利大学城的 12 000 多名国际和国内学生安排每年的住宿。

重点讲述两座 OeAD- 寄宿宿舍

1. 湖畔阿斯佩恩的 OeAD- 寄宿式暖房宿舍

OeAD- 住房办公室、奥地利青年运动组织（ÖJAB）和私人企业员工住房协会（WBV-GPA）共同在新区实现了一个前瞻性项目——一个为 313 名国际和奥地利学生提供住宿的高效被动房，如图 1 所示。该建筑应该可以展现这个充满雄心的项目。

图 1 OeAD- 寄宿式暖房宿舍正面

该暖房宿舍于 2015 年 3 月开放，是世界上第一个经认证的 Plus 等级被动房（PHI）学生宿舍，同时还有一个关于电力储存和监测能耗的研究项目。其 15 个参照房间，每 5 个一组，对各种测量值进行长期监测。为了精确控制建筑的能量平衡，校准的热量表、电能表、电表和水表、温度传感器、窗口接触器、湿度传感器等分布在整个建筑物中。仪表配有总线模块，可直接连接到建筑管理系统（BMS）。该研究项目由 ASCR（阿斯佩恩智能城市研究公司）和西门子公司负责开展。

出于经济原因，该建筑必须采用混凝土结构，并采用全热防护立面。另一种开发方案不同于总体规划的原始要求，而是采用更紧凑的结构，减少建筑面积；同时，对于相同区域，确保院内卧室更好的采光，并提供更多生活空间和较少的开发区域。

雨水会渗透到场地核心的渗透设备中。由于学生宿舍对热水的需求高于平均水平，节流器和扩大冷水范围的配件可显著降低用水量。为实现零能耗标准，我们开发了一个集中式通风装置，该装置配有 2 个带热回收和湿度恢复功能的并联旋转式热交换器和特殊过滤器，以降低能源损耗。在研究项目过程中，可以按需进行通风，降低能源损耗。余热要求由 Fernwärme Wien 负责。

该项目获得了 Gold ÖGNB 认证，该区所有建筑都需要该级别的证书。此外，该建筑的业主和用户选择让被动房研究院来认证暖房宿舍。

该建筑采用钢筋混凝土建造，楼上的立面采用保温材料，一楼和楼上部分楼层的立面采用板式幕墙。外墙的 U 值为 0.10 W/(m²・K)，而具有斜式保温的平屋面的 U 值为 0.07 W/(m²・K)，三玻两腔玻璃的木铝窗 U_w 值为 0.80 W/(m²·K)。

采取以下步骤降低建筑的能源需求(图 2)。

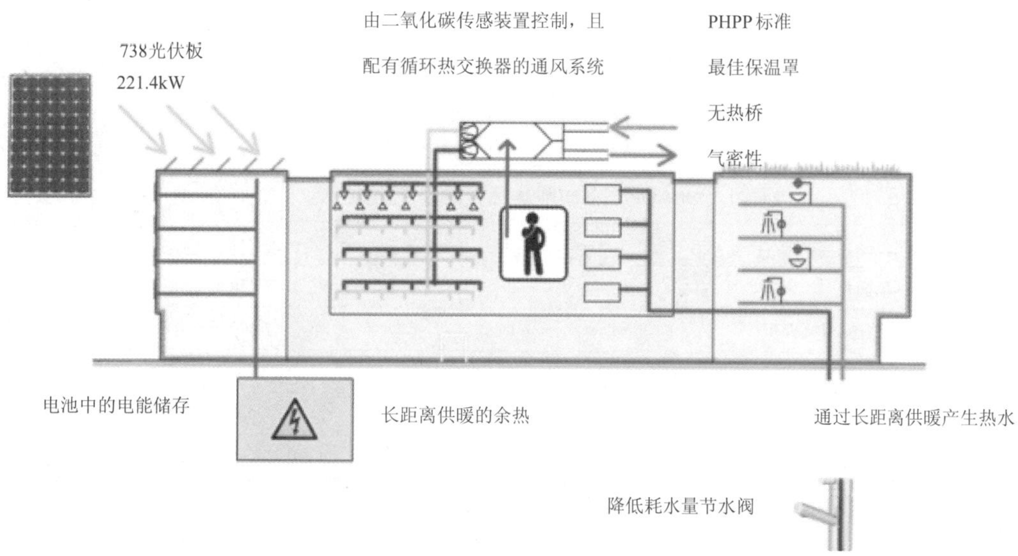

图 2　建筑服务

(1)中央舒适通风设备(图 3)带有并联旋转式热交换器(运行基于 CO_2 水平)(图 4)以及专用袋式过滤器和迷你褶式过滤器，以减少通风系统的流动阻力，热交换器体积流量为每转 6 000 m³/h，热回收率(EN308)为 90.58%，湿度恢复率为 73.14%。具体情况如下。

①在一层公共休息室和流通区域的采光。

②整个建筑内的 LED 灯。

③所有公共区域的运动检测器和光敏电阻。

④消耗功率和避免待机功能的优化组件。

⑤通过制动器恢复能量的电梯。

⑥配电线路的绝缘性极佳。

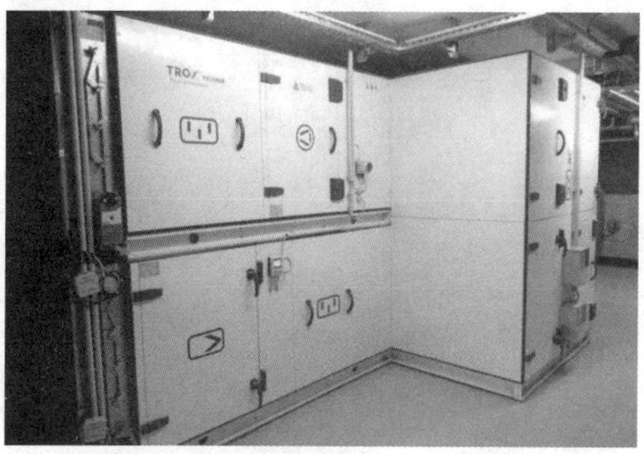

图 3　TROX X-CUBE 通风系统

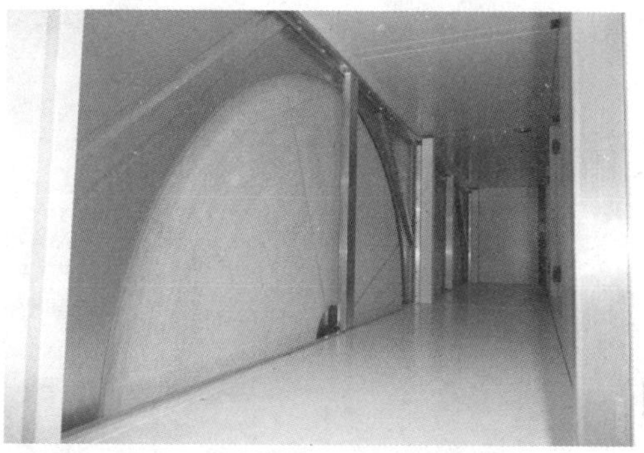

图 4　旋转式热交换器

(2)Plus 等级被动房标准的一个重要组件是光伏阵列。

(3)屋顶安装了东西朝向的 738 块太阳能电池板(300 Wp 单晶硅)。

①总标称输出:221.4 kW。

②年发电量:215 865 kW·h。

③每年节省的二氧化碳总量:25 903.8 kg。

(4)作为研究项目的一部分,来自太阳能电池阵列的多余电力存储在电池中(图 4),以便以后为宿舍供电。

①电池系统,AC。

②磷酸铁锂电池。

③最大恒定输出:150 kW。

④存储容量:170 kW·h。

DeAD- 寄宿式暖房宿舍的建筑数据见表 1。

表 1 OeAD- 寄宿式暖房宿舍的建筑数据

关键项目	数据
区域面积	3 820 m²
PHPP 经处理后的楼面面积	2 000 m²
基于 PHPP 的平均供暖需求	11 kW·h/(m²·a)
基于 PHPP 的热负荷	9 W/m²
一次能源需求	101 kW·h/(m²·a)
气密性 n_{50}	n_{50} = 0.24/h

2. 位于莱奥本的 OeAD– 寄宿式 mineroom

图 5 街道处的建筑外立面——OeAD- 寄宿式 mineroom 的大门

经过仅仅 11 个月的施工,OeAD- 寄宿式 mineroom(图 5)便于 2016 年 10 月 1 日开放。这所学生宿舍是

201 名国际学生在莱奥本学习期间的住所。这是全球第一个大容量被动房，采用木框架结构，并获得 klima：aktiv GOLD 认证。德国被动房研究院的认证也已经实施，并达到了 Plus 等级被动房标准。除了入口区、地下室和两个楼梯外，整个建筑都是用木结构建造的。外墙由岩棉制成的装配式木框架结构组成，大多没有支撑功能。由正交胶合木墙组件制成的隔墙与胶合木天花板相结合，提供水平支撑。建筑物的支撑结构和立面使用了大约 1 900 m³ 的木材，从而捆绑了约 2 000 t 的 CO_2。隔墙和天花板配有石膏板衬里，满足防火和隔音要求。采用超大尺寸的梁和柱，使其无法燃烧，可保障形态完好。

表 2 给出了 OeAD- 寄宿式 mineroom 的性能指标，表 3 给出了 OeAD- 寄宿式 mineroom 的关键建筑数据和建筑物理的指示。

表 2　OeAD- 寄宿式 mineroom 的性能指标（PHPP）

气密性	n_{50} = 0.27/h
供暖需求	17.6 kW·h/（m²·a）
建筑热负荷	10 W/m²
一次能源需求	76 kW·h/（m²·a）
PER- 需求	37 kW·h/（m²·a）
产生的可再生能源	87 kW·h/（m²·a）

表 3　OeAD- 寄宿式 mineroom 的建筑数据和建筑物理

建筑数据		建筑物理	
区域面积	3 214 m²	外墙	0.104 kW/（m²·K）
建筑面积	1 449 m²	屋顶	0.067 W/（m²·K）
总楼面面积	7 196 m²	未采暖的天花板	0.091 W/（m²·K）
家庭实用面积	5 900 m²	窗户 U_w	—
房间总数	201		
总容纳量	139		

通风系统在降低总体能源需求方面起着重要作用。在这里使用了带有 2 个并联旋转式热交换器的 TROX X-Cube 通风装置（图 6），每个交换器的空气流量为 4 500 m³/ h。此外，采用专用袋式过滤器和迷你褶式过滤器降低通风系统的流动阻力。需要强调的进一步细节是重新加热数（EN308）为 90.58%，水分含量为 73.14%。

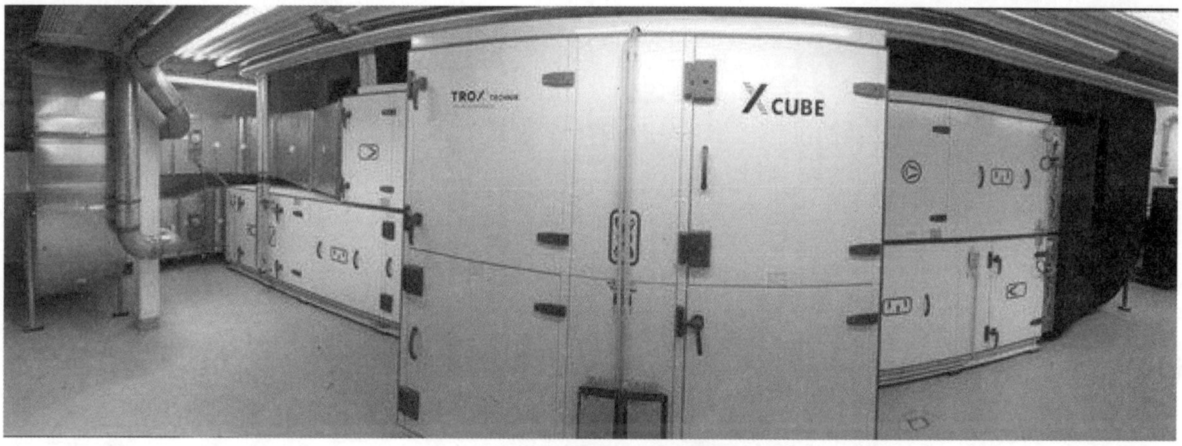

图 6　TROX X-CUBE 通风装置

在屋顶安装了光伏系统(图 7),具体情况如下。

图 7　OeAD- 寄宿式 mineroom 的光伏电池板

(1)单晶硅模块 300 Wp,带 3 个换流器,388 个东西向光伏组件。

(2)总额定功率:116 kWp。

(3)年总发电量: 105 000 kW·h。

(4)每年节约的 CO_2 总量:12 600 kg。

总之, OeAD- 住房办公室强调了奥地利在环保建筑方面的主导作用,并寻求与国际学生分享知识,从而将环保建筑的基本理念传递到全世界。此外,住户将永远把他们舒适的居住体验与奥地利的环保建筑联系起来,并乐意回到这个国家——无论是作为游客、大学毕业生,还是未来的商业伙伴。即使只有极少数住户会受到被动房美好居住体验的启发,按照环保标准建造自己的房屋,或者在本国推出与此类似的倡议,但我们仍会以教育和鼓舞大众为目标,并且将为更负责任和更智能地利用资源做出贡献。

热桥对钢筋混凝土多户住宅和高层建筑的影响

玛丽亚·希拉·费拉 / 被动房研究院（PHI）

简介

自从被动房研究院 1999 年第一次对热桥开展研究以来，已经详尽地说明了在项目设计阶段处理热桥的必要性。众所周知，避免热桥产生能够减少传输热损失，并防止内表面水汽冷凝和霉菌生长。在世界上许多地区（如中国），典型的施工系统是钢筋混凝土（RC）结构，这归因于其抗震性能。然而 PHI 开发的“无热桥设计”原理在 RC 建筑的许多施工节点中都存在局限性。

本文的目的是评估钢筋混凝土建筑中典型热桥引起的热损失，其中采用三种不同的策略来减少热桥效应：①采用侧面保温；②点状钢筋穿透，而不是连续中断；③使用断热层。此外，该研究是针对两个案例研究（一个 5 层多户住宅和一个 15 层高层建筑）进行的，以分析每个热桥连接对能量平衡的影响是如何随着建筑高度变化的。

方法和结果

1. 典型连接：热桥评估和优化

笔者分析了钢筋混凝土结构的典型住宅建筑，以找出导致热桥效应的最常见连接。如果考虑带有未供暖地下室的住宅建筑，则导致相关热桥效应的典型连接如下。

G1：外墙—外角。

G2：外墙—内角。

S1：屋顶女儿墙。

S2：阳台。

S3：地下室天花板—内墙。

S4：地下室天花板—外墙。

O1：排气罩通风井口。

O2：灰水和黑水落水管。

内外墙脚（G1 和 G2）属于“几何”热桥的类别，由外墙内外区域之间的不一致引起。如果计划使用热围护结构，则无法避免这些问题，也无须进行优化。

结构热桥（S1~S4）是由混凝土构件渗透到热围护结构中引起的，造成大量热损失，并导致内表面产生霉菌和冷凝问题。它们对建筑物能量平衡中的传输热损失的影响取决于混凝土构件中断保温层的规模以及混凝土截面中钢筋的百分比。

被动房项目中不接受属于“结构”类别的热桥，因此需要追求无热桥设计。因此，在项目早期设计阶段中应检测结构热桥，并且需要讨论其优化方案。

采用侧面保温是降低线性热损失（Ψ 值）和避免霉菌生长的简单解决方案，并且容易实施，无须改变建筑和结构设计。此解决方案通常在改造项目中执行。降低热桥效应更有效的措施是将钢筋集中在限定的点上，以使 RC 在热围护结构中的穿透是点状的而非线性的。在这种情况下，通过 X 值评估传输热损失。更理想的解决方案是使用断热层，允许钢筋穿过它们，但由于采用的是低导热材料而不是混凝土，因此连接处的 Ψ 值降低。几种经认证的被动房组件可以作为断热层解决方案应用，在组件数据库中可以找到详细列表。在此提及的第二种和第三种方案应在与负责该项目的结构工程师协商后实施。图 1 为屋顶女儿墙节点(S1)采用以上三种方案的示意。

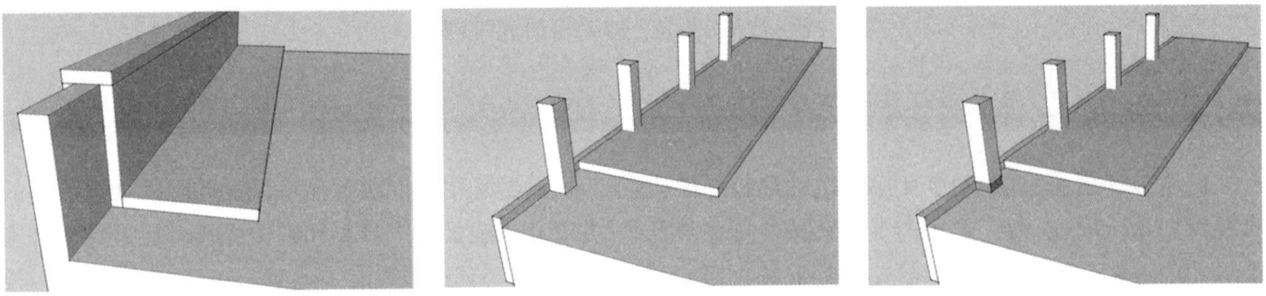

(a) (b) (c)

图 1 应用于屋顶女儿墙节点(S1)的热桥校正的典型解决方案

(a)采用侧面保温 (b)热围护结构的点状中断 (c)安装断热层

对上述三种解决方案进行数值评估,以确定结构连接(S1~S3)。出于热桥分析的目的,考虑了表 1 中总结的典型组件。

表 1 中国钢筋混凝土结构住宅建筑的典型组件

外墙 *U* 值为 0.164 W/(m²·K)	保温	0.035 W/(m·K)	200 mm
	加气混凝土(35%) 钢筋混凝土(65%)	0.24 W/(m·K) 2.3 W/(m·K)	180 mm
平屋面 *U* 值为 0.135 W/(m²·K)	保温	0.035 W/(m·K)	250 mm
	钢筋混凝土	2.3 W/(m·K)	120 mm
地下室天花板 *U* 值为 0.217 W/(m²·K)	保温	0.035 W/(m·K)	150 mm
	钢筋混凝土	2.3 W/(m·K)	120 mm

地下室天花板连接外墙(S4)的计算仅考虑采用侧面保温材料作为节能措施,因为它通常包含支撑它的地面,因此应该不断加固以抵挡来自地面的水平力。

屋顶上排气罩的通风口(O1)是中国住宅项目的典型热桥,因为通常每个厨房都会安装一台抽油烟机。建筑中的所有排气罩都连接到一个通风井,这个通风井穿过整个建筑以收集来自所有厨房的油烟,并将其排放到建筑屋顶上方。被动房研究院强烈建议使用再循环排气罩作为替代解决方案,这种排气罩不需要与外部空气进行交换,因此可以极大减少冬季的供暖需求和夏季潮湿气候下的制冷需求。屋顶天花板下方 3~6 m 的排气管井都需要采取保温措施,以避免因与外部冷空气接触而发生冷凝。由通风口引起的热桥取决于通风口的尺寸。

建筑的排水系统由收集雨水、生活灰水和黑水的管道组成。外立面安装雨水落水管;生活灰水和黑水落水管(O2)应通过进气阀间歇排放,以减少下水道(约 10 ℃)冷水的进入。当实施该解决方案时,可以忽略由灰水和黑水系统引起的热桥。然而,在高层建筑项目中,无法使用这种特殊的阀门。因此,应通过在落水管周围施加保温(50 mm),并考虑能量平衡来减少热损失。

在以下三种不同情况下,对上述八类热桥进行了评估:

(1)热桥校正水平较差时,采用侧面保温来解决结构热桥,并在落水管周围施加 30 mm 厚保温层;

(2)热桥校正水平较一般时,将线性热桥更该为点状热桥,并在落水管周围施加 50 mm 厚保温层;

(3)热桥校正水平达到最优时,使用热断层和认证的被动房组件来解决热桥以及用于生活灰水和黑水系统的进气阀。

表 2 列出了三种情况的热桥值，还显示了多户住宅和高层建筑之间的差异，在最后一个，无法实施进气阀解决方案，并且厨房通风口因连接的厨房众多，而使通风口的尺寸更大。

表 2　对于多户住宅和高层建筑项目，较差、一般和最优热桥校正的热桥值比较

热桥类型	Ψ或X值					
	多户住宅			高层建筑		
	较差	一般	最优	较差	一般	最优
G1：外墙—外角	-0.055	-0.055	-0.055	-0.055	-0.055	-0.055
G2：外墙—内角	0.021	0.021	0.021	0.021	0.021	0.021
S1：屋顶女儿墙	0.142	0.03	0.003	0.142	0.03	0.003
S2：阳台板（线性）	0.315	0	0	0.315	0	0
S2：阳台梁（点状）	0.85	0.15	0.65	0.85	0.15	0.65
S3：地下室天花板—内墙	0.482	0.275	0.063	0.482	0.275	0.063
S4：地下室天花板—外墙	0.326	0.326	0.326	0.326	0.326	0.326
O1：排气罩通风井口	3	3	3	10	10	10
O2：生活灰水和黑水落水管	0.125	0	0.1	0.1	0.09	0.09

2. 热桥对能量平衡的影响

先前报道的热桥值与具有典型组件质量的住宅建筑的能量平衡有关。

笔者研究了北京凉爽气候下具有代表性的钢筋混凝土住宅建筑。该建筑地上 5 层（每层有 4 套公寓），带有一个未供暖的地下室。钢筋混凝土结构也适用于建造高层建筑，因土地成本极高，目前在中国这也变成了一种趋势。在这种情况下，热桥对能量平衡的影响是多少？在 PHPP 中输入一栋地上 15 层，且带有一层地下室（无采暖）的住宅楼（每层有 4 套公寓），并修改以前输入的多户住宅案例参数（图 2）。

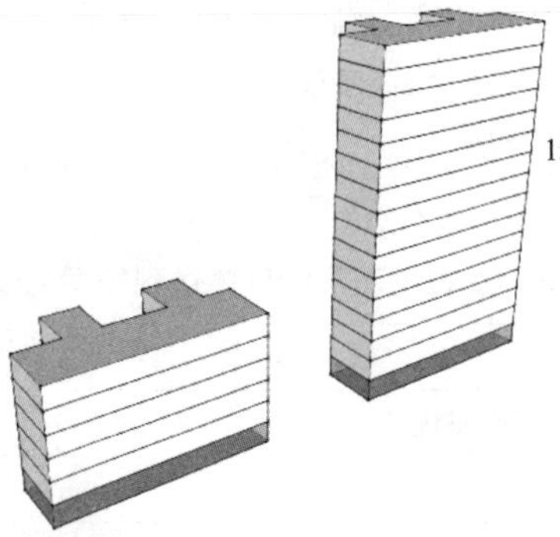

图 2　本研究中考虑的多户住宅（5 层）和高层建筑（15 层）的方案

在两个案例研究的能量平衡计算中输入三个不同的热桥校正情况（较差、一般和最优），通过被动房设计包（PHPP）执行；然后通过“变体”工作表比较热桥对总传输损耗的影响；在最终的能量需求中可以清楚地看到所选择的三组解决方案在校正热桥方面的效果。

针对多户住宅和高层建筑在三种不同优化情况下，每个热桥类型对总传输损耗的影响（%）以及由所有热桥引起的总传输损耗（kW·h/（m²·a）），表 3 做出了汇总。

表 3 热桥对总传输损耗的影响(%)以及所有热桥引起的总传输损耗(kW·h/(m²·a))

	多户住宅			高层建筑		
热桥类型	较差	一般	最优	较差	一般	最优
G1:外墙—外角	-1.1%	-1.1%	-1.1%	-1.1%	-1.1%	-1.1%
G2:外墙—内角	0.2%	0.2%	0.2%	0.2%	0.2%	0.2%
S1:屋顶平台女儿墙	2.7%	0.6%	0.0%	0.9%	0.2%	0.0%
S2:阳台	7.9%	4.9%	0.9%	7.9%	4.9%	0.9%
S3:地下室天花板—内墙	1.4%	0.8%	0.2%	0.5%	0.3%	0.1%
S4:地下室天花板—外墙	3.0%	3.0%	3.0%	1.0%	1.0%	1.0%
O1:排气罩通风井口	2.0%	2.0%	2.0%	2.2%	2.2%	2.2%
O2:生活灰水和黑水落水管	0.10%	0.08%	0.00%	0.02%	0.02%	0.02%
因热桥引起的总传输损耗(kW·h/(m²·a))	6.0	3.8	1.9	4.4	2.9	1.2

该研究还强调了由于建筑物的高度增加,热桥对屋顶(S1 和 O1)和地下室(S3 和 S4)造成的热损失影响会减小。

讨论和结论

该研究的第一部分概述了钢筋混凝土建筑中常见的不同类型的热桥,并介绍了能够通过不同制造商提供的若干经认证的被动房组件来减少和/或避免热桥的解决方案。然而,中国节能项目的共同实践对热桥采用了较差、一般水平的校正。

该研究的第二部分旨在说明热桥的不同处理方式对总能量平衡的影响。其结果取决于所分析的建筑(多户住宅或高层建筑)。然而,它们表现出相同的趋势:如果对热桥采用最优的处理措施,而不是较差那种,则多户住宅和高层建筑可分别能够节省 4 kW·h/(m²·a)和 3 kW·h/(m²·a)的供暖需求。

以上数字可能看起来很小,但与供暖需求标准(15 kW·h/(m²·a))相比,它们发挥的作用更大。为了更好地感受这个数字,在 PHPP 的 6 个变体中为外墙分配了不同的保温厚度,以使建筑达到 15 kW·h/(m²·a)的供暖需求标准。如果以采用最优热桥处理方法的项目保温厚度为基础,则采用一般和较差方法的项目中应增加保温厚度。表 4 总结了额外增加的保温厚度。

表 4 增加额外保温厚度(mm),以使不同的变体达到相同的供暖需求 15 kW·h/(m²·a)

多户住宅			高层建筑		
较差	一般	最优	较差	一般	最优
+ 80 mm	+ 30 mm	—	+ 30 mm	+ 15 mm	—

总之,实施高效节能措施不仅有利于提高建筑的能源性能,也有利于降低项目的投资成本。事实上,热桥造成的热损失不需要通过提高其他组件的质量来补偿,例如外墙、窗户、通风装置。总之, PHI 强烈鼓励中国设计师实施针对热桥的最佳策略,以提高项目质量,并降低投资成本。

参考文献

[1] 被动房研究院,Protokollband Nr.16,Wärmebrückenfreies Konstruieren,1999.

[2] 被动房研究院,组件数据库,2019,https://database.passivehouse.com/en/components/

生态文明发展之路

乔治·莱因伯格 /Architekturbüro Reinberg ZT 建筑公司

简介

为实现我们的气候目标，实现“生态文明”，各个领域均需要做出改变和进步。建筑行业在这一方面可以发挥重要作用，在建筑领域开发了适当的技术，例如被动房的提出。Reinberg ZT 建筑公司先前竣工的项目证明，为施工和运营设定的目标已经可以实现。可再生建筑材料、最佳能效和建筑产能可以从施工开始便减轻环境负担，并产生比建筑自身需求更多的能量。下面将通过三个完整的例子和目前处于规划阶段的项目前景证明这一点。

Kierling 的改造和再凝聚

20 世纪 70 年代的建筑需要改造，以使其生活热水和供暖均通过电力获取。一项研究表明，在这种情况下，被动房改造将在能源和成本方面彰显优势。

改造的对象（图 1）包括三个微阶梯式建筑，位于陡峭的北坡，共有 24 套公寓（1 953 m^2 可用的生活区和 17 m^2（嵌壁式）阳台）；通过 3 个楼梯进入，每层各有 2 个公寓单元，安装了 3 部电梯；实木屋顶上又加了两层（2 个公寓单位 50.3 m^2）和一个包含 13 个新公寓单元（1 280 m^2）的新建筑。

图 1　改造之前

通过在现有管道中安装新通风系统实现供暖，这使建筑围护结构实现了被动房标准。除此之外，这意味着不需要安装新的供暖系统来取代旧的地板电采暖。在地下室，新风通过新旧建筑间的设备泵入中央通风装置。此外，空气在旧建筑（在取出旧的静态通风系统之后）和新建筑前部的现有卫生管道中流通。公寓单元内的气流组织发生在卫生间和走廊的吊顶中。在旧建筑中，门上方的无尘芯板允许将空气吹入客厅，因此避免了切削工作（常规含水供暖系统所必需的）。最具备经济和环境效益的供暖系统（在 25 年的时间内计算）是一个中央太阳能辅助供暖系统，在深入公寓单元的通风管道中配有气闸调风口。这种通风系统还可用于新的屋顶结构。两个建筑单元中的供暖和生活热水的热源由中央生物质（颗粒燃料）装置提供。在旧建筑的南侧屋顶上安装了 90 m^2 的太阳能集热器，它产生的热量进入中央储存区（6 000 L）。通过检测改造项目（图 2），确定其已达到被动房标准。

图 2　改造之后

德国瓦格拉姆的日托建筑

维也纳附近的德国瓦格拉姆镇正在发展,需要一座新的日托建筑。负责建设的地方当局为自己设定了很高的生态目标,其中包括被动房技术。

建筑师设计了一个地面层结构,由正交胶合木、壤土抹灰、被动房质量的最佳保温材料和草屋顶组成。所有儿童集体房间均朝南,所有办公室和功能用房都朝北,它们之间隔着一条宽阔的公共走廊,也可以用作游戏室,在白天通过屋顶光线自然照明。

太阳通过 116 m^2 的朝南玻璃得到被动使用。整个建筑通过通风装置进行通风(包括热回收)。通风装置配有加热和冷却调风口。壁挂供暖区域允许单独调整每个集体房间的温度。该建筑通过地下水源热泵(具有抽水和注水井的井系统)供暖和制冷。太阳能集热器提供额外的热量(31 m^2、2 690 L 容量的屋顶集热器)。集热系统还覆盖洗碗机和洗衣机所需的大部分温水(通常使用电加热),并集成在供暖系统(中央存储)中。110 m^2 的光伏发电装置,输出功率为 12 kWp,用作南部门廊,同时可以遮光。设计人员计划对其实施 2 年的监测来优化功能。

图 3 为其冬季和夏季使用状况,图 4 为其南侧视图。

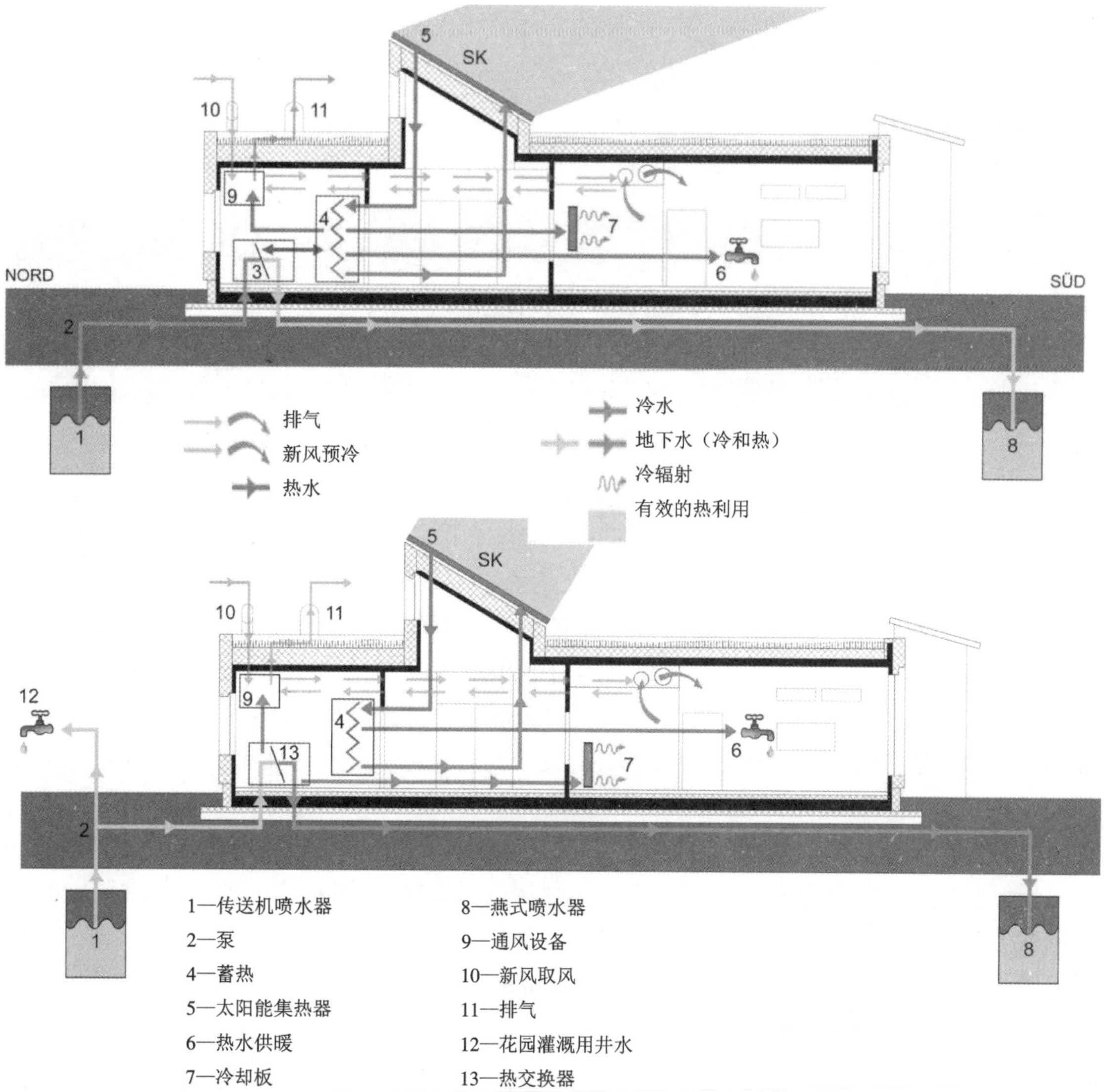

图 3　冬季和夏季使用状况

图 4　南侧视图

恩斯特布伦的 Plus 能源办公楼（包括机动性）

该项目（图 5）的生命周期成本是竞争中的主要优势，客户重视经济、环境和社会效益目标，项目净可用面积为 1 403 m^2。

图 5　南侧视图

Windkraft Simonsfeld AG 的总部基本上由 2 栋建筑组成，即办公楼和仓库。

该建筑符合被动房标准（屋顶 U 值为 0.084 W/（m²·K），墙壁为 0.129~0.149 W/（m²·K），楼层为 0.138 W/（m²·K），窗户为 0.64~0.82 W/（m²·K），空气密度 n_{50}=0.60/h，无热桥）。较冷的仓库是一个独立的结构，设计对其室内气候进行了优化。办公楼分为两个气候区：所有办公室面朝北，因此窗户没有过热危险，房间非常适合作为计算机工作站；南部镶有玻璃的区域用于通信和娱乐，位于保温层内（三玻两腔玻璃，U 值为 0.660 W/（m²·K））。在该区域，偶尔较低或稍高的温度都在允许范围内，与办公区域的恒定温度形成对比。

南部的玻璃墙设计目的是在冬季全天面向太阳，夏季则完全遮蔽。由此优化了冬季的被动式太阳能得热，而整个建筑在夏季“被动地”进行遮阳。

一楼区域附近的自动控制活板（图 6，右下方）和两层大厅的天花板在夏季夜晚敞开，将整个建筑带到“夜间温度”。这种通风系统（仍然为被动）是由屋顶风力风扇进行支持的（图 6，右上方）。风力风扇也支持热回收机械通风系统。

重型混凝土中心墙用作被动吸收太阳能的蓄热器和夏夜通风的冷源。因此，建筑的能源需求已经足够小，主动措施能够轻松满足其所有能源需求。

图 6　南部玻璃墙（左）、靠近一楼区域的通风活板（右下）、屋顶风力发电机（右上）

这些措施包括 36 m²、3 000 L 容量的集热器（提供热水和供暖），PV（75.046 kW·h/a），11 个能量桩（每个 199 m 深），可提供剩余的热量需求，并在夏季制冷。慢速风力涡轮机为水冷式服务器提供井水。

活化混凝土中心墙和其他混凝土部件。所有其他建筑部件均采用正交胶合木（CLT）建造，外墙采用纤维素进行保温，使用壤土抹灰。

软件模拟（PHPP 8.2 和 TAS 9.2）支持整个规划过程，2 年的监测有助于优化运营。

该建筑的能源产出不仅满足其自身的所有能源需求（包括办公要求），还包括公司的整体机动性（总能耗 73.865 kW·h / a）。其一楼视图如图 7 所示，电力消耗如图 8 所示。

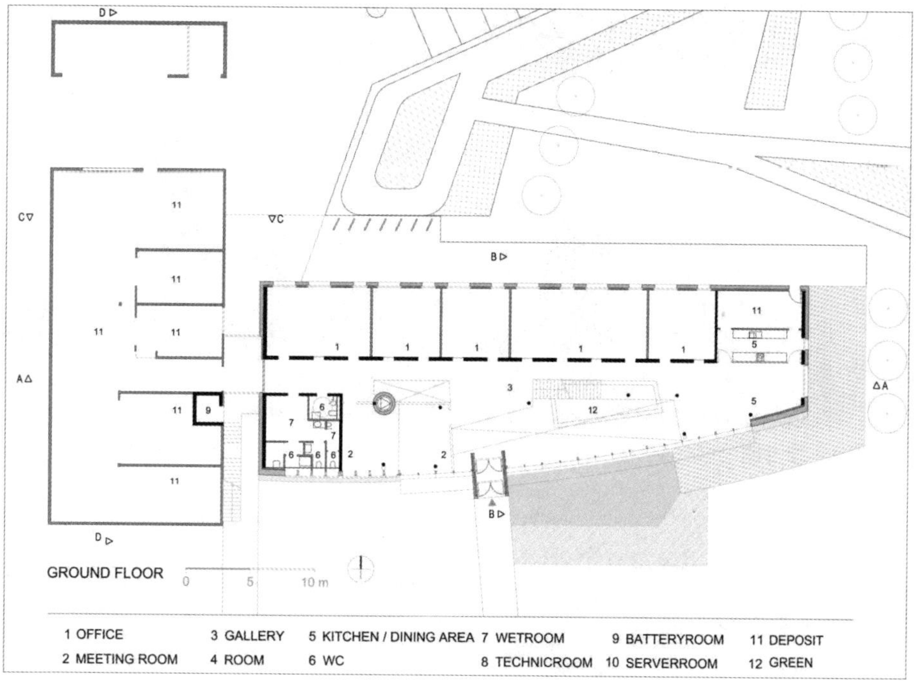

图 7　一楼视图

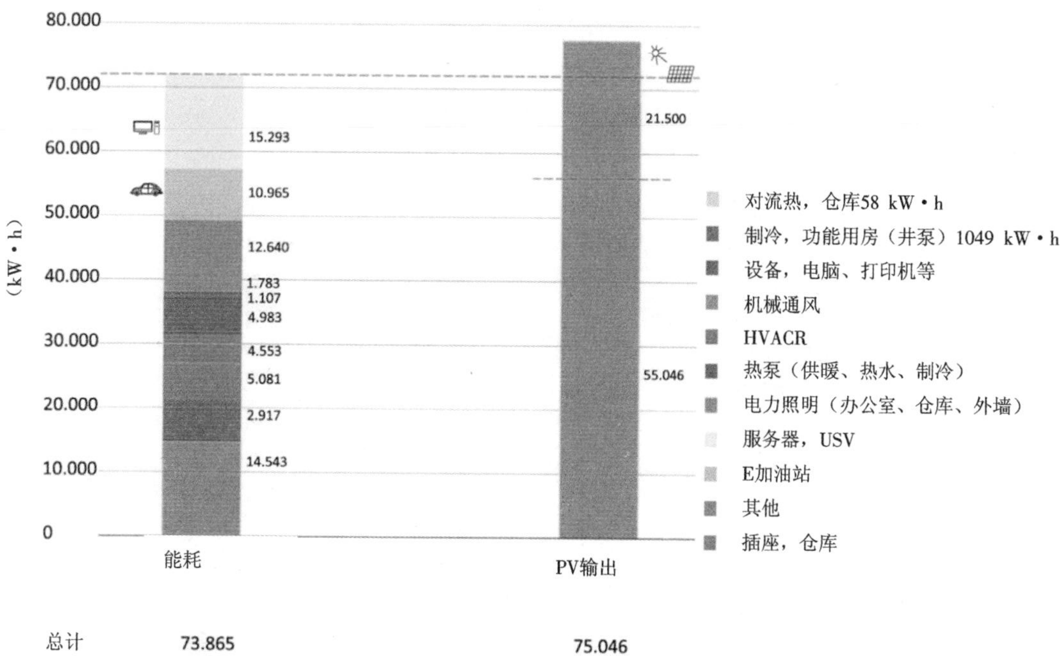

图 8　电力消耗

前景

基于这些经验，Reinberg ZT 建筑公司目前正在规划更多的建筑，这些建筑在实现生态文明方面发挥着一定作用，例如维也纳市中区的一座木制公寓楼和中国内蒙古清水河县的文化中心，如图 9 和图 10 所示。

图 9 维也纳公共住宅

图 10 内蒙古清水河县文化中心

图片来源

图 2、图 4、图 6(左):鲁伯特·斯坦纳。

其他:Architekturbüro Reinberg ZT 建筑公司。

丹麦北部地区的被动房学校:7 年的消耗值低于 PHPP 计算值

索伦·迪茨 / 伯格建筑公司

PH(被动房)学校说明

该建筑整体选择紧凑型设计,在“街道”周围紧凑排列 7 个建筑体,这种设计具有功能的灵活性,同时充分利用了该位置的日照条件和遮阳条件,如图 1 所示。

图 1　PH 学校平面图和建筑南侧图

1. 数据分析

(1)为了比较 PHPP 计算和测量的能源需求数据,必须使用监测期间测量的当地气候数据重新计算 PHPP。

(2)分析内部热数据和监测期间重新计算的数据。

(3)2017 年太阳辐射得热和热需求与区域热电厂内太阳热装置产生的太阳辐射得热进行比较。

2. 分析说明

(1)平均室外温度的 PHPP 天气标准低于 2011—2017 年的平均测量区域值,尽管学校的位置和测量的天气数据是来自丹麦北部地区。

(2)通过使用月度测量的室外温度作为气候数据, PHPP 计算值已针对气候变化进行过滤,可以在详细分析中与 PH 学校测量的区域热耗进行比较。

3. 最终分析

PH 学校测量的区域热耗量比标准气候数据计算的测量需求低 4.47%。4—10 月期间,太阳辐射得热和内部供热完全满足供热需求,如图 2 所示。

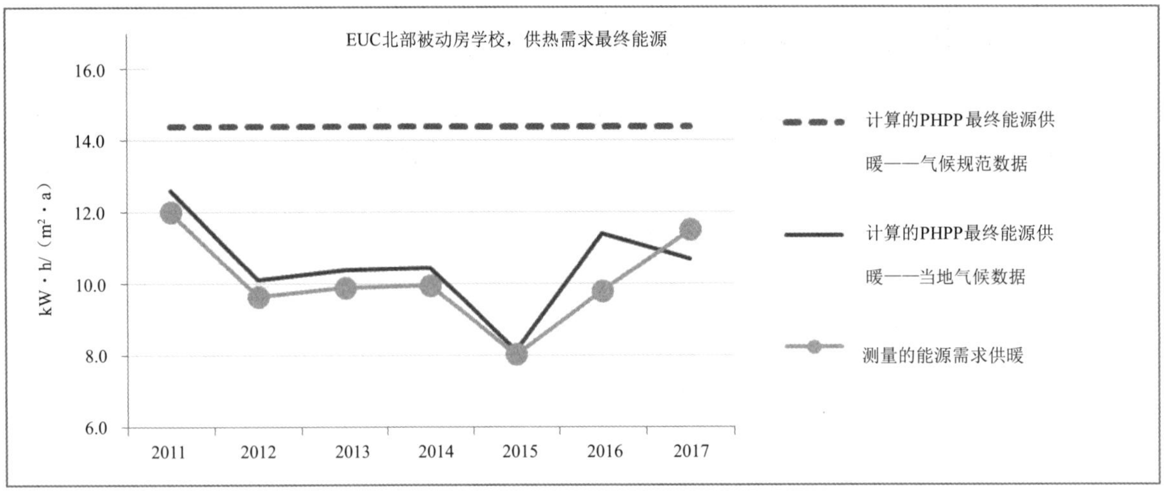

图 2　能源需求计算和测量的结果

（2016 年，通往 PH 学校的大门通常是敞开的。在对法兰克福一所被动房学校进行的详细调查中，测量和计算需求之间差异为 0.5 kW·h /(m²·a)，这可能与学生进出时热空气损失有关。尽管如此，2017 年的测量数据远低于使用标准气候数据的 PHPP 标准计算值）

结果

PHPP 所计算的被动房热能需求显示，EUC 北部被动房学校 7 年测量的需求值低于计算值。在 Be 2020 标准中，监测和测量的 7 年热能需求的中值比学校的空间热能框架低 17%，如图 3 所示。

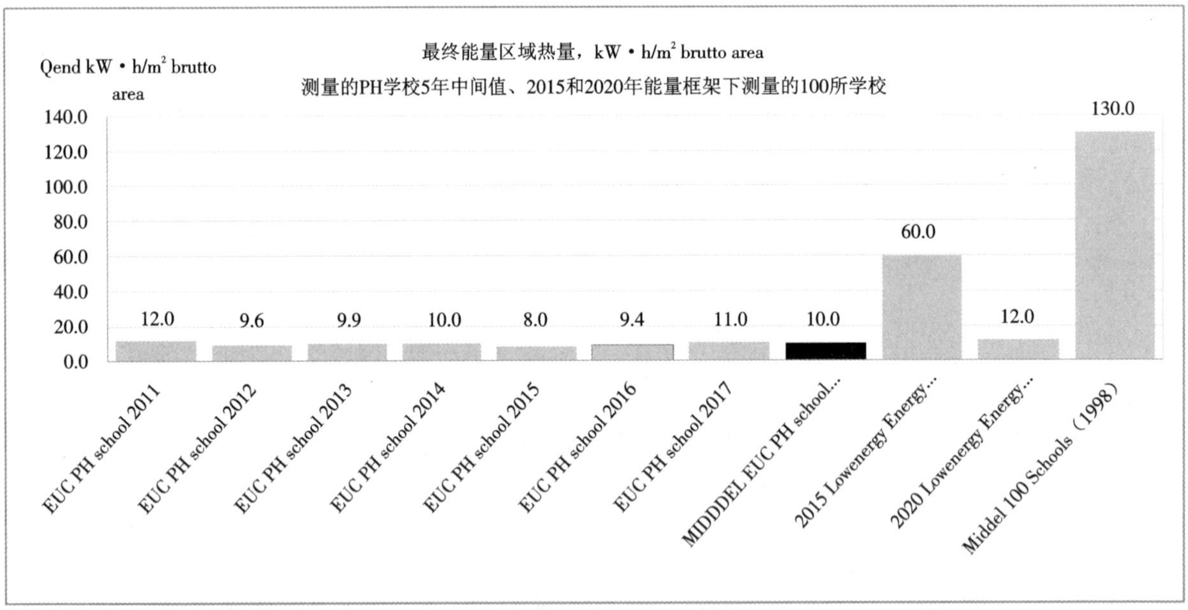

图 3　PH 学校供暖所使用的能源比 Be 2015 低能源的学校少 6 倍，比监测的 100 所学校的中值低 13 倍，2006 年之后，丹麦学校的最终供热需求为 78.6 kW·h /(m²·a)

参考

[1]　格拉姆－汉森· K，汉森· A.R. 对于独立式房屋供热来说，测量和计算的能耗差异. 系列名称 SBi 2016：09，第 3 版.

[2]　迪茨·S.R. 丹麦北部地区被动房：五年消耗量的首次分析.2017 年国际被动房大会，会议事项：699，21.

[3] 费斯特· W.Passivhausschule frankfurt riedberg：messtechnische untersuchung und analyse. 达姆施塔特被动房研究院，2007-7.

[4] 恩格隆· K，汤姆森· K.E，等.Fremtidens energieffektive skoler. Temahæfte om skolers energiforbrug，indeklima，dagslys og ventilation. Serietitel By og Byg Resultater 017，2002，1.

[5] DEA. strategisk_energiplanlaegning_kommuner. 绘图和关键图表. 市政用战略能源规划绘图方法和数据采集指导，丹麦能源局，2015-5.

被动房的实现：商业办公案例研究

格雷姆·维尔豪斯特 /Waymark Architecture

简介

这是 Charter Telecom 总部大楼的案例研究，该大楼将是加拿大西部第一座经过认证的被动房办公大楼，也是该地区第一座采用层压胶合实木建造的建筑。

加拿大，特别是不列颠哥伦比亚省的被动房标准迅速广为人知，因为它的许多优点得到了建筑业主、设计师和政策制定者的认可。到目前为止，该标准已被强制性地应用于该地区的住宅建筑。

在北美西北部的环境下，将被动房标准应用于非住宅建筑时已经遇到了一些问题和挑战。本案例研究不仅讨论该单个项目的挑战，还将讨论建筑行业内怎样的建设能力才能满足此标准。

项目背景和环境

1. 位置和气候

Charter Telecom 总部大楼位于加拿大不列颠哥伦比亚省温哥华岛兰福德市。

项目场地位于气候区 4，室外日平均温度高于 18 ºC/65 ºF 的采暖度日数为 295 天，年平均温度约为 10 ºC/50 ºF。在附近的胡安德富卡海峡和太平洋的调节作用下，大维多利亚地区被认为是加拿大阳光最充足的地区之一，通常夏季温暖干燥，冬季阴冷潮湿。

该地区处于地震高风险区。

周边社区是含有低层住宅和单住户住宅建筑的混合社区，但随着近期附近许多多单元住宅建筑项目的完工、规划或进行，周边社区正在迅速发展。

2. 客户和项目团队

Charter Telecom 是一家为企业、政府、医疗保健和教育机构提供技术解决方案和服务的供应商。新大楼将作为公司的全国总部。2016 年，Charter 收购了 Boardwalk Communications，显著扩大了服务和团队规模，以满足其在该地区的运营需求。新大楼将合并两个现有的独立办公楼，将 55 名员工聚集在一个被动房内，该建筑是专为满足公司的特定需求而设计的。

3. 设计和施工团队的主要成员

Waymark Architecture——建筑师。

Integral Group——机电顾问。

Blackwell Engineering——结构顾问。

Morrison Hershfield——建筑围护结构顾问。

Road’s End Contracting——总承包商。

Bernhardt Contracting——被动房顾问和建筑围护结构承包商。

CertiPHIer’s Cooperative——被动房认证机构。

Kinsol Timber Systems——结构框架承包商。

Westbay Mechanical——HVAC/ 管道承包商。

Edwards Electric——电气通信承包商。

4. 设计过程

该地段长而窄，长轴与南北轴线成 19°，道路正向朝南，如图 1 所示。其几何形状和区域限制导致建筑的所有侧面都得到一些直射阳光，东北东和西南西侧照射程度较强。由于场地和区域的限制，主要办公区域的采光窗户位于西南西侧。玻璃区域的范围和窗帘遮阳策略是建筑设计过程中的关键考虑因素。

该场地的限制导致建筑的几何形状也给抗震设计带来了一些挑战。不对称的横向载荷路径导致在组件和连接上产生作用力，而其中钢铁和混凝土必将成为主要的结构材料，这将产生热桥。因此，主要结构材料替换成了层压胶合实木，并影响了对热围护结构边界定位的考虑。

在设计过程中，重点注意施工顺序。项目团队确定，简化子行业范围将允许协调和排序，而不需要每个行业都熟悉被动房主构。这是通过为外墙创建三层系统来实现的，每个系统都与特定分包商的工作相关：结构、热障和空气屏障以及镀层。

该建筑空间规划图如图 2 所示，施工顺序图如图 3 所示，热围护结构边界如图 4 所示，外墙装饰如图 5 所示。

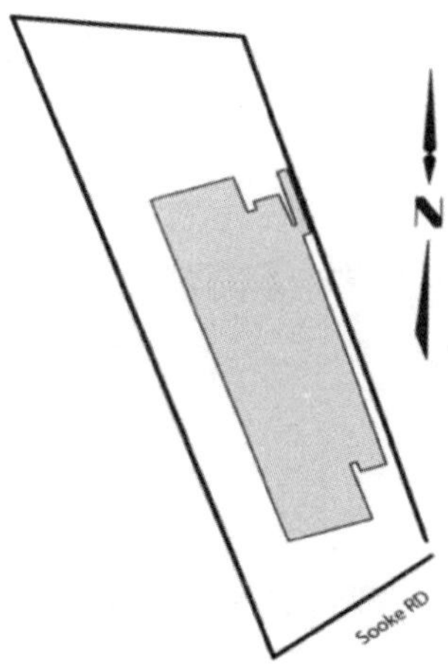

图 1 场地

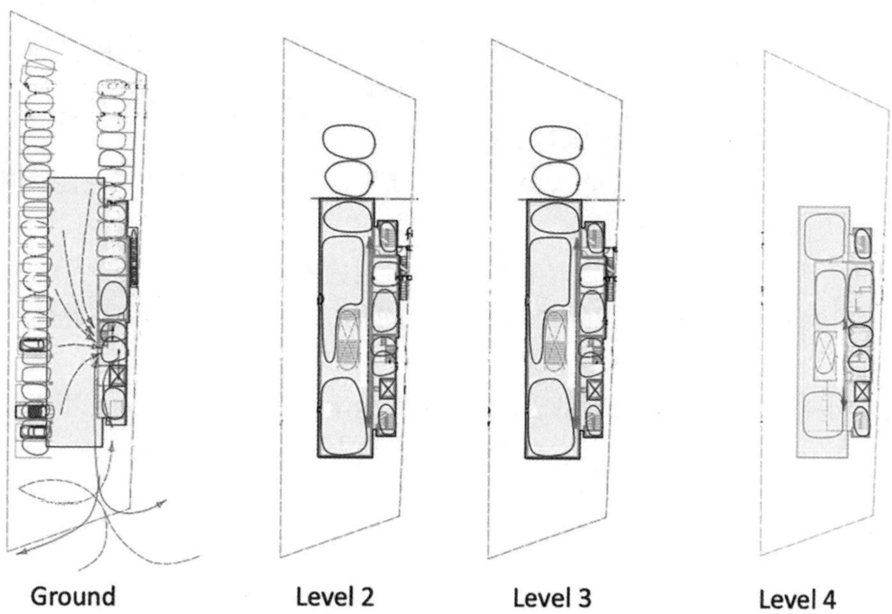

图 2 空间规划图

图 3　施工顺序图

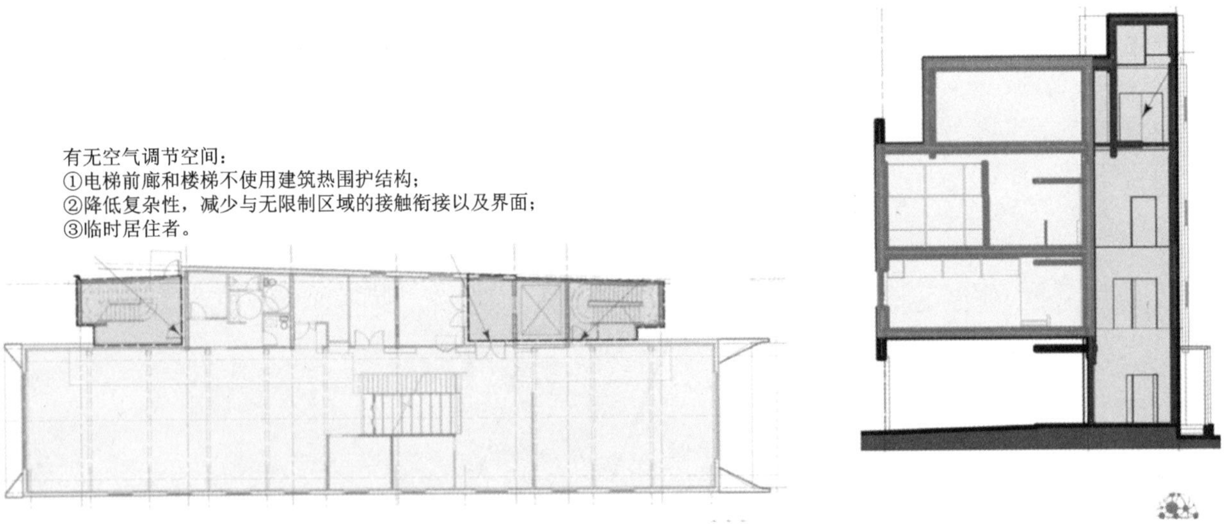

图 4　热围护结构边界

通风方法受到当地可用的被动房认证 HRV 的限制。虽然集中式大型 HRV 可能更为可取，但我们的市场上还没有足够大的认证 HRV。5 个独立的 HRV 为这栋建筑提供通风设备。

尽管住宅建筑的供暖需求通常较大，但由于办公楼的内部得热、制冷需求推动了机械系统的规模化。通过选择高效的照明系统和具有太阳能控制的战略性放置的玻璃窗，降低了对制冷的需求。然而，即使采取了这些措施，Charter Telecom 项目的初步 PHPP 预测内部得热为 34 kW・h /(m^2・a)。这些得热的一部分在冬季非常有用，而在夏季，其中一部分将在建筑内部通过 HRV 耗尽。

必须主动提供的热需求由可变制冷剂流量(VRV)系统来满足。选择该系统是因为它能够同时提供加热和制冷、高效制冷操作以及内部热回收的能力。

通过选择高效的照明系统和具有外部固定遮阳板的战略性放置的玻璃窗(用于控制采光)，降低了对制冷的需求。然而，即使采取了这些措施，Charter Telecom 项目的初步 PHPP 预测内部得热仍达 34 kW・h / (m^2・a)。

Charter Telecom 项目使用各种基于计算机的设计工具来优化建筑设计。虽然 PHPP 用于跟踪整体认证标准并量化热桥影响，但在这种规模的项目中，它缺乏精确地评估大型建筑内以区域为基础的热负荷和冷负荷以及过热风险所需的粒度。

图 5　外墙装饰

施工经验

1. 施工现状

在撰写本文时，该建筑距离竣工大约还有 4 个月，施工现状如图 6 所示。到会议发布时，预计该建筑将完工。预计届时会积累更多的经验，但现阶段的主要经验概述如下。

图 6　施工照片

2. 概述

在整个设计阶段,建筑和工程团队始终专注于被动房的标准,这种关注似乎得到了回报。在这个项目的实施过程中遇到了一些困难,但其中一个较为显著的经验教训或较大的困难并不直接与能源性能有关;相反,施工预算、进度、后期业主要求的更改以及任何建筑项目中可能出现的其他问题一直是施工期间令人头痛的问题。

3. 围护结构顺序

设计团队精心设计的围护装配具有三个不同的工作范围,分别用于三个不同的子领域:结构、热障和空气屏障以及镀层。这样做是为了使建筑外部工作的三个子领域中的两个只需做它们之前经常做的工作,第三个可以根据被动房标准的经验来选择。这使得可以顺利地采购具有成本效益的当地劳动力和材料。根据我们的经验,在对被动房标准相对陌生的市场中的项目,强烈建议使用这种方法。

4. 层压胶合实木

出于能量性能考量,设计者的决策之一是使用层压胶合实木作为主要结构材料。虽然这一决定带来了许多积极成果,但也带来了挑战。

设计连接细节的工程师进入项目团队相对较晚,并由木材承包商选择。该工程师团队不熟悉被动房标准,而且并不是早期设计讨论的内容。因此,在绘制施工图的过程中有多处修订,部分与设计方法的不恰当有关。热桥是一个问题,但应该指出的是,在绘制施工图阶段,与抗震设计中的非对称载荷路径相关的挑战是一个更大的挑战,与能量性能无关。

5. 成本

该项目的建设成本高于该地区甲级写字楼的平均成本,但仅高出一小部分。在高地震区,由于场地限制而导致的建筑形状不对称及对其结构的影响,也解释了其成本相对于该地区经典建筑较高的原因。

结论

该项目的类型和规模使其不同于所在地区的其他被动房项目。我们希望这个项目能成为加拿大高性能建筑的催化剂,并扩展到非住宅市场。

在这个时间,在我们的市场中,设计和施工的综合方法是以合理的成本建造被动房的唯一路径。

该项目取得了一些成功,也遇到了一些挑战,但总体来说,通过仔细解读被动房标准,可以实现商业办公楼的舒适、高质量和价值。

致谢

感谢 Bernhardt Contracting 的马克•伯恩哈特对于 PHPP 建模和实际施工提出的建议。感谢 Blackwell Structural Engineers 的安东尼·斯比克对这个项目做出的贡献。感谢来自 Integral Group 的安迪·庄和艾瑞卡·马克对机械设计和这座建筑的成功所做出的巨大贡献。感谢 Road's End Contracting 的大卫·达雷和彼得·格罗斯曼,感谢他们的坚持不懈和在施工期间的团结和协调工作。

在美国和太平洋西北部验证了成功的气密性方法

亚历克斯·博策尔 / 绿锤公司
丹·惠特莫尔 /RDH 建筑科学公司

引言

被动房标准在北美越来越受欢迎，导致追求该标准的大型建筑数量增加，并且需要满足一定的气密性标准。美国目前只有少数几个司法管辖区将气密性要求纳入了当地的建筑规范，但很少需要进行现场测试。建筑检查员转而依靠平面图、详图和目视检查。此外，对于允许存在泄漏水平的位置，大多数允许的泄漏水平明显高于被动房标准。因此，在满足严格标准方面，气密层的设计和执行以及稳健的测试和验证仍处于早期阶段。

在少数几个要求对商业和大型住宅楼进行实地测试的司法管辖区中，美国华盛顿州是实施跟踪记录最长的地区之一，但还是没有达到被动房标准。加拿大不列颠哥伦比亚省（British Columbia）北部地区近年来制定了一项步骤规范，该规范对气密性有不同程度的要求，直到明确被动房。因此，该地区正在通过测试气密性来展示其行业领先的改进。

现行建筑规范、标准和要求

2015 年的《华盛顿州能源法》（WSEC）是美国为数不多的要求进行气密层测试的建筑规范之一。当前目标是 $q_{75} \leqslant 0.40$ cfm/ft²（7.3 m³/（h·m²）），按 C406.9 的“0.25 cfm/ft²（2.0 L/（s·m²））”，可选择降低每秒漏风量。

正在进行中的 WSEC 更新计划减少了这种气密性限制，而商业规范下的所有建筑（包括 4 层和更大的多户建筑）必须达到 $q_{75} \leqslant 0.25$ cfm/ft²（4.6 m³/（h·m²）），可选改进水平为 0.17 cfm/ft²（3.1 m³/（h·m²））。

被动房项目要求更为严格。在美国和北美市场，有两个标准都值得注意。

《被动房建筑标准的评判标准》将要求表述为加压试验结果 n_{50}=0.6ACH$_{50}$，并进一步澄清：“3.2.9　建筑物围护结构的气密性　根据 EN 13829（方法 A）进行气密性测量。或者，可根据 ISO 9972（方法 1）进行测量。”

此外，对于风量大于 4 000 m³ 或 141 250 ft³ 的建筑物，PHI 建议 $q_{50} \leqslant 0.6$ m³/（h·m²）或 0.033 cfm/ft²。

相比之下，PHIUS（美国被动房研究院）+2018 标准规定：“对于 5 层及 5 层以上的阻燃建筑、结构，$q_{50} \leqslant 0.080$ CFM50/ft² 或 $q_{75} \leqslant 0.110$ CFM75/ft² 围护结构总面积。（$q_{50} \leqslant 1.46$ m³/（h·m²）或 $q_{75} \leqslant 2.01$ m³/（h·m²））对于所有其他建筑物，$q_{50} \leqslant$ 0.060CFM50/ft² 或 $q_{75} \leqslant$ 0.080CFM75/ft² 围护结构总面积。”（$q_{50} \leqslant 1.09$ m³/（h·m²）或 $q_{75} \leqslant 1.46$ m³/（h·m²））

当前的气密层系统

在北美，典型的气密层系统在墙壁类型中的变化最大。

对于地板系统，存在有限的通用选项，这取决于气密层是位于地面上还是悬挂着。对位于地面上的气密层，虽然结构现浇钢筋混凝土板足够，但所需的连续蒸汽屏障被大量使用。对于悬挂式地板系统，以下墙壁系统的解决方案（2），（3）和（4）得到了广泛实施。

对于屋顶系统，大多数大型建筑采用低坡度和/或无通风建筑。这些可以通过许多方法建造，但大多数都采用了自黏膜作为屋面衬料的做法。由于这种膜的设计必须防水，所以它也有作为气密层的良好潜力。该材料的限制条件是不考虑气密性的中间位置（如屋顶到墙壁、女儿墙、设备裙房、阁楼结构和侧壁）进行过渡细节设计。

对于需要通风屋顶的情况，类似于地板，下面墙壁系统的解决方案（2），（3）和（4）得到了广泛实施。

由于墙壁系统通常是建筑特征的焦点，并且构成了大多数建筑的大部分外表面区域，许多不同的气密层材料、系统和方法正在被用于北美建筑，故把其分成了以下六类。

（1）现浇混凝土：连续结构钢筋混凝土具有良好的气密性。

（2）板材覆膜：对于建筑的外部，通常是胶合板、定向结构刨花板或石膏板，采用防水膜包裹，而防水膜同时也是气密层，起到了双重作用。用胶带或密封胶对薄膜搭接和贯穿件进行密封。这些膜通常是机械连接或自黏附。

（3）密封盖板：对于外胶合板或石膏盖板的接缝处，采用密封或胶带密封。通常将防水膜应用在这个系统上。

（4）现场浇筑膜：对于建筑的外表面，通常是胶合板、定向结构刨花板或石膏板，并涂现场浇筑膜，用密封胶对贯穿件和接缝处进行密封。

（5）幕墙：气密层由地板到地板的幕墙或窗墙组成，用密封条或密封胶对接缝和贯穿件进行填充或密封。

（6）内膜：向墙构件内部安装覆膜板材，用密封胶或胶带对接缝和贯穿件进行密封。当需要内部蒸汽控制层并选择薄膜时，会使用这种方法。

测试协议

被动房标准要求进行多点增压和减压试验。为了利用现有的行业标准，不同的地区要求采用不同的协议。欧洲项目通常遵循协议 EN 13789“建筑物热性能—建筑物空气渗透率测定—风扇增压法”；北美更常用的协议是 ASTME779“用风扇增压法测定空气泄漏率的试验方法”。

结果

尽管在美国成功完成的被动房中高层建筑数量在稳步增加，但本研究使用了来自美国华盛顿州已完成项目的有限数据，来描述所选择的气密层系统在成功执行过程中面临的机遇和挑战（图 1 和图 2）。根据调查结果和进一步的分析，通常可以假设，几乎所有当前常用的气密层系统都可以成功地满足甚至超过被动房标准。

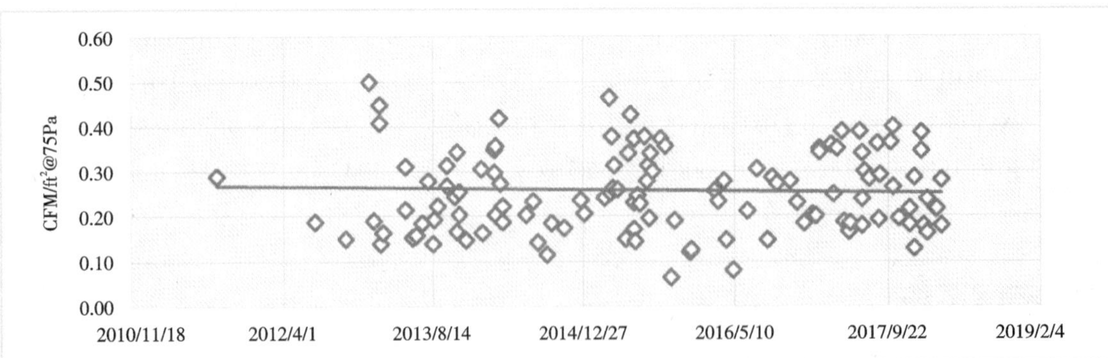

图 1 整栋建筑测试结果，包括商业和多户住宅

根据这些可以得出这样的结论：单靠气密层系统无法保证空气渗透率足够低以满足被动房标准。相反，可以强调的是，只有在整个项目交付周期的设计、安装和验证阶段中有意、集中地将气密层纳入，才能确保成功的结果。因此，提出了详细的质量保证和质量控制程序，这将提高成功率，以满足上述严格的气密性要求。

图 2　按墙式气密层策略划分的整个建筑测试结果范围

全面的质量保证和质量控制方法

为了成功地交付满足被动房要求的建筑气密性，需要一种系统的方法，故设计了一个综合过程，分为 5 个主要阶段。

1. 设计

项目团队确定整个建筑计划，并在所有围护结构构件中定义策略。这些构件分为以下三类。

（1）区域：这是一个外立面的扩展，无论是地板、墙壁、拱腹还是屋顶。此外，离散元素被视为区域，如窗和门。

（2）过渡件：这些是区域构件之间的连接处。它们可以是平面的，如在墙壁上的接合板或在膜中的接缝处；或者它们可以包括建筑构件之间的过渡部分，如从墙壁到屋顶、地面到墙壁或者墙壁到窗户。

（3）贯穿件：这些被定义为特定的、独立的元素，它们穿过一个区域或过渡件。贯穿件必须单独予以详细说明，通常在安装区域和过渡件之后完成这些构件。

2. 排序

了解一般的施工顺序对于及时实施经济有效的气密层至关重要。这需要了解将由哪个商业集团实施细节、将在何时完成细节以及何时可以测试细节。

在北美，最常见的建筑类型尤其关注测试顺序。带有外部护套或覆层的框架墙系统（带有护套或嵌装玻璃系统的木框架或钢框架），其中气密层位于结构外部，但被内部和外部的饰面覆盖，该系统的标准建筑规程强烈建议重新进行部分、有保护的或（如果可行）整个建筑的测试，以将施工延误和修复成本降至最低。

美国交付气密层规范文件的常见做法是通过指定建筑构件并用简单的符号标记（通常仅用于区域位置），在平面详图和剖面图上识别气密层。对于被动房气密性而言，除非建筑商在实现目标方面有了广泛的实践，否则这种设计水平几乎在所有情况下都是不足的。建议对所有过渡部分都用独特的标注进行进一步的详细说明，特别是当需要多种材料时，如在混凝土上粘贴薄膜。

详细的质量控制计划也应包括在规范中。

3. 安装

一个优秀的气密层设计，只包括详尽的细节和全面的规范，并不能保证成功的执行。设计还必须制定同样严格的质量控制计划，以确保计划方法的有效和成功执行。本计划的基础可概括如下：

（1）专职气密层质量控制人员；

（2）施工前的综合会议；

（3）详细的实物模型，包括与贸易伙伴的审查。

经验表明，成功完成被动房气密层与使用指定的、理想的专业人员管理、协调和监督与安装、穿透和覆盖气密层所有构件相关的工作之间，存在着很强的相关性。

由于行业对这些建筑构件普遍缺乏经验，且这些行业会与气密层设计有大量接触，因此指定人员将使项目受益匪浅。

施工前综合会议是沟通气密层方法、现场质量控制程序以及面对面讨论问题和关切的重要步骤。这种有意的行业和责任方的会议程序，将增加收购和协作，提高质量，并减少昂贵的补救措施。

为了进一步审查、培训和改进细节，大型的实体模型，特别是以复杂的气密层细节为特色的模型，如地板到墙壁或墙到窗户的连接，被证明可以增加实际操作的成功率，并减少进度延迟。

4. 测试

在像北美这样的地区，目前的施工方法还没有建立全面的被动房气密性等级，在通常气密层设计仍然可行的情况下，集成气密性测试显然是最佳做法。除了最罕见的情况外，无法达到通过要求或失败的风险太大，因而无法将此要素排除在项目之外。

集成此测试将增加项目排序周期的复杂性，也将增加项目成本。这些增加的成本将用于测试本身，但很可能会出现调度困难以及临时测试准备的支出。

在许多情况下，整个建筑将无法进行测试，因为这些部分可能不完整或无法进入。对于这些情况，可以使用多套测试设备运行保护测试，或者可以通过增压和红外图像或舞台烟雾来确定泄漏的位置。

5. 修复

当遵循完整的程序时，修复气密层将仅限于完成所有区域和过渡构件后对贯穿件进行密封。可由专职气密层人员跟踪贯穿件，并在进一步覆盖工作之前予以密封。

不幸的是，由于全面的气密层仍然很少实施，在整个施工过程中可能需要采取补救措施。如果可能，在覆盖前会对所有气密层构件进行目视检查。在某个构件安装后难以接近的情况下，这一做法非常重要，如无筋混凝土板下方的聚乙烯板、石膏板后面的密封胶合板护套或许多屋顶到墙壁的过渡部分。

如果项目团队安排了足够的时间和资源进行初步测试和修复，则施工顺序不会受到纠正措施的很大影响。此外，可以以权宜之计以及对进度和预算的最小影响来贯彻这些纠正措施。

结论

在许多地区和建筑传统中，气密性建筑的概念是对建筑要求的新补充。因此，单独选择一个特定的气密层系统并不能保证被动房达到所需的气密性水平。先进气密层的成功实施不只是依赖于周密的规划、设计和细节。施工过程中详细的质量控制措施、施工人员的系统培训以及与贸易伙伴的紧密合作，是成功实现被动房气密性目标的关键。

参考文献

[1] 华盛顿州能源法，商业条款第 51 章.

[2] 被动房、EnerPHit 和 PHI 低能耗建筑标准的评判标准.9f 版.2016-8-15 修订.

[3] 美国被动房研究院（PHIUS）+2018 被动建筑标准认证指南.2.0 版.2019-2.

[4] 鼓风机门测试程序——EN 13829:2002 和 ASTM 779-03 的初步比较.

专题论坛 7

中国被动房项目实施

211 **魏林滨,李琪**

基于性能实测的被动式超低能耗建筑设计若干问题的探讨

在我国引进被动式超低能耗建筑时,针对民用建筑气密性的设计与施工技术几乎处于空白。目前,国家和地方标准仍在采用基于通风设计的换气概念。自 2014 年示范工程建设启动以来,我们已完成了山东省内外近 20 栋被动式超低能耗建筑的竣工验收试验。

213 **魏贺东,张福南**

被动式超低能耗建筑门窗安装墙体洞口热桥分析

门窗安装位置的选择对整窗的传热系数有着至关重要的影响,如果被动式超低能耗建筑门窗安装选择位置不当,就会完全抵消掉设计师对提高门窗本身的保温性能所做的优化设计。我们根据软件 flixo pro 8 计算模拟窗户洞口的线传热系数,得出门窗与不同墙体结构之间线传热系数最小的窗户安装位置和影响门窗洞口线传热系数的决定性因素。

216 **文涛**

被动房商业建筑新风热回收分析

本文针对公共建筑被动房新风系统的热回收方式,选取了无热回收、一级转轮热回收、一级转轮热回收 + 二级热管热回收三种组合方案,分别分析其夏季工况制冷量、再热量、热回收量及冬季工况制热量、热回收量。当一级转轮与二级热管组合应用时,夏季制冷量可节省 49.84%,系统热回收效率可高达 110%,冬季制热量可节省 48.15%,系统热回收效率为 75%,可有效控制新风出风温度,避免新风送风温度过低的现象。

甲方视角下的被动房建筑设计管控要点
——以高碑店列车新城项目为例

孔令晨 / 龙湖集团

摘要

在高碑店列车新城项目中，龙湖集团经过不断探索，总结出一套被动式建筑设计管控要点，以期对未来被动式建筑项目的甲方管理工作具有一定的指导意义。

引言：依托于高碑店列车新城项目的甲方设计管理探索

目前，被动式建筑的相关研究多偏重于技术层面，而关于设计管理层面的研究相对较少。笔者有幸作为甲方建筑师参与中国高碑店列车新城项目，将站在甲方视角对被动式建筑的设计管控要点进行讲述，以期对未来被动式建筑项目的甲方管理工作具有一定的指导意义。

由龙湖集团打造的高碑店列车新城项目，是全球首个百万平方米级别获 PHI 认证的超低能耗多业态示范项目，同时也是全球最大的被动房建筑集群。本项目提供了舒适健康的人居环境，室内温度在一年四季中保持在 20~26 ℃相对恒定的状态，节能环保，达到德国超低能耗建筑节能最高标准。其室内 CO_2 含量不超过 1 000 ppm，室内相对湿度一般不超过 60%，PM2.5 浓度一般不超过 75 μg/m³，提供 24 h 的静谧、舒适、健康的居住环境。

甲方视角下的被动房建筑设计管控要点

1. 项目定位

在进行项目前期定位时，除了考虑传统房地产项目的价值判断体系以外，甲方应综合考虑项目土地开发要求、当地被动式建筑标准及相应审核报批流程、项目成本预算及利润要求、能够选用的设计院及总包单位的技术水平、被动式部品部件的采购条件等，确定被动式建筑的设计范围、评价标准及交付形式，从而制定相应的技术路线，如有被动式建筑设计咨询单位提供服务，则应在此阶段介入。

2. 总图规划

甲方建筑师在编写设计任务书时，应以书面形式明确被动式建筑的设计要求，并与设计院进行充分交底。

总图布局影响建筑单体的采光得热和自然通风，对单体能耗计算有较大影响，因此对于总图规划方案的选择，甲方建筑师应在土地价值的最大化利用与被动式建筑对总图布局的要求之间寻求平衡。在高碑店列车新城项目中，设计人员对采光、通风、景观等需求进行模拟，对成本及货值进行综合分析对比，优选出最佳的规划布局形态。

3. 单体设计

建筑单体应保持较小的体形系数，避免出现凹凸变化，这在一定程度上约束了户型平面设计和外立面设计的自由度。在这样的约束条件下，还需保证较高的产品竞争力，这增大了方案设计难度，故需甲方建筑师和设计院投入更多的精力。

被动式建筑穿墙管道较多且尺寸较大，对结构梁高和外立面设计均有影响。此外，立面还需设置新风室外机、外遮阳，可能还会设置太阳能设备。因此，甲方建筑师需综合考虑建筑、结构、暖通专业的设计需求，进行外立面整体设计，做好各方平衡，寻求最佳方案。

新风及排风管道布置需充分考虑建筑室内空间布局，尽量减少风管长度、降低噪声，并营造良好的气流组织。管道布置也应与精装吊顶设计有机结合，保证室内精装效果。建筑层高设计应综合考虑新风设备、梁高、给排水管布置及精装设计要求。新风室内机设备尺寸较大且有噪声，室内空间设计时需特别考虑。

在能耗计算中，外保温厚度、外窗性能、新风机性能互为动态联动关系。设计时应结合成本，综合考虑这三者对于能耗计算的影响及对目标成本的扰动，选择最优方案。同时，确定保温层厚度后，要组织甲方建筑师及工程、成本部门对厂家的材料和施工工艺进行考察，确保方案的可实施性。外窗及新风机性能确定后也应进行厂家技术考察。

在单体设计阶段，甲方建筑师应做好统筹协调工作，保证建筑、结构、水、暖、电、精装设计协同有序进行，保证能耗计算同步进行。与此同时，还应做好和成本、工程、营销等内部部门的“拉通”工作，成本部门对项目方案的成本计算同步进行，工程部门对方案的工序工期和实施难度始终有把控，从而保障项目在满足被动式建筑设计要求的同时，具有较强的产品力和市场竞争力，且成本可控、工期可控。

4. 施工图绘制及质量控制

甲方建筑师在施工图绘制工作启动前，应编写施工图设计任务书，任务书中应包括被动式建筑制图要求，被动房节点做法设计要求，并组织施工图启动会，将施工图设计任务书向设计院明确交底并对设计院进行施工图绘制培训。设计院完成节点做法设计后，甲方建筑师应组织工程部门进行审核，提前明确施工工序，确保未来节点的可实施性。

被动式建筑对于图纸质量要求较高，龙湖集团有完善的专家审图机制，严控图纸质量，有效减少施工过程中的变更数量。在本项目的审图过程中，还增加了被动式建筑咨询专家参与审图，并进行能耗计算，确保图纸满足被动房建筑设计要求。对于外立面涉及的各深化图纸，龙湖集团实行外立面设计打包机制，由一家外部供方作为外立面总负责，将涉及的保温涂料深化图、门窗深化图、幕墙栏杆深化图等统一打包管理，对交接节点及整体外立面效果负责。所有图纸均执行会签制度，多方会签后才能够进行现场施工。

5. 设计风险预判

甲方建筑师应提前对项目风险进行把控，并采取应对措施。在本项目能耗计算已经达到被动式建筑标准的情况下，我们还特别关注了顶层、边户、底跃的舒适度，对单户进行舒适度模拟，对于存在不舒适风险的户型提前进行干预，最大限度地降低后期交付风险。

6. 现场施工配合

施工开始前，由甲方建筑师组织设计院及被动式建筑咨询单位向总包进行施工图交底，大部分总包单位无被动房项目施工经验，因此涉及被动式建筑的内容在交底时应做重点强调。

施工过程中，被动式建筑咨询单位驻场，指导现场施工问题，甲方建筑师组织设计单位每周进行巡场，及时发现问题并当场确定解决方案。对于设计变更要格外慎重对待，如有对被动房能耗计算有影响的内容，需与认证及咨询单位及时沟通。

在大批量施工前，对典型户型进行 1 : 1 的样板施工，验证点位、管线布局的合理性及穿墙孔洞的施工可行性。对关键节点建设工法展示，请认证及咨询单位进行点评，确保节点施工正确性。

7. 招标采购及封样

部品部件的招标采购要严格按照施工图纸上明确的相关材料、设备的关键参数要求进行，进行封样的样品需注明参数，由甲方建筑师、设计院及被动房建筑设计咨询单位共同确认，样品需要甲方项目部进行留存，部品部件进场安装时，与封样样品进行对照，严控部品质量。

在部品部件的招标采购过程中，我们发现被动式建筑不仅对传统的建筑工程质量提出了升级要求，同时也对整条建筑产业链提出了升级要求。有一些部品我们在市面上没有找到既满足被动房设计要求又满足外观效果要求的产品，于是我们与厂家共创，对产品进行优化改进，最终达到被动房设计要求。

8. 营销及运维培训

甲方建筑师需组织被动房咨询单位对营销人员进行培训，要求营销人员对被动式建筑有客观准确的认知，与购房者沟通时既不夸大、神话被动房的优势，也不贬低被动房的价值，能够客观准确地向购房者介绍被动房，使其被更多的人了解接受。项目团队及咨询单位还应准备被动式建筑运维手册，对运维管理人员进行培训，保证被动式建筑在运维阶段能保持良好的性能。

未来展望

被动式建筑的设计管理工作需要对多方的协同工作进行有序管理，需要多方协调配合，并且对甲方建筑师自身的专业技术水平有较高要求。低能耗建筑及高质量施工是未来建筑行业的发展方向，仅仅依靠甲方建筑师设计管理能力的提升将难以跟上行业发展的速度。随着建筑行业数字化时代的到来，相信 BIM 技术的应用可以帮助甲方建筑师进行高质量的协同工作，能耗计算也将不仅仅是一张表格，而会变得更加可视化，实现数模联动。数字化虚拟建造可以提前对复杂的工艺节点进行模拟，房间内的舒适度指标也有可能通过数字化技术提前预知。

寒冷地区装配式超低能耗建筑技术及应用浅析

张少彪，龚海光，周宁，鲍宇清 / 中国北京建筑节能研究发展中心

摘要

本文结合国内外装配式超低能耗建筑的背景和发展现状，针对北方寒冷地区，提出了预制夹芯保温墙板需满足外墙外传热系数小于 0.15 W/(m²·K)。结合国内外装配式超低能耗建筑的发展背景，在中国北方寒冷地区，预制夹芯保温墙板需满足外墙外传热系数小于 0.15 W/(m²·K)的条件下，分别对玻璃纤维增强塑料(GFRP)、不锈钢和锚固件进行分析，并对不同材料的锚固件提出建议，以供国内工程建设参考。

概述

根据德国被动房研究院(PHI)和北京超低能耗建筑示范项目技术要点及相关规定，寒冷地区外墙传热系数 K 值要求小于或等于 0.15 W/(m²·K)。如果采用预制墙板的方法达到被动房的传热系数要求，外墙通常采用高度一体化的预制夹芯保温层。根据《装配式混凝土结构技术规程》(JGJ 1—2014)第 8.2.6 条，夹芯外墙板的夹层厚度不应大于 120 mm。如果中间保温层采用传统的保温材料(EPS、XPS、聚氨酯、岩石、羊毛等)，保温层的厚度将达到普通建筑墙的 2~3 倍，中间保温层的保温厚度将达到 200 mm 或以上。锚固件是预制夹芯保温外墙板的关键组件。当其与内外混凝土墙板一起工作时，要求连接件具有足够的承载能力和耐久性以及低导热性，以减少外墙板的热桥影响。常用的保温锚固件有 GFRP 组件和金属件两种，分别是带有热塑性塑料的 Schock 锚固件和 HALFEN、peikko 锚固件，各结构如图 1 所示，不同外墙板锚固件的热桥效应差距很大。

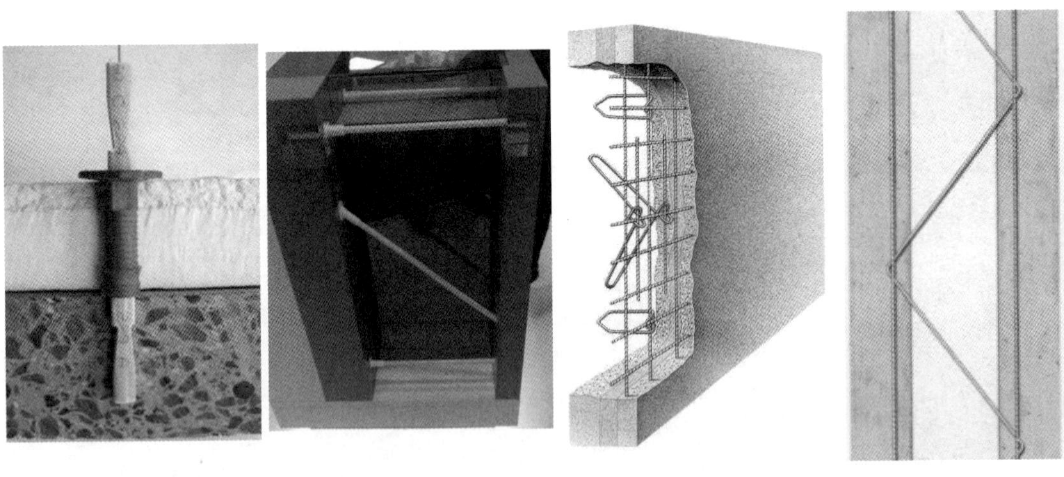

Thermomass 锚固件　　Schock 锚固件　　HALFEN 锚固件　　peikko 锚固件

图 1　不同材料锚固件的结构示意图

研究思路

在国内实际工程中，预制夹芯保温墙板通常采用非复合墙板，即内、外墙板受力不相同，外墙板仅作为荷载，通过锚固件作用在内墙板上。预制夹层保温墙板的关键是解决三层之间的可靠连接问题。连接材料一般为碳钢、不锈钢和 GFRP。

金属保温锚固件具有一定的导热性，可能形成冷热桥，造成热损失。不锈钢的导热系数远低于普通碳钢，可以降低牵引件的热损失，提高牵引件的耐久性。此外，为了最大限度地减少冷热桥，高强度复合技术开始兴起，如 GFRP（玻璃纤维增强塑料，由于复合材料的强度高、导热系数低、弹性和韧性良好，是制作隔热件的理想材料），在 Thermomass 和 Schock 锚固件上也有广泛应用。碳纤维增强、不锈钢和 GFRP 材料对预制夹芯保温墙板热桥的影响如图 2 所示。

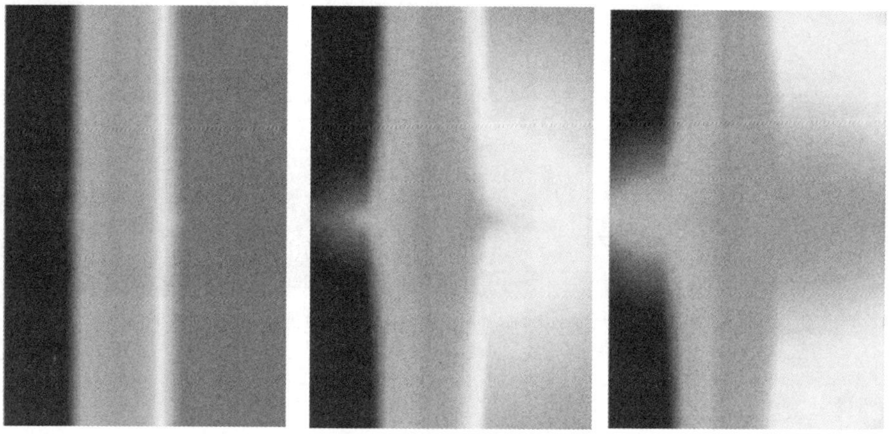

碳纤维增强　　不锈钢　　GFRP 材料

图 2　不同材质锚固件的热桥效应

本文分别以玻璃纤维增强塑料材料的 Thermomass、Schock 锚固件和不锈钢材料 HALFEN 锚固件、Peikko 锚固件为例，深入分析了锚固件对预制夹芯保温墙板满足被动房外墙传热系数的影响。

玻璃纤维增强塑料保温锚固件

1.Thermomass 保温锚固件

Thermomass 的 GFRP 夹芯保温锚固件是由玻璃纤维和高分子树脂复合而成，导热系数为 0.4 W/（m·K）。Thermomass 的外观和布置如图 3 和图 4 所示。该产品质量均匀，具有导热系数低，拉伸和剪切强度高，抗弯承载力强，弹性和韧性好等特点。使用时，所有锚固件均穿过保温板，两端分别锚定在内外墙板两侧的墙混凝土上。锚固件与混凝土材料具有良好的相容性和变形协调性。

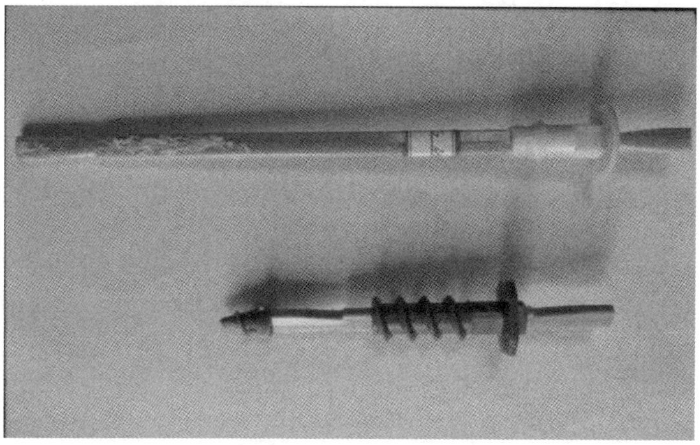

图 3　Thermomass 锚固件

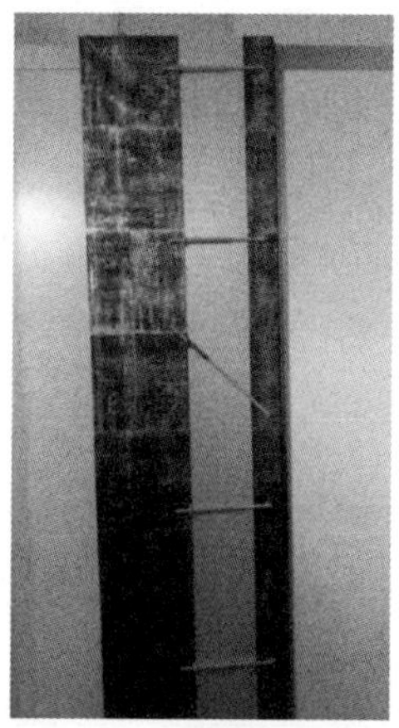

图 4　Thermomass 保温锚固件布置平面图

当预制夹芯保温墙板为 60 mm 混凝土外墙板 +180 mm 硬泡聚氨酯 +200 mm 混凝土内墙板时，墙体平均传热系数为 K_m = 0.142 W/（m²・K），热阻损失率 =（K_m−K_p）/K_p =（0.142−0.141）/0.141=0.7%。当使用 GFRP 作

为连接件时，热桥损耗为 0.7%，这几乎可以忽略不计。如图 5 所示，用红外成像仪检测预制夹芯保温墙板的热桥效应，几乎没有明显的热桥。

图 5　预制夹芯保温墙板使用 Thermomass 锚固件的红外热成像效果

2.Schock 锚固件

德国 Schock 保温带将内板、中间保温板和外板连接在一起，几乎没有热桥，显著提高了 *U* 值。Schock 保温锚固件外观及其安装过程如图 6 和图 7 所示。

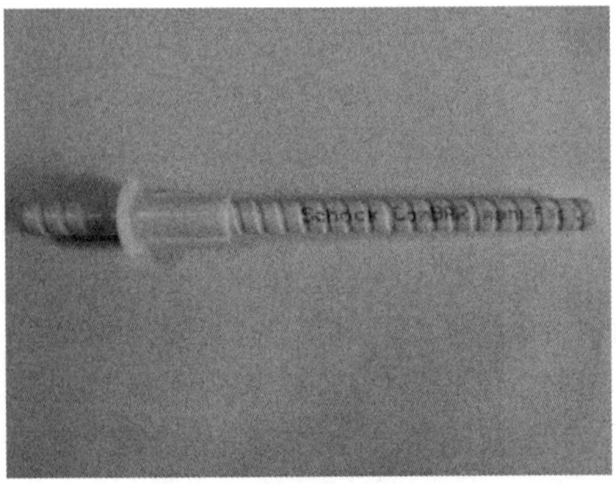

图 6　Schock 保温锚固件

图 7　安装 Schock 保温锚固件

根据表 1，具有 Schock 锚固件的预制夹芯保温墙板的 *U* 值为 0.035 W/(m^2 · K)，即中间绝缘材料的传热系数。当中间保温厚度为 200~300 mm 时，预制夹芯保温墙板的传热系数可小于 0.15 W/(m^2 · K)，满足北方寒冷地区被动房的传热系数要求。

表 1　Schock 保温锚固件与厚度不同的预制夹芯保温墙板的传热系数(W/(m^2·K))

中间保温厚度 / mm	壁厚			
	300 mm	360 mm	400 mm	500 mm
80	0.393	0.389	0.387	–
100	0.321	0.319	0.318	–
140	–	0.235	0.204	–
160	–	0.207	0.207	0.205
200	–	–	0.168	0.167
300	–	–	–	0.113

Schock 锚固件的安装如图 8 所示。如图 9 所示，红外热成像证明了其外墙具有优异的保温性能。由于在预制夹芯保温墙板中采用了 Schock 锚固件，热桥影响较小，从而保证了外墙的保温性能。

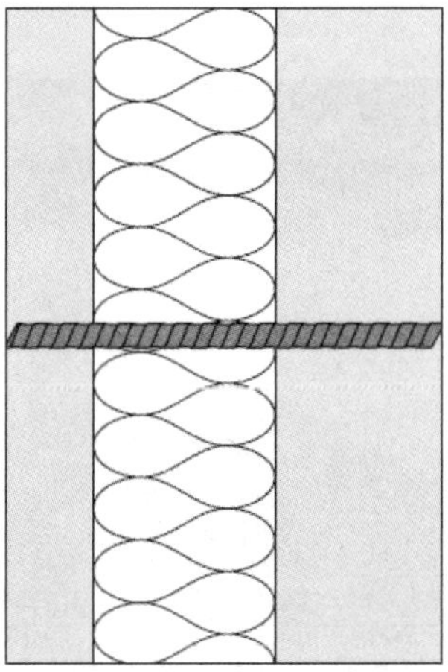

图 8　Schock 锚固件的安装

图 9　Schock 锚固件的红外热成像效应

不锈钢锚固件

预制夹芯保温墙板多采用 HALFEN、Peikko 等不锈钢锚固件，其导热系数为 17 W/(m·K)，普通碳钢锚固件杆导数系数为 40 W/(m·K)。

1.HALFEN 锚固件

如图 10 所示为德国 HALFEN 锚固件在预制夹芯保温墙板中的布置，中间保温层安装如图 11 所示。当预制夹芯保温墙板为 60 mm 混凝土外墙板 +200 mm 硬泡聚氨酯 +200 mm 混凝土内墙板时，HALFEN 不锈钢拉件夹芯墙板平均传热系数 K_m=0.147 9 W/(m^2·K))，热阻损失率 =(K_m-K_p)/K_p=(0.147 9-0.135 7)/0.135 7=8.99%，即热桥损失为 8.99%，对保温性能具有一定影响。

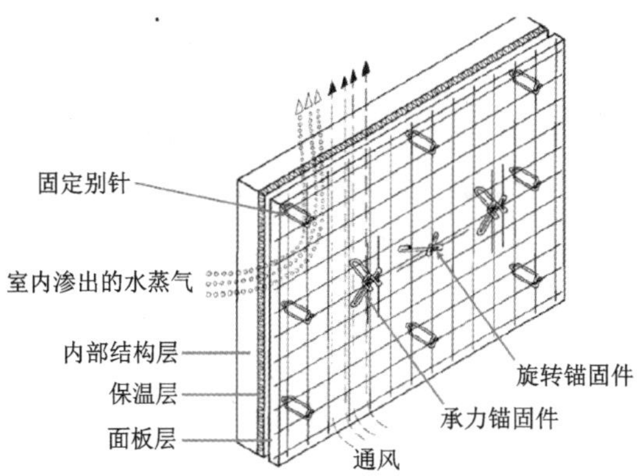

图 10　HALFEN 锚固件在墙板中的布置

图 11　安装中间保温层

2.Peikko 锚固件

Peikko 桁架式连接件通过一种简单有效的方式斜接 PD 型夹芯保温墙板，使夹芯保温层和内墙连接起来，混凝土外板连接在一起，具有安全可靠、质量轻、节能的技术特点，广泛应用于芬兰等北欧国家。目前，每年约有 100 万平方米的外墙夹芯采用 Peikko PD 连接件。预制夹芯保温墙板上 Peikko 锚固件的布置如图 12 所示，中间保温层的安装如图 13 所示。

当预制夹芯保温墙板为 60 mm 混凝土外板 +200 mm 硬质泡沫聚氨酯保温板 +200 mm 混凝土内墙板时，计算出 Peikko 不锈钢连接件夹芯墙板的平均传热系数 K_m= 0.146 2 W/(m^2 · K)，热阻损失率 =(K_m−K_p) /K_p=(0.146 2−0.131 8)/0.131 8=10.93%。即采用不锈钢锚固件，热桥损耗为 10.93%，对保温性能具有一定的影响。

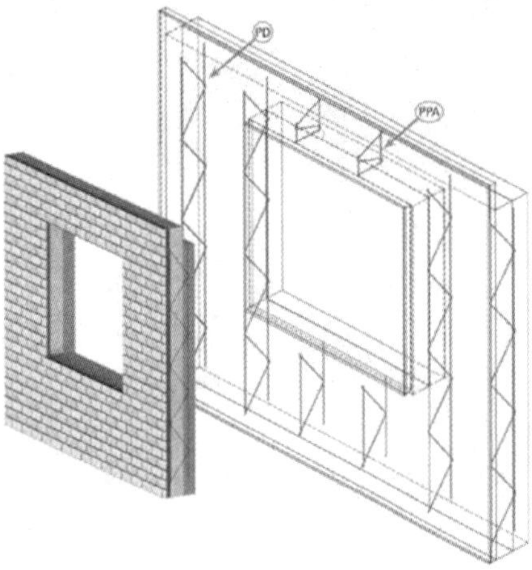

图 12　Peikko 锚固件在墙板内的布置

图 13　安装中间保温层

结论

(1)GFRP 锚固件引起的热桥损失小于 1%，推荐采用。

(2)不锈钢锚固件引起的热桥损耗在 8.99%~10.93%，热桥较大。

(3)当采用 GFRP 材料制作的锚固件时，可满足保温层为 200~300 mm 的预制夹芯保温墙板传热系数小于 0.15 W/(m^2·K)的要求。

德国被动房技术“中国式再创新”

潘向辉，吕明哲 / 路德可持续建筑设计 & 技术公司 /LUTHER Design Freie Architekten

被动房技术的全球化推广需要考虑建筑属地化，即考虑建筑所在地的居住需求、气候特点、建筑文化等因素，根据我们在中国不同气候区已经竣工及在建的近百万平方米被动房项目的实践经验，我们整理出了一套适合在中国各个气候区建造被动房项目的“德国被动房技术中国式创新”方案，其“中国式创新”主要体现在下面几点。

中德建筑特点不同带来的创新

首先，在中德两国建造被动房最直观的区别也是中国住宅建筑的最大特点——巨大的建设体量。中国住宅小区项目均是以万平方米为单位的高层建筑。这明显区别于德国的小体量独栋建筑。因此，在中国建造被动房项目不能完全按照德国经验套用，需要因地制宜的创新，要在设计、施工、验收各阶段开始综合考虑大体量高层被动房建筑的解决方案，特别是在冷热桥、气密性、南方除湿制冷、建筑外围护安全性等方面予以专项重视。

此外，目前中国大型被动房社区项目在建造的过程中与德国项目有另外一个显著不同点，就是利用其体量巨大和中国高层建筑标准层的特点对其中很多建筑部件，根据被动房的要求创新式地进行了工厂预制，大量节约了被动房的建造时间及成本，也极大地提高了建筑的精准度，并在一定程度上保证了被动房的施工质量。

而在德国，通常建筑体量小，设计及施工时间充裕，工程预算高，施工工艺工法熟练，因此客观上建造被动房比中国更容易一些。

中德居住需求不同导致的创新

中国的被动房建筑绝大多数为集合住宅，德国大多数被动房建筑形式为独栋、联排别墅或者小体量多层住宅及公共建筑。被动房新风机在德国大多数采用壁挂式安装在专门的设备房间内。但是中国的集合住宅平面布置非常紧凑，没有专门的设备房间。中国被动房项目的新风空调一体机均采用吸顶式安装，通常安装在厨房吊顶中，这样可以有效利用厨房层高，但不占用使用面积，还可以把机组噪声对室内的影响降低到最小。

另外，关于被动房厨房排烟系统的设计，因中德使用习惯不同，德国被动房建筑内经常采用的厨房内循环抽油烟机完全无法在中国家庭使用。中国厨房的布置要充分考虑中国人的使用习惯，通常必须采用大风量外循环式抽油烟机。由于被动房的新风系统有一定风压要求，通常在中国被动房厨房中设置了与抽油烟机联动的补风系统，来保证抽油烟机的运行效果，避免油烟对室内的污染。

中德气候不同带来的技术创新

中国的气候条件比德国复杂很多。中国分为 5 个气候区，每个气候区都有各自的气候特点，特别是夏热冬冷地区对制冷和除湿的需求很高，因此在该地区建造被动房有一定的挑战性，并且因为气候条件的差异，在德国没有类似项目经验可以借鉴参考。

随着被动房在中国的推广和实施，关于建筑特征、风俗习惯差异等所带来的问题逐渐被大家所认识，但是对于气候的差异，特别是中国长江流域及长江以南沿海一带的潮湿气候给被动房在实施的过程中带来了不少的麻烦。与德国被动房项目新风机只具备新风加采暖功能不同，中国南方的被动房项目绝大部分的新风系统选用了新风、采暖、制冷、除湿一体机。通过新风来满足冬季的采暖和夏季的制冷、除湿需求，并采用高效的全热回收模块。针对中国夏热冬冷地区建造被动房，如果配备不具备等温除湿功能的新风或空调机组，就只能附加除湿机使用，否则无法保证一个被动房建筑湿度的舒适度，达不到被动房的相应技术要求。

中国南方潮湿地区的除湿解决创新

被动式建筑在满足高效节能的同时，也需要考虑室内的温湿度舒适度。温度控制众所周知，也比较成熟；但是室内湿度一直是困扰业界的突出问题，尤其是长江中下游及岭南地区。

首先，影响室内湿度的几个关键因素有：①来自外界自然空气中的水分；②室内散湿物体和人体的散湿；外界水分进入室内的渠道基本也有两个：一个是通过新风系统进入室内，另一个是通过建筑外维护的渗透进入室内。室内散湿物体包括花草和液态的水本身。所以，我们对湿度的控制也就从湿度的根源着手，在尽可能减少室外水分的无序干扰的同时，对室内产生的湿度进行去水处理。

那么，什么时候需要除湿，如何来除湿呢？在国内被动房的建筑实践中，我们一般情况下对温湿度设计定义了边界条件，即无论在哪里，冬季不低于 20 ℃，夏季不高于 25 ℃，相对湿度控制在 40%~60%。这个设计边界条件的设定依据是方格(Fanger)教授对温湿度舒适度的研究结果，所以只要室内的温湿度指标长时间超出了设定的上述边界条件指标，我们就需要对室内温湿度进行机械干预。当然，当地气候条件也是计算的输入依据，所以遇到极端天气，即使有了机械干预，温湿度在实践的过程中也允许存在有限偏差。

由于气候的差异，中国北方和南方地区的差异比较明显，从温湿度平均值来看，北方湿度偏小，南方湿度偏大。那么，是不是北方需要加湿，南方需要除湿呢？这个可能是很多人理解的误区。由于被动房建筑气密性的原因，被动房内温湿度的惰性相对比较大，在有一定的新风湿度交换措施条件下，室内湿度相对稳定，但是由于新风的存在，外界湿度对室内的影响还是有的。北方天气也有阴晴雨露，虽然总体看来北方气候干燥，但在雨季内湿度变化对被动房内环境的影响相对显著，一般情况下北方在 8 月前后室外含湿量最大，如果在气温不高的情况下，室内需要单独除湿；冬季由于室内散湿和新风机组的湿度交换控制，在建筑实践中我们发现室内含湿量相对比较稳定，基本不需要机械加湿的过程。相比之下，南方的温湿度控制要复杂很多，虽然只是单向除湿而不需要加湿的过程，但是考虑到温度的舒适度，对除湿过程提出了更高的要求。传统设备的除湿方式主要通过制冷除湿，所以除湿的过程也是一个降温的过程，但在被动房实践中，室内外温差越大对单独除湿的需求反而越小，真正较大的除湿需求是在过渡季节，此时室外温度并不高，而空气中的含湿量偏大，此时的除湿过程中显然不适合继续降低温度，这个时候就需要将湿度和温度进行单独控制，这看似是一件简单的事情，事实上给相关设备提出了更高的要求。

通常情况下，我们用一台带冷热源的新风系统作为被动房舒适度的能源系统，也作为被动房内温度的调节系统，但是在潮湿地区我们需要再加一台除湿设备来满足除湿需求。这样一来不仅给室内带来额外的热负荷，也给室内空间布置带来不小的影响，能耗的提高也变得非常显著。为了解决这一问题，我们整合了很多相关资源，提出了更好的温湿度单独控制解决方案，使舒适度得到了保证，冷凝热的回收也极大限度地提高了被动房能源系统的运行效率。其基本原理就是在室内不需要制冷降温负荷的时候，继续保持压缩机正常工作，经过蒸发器冷却后的过冷空气在进入室内之前进行加热处理，热量的来源是此时的冷凝热废热，而不是用额外热源，这样一来我们既保证了室内湿度需求，在不浪费额外能源的情况下也保证了空气温度舒适度。

中德项目开发模式的不同带来的 PHI 认证创新

中国式的住宅社区通常是在同一个地块中大量建造多栋建筑，其中存在多栋类似及同样平面、立面的建筑重复，但是根据 PHPP 的计算原则，即使同样平面、立面的楼栋，其受到周边建筑的影响又是完全不一样的，这导致每栋建筑的能耗又不同。这就需要我们根据中国项目特点对项目认证方式和方法进行突破，因为传统的德国被动房逐栋认证形式无法满足中国项目的时间及成本要求。因此，需要根据中国项目特点进行先“类型”后“个体”的认证方式，即找出中国建筑的规律定义最不利条件，确认需认证的建筑“类型”，最后完成每栋建筑的认证。

此外，被动房作为一个节能建筑的技术体系，其认证不仅表明建筑的能耗及质量，而且还有巨大的市场推广价值，因此我们在中国项目上联合德国认证单位（德国被动房研究院）优化认证体系，并首次推出项目设计认证，这对中国被动房的宣传推广以及调动甲方积极性起了很大的促进作用。

随着中国建筑行业的发展和国家新规范的推广普及，将有越来越多的被动房项目在中国不同的气候区域及地区拔地而起。越来越多的富有经验的专业人员在被动房领域不断耕耘，被动房的中国的再创新也会有越来越多的新的方向及更好的属地化技术解决方案，我们也殷切希望中国被动房的从业者能够在德国被动房技术的基础上，借鉴中德成功的被动房项目经验，根据中国的气候特征、生活传统、使用习惯，因地制宜地去建设中国的被动房。

让被动房的建造变得“不被动”

牟裕 / 德国弗莱建筑集团

摘要

本文以实例论证设计对被动房项目经济性的影响，解释了人们对被动房本身及被动房设计理解的误区，呼吁大家理性地看待被动房，并提出节能潜力的发掘、全专业的配合及节能贡献率等多个角被动房设计过程中需要关注的重点，以此强调设计在被动房项目中的影响力与重要性。

对被动房设计的认知误区

先举一个尴尬的例子：有某个寒冷气候区的学校项目业主找到我们做被动房咨询。其设计了一个四层高的室外庭院，围绕庭院的是一圈走廊，走廊上开满了窗户（图 1）。室外庭院本身增大了建筑的体形系数，巨大的开窗面积又造成了极大的热损失，而且窗户受建筑自身遮挡非常严重，冬季太阳得热非常有限。所以，这个庭院对建筑的节能是个非常不利的因素。于是我们提出建议，加盖带采光天窗的屋顶，将室外庭院改成室内中庭（图 2）。其好处在于：①建筑体形系数从原本的 0.22 变成 0.17，外表面散热面积大大减少，这意味着保温可以做得更薄，或者门窗和风机的选型将有更大的自由度；②减少了约 800 m² 的被动房窗户和 600 m² 的保温材料，极大地节省了成本（约 200 万元）；③中庭可以作为室内空间使用，不受天气的影响，建筑空间感更好（图 3）。

图 1　原建筑庭院方案

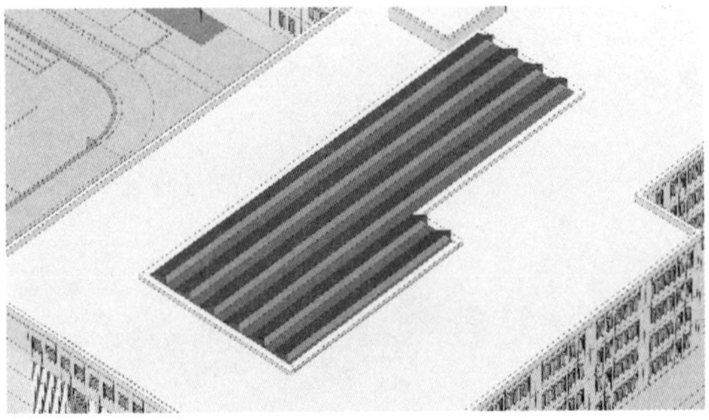

图 2　建议加盖中庭方案

图 3　室内空间意向（Quelle：https://www.siberzone.es）

可惜我们接手项目的时候方案已经敲定并通过了报规，没有修改的条件了；而即使业主同意修改方案重新报规，也会造成设计院工作的大量反复——中庭封闭相当于增加了建筑面积，必须找地方压缩回来，而这将意味着一连串的平面改动。可以看到，方案设计如果不与被动房的理念整合，会给业主造成多么“被动”的局面。

作为被动房设计师，在接触国内的被动房项目时，常常会遇到下面这样的询问：“嘿，我们有个项目，方案已经完成，马上要进入施工图阶段，想请你们帮忙做成被动房。”这种说辞从侧面反映出了国内对被动房的一个普遍认知误区：似乎被动房跟方案设计关系不大，无论建筑方案什么样，只要加个保温厚度，换个好点的窗户，用台热回收风机，再加个热泵，最终都能做成被动房。

从某种程度上来看，这种说法也确实没错（当然前提是方案不是特别稀奇古怪）：只要铁了心，大部分情况下还是能做成被动房的。就像前面的例子，最终设计还是在现有方案的基础上深化下去了，但其代价不言而喻。

被动房的理念并不推崇昂贵的、曲高和寡的高科技绿建技术，而崇尚的是合理的设计、节能措施的经济性与可推广性。但如果方案阶段不考虑被动房，那么在后面设计深化和施工图阶段就往往会陷入比较被动的局面——需要经过非常复杂的设计调整，再加上很大的经济代价才能实现被动房，耗费了人力、时间和金钱。正是这一点，从一定程度上也给大家造成了被动房很复杂、科技含量高、周期长、不好做、造价高等错觉，以至于慢慢对被动房敬而远之。

被动房设计的把控重点

被动房进入中国已经有将近 10 年时间，有意愿做被动房的人越来越多。在此我将分享自己六年来从事被动房设计及咨询工作过程中的一些经验，提出几个被动房项目中需要关注的重点，希望能对大家有所帮助，让大家能更理性地看待被动房中的设计工作，更让被动房项目变得“不被动”。

要点一：概念方案阶段是发掘建筑节能潜力的最佳时机

被动房建筑设计上许多关键性的大方向都是在概念方案阶段确定下来的。建筑概念在非常大的程度上决定了建筑节能设计的合理性，所以一旦有考虑不周的地方，或出现方向上的偏差，则势必会引起深化设计阶段的工作的反复或建造成本的上升。因此，在方案初期对下列问题的讨论和权衡是非常值得花时间和精力的：①气候特点；②规划布局；③体形系数；④各立面窗墙比；⑤平面布局与初步通风区划；⑥重要的节点和热桥构造概念。

例如，外挑阳台是对住宅建筑影响最大的热桥之一，对于被动房构造处理也是一个棘手的问题。常规做法采用的是断板不断梁，阳台挑梁周边 1 m 范围内需全部覆盖保温以减轻热桥。在弗莱·德建公元被动房小区项目上我们也采用了断板不断梁的做法，但却决定挑梁不加保温，因为这种构造方式可以极大地简化阳台的施工工序并节省建筑材料，同时对构造的安全性和防水的耐久性都有更好的保障，而且阳台的视觉效果也会因为不用包裹保温而变得更加轻盈，但是会造成相对较大的热桥。所以，方案前期我们就在设计上考虑到了这一点，首先通过热桥模拟确定挑梁造成的室内表面的温度降低不会导致结露发霉，然后从多个方面进行权衡和统筹，以弥补热桥造成的热损失：在规划上采用较大的楼间距，增加冬季得热；尽可能简化建筑形体，减小体形系数等。小区南北组团间的中央景观带南北向间距达 65 m，不但大大提高了冬季太阳得热，而且连接了东西侧城市景观绿带，提高了小区景观环境的品质。此外，我们把建筑的体形尽可能紧凑，最大限度地减少外墙凹凸转折，在获得了良好的体形系数的同时，也让建筑外形更简洁明快。这两点为建筑的节能奠定了非常好的基础，使建筑在能耗平衡上有足够的余量承受如此大的热桥，才使阳台的做法得以实现，从而节省了成本造价。该项目效果图如图 4 所示，其阳台挑梁热桥模拟计算如图 5 所示。

图 4 弗莱·德建公元被动房小区（在建中）效果图

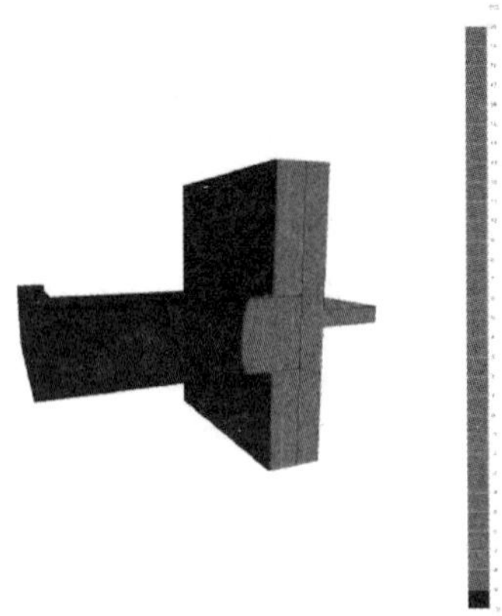

χ value	Min. internal surface temperature	f_{Rsi} factor
W/K	°C	—
0.85	12.4	0.75

图 5 阳台挑梁热桥模拟计算（Quelle:PHI）

要点二：被动房的各组成部分对项目的影响相互制约，必须全程全专业配合

首先，对被动房的能耗计算软件 PHPP 稍有了解的同行都知道，PHPP 内部的各个部分都是相互影响、相互制约的，即外围护结构、门窗、通风系统、冷热源系统、热水分配系统、内部人员和功能使用、照明、家用电器、辅助用电等一系列因素会相互影响，最终反映出建筑的采暖、制冷、除湿和一次能耗信息。所以说，建筑的任何一个部分都会相互影响，一个填写完整的 PHPP 计算表可以说是牵一发而动全身，能耗咨询工作的很大一部分就是各专业的统筹协调工作。所以，项目的组织者要建立合理的机制，提高各专业的参与感。这是从能耗计算的角度对全程全专业配合提出的要求。

其次，从被动房的建筑设计的角度来讲也需要各专业的全程配合。例如，暖通专业在建筑前期概念方案的阶段就应该介入。因为建筑的新风系统、冷热源形式、风管布局、通风分区及空调末端的形式都会造成对建筑层高、立面效果、吊顶区域、功能布局及管井分布的影响。尽早介入可以避免后期深化时的反复，以节省设计周期和工作量。

在弗莱·德建公元被动房小区项目上，我们采用 BIM 模拟的方式统筹各专业的设计，获得了较好的效果，在此也向大家推荐。PHI 也正在研发一款适应市面上大多数 BIM 平台的能耗计算插件 BIM2PH，可以从这个角度实现和 BIM 的对接。

要点三：必须结合各节能措施对能耗的贡献效率，从整体的角度考虑建造的经济性

首先，以青岛气候条件下某建筑外墙保温的厚度与采暖需求关系图（图 6）为例，在 50~250 mm 的厚度区间内，增加保温厚度对建筑能耗的降低有显著的作用，但当保温厚度达到 250 mm 以后，曲线逐渐水平，再想通过增加保温厚度来降低能耗已经非常困难。由此可以推断，这栋建筑最合理的保温厚度范围大概为 200~250 mm。

不只是保温，其实每一种节能措施对能耗的贡献作用都有其相对的局限性。换句话来说，单看每一个节能措施，都有一个经济性和能耗贡献的合理区间：做得不够达不到标准，做得过头经济上划不来。如前文所述，被动房各个组成部分是一个有机的整体，一定要结合 PHPP 能耗计算，协调好在各个组成部分上应该投入的经济成本，最终使整体建筑的经济性达到最优。

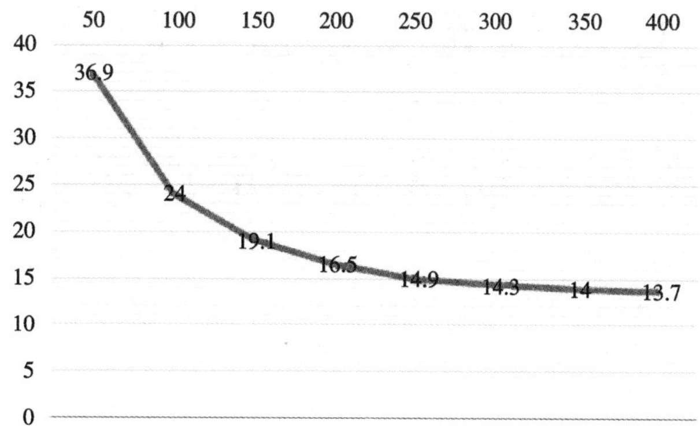

图 6　青岛气候下保温厚度与采暖需求关系图

例如,我们在长春某联排别墅项目的下水管道透气口上使用了自动吸气阀。吸气阀在下水道下水负压的情况下自动开启,在正压或无压时自动关闭,避免下水管的热桥热损失,将热损失降到几乎为零。如果不采用自动吸气阀,对这种严寒气候条件下四联排的小房子,每户 14 m 长的下水管,热桥值为 0.1 W/(m·K),那么会造成建筑冬季采暖需求上升 0.75 kW·h/(m²·a)。要弥补这些热损失,需要将建筑近 1 000 m² 的保温层整体加厚 5 cm。在吸气阀上的投入显然对节能贡献的效率更高,换句话说,在吸气阀上面花钱会花得更值。

总结

被动房的技术其实并没有什么高深莫测的东西,说白了不过就是通过一些合理的设计造出来更节能的房子。现在被动房的产品材料在国内市场上越来越丰富,选择性越来越多,成本也越来越趋于理性;越来越多的专业人员也加入到被动房的设计领域。我相信随着大家对被动房认识的不断深入,对被动房的理解也会慢慢回归理性,在国内做出简单、经济、合理的被动房也将指日可待。

被动房无热桥设计研究
——以中德生态园被动房住宅推广示范小区项目为例

李硕 / 中德生态园被动房建筑科技有限公司

摘要

无热桥设计作为被动房设计的重点要素，对建筑的节能效率有重大影响。本文以中德生态园被动房住宅推广示范小区项目为例，针对项目的出屋面排水立管等几何热桥特殊点，对其设计、计算、施工等问题进行有针对性的分析和优化，为今后无热桥设计提出更多的方法和参考。

项目简介

该被动房住宅推广示范小区项目位于青岛市中德生态园园区 C-2-06 地块，本工程为居住类项目，主要产品为洋房和别墅，配建社区服务中心及配套商业服务网点。项目目前已取得德国被动房研究院（PHI）被动房预认证和中国被动式超低能耗绿色建筑认证，建成后将成为全国性高端被动房住宅示范小区。

无热桥设计要求

针对被动房超低能耗建筑，其排水立管、厨房排烟道等突出外围护结构的结构体，保温层应连续包裹，并与屋面或墙面保温层连续，不得出现结构性热桥。针对部分热桥薄弱环节，应进行消除或削弱热桥的专项设计，杜绝热桥的产生，使 $\Psi<0.01$ W/（m·K）。

针对特殊热桥，本文主要聚焦出屋面污水管的削弱热桥的专项设计，以减少烟囱效应和空气对流效应带来的能耗影响。

出屋面污水管热桥分析及优化策略

1. 热桥分析

项目在设计之初，根据相关热桥规避原则，采取将排水立管出屋面部分使用保温层全部包裹的方式，以减少热量损失。通过选取排水立管细部节点进行 PHPP 能耗和热桥计算模拟分析得知（图 1）：对于排水立管而言，单项热桥值高达 0.675 W/（m·K），远高于 0.01 W/（m·K）的限值；对于洋房 5 号楼的能耗指标而言，此状态下制热需求高达 16.44 kW·h/（m^2·a），超出德国被动房认证标准限值（1.44 kW·h/（m^2·a））。而且烟囱效应和空气对流效应带来的能耗损失依然存在。

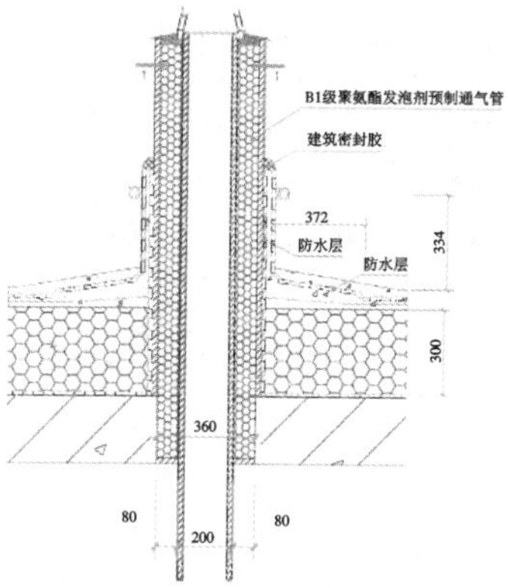

Auxiliary calculation rain water pipes		
Nominal width:	200	mm
Insul. thickness:	0	mm
Thermal conductivity	0.040	W/(m•K)
Interior pipe diameter:	0.200	m
Exterior pipe diameter:	0.200	m
α-Surface	6.80	W/(m²•K)
Ψ-value	2.022	
Reduction factor	0.33	
Ψ-value	**0.675**	**W/(m•K)**
To enter as group 15 thermal bridge		

图 1 污水管原出屋面构造节点与附加热桥计算结果

2. 优化策略

基于以上能耗分析，提出对屋面排水立管线性热桥的优化策略。

优化策略一：围护结构内部管道增加保温

对于排水立管能耗损失较大的情况，在不影响原设计的基础上，选用导热系数为 0.040 W/(m · K)，厚度为 50 mm 的橡塑保温，包裹围护结构内部管道，可将热桥值减少至 0.165 W/(m · K)(图 2)，建筑制热需求降至 15.22 kW·h/(m²·a)，有效地削弱了热桥带来的能耗损失。

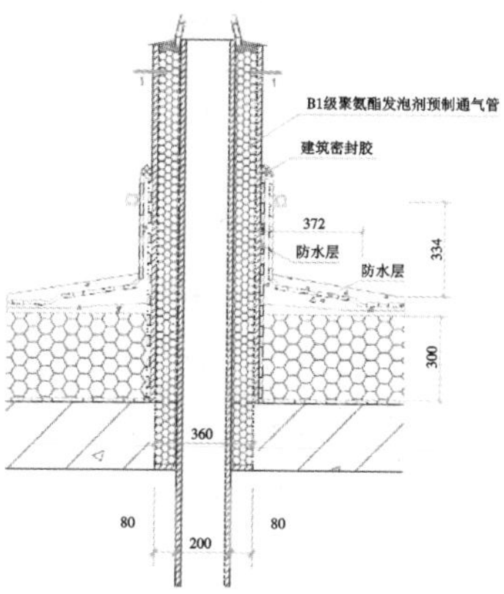

Auxiliary calculation rain water pipes		
Nominal width:	200	mm
Insul. thickness:	50	mm
Thermal conductivity	0.040	W/(m•K)
Interior pipe diameter:	0.200	m
Exterior pipe diameter:	0.300	m
α-Surface	6.80	W/(m²•K)
Ψ-value	0.493	
Reduction factor	0.33	
Ψ-value	**0.165**	**W/(m•K)**
To enter as group 15 thermal bridge		

图 2 策略一优化后节点与附加热桥计算结果

优化策略二：管道顶部设置特殊气密阀

针对管道底部与顶部的压力差问题，在管道顶部设置特殊气密阀，有效减少温差和压差，减少热量损失。气密阀的功能与原理：常规状态下，内部阀门关闭，借助特殊微孔膜保持气密性，阻止管道内外形成压力差引发气流驱动；冲厕所时，阀门在负压状态下打开，外部空气进入管道，并在管道中间段形成中性压力面，保持管道内压力平衡。如将气密阀安装在管道顶部(图 3)，则建筑制热需求可降至 14.88 kW·h/(m²·a)。

优化策略三：在外围护结构内部的管道顶部增设特殊气密阀

根据策略二相同原理，如较早考虑热桥规避计划且现场条件允许，可将气密阀设置在建筑外围护结构内部的管道顶部(图 3)。此状态下局部线性热桥彻底被消除，且建筑制热需求降至 14.82 kW·h/(m²·a)。

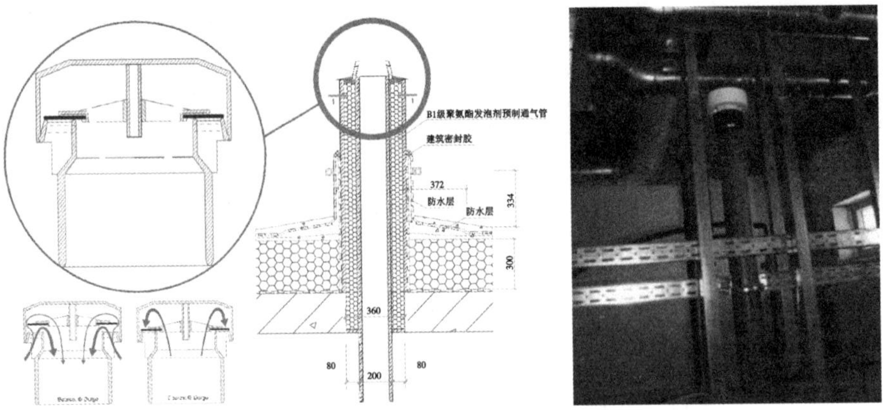

图 3　优化策略二与策略三示意图(Source:PHI)

策略二和策略三,需考虑是否满足设计规范要求,是否满足现场实施条件和经济性要求。对于吸气阀系列产品,国内相关规范不允许加设此类产品,且其价格较贵、经济性较差;如将吸气阀安装在围护结构外,使用过程中存在诸多不便,且使用寿命受限。

结语

综上所述,通过分析得知,减少几何热桥效应的最佳环节在方案设计阶段,应细化、优化相应的设计内容。在此基础上,可使建筑无热桥设计和能耗状况不断改善,满足其设计质量可靠性要求。

基于性能实测的被动式超低能耗建筑设计若干问题的探讨

魏林滨，李琪 / 山东省建筑科学研究院

建筑气密性设计

在我国引进被动式超低能耗建筑时，针对民用建筑气密性的设计与施工技术几乎处于空白。目前，国家和地方标准仍在采用基于通风设计的换气概念。自 2014 年示范工程建设启动以来，我们已完成了山东省内外近 20 栋被动式超低能耗建筑的竣工验收试验。示范工程的部分气密性试验数据见表 1，n 值为换气率，通过文献 [1] 和 [2] 和公式计算得到。

表 1　部分被动式超低能耗建筑的气密性试验数据

项目编号	建筑参数		试验数据	
	V(m^3)	A_E(m^2)	n_{50}/h^{-1}	q_{E50}($m^3/(h\cdot m^2)$)
1 号项目①——住宅	467.1	516.4	0.57	0.51
2 号项目②——住宅	323.92	381.6	0.31	0.26
3 号项目——公共建筑	17 746.5	5 209.1	0.17	0.61
4 号项目——公共建筑	18 746.9	7 119.8	0.21	0.52
5 号项目——公共建筑	71 668.2	16 424.2	0.52	2.25
6 号项目③——公共建筑	79 439.9	18 788.3	0.43	1.94

注：①装修，按户计量；②未装修，按户计量；③非被动建筑；V 表示体积；A_E 表示建筑面积；n_{50} 表示在压力为 50 Pa 条件下的换气率；q_{E50} 表示在压力为 50 Pa 条件下每 m^3 围护结构面积的漏风率。

表 1 中描述的 1 号项目和 2 号项目是住宅建筑，建筑物围护结构气密性是针对每一户而设计的。当 $n_{50} \leqslant 0.6/h$ 时，由于 V/A_E 接近于 1，q_{E50} 可能低于 0.6 $m^3/(h\cdot m^2)$。表 1 中的所有其他项目均为公共建筑，建筑物围护结构气密性是针对整个建筑而设计的。对于 3 号项目和 4 号项目，V/A_E 为 3~4，然而 n_{50} 非常小，因此 q_{E50} 低于 0.6 $m^3/(h\cdot m^2)$。对于 5 号项目，当 n_{50} 接近 0.6/h 时，q_{E50} 高达 2.25 $m^3/(h\cdot m^2)$。相比之下，即使没有气密性设计和施工，6 号项目的 n_{50} 也可能低于 0.6/h。也就是说，对于我国大型公共建筑而言，指标 $n_{50} \leqslant 0.6/h$ 在气密性设计和施工中不起约束作用，也不能反映建筑是否具有足够的气密性能。

建筑物围护结构的热力学缺陷

被动式超低能耗建筑原则上采用无热桥设计，但由于目前的建筑设计状况，我国尚无法实现无热桥设计。因此，在建筑物围护结构的无热桥设计中，采用了一些灵活的方法。具体来说，如果突出组件引起的热桥热损失在 1 W/m^2 以内，或热桥的线性传热系数小于 0.01 $W/(m\cdot K)$，则该组件设计的保温长度和厚度可视为无热桥设计。同时，国内所有相关设计标准都要求，这种热桥组件的保温长度应延长 1 000 mm，保温厚度应与主体保温层相同。然而，根据我们对被动式超低能耗建筑外表面进行的热红外图像（IR 图像）缺陷测试，对于前面所提到的当前设计标准设计为无热桥的这种组件，其红外图像仍能检测到缺陷。

表 2　一些被动式超低能耗建筑的红外图像气密性试验数据

测试位置	分析区域的温度—面积直方图	分析区域的温度梯度图
机房外墙位于屋顶外的热围护结构上	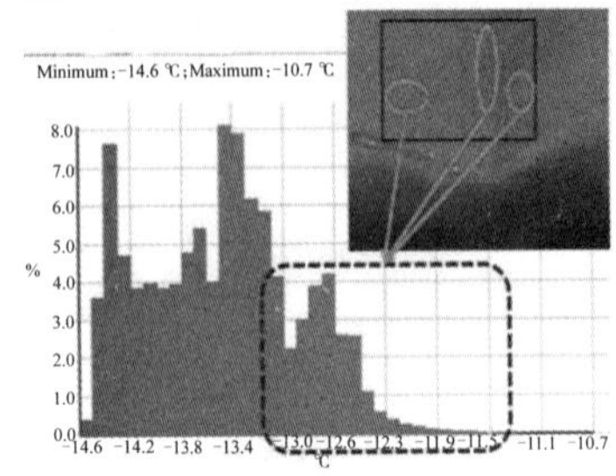	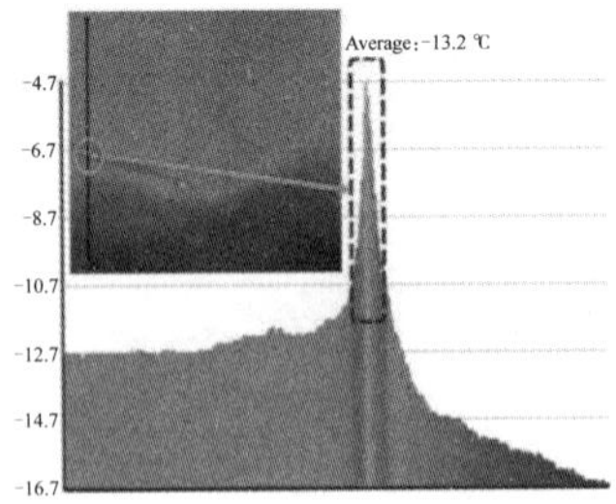
屋顶上的突出装饰组件位于热围护结构外（不保温，高度超过 1m）	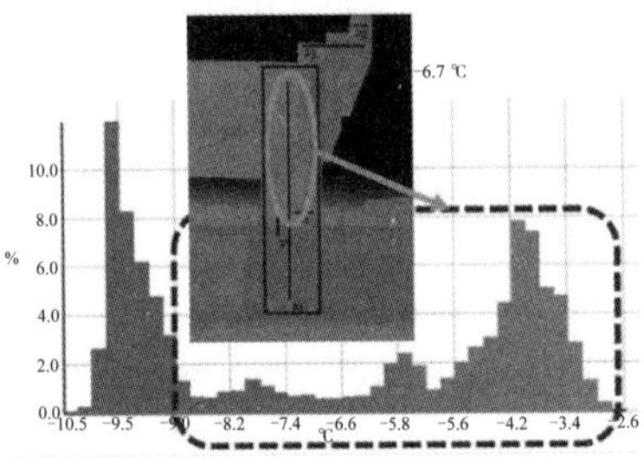	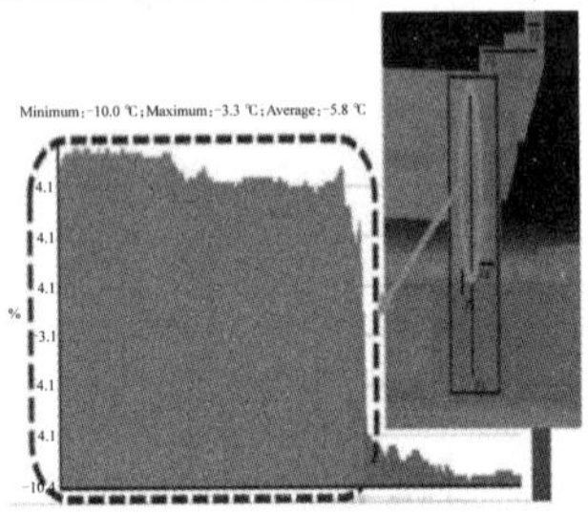

对于表 2 中提到的屋顶上的辅助用房，热围护结构接缝将出现在机房外墙和建筑屋顶的保温接合处。机房外墙和建筑屋顶的保温系统通常也是不同的。因此，对辅助用房外墙的保温厚度设计及其施工监理应予以重视。根据表 2 屋顶突出装饰组件示意图可知，现行设计方法可能会造成结构热桥和严重的热损失。因此，伸出主要建筑结构的金属或塑料组件以及超长超大型热桥组件需要做进一步加强保温处理。

参考文献

[1]　CIBSE：建筑物漏气测试.TM23：2000.

[2]　陆耀庆. 实用供热空调设计手册.2 版. 北京：中国建筑工业出版社，2008：310.

被动式超低能耗建筑门窗安装墙体洞口热桥分析

魏贺东，张福南 / 河北奥润顺达窗业有限公司

摘要

门窗安装位置的选择对整窗的传热系数有着至关重要的影响，如果被动式超低能耗建筑门窗安装选择位置不当，就会完全抵消掉设计师对提高门窗本身的保温性能所做的优化设计。我们根据软件 flixo pro 8 计算模拟窗户洞口的线传热系数，得出门窗与不同墙体结构之间线传热系数最小的窗户安装位置和影响门窗洞口线传热系数的决定性因素。

引言

透明部分外围护结构作为被动式超低能耗建筑中最主要的部件之一，其面积占整个建筑围护结构面积的 12%，如果被动式超低能耗建筑门窗安装选择位置不当，就会完全抵消掉设计师对提高门窗本身的保温性能所做的热工优化设计。

门窗安装现状

本文对砖、木、钢筋混凝土三种墙体结构的门窗安装位置进行热工性能分析，通过对比窗户安装洞口的线传热系数，得出不同墙体结构门窗安装性能最佳、能耗相对较低的位置。

研究结构及门窗安装位置的选择

表 1 列出两种较为极端的情况：一种是墙体结构不安装保温，另一种是墙体结构安装保温且其传热系数达到被动式超低能耗建筑寒冷地区对墙体传热系数的要求。根据窗户安装位置的调整引起洞口的线传热系数变化，最终得出不同的墙体结构被动式门窗安装的最佳位置。

表 1　墙体结构

无保温	有保温（$U \leqslant 0.15$ W/（㎡·K））
砖结构（370 mm）	砖结构 外贴 200 mm SEPS
混凝土结构（200 mm）	混凝土结构 外贴 210 mm SEPS
木结构（200 mm）	木结构 填充 250 mm 岩棉

基于墙体是否有保温材料确定安装位置，以表 2 中几种被动窗安装位置为研究对象。

表 2　被动窗安装位置

无保温	有保温
室内侧	室内侧
居中	居中
室外侧	室外侧
	外挂
	外挂且保温覆盖窗框

被动式超低能耗建筑用门窗安装位置变化模拟分析

以表 1 中墙体结构为计算模型，被动窗 passive 130 C 的安装位置依据表 2 中无保温墙体结构按照室内侧、居中、室外侧安装位置，依次建模并计算绘制折线图，如图 1 所示。

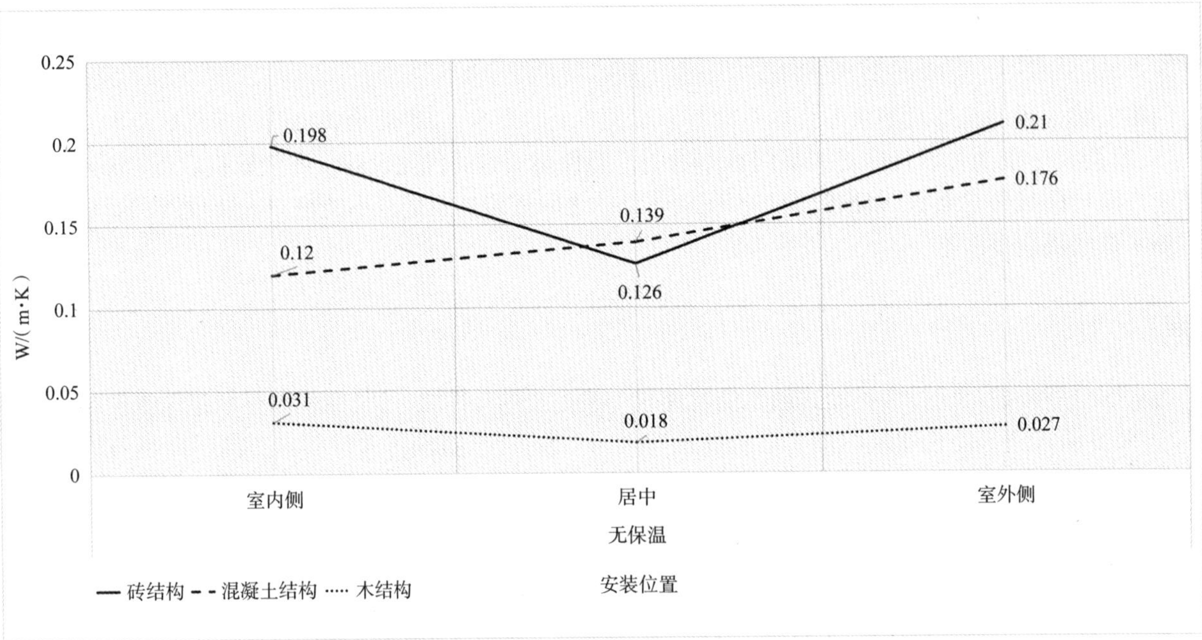

图 1　无保温墙体结构窗户安装位置变化洞口线传热系数变化折线图

以表 1 中墙体结构为计算模型，被动窗 passive 130 C 的安装位置依据表 2 中有保温墙体结构按照室内侧、居中、室外侧、外挂、外挂且保温覆盖窗框安装位置，依次建模并计算模拟洞口位置线传热系数，将得出研究所需的实验数据绘制为图 2。

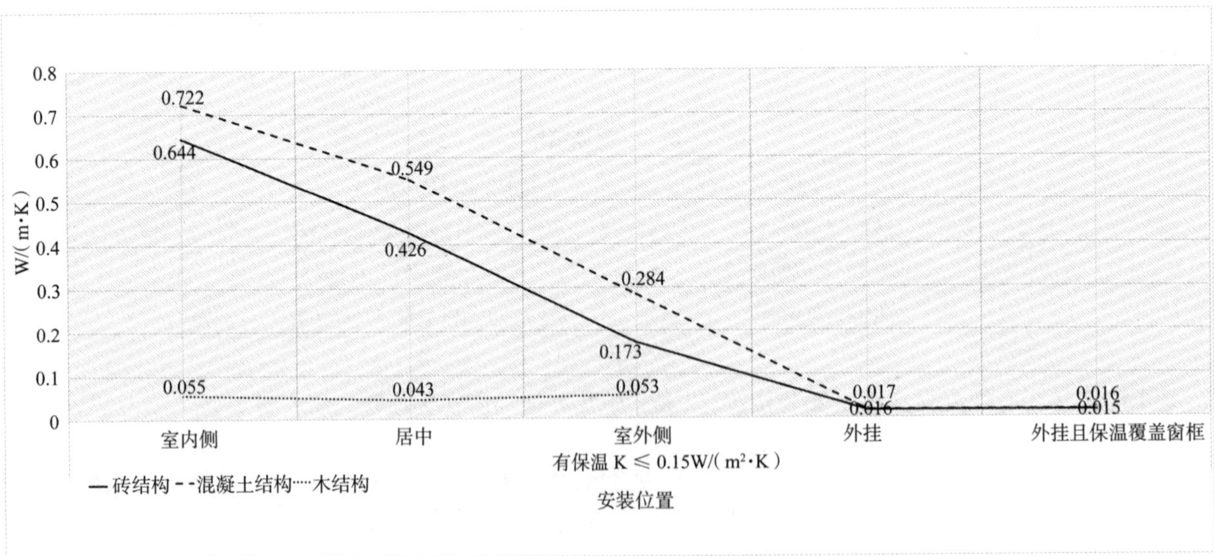

图 2　有保温墙体结构窗户安装位置变化洞口线传热系数变化折线图

结论

通过以上分析，笔者认为对于门窗洞口的线传热系数影响起到决定性作用的有如下三种因素：门窗的安装位置、墙体材料、墙体是否采取保温措施。同时，在墙体安装有保温材料时窗框尽可能地安装到保温层当中，有利于降低门窗洞口线传热系数及热损失。在墙体无保温材料时，砖结构洞口门窗居中安装最优；混凝土结构洞口门窗靠近室内侧安装最好；木结构洞口门窗安装居中最好。

参考文献

[1] 贝特霍尔德·考夫曼，沃尔夫冈·费斯特. 德国被动房设计和施工指南. 徐智勇，译. 北京：中国建筑工业出版社，2015.

[2] 中华人民共和国住房和城乡建设部. 被动式超低能耗绿色建筑技术导则.2015.

[3] 河北省住房和城乡建设厅.DB13(J)/T 273—2018 被动式超低能耗居住建筑节能设计标准. 北京：中国建材工业出版社，2018.

[4] 中华人民共和国住房和城乡建设部.GB 50176—2016 民用建筑热工设计规范. 北京：中国建筑工业出版社，2016.

[5] 中华人民共和国住房和城乡建设部.JGJ/T 151—2008 建筑门窗玻璃幕墙热工计算规程. 北京：中国建筑工业出版社，2018.

被动房商业建筑新风热回收分析

文涛 / 上海朗诗规划建筑设计有限公司

摘要

本文针对公共建筑被动房新风系统的热回收方式，选取了无热回收、一级转轮热回收、一级转轮热回收 + 二级热管热回收三种组合方案，分别分析其夏季工况制冷量、再热量、热回收量及冬季工况制热量、热回收量。当一级转轮与二级热管组合应用时，夏季制冷量可节省 49.84%，系统热回收效率可高达 110%，冬季制热量可节省 48.15%，系统热回收效率为 75%，可有效控制新风出风温度，避免新风送风温度过低的现象。

引言

被动房以超低能耗设计及可再生能源利用为核心的技术体系开创了全新的设计理念。新风作为被动房必不可少的组成部分，在承担建筑室内人员卫生需求的同时，也承担了调节建筑室内温湿度的重要作用。根据德国被动房研究院的要求，一般被动房内新风机组的热回收效率应≥ 75%。常见的被动房新风热回收多设置独立的转轮热回收设备或板式热回收设备。在夏季工况或除湿工况时，由于新风需承担室内湿负荷，往往处理的温度和含湿量比较低，采用单一热回收方式的情况下经常需要采用其他方式对新风进行再热，否则容易发生新风出风温度过低甚至风口结露的情况。

在被动式居住建筑中，由于安装条件有限，设备需要小型化，通常采用板式热回收作为唯一手段。但是在公共建筑中，一般都会设置新风机房或设有足够的设备安装空间，因此有条件采用多级热回收组合的方式来解决新风再热和冷热抵消问题。本文就新风热回收组合方案进行分析，探讨热回收组合方案的可行性。

概况

本项目位于河北省保定市，地上建筑面积 1 497.78 m^2，地上 2 层，建筑高度 11.4 m；地下建筑面积 803.38 m^2，地下 1 层，建筑高度 4.7 m；总建筑面积 2 301.16 m^2，为企业配套办公建筑。办公区夏季室内设计温度 25 ℃，相对湿度≤ 60%；冬季室内温度 20℃，相对湿度≥ 45%。空调系统采用集中新风系统 + 干式风机盘管系统 + 吊顶辐射系统，集中新风系统在满足室内新风卫生要求的同时承担全部室内湿负荷。其计算总新风量为 9 450 m^3/h，排风量为 7 728 m^3/h，设置 2 台集中新风机组，单台计算新风量为 4 725 m^3/h，排风量为 3 864 m^3/h。

热回收方案分析

新风机组常用的热回收设备主要有转轮热回收、板式热回收及热管热回收。新风系统热回收组合方案主要针对两方面进行分析：①通过热回收达到降低新风系统制冷量及制热量的目的；②有效控制出风温度，避免夏季、过渡季除湿后出风温度过低。

热回收组合方案包括：方案一，无热回收；方案二，转轮热回收；方案三，一级转轮热回收 + 二级热管热回收。从夏季工况来看，由于二级热回收主要作用为提升出风温度，仅为显热回收，热管热回收与板式热回收原理不同，但是目的一致。从冬季工况来看，如果新风通过二级热回收后再进入加湿段，会降低加湿段进风温度，不利于加湿，因此需要设置旁通或限制二级热回收冬季换热。由于板式热回收旁通设置困难，而热管热回收可以设置旁通或限制其冬季启动以避免影响加湿效果。综合考虑后，二级热回收采用热管热回收方式。方案分析时仅针对单台新风机组进行分析，转轮热回收效率取值 75%，热管热回收效率取值 47%。新风空调机组剖面示意如图 1 所示。

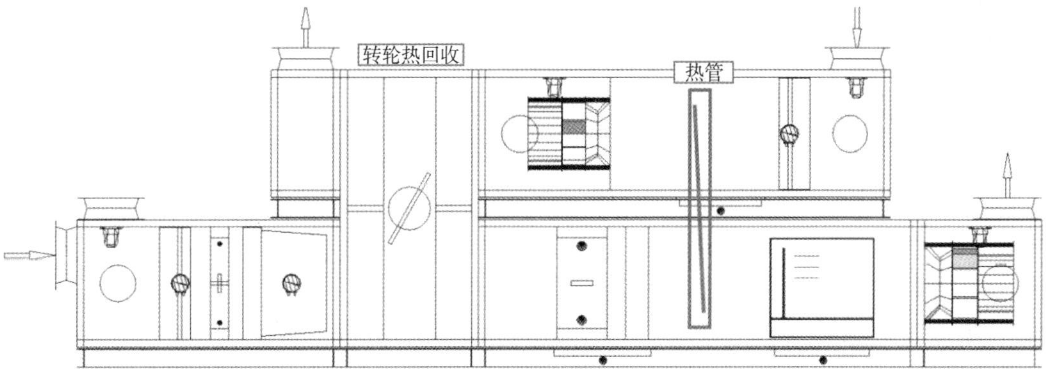

图 1 新风空调机组剖面示意图

1. 夏季工况结果分析

根据表 1 可以看出，从方案一到方案三，制冷量下降显著。由于制冷量、再热量为需要消耗的冷热量，以方案一为比较基准，做叠加处理后对比见表 2。

表 1 夏季各方案计算结果汇总表

方案	制冷量 /kW	再热量 /kW	一级热回收冷量 /kW	二级热回收冷量 /kW
方案一：无热回收	80.33	7.95	—	—
方案二：转轮热回收	50.36	7.95	29.97	—
方案三：一级转轮热回收 + 二级热管热回收	44.28	—	36.05	7.95

表 2 夏季各方案消耗总冷热量对比表

方案	消耗冷热量 /kW	制冷量热回收百分比 %
方案一：无热回收	88.28	—
方案二：转轮热回收	58.31	33.95%
方案三：一级转轮热回收 + 二级热管热回收	44.28	49.84%

从表 1 可以看出，方案三的一级热回收冷量比方案二高。分析其原因，主要是由于设置了二级热管热回收后，降低了转轮热回收排风进口温度。在同样回收效率的情况下，新风进口设计温度与排风进口设计温度之间的温差加大，从而提高了热回收量。从数值上分析，$36.05-29.97=6.08 \approx 7.95 \times 75\%$，可以理解为二级热管热回收冷量转移至排风侧，该部分冷量通过一级转轮再次回收，不过再次回收需要考虑转轮 75% 热回收效率，从而会造成部分冷量损失。方案二设置转轮热回收时，系统热回收效率即为转轮的热回收效率，为 75%；方案三设置一级转轮热回收与二级热管热回收后，系统热回收效率提升至 110%，提升显著。

2. 冬季工况结果分析

冬季工况与夏季工况在新风处理过程有较大的差异，首先需要设预热盘管防止转轮冻结，方案分析时将室外新风预热至 0 ℃；其次加湿段前端不需要进行二级热回收。因此，冬季工况在分析时，方案二、方案三均只考虑一级转轮热回收。根据是否设置转轮热回收，冬季新风加热盘管出风温度会有较大的差异，但是均处理至室内等焓线。

表 3 冬季各方案计算结果汇总表

方案	预热量 /kW	加热量 /kW	一级热回收热量 /kW	加湿量(kg/h)
方案一:无热回收	—	69.99	—	33.09
方案二:转轮热回收	12.36	21.05	33.70	12.70
方案三:一级转轮热回收+二级热管热回收				

方案二、方案三预热量、加热量及热回收量总和为 67.11 kW,与直接从冬季室外状态点 W_d 处理到冬季新风加湿前状态点 S_d(干球温度 25.5 ℃、湿球温度 13 ℃)的计算热量 70.1 kW 之间的差值主要来源于温差计算与焓差计算时的取值误差。

冬季采用热回收措施后,与方案一比较,制热量降低了 33.70 kW,占比约为 48.15%;加湿量降低了 20.39 kg/h;节能效果显著。

结论

(1)在设计工况下,仅设置转轮热回收,热回收效率 75% 时,夏季制冷量热回收占比 33.95%,冬季制热量热回收占比 48.15%,冬季节能效果更加明显。

(2)在设计工况下,设置一级转轮热回收与二级热管热回收,转轮热回收效率 75%,热管热回收效率 47% 时,夏季制冷量热回收占比 49.84%,冬季制热量热回收占比 48.15%,无论冬夏,节能效果均很明显。而且设置二级热管热回收时,可有效控制新风出风温度,避免新风出风温度过低。

(3)在设计工况下,方案二仅设置转轮热回收时,系统热回收效率为 75%;方案三设置一级转轮热回收及二级热管热回收时,系统热回收效率为 110%。其中,系统热回收效率是针对空调箱整体热回收效率提出的一种评价方法,具有一定的扩展性。

笔者针对被动房温湿度独立控制系统热回收组合方案进行了初步分析及比较,发现热回收设备组合使用具有较显著的节能效果,同时可以保证新风出风温度,但是其实际使用效果还有待工程检验。

参考文献

[1] 杨昭,吴志光. 热管热回收装置在空调系统中的应用研究. 能源研究与利用,2004(3):14-16.

[2] 潘峰,宋传学. 热管热回收装置在直流式空调系统中的应用. 暖通空调,2007,37(1):80-82.

[3] 陈劲晖,李萌. 全热转轮热回收装置及新风比调节在节能建筑中的应用探讨. 暖通空调,2008,38(5):44-47.

第 23 届国际被动房大会

Passive House Institute

专题论坛 8

建造系统

中国本土被动房建筑行业认证组件制造商的飞跃——发展分析

索拉雅·洛佩兹·加西亚，爱德华·洛伊斯 / 德国被动房研究院

引言

1. 中国被动房标准的飞跃

近年来，中国广泛采用了被动房，这是中国为减少其环境影响努力的一部分，符合其在《哥本哈根协定》和《巴黎协定》的承诺。世界上最大的新城镇之一——河北省高碑店市正在按被动房的标准建设。该开发项目完成后，将在高层和低层公寓楼以及独户住宅方面提供约100万平方米的居住空间。被动房标准的采用并不仅限于新建筑，近年来还进行了一些针对EnerPHit标准的改造，例如浙江省丽水市附近的一座有120年历史的传统庭院式住宅的节能改造案例，展示了可在全国范围内推广和实施的解决方案。

2. 对组件的需求

被动房标准广泛实施的关键是要在当地提供价格合理、高质量的建筑产品，即建筑系统、开窗产品和能量回收通风系统。为了迎合这一需求，近年来由中国制造商生产的被动房认证组件的数量也出现了前所未有的增长，而这些制造商大多位于中国东海岸人口稠密的地区。2012年，中国第一个被动房组件获得认证；截至撰写本文之时，中国制造商已能够提供100个认证组件，新的询价纷至沓来；迄今为止，总计有89个认证窗户、5个幕墙系统、6个认证入户门和2个认证建筑系统。因此，可以说在为本国建筑业提供符合被动房标准的建筑产品方面，中国的能力正与日俱增；然而，对于希望利用这个不断扩大的市场获利的制造商而言，这就产生了一个问题，即哪些产品正在被使用，在哪里被使用以及存在哪些机遇。

3. 仔细审视

本研究旨在对中国本土被动房行业建筑认证组件制造商的飞跃进行深层次的分析，以便向当地利益相关者通报市场趋势和机遇，并促进高效产品供应链的发展。创建一个可以收集和显示此类数据的平台，从长远来看，将有可能细化细节分析，以便预测国内和中国出口市场的未来行业发展趋势。

分析

1. 研究方法

本研究是由被动房研究院（PHI）组件认证工作组成员在内部进行的，使用了来自其所在部门和PHI建筑认证工作组的信息。关于已经认证的建筑系统、开窗系统和通风系统的信息是从PHI在线和公共可访问的组件数据库（https：//database.passivehouse.com）收集的，并扩展到了PHI在线和公共可访问的被动房数据库（https：//passive house-database.org）中列出的认证建筑物及其内部的认证建筑物（即那些经PHI及其合作机构认证，但并没有在网上公布其建筑物的详细资料，但他们已经同意为了学术目的而分享其发展资料的建筑物）列表。此外，还包括目前正在认证过程中的发展情况以及关于规定组件的可用信息；这里的信息是以非正式的方式从PHI认证员个人手中收集的，而且还包括向志愿者收集的可用数据。

2. 中国被动房认证组件

从以上来源收集信息，并在 Excel 表中进行排序，具体如下所示。

（1）透明组件：

①窗户产品；

②门产品。

（2）不透明组件：

①墙体建筑系统；

②屋顶建筑系统；

③楼板建筑系统。

（3）通风装置：

①集中式通风系统；

②分散式通风系统。

窗户产品（包括幕墙系统）构成了中国被动房认证组件的大部分，然后根据框架结构类型（木、木 – 铝、木 –FRP（纤维增强复合材料）、木 –PVC（聚氯乙烯）– 铝、FRP-PVC– 铝、PVC、PVC– 铝、铝和 FRP）进行了分类。同样，门产品也根据框架结构类型（铝、PVC– 铝、木 – 铝和合成材料）进行了分类。三个中国认证建筑系统，包括墙体、屋顶和楼板产品，都属于同一类别，即轻钢结构。目前，还没有经过认证的是中国通风系统。

3. 中国被动房认证建筑

在本次调查中发现，在中国有 57 个已认证或正在认证的个人发展项目，其中 36 个项目为本研究提供了充足的信息。这些建筑从单户住宅到大型住宅和商业 / 混合建筑群，其中一些是多户建筑，其位置靠近中国东海岸的组件制造商。本研究对以图纸、规范和完整的 PHPP 能量平衡计算形式提交的文件进行了审查，并将与上述类别相对应的组件添加到 Excel 表中，以便纵览。为了简单和以后扩大研究范围，在使用多个认证产品的情况下，列入了（将要安装）数量较多的产品；这一做法也适用于建筑类型，包括面积最大的建筑。为了保持中立，未列出具体制造商的名称。

调查结果

1. 窗户产品

调查发现，大多数开发项目使用了或打算使用经认证的窗户产品（23 个开发项目，占 64%），9 个型号被识别出，其中 8 个来自中国制造商，1 个来自德国制造商。识别出的大多数窗户为木 –PVC– 铝型复合框架（8 个窗户，占 89%），其余的窗户则是木 – 铝型。在制造商方面存在明显的偏好，然而无论这是由于简单先例、成本与质量的优势，还是由于其他未知的激励因素，都需要进一步的调查。值得注意的是，在所研究的开发项目中，没有一个使用塑料窗，而其占可用范围的 24%。在所研究的项目中，发现有 5 个项目除了使用认证的窗户外，还使用了幕墙系统，这两者都属于木 – 铝型窗户；然而，与窗户相比，这些幕墙系统大多从德国进口，只有一个开发项目使用的是本土产品。

2. 门产品

本研究涉及的开发项目中，半数以上（16 个开发项目，占 44%）都没有发现入户门产品。出现这种情况的原因可能在于，当涉及“区域”工作表中入户门的数据条目时，PHPP 不允许有太多细节，除非它们被视为窗户并被如此输入。对于已确定入户门产品的开发项目，大多数是未经认证的产品（13 个开发项目，占 36%）；7 个开发项目使用了认证组件。然而，在这 7 个组件中，只有 3 个被确定认证的入户门产品，其余的是认证窗户或幕墙产品；3 个被确定为认证入户门的产品均来自中国制造商，其中实木制品（2 个开发项目）优先于木-PVC-铝制品（1 个开发项目）。

3. 不透明组件——墙体、屋顶和楼板建筑系统

本研究中的任何开发项目都没有使用中国制造商的认证建筑系统（无论是在撰写本文时已认证的，还是正在认证过程中的），这些建筑系统仅包括使用 EPS、XPS 或岩棉保温的轻钢系统。几乎所有开发项目（29 个开发项目，占 81%）都采用混凝土框架（用混凝土砌块填充物加固）建造，用 EPS 或 XPS 保温材料来保温。少数项目（7 个开发项目，占 19%）使用了 OSB 夹芯板系统，采用玻璃纤维、岩棉或 XPS 保温材料来保温。

4. 通风系统

在所研究的 36 个开发项目中，大部分开发项目（15 个开发项目，占 42%）都无法获得关于通风系统类型（集中型或分散型）和模型的信息；还有 15 个开发项目（占 42%）使用了未经认证的系统，并优先使用集中式通风系统；只有 3 个开发项目使用了分散式通风系统。在发现的认证系统中，没有一个系统来自中国制造商，因为在本文撰写时还不存在这样的系统。所使用的系统都是德国与荷兰制造商生产的集中式通风系统。

结论

本研究中最引人注目的发现是，在中国市场上的被动房认证窗户产品比在中国建筑项目中正在使用的还要多。由此可以得出结论，窗户制造商的认证要么是为了将窗口出口到国外市场，要么只是为了营销目的，将被动房研究院的质量标签与其产品联系起来。

目前，在欧洲和北美，大多数被动房项目都在建设中，而其公开市场上却缺少中国制造的窗户，这就表明了后一个观点的正确性，至少目前是这样。然而，也可能是因为中国的建筑项目不以被动房 /EnerPHit 标准为目标，而是正在寻求使用被动房质量的组件，但这需要进行更大范围的研究，因为目前还无法免费获得信息。

同样值得注意的是，对使用木-PVC-铝框架的广泛偏好。一般来说，这种框架在欧洲被动房建筑项目中并不受欢迎。在那些项目中，大规模的住宅更喜欢用塑料窗，而木-铝窗则用于一些高端项目。

从本研究中还可以得出结论，即中国市场上的认证建筑系统基于实心结构 /EIFS 和潜在的夹芯板系统，而不是基于轻钢框架，这方面的市场有着很大的发展空间。可以说，与窗户一样，人们对轻钢框架的兴趣来自钢铁或面板制造商，他们希望将被动房研究院的标签与其产品联系起来，而不是基于实际建筑项目的需求。然而，由于在 PHPP 中提供了热性能值（U 值、热桥 /Psi 值和表面温度 /fRsi 值），引入 EIFS 认证系统可能会简化中国被动房开发项目的设计和认证过程。

最后可以得出的结论是，中国的认证通风系统市场也存在很大的发展空间；目前正在使用的系统已被确定是进口系统，或者至少是从国外制造商处购买的系统。这意味着，在整个供应链中，本土系统的生产效率有很大的提升空间。这一观点尤其适用于分散式通风装置，由于其易于安装，减少了对管道系统的需求，因此在大型住宅建筑群的改造中非常有用。

参考文献

[1] https://climateactiontracker.org/countries/china/pledges-and-targets/，访问日期 2019-6-24.
克雷默·凯瑟琳，2018-3-10，节能在中国深受欢迎，https://passivehouse-international.org/upload/20180310_Pressemitteilung_Tagung_2019_China_EN.pdf，访问日期 2019-6-24.

[2] https://kknews.cc/home/2evoajz.html，访问日期 2019-6-24.
克里克·本杰明，2012-6-29. 组件证书. 哈尔滨森鹰窗业股份有限公司：被动 120（不再流通）.

预制轻钢轻浆料无热桥墙体

夏晓东，王梓通，柴泽宾，石羽 / 沈阳建筑大学

行业背景

近年来，随着中国政府提出高质量发展的转型目标，住房和城乡建设部在建筑领域相继出台了一系列政策文件。2016 年的《建筑产业现代化发展纲要》要求，到 2025 年，装配式建筑要占新建建筑的 50% 以上。2017 年的《建筑节能与绿色建筑发展“十三五”专项规划》明确提出，积极开展超低能耗建筑和近零能耗建筑示范，建设面积超过 1 000 万平方米的超低能耗、近零能耗建筑示范项目。在当前我国建筑产业化发展的背景下，实现被动房建筑技术与装配式建筑技术的融合是未来建筑发展的必然趋势。预制建筑外墙是装配式建筑的重要组成部分，更是实现被动房建筑标准的关键环节，研发预制无热桥外墙系统便成为一个重大课题。

外墙技术现状及存在的问题

高性能外墙是实现被动房标准的必要条件，但近年来的实践经验表明，传统外墙外保温做法在应用于被动房建筑时，引起了一系列的问题。

1. 外墙厚度问题

由于被动房对采暖能耗要求极低，通常需要将外墙传热系数降至 0.15 W/(m^2 · K)以下。以北京市为例，9 层以上住宅楼的外墙要求传热系数 $U \leqslant 0.45$ W/(m^2·K)，一般做法是在钢筋混凝土外墙外侧粘锚 60 mm 厚的聚苯板，外墙总厚度约为 300 mm。当要求外墙传热系数 $U \leqslant 0.15$ W/(m^2 · K)时，聚苯板的厚度必须增加到 240 mm，此时外墙的总厚度增加到约 480 mm。这就扩大了建筑物外墙的结构面积，减少了住宅得房率。

2. 外墙构造问题

由于被动房外墙外保温材料的厚度一般在 200 mm 以上，在传统外墙外保温构造方式下，通过胶泥或锚固件粘锚保温材料的构造设计，难以保证连接强度，尤其以各类空心砌块建造的墙体结构，锚固件难以与墙体结构形成紧密连接，极易造成保温层与墙体结构层脱离的问题。现浇钢筋混凝土如果作为墙体结构，具有良好的力学性能，但膨胀式锚栓的连接强度受施工质量的影响较大，正确的锚固深度存在不确定性。这也为被动房建筑外墙保温的耐久性问题埋下了隐患。

3. 施工阶段存在的问题

通常，被动房的外保温采用分两层错缝铺装的施工方式。第一层保温板与墙体之间采用满粘或点框粘的粘结方式，第一层保温板粘结强度达到要求后，在其外侧粘挂第二层保温板，并与第一层保温板错缝粘结。在安装第二层保温板的锚固件之前，在保温板上预先钻孔，并注入聚氨酯发泡剂。由于我国被动房建筑的质量要求与标准施工方法之间存在差距，在许多情况下，会由安装不当导致实际保温性能与设计值相比出现不合格问题。

综上所述，结构措施和传统的施工工艺很难适应高性能建筑外墙的设计要求。因此，如何预制高性能外墙板已成为制约高质量建筑业发展的瓶颈问题。

预制轻钢轻浆料无热桥墙体

为解决上述发展瓶颈问题，沈阳建筑大学课题组提出预制无热桥墙体技术方案。以机械连接式断热桥锚栓为核心，打破上述传统方法，在结构层前制作保温层，进行预制墙施工，形成了一系列预制轻钢轻浆料无热桥墙体。预制墙板克服了传统外保温技术体系和施工工艺的弊端。预制轻钢轻浆料墙体的基本结构如图 1 所示，墙体结构层次包括：①防火石膏板，② OSB 结构板带，③胶粉聚苯颗粒浇注浆料，④ OSB 结构板带，⑤保温板，⑥胶粉聚苯颗粒抹面浆料，⑦抗裂砂浆内嵌玻璃纤维网格布，⑧机械连接式断热桥锚栓，⑨ C90 冷弯薄壁型钢龙骨。

断热桥锚栓如图 2 所示，其末端带有螺纹段可与 M10 标准螺母进行机械连接。断热桥锚栓拉力≥ 1.0 kN，剪力≥ 3.0 kN。不存在导热系数大的金属构件，对保温系统的传热附加值极低。

根据使用不同类型的保温材料，即外保温和夹芯保温，墙体结构可以形成许多产品。

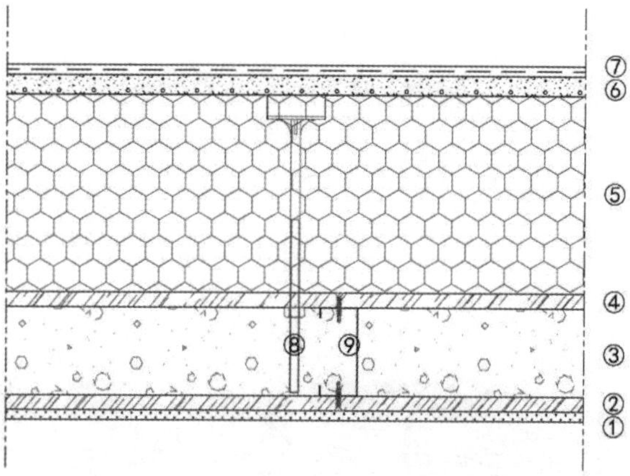

图 1　预制轻钢轻浆料墙体基本结构示意图

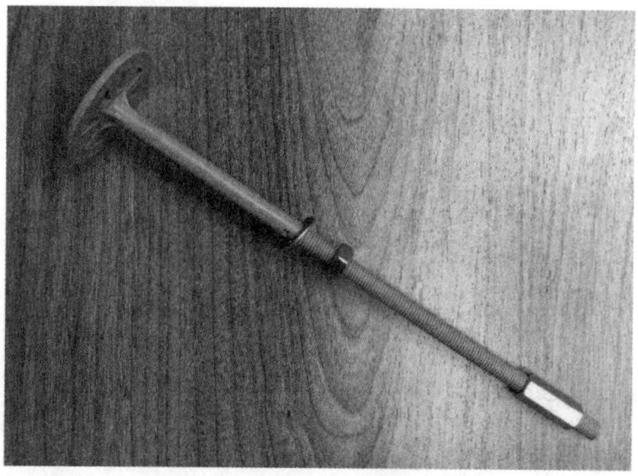

图 2　机械连接式断热桥锚栓

1. 预制轻钢轻浆料外保温墙体类

在这种应用之后，“A 系列”墙体，采用轻钢结构内填胶粉聚苯颗粒浆料，通过断热桥锚栓外挂 2 层 A 级岩棉复合板错缝复合而成。这种结构适用于高层建筑的非承重外墙。“B 系列”墙体，通过断热桥锚栓外挂 200 mm 厚 B1 级石墨聚苯板或聚苯板，外抹 20 mm 厚胶粉聚苯颗粒。这种结构适用于低多层建筑的非承重外墙。

2. 预制轻钢轻浆料夹芯保温墙体类

“C 系列”墙体，通过断热桥锚栓外挂 B1 级石墨聚苯板和 100 mm 厚 A 级岩棉复合板复合而成。“D 系列”墙体，通过断热桥锚栓外挂 B 级聚氨酯保温板和 60 mm 厚 A 级发泡陶瓷板复合而成。“C 系列”和“D 系列”墙体满足我国《建筑设计防火规范》(GB 50016—2014 (2018 年版))对非承重外墙耐火极限 >1.0 h 的要求，适用于 100 m 以下的高层建筑非承重外墙。图 3 显示了轻钢轻浆料无热桥系列墙体。

"A 系列"墙体　"B 系列"墙体　"C 系列"墙体　"D 系列"墙体

图 3　预制轻钢轻浆料系列墙体

预制外墙的制作和吊装

以辽宁省丹东市宽甸满族自治县虎山镇南岭外村便民服务中心项目为例，预制墙体采用石墨聚苯板作为保温材料。图 4 显示了预制轻钢轻浆料无热桥墙体的制作和吊装过程。

①组装墙体轻钢龙骨

②安装 OSB 结构板带

③安装门窗框

④门窗框粘贴气密膜

⑤安装墙体保温板

⑥ 浇注胶粉聚苯颗粒浆料

⑦抹平填充浆料

⑧预制墙体养护

⑨准备吊装墙体

⑩安装吊带和护角

⑪ 墙体就位及支护

⑫ 墙体调整并锚固

图 4　预制轻钢轻浆料墙体制作和吊装工艺

技术优势

预制轻钢轻浆料无热桥墙体得益于断热桥锚栓优异的抗拉和抗剪性能，使保温板与墙体结构连接牢固。浇注于墙体轻钢龙骨之间的胶粉聚苯颗粒浆料无空腔粘结保温层，避免了保温层在负压下脱落的隐患。“系列”墙体具有质量轻、强度高、施工速度快的特点，广泛适用于钢、混凝土和木框架结构体系的低、多、高层工业和民用建筑。墙体满足《严寒和寒冷地区居住建筑节能设计标准》(JGJ 26—2018)、《装配式钢结构建筑技术标准》(GB/T 51232—2016)和德国被动房建筑围护结构墙体组件标准。

参考文献

中华人民共和国住房和城乡建设部. 建筑节能与绿色建筑发展“十三五”规划，建科〔2017〕53 号.

正交胶合木在热带地区被动房应用的优势及风险

马库斯·斯特朗 / 昆士兰大学

引言

本文旨在介绍和讨论在澳大利亚亚热带和热带气候条件下，采用优化的正交胶合木（CLT）解决方案的被动房建筑减少环境影响和湿热性能的初步结果。莫纳什半岛学生综合住宅项目名为“吉利斯大厅（Gillies Hall）”，是南半球将要完成的最大的被动房项目，也是澳大利亚首个被动房学生住宿项目。用该项目作为一个案例，研究在将建筑设计从温带的墨尔本转移到亚热带的布里斯班时，根据气候不同做出了设计调整，同时保持居住者的舒适度和能源消耗。这是通过简要的文献回顾、设计方案评估和湿热分析实现的，使用 WUFI 通知优化的 CLT 围护结构组件，以防间质冷凝（interstitial condensation）和霉菌风险。

背景

尽管澳大利亚工程木材（EW）和被动房的普及速度加快，但建筑业仍然存在巨大的教育差距。尤其是在澳大利亚热带和亚热带气候条件下，相对湿度高，工程木材产品的湿热行为和被动房的过热风险仍然相对未知。典型的工程木材建筑和被动房节点都是在寒温带气候条件下发展起来的，以应对漫长、寒冷、潮湿的冬季的保温、孔隙冷凝（cavity condensation）和除湿问题。相比之下，澳大利亚的建筑，特别是在亚热带和热带气候条件下，通常面临着相反的条件。为了使澳大利亚掌握潮湿气候的正确施工节点，解决这些知识差距至关重要：优化设计解决方案，避免住宅间质冷凝、霉菌生长和呼吸反应，并降低保温材料的热工性能和减少木材腐烂（有潜在的结构影响）。

正交胶合木的优势

关于正交胶合木建筑的气候非特定优势，已有大量的文献对其加以论述。莱曼（2013 年）和比隆德（2017 年）简要列出了正交胶合木建筑众所周知的优势，包括良好的热性能、缩短现场施工时间、提高精度和质量、减少 CO_2 排放、减小基脚尺寸和对不良地基条件的适用性。这是由于其质量轻，将高风险活动重新安置到受控的工厂环境中，减少了施工期间对局部区域的影响。本文进一步地分析揭示了正交胶合木建筑一些鲜为人知的优点。人类的健康、减少热桥效应、不可燃特性、减少建筑废物、减少建筑用水和可重复利用的可能性，这些都已被确定为正交胶合木建筑相对常规建筑而言可以提供的实质性利益。

湿热气候条件下的正交胶合木注意事项

为了确定被动房在炎热和热带气候条件下是否可行，人们进行了大量的国际案例研究。被动房研究院（2018 年）发现，对于新加坡、萨尔瓦多和孟买的被动房参考设计而言，不需要供暖，但在一年中的大部分时间里都需要制冷和除湿。结果证明，在热带地区采用内保温是一种非常值得推荐的建筑类型。这些项目还被证明能够满足湿热舒适性要求。在塞浦路斯设计和建造的第一座被动房，即 Tseri 被动房，其性能经历了长期的测量和监测，重点关注其热舒适条件；由于初始过热问题，其采用了通风策略，导致操作室温度平均降低了 1.4 ℃。虽然目前还没有报道过在湿热气候条件下的被动房正交胶合木项目，但像由原地建筑（Origin Architects）设计的台湾伍德泰克（WoodTek）总部这样的实例表明，正交胶合木技术可以成功地应用于湿热气候区。这些研究表明，热带被动房的典型特征是气密性非常高的建筑围护结构、中等程度的保温、高反射的外表面、固定的窗户遮阳装置、具有低太阳能得热系数的双玻低辐射太阳能防护中空玻璃窗以及带能量回收功能的机械通风系统。

莫纳什半岛正交胶合木被动房案例研究

对于正交胶合木在澳大利亚多层建筑中达到被动房标准的潜力，此前尚未在具有挑战性的热带和亚热带气候条件下进行调查，需要进行测试和调整，以适应澳大利亚的湿热环境，并配备定制的组件——包括蒸汽控制和保温布置。因此，使用图 1 所示的墨尔本市莫纳什半岛学生公寓内置温度作为案例研究，并在亚热带布里斯班市进行了模拟。

图 1　带有外部遮阳的莫纳什半岛学生公寓的 DesignPH 渲染

在湿热气候条件下，限制被动房标准度量是制冷和除湿的需求。在布里斯班，由于除湿率、换气次数和内部湿负荷的可变限值，将此限值设置为 25 kW·h/(m^2·a)，大于寒冷和温带气候条件的 15 kW·h/(m^2·a)标准。如图 2 所示，在未改变设计情况下，制冷和除湿需求量为 41 kW · h/(m^2 · a)。为减少此需求以符合被动房限制，需要进行 4 项设计变更：

(1)通过增加 DHW 管道周围的保温层以及将泵和储罐移出热围护结构，将内部得热量降至最小；

(2)增大窗户的 U 值和 SHGC 值；

(3)降低窗墙比，结果表明，需求量对窗墙比和结构热工性能相对不敏感；

(4)降低外部吸收率(光或反射色)，增加外部遮阳，去除板下保温层。

这些结果证实了施纳德等(2015 年)的研究结果，即在湿热气候条件下，被动房仍然能够仅通过调节送风来满足 10 W/m^2 的制冷和除湿要求。这为本项目进一步研究这些设计变更的经济回报开辟了道路。其他有待进一步研究的领域包括热带气候区，以多区模型模拟过热风险的动态建模。另一个让人感兴趣的领域是将夏季温度带扩大到 26 ℃，如图 2 中的变化 5 所示。这与针对布里斯班有效室外温度的集中式暖通空调的自适应舒适性方法是一致的。雷恩和陈(2018 年)建议，对于澳大利亚炎热气候条件下的居住者，特别是住宅类建筑的居住者，可降低舒适温度带的可接受限值。

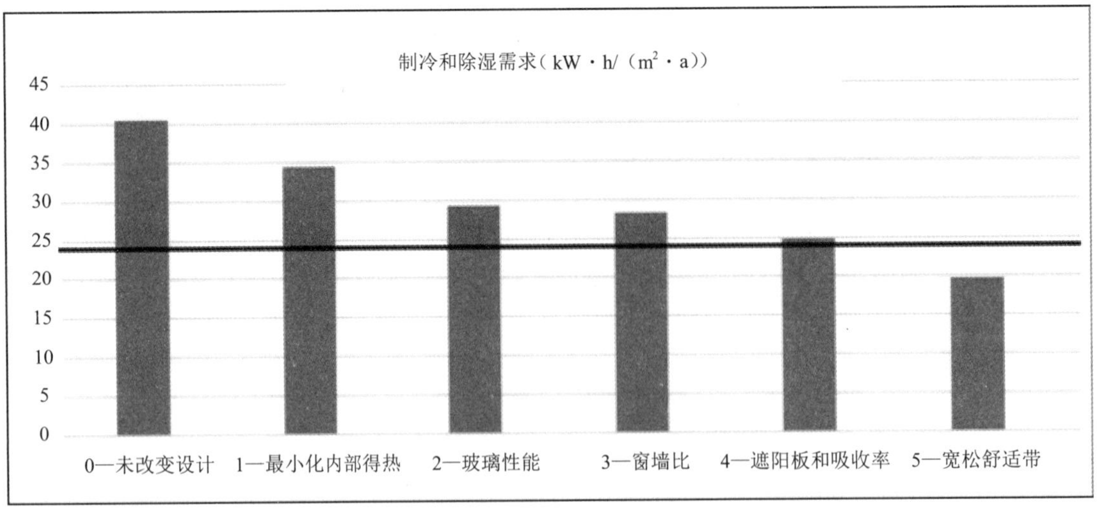

图 2　使用 PHPP 中的多种选项进行适合气候的设计优化

湿热气候条件下正交胶合木的湿热性能

通过利用 WUFI-Pro 进行计算机模拟，对亚热带（布里斯班）和热带（凯恩斯）气候条件下的正交胶合木施工方案进行了初步分析。这套软件产品可以真实计算出在自然气候条件下，墙体和其他多层建筑组件中的动态耦合的一维和二维热湿传输。作为本项研究的一部分，将 30 项参数设计变化的初步湿热分析委托给 eZED 有限公司（2017 年）进行。建造的组装件由一个 100 mm 厚的结构正交胶合木面板、保温层（刚性的和纤维状的）和蒸汽控制膜构成。

本研究的初步结果表明，在布里斯班和凯恩斯的气候条件下，具有最佳整体干燥能力和湿度性能的是带有内部保温层的正交胶合木，并且在正交胶合木外部要有阻汽层，如图 3 所示。在这些情况下，刚性保温层或标准玻璃纤维保温层的蒸汽比热阻对施工没有显著影响。然而，通过将阻汽层置于正交胶合木内部和将保温层置于正交胶合木外部，使该结构颠倒，结果在所有模拟迭代中都显示出临界湿度水平，所以不建议这样做。

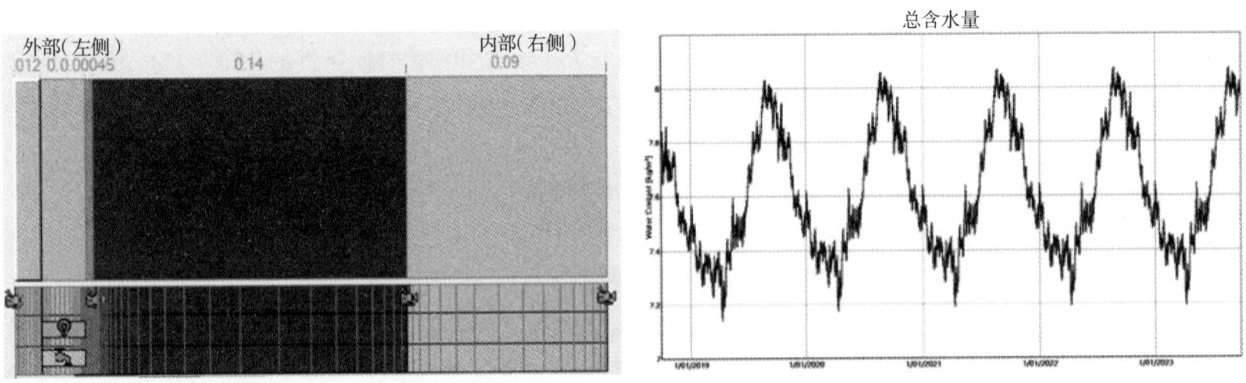

图 3　带内部保温层和外部阻汽层的正交胶合木组件的总含水量

这些初步结果证实了被动房研究院（2013 年）的研究结果，即在湿热气候条件下，墙体组件应包含外部阻汽层，以保护建筑物免受外部湿负荷的影响，而内墙应保持扩散开放状态。这些结果将在未来的研究中得到扩展和验证，以评估附加变量的影响，例如暴雨渗入围护结构和组件、附加保温层类型、保温层及膜选择、通风系统类型、附加气候区和建筑类型。

湿热气候条件下正交胶合木胶粘剂的湿热性能

在相对湿度较高的气候条件下，用于正交胶合木板的胶粘剂湿热性能相对未知。粘合过程涉及一个0.1~1.0 MPa的高压粘合系统，其中胶粘剂要分层施涂，厚度为0.1 mm。在正交胶合木产品中，通常采用聚氨酯(PUR)胶黏剂。在高压下，正交胶合可以将木材的膨胀和收缩降低到一个微不足道的水平，从而在整体面板尺寸和结构开口方面均获得良好的尺寸稳定性。

虽然在热带气候条件下，正交胶合木建筑的数量有限，但人们对胶黏剂在高相对湿度下的性能进行了大量研究。斯里斯甘塔拉贾和乌拉(2015 年)、松德雷格等(2010 年)的研究发现，正交胶合木中的胶层延缓了干燥过程。虽然它们只是结构中的一小部分，但胶粘剂在木结构内部起到了隔汽层的作用。厄伯格和维格(2018 年)发现，胶黏剂可作为防潮层，它具有聚氨酯涂层的恒定蒸汽扩散阻力。实际上，由于生产过程中需要至少80%的覆盖率，因此有些区域的表面没有完全被胶黏剂覆盖，没有涂层的表面会局部显现出大块木材。因此，将特定层视为单独的防潮层，比使用加重木材和胶粘剂性能组合更为保守，因为行业中通常以此为模型。

在湿热气候条件下使用粘合胶层的正交胶合木的湿热性能

在图4中，对莫纳什半岛项目的墙壁组件设计进行了模拟。虽然原始的莫纳什半岛设计是采用外部岩棉保温层，但是这个模拟是将保温层置于正交胶合木层的内部，这与澳大利亚湿热气候中的一个最佳墙壁组件较早的湿热性能结果是一致的。对于聚氨酯胶黏剂，用0.1 mm的宽度和10 200的蒸汽扩散阻力系数对胶层进行模拟。这些结果表明，对于有或没有胶层的模拟，产生霉菌的风险都很小，因此胶层对于湿热气候条件下的WUFI模拟而言，不是一个敏感因素。这可能会让设计师有信心在湿热的气候条件下指定采用正交胶合木，正交胶合木内部有保温层，外部有阻汽层。值得注意的是，这些模拟对内部条件非常敏感。

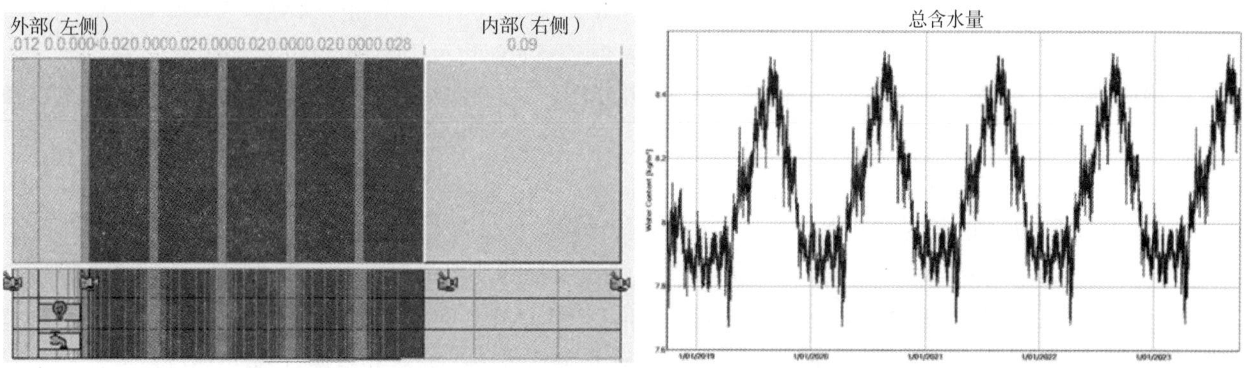

图4　带有粘合胶层、内部保温层和外部阻汽层的正交胶合木组件的总含水量

需要在此区域内进一步研究，以确定在木材各层之间可获得的普通胶黏剂的影响及其与高湿度条件下试样耐久性和渗透性的关系。作为本项目的一部分，该研究将结合实验开展。

结论与未来研究

本文总结了一项初步研究的结果，该研究旨在为昆士兰大学正在进行的一项研究制定方法框架，以评估在湿热气候条件下用于高性能建筑的正交胶合木建筑组件的施工风险和湿热性能。初步研究利用模拟工具比较了替代设计方案，以确定显示最佳居住舒适度、整体干燥能力和湿度性能的装配件，强调不能将正交胶合木应用于常规施工节点，以避免潮湿风险。以莫纳什半岛的学生公寓作为在湿热气候条件下模拟的案例研究，结果验证了文献中的研究成果。未来的研究将采用对现有案例研究进行循证分析、全建筑模拟、实验测试和施工后监测，来开发正交胶合木施工系统和针对澳大利亚热带和亚热带气候进行优化的节点。本研究项目最终旨在证明采用优化正交胶合木解决方案的高性能无碳建筑具有卓越的整体性能、经济优势和较小的环境影响。

参考文献

[1] 布兰德· R，弗莱彻尔· G，林格霍夫· A，等. 正交胶合木（CLT）：概述和发展. 欧洲木材和木制品杂志，2016，74（3）：331-351. https://doi.org/10.1007/s00107-015-0999-5

[2] 比隆德·D. 在商业建筑中启用装配式木材建筑系统.PNA324-1314，2017.

[3] 迪尔· R.J，布拉格· G.S. 热舒适性和偏好的自适应模型开发. 美国采暖、制冷与空调工程师学会（ASHRAE）汇刊，1998，104（1）：19。

[4] eZED 有限公司. 正交胶合木（CLT）湿热性能审查.2017-11-27.

[5] 佛凯德· P.A，克里斯托福鲁· E，伊利奇· M，等. 亚热带气候条件下被动房的性能. 能源和建筑，2016，133：14-31.https://doi.org/10.1016/j.enbuild.2016.09.060

[6] 莱曼· S. 采用装配式工程实木面板进行城市填充以显著减少温室气体排放的低碳建筑系统. 可持续城市和社会，2013，6，57-67.https://doi.org/10.1016/j.scs.2012.08.004

[7] 厄伯格· J，维格· E. 正交胶合木（CLT）面板在施工过程中受室外气候影响的湿度风险：关注霉菌和润湿过程.

[8] 被动房研究院. 热带气候条件下的被动房.2013.2019-5-4 检索自 https://passipedia.org/basics/passive_houses_in_different_climates/passive_house_in_tropical_climates

[9] 被动房研究院. 被动房、EnerPHit 和 PHI 低能耗建筑标准的验收标准.2016. 检索自 https://passiv.de/downloads/03_building_criteria_en.pdf

[10] 被动房研究院. 热带气候参数研究综述.2018.2019-4-9 检索自 https://passipedia.org/basics/passive_houses_in_different_climates/passive_house_in_tropical_climates/summary_of_the_parametric_studies

[11] 雷恩· Z 和陈· D. 澳大利亚热舒适标准对住宅能源使用影响的模拟研究. 应用能源，2018，210：152-166. https://doi.org/10.1016/j.apenergy.2017.10.110

[12] 施纳德· J，费斯特· W，隆恩· L. 不同气候区的被动房. 能源与建筑，2015，105：71-87.https://doi.org/10.1016/j.enbuild.2015.07.032

[13] 松德雷格·W，郝林·S，曼尼斯·D，等. 采用中子成像法定量测定多层板中的束缚水扩散. 欧洲木材和木制品杂志，2010，68（3）：341-350.https://doi.org/10.1007/s00107-010-0463-5

[14] 斯里斯甘塔拉贾·J，乌拉·S. 正交胶合木（CLT）含水量的研究——润湿和干燥过程.2015：172.

专题论坛 9

国外既改项目

“老宅”
——以被动房 EnerPHit 标准改造的重要历史保护建筑

米立卡·托姆巴斯，洛弗尔·陈

老宅

1. 引言

墨尔本大学的老宅位于墨尔本大学校园的中心，这是澳大利亚第一座大学建筑，1854 年开始建造，分 5 个阶段进行，老宅南端的拱形回廊竣工于 1981 年竣工。老宅是维多利亚州最古老的非教会哥特式复兴建筑，也是建筑师 F.M. 怀特最重要的作品，具有重要的建筑意义。老宅对于教授宿舍的初始设计具有重要的社会意义，促进了与学生之间的社会和智力互动，并与大学法律系建立了联系。

2. 项目范围

最近完成的项目目标是改造、翻新北翼和东翼以及北侧附属建筑，并重建老宅，使其成为校园的礼仪和参与中心。

建筑物内部，特别是北翼和附属建筑的内部，在不同阶段发生了重大变化；东翼保留了 19 世纪 50 年代的大部分原始结构。这导致三翼具有不同程度的结构完整性和不同的保护方法。北翼已被改建为多用途的展览空间和接待区，并且 1 楼还有一个新的大学礼堂。北翼的附属建筑将作为进入北翼的入口。

工程包包括：保护原始结构、细节和特征；在可能的情况下恢复其原规划；抗震加固；服务升级。该项目还将 EnerPHit 标准的环境可持续性原则应用于受影响区域。

建筑规范要求

由于该项目的规模和性质，引发了对老宅的抗震加固。这对北翼的细节设计是一个挑战，因为它需要大量的钢结构组件，而这些组件还需要被隐藏起来，并通过热隔离来最大限度地减少钢结构的能量损失以及通过气密性围护结构的多个刚性结构加以连接。

这座建筑被分成几个防火分区，需要在两翼相接的地方分开。由于隐藏的空间有限，通常由实现保温和气密性所需的必要组件分担，因此对建筑物洒水装置的保护具有挑战性。

客户的简报预计了一种创新设计方法，并强调了可持续的结果。通常情况下，澳大利亚的文物建筑在采用传统方法时并不能达到显著的节能效果。一开始，该项目确定将通过实施 EnerPHit 原则来追求一种新模式。

建筑结构

1. 墙

老宅的东、西、北翼和北翼附属建筑展示了 19 世纪中叶的传统建筑技术。承重外墙由粗碎石构成，表面为袋鼠尖砂岩，该砂岩来源于塔斯马尼亚州（Tasmania）霍巴特（Hobart）附近的贝勒里夫（Bellerive），无空洞，厚度为 400~600 mm。所有内墙均为硬灰泥砖石结构。东翼和西翼的地下室区域是砖砌，表面是方形的青石块，较小区域用石头和砖砌成。屋顶结构由带有金属连接件的横向帝柱式桁架构成，支撑在檩条、房椽、挂瓦条和石板瓦下方。

碎石和砖块结构的高导电性以及外墙与内墙相交处的原始连接细节显示了热桥的重要区域，在许多位置都延续了相同的内部垂直墙结构。

2. 地板和天花板

在没有保温层的石墙地板的连接处，其周边的热桥非常重要。最初的地板结构和连接细节以及毗邻外部已占用的空调区域，产生了许多热桥。原始地板为木搁栅结构，带有人字形支撑、榫舌和榫槽软木板。东翼1楼被建造成独立的地板和天花板结构，用于隔音，通过地板和天花板将热桥连接起来。天花板是板条和石膏，并带有装饰性飞檐和天花板玫瑰。

3. 窗户

现有玻璃窗几乎全部由3~4 mm厚的透明浮式明版玻璃组成，安装在包括石头、钢和木材在内的一系列框架系统内。这些玻璃窗系统的热工性能和太阳能性能都很差，系统总 U 值可能≥7.0 W/(m²·K)，具有较高的太阳热得热系数(0.75~0.88)，这就导致了通过装有单层玻璃的钢窗和木窗的大量热损失。

设计师对改造主要考虑几种方案，包括在现有框架中安装新的单玻、双玻单腔和三玻两腔玻璃单元，或在北翼及其附属建筑的现有石材窗棂中安装新框架。采用的策略是翻新现有窗户、保留现有窗户和在内皮墙上增加第2层窗户，可打开窗户，以便对内表面进行维护和清洁。窗户的性能见表1。

窗户所在区域方位标准值→	总辐射(主要方位)(kW·h/²·a))	遮阳	污物	非垂直辐射入射	玻璃窗分数	g值	太阳辐射减少	窗户面积/m²	窗户 U 值(W/(m²·K))	玻璃窗面积	总辐射平均值(kW·h/(m²·a))
北	97	0.59	0.95	0.85	0.65	0.40	0.31	60.57	1.30	39.50	100
东	186	0.28	0.95	0.85	0.72	0.40	0.16	27.08	1.33	19.57	183
南	353	0.38	0.95	0.85	0.64	0.40	0.20	133.41	1.34	85.19	349
西	199	0.36	0.95	0.85	0.71	0.40	0.21	35.75	1.32	25.36	210
水平	307	1.00	0.95	0.85	0.00	0.00	0.00	0.00	0.00	0.00	307
所有窗户的总值与平均						0.40	0.22	256.81	1.33	169.61	

图1　窗户的总值和平均值(摘自EnerPHit PHPP V9.3a)

为了保留建筑物的建筑和文物价值，在建筑物外部引入保温层并不是唯一选项，还可通过安装内部保温结构和衬里，形成内部热围护结构和气密屏障。

EnerPHit

EnerPHit模型首次应用于澳大利亚具有文物价值的建筑。在传统建筑中实施EnerPHit标准的挑战是在保留建筑的传统质量和特点与实现改善热舒适度和经济效率的结果之间达到可接受的平衡。Umow Lai使用被动房设计包的组件方法验证是否符合EnerPHit标准。被动房EnerPHit设计标准为实现全年舒适的温度和减少70%~90%的能源使用提供了一种循证方法。

EnerPHit方法示意图如图2所示，虚线表示热围护结构和气密路径，阴影表示保温。

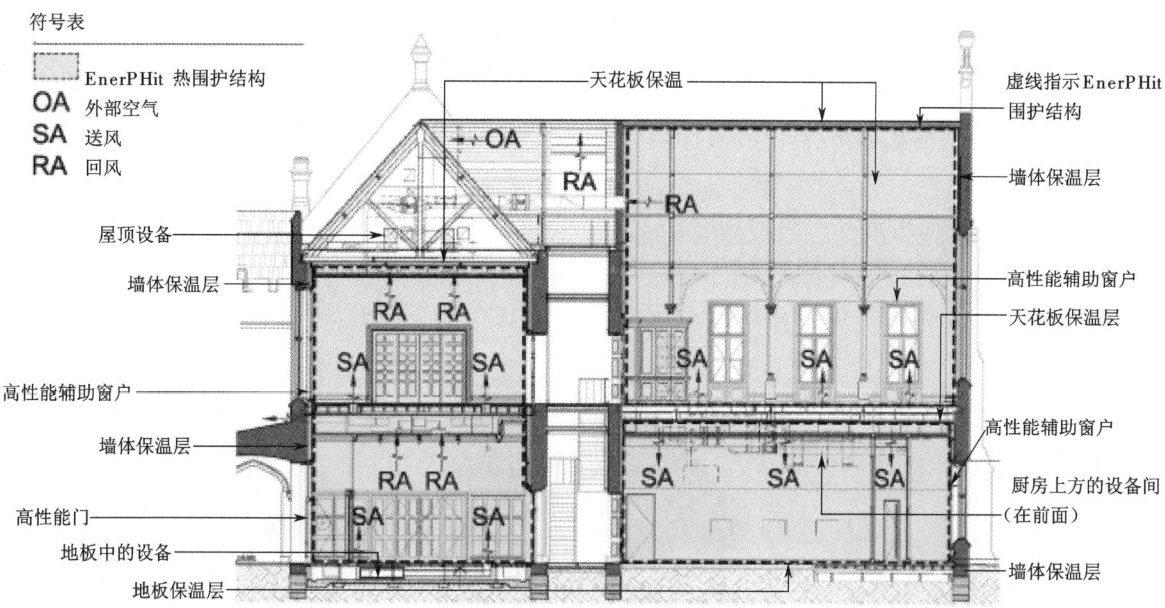

图 2　EnerPHit 围护结构北翼及其附属建筑剖面图

由于建筑物的结构以及热桥在墙和地板连接处的位置,设计采用内部“分隔”方法来分别识别北翼及其附属建筑物的内部热围护结构和气密屏障。非空调空间和瞬态空间不包括在 EnerPHit 的热围护结构中。

1. 机械系统

机械系统(表 2)是一个多装置可变空气流量空调系统,采用带高效换热芯的间接蒸发制冷装置,对外部空气进行预冷,以促进湿区和干区通道之间的热交换。机械设备主要隐藏在北翼的山墙屋顶,一些装置和管道系统则安装在北翼及其附属建筑的地板和天花板中。EnerPHit 隔间配有独立的供暖和制冷装置,并有单独的控制装置,使每个空间具有按需控制的通风。

表 2　具有多个通风装置的通风系统(来自 EnerPHit PHPP V9.3A)

通风装置编号	数量	通风装置描述	通风装置类型选择	设计体积流量(m³/h)	体积流量应用范围(m³/h)		电气效率 /Pa
					从	到	
1	1	AHU1:GL 西	01ud- 老宅 AHU1 型	810	540	1 000	0.75
2	1	AHU2:GL 中心	02ud- 老宅 AHU2 型	5 508	2 520	5 500	0.75
3	1	AHU3:GL 东	01ud- 老宅 AHU1 型	810	540	1 000	0.75
4	1	AHU4:L1 西	01ud- 老宅 AHU1 型	810	540	1 000	0.75
5	1	AHU5:L1 中心	02ud- 老宅 AHU2 型	5 508	2 520	5 500	0.75
6	1	AHU6:L1 东	01ud- 老宅 AHU1 型	540	540	1 000	0.75
7							
8	1	AHU:附录 L1	02ud- 老宅 AHU2 型	4 860	2 570	5 500	0.75
9	1	AHU:附录 GL	01ud- 老宅 AHU1 型	1 620	540	100	0.75

计算年供暖需求,但不使用组件法进行验证。所有建筑服务均在 EnerPHit 的范围内处理,以计算一次能源需求(图 3)。

在通过验证情况下的 PE 需求要求(不可再生的)(kW·h/(m²·a))	135.8860236	当前建筑达到以下等级	65	是否满足要求?	是

图 3　一次能源需求要求,通过 PE 验证(来自 EnerPHit PHPP V9.3A)

2. 分析

从一开始就有人担心，通过增加内部保温层来改善外墙的热工性能会改变水蒸气通过墙壁的传递，并产生湿气和冷凝问题。当对建筑物内部保温时，建筑物的“呼吸”会发生变化，风险可能是产生冷桥，导致冷凝和霉菌的生长。

为了降低这一风险，Inhabit 使用 THERM 7.4. 和 WUFI Pro 6.1 对文件进行了表面冷凝分析、湿热评估和热桥评估。分析强调，当外部温度降到 12 ℃以下时，预计现有单玻窗和框架的内表面会形成冷凝。

通过在受影响墙壁图 4 和图 5 的周边空腔中提供垂直循环，解决了与气隙中冷凝物积聚相关的风险。

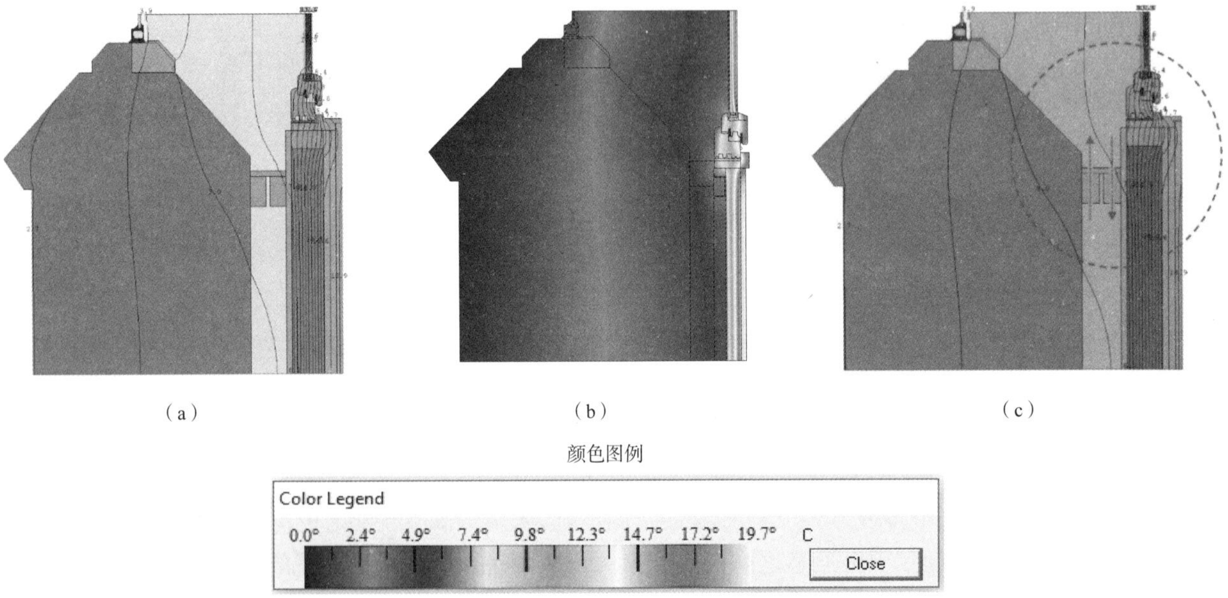

图 4 北翼 W10 型墙体——THERM 等温线和彩色红外线结果以及提议的通风措施

（a）THERM 热等温线结果 （b）彩色红外线结果 （c）采用通风的溶液

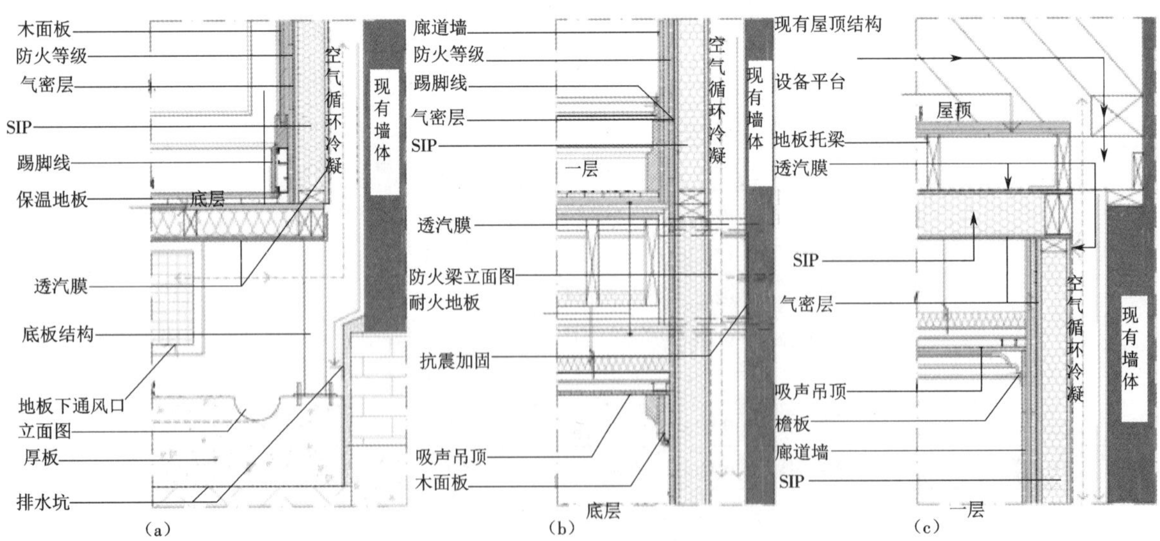

图 5 北翼典型墙体连接详图

（a）地板下和墙壁连接处 （b）1 楼和墙壁连接处 （c）屋顶和墙壁连接处

对于 WUFI 分析，Inhabit 假设了最坏的情况，以确保保守地看待与设计意图相关的风险。在 5 年的研究中，所有点都保持在临界 LIM BI 以下，并且内表面平均温度约为 19 ℃。因此，在内部高湿度条件下，发生冷凝的风险较低。通过在空腔内提供空气循环,并将冷凝水从墙体空腔排放到地板下的排水管来缓解这种情况。窗户内窗的可操作性有助于修复这种冷凝风险,因为内窗玻璃可以打开,空腔空气可以转换,两套窗户都可以得到清洁和维护。

3. 气密性

迄今为止工作人员对北翼进行了 3 次临时气密性增压试验,分别达到 n_{50}=1.111/h、1.041/h 和 2.031/h。对图书馆进行了一次测试,达到 n_{50}=3.731/h。

中期报告确定了与服务贯穿件气密性有关的若干缺陷以及与现有木桁架周围新结构密封有关的缺陷。与气密性相关的缺陷整改,包括最终增压试验,计划于 2019 年 11 月进行。

结论

该建筑于 2019 年 5 月 2 日竣工并正式启用,存在缺陷有待整改,缺陷责任期至 2020 年 4 月结束。

该建筑工程被记录在案,并作为可认证的 EnerPHit 项目进行施工。认证所需的所有文件将被提交给客户。

从项目开始到完成,项目的复杂性一直由一个统一和连贯的战略来管理。该项目使建筑达到了当代的合规水平,同时在保护当代建筑和可持续性方面取得了最佳实践成果。

项目团队

建筑师:洛弗尔·陈。

结构:Irwinconsult。

被动房顾问:Nick Mulvaney 代表 Umow Lai。

建筑结构分析:Darren O’Dea 代表 Inhibit。

服务:Umow Lai。

成本顾问:澳大利亚,斯莱特里。

主管:奥昱冠。

承包商:Kane Constructions。

参考文献

[1] 蒂比茨·G,华克·G. 老宅与北延保护分析与政策.1993:1-19,55-59.

[2] 洛弗尔·陈,老宅重建总体规划. 墨尔本,2015.

[3] 洛弗尔·陈,老宅重建拟议计划. 墨尔本,2017.

[4] Umow Lai,墨尔本大学老宅重建工程服务示意图 MUOM0268/R001 修订版 1, 2016 年 7 月 18 日设计报告. 墨尔本,2016-8-18.

[5] Umow Lai,M.UOM0268_ 老宅 _EnerPHit PHPP_V9.3a_EN_ 修订版 2. 墨尔本,2017-5-10.

[6] O’Dea·D,Inhabit. 老宅重建施工文件审查. 墨尔本,2018-1.

[7] 维多利亚文物数据库:报告. 法学院建筑和老宅.2017-1-24,未编号.

将被动房改造的系统方法与改造设计的优势相结合

迈克尔·因古伊 / 巴克斯特因古伊建筑师事务所

巴克斯特因古伊与被动房

巴克斯特因古伊建筑师参与了 15 个被动房项目(其中 8 个已入住，7 个仍在施工中)。所有项目都是历史性的砖石结构改造,并已经过了不同级别的认证,包括“被动 Plus”等级认证。从第一个被动房项目中可以明显看出,建立一种可重复的方法来完成这些工作,对于成功而言至关重要。在过去的 8 年中,我们一直在不断完善这一过程。例如,目前我们有 7 个被动房项目正在由 6 家不同的承包商和我们办公室 5 个不同的设计团队进行施工。每家承包商都选择使用不同的产品、方法,在某些情况下来完成被动房项目。虽然似乎有几个变量在起作用,但设计和施工过程一直根植于指导团队完成基本步骤的系统方法,而以下各项保持灵活性:每个项目的独特障碍以及团队成员在被动领域的偏好。在确定过程中找出哪些步骤是强制性的,而哪些步骤是可适应的,然后在这两者之间找到正确的平衡点,这就是通过有效和经济的手段使被动房成功的方法。布鲁克林高地历史街区一座被动联排别墅经被动房改造后的钢楼梯如图 1 所示。

图 1　布鲁克林高地历史街区一座联排别墅经被动房改造后的钢楼梯

方法的关键步骤

巴克斯特因古伊的系统方法包括以下关键步骤：

（1）在方案设计之前或进行过程中邀请被动房顾问加入；

（2）尽早与被动房研究院开始认证过程，并尽早利用他们的反馈意见；

（3）尽早选择承包商并让其加入，让他们及其团队获得认证、培训。

被动房顾问帮助设计师了解现场及其设计含义，并选择（或缩小）适当的系统和细节；然后开始与被动房研究院（PHI）展开讨论，这是一个明智的步骤，因为这个过程将指出需要特别注意的细节或设计；最后应尽早选择承包商。承包商的关键是他们必需是经过认证的建筑商，他们的团队成员要么经过专业培训，要么完全理解如何建造被动房，因此如果需要，应该留出时间来进行培训。如果承包商尽早地参与设计过程，他们就可以尽早地参与细节和系统的协商。这种关系会让整个施工过程都保持稳定的沟通。

这种方法确保了项目尽可能顺利地进行，避免了重新细化或重新设计，这是被动房在成本、时间和保质方面成功的关键。此外，如果人们喜欢这个过程，会采用它作为他们设计和建造默认的方法，并在他们的职业团体和个人团体范围内推广这种方法。

夏季窗户净能量平衡方案设计阶段能量模型如图 2 所示。

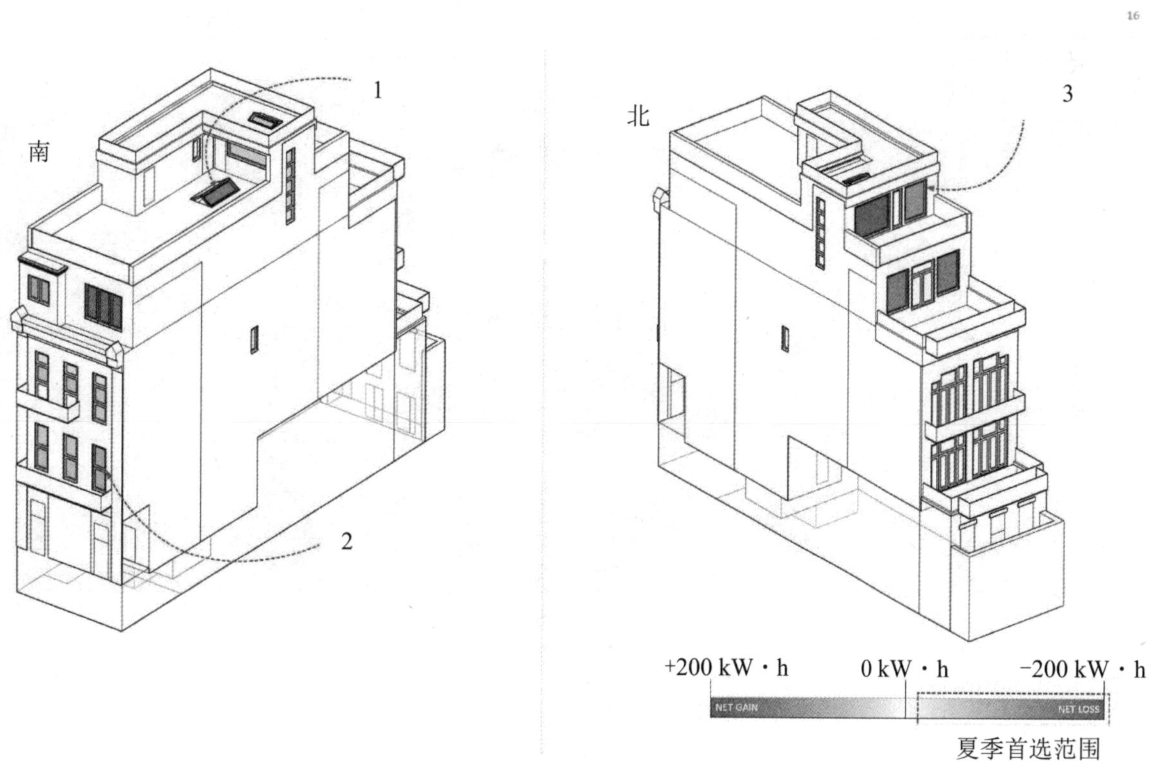

图 2　夏季窗户净能量平衡方案设计阶段能量模型（由 Bldgtyp，LLC 提供）

1—天窗的太阳能得热很高，为了确保居住者的舒适度，需要遮光玻璃和低辐射玻璃；

2—所有朝南的玻璃窗应配备遮阳帘，以确保夏季居住者感到舒适，由于缺乏遮光悬挑，百叶窗或屏风对所有朝南玻璃而言是至关重要的；

3—考虑延长悬挑和 / 或增加遮阳鳍片，以减少夏季朝北玻璃上的太阳能得热，确保居住者感到舒适（仅 3 楼和 4 楼）

采用的系统方法：16 号消防站

该展示项目曾经是位于曼哈顿基普斯湾地区的大都会蒸汽消防车公司 16 号的总部（图 3 和图 4）。这座历史悠久的消防站建筑于 1974 年被改建成教堂，当时这座建筑只被部分使用，并且年久失修。现在这座漂亮的铸铁和砖石结构的消防站将通过被动房改造，转变为一楼有社区设施的多户住宅，从而重新焕发生机。16号消防站的外立面从铸铁底座和华丽的陶土砖细节，到异常深的檐口和屋顶上包铜消防水带棚，都完好无损。我们不仅恢复了许多外部元素，还利用了许多原始的内部特征，如楼梯栏杆、室内门窗、锡天花板、地板和地板龙骨。

在过去的8年中，巴克斯特因古伊通过多次扩大开放参观的邀请范围，公开分享了被动房的建造过程、细节，甚至是施工期间的项目，在建筑社区开展了教育活动。16号消防站将延续这一传统，甚至可以在施工前、施工中以及可能在施工后，通过利用现有开放的一楼（曾经是消防车库）作为被动房教育场所，来加强这方面的努力。这可能包括现场培训、实际施工人员培训、面向建筑师和施工人员的教育研讨会以及面向房地产和开发团体的现场意识研讨会。

图3　消防员们在16号消防站的留影（1925年左右）

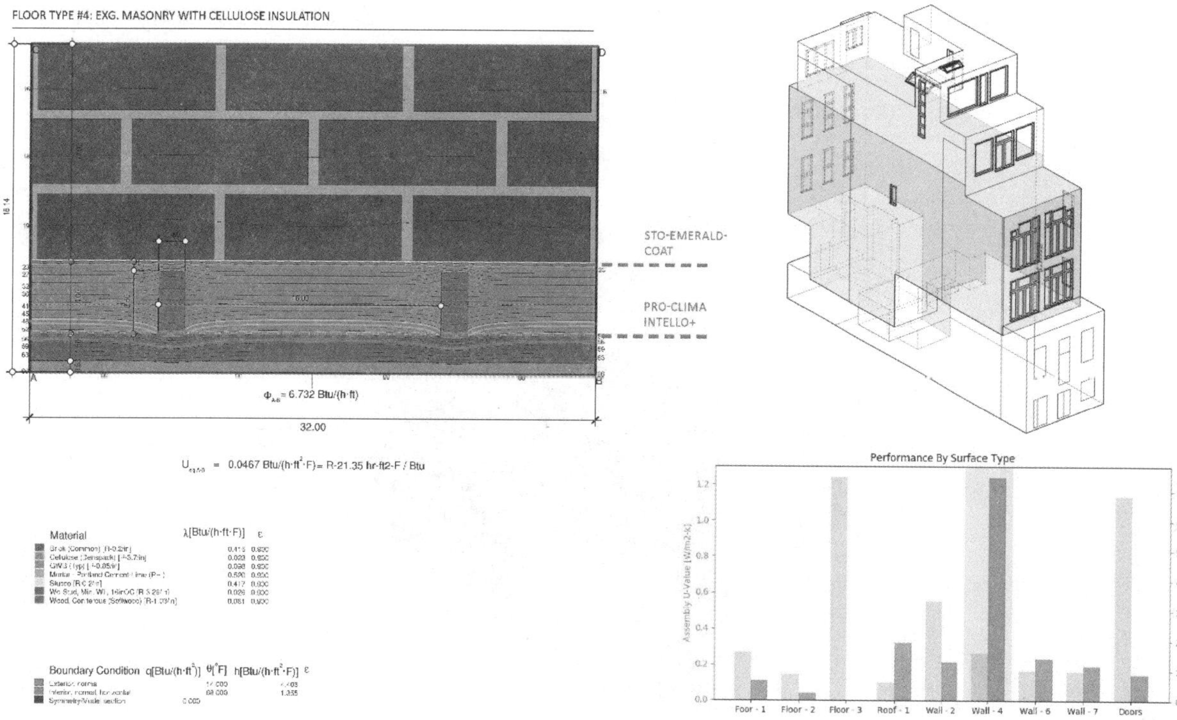

图 4　在 16 号消防站项目方案设计阶段，基于现有砖墙，对拟墙体细节和现有砌体墙的能量建模（由 Bldgtyp，LLC 提供）

16 号消防站的挑战

16 号消防站的设计目的是获得被动房研究 EnerPHit 的认证。对于本项目而言，满足 EnerPHit 要求的最大障碍是大部分建筑围护结构是由现有的砌体墙组成，需要在内部（其中很大一部分是完全暴露的，包括一些侧墙）对其进行保温处理。为了保持现有砌体的完整性，有必要避免过度保温，因为这样会形成降低干燥力的较冷墙体，因此在冬季更容易受到冻融破坏。

按照 EnerPHit 标准改造组件是专门为解决历史建筑室内改造所面临的挑战而开发的。“按组件”认证方法没有满足供热和制冷能源的需求限制，而是规定了每个建筑组件的最小 *R* 值。严格的气密性标准仍然是必需的，建筑仍然必须达到所有被动房的耐久性、健康和舒适度的目标。此外，该建筑的总能耗应保持与其他被动房的能耗相同，因此尽管该认证途径允许供热和制冷的能耗略有增加，但为了确保总能耗仍保持在被动房标准的限制下，需要抵消所增加的能耗。

我们与来自 BldgTyp 公司的被动房顾问约翰·米切尔和艾德梅合作，并在设计过程开始时发现了改造 16 号消防站存在的挑战。这是使最初设计以有条不紊和高效的方式向前推进的关键。脱节的重新设计将不可避免地花费各方的时间和金钱。与被动房顾问合作，尽早对方案设计进行评估，即使是一个不完善的围护结构，也意味着将有更少的让步和更多的进步。这会使客户感到满意，他们不仅会从使用被动房的过程中获益，而且会对被动房的建造过程产生持久而积极的印象。16 号消防站轴突图如图 5 所示。

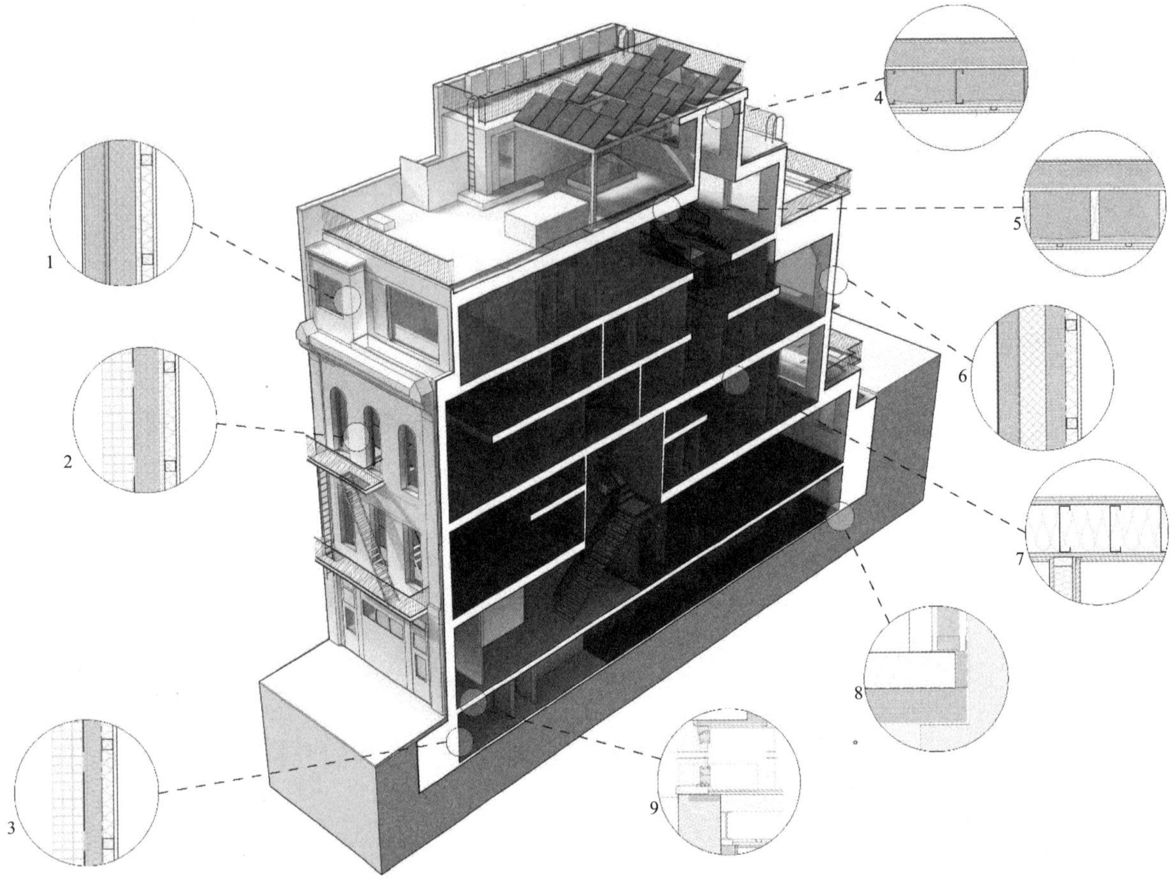

图 5　16 号消防站轴突图(附带重点细节)

1—7 型墙体:新型钢柱墙,带有外墙泡沫;2—4 型墙体:现有砌体墙,带有纤维素保温层;3—5 型墙体:现有砌体墙,带有钢柱+岩棉;4—9 型屋顶:新型金属龙骨,带有纤维素内部保温层+外部泡沫;5—8 型屋顶:新型木龙骨带有纤维素内部保温层+外部泡沫;6—6 型墙体:新型砌体墙,带有纤维素内保温+外墙泡沫;7—单元与单元之间空气密封详图;8—地下室板详图;9—门厅空气密封+保温详图

被动房的益处和收获

一个成功的被动房项目的一些重要财务目标是完成与“典型建筑”相比接近于中性成本的建筑,并降低建筑使用寿命内的运营成本。当然,随着建筑规模的增加,这一点变得更容易实现。与符合标准规范的建筑相比,被动房中的机械系统,特别是多户住宅中的机械系统,可以得到简化并更具经济效益。

客户通常并不熟悉被动房或难以理解其含义。出于营销目的,应强调被动房建设策略的优势并不仅仅在于减少能源需求,它还为住户提供了一个更加舒适、健康和安全的家。在施工策略上,被动房是一种强调提高保温水平、严格的密封性和高质量施工的建筑方法,在整个施工过程中大大降低了机械负荷要求和能源成本。总体而言,被动房的设计细节提高了住户在家中的生活质量:更安静的环境、更清新和更好的空气质量、可控的湿度、最佳的热舒适度以及一个经久耐用的家。

16 号消防站的业主为拥有纽约市的一段历史而感到骄傲,他们正在努力保持和庆祝这座建筑作为消防站的历史。同时,他们也致力于回馈社会,并做出符合社会意识的决定,因此除了他们自己的公寓外,还选择在本项目中加入三套公寓以及社区设施。我们很高兴能与他们合作,共同设计一个如此有趣、多元化的被动房项目。16 号消防站改造前后对比如图 6 所示。

图 6　16 号消防站照片(1950 年)和提议的外立面效果图

建筑气密与中国工艺
——以松阳岙呢院子传统木结构被动房改造项目为例

孙蕙 / 吾方(北京)建筑科技有限公司 / 研发负责人

赵星 / 吾方(北京)建筑科技有限公司 / 创始人

彭宣颖 / 北京思家节能建材有限公司 / 技术总监

摘要

吾方(北京)建筑科技有限公司在松阳岙呢院子中国传统木结构三合院被动房改造项目中,从构造入手,更新传统民居建筑外围护结构的做法,在传统建造方式的基础上创新应用思家 SIGA 产品实现满足被动房标准的建筑气密,从而大幅提升建筑热工性能,延长主体结构使用寿命,并达成传统木结构建筑舒适度与节能、保护与再利用的挑战。

引言:中国传统木结构具有挑战性的一次全新尝试

把现代的德国被动房标准与传统的中国木结构合院两个相隔百年的概念放在一起并实现它,是一件特别有挑战又十分有意义的事情。在夏季湿热、冬季湿冷的南方非集中供暖的乡村,建筑能耗与舒适度一直是阻碍老屋更新利用及乡村区域发展的难题。如何通过当代技术弥补传统建筑的盲区,回归建造初衷,重新发掘中国传统木结构建筑对当代社会的价值,我们在岙呢院子改造项目中尝试给出答案。从问题切入的岙呢院子改造项目(图 1),首次将一个现代标准引入中国传统民居,量化夯土墙木结构及院落空间布局在建筑节能方面的潜力,同时在传统建造的基础上更新构造做法,优化建筑外围护结构的热工性能,延长主体结构寿命并把室内热舒适度提升到当代居住水平。岙呢院子全年采暖能耗达到德国 PHI 被动房按部件认证[①]的改造标准,室内恒温恒湿恒氧,保持在温度 20~25 ℃、湿度 40%~60%,气密性 $n_{50} \leqslant 0.6/h$。

图 1 从问题切入的松阳岙呢院子改造项目(图片来源:是然建筑摄影)

① 在老建筑中,由于各种困难阻碍使得被动房标准(针对新建建筑的被动房标准)的实现成本通常并不低。对这些建筑可以进行翻新从而达到被动式节能改造标准,通过在所有重要建筑部件使用被动房适用组件在很大程度上改善了舒适性,无建筑结构损害、经济性和能源需求。

传统民居改造面临的问题及改造前的岙呢院子

1. 传统民居改造现状

在中国乡村有大量始建于明清时期的传统木结构建筑，由于建造年代久远，常规的复原修缮无法满足人们对现代居住条件的需求，其中无人居住的早已破败，有人居住的也被改得面目全非。目前，在传统民居常规改造中存在很多问题和不足，例如保温、气密、防潮、隔音等一些满足建筑使用舒适性的基本条件缺位；冷热桥及通风除湿不利造成的建筑室内墙面屋角结露发霉；地暖、空调、生活热水等大量建筑设备的投入运行对乡村薄弱基础设施带来的冲击。这些问题和不足，一方面影响了传统民居的使用体验，增加了建筑能耗需求；另一方面直接导致了人们在新建建筑中放弃使用传统的建造方式，工艺工法无人传承，乡村地区逐渐失去了最宝贵的文化内核。

2. 改造前的房屋状况

岙呢院子前身是一座荒废了的拥有百年历史的清末民居，位于浙江省丽水市松阳县大东坝镇洋坑埠头村坳里自然村，东经 119.43°，北纬 28.29°，海拔 236.28 m，属于中国建筑气候区划中的夏热冬冷地区。穿斗式木构架结构体系，主院正房五柱七檩五开间，共 40 根老杉木支撑，硬山屋面围绕夯土院墙。房屋 20 余载无人居住，风雨经年损毁严重，屋面漏雨失修，屋架受潮朽烂、楼梯楼板空缺、木雕构件遗失，局部夯土坍塌。重返乡村隐居山里不该受制于难忍的居住条件，传统民居的有机更新及改造再利用也无法回避差强人意的建筑性能。

从构造入手的传统木结构更新改造

1. 修复木构架主体结构

岙呢院子依山面水，占地约 420 m²，改造后共两层，建筑面积约 810 m²。主院为被动房区域，坐东朝西，配院坐南朝北，主院与配院由天井相连，是浙江西南地区典型的三合院平面布局。夯土墙正立面保留完整，墙顶出挑排檐砖、覆盖小青瓦，墙基青石垒砌、卵石排嵌。在松阳本地大木师傅的配合下，岙呢院子采用传统现场施工的方式，修缮了完整的屋架，替换脱落的主梁、糟朽的柱子，墩接柱根，补做缺失的牛腿雀替，翻新屋面椽条望板，修复了木构架主体结构中出现的每一个问题构件。

2. 外围护结构的构造更新

在中国传统木结构建筑中实现德国 PHI 被动房改造标准的最大挑战是对施工精度的严格要求，尤其是建筑外围护结构保温气密层构造以及门窗节点的设计、施工与安装。岙呢院子采用了瑞士 SIGA 隔汽与透气膜产品和德国 Schüco 断桥铝门窗系统。增加的保温气密层需要从屋面、墙面、地面连续包裹整个建筑，形成无冷热桥和无漏气点的完整外围护结构。从构造入手的更新改造，外观仍保留完整的老夯土墙立面和手工瓦屋面，与传统村落风貌融为一体。岙呢院子与常规修缮的根本不同在于，建筑外围护结构的构造做法，屋面、墙面、地面以及门窗在方案初期均经过基于 PHPP 系统热工性能计算的整体设计与节点深化，不透明外围护结构的平均 U 值为 0.30 W/(m²·a)。新的技术理念与材料运用和传统的木结构建造方式两相结合，更新了在历史进程中戛然而止的传统民居的建造体系，为改造及新建提出了另一种可能。

中国传统木结构中的建筑气密

1. 从遮蔽物到现代建筑演进的必要条件

传统木结构围护结构的整体建筑气密较差，南方地区单层木板壁和木格栅的安装及收缩缝隙普遍存在。一方面建筑气密缺失的传统木结构不具备探讨围护结构热工性能的基础，另一方面传统做法的结构及构造的美学和历史价值需要保留和保护。在不替代原有结构和材料的前提下，在传统木结构中实现建筑气密是民居现代性的重要一步。符合防水需求及潮气控制性能的 SIGA 气密系统解决方案，通过建筑师与当地工匠的协力合作，以快速易控的干式施工，与其中式木构屋顶和夯土外墙完美地结合成一个隐蔽却可靠的气密建筑围护。在木结构整体气密及门窗安装气密的基础上，主院冬季室内表面温度与室内空气温度温差不超过 3 ℃，首层室内空间与室外天井仅幕墙的隔视线相连，冬季无冷辐射和渗透风，全年室内空气温度波动不超过 2 ℃，均匀的室内温度分布为建筑营造了每一平方米的有效舒适空间。

2. 温湿度独立控制下的建筑本体保护

湿度控制是南方夏热冬冷地区建筑室内热舒适度最关键的影响因素，也是最棘手的难题。建筑气密不仅对内部空间同时也对建筑本体起到良好的防潮保护作用；不仅把建造和使用作为目的，更把历史建筑自身作为价值核心的主体，改造再利用只有在性能构造的基础上才能实现长效有用。岙呢院子在室内外空气压差为 50 Pa 时的换气量小于 0.6/h，采用无风噪、无风感（室内空气流动速度≤ 0.2 m/s）、无循环死角、带全热回收及除湿再热功能的新风系统 24 h 置换新风，通过性能优异的建筑气密和与之匹配的建筑设备实现了室内恒定的温湿度独立控制，保护传统民居主体木结构不受露湿霉腐的侵害，从而延长建筑使用寿命。

结语：舒适度与建筑节能

岙呢院子是不以牺牲使用舒适度为代价的建筑节能改造设计，把德国被动房技术标准与中国传统木结构两者在改造项目中结合的意义还在于，改观人们对建筑节能的误识和对传统建筑的偏见。目前，国内大部分居民在应对降低建筑能耗时采取的措施还主要依赖于行为节能，尤其是在南方的冬天，人们常常减少空调的运行时间或增加御寒衣物以忍受不舒适的室内环境。在“节能”对应的英文概念 energy saving 和 energy efficiency 中，后者更强调能源效率，岙呢院子改造项目实现的正是在乡村现有每户 10 kW 能源负荷的承受范围之内，极大地降低建筑采暖制冷负荷，以 1.5 kW、COP3.6 制冷制热机组满足面积约 350 m^2、体积约 1 300 m^3 建筑单体的采暖制冷需求。

对比同区位其他民宿类改造项目，地暖、空调、热水三套建筑设备是标配，以冬季月建筑满负荷运行为例，体量约 1 250 m^2、780 m^2、260 m^2 的三家民宿对应的电费账单分别在 20 000、13 000、8 000 元档位，月电费动辄达五位数，而岙呢院子的建筑能耗只有它们的 1/10~1/8。以建筑节能助力传统民居改造更新与再利用不仅一改人们对传统木结构作为居住空间使用功能落后的固有印象，实现了现代的健康舒适生活，并且更加强调传统民居的在地意义。岙呢院子是出现在乡村地区超出城市常规新建建筑的改造项目，木结构作为一个与在地文化、民俗风情、地理环境、气候特点紧密相连、不可拆分的整体向当代社会输出价值。

参考文献

被动房研究院. 被动房标准，被动式节能改造 EnerPHit 标准以及被动房研究院节能建筑标准. 被动房研究院，达姆施特特，2015. https://phichina.com/zh-hans/%E8%AE%A4%E8%AF%81%E6%A0%87%E5%87%86. 2019-02-14 访问.

项目分析：根据 EnerPHit 标准分步改建寒冷气候区 20 世纪 50 年代的建筑

绍博尔奇·沃尔加 /V&V 项目

引言

这座改造的房子是典型的单户住宅，建于 20 世纪 50 年代的罗马尼亚。它有 2 层，有一个 20 m^2 的局部无暖气地下室，一楼经处理后的楼面面积（TFA）为 99 m^2。在建筑组件中，墙体由实心砖和灰泥砌成，而楼板由木梁和钢筋混凝土制成，没有任何的保温层；窗户为盒式木窗，玻璃为单面玻璃。根据 PHPP，现有建筑物的供暖需求为 465 kW·h/（m^2·a），而 PER 需求为 873 kW·h/（m^2·a）。

该建筑位于两座相对较高的 4 层建筑之间，这两座建筑对其具有重要的遮阳效果，由计算出的地平线折减系数 r_V 表示：西南方向为 53%，东南方向为 73%。通过该数据，从一开始就可以肯定，按照标准的能源需求法进行改造并不可行。鉴于以上几方面的问题，采用建筑组件改造法，按照 EnerPHit 标准进行了分步改造。

分步改造

一旦完成结构干预，就需要在第 1 步和第 2 步中更换窗户。该窗户采用铝木框架，通过了 PHI 认证（U_f=0.75 W/（m^2·K），U_g=0.5 W/（m^2·K），g=0.5，ψ_g=0.034 W/（m·K）），按照设计要求进行安装，保温层在木框架的外部。在第 1 步完成之后（图 1），立即进行第 2 步，将经过 PHI 认证的热回收通风系统安装在无暖气的地下室内（η_{HR}=84%）。经过这一步骤后，供暖节能总量为 19%。

在第 3 步中，完成气密层。现有的外抹灰用作外立面的气密层，而位于木梁上原来的 8 cm 厚水泥砂浆层被保留下来，起到为屋面板提供气密层的作用。热围护结构的其他几个元件也被安装，如屋顶天窗（PHI 证书，U_w=0.70 W/（m^2·K））、阁楼楼梯（PHI 证书，U_w=0.50 W/（m^2·K））和入口门。在这一步骤之后，供暖节能总量为 22%。

第 4 步 + 第 5 步，屋面板采用 40 cm 厚的岩棉保温。在这一步中，地下室上方的楼板也采用了保温层。这包括在上边 5 cm 厚的 EPS 侧面保温层和在下边 10 cm 厚的岩棉保温层。根据 EnerPHit 标准，地面上的板块被视为例外，因为现有的珍贵橡木拼花地板无法恢复，所以无法进行保温处理。采用 FEM 分析法对基墙连接处的温度进行了检查，满足舒适度标准，同时在 PHPP 中也考虑了相应的热桥。经过这一步骤后，供暖节能总量为 58%。

第 6 步。从整体上看，首选保温材料是 20 cm 厚的木棉和岩棉，而不是内部保温材料。为了保护建筑的外观，设计了一种与现有灰泥相似的厚灰泥。经过这一步骤后，供暖节能总量为 85%。

结论

根据 PHPP 计算，既有建筑的总供暖需求从 465 kW·h/（m^2·a）减少到 72 kW·h/（m^2·a），减少了 85%。楼板到阁楼和立面的保温对供暖需求影响最大。房屋达到了对围护结构 U 值设置的限制，且符合 EnerPHit 标准（建筑构件法），这是罗马尼亚首个经过预先认证的分步 EnerPHit 改造项目。目前，使用被动房组件分步改造的具体细节和结论可用于需要按照强制性 NZEB 标准进行改造的各种典型住宅建筑。

图 1 第 1 步完成后的建筑

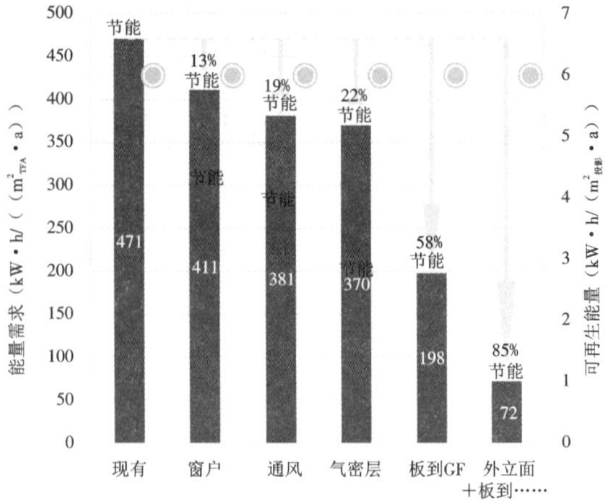

图 2 经过各改造步骤后的能量需求和产生的能量（摘自 EnerPHit 改造计划）

参考文献

[1] 巴斯蒂安·季诺，M. 斯皮克曼，A. 特洛伊. 文化遗产建筑的节能改造. 欧洲暖通空调学会，REHVA J，2014:24-27。

[2] 巴斯蒂安·季诺. 逐步现代化,现代化:分步还是一步到位？2009.

社会保障性住房改造达到 PH 标准，住区未来集中供暖 CO_2 排放量

瑟伦·里斯·迪茨 / 山地建筑

一次能源系统改为非化石燃料
——深层能源改造建筑供暖和制冷的二氧化碳排放量是多少？

欧洲国家将在 2018—2020 年对 NZEB 建筑实施欧盟指令。该指令在其建议中指出需要考虑一次能源。在丹麦，大约有三分之二的新住房已经采用了集中供暖，而国家建筑研究所建议集中供暖覆盖率应为 66%，以使建筑存量在 2050 年达到“中性能源”。

因此，通过集中供暖达到中性建筑能源的自上而下方案是否已在丹麦就位值得思考？

随着采取行动的气候窗口缩小，为了达到《巴黎协定》确立的 2℃的总体目标，对低 CO_2 排放社会的自上而下的方案进行必要的交叉改进变得越来越重要。通过对基于深层能源改造建筑的实际和未来能源因素的调查，显示了低 CO_2 排放社会的潜力。

此外，改造后的建筑达到了被动房标准，供暖能耗极低，并且供暖期也由全年缩短到了 12 月至次年 3 月。在较短的供暖高峰期，生物质为未来集中供暖系统提供一次能源，这是否现实？

在丹麦，2 ℃的气候方案将其排放量限制在 2 t/ 人。由于 40% 的能源使用都与建筑物有关，大约 800 kg CO_2 当量的排放量可能是一种限制和分析建筑物相关能源总排放量绿色潜力的方法。当供暖需求下降为 1/10 时，与建筑物中的需求和损失相比，来自净能量组合、系统和损失的排放量变得相对较高。在一个自下而上的案例中，对这两个方面在具有不同能量因子的 PHPP 中进行了分析。

非化石能源系统

托夫特博一座始建于 1950 年的社会保障性住房进行了改造，并符合被动房标准，其由两个供热站提供集中供暖，并混合使用 6 种不同的能源燃料，而其中 74.1% 是非化石燃料，PHPP 计算的供暖需求减少了 93%。使用不同的因子来计算一次能源，可看出不同因子如何影响排放。以“CO_2 当量 / 人”为单位给出结果，这样就可以质疑能源系统的主要倍数和总排放链。

20% 的净损失包含在计算的未来能源因子中。托夫特博住宅区使用了两个供热站的能源组合，超过一半的燃料是生物燃料。在这种情况下，每种燃料类型的 PE 因子用于计算集中供暖的实际 PE 因子。PHPP 计算表明：沼气的 PE 因子为 0.997，木柴的 PE 因子为 0.554。燃料类型对 PE 因子的显著影响不在考虑范围之内。

经验教训

未来，集中供暖需要以非化石燃料为基础。实例研究表明，计算出的主要影响因子与生物质集中供暖的未来值接近。然而，基于燃料的基本 / 最终因子的定义并不精确，缺乏相关信息。考虑实际和未来能源因子的 CO_2 当量排放结果如图 1 所示。

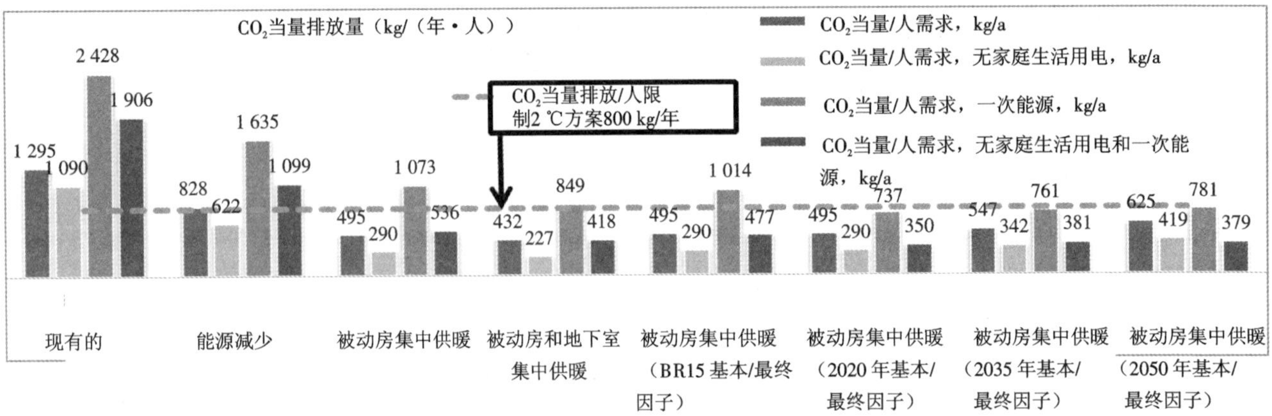

图 1　考虑实际和未来能源因子的 CO_2 当量排放结果

能量净分配损失仍然发挥着重要作用，在未来的低排放区系统中，必须减少损失。图 2 显示了计算的 20% 净损失和分配损失。

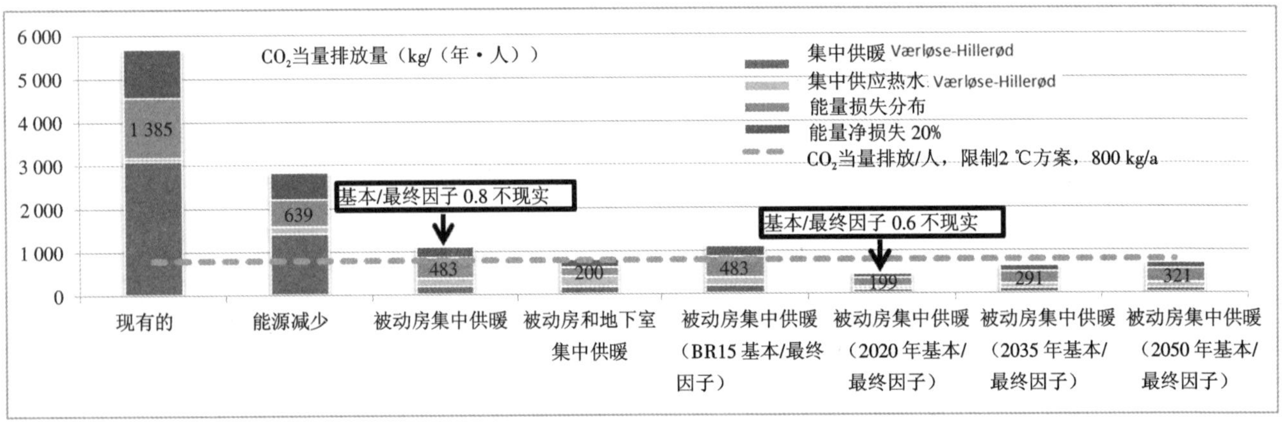

图 2　CO_2 当量排放量和热量、热水、分配损失和净损失的结果

参考文献

[1]　2010 年 5 月 19 日，欧洲议会和理事会指令 2010/31/EU：第 9(2)条.

[2]　S. 斯文森. 中性能源建筑定义与未来在社会中的作用.2014.

专题论坛 10
被动房厨房系统

被动式建筑内厨房排油烟与补风排风系统

肖鹏 / 中德生态园被动房建筑科技有限公司

摘要

由于国情、人们的生活习惯以及建筑的形式存在差异，在某些细节上德国的被动房技术能否本土化，这是一个值得探讨的问题。本文以青岛中德生态园被动式示范小区为案例，就中国与德国被动房内厨房排油烟与补风排风系统的差异进行研究，从中国厨房使用角度出发，优化 PHI 提出的被动式建筑内厨房排油烟与补风排风系统的方案。

德 & 中厨房差异

德国的住宅形式和中国一样，比较多元化，有别墅、多层、高层（很少），但是其大部分厨房都是以开放式厨房为主。由于人们的饮食习惯不同，大部分年轻人不会天天吃热食，在德国只有 39 % 的人会每天做饭。并且德国人的做饭习惯和中国人天壤之别，德国人一般以水煮以及煎制为主，使用烤箱的频率较高，蔬菜一般以沙拉为主，无烹炒的习惯，中国传统厨房是以爆炒为主。此外，德国厨房较中国厨房还有一个十分明显的特点，德国大部分厨房使用电磁炉而无明火；而中式厨房普遍使用天然气明火烹饪，因此烹饪时会产生大量的油烟。德国人的饮食习惯如图 1 所示，德国开放式厨房如图 2 所示，中式厨房如图 3 所示。

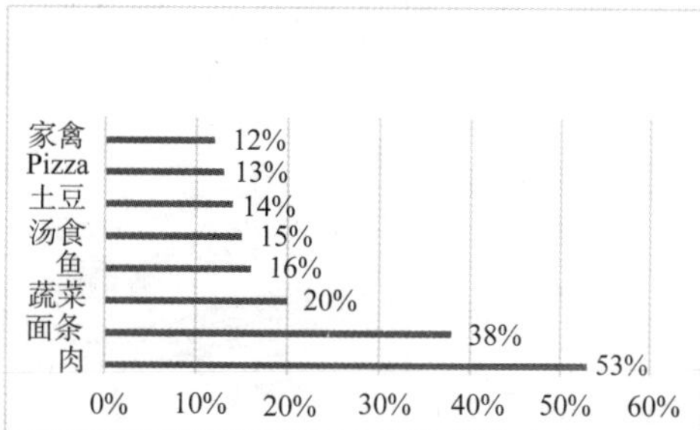

图 1　德国人饮食习惯（Claudia Ehrenstein 发布，日期 2017 年 1 月 3 日）

图 2　德国开放式厨房（来自 Lidl.de）

图 3　中式厨房（来自 jia.com）

在中国目前阶段，住宅大部分是洋房或高层，别墅市场份额较低，因此中式厨房与德式厨房相比，一般面积较小，且内部布局比较紧凑，抽油烟机几乎是生活必备品。在德国单户别墅以及联排别墅很普及，厨房面积相对较大，并且属于开敞式厨房；此外根据个人在德国生活多年的经历，德国家庭抽油烟机的拥有率并不像中国家庭那么高。

德国 PHI 推荐被动房厨房排风方案

由于被动房拥有良好的气密性，因此被动房内每个功能房间都要有送风或回风点位，并且是可热回收、可控制的新风系统。厨房抽油烟机的换气是一个额外的通风系统，会对室内环境产生巨大的不利影响，必须尽可能降低其影响，因此在厨房内单独设置补风阀，并且补风阀要保证良好的气密性。只有抽油烟机运转时，补风阀才会打开，并且新风机组与抽油烟机和补风阀实时联动，以免厨房内形成过大的负压，空气从回风口内倒吸进厨房，回风口应设置在厨房内，并且尽可能远离抽油烟机。

厨房内的补风阀必须尽可能靠近燃气灶台，以减少室外冷空气对室内产生的影响。补风阀必须在气密性检测之前安装。

为防止厨房的排油烟管道因温差产生冷凝水，靠近屋面的一到两层的位置做适量保温处理，并且在管道露出屋面处安装无动力风帽，防止冷空气由排油烟管道进入建筑物，而对室内环境造成影响。

PHI 推荐厨房系统示意如图 4 所示。

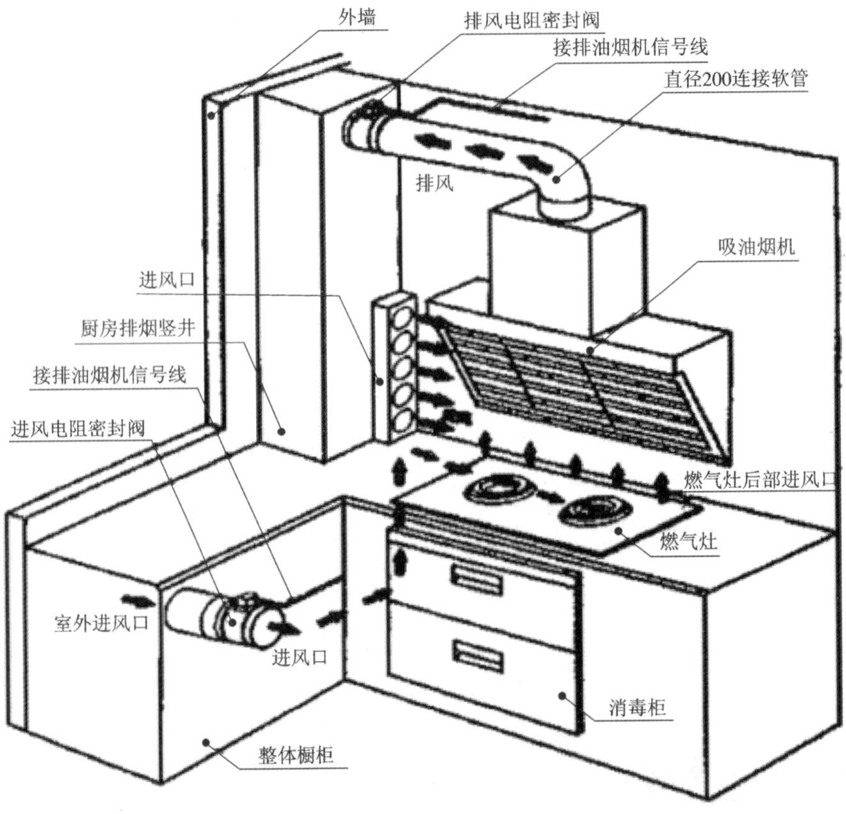

图 4　PHI 推荐厨房系统示意（来自 PHI）

国内工程案例排油烟及补风排风系统

工程案例：青岛中德生态园绿色公元小区。

在此项目中考虑到节能以及被动房高舒适要求，采用集中式排油烟系统，一个单元一个独立风机，每户一个集风罩一个补风阀，集风罩同时联动补风阀和抽油烟风机，按照每户的需求风量可以三挡可调，住宅厨房排油烟风量不小于 300 m^3/h、不大于 500 m^3/h，楼顶排油烟风机可根据用户数量及风量大小自动变频。

在项目设计之初，该项目参考了 PHI 提出的关于被动式厨房的建议，结合中国国情以及人们的使用习惯，并对抽油烟机产品进行了市场调研，最终结合生产商提供的宝贵意见及实验室测试数据，将 PHI 提供的被动式厨房方案优化，得出以下结论。

首先在厨房内设置新风机组的回风口，这个做法对于新风机组具有致命性伤害，新风机组很有可能在使用一段时间后，因为积油积碳问题而损坏，建议取消厨房内回风口。为保证厨房内新风问题，可以通过将厨房设置为过流区或者改变回风口位置来解决。

关于厨房补风阀的位置，在德国人们使用电磁炉，补风阀尽可能靠近灶台完全没问题，但是在中国人们使用明火烹饪，如果补风阀尽可能靠近灶台，势必会影响到火焰，甚至可能引起火灾，而且冷空气直接补入室内直吹烹饪者，势必会影响到人们的舒适性；其次抽油烟机是一个强力局部排烟系统，通过补风阀补入的空气会影响到抽油烟机的气流组织，造成抽油烟机运行，但油烟无法排出。在市场调研的过程中，就补风阀位置这一问题与生产商合作在实验室内进行了实验测试，测试结果见表 1。在此问题上解决的方案是将补风阀设置在橱柜内，在橱柜下沿设置百叶风口，冷空气经过补风阀进入橱柜，经过橱柜过渡后，再进入室内，气流组织从下缓慢向上，既不影响抽油烟机的使用效果，又可以起到预热冷空气的效果。具体安装和实验测试如图 5 至图 8 和表 1 所示。

图 5　工地现场补风阀安装（来自肖鹏）

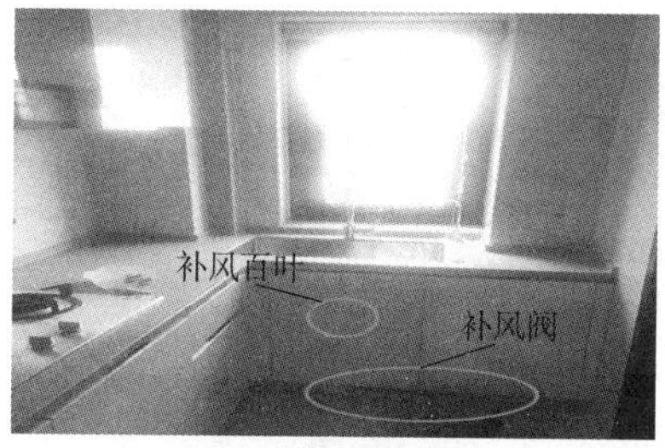

图 6　补风百叶和补风阀设置（来自肖鹏）

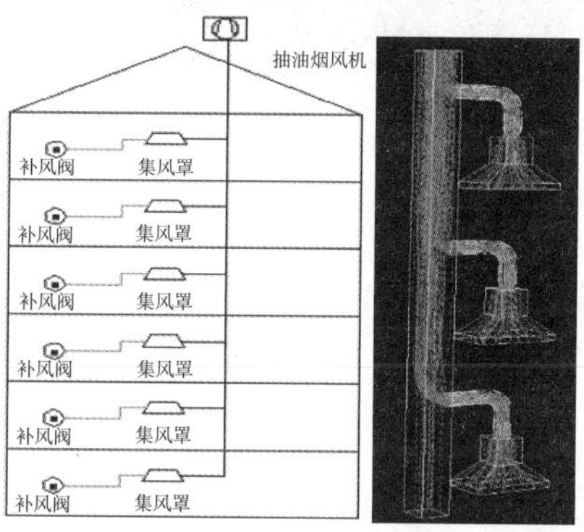

图 7　绿色公元小区洋房排油烟系统（来自肖鹏）

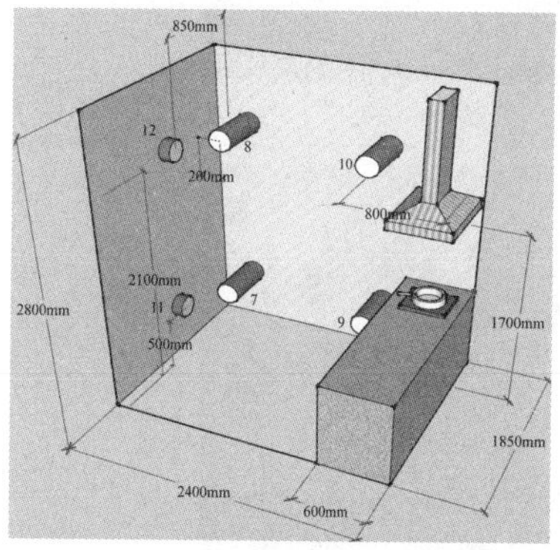

图 8　补风阀实验位置简易图（来自老板电器）

表 1　实验测试结果（来自老板电器）

补风阀位置	抽油烟效果	补风阀位置	抽油烟效果
 无补风阀	油烟不逃逸，效果优	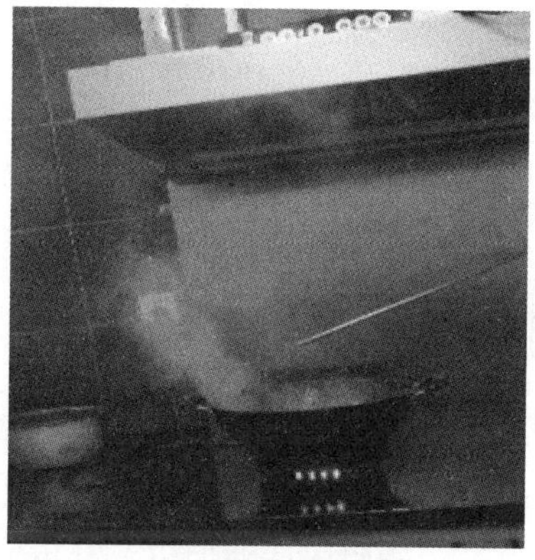 位置 7	油烟大量逃逸，效果劣

续表

补风阀位置	抽油烟效果	补风阀位置	抽油烟效果
 位置 8	油烟中量逃逸，效果差	 位置 9	油烟少量逃逸，效果良
 位置 10	油烟中量逃逸，效果差	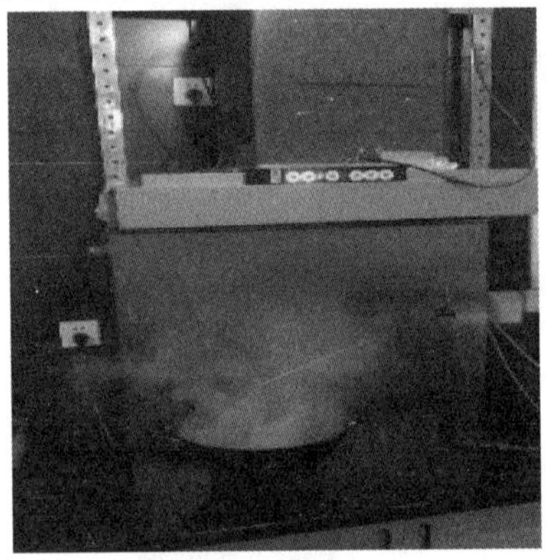 位置 11	油烟大量逃逸，效果劣
 位置 12	油烟大量逃逸，效果劣		

此外，PHI 推荐新风机组、抽油烟机以及补风阀三者同时联动，当抽油烟机运转，补风阀开启，新风机组在厨房内回风口无回风作用时，保证油烟不能进入新风机组。此设计方案目前控制烦琐，运行不稳定，并且将大大提高投资，故此方案的可行性不高。

被动房推动新科技

在此项目中运用的方案以及 PHI 推荐的厨房方案，在未来可能还不是最优方案，这些方案都存在控制系统相对复杂、使用及安装不便、工程质量难以控制甚至后期维护维修都有很大麻烦等问题。

针对此项目遇到的被动房厨房抽油烟机及补风回风系统问题，中国市场能解决此问题的产品并不多，甚至可能目前阶段还没有此类产品。相比于常规建筑的厨房抽油烟系统，被动式建筑内的厨房为了减少能量损失以及新风问题，需要在厨房内设置补风阀，因此一款针对被动式建筑厨房的特殊抽油烟机急需被研发，这款特殊抽油烟机不仅包含抽油烟功能，还具有补风的功能，补风阀设置在集风罩之内。

通过图 9 可以看出，向上箭头表示油烟，油烟通过集风罩经过过滤排到室外，向下箭头表示室外新风通过过滤及补风装置被输送到集风罩内，排烟与补风在集风罩内形成一个小循环，避免室内环境受到补入冷空气的影响，减少能量的损失，提高厨房以及室内的舒适性。

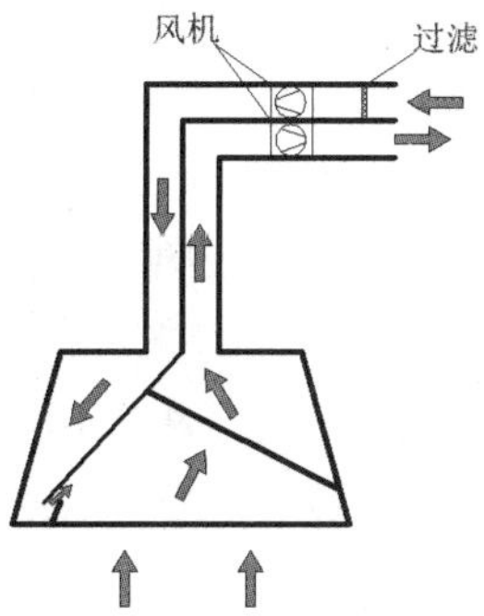

图 9　双风道抽油烟机（来自肖鹏）

参考文献

[1] 《民用建筑供暖通风与空气调节设计规范宣贯辅导教材》编制组. 民用建筑供暖通风与空气调节设计规范宣贯辅导教材. 北京：中国建筑工业出版社，2012.

[2] 中华人民共和国住房和城乡建设部.GB 50736—2012 民用建筑供暖通风与空气调节设计规范. 北京：中国建筑工业出版社，2012.

[3] PHI. 被动式厨房设计建议.

[4] 中华人民共和国住房和城乡建设部. 被动式超低能耗绿色建筑技术导则（居住建筑）.

[5] 老板电器股份有限公司实验室 - 测试报告（补风阀 ZHFB1）.

[6] Claudia Ehrenstein. So essen die Deutschen. 2017-1-3.

[7] https://www.lidl.de/de/kuechenzeilen

[8] https://www.jia.com

被动房住宅内中式厨房的暖通设计难点及通风系统研究

果海凤，钱嘉宏，宋昂扬，王英琦，李瑞雪 / 北京市住宅建筑设计研究院有限公司

摘要

中式厨房的暖通设计和通风补风系统是被动房设计的关键因素和设计难点。由于炊事习惯不同，中式厨房内烹饪温度高、油烟多、污染严重、换气次数高、通风量大、热损失大，极大地影响居室内的热环境。而被动房内气密性高，换气次数小，必须增加专门的补风系统，否则可能会造成燃烧不充分、影响安全性，甚至 CO 中毒等问题。本文以正在设计和准备申报德国 PHI 认证的首开通州共有产权被动房项目为计算模型，研究了中式厨房特点及暖通设计方案。结合被动房技术要点，分析了被动房内厨房的暖通设计和通风系统的技术难点，并提出了四种解决方案。通过 PHPP 软件，计算了四种通风补风方案对负荷及能耗的影响，探寻被动房内中式厨房最合理、最经济、最节能的暖通设计方案。

引言

中国传统的饮食习惯，使得中餐厨房内烹炒煎炸多、油烟多，且使用频率高，空气污染严重。厨房也是住宅中舒适性标准最低的场所，一般仅设置暖气，满足冬季室内计算温度 15℃和夏季室内计算温度小于 29℃即可，全年开窗通风，冬天冷，夏天热。

住宅厨房内一般仅设抽油烟机，靠开窗自然补风。无组织的自然补风，极大地影响室内空气品质。厨房往往成了家庭成员最不愿进入的地方，同时也是被动式住宅内能耗较高和设计最大的难题。解决厨房的冷热和通风问题对高质量建造被动房和改善人们生活品质都意义重大。

中式厨房通风方案

被动房内气密性非常好，为了保证厨房内氧气量充足、天然气充分燃烧和灶具正常使用，必须设计独立的排油烟和补风系统。被动房补风系统既要保证厨房内非炊事时的气密性和炊事时的安全性，又要对整个居室环境产生最少的影响，这也正是被动房厨房通风设计的难点所在，直接关系到被动房内的热舒适性和节能目标的实现。表 1 给出了 4 种厨房通风方案。

表 1 厨房通风方案

通风	通风方式	非炊事时	炊事时
方案一	抽油烟机 + 手动开窗通风	抽油烟机关闭； 过渡季可开启外窗	抽油烟机开启； 窗户必须手动开启
方案二	抽油烟机 + 可开启外窗 + 电动开窗器	抽油烟机关闭，电动开窗器自动将厨房外窗上亮子关闭	油烟机开启，与电动开窗器联动，自动将厨房外窗上亮子打开，实现补风
方案三	抽油烟机 + 独立补风管 + 电动密闭风阀	油烟机关闭； 补风口关闭； 电动密闭风阀关闭	抽油烟机开启； 补风口开启，电动风阀与抽油烟机联动，自动打开
方案四	抽油烟机 + 放大新风管旁通 + 电动百叶风口（电动密闭风阀 + 普通百叶风口）	抽油烟机关闭，放大新风管旁通关闭，电动风阀关闭； 开启新风模式	油烟机开启，与放大新风管旁通管上的电动百叶风口联动，自动打开，实现补风； 关闭新风模式

图 1 为方案一管路布置图，新风空调一体机在厨房吊顶内安装，厨房内不设计专门的炊事时补风方式，厨

房外窗仅满足被动房的要求，但必须有可开启扇，做饭时抽油烟机开启，手动打开厨房窗户进行补风。这种通风方式最为简单，初投资低，外墙开洞少，但需人为手动开启，不能实现智能化。必须提醒住户做饭时开窗，一旦没有开窗通风，不仅会影响居室内的空气品质，甚至会造成做饭时氧气量供给不足，使天然不能燃烧或影响充分燃烧，引发 CO 中毒或发生爆炸等安全问题。

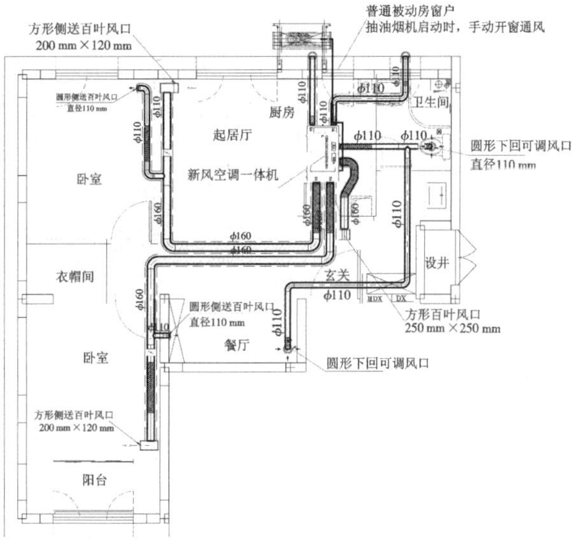

图 1　通风方案一管路布置图

图 3 为方案二管路布置图，图 4 为其外窗安装图。此方案在厨房外窗上部增加一个上亮子（高度至少 400 mm），将其做成电动开启，（内倒开启）并可与抽油烟机联动，当抽油烟机开启时自动开启，无须人为手动控制。其联动可借助智能家居实现。该方案优点是外墙开洞少，无结露风险，利用窗户加电动开窗器实现智能补风；缺点是造价较高，需增加电气管路，能耗较方案一增加了电动开窗器的电量消耗。

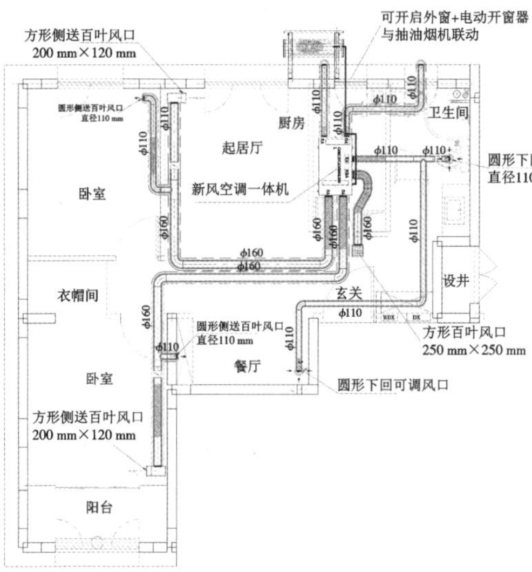

图 2　通风方案二管路布置图

图 3　通风方案二外窗安装图

图 4 为方案三管路布置图，厨房外墙上设计单独的补风管和电动密闭阀门，如图 5 所示。此种方式补风管须在外墙上开洞，厨房面宽一般不大，至少要开 3 个风洞，建筑结构很难实现，一般会考虑在邻室房间开洞，这既要增加精装吊顶，又影响居室空间和舒适性。为了保证补风口的气密性，必须使用金属电动风阀，该管路穿过建筑外墙且无法用保温完全包裹，这就导致其表面在冬季存在严重的结露风险。同时，该设备放置于橱柜中，占用空间大；且工程和设备造价都较高。

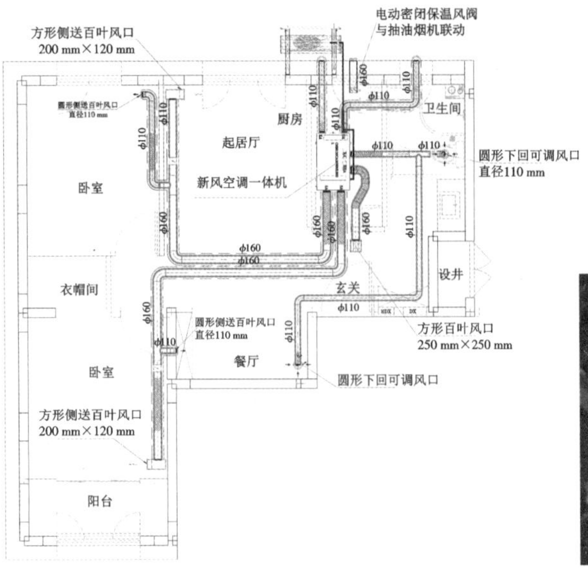

图 4　厨房通风方案三管路布置图

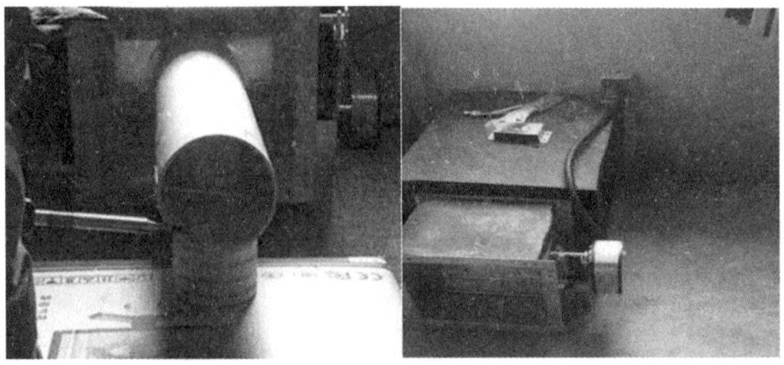

图 5　厨房通风方案三管路安装图

图 6 为方案四管路布置图，即增大新风取风管，并增加一个旁通支路，设计电动百叶风口（或电动密闭阀＋普通百叶风口），平时关闭，炊事时开启抽油烟机，电动百叶风口（或电动密闭阀）联动开启进行补风。此方案补风效果较好，补风管在吊顶内走梁下，靠近抽油烟机的地方在吊柜上开孔；既能保证结构安全，又使得冷空气尽量少得跨越厨房空间，对室内冷负荷影响较小；缺点是外墙上需开大洞，至少预留 250 mm 的圆洞，建筑结构预留困难，工程造价成本高。

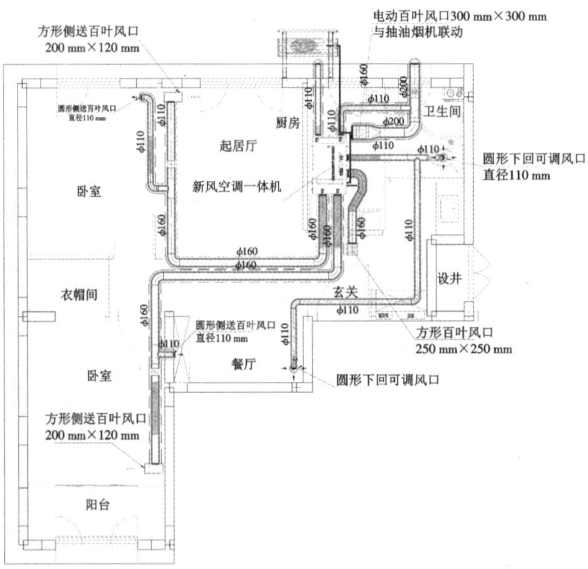

图 6　厨房通风方案四管路布置图

能耗和经济性分析

以首开通州共有产权房某住宅楼为计算模型，其有 2 个单元，一梯四户，共 152 户。分别建立上述四种厨房通风方案的 PHPP 计算模型，在其他设计参数均相同的情况下，比较厨房四种不同补风方式对供暖需求、制冷需求及一次能耗的影响，比较其节能特性和经济性，见表 2。同时，采用热桥计算软件对四种通风方式进行热桥计算，如图 7 和表 3 所示。

表 2　厨房通风对能耗的影响

PHPP 计算	采暖需求（kW·h/（m²·a））	制冷需求（kW·h/（m²·a））	PE（kW·h/（m²·a））
不考虑厨房通风	10	18	122
考虑厨房通风	15	20	129

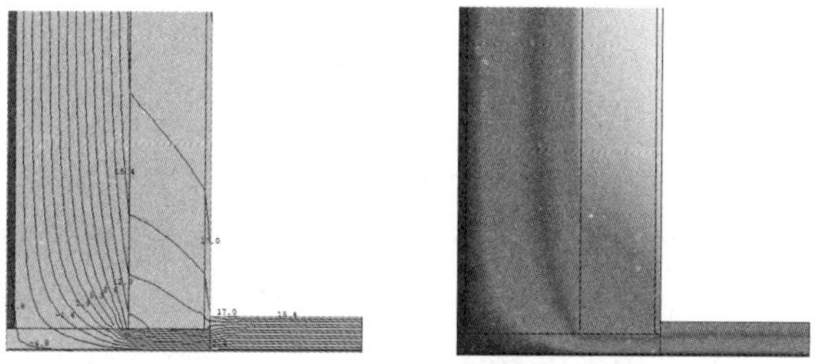

图 7　热桥计算图

表 3　四种通风方式对比

厨房通风	热桥影响（W/K）	采暖需求（kW·h/（m²•a））	对建筑/结构影响	对舒适性影响	对气密性影响	对精装影响	造价
方案一	0.52	15.46	小	大	小	小	低
方案二	0.52	15.46	较小	较大	较小	较小	较低
方案三	0.90	15.9	大	较小	大	大	较高
方案四	0.74	15.65	大	小	较大	较大	高

由 PHPP 计算可知，方案三对热桥的影响最大，且其采暖需求较其他三种方案也最大；方案二和方案一对其他专业的影响较小，经济性最好；方案四的造价最高，较方案三每户增加 150 元左右；方案三对各个专业的影响都较大，厨房补风口应靠近抽油烟机处，补风管较长，对采暖需求和一次能耗的影响最大。

结论

被动式住宅内厨房的通风设计是被动房设计的难点所在，不仅影响建筑的能耗和舒适性，同时影响建筑的投资和安全性。本文详细介绍了中式厨房的暖通设计特点及被动房设计难点，重点探讨和对比了被动式住宅内厨房的四种补风方式的优缺点和实现的难易程度；并以首开通州共有产权房某住宅楼为计算模型，采用 PHPP 计算软件，进行了四种通风方式的对比模拟计算。研究结果表明，方案一和方案二中的厨房补风方式最为简单，易于实现，造价较低，但存在安全隐患，不能实现智能家居联动；方案三和方案四中的厨房补风方式，补风效果最好，对居室环境影响小，安全性高，易于与智能家居实现联动和智能控制，但造价高，实现较难，需要与建筑、结构和精装等设计人员多次反复配合，且热桥系数较高，采暖需求较大，能耗影响较大。被动房建造中应综合权衡，合理选择最佳最适宜且较容易实现的厨房通风方式，以达到最佳的节能性和最优的经济性。

参考文献

[1] 贝特霍尔德·考夫曼，沃尔夫冈·费斯特. 德国被动房设计和施工指南 [M]. 徐智勇，译. 北京：中国建筑工业出版社，2015

[2] 中华人民共和国住房和城乡建设部. 被动式超低能耗绿色建筑技术导则（居住建筑）.2015

论零和式油烟净化器在被动厨房中的应用

杨肇 / 南京大卫杨环保科技有限公司

摘要

零和式油烟净化器(SOFP)是一种用于处理烹调油烟并应用广泛的净化装置。SOFP 一般由外排油烟系统(EEOFS,包括冷凝板、过滤层、油烟抽风机、配风调节器、静压室、增压风机、逆风阀、排烟道)和内循环排烟系统(ICFES,包括冷凝板、过滤层、油烟排风机、配风调节器、静压室、连接烟道、风幕出口和风幕)组成。在净化过程中,ICFES 可形成一个隔离挡风玻璃,将室内空气与炉灶产生的烟气完全隔离。另外,现有的厨房通风设备如抽油烟机、集成灶等,会将大量的室内空气抽到室外,导致环境污染和能源消耗的增加。相反,SOFP 在彻底排烟时不会将室内空气抽到室外。因此,SOFP 对环境没有负面影响,同时还可以降低能耗。因此,SOFP 技术能够满足被动房低能耗的要求,有可能成为被动房不可或缺的技术之一。

SOFP 简介

1.SOFP 技术背景分析

目前,烹调油烟的主要有害成分是食物溢出物、油雾和燃料燃烧废气。一般来说,烹调油烟中的异味物质是食物溢出物。食物溢出物主要是挥发性有机物(VOC),其中含有 200 多种致癌物质,包括溶于油和水中的酰胺、烯烃、醛类、苯并芘。由于 VOC 粒径小(<2.5 μm),很容易通过呼吸系统进入肺和血液循环系统。此外,油烟中含有的苯并芘,被认为是致癌物和神经毒素,会严重影响胎儿和婴儿的智力发育。除此之外,油雾还可以作为 VOC 的载体,燃料燃烧尾气由氮氧化物和一氧化碳组成。此外,先前的研究已经证明,烹调油烟中的 VOC 是造成雾霾的原因之一。在北京市朝阳区,27% 的 VOC 可归因于居民区排放的烟雾。另外,烹调一道中式双份熟猪排所产生的 VOC,相当于一辆以 40 km/h 行驶 48 km 的 POLO 轿车所排放的污染物总量。因此,为避免由烹调过程中厨房内的食物溢出物和 VOC 所造成的损害,油烟机和集成灶应清除这些物质,以保护家庭成员的健康和安全。

正常情况下,现有的抽油烟机和集成灶在清除烹调油烟的过程中,同时将油烟和空气抽离室内空间。当门窗关闭时,抽油烟机和集成灶工作时,室内空气压力低于室外大气压力。同时,由于室内外空气的热交换,造成大量的能量损失。抽油烟机或集成灶在 1 h 内工作所浪费的热能可达 6.45 kW · h,反之抽油烟机和集成灶的直接功耗小于 0.5 kW · h。抽油烟机和集成灶在 1 h 内工作所浪费的能量是自身能耗的 10 倍以上。此外,油烟中的有害颗粒直接排放到室外空气中,造成空气污染,而噪声污染是另一个严重的问题。

2.SOFP 的组成分析

SOFP 的主要组成如图 1 所示,SOFP 主要由内循环抽油烟系统和外排油烟系统两部分组成。

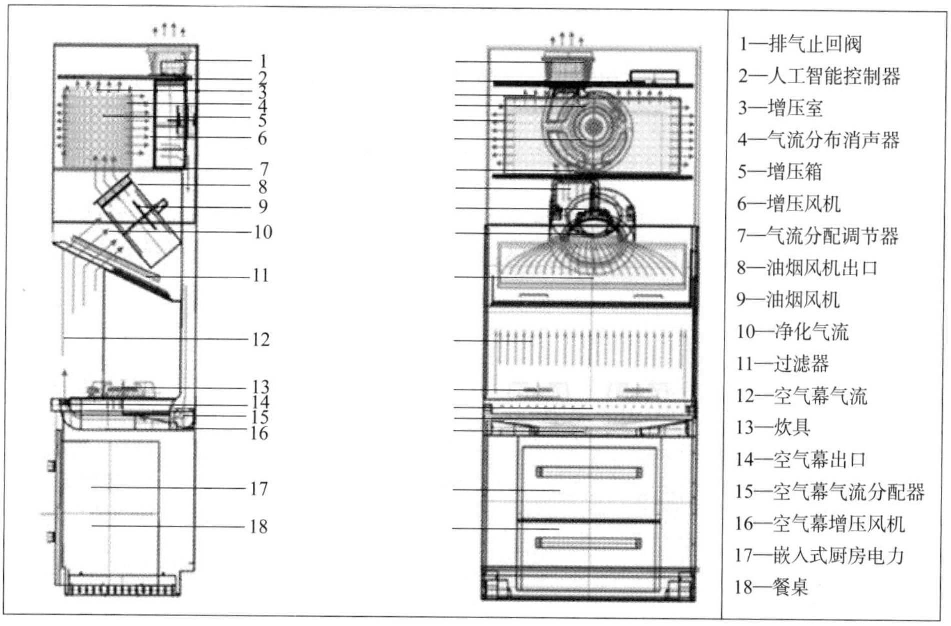

图 1 SOFP 结构

油烟净化器的工作流程如图 2 所示。炉头和炉台上的炊具产生油烟，在自热功率和油烟抽风机产生的负压、风幕和气流的共同作用下，空气幕和油烟在负压区混合。然后通过冷凝板导流，使混合物沿着分布在冷凝板周围的吸入口进入过滤层，而烟气通过过滤层被过滤。烟气中的固体和液体颗粒物被滤料吸收，而过滤后的烟气则被吸进油烟风机。烟气中的不凝性物质不会黏附在油烟风机上。通过油烟风机的旋转可以获得较高的流量和静压。气流从风机出口进入静压箱，使部分动压转化为静压，然后由气流分配调节器将气流分为两股，分别通过排烟系统出口和空气幕出口进入增压风机和空气幕管道。进入增压箱后，由增压风机对气流进一步增压，获得更高的静压。当压力足以克服管道阻力时，气流最终被排入公共烟道或排出室外。另一侧，部分气流进入与空气幕相连的风道，其压力通过空气幕增压器得到增加，在空气幕出口上方形成前空气幕和侧空气幕。然后，在其动压、静压和进风口外侧形成的吸入烟气的有效负压的共同作用下，将空气幕吸入油烟风机。烹饪结束后，按下开关面板上的延迟按钮，可以停止 SOFP。

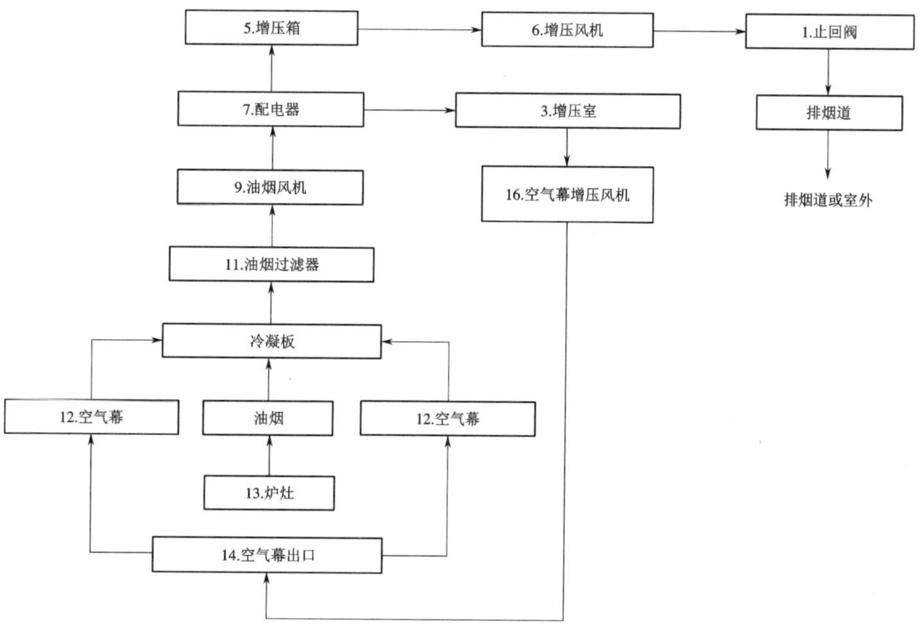

图 2 SOFP 工作流程

3.SOFP 的能效坐标曲线和基本功能

在图 3 中，中国烹饪用的炉灶通常是双炉灶，总功率小于 8 kW。中国烹饪中双炉灶同时炒菜产生的烟气总量小于实验室测定的 5 m^3/min。SOFP 的排风量（出现油烟）为 0~5 m^3/min。

结合实验数据分析，当系统流量为 5~10 m^3/min 时，系统的能量效率达到最高水平。当空气幕流量为 5 m^3/min 时，SOFP 具有比抽油烟机和集成灶更好的吸 / 排烟效果和综合性能，几乎 100% 的烟都被抽完了。在不损失室内空气的情况下，SOFP 的综合能耗不到抽油烟机和集成灶能耗的十分之一。使用 SOFP 产品，油烟经过过滤，并且内部无须清洗，从而使空气污染降至最低。机器停机时油烟没有回灌，而且不会产生噪声污染。

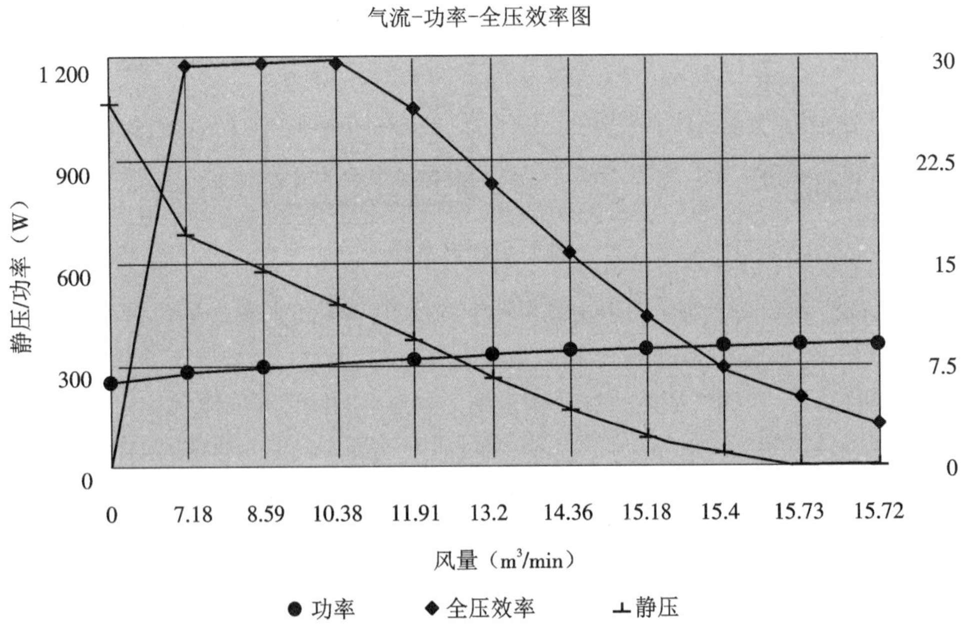

图 3　SOPF 的关系坐标曲线和基本功能

SOFP 的功能分析

1. 内循环油烟抽吸系统（ICLSS）功能分析

当 ICLSS 系统工作时，电能通过排烟风机中叶轮的旋转转化为气流的动能和势能。动能和势能分别表示为气流的动压和静压，势能与静压一起作用。在排烟风机入口附近形成一定负压的风场，造成一定强度有效负压区的形成，并在炉灶与排烟风机之间形成完整的动量边界。之后，利用排烟风机过滤排出的空气，经内循环抽油烟系统中的风量分配调节器分配和风幕风机增压后，在炊具周围产生一道风幕。风量分配调节器在人工智能控制器的控制下使空气幕流量保持平衡，风幕所需的部分能量是排烟风机工作后的二次能源。有效负压区和风幕可获得一些效益。

首先，它有助于抑制油烟的扩散和防止油烟的逸出，使系统能吸收 100% 的油烟。其次，可以隔离油烟和室内空气的混合物，因此可以防止室内空气的损失和热能的浪费。再次，由于空气幕气流的正压作用，加快了油烟向排烟风机的移动速度，这可以大大降低排烟风机的能耗。最后，空气幕气流来源于排烟机的排气流，使得排烟系统的排气流与烟气的绝对发生相似。随着排气量的减小，整个装置产生的气动噪声减小，可使 SOFP 在静默状态下工作。

2.EELS 的功能分析

EELS 被用于将来自炉灶的烟气经过滤后排到室外。排油烟系统的工作状态不仅与其自身的工作状态（如流量、空气密度）有关，还受其他因素的影响，如烟管、公共烟管的长度、直径、内壁粗糙度等。排油烟系统的工作状态受油烟量和排放阻力的影响，这就对排油烟系统的功率控制系统提出了更高的要求。

SOFP 排气系统采用双电源串联。在人工智能控制器的帮助下，当排烟风机完成对烟流的控制工作后，增压风机对排风量进行增压，直至排风量等于油烟量。之后，增压风机可以将电能完全转化为排气流的静压，从而获得排气流克服管道阻力所需的最小势能。因此，系统能以最低的能耗将 100% 的烟气排出。

3. 过滤功能分析

油烟过滤器在 SOFP 中用于过滤。过滤层采用阻燃膨胀纤维制成，透气性良好。滤料均匀分布，根据烟气中液体和固体颗粒的大小设置过滤孔径，材料厚度可达 25 mm。滤料的膨胀会产生大量的毛细管，从而产生较大的比表面积和较强的吸附力。油中可凝结的油脂、灰尘、纤维和水雾等都可通过过滤 100% 去除，使叶轮和装置内腔保持崭新状态，从而保证所有动力装置能够高效运行。而且油烟中的油脂可以被滤料吸附并去除，这大大减少了油烟直接排放到大气中造成的污染。

SOFP 的优点

1.SOFP 的节能与绿色低碳功能

SOFP 包括了节能措施。风机的气流用作风幕介质，有助于防止室内空气被排出室外，并减少安装工作对室内环境造成的能源浪费。因此，它充分利用了油烟工作后风机的势能和动能。此外，节能措施的应用大大降低了 SOFP 的流量和系统的能耗。因此，SOFP 产品的综合能耗将低于目前抽油烟机和集成灶的十分之一，它将为用户提供更健康、低碳、环保、安全的家居生活保障。

SOFP 是在充分研究油烟产生和扩散机理的基础上，结合各种厨房结构和公共烟道阻力条件所设计的。在人工智能控制器的实时控制下，油烟风机的风量等于增压风机和空气幕的风量。增压风机的风量是烹饪过程中产生的油烟量。空气幕的风量应是保证油烟有效负压区所需的最小空气介质流量，以便在烹调过程中产生最大量油烟时，抑制油烟的扩散和油烟的逸出。上述配置是在最低能耗下彻底吸收油烟。另外，在排烟时还可以克服过滤油烟、排烟管道和公共烟道建筑的阻力。由于使用 SOFP 不损失室内空气，避免了热能的浪费，从而使能耗和对环境的负面影响最小化。因此，SOFP 可以满足被动房低碳、低能耗的要求。

2.SOFP 的静音功能

此外，SOFP 还包括一个降噪系统，该系统由油烟过滤层、静压箱和空气幕系统组成。膨胀纤维可以有效地降低零和式油烟净化器的动态机械噪声和气动噪声。其原因是膨胀纤维中的大量毛细管具有较强的阻尼和吸声作用。同时，气流通过时纤维自身的微振动对阻尼和降噪也起着至关重要的作用。另外，通过更换静压箱，可以用静压代替气动压力，而风幕系统还可以大大降低 SOFP 的流量，从而进一步降低气动噪声。

结论

总之，SOFP 可以与被动低能耗建筑厨房的通风系统相结合。因此，SOFP 可以满足被动建筑低能耗的要求，在不浪费室内能源的前提下消除烟气，为用户提供更加健康安全的家居生活保障。

参考文献

[1] 贺志强，王嫚鸽，张海潮，等. 风幕式油烟机风幕吹风方向和吹风来源全球专利技术分析. 河南科技，2017，33(4):59-60.

[2] 梁永能，邓志高，区长钊. 管道排气扇和外排式吸油烟机风量测量孔板的设计. 家电科技，2014，26(5):58-60.

[3] 高敏. 行业发展前景向好，市场高端化趋势明显：2011 年 1—7 月吸油烟机、燃气灶市场分析. 厨房用具，2011(11):70.

中国被动房通风系统：厨房与卫生间一体化热回收的挑战

斯蒂芬·希尔默 / 德国能源署（DENA）

引言

通风系统是达到被动房要求的关键。在中国的被动房项目中，也存在一些挑战：

（1）在中国传统的系统中，不允许将卫生间的废气整合到热回收装置中；

（2）中国厨房的高温和油烟污染了过滤器和热回收装置，因此必须规划其他解决方案；

（3）设计和施工中的其他问题。

对于这些挑战而言，需要做出有影响力和说服力的努力，以便为被动房设计领域和中国市场上暖通系统的供应商开发新技术提供良好的解决方案。

不允许将卫生间的废气整合到热回收装置中

不幸的是，卫生间的废气通常直接从屋顶上的排气井排出。原因有很多：担心异味在不同种类的热回收系统（显热 / 潜热）中进入送风系统；通风管道缺乏密封性；中国的省级或国家标准以及各设计院的大多数习惯。在中国大约 35 个 DENA 的试点中，我们经常执行训练设计师的任务，鼓励他们根据被动房的要求设计通风系统（图 1 和图 2）。在越来越多的情况下，这种做法是成功的。由于关于节能建筑领域的知识在不断增长，各省的最佳建筑越来越多，而且材料和设备质量也越来越好。

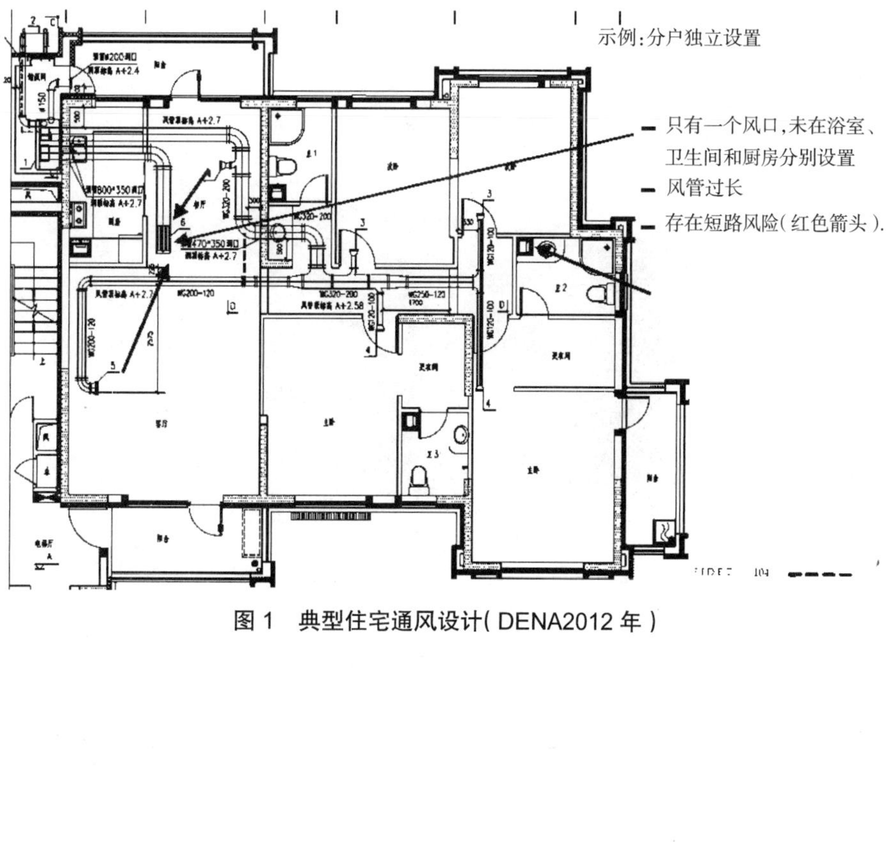

图 1　典型住宅通风设计（DENA2012 年）

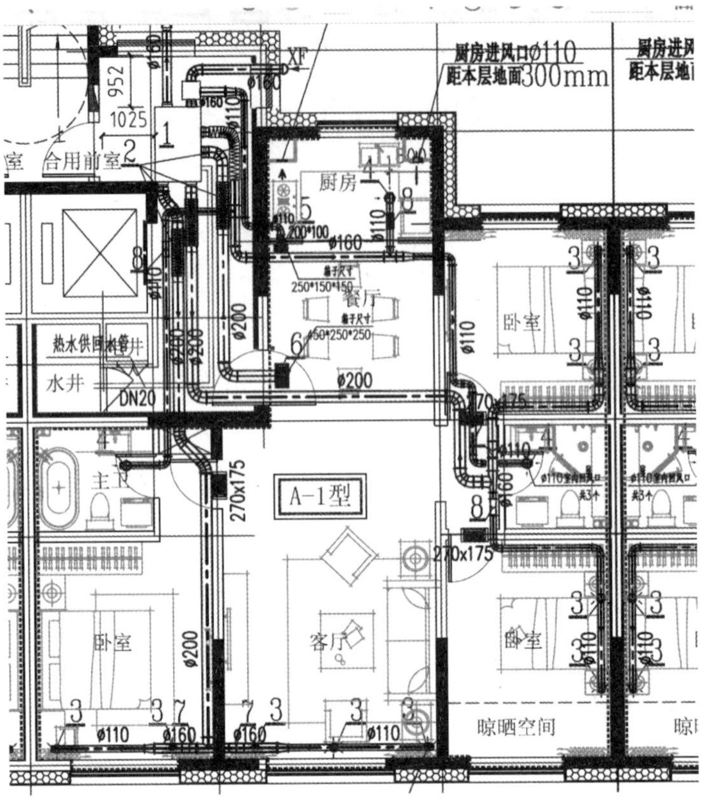

图 2　暖通设计（中国市政工程西北设计研究院有限公司，2016 年 5 月）

位于中国西北地区青海省海东市的 DENA 项目是一个很好的例子（图 3 和图 4）。冬天，海东市的天气很冷，所以新风要由餐厅不超过 30% 的循环风预热，废气从浴室和卫生间甚至厨房排出，厨房抽油烟机的排风直接进入屋顶的竖井，通过通风阀增加的新风则用于厨房补风。为了减少供暖需求，从卧室中抽取额外的循环风，在完成热回收后与新风混合。

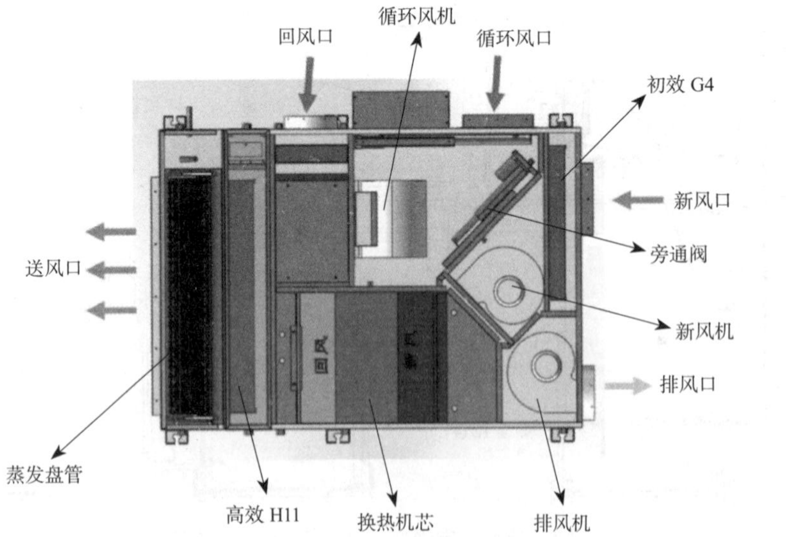

图 3　海东市安装的通风系统（60~400 m³/h，万得福，2018 年）

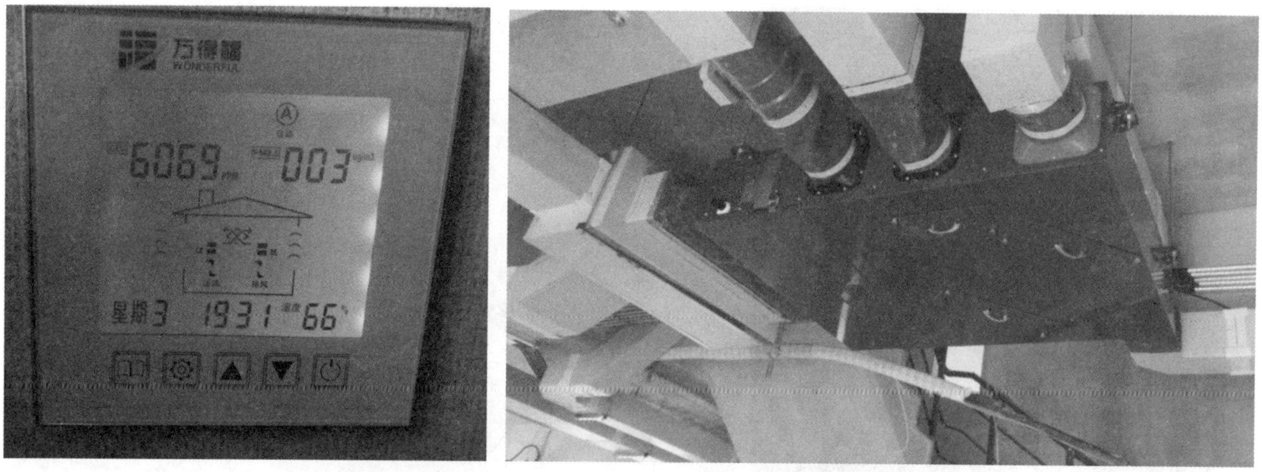

图 4 海东市安装的通风系统(制造商万得福，DENA 希尔默，2018 年)

中国厨房的热回收

中国人的烹饪习惯通常会产生非常热的油烟，污染过滤器和热回收系统。因此，有废气进入通风系统的西式厨房并不适合。中国建筑必须有一个排气井，用于直接安装在屋顶的厨房抽油烟机和额外的新风送排风。大多数项目在每层楼都安装一个穿过外立面的管道，自动与气密阀和抽油烟机相连，如图 5 所示。

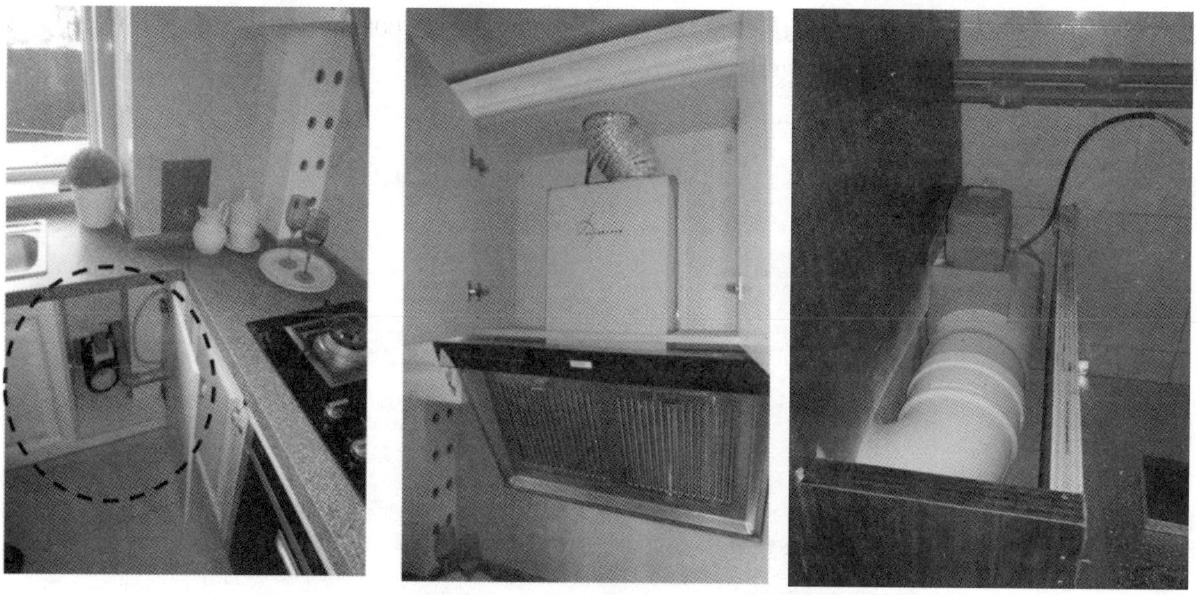

图 5 DENA 试点的新风 + 排气厨房(DENA 希尔默，2018 年)

特殊的厨房离心抽油烟机将油从烟中过滤出来，并放入容器中，如图 6 所示。这项技术应该在将来进行测试。这样即使在中式厨房，与通风系统的热回收装置的连接也能实现。

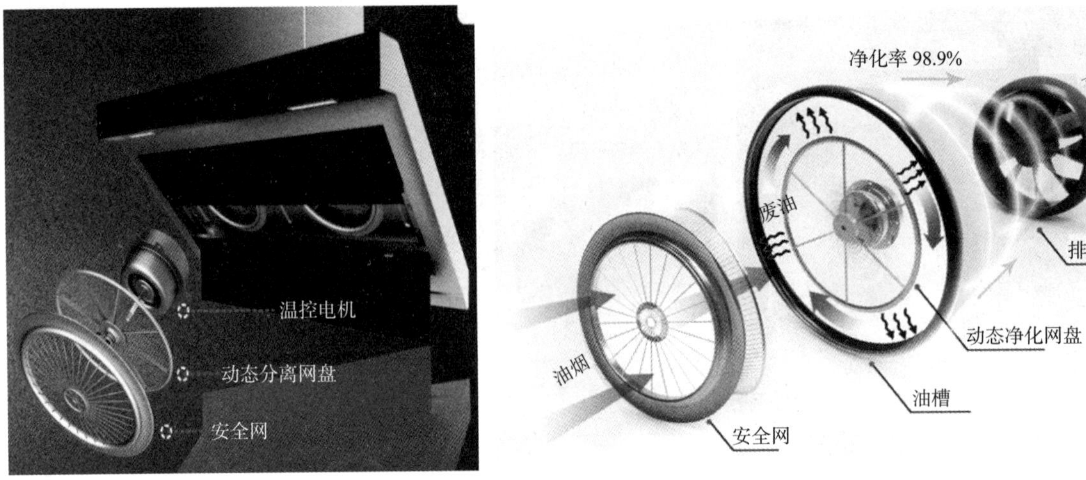

图 6　装有油离心机的厨房抽油烟机

新开发的住宅通风系统提供了大量的新风,在该装置中集成了一个旁路。当抽油烟机启动时,旁路被打开,通风设备被打开到最高级别。这样可以在热围护结构中节省一个孔,并为烹饪提供足够的空气。另外,厨房应与废气系统和热回收系统相连。

比住宅厨房更大的问题是餐厅和食堂被动房的舒适度。有一个 DENA 试点的范例:宿舍楼的食堂。设计计算出其厨房抽油烟机的排气量为 20 000 m³/h,这意味着约为 100/h 的高频换气次数。对于专业厨房,合理的换气次数为 40~60/h。与之相反的是,传统住宅的厨房设计习惯和当地的标准。我们可以说服设计人员降低换气次数,选择一个 5 000 m³/h 的最小值(换气次数为 24/h)和 15 000 m³/h 的最大值(换气次数为 72.5/h)的装置,这是合理的,见图 7 中的新设计。

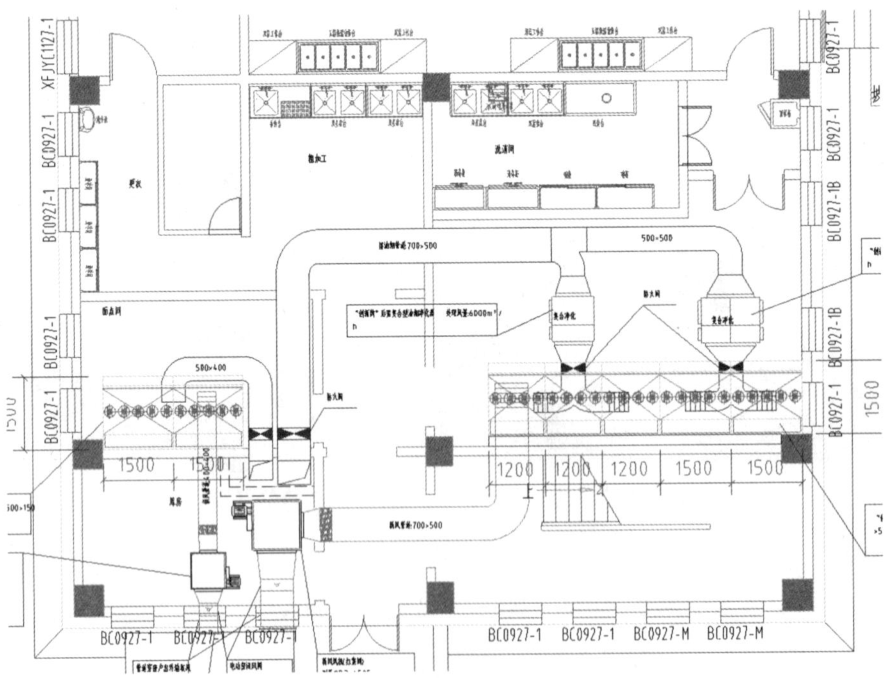

图 7　食堂厨房设计(北京市建筑工程设计有限责任公司,2019 年)

设计和施工中的各种问题

在设计阶段,为了获得一个好的被动房,应该进行综合设计。不幸的是,在实践中,建筑师和工程师没有进行很好的协调,所以大多数项目没有在 BIM 的帮助下完成。二维设计通常被普遍采用。在许多情况下,我们在施工现场发现管道交叉处存在问题，由于空间太小，无法满足管道保温所需的厚度；由于管道离墙太近，管道之间没有距离，很难固定气密胶带或密封槽；尤其是突破电力电缆和竖井水管顶部或底部的热围护结构一般不予设计，气密性很难实现。

在大多数设计中，风管太长，风管曲线太多，风管的密封问题会导致压力损失和噪声问题。在大多数情况下，送风管道应在房间的墙壁处结束，并利用康达效应使用喷嘴来分配房间内的空气。

在中国市场上出现的挑战，只有通过了解如何转让技术、稳步提高产品质量、控制设计、进行能源计算和控制施工质量，才能缓慢地改善这些现状。

节能建筑的厨房油烟机

克莉丝汀·布朗里奇，奥利弗·卡 / 德国被动房研究院

首先，我们需要对两种去除厨房烹调油烟的油烟机进行基本的区分：一种是排气式油烟机，用于捕集烹调油烟，并将其排放到室外；另一种是循环式油烟机，用于过滤抽出的油烟，并将过滤后的空气输送回房间。这两个系统的目的都是为了减轻烹调油烟造成的室内空气污染。

在研究项目“节能建筑厨房排气式油烟机与再循环式油烟机的技术、能源及经济评价研究”框架中，对厨房排风系统与建筑的相互作用及排风系统的评价方法进行了广泛的探讨。该研究项目主要围绕以下几个重点问题开展：①抽风系统的有效性——对现有评估程序和辅助测量方法进行严格审查；②能耗影响——排风操作导致的额外热损失。

油烟机的有效性

1. 现有评估程序

排气式油烟机必须根据 ERP65/14 的规定贴有标签。生态设计标签上应载有风扇、照明装置、油脂过滤器和声发射设备的效能（图 1）。

但令人遗憾的是，此类标签仅对排气式油烟机有强制性要求，因此仅适用于一部分油烟机系统。此外，在能源方面，此类标签仅涉及风扇和照明装置的功耗，而没有考虑由排风系统引发的通风热损失，因此该方法无法为油烟机提供准确的评估。

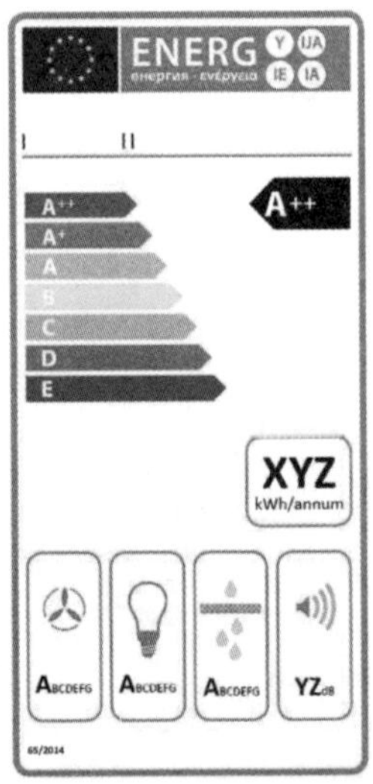

图 1　生态设计标签

DIN EN 61591 规定了另一个评估程序。在该评估程序中，油烟机的有效性由经测量确定的气味降低度决定。首先，在炉灶面上、关闭的油烟机下方释放一种有气味的物质，即甲基乙基酮（MEK）；30 min 后，测量室内 MEK 的浓度。进行第二次测量时，使油烟机处于工作状态，再释放 MEK；30 min 后，再次测量室内 MEK 的浓度。根据图 2 中的公式得出气味降低度。

这一评估方法对排风操作并没有特别的意义，因为气味降低度主要取决于换气率，也就是取决于排风流量。这就意味着，无须考虑实际捕气率，排风量大的抽风系统自然会产生很高的气味降低度。因此，该评估程序似乎也不适合对油烟机进行恰当的评估。

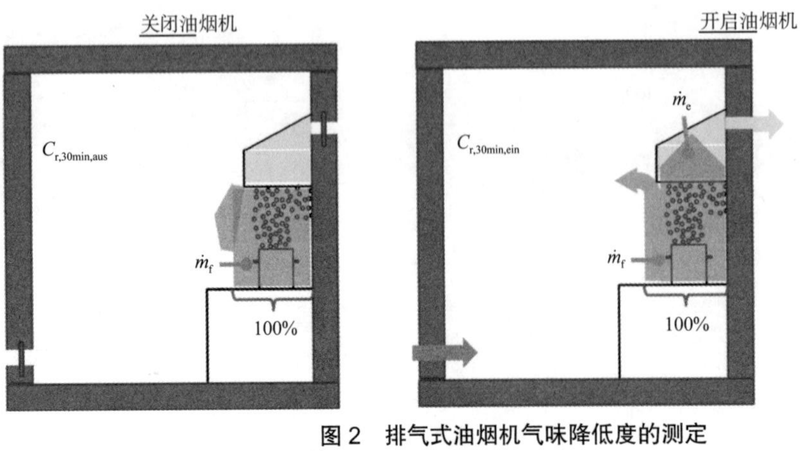

气味降低度 O_f：

$$O_f=\frac{C_{r,30min,aus}-C_{r,30min,ein}}{C_{r,30min,aus}}$$

图 2　排气式油烟机气味降低度的测定

2. 气味降低度的测定（基于 DIN EN 61591）

不过，这种方法非常适用于对再循环式油烟机和排气式油烟机进行比较：在研究范围内，德累斯顿木材技术研究所有限责任公司（The Institut für Holztechnologie Dresden gGmbH）在实验装置的基础上进行了比较测量，以确定气味降低度。

在第一次试验（图 3）中，对两种不同的油烟机在不同工作级别下的排风操作进行了试验。与预期一样，气味降低度没有显著差异，因为气味的降低主要取决于排风气流量。两种油烟机系统达到的气味降低度均在 90%~97%。

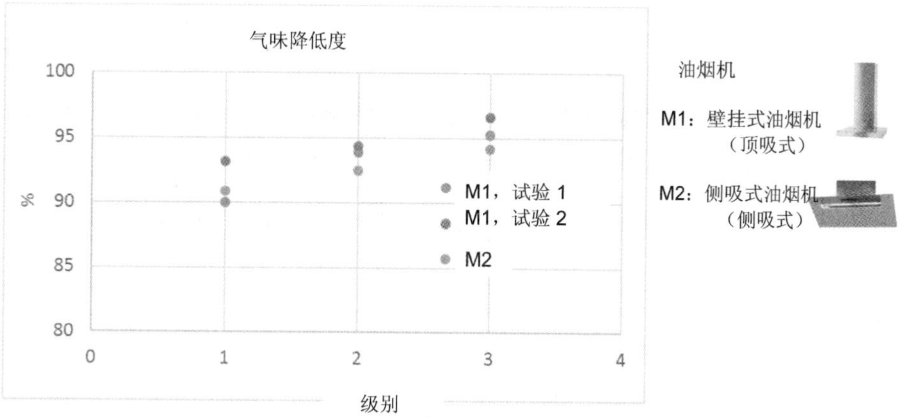

图 3　对两种不同结构类型的 1、2、3 级排气式油烟机进行试验

（资料来源：德累斯顿木材技术研究所有限责任公司）

在第二次试验（图 4）中，在再循环模式下对相同的油烟机进行了试验。此时，气味降低度表现出明显不同：

在 3 级条件下，壁挂式油烟机的气味降低度仅为 60%，而侧吸式油烟机则达到了 90% 以上。与排气操作相比，再循环操作中气味的降低主要是通过碳过滤器的效能来实现的。碳过滤器的质量很可能对气味降低度有很大的影响。

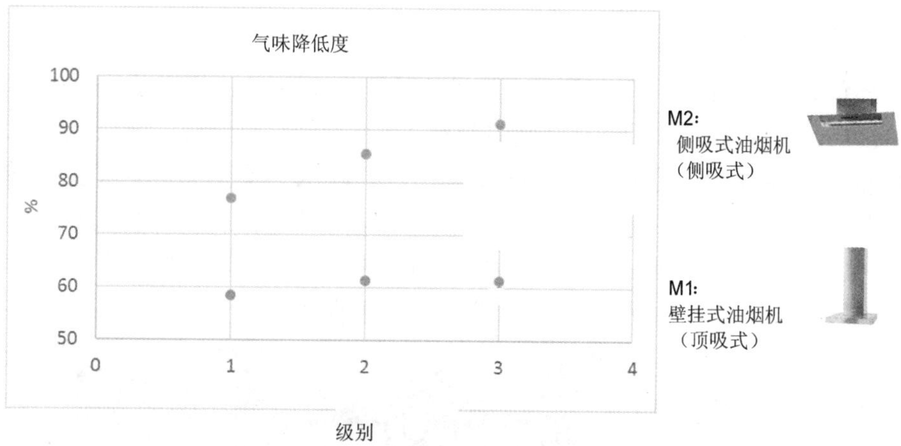

图 4　对 1、2、3 级再循环式油烟机进行试验

（资料来源：德累斯顿木材技术研究所有限责任公司）

第三次试验依旧在循环模式下进行，但对换气的基本标准做了调整，设厨房内的抽气量保持在 45 m^3/h。图 5 显示了试验 2（较小点）的结果，同时还显示了额外抽气量为 45 m^3/h（较大点）时达到的气味降低度。这表明，即便是较小的额外抽气量也能显著提高气味降低度。

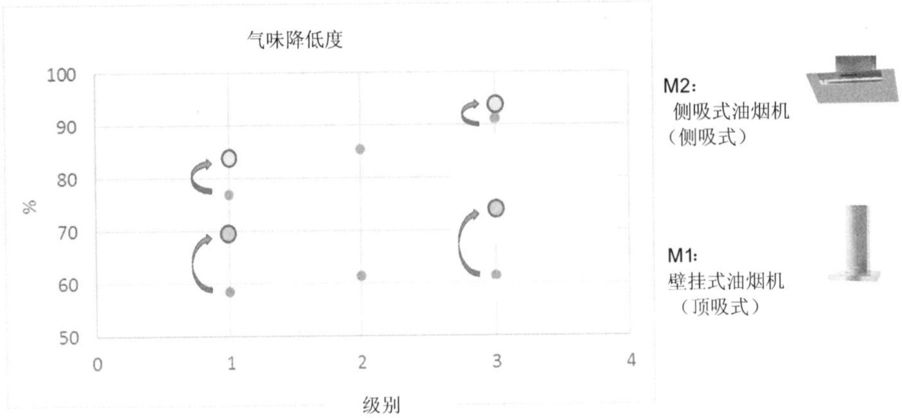

图 5　对 1、2、3 级再循环式油烟机和可控通风的再循环式油烟机(抽气量 45 m³/h)进行试验

(资料来源:德累斯顿木材技术研究所有限责任公司)

总之,被动房的确能在厨房提供如上所述的抽气量。因此,良好的循环式油烟机系统可以实现与排气式油烟机系统相同的气味降低度(图 6)。

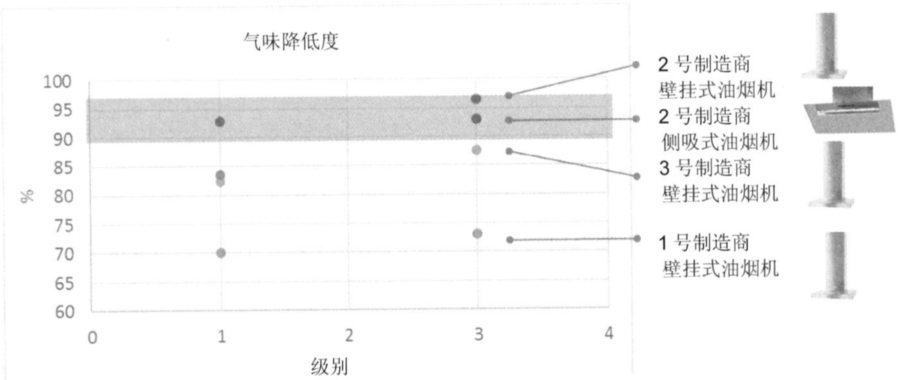

图 6　可控通风装置(抽气量 45 m³/h)的 1、2、3 级再循环式油烟机的所有试验与排气式油烟机试验结果的比较

3. 新的油烟机有效性目视测量方法

"BewDunst"研究还针对一种新的目视测量方法进行了试验,以证明油烟机系统的有效性和差异。这项试验表面上是研究排气式和再循环式油烟机之间的差异,但更确切地说是研究一般情况下的油烟捕集效率。为了获得烹调油烟的影像,我们需要使用黑色的背景和具有高对比度设置的相机。这里的烹调烟雾由蒸汽产生,而蒸汽则来自装满水的锅。在规定的炉灶面功率输出(最高水平)条件下,保持锅内水沸腾的状态。图 7 显示了影像评估的结果,一个影像由多达 50 张单一照片组成,明亮区域是在试验过程中产生烟雾的区域。试验中的壁挂式油烟机在 284 m³/h 的抽气量下实现了完全的烟雾捕集。

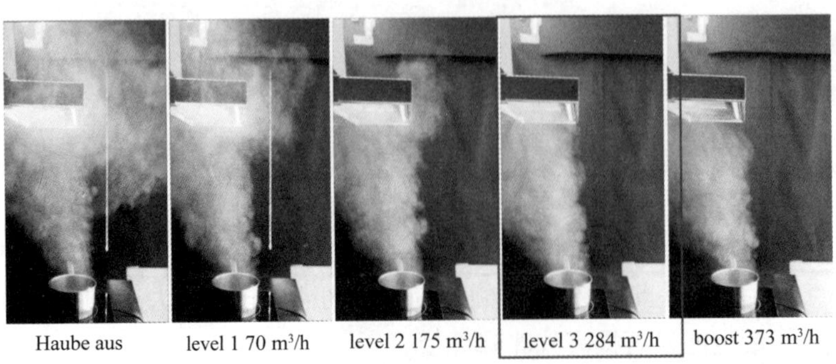

图 7　壁挂式油烟机的目视试验(在 284 m³/h 抽气量的条件下实现完全捕集)

该研究还考虑了炉灶面抽风系统，通过这一系统把烹调油烟雾向下抽。试验中的炉灶面抽风系统仅在抽气量为 451 m^3/h 的情况下才能实现对烟雾的完全捕集（图 8）。其中，锅的高度为 8 cm。研究表明，对于更高的锅，需要更大的抽气量才能实现对烟雾的完全捕集。

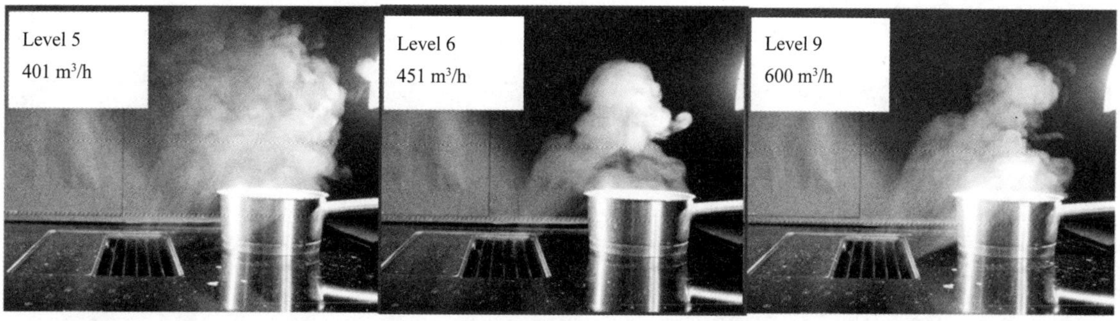

图 8　炉灶面抽风系统的目视试验（炉灶面以上锅高 =8cm），在 451 m^3/h 抽气量的条件下可实现对烟雾的完全捕集）

新的目视评估程序的结果表明，该程序能够对烟雾捕集进行定性评估，市场上现有的厨房排风系统能够表现出明显的差异。然而，至今还没有一种合适的评估方法可以用于评估这些系统的基本特性。

节能建筑中的能耗影响

排气式油烟机，特别是节能建筑中的排气式油烟机，对能耗具有很大影响。不仅在运行过程中会产生额外的热损失，由于排气口气密性不足，非运行时间的渗透也会造成相关的热损失。表 1 显示了“BewDunst”研究中额外热损失。即便在相对较低的排气量和每日 0.5 h 的中等运行时间下，每年也会额外增加 447 kW·h 的热损失。对于中小型公寓来说，这会对特定的供暖需求产生相应的影响，特别是对于供暖需求通常较低的建筑，如被动房产生影响。因此，不建议在平均面积的供暖需求小于 90 m^3/h 的公寓中使用排气式油烟机。

表 1 排气式油烟机引起的热损失取决于油烟机的运行时间和气流量(假设气候数据来自德国波茨坦市,根据 DIN1946-6 计算通过具有中等气密性排气口的商用产品的渗透量,风压 5 Pa(低风压),热桥效应,非隔热风门)

运行时间(h/d)	气流量(m^3/h)	排气热损失(kW·h/a)	翻窗/侧开窗的渗透损失(kW·h/a)	热桥翻门(kW·h/a)	热损失总和(kW·h/a)
0.5	250	158	276	13	447
0.5	500	316	276	13	605
1	250	316	271	12	599
1	500	632	271	12	915

指南和规划建议

本研究项目的结果已总结在一份指南中,该指南可在 www.passivehouse.com 上查阅。

关于被动房油烟机的主要建议总结如下。

(1)应首选循环式油烟机。

(2)在以下情况下可使用排气式油烟机:

①进风解决方案必须是可行的;

②排气口和进气口必须隔绝外部操作;

③最大排气量不应超过 650 m^3/h,抽风系统应提供至少 3 个工作级别;

④平均公寓面积应大于 90 m^2。

致谢

本研究项目由联邦建筑、城市和空间研究所未来建设研究计划(文件编号:SWD-10.08.18-7-17.27)资助。

参考文献

[1] “节能建筑中住宅厨房排风蒸发器技术、能源及经济评价研究”最终报告. 被动房研究院,德累斯顿建筑设备技术研究所,德累斯顿木材技术研究所,2018-12.

[2] https://eur-lex.europa.eu/legal-content/DE/TXT/PDF/?uri=CELEX:32014R1254

第 23 届国际被动房大会

Passive House Institute

专题论坛 11
被动房居住区（项目）

海德堡被动房城市街区——列车新城项目经验及评估

拉尔夫·贝尔米西 / 海德堡市环境保护、贸易监督和能源办公室

介绍

1992 年，海德堡市会议通过了全市第一个气候保护概念。该概念是由海德堡能源与环境研究所（IFEU）在公民和利益相关者的积极参与下提出的。该概念分析了家庭、工业、贸易、工艺、公共机构（大学、医院、行政部门）和流动行业的能耗和 CO_2 排放，制定了各行业的战略和措施。由于海德堡 40% 的能耗产生的 CO_2 排放是由供暖引起的，因此减少供热需求成为关注的重点。海德堡市承诺将提升能源效率和气候保护纳入行政部门工作中。自 2010 年起，所有新建市政大楼达到被动房标准。此外，我们还积极推行改造项目、实现高效和可再生能源供应的转型策略以及提高公民意识。海德堡市致力于实现可持续发展目标，并参与能源城市、气候联盟、倡导地区可持续发展国际理事会（ICLEI）、市长联盟和 C40 等众多气候保护城市网络。

海德堡列车新城——原铁路地面上的可持续发展区域

当货运物流观念发生变化时，海德堡已不再需要货运场和调车场，并于 1997 年将其关闭。2001 年，当局为该区域的新城区（图 1）总体规划举办了一场城市规划竞赛，其中达姆施塔特市 Trojan + Trojan 的提案荣获一等奖（图 2）。该概念借鉴了铁路线街道和绿地的几何结构，为占地 116 ha 的海德堡列车新城项目奠定了基础。2007 年，海德堡市长通过市储蓄银行（海德堡储蓄银行）、市住房协会（GGH）和巴登 - 符腾堡州（Baden-Württemberg）国家银行房地产子公司发起成立海德堡开发机构（EGH），开始动态开发。EGH 从德国铁路公司，即德国联邦铁路公司（Deutsche Bahn）的房地产子公司手中买下原铁路地块，成为列车新城城市开发合同缔约方和该市的开发机构。

图 1　海德堡列车新城鸟瞰图（凯·萨默尔拍摄）

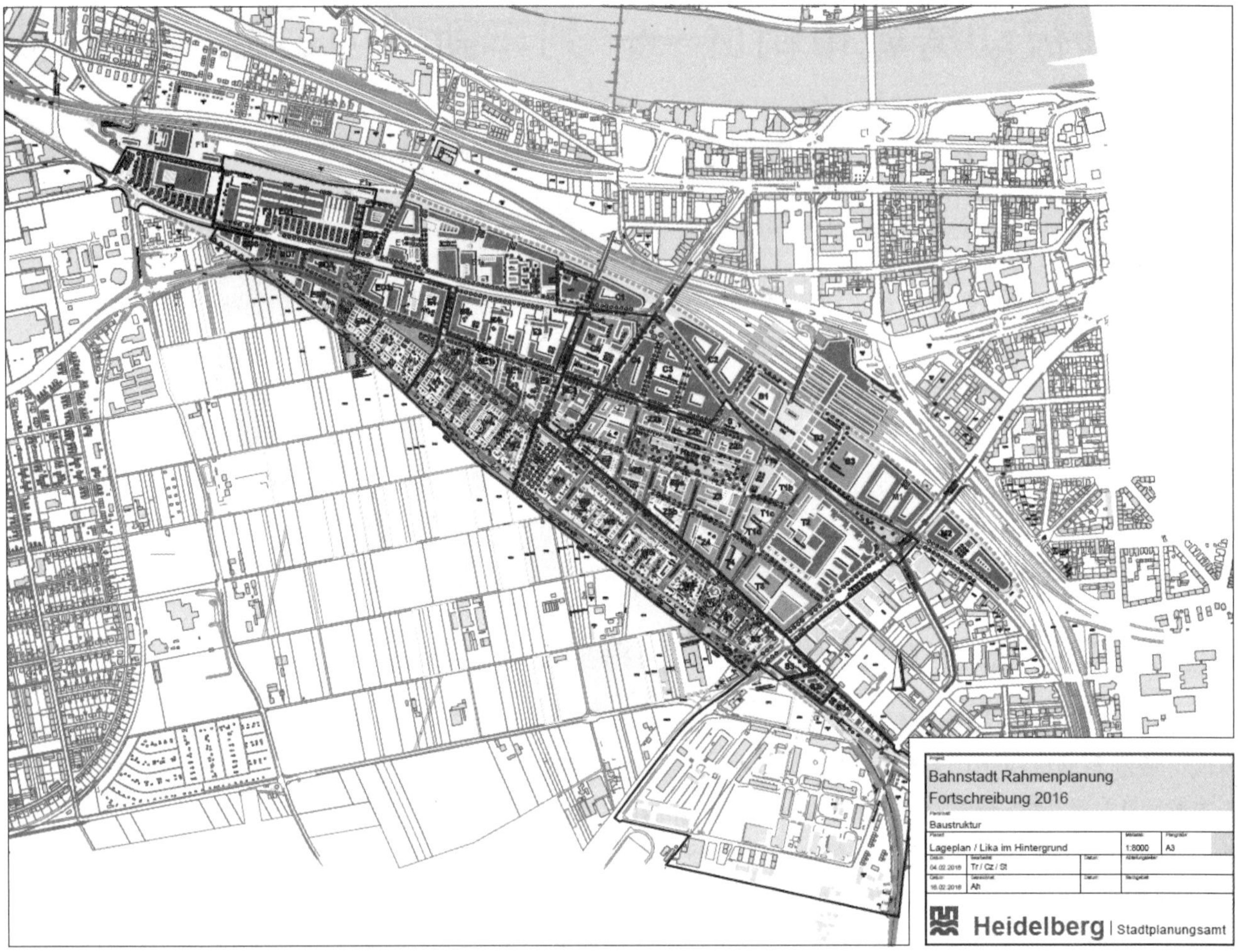

图 2　海德堡列车新城总体规划

（地图：海德堡市，根据 Trojan + Trojan 草图绘制）

2008 年，“Wohnen an der Promenade”住宅区和“Campus II（设有学生宿舍、教育设施和研究型企业）”举办了城市规划竞赛。这两个区域构成了列车新城建设第一阶段的核心（图 3）。第一批住宅项目于 2011 年动工，第一个地块于 2012 年完工。其住房营销自一开始就非常活跃，房地产经纪人报告说，列车新城的被动房标准和可持续概念对很多新居民具有决定性意义。实际上，现在有 4 500 名居民住在 2 500 套公寓内。而该项目建成后，预计将有约 6 800 名居民住进约 3 700 套公寓内。

列车新城是一个转化区，其中心位置使其成为城市可持续发展的绝佳地方。根据海德堡市的气候保护和可持续性目标，政府制定了各种环境问题的专业概念。由于靠近中央火车站，列车新城在本地及长途公共交通使用方面具有巨大潜力。两条有轨电车线路将列车新城和城市其他区域连接起来，原货运列车线路上的自行车道将列车新城与邻近区域连接起来，且该自行车道不与汽车道交叉。在未来几年内，将有两座人行天桥和自行车桥穿过铁路线和内卡河，提供除汽车之外的吸引人的交通方式。

土壤管理使土壤运输量最小化。绿色空间和绿色屋顶可保护自然，通过蒸发冷却改善城市气候，并保留水分，减少进入排水系统的雨水量。

图 3　列车新城内的住宅建筑和市幼儿园（Christian Buck 拍摄）

列车新城能源概念：被动房标准和区域热能

与工程公司 ebök 一起为列车新城项目开发出能源概念。根据 CO_2 排放量和成本对总体规划中建筑结构的各种建筑标准和供热相关标准进行评估。在此基础上，海德堡市议会决定整个列车新城必须执行被动房标准和分区供热。区域的热能和电能由市供应者海德堡城市公用事业（Stadtwerke）使用来自区域可持续林业的木材，在以木片为燃料的热电联产（CHP）站生产出来。这样，列车新城实现了零排放季度。为鼓励合理用电，提出了节能概念。该能源概念被指定为列车新城的发展目标之一，受到建筑法和合同文书的约束。规划和建造阶段密集的性能要求（PR）工作和精细的质量保证对遵守被动房标准起着决定性作用。

海德堡市和市能源机构在规划早期向所有投资者提供能源建议，解释被动房标准的好处和概念以及报告和控制系统，采用 PHPP 计算被动房耗能，还包括宣传保温、气密性结构和通风等建筑能源概念。

供暖能耗评估

海德堡市负责通过达姆施塔特被动房研究院（Passivhaus Institut Darmstadt），对列车新城建设第一阶段住宅建筑的供暖能耗进行评估。其数据库是该市能源公用事业，即海德堡城市公用事业（Stadtwerke）关于该建筑用地每月的热量测量数据。所有建筑用地（每个地块约有 100 套公寓）都有一个带有热量测量单元的区域热传输站。区域热量总消耗是直接测量的，包括供暖、淋浴热水和厨房热水以及安装和供暖管道的待机能源损耗。计算热量纯消耗时，将没有供暖需求的夏季消耗考虑在内。评估结果详见文献 [3] 和 [4]。该分析表明，不同项目中每平方米供暖面积的供暖消耗各不相同，在 9~27 kW·h/（m^2·a）。经分析，所有公寓 2014 年的供暖消耗平均值为 14.9 kW·h/（m^2·a），2015 年为 16.4 kW·h/（m^2·a），符合被动房标准。

在接下来的2016—2018年，该市通过相同的方法对区域能源机构KliBA进行了能源监测。随着列车新城的发展，可以分析更多的地区。2014—2015年的分析结果被纳入文献[6]。图4显示了具体的供暖消耗（无外界温度补偿），每个住宅的建筑用地都有一个匿名标记BS-xy。这些柱形表明2014—2018年每平方米的供暖消耗范围为9~25 kW·h/（m^2·a）（忽略极端异常值BS-20）。由于冬季实际室温一般在21~22℃，其平均值符合被动房标准。

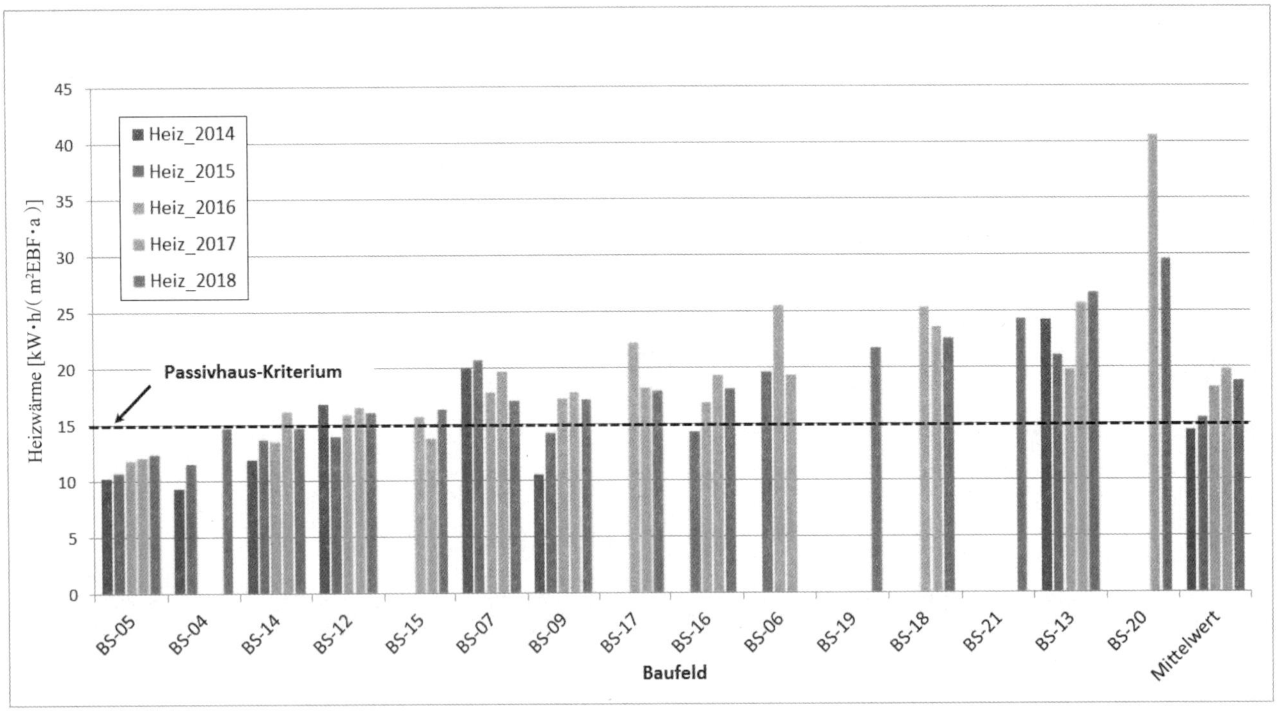

图4　2014—2018年列车新城住宅建筑项目供暖总能耗（Orlik，2018）

讨论和结论

列车新城是世界上最大的被动房城区，但也许海德堡很快就要将该称号转交给中国城市了。对于海德堡列车新城的各种建筑，被动房标准是强制性的。在规划和施工阶段的能源概念、技术建议和质量保证是成功的主要因素。一项调查显示，居民对被动房体验很是满意。对每平方米能耗的评估显示其平均值符合被动房标准。

参考文献

[1] 贝尔米西·R. 城市开发采用被动房标准：海德堡的列车新城发展迅速. 第十七届国际被动房会议记录，法兰克福，2013.

[2] ebök Ingenieurbüro für Energieberatung, Haustechnik und ökologische Konzepte, Hildebrandt et al. Baugebiet Bahnstadt in Heidelberg – Städtebauliches Energie- und Wärmeversorgungskonzept. Tübingen, 2007.

[3] 佩珀·S，佩尔施·R. 监测海德堡列车新城能耗. 第二十届国际被动房会议记录，达姆施塔特，2016.

[4] 佩尔施·R. 海德堡列车新城被动房新区质量管理. 第十七届国际被动房会议记录，法兰克福，2016.

[5] 赫尔曼·R，拉斯·U，等.Stromsparkonzept 列车新城：列车新城节电概念. 海德堡市环境保护、贸易监督和能源办公室，2012.

[6] 奥尔利克·W. 海德堡列车新城项目：2014—2017年能耗调查及展望2018年.2019年海德堡被动房会议"Besser Bauen".

中国青岛大规模被动房开发认证
——示范性住宅项目落户中德生态园

韩飞 / 因斯布鲁克大学
沃尔夫冈·费斯特 / 被动房研究院
宋斌磊,马小明 / 中德生态园

动机

在过去十年中,被动房不仅以单一试点项目的形式,而且还以大型住宅建筑的形式在中国迅速发展。截至 2018 年底,被动房总面积已达到了大约 400 万平方米,包括已建和正在建设的面积。每当人们在中国提及被动房时,谈到的往往都是它的昂贵、难以规划和施工以及不适合中国人的生活习惯和当地气候等。因此,青岛中德生态园计划建设一项大型被动房项目并在市场上进行出售,其目的在于证明被动房的优点以及其在中国的经济和技术上的可行性。

决策和目标

该项目位于中德生态园中,属于大规模施工。为了确保质量,项目方决定与 PHI 合作,共同对该项目开展认证。青岛生态园项目的目标是实验性地进行这一试点建筑项目,并将其在中国境内进行推广。该项目流程如下:按照设计的节能期望建设被动房;根据 PHI 技术指南对被动房的能源消耗进行监测;在考虑增量成本的情况下对结果进行比较;最后对被动房在中国的适用性进行验证。

挑战

在冬季寒冷和夏季高温、潮湿的环境下,建设被动房将是一项很大的挑战。高水平的保温性、配备三层低辐射玻璃的保温窗框、无热桥规划和施工、气密性围护结构和热回收率最小 75% 的通风,这些都是很高的要求。特别是在中国市场很难找到同时具有供暖、制冷、除湿、提供新风和生活热水的分体式通风系统。一种方法是从国外购买,但是进口这种通风系统将会增加项目预算以及运行和维护成本,而且国内设备需要在热回收率、漏风率和低耗电量方面进行改善。另一种方法是开发一种全新的通风设备,这也是生态园的立意所在。

解决方案

被动房应该能够根据国际被动房标准获得 PHI 认证。从项目开始到结束都必须仔细考虑五个基本原则,同时仍然使用 PHPP 作为规划工具。生态园已从成功的 PHTEC 项目中积累了经验,只要在中国市场上可以买到合适的保温材料和被动房窗户,无热桥和气密性规划及施工就都不是大问题。唯一的障碍是找到可以与分体式空调(AC)系统结合使用的通风系统,为了解决这一问题,需要研究和开发新产品,而不是从国外进口设备。

项目信息

在前期规划阶段,需要将特定标准考虑在内,包括建筑物的选址、朝向、A/V 比率、窗户与墙体面积比以及玻璃的优化等。本项目的总建筑面积为 70 226 m^2,与正北方向之间的偏向角为 180°,在项目的东侧和南侧是一些高层建筑物，第 2、3、5、12、16、19 和 20 号建筑物是多层被动房，其他则为联排别墅，如图 1 所示。图 2 显示了带有潜在热桥的第 20 号建筑物局部。

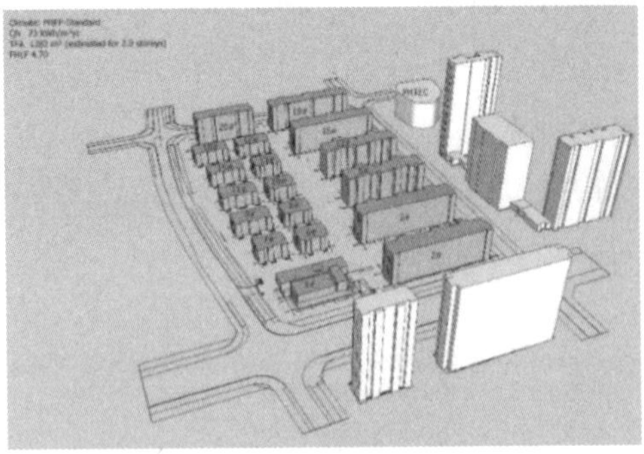

图 1　项目模型

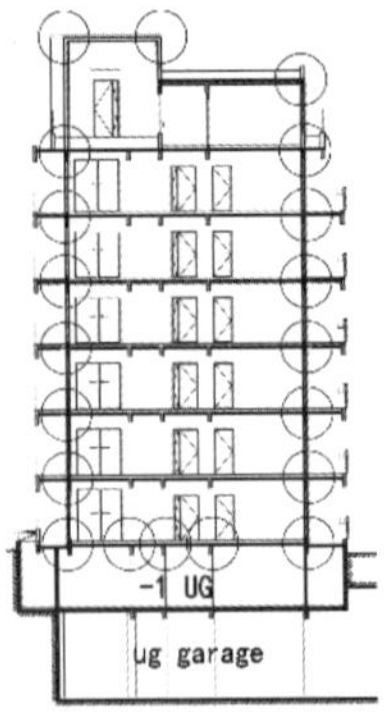

图 2　潜在热桥

围护结构

对于不透明的围护结构，使用 230 mm 厚的石墨模塑聚苯板（GEPS）作为主要保温材料，其用于外墙时的传热系数（U 值）为 0.032 W/（m²·K）。根据中国消防法规，在以楼层高度为间隔的石墨模塑聚苯板之间，应使用传热系数为 0.04 W/（m²·K）的 300 mm 宽、230 mm 厚的岩棉带作为防火层。在建筑物的屋顶上，铺设传热系数为 0.035 W/（m²·K）的双层 300 mm 厚挤塑聚苯板，在车库的天花板上安装传热系数为 0.04 W/（m²·K）的 250 mm 厚岩棉，在一些不方便的地方采用传热系数为 0.008 W/（m²·K）的真空板。

通过保温材料的选择，PHPP 给出了不透明建筑围护结构的 U 值：外墙 U 值为 0.137 W/（m²·K），楼板 U 值为 0.152 W/（m²·K），屋顶 U 值为 0.113 W/（m²·K）。

热桥经过精心设计，并通过不同方式进行最大限度的优化。如果热桥损耗小于 0.01 W/（m·K）的极限值，则节点应符合“无热桥设计”的标准。作为一项假设，PHPP 中采用的用于节能计算的气密性数值为 0.6/h。正常情况下，可通过鼓风门测试获得低于 0.6/h 的数值。

阳台与楼板隔开，同时保温材料从间隙中穿过，其示意如图 3 所示。

图 3　阳台与楼板隔开，同时保温材料从间隙中穿过

被动式门窗

本项目中选择的是木框窗户，在窗户外侧使用铝壳，增强窗户的耐久性。举例来说，在第 20 号建筑物中使用的 g 值为 0.48，U_g 值为 0.62 W/（m²·K）的三层保温玻璃。通过与木质窗框进行结合，平均 U_{win} 值可达到 0.79 W/（m²·K），$U_{win,\ ins}$ 值最大为 0.85 W/（m²·K）。在被动式气密门上，安装的三层玻璃 U_g 值为 0.62 W/

（m^2·K），门框的 U 值为 0.71 W/（m^2·K），门的设计 U 值最大为 0.8 W/（m^2·K）。

外部遮阳

夏季的青岛在强烈阳光照射下温度往往超过 30 ℃，所以外部遮阳在制冷平衡方面起着重要作用。在冬季，外部遮阳卷入盒子中，以便让房间获得更多日光照射。在住宅建筑物东、南和西面的墙壁外窗上，还安装了电动室外百叶窗。施工现场的遮阳情况如图 4 所示。

图 4　施工现场的遮阳情况

通风系统

本项目中必须将具有热回收功能（回收率最小 75%）的高效通风系统与热泵系统（紧凑型装置）结合起来使用，以满足供暖、制冷、新风和生活热水的要求。Ecopark 及其合作伙伴已经开发出了一种可以实现这些功能的分散式系统，也就是所谓的紧凑型装置。特别地，该紧凑型装置不仅可以将部分循环空气重新用于送风，而且还可以在不同速度下运行。该紧凑型装置可以与室内 CO_2 和 PM2.5 检测装置进行连锁，也就是说，可根据 CO_2 和 PM2.5 浓度的变化运行、停止通风或改变通风频率。

通风系统设计中涉及的主要因素包括：新风量设计值为 30 m^3/（h·P），风扇功率最大为 0.45 W/（m^3·h）。

送风管道和排气管道上安装有消音器，用于防止噪声传递到卧室和客厅中（最大 25 dB）以及厨房和卫生间中（最大 30 dB）。

送风首先进入客厅和卧室中，然后经过餐厅和楼层后，再汇入到厨房和卫生间中，并将厨房和卫生间的气味和潮湿空气抽取到紧凑型装置中，与新风进行热交换。这种方式有益于气流组织，并且确保了健康、舒适的室内环境。卫生间内的抽气量为 70 m^3/h，进入的新风总量和抽取出来的空气流总量在任何时候都必须保持平衡，以便热回收功能正常。

供暖和制冷系统

本项目采用了“地源热泵系统（冷源和热源）+ 具有热回收功能的通风系统（制冷和供暖）”的集成设备，为建筑物进行制冷和供暖。每一户家庭都设有一个带有独立 HRV 系统的分体式紧凑型装置，同时建筑物中的 6 个垂直分体式紧凑型装置共用一个地源热泵系统。其优点是不会对其他家庭造成干扰，同时未安装该装置的家庭将不会影响其他家庭。

本项目的一大挑战是在夏季提供制冷和除湿。对 20 号楼进行的 PHPP 结果表明，供暖和制冷需求涵盖了标准值，但是冷热负荷大于或等于标准限值。

如上所述，开发的紧凑型装置已经集成了空气再循环系统，这是一种创新方法，可以降低供暖和制冷需求。来自室外的热新风和来自走廊的循环空气进入到生活区域中，而废气则从各个功能房间中抽取出来。

可再生能源

本项目使用光伏系统来产生可再生能源，该系统的光伏发电面板安装在屋顶上，总装机容量为283.7 kWp，年发电量为275 000 kW·h。光伏系统的发电量优先用于住宅电力和物业。当光伏系统发电有剩余电量时，可将剩余电量流入到市政电网中，同时节省下来的电费可以抵消居民承担的部分物业费。

此外，本项目还使用了地源热泵系统。在冬季，来自地下的热量将作为热泵系统的主要热源使用，以便对送风和生活热水进行加热。在夏季，热泵系统将来自房间的热量带出并释放到地下。地源热泵系统可以降低CO_2的排放，并提供良好的温度环境。同时，地源热泵系统和紧凑型装置一起使用时可提供生活热水，每套系统都配备了一个热水箱。在多层建筑物和联排别墅中，热水箱容量分别为200 L和300 L。

土壤热力性质报告表明，本地土壤的平均温度为15.65 ℃。对于整个被动房住宅项目，总共钻了233个有效深度为110 m的井孔，用于供暖补充。

经济性

合适的被动房组件价格较高，因为它们具有更高的质量和节能性能。根据成本分析，多层建筑物的平均增量成本大约为864元/m²，比附近PHTEC建筑物低大约140元。但是，生命周期中节省的建设物运营成本可补偿增量成本。

结果

到目前为止，已根据节能、整体规划和质量保证流程成功建造了这些被动房建筑。第一步的目标已经实现，被动房标准的所有要求都已得到满足。第20号建筑物的PHPP预认证结果如图5所示。

Specific building characteristics with reference to the treated floor area

				Criteria	Alternative criteria	Fullfilled?[2]
	Treated floor area m²	3109				
Space heating	Heating demand kWh/(m²a)	13	≤	15	-	yes
	Heating load W/m²	11	≤	-	10	
Space cooling	Cooling & dehum. demand kWh/(m²a)	19	≤	21	21	yes
	Cooling load W/m²	10	≤	-	10	
	Frequency of overheating (> 25 °C) %	-	≤	-		-
	Frequency of excessively high humidity (> 12 g/kg) %	0.00	≤	10		yes
Airtightness	Pressurization test result n_{50} 1/h	0.60	≤	0.6		yes
Non-renewable Primary Energy (PE)	PE demand kWh/(m²a)	118	≤	120		yes
Primary Energy Renewable (PER)	PER demand kWh/(m²a)	62	≤	-	-	-
	Generation of renewable energy (in relation to pro-jected building footprint area) kWh/(m²a)	32	≥	-	-	

[2] Empty field: Data missing; '-': No requirement

图5 第20号建筑物的PHPP预认证结果

对生态园中新建的二星级绿色建筑的能源效率进行计算。结果表明，供暖需求大约为134 kW·h/(m²·a)，在规划的条件下热负荷大约为41.7 W/m²。与二星级绿色建筑相比，20号被动房消耗的供暖量仅为绿色建筑物的十分之一，而绿色建筑的热负荷是被动房的4倍。

结论和展望

本项目从经济和技术角度初步展示了被动房在冬季寒冷、夏季高温潮湿的气候带建造的可行性。紧凑型装置在满足供暖、制冷、新风和生活热水需求方面具有相当高的成本效益和能源效率。它可以使室内环境更加舒适，例如新风可以保持恒定的温度范围等。这种类型的通风产品在中国属于新产品，从长远来看还需要对其进行测试。因此，它可能成为将来一个新的研究领域。

根据 PHPP 的结果，本被动房项目的能源效率为 90%。在接下来的两年中，将对 2 号建筑物进行监控，以检查实际运行的供暖需求，这将是下一篇论文的主要任务。

参考文献

[1] 中华人民共和国住房和城乡建设部. 建筑节能与绿色建筑发展“十三五”规划.2017.

[2] Peper S. 建筑物监控基础和指南.SINFONIA 项目中的监控基础，2015

[3] 费斯特·W，等.Passivhaus Projektierungspaket .9 版. 被动房研究院，1998—2017.

2050 年前将建筑物的供暖需求降低 50%

君特·朗 / 朗咨询公司

新建工程中 EnerPHit 改造和被动房的后续实施将有助于实现气候保护目标。

如果及时采取后续行动，就可以在 2050 年前将整个建筑行业的能源需求降低一半，正如我们对两个面积为 4 km² 的城市地区进行的实地分析所展示的那样。因此，必须重点关注最佳建筑可用标准，包括新建筑物和改造工程的标准。但是对舒适度热性能进行的改造率仅为 2.7%，不足以实现气候保护目标。

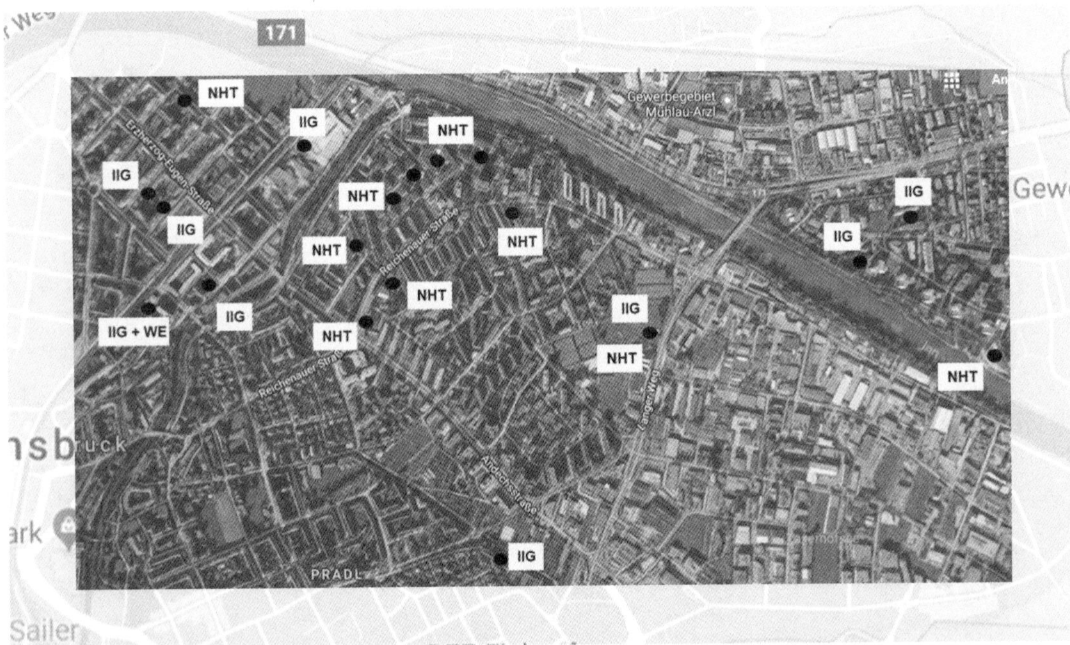

图 1　因斯布鲁克面积为 4 km² 的场景区域部分(包含过去 6 年内的所有分析项目，配有缩写名称的暗点表示被动房或 EnerPHit 改造位置)(来源：朗咨询公司；地图：谷歌地图)

两个城市地区(因斯布鲁克 -Pradl 和维也纳 -Penzing)示例建筑物结构类似，30 000 名居民，人口密度为 7 500 人 /km²。由于房屋规模较大，因此这两个地区的改造率高于奥地利平均值(大约为 0.7%)。

在分析中，我们在因斯布鲁克发现了 19 个最高品质被动房或 EnerPHit 标准施工项目(图 1 中配有缩写名称的暗点)；而在 Penzing 地区只有 2 个项目(图 2 中配有缩写名称的暗点)。此外，我们在 Penzing 地区还发现了 46 个改造项目节能率达到 50%。

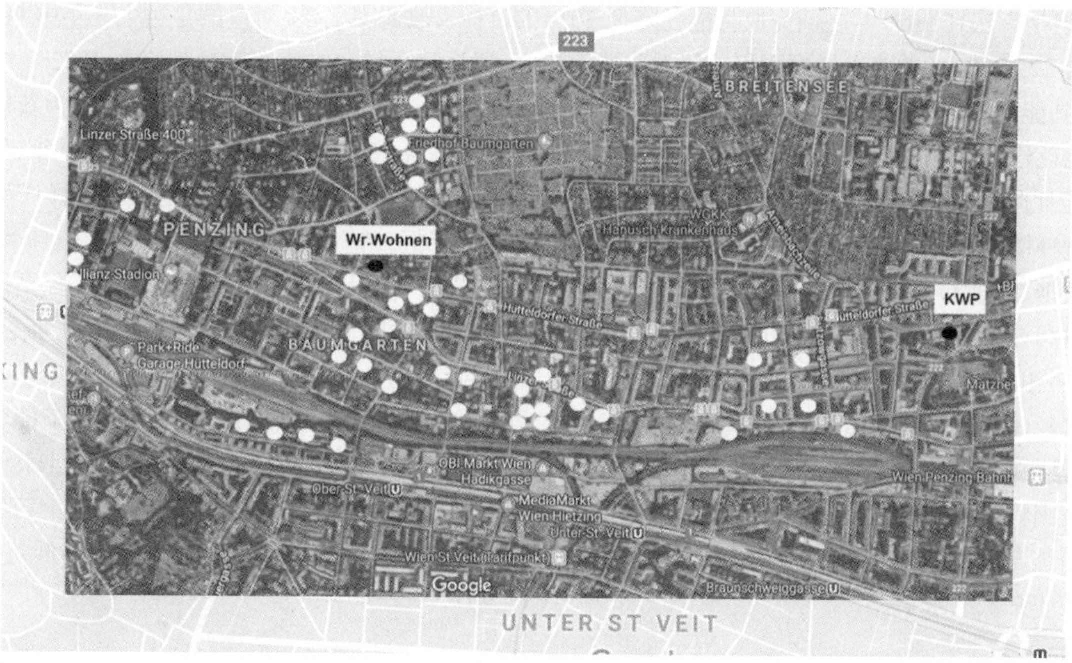

图 2　维也纳 -Penzing 地区面积为 4 km² 的场景区域部分(包含过去 6 年内的所有分析项目,配有缩写名称的暗点表示被动房或 EnerPHit 改造位置,浅色点表示节能率最高达到 50% 的改造项目)(来源:朗咨询公司;地图:谷歌地图)

该分析为制定成功的供暖策略提供了具体行动建议。图 3 详细说明了能耗(单位: GW · h/ 年)的发展情况。对于两个地区,根据改造的总楼面面积(GFA)进行区分,而不是根据改造的 GFA 加上新建筑物的 GFA。

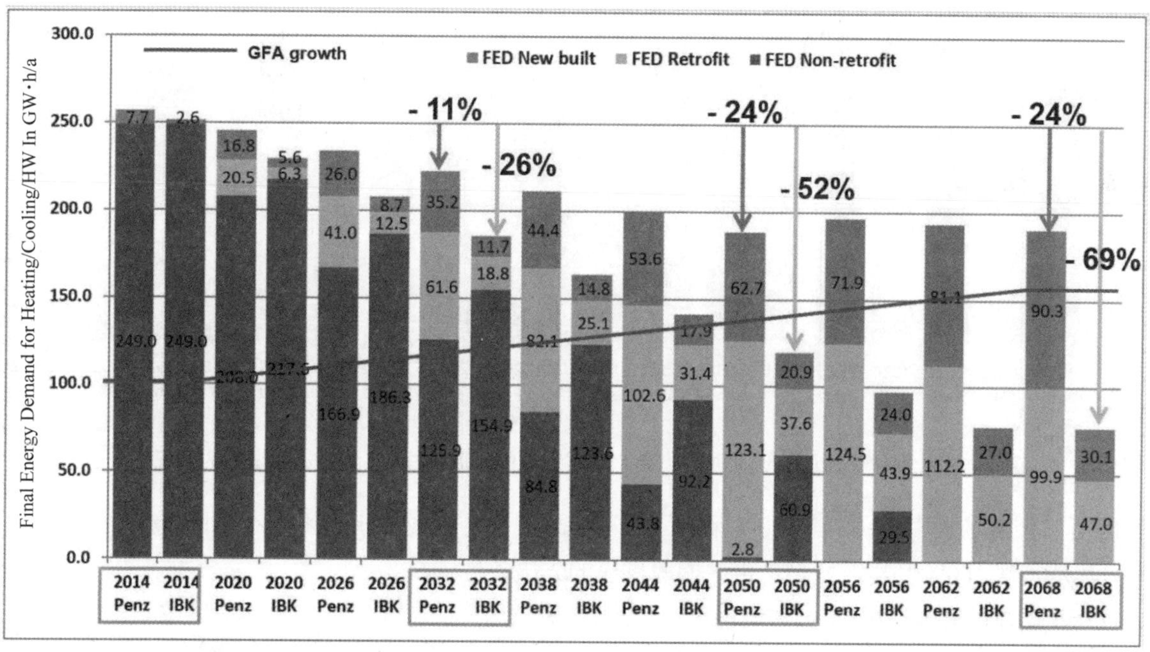

图 3　开始时两个地区的能源需求都是 249 GW·h/a(8 300 kW·h/inh.,来源于 Wr.Energiebericht 2018)

FED—最终能源需求(GW·h/a);GFA—总楼面面积;Penz = Penzing 地区;IBK = 因斯布鲁克地区;HW = 热水

积极的改进措施如下。

Penzing 地区:改造率 2.7%,最终节能率达到 50%;按照低能耗标准新建建筑物。

因斯布鲁克地区:改造率 2.1%,最终节能率达到 80%;按照被动房标准新建建筑物。

图 3 清晰表明,尽管改造率为 2.7%,改善后的平均节能率达到了 50%,并且新建工程中建造的是低能耗

建筑物,但是无法在 2050 年之前完成将能耗降低 50% 的目标。改造率 2.7% 对应的是过去 6 年中 Penzing 评估区域内 220 000 m² 的改造楼面面积。假设改造率稳定,那么整个最初的建筑存量都将在 2052 年时完成改造,并达到能耗降低 50% 的目标,但是无法假定所有建筑物都可以进行热性能改造。此外,因为新建筑物是根据低能耗建筑标准进行建造的,所以这些新建筑物将造成能源需求的粗放型增长。截至 2050 年,仅能实现 24% 的能耗降低目标。在 2069 年,自 2014 年以来的所有新建筑物将与所有改造后建筑物一样产生能源需求。在这种情况下,在 2050 年之后,能源需求不会再出现任何降低。

相反地,因斯布鲁克的改造率仅为 2.1%,所达到的平均节能率为 80%,同时后续的新建工程是按照被动房标准进行建造的,因此可以在 2050 年之前实现 50% 的供暖需求降低率。此外,即使在 2050 年之后,能耗与 2014 年相比也会降低 70%,即使总楼面面积可能会增加 54%。

在将新建建筑物体积的最终能源增长考虑在内之后(图 4),截至 2050 年, Penzing 场景的节能率结果为 39%,而因斯布鲁克场景的节能率结果为 62%。这将使 Penzing 地区的节能率在 2068 年达到 44%,而因斯布鲁克地区则将达到 77%。在 Penzing 场景中,将在 2050 年达到最低能耗值。在这之后,40 年后的第二次改造产生的节能与新建工程带来的能耗增长之间将保持平衡。因斯布鲁克的能耗水平可进一步降低,直到 2062 年保持在非常低的水平。

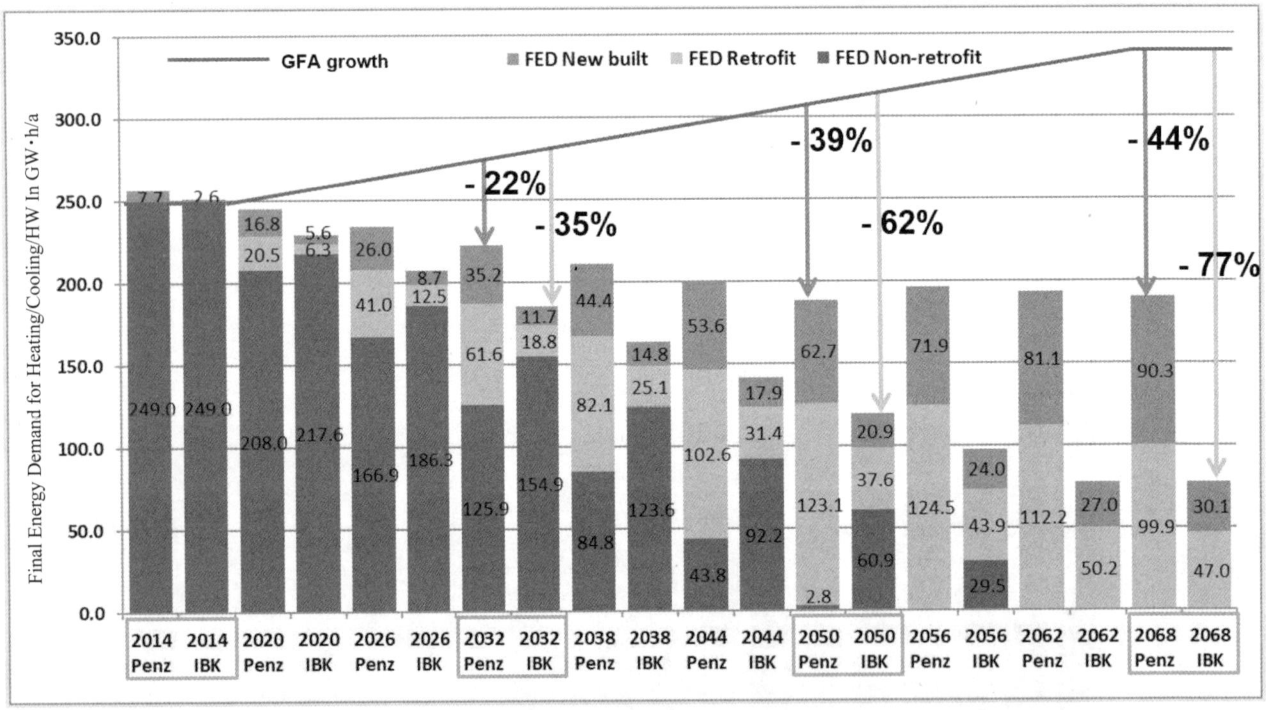

图 4 维也纳 -Penzing 和因斯布鲁克两个地区能耗的发展(在考虑新建筑物增长的情况下)

在因斯布鲁克场景中,除了实现气候保护目标和欧盟义务之外,还可产生一些正面影响:

(1)其是实现 100% 环境友好型可再生能源供应的先决条件;

(2)分散能源供应和使用,不会对电网造成压力;

(3)在应对气候变化方面具有最好的弹性;

(4)通过持久新风带来最佳舒适度;

(5)显著降低室内污染;

(6)对于整个地区而言是一个经济的解决方案;

(7)减轻能源基础设施成本;

(8)高国内增加值;

（9）为财政提供长期收入；

（10）使国际贸易逆差转变为顺差；

（11）使地区建筑业掌握领先的专有技术；

（12）适应气候变化的先决条件；

（13）不是短期繁荣而后萧条。

结果表明，对于整个建筑行业，在 2050 年之前可以使能源需求降低 50%。因此，关键是要明确将注意力放在最佳建筑可用标准上，包括新建筑物和改造工程的标准。我们只有依靠最高的能源效率，才能使用可再生能源提供剩余的能源需求。

Passive House Institute

专题论坛 12
被动房设计与教育培训

通过进修保证良好的素质

苏珊娜·温克尔 / 被动房研究院

职业资格认证体系

为了成功实施被动房标准，来自规划和施工各个领域的专业人员都需要经过适当培训。在过去 12 年中，被动房研究院（PHI）与 100 多个合作组织开展合作，为建筑设计师和商人实施继续教育和认证，以此为世界范围内的高效节能建筑领域提供培训和继续教育，使有需求的人可以获得认证的被动房设计师和获得认证的被动房商人。从 2007 年开始，共有 8 000 名建筑师和工程师通过了设计师认证流程，并且从 2012 年开始共有 4 500 名商人已经完成了商人培训并通过了相关测验。继续培训和认证体系包含针对课堂培训课程和在线培训模块开发的课程材料。在高效节能建筑行业内具有足够经验的教育机构和个人可成为获认可的被动房课程供应商，并使用课程材料和在线培训模块为建筑专业人员提供高质量的讲解说明。获认可的课程供应商还可在由 PHI 准备的被动房设计师和商人测验中提供帮助，该测验每年举行数次。通过该体系，在被动房设计和施工方面受过良好培训的建筑专业人员的数量不断上升。

学习的课程

1. 模块化的、扩大的认证体系

与被动房建筑设计和施工相关的知识非常广泛，主要是因为在职业教育或大学学习项目中没有教授有关节能设计和施工的基础知识。这就导致了那些想要基于良好知识设计和建造功能性被动房建筑的人员不得不花费大量时间和成本。

为了解决这些问题，我们所采取的措施是将需要用到的专门知识分成较小的教育和认证单元。被动房课程材料的模块化允许将其集成到现有的培训方案和学习计划中。能够将较小的培训单元更加容易地集成到当前的专业课程中，是对当前现有主题板块的有意义的扩展。

此外，将课程材料分成较小的培训单元，可以更加容易地为参与规划和施工流程的专业人士提供终身且持续的培训。专业人员需要进行持续培训，以保证掌握最新技能和能力，并且确保将专门知识应用于高效节能建筑物的建造实际。因此，针对被动房认证设计师和商人资质的认证体系做出了一项规定，要求每 5 年对证书进行一次更新。对此类证书进行更新的一个途径是参与到各种不同的培训项目和活动中，以此获得学分。因此，除了模块化，还根据 PHI 及其全球范围内合作伙伴的继续培训经验对可用培训项目的组合进行了扩展（图 1）。

PHI 专业人士认证体系的模块化和扩展部分是由 AZEB（经济适用型零能耗建筑）欧盟项目发展而来的。该项目旨在改进被动房建筑的规划和施工程序，并因此优化建筑物开发的成本。

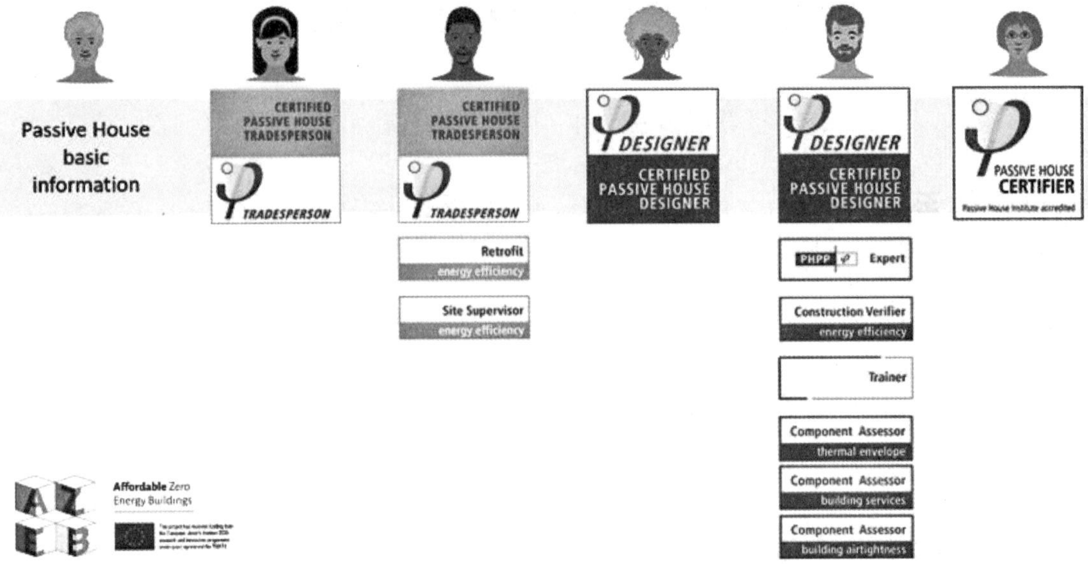

图 1　除了经典的被动房认证设计师和商人资质认证外，被动房研究院已就更多的活动领域对其职业资格认证体系进行了模块化设计并逐步进行了扩展

2. 世界范围内的培训

被动房标准属于国际性标准，因此被动房原理可在世界范围内的所有气候带中适用。此外，越来越多的设计师从事国际业务，并在不同的气候带和国家工作，例如中国。因此，就被动房知识进行沟通具有国际意义，正如多年以来与国际培训合作伙伴保持的良好合作所展示的一样。通过与这些合作伙伴进行合作，国际间双向传递的知识得到了显著加强，因为除了对学习目标和课程材料进行翻译以外，国际培训合作伙伴还要使所需知识适用于本国法律和地区性施工方法，这是一项重大进展。

特别地，由于商人更有可能在区域环境中工作，因此这一点有利于商人的教育和继续培训。另外，还开发了模块化系统，以便更加容易地针对不同气候带和施工方法集成课程材料。

3.PHPP 专家

创建精确的能量平衡对于成功实施被动房标准至关重要。PHI 及其全球范围内合作伙伴的培训经验已表明，为期两天的被动房设计包（PHPP）培训课程不足以为复杂的被动房建筑（例如大型住宅或非住宅建筑物）创建能源平衡。因此，我们已经开发了额外的 PHPP 培训内容，涵盖非住宅建筑物、改造项目的详细输入要求以及有关 3D 建模的基本知识（使用 PHI 开发的 designPH 软件）和有关热桥的深入知识。有关热桥的培训单元包括基础理论以及如何计算热桥和如何在 PHPP 中使用这些计算的实际能力。为了确保高质量的培训，我们已经开发了实用的作业练习和期末考试。这一额外培训证书的目标群体包括建筑师、设计师、工程师、能源顾问和教育机构。

4. 施工验证师和现场监理

虽然在被动房研究院的建筑认证方案中对被动房项目的规划流程进行了良好规定，但仍可以对规划实施和施工流程的质量进行改进。此外，可以对被动房设计师进行适当的继续培训，从而可以使建筑认证流程变得更加高效。因此，在复杂的施工现场，需要加强对纷繁复杂的被动房标准的了解。加强对被动房流程的了解要求现已扩展到被动房建筑的调试阶段，该阶段在建筑物的生命周期中有时是一个会被忽略的过程。我们已经开发了关于建筑物调试主题的培训材料以及关于复杂被动房施工技术的培训材料，还有关于被动房建筑认证的培训单元。当前我们正在开发用于认证施工验证师的额外培训单元，以确保在项目的所有阶段都能保持整个设计和施工过程达到必要的高质量，同时确保建筑认证过程顺利进行且具有成本效益，其目标群体是建筑师、设计师和工程师。为了促进终身学习并涵盖介于职业教育和大学教育之间的知识水平，复杂被动房建筑培训单元还可提供给建筑工人和商人等目标群体，使这些人员获得“现场监理”的额外证书。

通过高质量培训提升公众意识

为了牢牢树立对高效节能建筑概念的公众意识，一项关键要素是将有关高效节能施工方法的知识集成到国家职业培训体系和大学学习项目中。因此，通过提高工程师联合会和工匠联合会的意识，可以为高效节能新式建筑物和改造项目的传播做出重大贡献。

建筑行业的教育标准差别很大，而且在大多数建筑工地，非熟练劳工往往占据劳动力的很大一部分比例。因此，除了对建筑物和部件开展独立认证外，PHI 还在教育和继续培训领域提供质量保证，特别是在国家组织的熟练建筑工人职业培训不足以满足要求的情况下。

在这方面，对职业资格认证进行明白易懂的介绍，并将其纳入国际评估中是有帮助的。由 PHI 进行的专业资格认证是欧盟终身学习“欧洲资格框架（EQF）”的一部分，该框架目前正在全国范围内建立。这样做的目的是使欧洲范围内的专业人员资格和能力更具可比性。

世界各国都认识到需要最大限度地减少建筑行业的能源消耗。欧洲引入了近零能耗建筑（nZEB），该标准未来将会强制施行，并且世界各地都引入了类似计划，这些为在不久的将来在该行业中取得实际进展提供了机会。然而，欧洲和其他国家中都存在这样一种危险，即绝不会通过立法对明显的节能潜力进行开发。此时，与国家标准相比，建立在全球范围内起作用的独立被动房标准有助于保持节能建筑具有可比性，还可证明其实际的节能潜力。通过具有高质量保证的培训计划和继续教育体系在全球范围内对被动房专业人员进行认证，对于使这一宝贵贡献成为可能至关重要。

参考文献

[1] 达姆施塔特被动房研究院主页.Entwerfen und bauen Sie effiziente Gebäude!. https://cms.passivehouse.com/de/training/.2019 年 7 月 24 日访问.

[2] 经济适用型零能耗建筑.https://azeb.eu/.2019 年 7 月 24 日访问.

被动房课程在中国高校开展的意义

司大雄 / 合肥学院建筑工程系
刘亚博 / 被动房研究院

摘要

由于被动房在中国的发展，培养更多的被动房技术人员是迫在眉睫的事情，高等教育环节的被动房课程教学未来将成为被动房技术人才培养的一个重要组成部分。本文分析了合肥学院被动房课程的特色、人才培养方式，为被动房在中国高校方面的发展提供了案例。未来将尝试课程、实验以及项目实践结合的被动房技术人才培养方式。

引言

经过近十年的发展，我国被动房已从小范围试点向规模化方向发展。河北、山东出现了10万平方米以上的社区，河北最大的社区超过100万平方米。石家庄2018年新开发的项目已经超过60万平方米。2018年上半年全国新增被动房项目相当于以往被动房项目开发量的总和。针对如此大规模的全国性的被动房爆炸性增长，相应的被动房技术人员的需求量处于紧缺状态。截至2019年5月，通过社会培训认证的中国被动房设计师共581名，中国被动房建造师共73名。培养更多的被动房技术人员是迫在眉睫的事情，目前合肥学院和山东建筑大学已开设被动房课程，高等教育环节的被动房课程教学将成为被动房技术人才培养的一个重要组成部分。鉴于此，本文将通过研究合肥学院被动房课程的相关经验，提出被动房课程在中国高校开展的意义。

被动房课程介绍

1. 课程内容

该课程的主要内容为保温、无热桥、气密性、门窗、新风热回收以及PHPP（被动房设计包）。课程通过对被动房设计原理的讲述，并结合被动房的实际案例设计和巩固计算，使学生掌握被动房的设计原理和方法。

考核采用分组方式对被动房进行设计，具体实施为4人一组。考核从建筑设计、建筑模型、PHPP计算、被动房节点详图以及被动房设计方案五个方面进行评分，具体要求如下。

（1）建筑部分：平、立、剖面图，建筑总图，节点详图。

（2）建筑模型：Design PH模型或通过Excel统计相关计算数据。

（3）PHPP计算：满足被动房标准要求。

（4）被动房节点详图：完成规定页数的被动房节点绘制。

（5）被动房设计方案：完整的设计方案，含方案对比、经济性和建筑设计优化。

考核成绩分布如表1和图1所示。

表1 2017—2018学年第2学期被动房课程成绩

分值区域	0~9	10~19	20~29	30~39	40~49	50~59	60~69	70~79	80~89	90~100
人数	5	0	0	0	0	0	3	11	24	24
百分比（%）	7.5	0.0	0.0	0.0	0.0	0.0	4.5	16.4	35.8	35.8

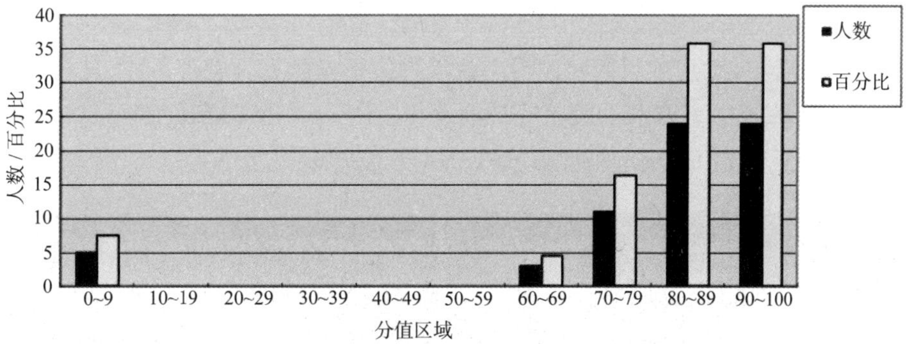

图 1　2017—2018 学年第 2 学期被动房课程成绩分布图

从最终的考核结果来看，该考核方式无法体现出学生之间实际学习效果的差别。所以，计划从下学期开始，将被动房设计作为练习题穿插在整个课程教学过程中，并作为过程考核成绩，采用考试的方式作为期末成绩，总成绩采用两者加权平均来体现。课程结束后，对获得成绩优秀的学生奖励被动房技术相关的书籍。同时，对被动房感兴趣的同学，可以被推荐到被动房相关的企业中实习，毕业后将优先推荐到被动房相关的企业中工作。

2. 课程发展计划

该课程目前属于建筑学专业选修课，三年以后将根据学生的反馈和对社会的影响，考虑是否纳入到专业必修课中，并增加实验部分和综合实践，同时纳入到毕业设计中。现阶段已经申报被动房实验室，预计今年将会获得批准并开始建设。结合被动房未来发展的需要，尝试在与建筑相关的其他专业开设被动房课程。同时，计划申请“绿色建筑”作为新专业，在此专业中，被动房设计原理将作为主要必修课程，同时围绕被动房将实现实验、实践和毕业设计多维度的学习。

被动房专业人才的培养

1. 人才培养计划

增加被动房课程是建筑学培养方向的新尝试，国内近几年出台了关于被动房推广的各类政策，推动了被动房在中国的发展。但截至目前，国内的毕业生为了从事相关的被动房工作，需要先接受社会培训，同时再参加若干被动房项目之后才具备相应的被动房设计和施工能力。鉴于此，通过在高校设置被动房课程，为被动房发展提供新鲜的动力。目前，合肥学院 2018 级建筑学专业将被动房设计原理正式列入培养方案（图 2）。该课程所在学期为第 7 学期，课程类型为专业选修课。该课程同时被纳入学校的金课计划，将被进行重点打造。

011432510	建筑遗产保护	Architectural heritage protection	2.0	56	28	28	0	28							2					专选	查	建工	否
011432511	建筑创作方法论	Methodology of Architectural Creation	2.0	56	28	28	0	28									2			专选	查	建工	否
011432521	被动房设计原理	Passive building design principle	2.0	56	32	28	0	24							2					专选	试	建工	否
011432513	既有建筑改造	Existing building renovation	2.0	56	28	28	0	28								2				专选	查	建工	否
011432514	参数化设计及建筑信息模型	Parametric design and building information model	2.0	56	28	28	0	28						2						专选	查	建工	否

图 2　合肥学院 2018 建筑学专业教学进程表

2. 课程项目实践

被动房课程结合云水湾被动房项目同时进行。该项目位于安徽省合肥市，处于夏热冬冷地区，学生在上课的同时参与到被动房项目中。该项目目前已完成并获得“十三五”近零能耗示范项目的认证。两名学生全程参与了此项目（图 3），未来将有更多的被动房项目可以让学生参与。

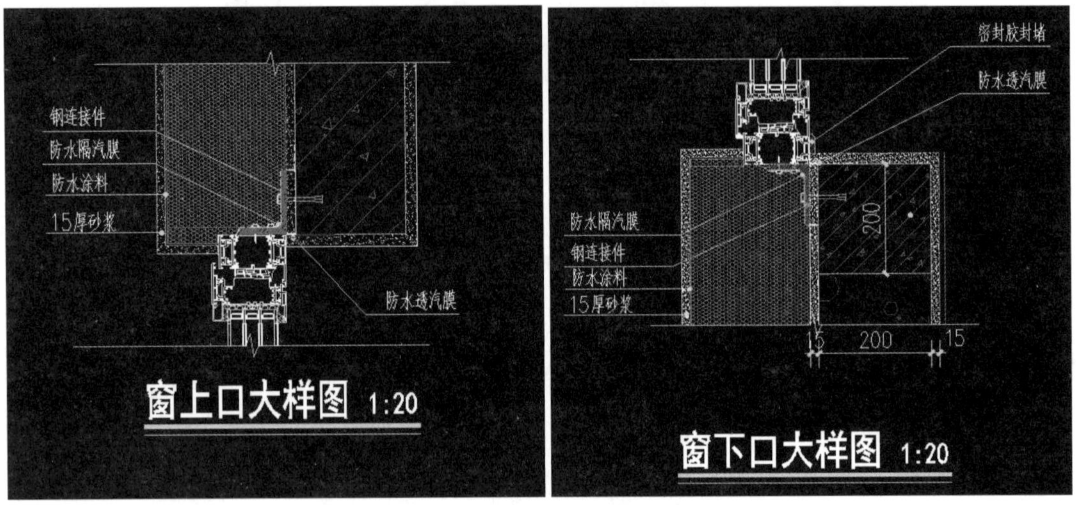

图 3 学生绘制的云水湾项目节点详图（部分）

下一步计划采用联合培养的方式，与国内被动房公司签订联合培养合作协议，参与企业的被动房项目，使学生所学知识与社会需求相结合。同时，未来考虑培养被动房建造师，学校和社会均可提供相应的深造平台。云水湾被动房改造项目的相关设计参数见表 2。

表 2 云水湾项目被动房改造项目设计参数及能耗结果

项目	设计参数		
地点	合肥，安徽		
保温参数	外墙石墨聚苯板 150 mm 厚，U_{wall}=0.186 W/(m²·K) 屋顶石墨聚苯板 50 mm 厚，U_{roof}=0.481 W/(m²·K) 地面 XPS 50 mm 厚，U_{floor}=0.455 W/(m²·K)		
门窗参数	U_f=0.91 W/(m²·K)，U_g=0.6 W/(m²·K)，东南西向 g 值 =0.35		
气密性	0.6/h		
新风热回收	全热回收显热回收效率 80%，潜热回收效率 60%		
外遮阳	南向和西向活动外遮阳卷帘		
供暖和制冷	中央空调		
照明、设备	LED 及智能家居（一级能效）		
供暖需求	13 kW·h/(m²·a)	供暖负荷	13 W/m²
制冷需求	27 kW·h/(m²·a)	制冷负荷	10 W/m²

意义与展望

通过该课程的开展，为社会和企业培养被动房设计与施工的专业型工程师，降低国内被动房人员的培养成本。作为一门新开课，如何办好被动房这门课，实现社会和企业对被动房专业学生的认可，还需要不断的探索。当被动房课程成为专业必修课的时候，除了证明学校对这门课的认可，也意味着社会对这门课的认可。

通过进一步在全国其他学校推广被动房课程，最终让被动房技术成为建筑技术之一被社会广泛认可。

参考文献

[1] 张小玲. 我国被动房发展现状及影响健康发展的制约因素 [J]. 建设科技，2018(20):45-48,52.
[2] http://www.passivhausplaner.eu/mitgliederdatenbank.php
[3] http://www.passivhaus-handwerk.de/mitgliederdatenbank.php

再学习培训：区域和特定行业培训的需要和潜力

恩里科·伯尼拉瑞 /Emu Systems

欧洲境外的被动房培训

1. 当前的 PHI 课程

国际被动房研究院（PHI）的培训计划于 2007 年开始实施，从被动房设计师 / 顾问课程开始，2013 年扩展到 PH 技术人员课程，并于 2016 年加入更新 PH 证书的新体系。课程设置是针对德国当地以供暖为主的气候而开发的，但随着课程材料的开发，课程内容也进行了修改，使其包含其他地区不同的气候和特定的当地条件，例如当地的建筑方法和经济分析。

在不同的气候条件下，被动房在舒适性、卫生和能量效率方面的知识得到了发展。培训课程的重点放在以供暖为主的气候上，也因此使人们以为被动房标准不适合其他气候地区（但是已建成的项目证明并非如此）。有时这会降低世界较温暖地区的专业人士对 PH 课程的兴趣，导致这一标准应用于主流建筑较慢。鉴于这种偏见，PHI 鼓励与其合作的组织在全球 PHI 培训框架内，根据各自的气候和当地的施工技术来调整课程。

2. 吸取的教训和改进的目标

Emu Systems 已在美国开设了多门 CPHT 课程和考试，并收集了有价值的关键性能指标（KPI）来改进培训，包括参与者的反馈和按考试题目类型分类的通过率。其目标是更好地了解美国建筑商的具体培训需求，并通过每年一次的课程材料修订来改进 Emu 的 CPHT 课程和教育。根据这些关键性能指标，我们确定了以下需要改进的地方：

（1）解决美国特有的针对被动房的谬见和文化抵制；

（2）在美国较广泛的气候区范围内贯彻 PHI 的知识和设计原则（包括卫生和舒适性标准）；

（3）将 PH 的性能与美国不同建筑的规范和标准进行比较；

（4）在当地气候和市场条件下成本效益高；

（5）提供美国施工方法的 PH 施工实例；

（6）将整个 CPHT 课程和考试转换为英寸－磅体系。

北美建筑商课程

1. 被动房和北美的特定条件

Emu Systems 课程的开发旨在帮助被动房技术人员完成国际性的学习目标，同时满足美国建筑商施工时的具体需求和条件（表 1）。我们寻找了当地的产品和施工方法，分析了北美不同地区的经济和市场情况，开发了大量的技术实例来说明从亚热带的佛罗里达到北极的阿拉斯加条件下的被动房标准。

表 1　按美国代表性地区列出的被动房关键性能和经济指标，并与 PHPP 标准气候进行比较

地点	美国气候	PHI 气候	达到舒适标准的设计温度（℃（℉））	每小时供暖密度（kW·h/a）	每小时制冷密度（kW·h/a）	电力成本（$/kW·h（€/kW·h））
PHPP 标准	—	寒温带	−16.0（3.2）	–	–	$0.281（€0.250）
佛罗里达州迈阿密	1A	炎热	9.0（48.2）	0	−14	$0.104（€0.093）

续表

地点	美国气候	PHI 气候	达到舒适标准的设计温度(°C(°F))	每小时供暖密度(kW·h/a)	每小时制冷密度(kW·h/a)	电力成本($/kW·h(€/kW·h))
PHPP 标准	—	寒温带	-16.0(3.2)	-	-	$0.281(€0.250)
德克萨斯州休斯顿	2A	温暖	1.0(33.8)	8	-49	$0.110(€0.098)
亚利桑那州凤凰城	2B	非常炎热	3.0(37.4)	0	-38	$0.120(€0.106)
德克萨斯州达拉斯	3A	炎热	-4.0(24.8)	28	-61	$0.110(€0.098)
加州洛杉矶	3B	温暖	6.0(42.8)	0	-67	$0.130(€0.116)
加州旧金山	3C	温暖	3.0(37.4)	16	-98	$0.153(€0.137)
纽约州纽约市	4A	暖温带	-15.0(5.0)	69	-64	$0.232(€0.207)
新墨西哥州阿尔伯克基	4B	暖温带	-8.0(17.6)	63	-117	$0.123(€0.110)
华盛顿州西雅图	4C	暖温带	-8.0(17.6)	75	-77	$0.078(€0.069)
伊利诺州芝加哥	5A	寒温带	-21.0(-5.8)	86	-42	$0.104(€0.093)
科罗拉多州丹佛	5B	寒温带	-13.0(8.6)	84	-86	$0.111(€0.098)
威斯康星州麦迪逊	6A	寒冷	-20.0(-4.0)	111	-55	$0.158(€0.141)
蒙大拿州利文斯顿	6B	寒温带	-23.5(-10.3)	106	-38	$0.102(€0.091)
明尼苏达州德卢斯	7	寒冷	-26.0(-14.8)	137	-67	$0.092(€0.082)
阿拉斯加州费尔班克斯	8	北极	-43.9(-47.0)	165	0	$0.242(€0.216)

2.Emu 被动舱室车间

除了标准 CPHT 课程外，我们还开发了一个实践车间，以满足专业人士对了解及学习产品实际应用的需求。与此同时，在车间实践期间，参与者可熟悉创新的产品，并加强彼此之间的联系——这是课程结束后实践所学课程的一个关键因素。

Emu 被动舱室代表建筑商建筑工场的核心，如图 1 和图 2 所示。用于培训的微型被动房的设计思路如下。

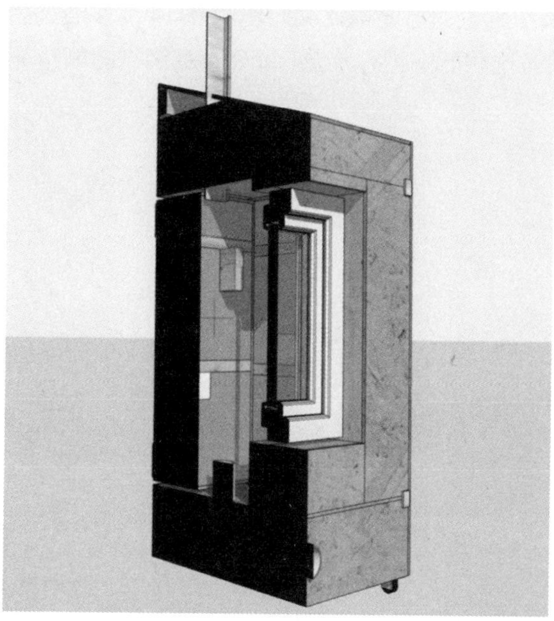

图 1 Emu 被动舱室的 3D 视图(显示了完整的舱室)

图 2　Emu CPHT 课程参与者在 Emu 被动舱室一部分空间上开展工作

（1）被动舱室的每个部分都与一个教学单元相关联，并包含其中特定的练习和任务，以将课程所学理论应用到实际中。

（2）在品牌效应较为中立的环境下，参与者可在一系列不同的选项中选择要使用的产品（没有产品代表参加车间的教学）。

（3）组装的舱室是微型建筑物密闭结构，在车间培训结束时，参与者在舱室内进行了一些测试，包括烟雾测试、热桥测试（使用红外摄像机）和热弹性测试。

（4）被动舱室的测试结果将与另一个舱室（称为编码座舱）收集的数据进行基准比较，其中编码座舱是根据当前能源法规进行建造的。

（5）设计这些舱室旨在用于 CPHT 课程之外的用途，例如当地社区的被动房拓展和教育。

在 2019 年 2 月科罗拉多州阿瓦达的 CPHT 课程结束时，测试 Emu 被动舱室的热弹性，图 3 显示了所有舱室的测试结果。其中，4 个被动舱室的温度都比编码座舱高 14 ℃左右，这说明被动建筑物的热弹性更强。在实验过程中，用一个热交换器对这些舱室进行加热（每个舱室接收的能量完全相同），然后将它们放置在室外 36 h（图 4）。

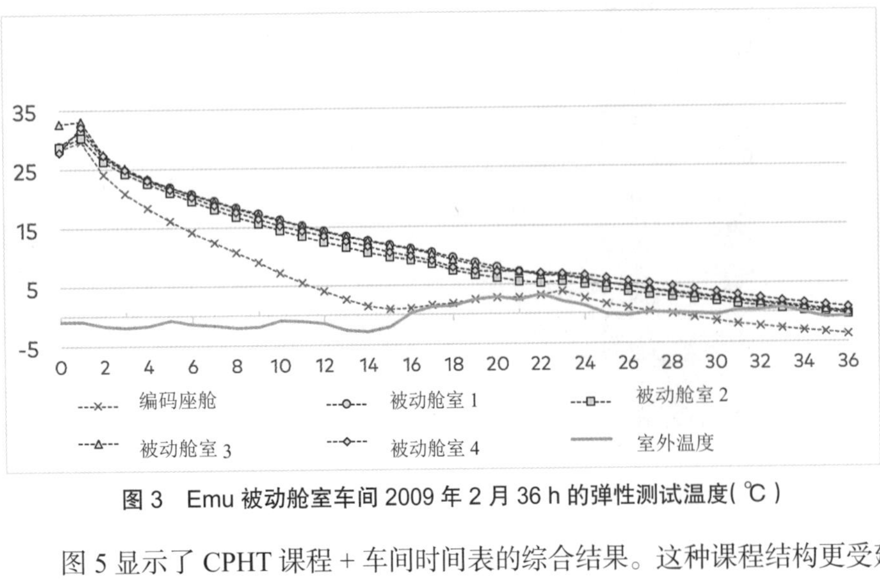

图 3　Emu 被动舱室车间 2009 年 2 月 36 h 的弹性测试温度（℃）

图 4　实验舱室加热后放置

图 5 显示了 CPHT 课程 + 车间时间表的综合结果。这种课程结构更受建筑商和技术人员的欢迎，因为在

前面的演示环节之后，会有与课程教学目标一致的实践环节。

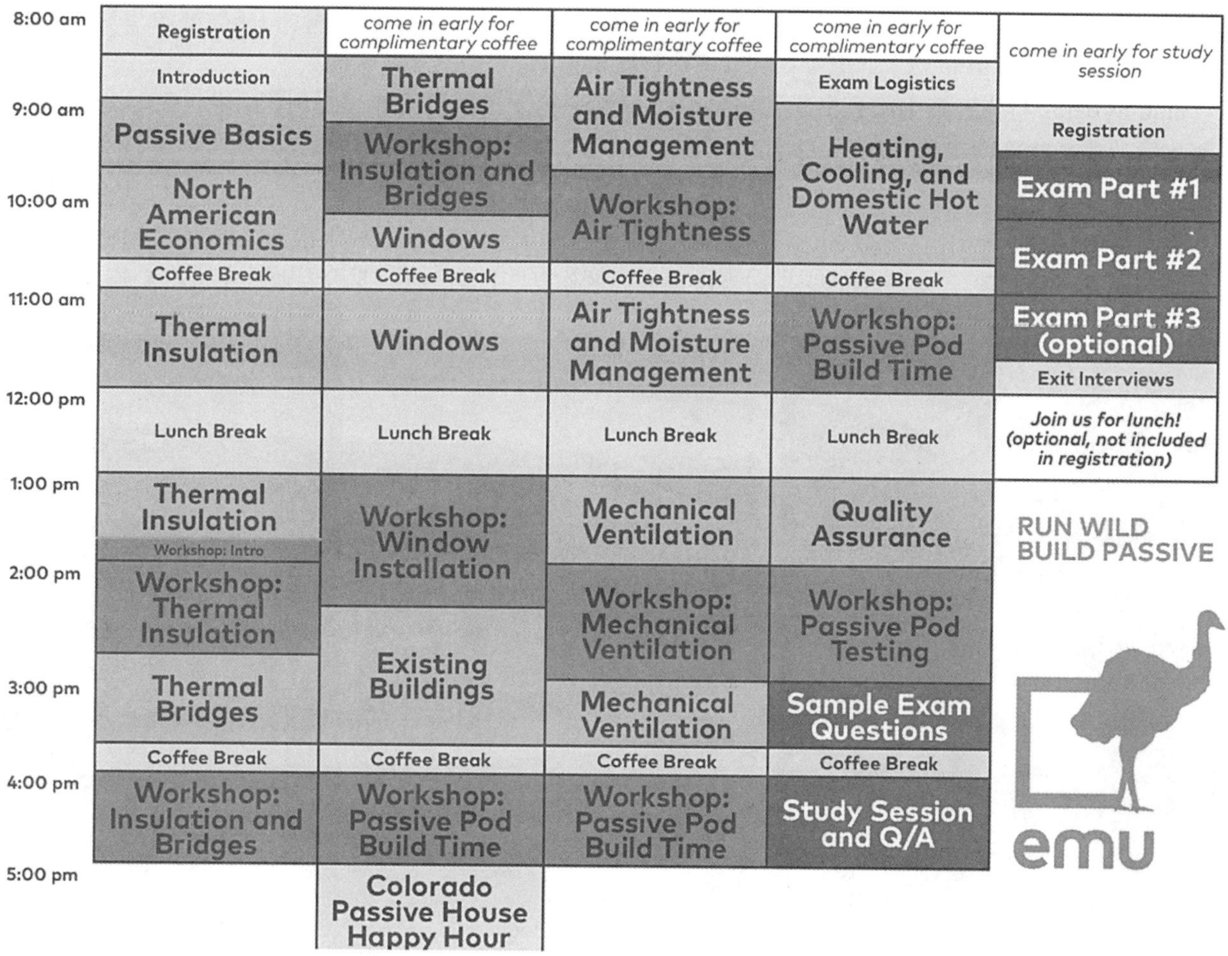

8:00 am	登记	早到者可享用免费咖啡	早到者可享用免费咖啡	早到者可享用免费咖啡	早到者可享用免费咖啡
	介绍	热桥	密封性和湿气管理	考试	登记
9:00 am	被动房基础知识	车间：保温和热桥	车间：密封性	供暖、制冷和生活热水	考试第 1 部分
10:00 am	北美经济	窗户			考试第 2 部分
	茶歇	茶歇	茶歇	茶歇	考试第 3 部分（可选）
11:00 am	保温	窗户	气密性和湿气管理	车间：被动舱室建造时间	结业面谈
12:00 pm	午餐时间	午餐时间	午餐时间	午餐时间	聚餐！（可选，登记时没有包含）
1:00 pm	保温	车间：窗户保温	机械通风	质量保证	
	车间：介绍				
2:00 pm	车间：保温		车间：机械通风	车间：被动舱室的测试	
3:00 pm	热桥	现有建筑物	机械通风	考试问题示例	
	茶歇	茶歇	茶歇	茶歇	
4:00 pm	车间：保温和热桥	车间：被动舱室建造时间	车间：被动舱室建造时间	学习时间以及常见问题和解答	
5:00 pm		科罗拉多被动房欢乐时光			

图 5　CPHT 课程 + 车间的组合时间表（显示了前面的授课（灰色）和车间实践环节（深灰色），与会者喜欢将前面的演示环节与实际操作部分混合在一起）

3.Emu 被动舱室和当地社区外展

Emu 被动舱室的第二个目的是在 CPHT 车间之外，用于更广泛的教育和推广。这些舱室可以用于在当地社区中推广被动房，并帮助人们更好地理解建筑物的价值。

Emu Systems 与当地高中阳光山华德福学校（SMWS）建立了教育合作关系（图 6 和图 7）。作为九年级为期 4 周的热学物理课程的一部分，学生可利用舱室进行试验，评估这些微型建筑对改变内外环境条件做出的响应。

事实证明，这种经历非常有效，试验完后学生们做出了令人印象深刻的科学报告。课程结束时，以海报的形式向公众进行公开展示，在此期间学生们将展示他们的作品，并与当地的业内专业人士进行交流。

图 6　阳光山华德福学校的学生在为期四周的课程中使用的 Emu 被动舱室

图 7　位于 Boulder 的 SMWS 校园内的编码座舱（图中左边）和被动舱室（图中右边）

结论

1. 全球思考，本地行动

与其他项目相比，例如建筑或组件认证，被动房培训不仅需要适应当地气候，还需要适应不同的施工技术和当地的经济形势。全球被动房培训框架可以根据当地情况进行调整，以避免因“有偏向性”而遭受批评，如 PH 不适合其他气候。

从北美培训建筑商那里学到的经验教训有助于我们在全球范围内开展更有效的培训和沟通。为温暖气候专门设计的被动房顾问 / 设计师课程可以考虑为未来的 PH 培训发展做基础。作者认为，这应该是一门独立的课程（而不是在标准的 CPHC/D 课程之后进行的特化），以免对温暖气候的专业人员带来过多的时间和成本需求。

2. 让建设者成为真正的建设者

为了保证一个值得信赖的国际认证水平，目前的技术人员考试除了与内容相关的问题外，还涉及一些计算练习。在作者看来，这些计算练习并不一定有助于评估专业人员在现场实现 PH 质量。除此之外，课程提供方还可提供切合本地情况的实务训练和实践考试，并会在 PHI 颁发的技术人员证书上注明。还可以对现场施工涉及的建筑商和专业人员进行被动房建造过程思维训练，包括：

（1）审核设计和施工文件（完整性、彻底性、可建造性）；

（2）评估不同产品的预算和兼容性；

（3）根据适当的顺序计划工作，例如气密性方面；

（4）监督质量保证工作的执行。

3. 超越被动房培训的被动房培训

使用 Emu 被动舱室进行本地推广所获得的经验表明，社区参与对于被动房的发展是非常有效的。在专业培训范围内有机地整合当地的推广工作是实现 PH 标准应用到主流建筑中的一个关键因素。

参考文献

[1] 国际被动房研究院.CPHD/C 和 CPHT 课程.

[2] 来自《2019 年 6 月 16 日本地电力数据的美国地区的平均电力成本》.www.electricitylocal.com .

[3] 国际被动房研究院. 被动房设计包（PHPP），版本 9.6.

[4] Emu Systems.Passive Podlympics I, and the Winner is.-https://tinyurl.com/y3srsu2j.

[5] 国际规范委员会.2015 国际节能规范（IECC）.

[6] Emu Systems. 教学方法：阳光山华德福学校学生对被动房进行测试.https://tinyurl.com/y4a7mjfs.

大面积玻璃窗对夏季舒适度的影响

沃尔夫冈·弗莱 / 弗莱建筑集团

介绍：影响夏季舒适度的因素

自 25 年前开始，被动房开始遍布世界各地，并覆盖不同的气候带，仅中国就有 8 个独特的气候带。被动房最初是为中欧的温带气候设计的，在较温暖的气候带，被动房设计师必须应对不断增加的冷负荷和湿度。由于气候变化和城市热岛的影响，各地的设计师都需要制定降温和除湿策略。我们认为，一个节省成本的巧妙设计是减少夏季的热量输入，这将有利于提高夏季舒适度。固定式和移动式遮阳是减少热负荷和防止室内过热的有效手段。结合太阳能电池板，我们可以进一步降低建筑对环境的影响。

1. 气候条件

建筑总是与自然和社会环境融为一体。舒适度不仅受气候条件的强烈影响，还受文化期待的影响。作为建造师，我们的任务就是对这些条件做出反应，为人们创造舒适的生活环境。

去年夏季是有气象数据记录以来最热和最干燥的夏季之一。不幸的是，这并不是单一事件，而是全球变暖过程的一部分，干旱和暴雨等极端天气事件在增加，中欧地区也不例外。

另一个影响因素是城市热岛效应。城市街道空间的特点是建筑密集、吸热面和热反射面缺少自然通风和冷却通道。因此，正因城市这个大蓄热体在凉爽夜晚和夜间散发热量，城市地区不仅白天温度高于周围乡村，晚上也无法冷却到同样程度，于是就产生了所谓的热岛效应。研究（如 PHI 的研究）表明，为模拟正确的气候表现，PHPP 气候数据中的平均夏季温度必须根据环境增加 2~3 K。

结合整体气候变暖情况，强调首先减少热负荷的重要性。

2. 构造特征

好的设计总要考虑气候条件。通常，通过传统建筑我们可以学会如何应对某一地区的湿热环境。基于这些知识，我们可以设计成本节约和高效的建筑，提供舒适的室内气候。

被动房的传统墙体结构是以热保护为基础的。在典型的冬季情况下，室外空气温度在 −15 ℃左右，墙壁温度在 −13 ℃左右。通过保温和墙体材料，室内空气温度为 20 ℃时，室内墙壁温度将在 17 ℃左右，室内外表面温差约为 30 K。保温材料就是为承受这种温差而设计的。在夏季，其对墙体结构的热影响更大。当室外空气温度为 35 ℃时，由于太阳辐射，墙面温度可上升到 65~70 ℃。如果我们还想保持室内温度在 20 ℃，温差在 45~50 K，就给施工带来很大压力。在长期高温环境下，无法长期保持舒适的室内温度。尤其是在较温暖的气候带，夜间温度无法降到 10 ℃，而来自外部的恒热流会导致内部过热。因此，必须提供适当的遮阳来限制热量流入。

3. 基本设计原则

被动房设计的基本原则之一是在冬季最大限度地利用太阳能，减少热损失。在夏季，设计师面临的问题则相反：他们需要尽量减少建筑物的热量流入，降低冷负荷。在某种程度上，这可通过被动房实现：建筑朝向和结构遮阳是关键要素。世界温暖和炎热地区的传统建筑都有各自的特色，如宽大的挑檐可遮阳，或无窗封闭立面可防止过热。通过有效利用自然光线组织建筑的不同功能。但在当代建筑中，这些有效措施很少发挥作用。玻璃立面热传输高达 1 000 W/m²，必须有大量能量才能使其冷却下来。即使配备了太阳能电板，这些建筑往往也无法达到其效率指标，因为它们既未合理利用产生的能源，也未有效结合现有设计元素。

那么，关键问题是如何将传统建筑的有效元素转化到我们的现代世界？根据我们在德国和中国的建筑经验，我们了解到多功能建筑的结构遮阳是提高夏季舒适度的一种巧妙而有效的方式。研究表明，通过遮阳和通风，可以使住宅建筑室内温度降低约 1 K，办公楼可达 2 K。另一个重要步骤是将外立面从建筑热围护结构中分离出来。

全球项目的实际执行

1. 太阳能电池板遮阳——弗莱堡和海德堡的住宅项目

我们公司在德国弗莱堡的 Rieselfeld 生态住区完成了几个项目。Pro Scholare 项目的特点是大型开敞阳台，南立面面向绿色内院。此处，阳台栏杆包括光伏板，用于遮挡热围护结构，产生的电力用于为公共区域照明。与同一街道上没有结构遮阳的参照建筑相比，该建筑立面的热像检测显示结果更具启发性。在 2012 年 6 月和 7 月调查期间，参照建筑的室内温度比室外温度高出 3~4 K，在室外温度较高时，室内温度还有明显峰值。室外环境对参照建筑室内气候的影响要高于被动房，温室在较低层面上显示出更连续的温度曲线，这些曲线可解释为阳台遮阳和相关直接太阳辐射减少，如图 1 所示。

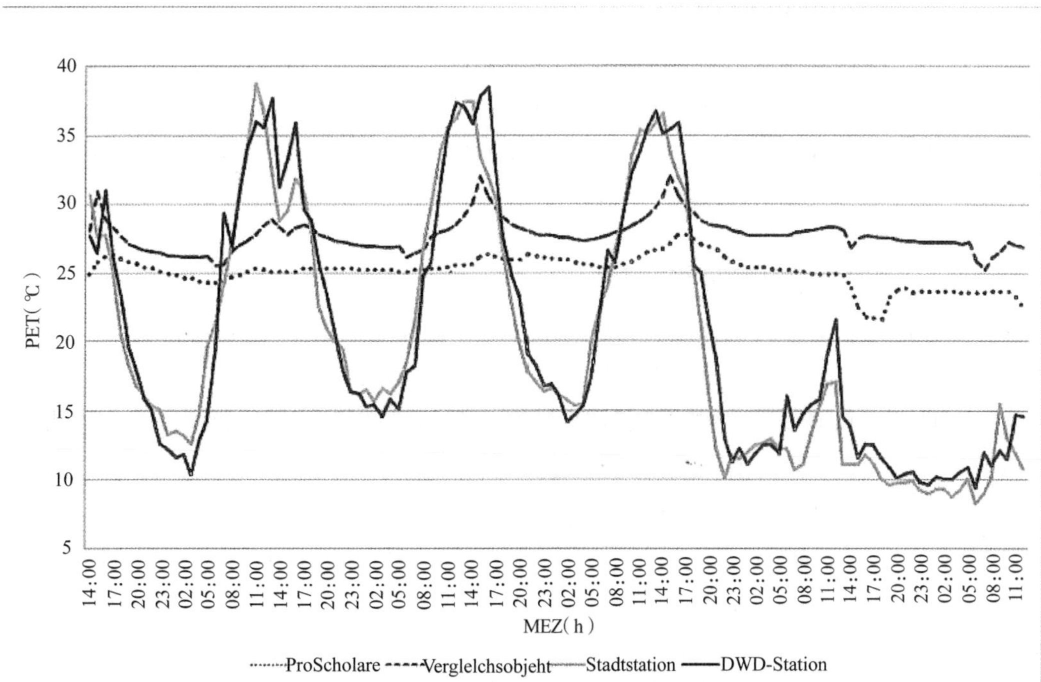

图 1　Pro Scholare 建筑和参照建筑室内温度与室外温度的关系

光伏组件表面温度相对较高，可达 50~55℃，而外部围护结构表面温度约低 10 K，为 40~45℃。温室项目进一步改进了该方法。在建筑南立面，用相似的方式使用太阳能电池板。此外，在面向街道的建筑立面，阳台被攀缘植物帘幕遮住，为其提供凉爽温度，保护免遭太阳辐射；冬季，植物叶子掉落，太阳辐射不再受阻，太阳能吸收量增加。

这种通过立面遮阳来减少建筑热负荷的方法不仅简单，而且经济可行。在太阳能立面上通常有两个系统：阳台栏杆和光伏组件底部结构。如果用组件支架替代栏杆，我们不仅可以节省建筑成本，还可以将节省的成本用于投资可持续的可再生能源。绿色阳台可用钢丝网等简单材料覆盖。通过绿化，建筑立面得以升级和个性化，并可提供季节性防晒和隐私，如图 2 所示。

图 2 海德堡村

目前,我们在海德堡列车新城完成了一个结合所有此类元素的项目。海德堡村已发展成为一个集住宅、商业和公共设施于一体的宜居社区。绿色立面从千篇一律的建筑环境中脱颖而出,为租户提供附加值,宽大的玻璃为较深的建筑楼层提供舒适的照明,不同的公寓类型为不同的生活方式创造空间。我们认为,在评估太阳辐射对建筑的影响时,不能只考虑窗墙比,其后的房间深度也具有决定性影响。因此,应根据受照体体积来设置玻璃面积。

2. 优化方法——智能绿塔项目和中国项目

另一个将光伏和遮阳相结合的项目是我们在弗莱堡的智能绿塔。这座多功能高层建筑立面由可调节的光伏百叶窗组成,该百叶窗可遮挡热围护结构,防止室内过热,同时允许从室内向外看。安装的组件可提供 1 MW 电力。该智能绿塔配备了大量可充电电池,这样可以将该建筑作为分散式可再生能源网络的控制中心。

根据我们在德国的经验,我们在中国的项目中也采用了这种方法。在广东省南部的珠海,我们设计了一个文化中心,设有几个舞台和围绕挑篷及绿色植物的活动空间。这个开放、有顶的空间以不同方式围绕着内部环境,同时结合绿色植物,为我们提供了高质量的娱乐环境,如图 3 所示。该建筑富有表现力,但该表现力来源于其功能。

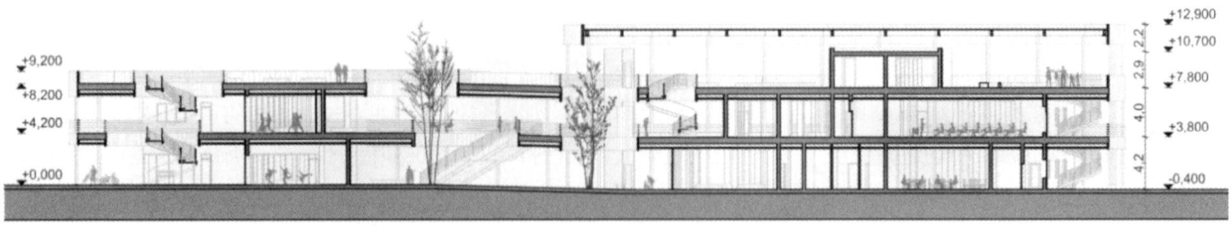

图 3 开放遮阳空间和封闭空间的自由流动(珠海项目)

目前,我们正在青岛中德生态园建设一个 65 000 m² 的被动房式居所。该项目包含多层和高层建筑,在该项目中我们注重立面的防晒功能。我们不仅依靠朝南窗户前的外部百叶帘,还对较低楼层进行了绿化。但是选择合适的植物比较困难,因为我们在该地区的绿色立面方面经验不足。由于设计规范严格,我们无法在该项目中使用原计划的太阳能电池板进行遮阳。

目前,我们正在为内蒙古的一个沙漠绿化项目建造一个小亭子(图 4)。在库布齐沙漠,夏季温度不是很高,但防晒问题仍是设计中需要考虑的重要问题。建筑物前面的开放式游廊反映了现代被动房的传统结构。建筑屋顶覆盖着太阳能电池板,产生的电能比房屋本身消耗的电能还要多。

图 4　库布齐沙漠项目

结论

被动房是我们应对气候变化的宝贵财富。它可为不同气候带和民居文化提供量身定制的解决方案。除技术外,最重要的是将平面图和结构遮阳巧妙地组织起来,确保舒适的室内气候。这些项目表明,应同时兼顾经济结构、能源效率和舒适度三个方面。

被动房断热桥节点的设计思路与方法

牟裕 / 德国弗莱建筑集团
张慧芳 / 德国弗莱建筑集团
郑成风 / 德国弗莱建筑集团
张文涛 / 青岛德普建设发展有限公司
刘佳 / 德国弗莱建筑集团

摘要

本文介绍热桥的定义与影响，讲解断热桥设计在被动房项目中的重要性，并结合国内项目经验与实例，从节点设计、热桥计算、成本经济性到施工沟通等方面分享对热桥处理的方法及思路。

热桥的定义与影响

热桥也叫冷桥，是指由于建筑的围护结构的不均匀（如几何形状、材料、构造的变化等）而造成传热性能变化的部位。在室内外温差的作用下，热桥通常会成为热流相对密集、内表面温度异于常规均匀构造的区域。与主体围护结构相比，成为能量流失的主要桥梁，因此被称为热桥。热桥对建筑的影响主要有三大方面（针对采暖季）：①导致能量流出，增加建筑能耗需求；②导致室内局部温度过低，舒适性变差；③导致冷凝发霉（图1），损害建筑物寿命。特别是第三点，不仅影响美观，而且损害建筑结构，有害健康，后期补救的成本非常高，甚至有些情况根本无法补救。所以，理性全面地考虑热桥影响对被动房来说非常重要。

图 1　由于热桥造成的发霉（Quelle: wikipedia）

如何确定热桥的大小

1. 热桥计算

通过软件模拟来计算热桥是最准确的方式，常用软件有 Flixo 和 therm 等，但是准确的热桥模拟计算需要在确定材料及构造的前提之下进行，且耗时较长、成本高，无法对施工现场突发的一些状况做及时回应，但在涉及判断建筑物材料选型及做法，且对建筑能耗影响较大的部位仍然值得去做较准确的模拟计算。

2. 查表

除了热桥计算之外，网上有很多开放的资源可以通过查表的方式获得较准确的热桥信息。例如在很多厂家的网站、产品说明里，或者一些政府或科研机构的开放资料库里（图 2）可以查找到很多构造的热桥值。查表所得的构造并不一定能与项目情况完全匹配，所以热桥值并没有计算模拟的准确，但时效性更高。

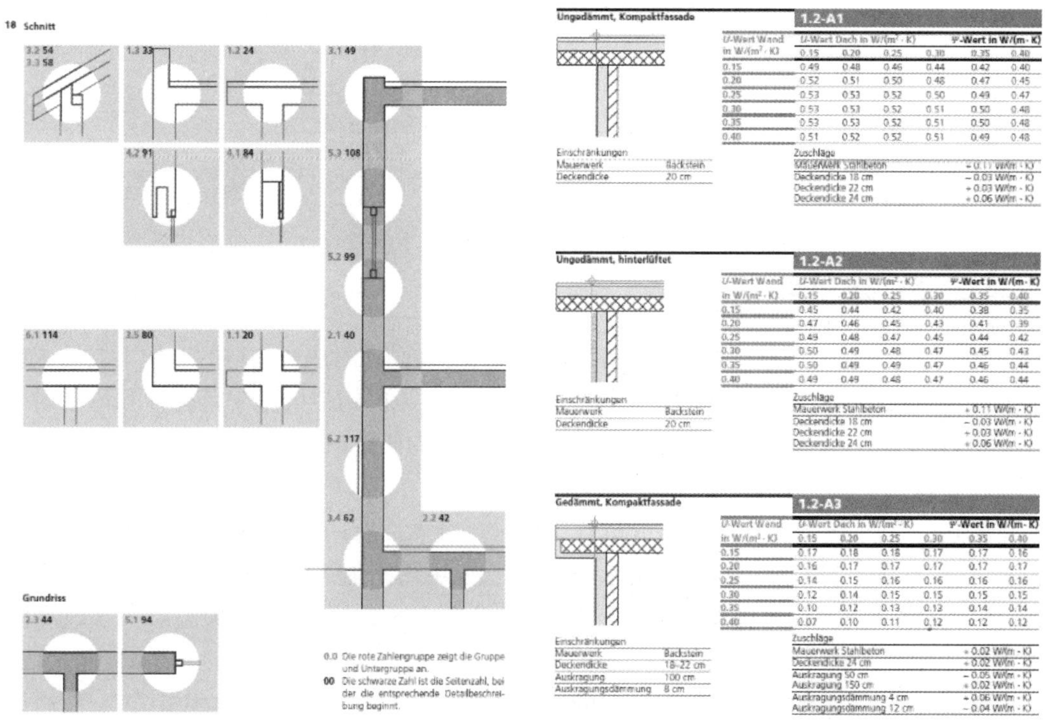

图 2　瑞士国家能源局网站上的热桥值表格（Quelle: https://www.energieschweiz.ch）

3. 经验值

构造的热桥值也可以根据经验直接估计，但为了确保能耗计算的安全，往往估计的热桥值会比实际偏大，由于这种方式时效性最佳，所以对于设计初期的概念估算和在处理施工现场问题的时候会被经常用到。但也需要建筑师有项目经验的积累和对热桥理论的研究，了解了热桥在不同条件下的变化规律（通过查表也可以很直接地建立起对热桥变化规律的概念），才能有效地达到这一点，否则估算的值往往会因为过于保守而大得不切实际，造成建造成本上的不经济。

区分重要的热桥和不重要的热桥

在开始断热桥设计工作和计算之前，我们往往习惯于先针对项目的具体情况，对各个建筑部位的热桥的重要性做一个综合评价。首先保证建筑物不会因为热桥而发霉和出现结构性的破坏是一个大前提。在此前提之下，因为气候条件的不同、热桥位置的不同和热桥数量的不同，所形成的热桥构造反映在建筑能耗上的敏感度也会有所不同。一般来说，气候越寒冷，热桥就显得越敏感；地上跟室外空气直接接触的热桥比地下跟土壤接触的热桥要敏感；而热桥构造重复的数量越多，则对建筑能耗影响也就越大（如阳台、空调板或在立面上重复量非常大的装饰构件等）。从这些点出发，可以对一个项目的所有热桥做一个梳理，结合对 PHPP 能耗计算结果的影响，按照重要性排出一个顺序。以此为基础，可以便于我们判断在哪些热桥上面值得花多少精力去做优化和精确的热桥模拟计算，以合理安排热桥部分的工作。我司在不同气候条件下的被动房项目，经过热桥模拟计算的构造占项目总构造节点大样数目的比例统计如图 3 所示。

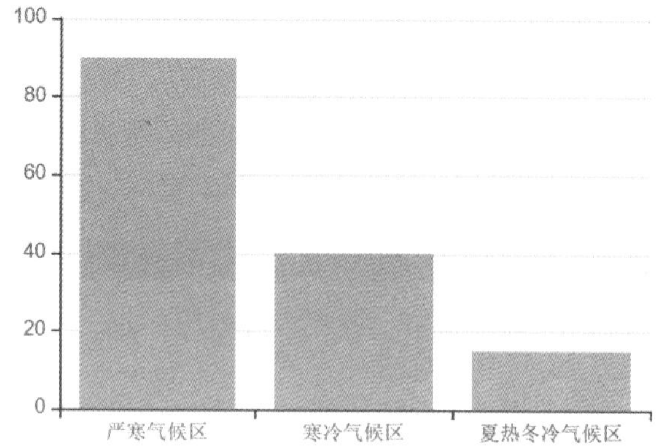

图 3 项目气候区分布

热桥处理与建造成本的综合考量

对热桥的不同处理方法会导致建造经济成本上的差异，所以设计断热桥构造的时候不能单一地以节能的绝对值作为唯一评价标准，而应该综合经济成本考量，同时还要考虑构造的施工落地性和可靠耐久性。在实际项目中，我们通常会对不同热桥处理构造进行节能贡献效率的研究（能耗差值 / 造价增量），这是我们评价热桥构造经济效益的一个重要方法。

以住宅外挑阳台为例，外挑阳台的热桥处理在国内常规的做法有两种，即断板不断梁全包保温层和不断板全包保温层，在此基础上我们经过对节能贡献效率的比较，并综合施工的可操作性的考虑提出了断板不断梁、不包保温层的做法。现以我司青岛弗莱·德建公元被动房小区为例，以不包保温层的常规挑板阳台为基础，对几种挑阳台构造形式的各方面参数做出比较，如图 4 所示。

通过比较可以看出，第 3 种断板不包保温层的方式节能贡献率大大高出其他构造方式，而通过热桥模拟也确定了其内表面温度最低点不会导致结露发霉。

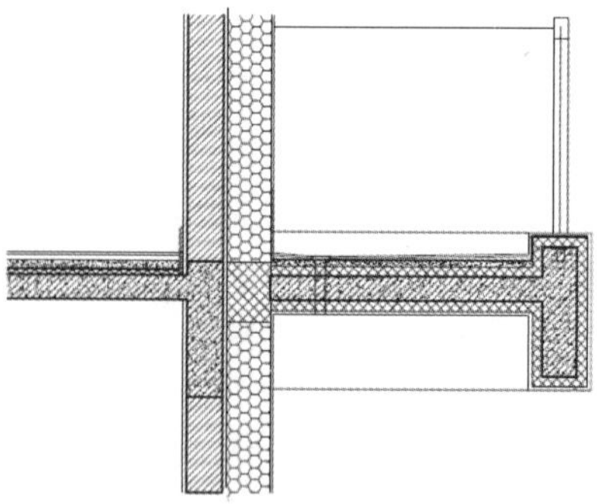

1. 断板全包保温层

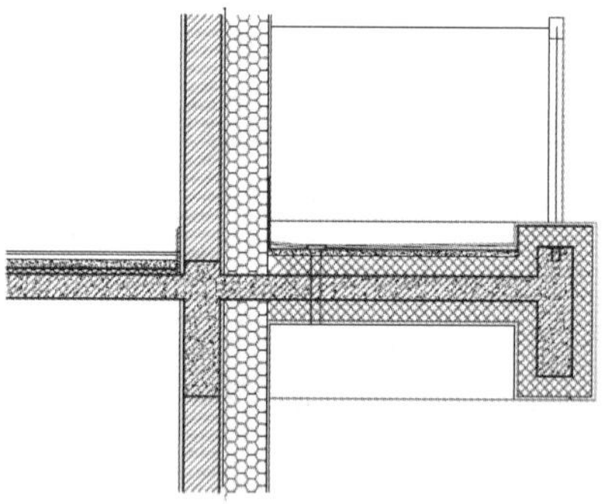

2. 不断板全包保温层

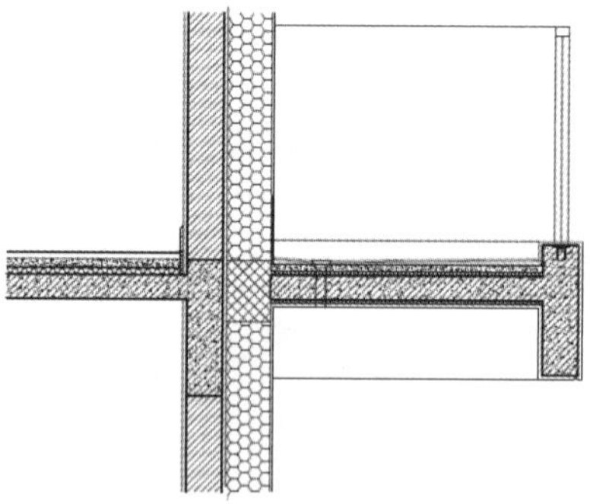

3. 断板不包保温层

阳台构造做法	每米造价增量（元）	总价增量（万元）	热桥类型	热桥值	热桥数量	采暖需求（kW·h/（m²·a））	热损系数（W/K）	跟不断板不包保温做法的差值 $\Delta_{热损系数}$（W/K）	节能贡献效率（W/K）/ 万元
不断板不包保温	0	0	线性热桥	1.049 W/（m·K）	442.32 m	16.7	464.0	0.0	
1. 断板全包保温	378.35	16.74	点状热桥	0.65 W/K	171 个	13.3	111.2	352.9	21.1
2. 不断板全包保温	416.5	18.42	线性热桥	0.758 W/（m·K）	442.82 m	15.4	335.3	128.7	7.0
3. 断板不包保温	89.35	3.95	点状热桥	0.85 W/K	171 个	13.6	145.4	318.7	80.6

图 4 三种挑阳台构造的参数比较

利用节点模型进行思考、设计、表达与沟通

利用 3D 建模软件可以便于设计师发现并对热桥进行梳理总结，同时直观形象地表达出热桥的位置、做法、材料以及建筑构件之间的关系。这种对热桥的直观表达给节点优化提供了形象的依据，如图 5 所示。

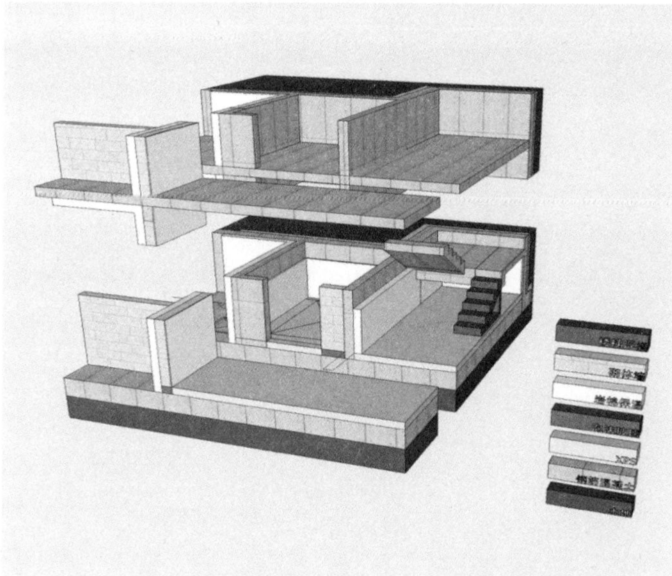

图 5　弗莱·德建公元小区地下室节点模型

施工质量关系着被动房项目的成败，但再全面的施工图纸也不可能将工地上所有的交接节点都囊括在内，所以施工阶段很多细节的处理和把控其实都是在现场完成的。这就对施工技术人员提出了较高的要求：遇到现场问题必须知道如何利用被动房原理应变解决。利用节点模型可以让设计人员以更直观的方式跟施工技术人员沟通交流，将断热桥节点的概念、原理解释清楚，便于未来施工现场具体问题的处理。

目前，国内劳务工人流动性较大，专门的被动房施工队伍凤毛麟角，因此对于大部分项目来说，工人都是没有被动房施工经验的，因此施工开始之前组织对工人的培训是必不可少的环节。把断热桥的理论从图纸落实到实践，现场工人的施工几乎是最关键的步骤之一，许多涉及材料情况、相关法规及各个地方不同的常规施工工艺甚至工人对做法的理解都会对图纸的落实提出各种挑战，利用 3D 软件的功能，可以根据施工步骤视频或图纸将节点模型按照施工先后步骤做成动画（图 6），生动形象地展现节点构造做法及顺序，帮助工人理解。

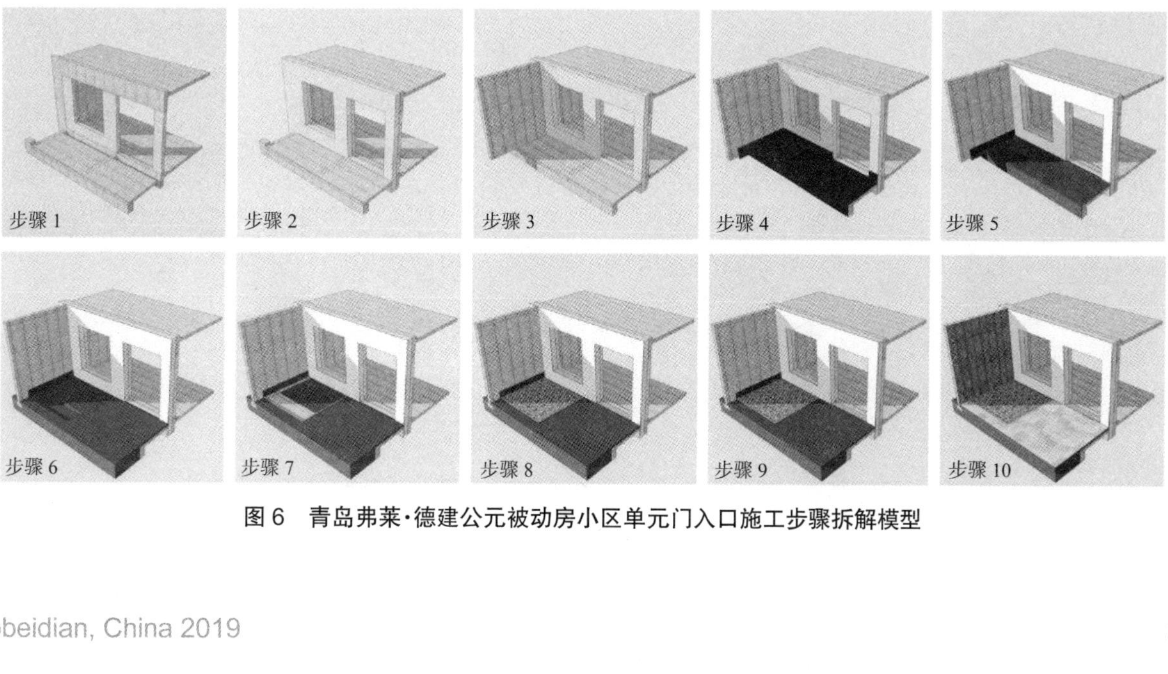

图 6　青岛弗莱·德建公元被动房小区单元门入口施工步骤拆解模型

结语

断热桥是被动房设计领域的一个大问题,贯穿从设计到施工的每个环节,影响着项目的建成效果。欧美国家建筑行业与国内相比系统化程度高,所以许多经验在国内的条件下未必能够直接照搬。而这从一定程度上也给了我们从设计到施工全过程发挥创造力的空间。在此将我们在一些项目中的经验与思考进行分享,希望能对大家有所帮助。

专题论坛 13

被动房公建项目

中国涿州办公及住宅被动房项目——关注监测

贝特霍尔德·考夫曼 / 被动房研究院
赫尔穆特·旭博，厄恩斯特·施里夫，大卫·米库莱柯 /Schöberl & Pöll GmbH

涿州：办公大楼和宾馆

涿州的被动房办公大楼和宾馆（图 1）于 2015 年 7 月竣工。该建筑由中国公司规划和施工，同时由奥地利被动房专家团队提供咨询服务，更多详细信息请详见文献 [1]。因为在决定将该建筑建造成被动房式建筑时，施工已经开始了，所以设计方面的一些细节可能无法得到完全优化。2015 年 7 月开始对建筑实施监测，在为期一年多的运行之后，于 2017 年 2 月底根据可供使用的监测数据，总结出如下结果：用于夏季制冷和除湿以及用于冬季供暖的建筑物服务设备可以按照设计要求运行，用户对室内环境舒适度满意，用于供暖和制冷的能耗略高于计算值，但在合理范围内。

图 1　涿州被动房办公大楼（左）和宾馆（右）（2015 年）

在 2015 年 9 月开始测量之后，获得的早期数据有助于对建筑物服务设备和设置参数进行调整：团队仔细商讨了制冷、供热功率的默认设置及用户需求，并重新调整了部分设置。因此，在 2016—2017 年第二个冬季的室内温度较 2015—2016 年首个冬季有所降低。建筑物内各处的平均温度保持在 22℃左右。2016 年夏季的温度略高于 2015 年夏季的温度，但是平均温度再次达到了大约 25℃，从未高于 26℃。典型房间内的温度和湿度值以及夏季和冬季期间室内温度和湿度的平均值如图 2 所示。

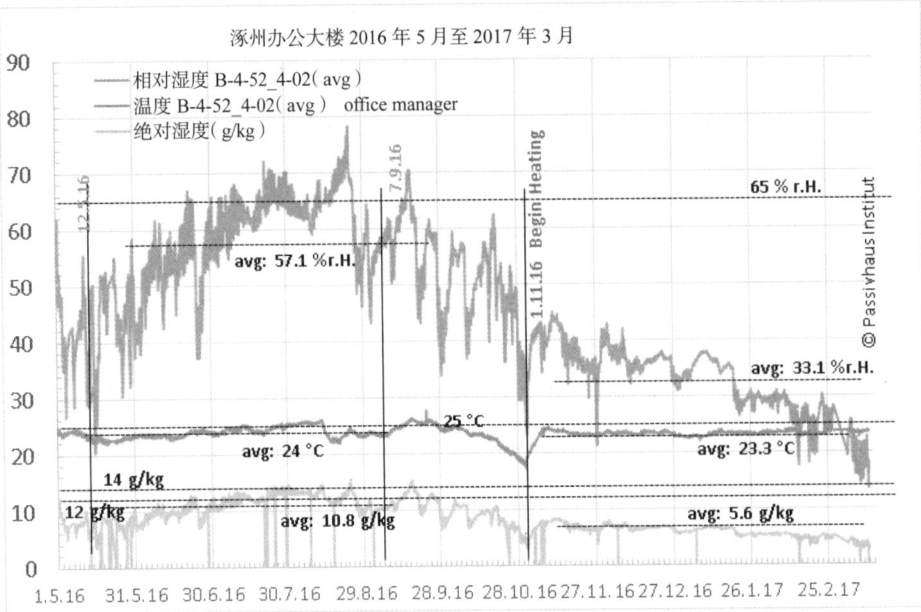

办公室温度 & 湿度

传感器	描述	冬季（供暖）	1.11.15 – 23.3.16		夏季（制冷）	10.5.16 – 7.9.16	1.11.15 – 23.3.16	冬季（供暖）	1.11.16 – 20.2.17	
		avg Temp [°C]	avg. r.H. [%]	avg. abs H. [g/kg]	avg Temp [°C]	avg. r.H. [%]	avg. abs H. [g/kg]	avg Temp [°C]	avg. r.H. [%]	avg. abs H. [g/kg]
# B-1-37	exhibition room at wall	21.4	33.5	5.5	25.2	55.2	11.2	22.5	31.7	5.5
B-1-38	office XXX	21.5	35.7	5.8	23.2	58.3	10.5	22.4	33.9	5.8
B-1-39	office with living/sleeping roor	21.9	42.1	7.0	24.1	57.6	11.0	23.2	37.4	6.7
B-1-40	office XXX	21.1	39.8	6.3	24.0	60.8	11.5	21.9	38.9	6.4
B-2-41	office XXX	22.2	36.9	6.2	24.0	59.8	11.4	23.0	35.2	6.2
B-2-42	office XXX	23.0	35.4	6.3	24.4	56.0	10.7	23.5	32.0	5.5
B-2-43	sensor at corridor 2nd floor	21.9	37.8	6.3	24.2	57.1	10.8	22.6	34.1	5.5
B-2-44	office manager	22.2	35.2	6.0	24.6	59.6	11.5	22.4	32.2	5.2
B-2-45	office XXX	23.9	40.0	7.5	25.0	55.8	11.0	24.4	34.7	6.3
B-3-46	office Director	22.7	36.6	6.4	24.4	57.9	11.3	23.3	34.7	6.2
B-3-48	small conference hall	22.4	39.0	6.7	24.0	58.0	11.0	22.9	36.8	6.5
B-3-50	office manager (no AC: no h	17.7	45.5	5.9	27.8	48.3	11.9	17.5	46.4	5.9
B-3-51	office manager	23.1	38.7	6.9	25.2	55.4	11.3	23.8	37.1	6.9
B-4-52	office manager	22.8	34.8	6.1	24.0	57.1	10.8	23.2	36.0	6.4
B-4-53	large conference hall	23.0	34.3	6.1	23.9	58.1	10.9	22.9	35.5	6.2
B-4-54	conference hall 2	21.2	36.8	6.0	24.0	58.3	11.1	22.1	40.0	6.7
B-4-55	office manager	22.6	37.3	6.5	24.2	58.6	11.3	23.2	37.2	6.6
B-4-56	office manager	22.6	50.4	8.8	25.0	59.9	12.1	23.5	38.2	7.0
B-4-57	office manager	21.9	41.3	6.9	25.4	55.8	11.5	22.9	37.5	6.6
平均温度和湿度		**22.1**	**38.5**	**6.5**	**24.6**	**57.2**	**11.2**	**22.7**	**36.3**	**6.2**

图 2　典型办公室内温度以及室内空气的相对和绝对湿度和冬夏季节性平均室内条件

研究结果汇总如下：2016 年办公大楼在两个冬季期间用于制热的总能耗约为 22 kW · h /(m² · a)，在夏季期间用于制冷的总能耗约为 26 kW · h /(m² · a)。关于热泵性能的更多数据，详见图 3 中的内容。在 PHPP 计算中，被动房建筑物供暖能源需求的相应极限值为 15 kW·h/(m²·a)，制冷能源需求的相应极限值为 17 kW·h/(m² · a)。与传统建筑物的能耗相比，这种额外消耗量一点也不显著，甚至是非常低。此外，在 PHPP 计算中，可以通过改变相应的参数和边界条件来解释实际建筑的能耗，以便在 PHPP 中对额外的能耗进行建模，从而得到合理的解释。

供暖能耗可以主要通过以下几个原因进行解释。

(1)使用办公电器消耗的电量明显低于典型办公室的电量消耗：迄今为止，办楼大楼内仍有许多办公室闲置，所以耗电量仅为 11 kW · h/(m² · a)。因此，总平均室内得热，包括人和电器产生的热量仅为 1.5 W/m²。此外，在 PHPP 中对该数值进行核算后使得供暖能源需求提高了 4 kW · h/(m² · a)以上。从另一方面来看，这有助于在夏季显著减少制冷能耗。

heat meter HP office building				year 2016	Winter 15/16	Summer 16	Winter 16/17
			EBF [m²]		[kWh/m²a]	[kWh/m²a]	[kWh/m²a]
B-5-04 - (57)	heat meter	after HP air heating/cooling+dehum.	2 868		7.18	21.37	3.49
B-5-03 - (58)	heat meter	after HP heating / cooling ceilings	2 868		14.85	4.60	22.45
	Sum	heating(winter) / cooling(summer)			22.04	25.98	25.94
el. meter HP office building				year 2016	Winter 15/16	Summer 16	Winter 16/17
			EBF [m²]	[kWh/m²a]	[kWh/m²a]	[kWh/m²a]	[kWh/m²a]
B-5-16	el meter	HP air heating / cooling	2 868	14.37	3.80	7.15	0.23
B-5-15	el meter	HP panel heating/cooling ceilings	2 868	8.48	5.09	2.51	6.65
	Sum	heating(winter) / cooling(summer)		22.85	8.89	9.67	6.88
SPF heating & cooling office building					Winter15/16	Summer 16	Winter 16/17
		SPF air heating / cooling&dehum.			2.89	2.99	off
		SPF panel heating / cooling			3.92	1.83	4.37
		SPF total heating / cooling			3.48	2.69	4.37
el. meter office building				year 2016	Winter 15/16	Summer 16	Winter 16/17
			EBF [m²]	[kWh/m²a]	[kWh/m² Winter]	[kWh/m² Summer]	[kWh/m² Winter]
B-1-19	office total		2 868	47.91	18.58	20.16	14.30
B-5-18	elevator		2 868	0.40	0.16	0.18	0.12
B-4-31-A	office level 4 left		359	2.95	1.23	0.88	0.70
B-4-31-B	office level 4 right		359	15.87	6.09	7.00	5.33
B-3-32-A	office level 3 left		359	0.39	0.15	0.19	0.04
B-3-32-B	office level 3 right		359	15.71	6.76	6.83	5.56
B-2-33-A	office level 2 left		359	12.67	5.13	5.66	4.39
B-2-33-B	office level 2 right		359	3.28	1.09	1.50	0.86
B-1-34-A	office level 1 left		359	18.03	6.39	7.50	4.92
B-1-34-B	office level 1 right		359	14.01	5.44	5.41	3.82
	average consumption office appliances and lighting [kWh/m²/period]			10.76	4.19	4.55	3.32
	equivalent average power [W/m²]			1.2	1.2	1.3	1.2
B-5-14	ventilation system central		2 868	11.66	4.49	4.21	3.17
	vent. specific consumption [Wh/m³] with avg. 5000 m³/h			0.76	0.59	0.55	0.41

图 3　涿州办公大楼内热泵的耗热量和耗电量以及所有部分中的办公电器和照明用电情况

(2)在冬季,大部分房间内的室内温度都高于 20℃,而办公大楼内的平均室内温度约为 23℃,这种情况使得供暖能源需求提高了约 4 kW·h/(m²·a)。

(3)通风系统每天、每周长时间运行是影响供暖能耗的主要原因:通风系统的运行时间(每周 7 天,每天 6 点到 21 点)比之前假设的时间要长,导致流入 / 流出平均空气流量明显高于计划值。较高的平均空气流量产生了大约 5 kW·h/(m²·a)的额外供暖能量需求。

(4)在决定建造被动房之前已经设计出了毛面混凝土结构,而第 4 层的房间高度过低,无法覆盖送风管道和废气管道,以至于无法将通风装置与大楼内部房间连接起来。因此,屋顶上这些通到外部空气中的暖风管道非常长(>60 m),这增加了约 1 kW·h/(m²·a)的能量损耗。

(5)通风系统的性能参数(HR 小于 70%)使供暖能耗上升了约 3 kW·h/(m²·a)。造成这种情况的原因之一可能是对转轮的不适当操作。

(6)在 2015 年 9 月至 2016 年 9 月期间,涿州所有月份内的室外月平均温度都比之前假设的来自参考数据集的温度高出约 1~2 K。这种情况使冬季的供暖能量需求减少了约 4 kW·h/(m²·a),但也相应地使夏季制冷能源需求提升了约 4 kW·h/(m²·a)。

上述提到的额外能源需求数量并不是呈线性相加的。综合所有以上提及的效果,我们可以发现,办公大楼在实际运行中的供暖能耗比经认证的被动房建筑的极限值高约 7 kW·h/(m²·a)。有些效果,例如通风系统的性能是由规划问题造成的,这些问题是无法通过上述方法改变的。但是在以后的项目中,应该以此为鉴,仔细考虑这些基本细节和特征。

上面提到的大多数效果都是由运行条件造成的，后期大楼投入使用是可以做相应调整的。无论如何，供暖能量需求的设计值与实际供暖能耗之间的差异并不是很大，可以将其看作是典型的“用户行为”。

制冷能耗的差异可以通过以下几个原因进行解释。

（1）如果建筑内的用户忘记关闭遮阳板，可能会出现更高的太阳负荷，从而导致夏季制冷能量需求更高，额外的太阳能吞吐量（z 值为 60%，而不是 PHPP 假设的 20%）将使制冷能量需求增加约 1 kW·h/（m²·a）。

（2）上述外部温度过高将使制冷能量需求增加约 4 kW·h/（m²·a）。

（3）夏季办公用电产生的内部得热比冬季高。

（4）无法获得建筑工地测量的太阳辐射数据，因此只能粗略描述太阳能负荷和制冷能量需求。与标准天气的数据集相比，额外的太阳辐射将使制冷能量需求增加 3 kW·h/（m²·a），但这还没有得到验证。

PHPP 中提到的前三种效果可以解释约 21 kW·h/（m²·a）的制冷和除湿能量需求。在 2016 年夏天测量的制冷和除湿能耗为 26 kW·h/（m²·a），并不是 PHPP 的极限值 17 kW·h/（m²·a）。因此，还是存在一些无法完全解释的差异。但是，整体制冷能耗为 26 kW·h/（m²·a），这看起来是合理的，因为它远低于典型的传统建筑的能耗。

除了供暖和制冷的能耗外，中央通风系统的电力消耗也表明，平均空气流量为 5 000 m³/h 时的特定电效率为 0.76 W·h/m³（假设一周运行 7 天，每天运行时间从早上 6 点到晚上 9 点）。如果在规划阶段开始时就考虑到这一点，则更适合采用更短、更宽的空气管道和更宽的出风口的通风设计，以降低整体压力损失。但在正常运行中已经做了一些优化，例如减少空气流量，以便在第一年减少具体数值。

图 4 显示了监测到的一个非常重要的特性。两个热泵的供暖季节和制冷季节之间有一个“中性”期很好地进行分离，这样的“中性”期完全不需要供暖和制冷。这就证实了被动房热性能方面的研究结果：由于被动房保温性能非常好，不透气，而且通风是通过热回收来完成的，所以被动房只会缓慢地升温或降温，不会在同一天内同时出现升温和降温。因此，在春秋两季，当室外日平均气温在 20~25℃的舒适范围内时，被动房不需要任何供暖或制冷。

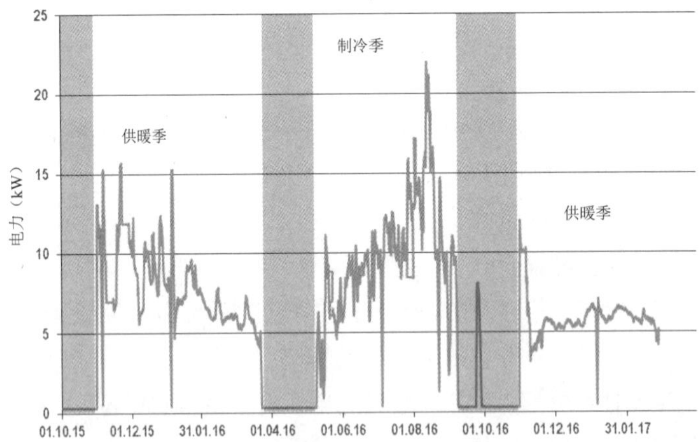

图 4　典型办公室内的供暖、制冷、除湿热泵系统用电量（供暖和制冷季节分离良好，无重叠）

夏季需要自动遮阳以减少太阳负荷

所有的建筑物都配备了自动控制遮阳的滚轴百叶窗。特别是对于家就在办公室附近的工作人员来说，自动控制是必要的，以确保百叶窗在白天处于关闭状态，因为白天大多数工作人员不会在家。图 5 显示了外立面外观，网络摄像头每 15 min 会拍一张照片，以检查自动控制的遮阳百叶窗是否工作正常。

11:16 太阳完全照射　　11:40 超高折射率　　15:56 完全被相邻的建筑物遮挡

图 5　工作人员家中(宾馆)的自动遮阳装置工作正常

监控可以帮助改善建筑物性能

涿州的建筑项目所做的监测工作,有助于确定一些新建筑经常出现的问题(不仅出现在被动房中)。因此,监控与更多调试和质量控制的结合有助于正确地建造建筑物,以达到设计和预期的性能要求。在这一方面,强烈建议对所有建筑项目进行监视和详细控制。

监测研究项目由奥地利政府资助。这可以更详细地了解河北省首个被动房式建筑物是否合理,同时也验证了在中国气候地区建设被动房的理论假设。因此,从科学的观点来看,这些由政府资助的监测研究也是十分必要的。

但是数据收集是否都需要像涿州被动房那样精细呢?或者说更少的数据能否足够满足要求呢?通常,为所有者和用户提供经济上合理的“构建—设置—过程—监测”,应该能够提供足够的数据来确保识别出可能的优化任务和活动。这些数据可以是来自最重要的能量仪表的数据,例如热泵的电力,且这些数据应该与大楼内所有其他办公电器和照明的电力分开记录。此外,还需要记录一些房间和通风系统的温度。最后,但也同样重要的是,室内空气质量通常也应该在监测范围内,以便及时发现和修复可能出现的故障。

综上所述,该监测项目可以证明涿州被动房建筑确实达到了预期的效果,可以为中国可持续建筑的进一步发展提供一个很好的范例和展示。在此,作者想要感谢业主,并祝愿业主和住户能长时间地在他们的被动房里工作和生活愉快。

参考文献

[1] 旭博·H,米库莱柯·D. 中国境内经认证的且由中国公司负责规划和实施的被动房. 第 19 届国际被动房大会会议文献,被动房研究院,达姆施塔特,2015 年.

[2] 施纳德· J. 中国不同气候下的被动房设计——适合在任何地方建造. 第 20 届国际被动房大会会议文献,被动房研究院,达姆施塔特,2016 年.

[3] 监测研究项目由奥地利联邦交通、创新与技术部(BMVIT)提供资金支持。

[4] 考夫曼· B,旭博· H,米库莱柯· D. 中国涿州被动房办公大楼的监测. 第 21 届国际被动房大会会议文献,被动房研究院,达姆施塔特,2017 年.

加拿大乔治王子城北不列颠哥伦比亚大学木材创新研究实验室

沈君如，安德里亚·弗瑞斯科，斯坦泰克，吉多·维默尔 / 北不列颠哥伦比亚大学

木材创新研究实验室

由于北不列颠哥伦比亚大学（UNBC）综合木材设计工程硕士课程扩展以及原有空间的限制，有必要提高实验室容纳量。为了满足该需求而设置的 UNBC 的木材创新研究实验室（WIRL）于 2018 年 4 月竣工。该实验楼（图 1 和图 2）采用工程木制品建造，并于 2018 年 7 月获得被动房认证。

图 1　木材创新研究实验室

图 2　木材创新研究实验室内视图

木材创新研究实验室是一座高 10 m 的单层多用途建筑，其设计符合被动房标准，设有一个大型两舱实验空间以及一个独立的教室和办公空间。该建筑建在一个 30 m × 30 m 的混凝土筏板基础上，位于加拿大不列颠哥伦比亚省乔治王子城。其上部结构由重型胶合木组成，墙体采用木桁架结构，以实现高热性能。

UNBC 的教师和学生用该实验空间和教室空间进行与木结构相关的研究和试验。该实验室用坚固的混凝土墙面和楼面建造而成，并配有用于进行木结构三维测试的锚和压板。桥式起重机在两舱之间移动，这样可安全操纵大型测试结构或木材试样。该实验室还包括三台万能试验机（UTM）、一台 Hundegger 品牌的计算机数控（CNC）切割机以及一间 34 m^2 的配有通风和加湿设备的木材调节室，以创造一个理想环境，使木材试样标准化到含水量保持一致。

被动房认证是 UNBC 规定的设计要求，这对该项目来说极具挑战性，原因有三：①不列颠哥伦比亚省乔治王子城恶劣的气候是该项目面临的最大挑战之一，乔治王子城每年有 234 天都处于供暖期或降温期，PHI 评价该地气候为“极不友好”；②经热处理后的楼面面积非常小，而围护结构面积较大，这是该项目面临的另一项重大挑战，因为被动房的所有能耗最终都反映在经热处理的楼面上；③带有一个大型舱门的半拖车工业设备和切割机大型除尘系统给气密性带来了重大挑战，结构测试设备的液压泵在操作时产生了巨大的内部得热。

项目的具体挑战

表 1 总结了所取得的关键参数，如 PHPP（被动房设计包）验证表所示，结果表明该项目具有认证资格。表 2 总结了围护结构组件的热性能。

表 1 验证总结

参数	数值	单位
经处理后的楼面面积	1 042	m^2
通风空间容积	9 686	m^3
供暖需求	11.6	$kW·h/(m^2·a)$
热负荷	9.8	W/m^2
冷负荷	1	W/m^2
一次能源需求	116	$kW·h/(m^2·a)$
可再生一次能源需求	61	$kW·h/(m^2·a)$
气密性(n_{50})	0.07	1/h

表 2 组件总结

组件	U 值($W/(m^2·K)$)
墙体	0.079
屋顶	0.056
楼面	0.166
窗(38.6 m^2)	0.67
门(11 m^2)	0.91~0.97

1. 气密性

通过鼓风门测试来测量建筑气密性。按照国际被动房认证要求，使用测试标准 EN 132829 时应遵循方法 A。由于风或热分层渗漏的气流同时向两个方向流动(渗入和渗出)，气密性测试必须在增压和减压的情况下进行。这两个值的中值就是所使用的结果值。维持 50 Pa 压差所需的气流可通过建筑围护结构与总渗漏面积直接相关。

结果远高于预期，表明 WIRL 可能被视为是北美地区符合国际被动房标准的气密性最好的建筑。正是由于精心的设计和规划以及施工过程中对细节的高度重视和精心的实施，这一结果令人印象深刻。项目阶段的所有承诺对实现这种性能价值是至关重要的。

2. 形状和方向

大型舱室的需要导致通风空间容积(9 686 m^3)与热处理后的楼面面积(1 042 m^2)之比较高。由于最大供暖需求是按 m^2 来计算的，因此通风空间容积较大而热处理楼面面积较小就成为其中一项挑战。该建筑高度相当于一般住宅或办公楼的三层，但经热处理后的楼面面积只比一层空楼面积大一点，这就要求其能量效率是相同位置、相同容积的三层被动房的 3 倍。

3. 热性能和热桥

由于热性能要求，10 m 高的墙板厚度要求超过 500 mm。用垂直桁架而非螺柱将墙板框起来既能满足厚度要求，具有成本效益，还能减少由此产生的热桥。使用垂直桁架以隔离大量热量是建造墙板的一种独特而新颖的方法。设计墙板时，一般考虑预制墙板，但地方工业还没有能力生产完整的墙板。墙板内部是欧松(OSB)板，然后是一层抗蒸汽扩散膜，用于保证气密性和控制蒸汽扩散，最后是 500 mm 厚的桁架结构。当用吊车将墙板吊到合适位置时，板的外侧完全保持开放，这就允许建造者将从外部穿过墙体到达扩散膜的气密层接缝密封。接缝密封后，从下往上在墙板上逐步铺设 OSB 板，同时填充矿物纤维。选择矿物纤维是因为其具有防火安全、生命周期冲击相对较低和成本效益高等优点。通过仔细压实和桁架的网状结构,可使矿物纤维的沉降最小化。作为一种补充预防措施,墙体到屋顶的过渡细节允许相对较大的沉降。屋顶保温材料由平均约 610 mm 厚的倾斜 EPS 保温材料组成。选择 EPS 保温材料而非最初规定的基于聚氨酯的保温材料是因为其生命周期影响较低。

减少混凝土基础的热量损耗也是一项挑战,因为该基础的一部分是坚固的楼面,将用于结构测试的 1 m 厚的钢筋混凝土截面用于承受高结构力。之前曾讨论过选用泡沫玻璃砾石作为承受高压力、提供良好保温和排水的理想材料,但最终被弃置,因为加拿大目前还无法提供这种材料。高强度和高密度的 EPS 保温材料必须特殊订购,安装在建筑的该部分以下,承受比正交力更高的力。215 mm 厚的 EPS 保温材料已连续用于地基下面。详细情况见图 3 至图 6。

图 3　安装预制围护结构板

图 4　安装矿棉绝热制品(Blown-in)

图 5　屋顶保温

图 6　包围地基

4. 一次能源需求

该实验室安装了几台用于研究和教学的高度专业化的大型设备。这些设备的使用对建筑的一次能源需求模拟提出了特殊挑战,能耗被限制在 120 kW · h/(m^2 · a)。一些已安装的设备电能消耗极高,可能会因过热而导致热负荷或触发冷负荷。对此类设备的使用,软件的设计框架还没有确定的 PH 值。在评估这些设备的实际使用情况时,准确掌握这些数值是很重要的,因为这些设备的使用会产生内部得热,最终影响建筑用熔炉的尺寸。这些数值是根据 UNBC 对设备使用情况的预测输入到模型中的。这种专业设备的一个例子是大型液压动力装置,该装置用于产生施加在测试结构上的力。在运行过程中,该装置在最高功耗时可产生约 90 kW 的热量。90 kW 的热量分布在 WIRL 的整个楼面面积上,单位面积的热量约为 90 W/m^2,高出实际热负荷 9 倍。该设备只是偶尔使用,使用时该设备并非全功率持续运转,因此实事求是地估计该设备的预期使用情况对实现更高的能源效率至关重要。为了补偿产生的热量，必须安装一个冷却装置，并计算由此产生的冷负荷。

5. 机械系统

木尘是木材加工过程中不可避免的副产物，如果清理不当，会带来重大的健康和安全风险，因为木尘非常小，足以刺激呼吸系统，而且极易燃烧。在收集木尘过程中，由于除尘装置运行时有大量空气排出，造成不可避免的热损失。为尽可能减少这些能量损失，安装的除尘系统提供了再循环功能，将空气输送出建筑物，并通过一个大型旋风过滤器除去木尘，然后空气回到该建筑物，再通过一个大型的袋状式微米级过滤器，最终回到实验室。只有在加工雪松木或硬木时，系统才能进入旁路模式，排出的空气才不会再循环。由于抽出的风量很大，必须打开门保证足够的空气流通。上述木材品种很少在实验室中使用，而且只能在下半年进行加工，用户和认证团队能够接受该局限性。

安装在 WIRL 的热回收系统由 Swegon 制造，热量交换效率为 80%。

使用 35 kW 的燃气炉，可以满足建筑物 9.8 W/m² 的加热要求，这与符合规范的独户住房的热容积大致相同。根据模拟结果，所需的加热功率表明一个功率为 10 kW 的燃气炉就足够了，但考虑到可用性和安全余量，建造者还是选择使用已安装的系统。

6. 门窗

大多数窗户都位于朝南的墙面上，以便在整个冬季需求最大的时候充分吸收太阳能。为获得充足的日光和视野，对窗户区域进行优化，同时限制窗框总长度，因为窗框损失热量最多。

安装在 WIRL 的窗户是经 PH 认证的木制窗户，由 Zola European Windows 提供。铝包木框深 88 mm，隔热效果好。采用三层玻璃，利用玻璃窗格之间的氩气层和 2 层低辐射镀膜限制内部热量损失，提高保温效果。由于气候寒冷，为保证整个供暖季节的正平衡，所选窗户玻璃的 U 值为 0.54 W/(m²·K)，窗框的 U 值为 0.73 W/(m²·K)，所安装窗户的 U 值根据窗户尺寸在 0.70~0.87 W/(m²·K)。这些产品都是从欧洲进口的，因为其性能价值优良、经济划算。

该建筑的使用者有时需要用平板车从实验室装卸材料，因此建筑设计中需要包括一扇车间自动卷门。这样的一扇门对后勤工作来说也是一项挑战，因为为了保证卷门的轻便，其保温效果和密封性都难以保证。另外，人们经常会误解，由于该门需要经常打开，所以热性能就不那么重要。此项目组提出的解决方案是购买由德国制造商 Hoermann 设计、由位于安大略省的 Door Studio 提供的卷门。其卷门高度保温、密封性强，在与滑轨平行的 UHMW 异型材上有滑动的橡胶垫片，墙板之间和门与楼面之间也装有橡胶垫片。

生命周期分析（LCA）

对 WIRL 进行生命周期的比较分析，研究小组可以量化材料选择的相对冲击（与建筑运行能耗的冲击相比）。LCA 符合 ISO 14040 系列国际标准，且自 1990 年以来一直用于比较建筑。

由于被动房设计带来的运行能耗减少，重心被转移到材料选择上，因为材料的内含能量将对 LCA 结果产生更高的相对影响。因此，WIRL 可被视为相同建筑的模范，但其结构体系改为钢结构。研究小组在此次比较中选择使用钢材，因为这是业主和被指派设计商业环境中此类设施的设计小组最可能的选择。此外，还计算了钢变化的两种能源效率方案，即加拿大国家建筑法规和 PH 标准。

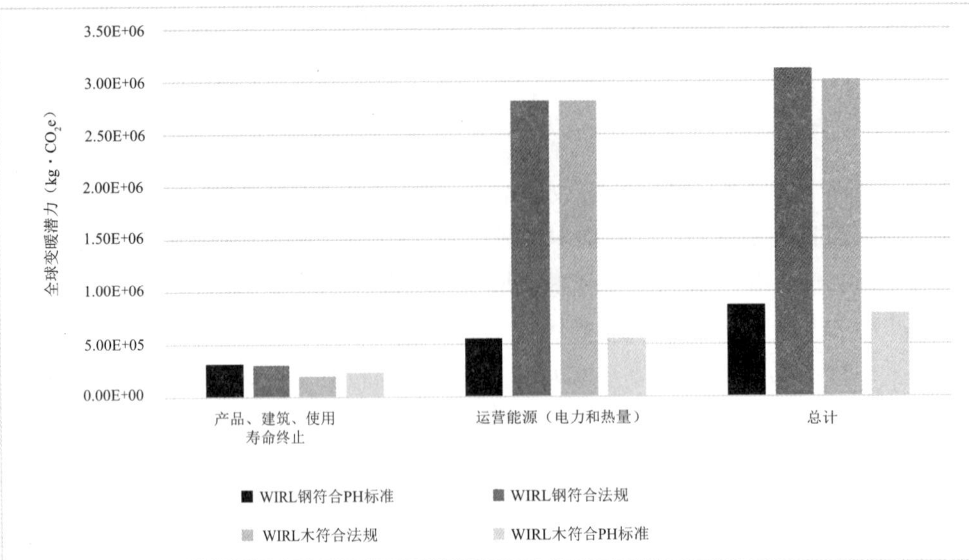

图 7　按生命周期阶段划分全球变暖潜力

从图 7 可以看出，尽管产品阶段的影响增加了，但由于 PH 建筑供暖需求与规范相比显著降低，GWP 总体减少了 70% 以上，尽管该建筑是钢结构而非木结构。

斯坦泰克为该项目提供了架构和许多其他服务，安德里亚·弗瑞斯科和马克·特鲁多是该被动房设计师，吉多·维默尔是支持被动房的使用者、研究者和所有者。

提高大型厨房机构节能的政策

马林·桑切斯 /RDH 建筑科学公司

引言

1. 建筑

在过去的几年里，被动房学生公寓已经成为北美大陆上一个新兴典型建筑。维多利亚大学的 PH 学生公寓就是这些先驱项目之一。该学生公寓由 782 张床、厨房和餐饮设施、会议室和学术教室组成，这些都分布在总面积为 22 000 m^2 的两栋建筑上。该项目目前处于详细设计阶段，将于 2019 年秋季破土动工。其每栋建筑由一座住宅塔楼组成，塔楼下方设有一个非住宅裙楼。商业厨房是 1 号楼裙楼的一部分，并靠近有 600 个座位的餐厅，它每天为在校学生提供 8 700 份餐食。

2. 面临的挑战

该项目面临的主要挑战是商业厨房对 1 号楼整体 PHPP 模型的不均衡影响，包括对空间供暖需求（源自通风要求）和 PER 数字（源自高生活热水（DHW）需求量和高烹饪 / 制冷设备能量要求）产生的影响。

过去的项目经验和 PHI 指南证实，“每餐”的方法适用于商业厨房，即使在实施了所有可用的方法来降低 PER 后，也通常会为此类能源密集型空间分配额外的“每餐”PER 补贴。

然而，在每次讨论任何 PER 调整之前，需要优先解决厨房通风对空间供暖需求产生的影响。商业厨房将为 2 500 名学生提供餐饮服务，此外还有住在 1 号住宅塔楼中的 400 名学生（每次配送 2 900 份餐食，1 天配送 3 次）。这显示出了被动房认证设定的性能限制与提供这些食品服务相关的厨房能源要求之间存在大小不平衡的问题并且还有待解决。

3. 解决方法

解决这些问题的重点是在整个设计过程中提高通风效率。基于目前的标准和过去项目的经验，对相关文献进行了回顾，在不会对居住者产生负面影响的前提下按优先顺序列出了减少能源需求的策略，并在可能的情况下予以实施，累积能源效率指标的效果以 PHPP 为模型。

过程节能降耗

厨房通风的热损失看起来是 PHPP 空间供暖平衡中最大的热损失：对于单独的裙楼（TFA 为 4 650 m^2），设计规定峰值流速为 65 230 m^3/h；对于单独的厨房和备餐区域，设计规定的峰值流速为 46 800 m^3/h。

然而，厨房通风是一个次要的过程，其实施的目的主要是应对实际烹饪过程中产生的副作用（如产生的热量、水分和污染物），以确保厨房员工在适宜的环境中工作。改善厨房通风效率，首先要减少源头的负荷，这将带来额外的好处（例如改善的舒适度、小型化通风设备等）。

下面的措施可用来首先减少热量、水分和污染物的产生，这使得最大排气流量规范降低了 12%。早期的参与各方（厨房厨师、食品服务顾问、客户和设计团队）对确保这些改进方法可以在不改变食品服务的质量前提下实施至关重要。

（1）由燃气灶具改为电力灶具，以减少热量的产生（从最初的设计到目前的设计，燃气灶具减少了 90%）。

（2）将高排气要求的食品站（如蒙古烤架）替换为低排气要求的食品站（减少 30% 的规定排气率，相当于更换食品站时每个抽油烟机约为 1 200 m^3/h 的排气量）。

通风流量的优化

“正确的尺寸”是提高厨房通风效率的第 2 种方法。由于在设计阶段缺乏对未来使用操作的清晰了解，厨房通风设备的尺寸通常过大。这不仅导致更大的通风热损失，而且对其补换空气的预热（以保持舒适的环境）和相关风扇功率的能量需求也更大。

1. 厨房布局

在使用相同设备的情况下，选择最有效的厨房布局可以减少整体通风需求。排气要求最高的电器应移动摆放在一排厨房电器的中间，而不是侧面或将其隔离。

此外，大多数单个岛式抽油烟机会被通风需求较低（在类似条件下，估计为单个岛式抽油烟机需求的 63%）的壁挂式抽油烟机（一、二或三个侧面处于封闭状态）替换。所有抽油烟机还规定了悬深，以便让热卷流更有效地通过抽油烟机。

2. 高捕获效率的抽油烟机

所有抽油烟机均配有一体式气帘，且供气直接位于抽油烟机内。这样就在厨房设备前面形成了一个空气幕，提高了抽油烟机的捕获效率。但是，每个抽油烟机（和天花板格栅）上的送风速度上限为 0.75 m/s，以避免厨房工作人员在以更高的速度进行送风的情况下因为气流而感到不适。

3. 需求控制通风（DCV）

最大限度地降低排气流量可通过需求控制通风（DCV）来实现，在该通风系统中，使用热传感器和烟雾传感器分别定义每个抽油烟机内的排气需求。通过传感器对抽油烟机状况进行持续监控，可以将排气流量即时调整到提供健康室内环境所需的最小值。在大型商用厨房中，最好采用分散的 DCV 方法（即一个抽油烟机一个系统），以最大限度地节约成本，所有单独控制的抽油烟机都连接到一个中央变速厨房排气系统。

通过 DCV 系统预测平均通风量的降低是一个在概念阶段的困难任务。制造商提供了其他加拿大大学厨房的排气监测数据，这些厨房已经在使用类似的设备，并以此对该项目进行了分析和应用。分析表明，平均而言，使用此类设备后，厨房平均排气量要求通常能降低到其最大流量的 65%。这使得裙楼 PHPP 模型的通风热损失降低了 42kW·h/（m^2·a）。这似乎略高于先前较早进行的研究，说明排气流速最高降低了 30%。

4. 置换通风

为平衡如此高的排气要求，本项目通过补风机组（MUA）引进了新风，以配合排气扇的运行。厨房必须始终保持舒适。因此，需要加热室外空气，从而也就导致很高的空间供暖要求。优化从邻近空间（本项目为餐厅）输送的空气可使补风的流速降低到总排气流速的 85%，从而额外减少 12 kW·h/（m^2·a）的通风热损失。这样一来，厨房区域能保持负增压状态，可防止气味扩散，同时减少了对室外空气进行调节所引起的空间供暖要求。

热回收

热回收似乎减少了与引入的（用以平衡厨房排气）补风的加热相关联的空间供暖需求。该方法目前在商业厨房中还不常用，因为其会引起一些与特殊保养以及消防安全相关的问题，而不是每一个热回收系统都能满足这些需求。然而，热回收系统在过去项目中得到了成功运用，而且本项目也证明了有必要使建筑物的空间供暖要求符合认证的限值范围。

尽管在尽量降低室内得热（IHG）（请参见“过程节能降耗”部分），但不是所有设备的 IHG 都能得到消除。因此，补风的温度被降至 20 °C 以下，以便与 IHG 进行平衡，同时提供一个舒适的工作环境。为了确保维持舒适的室内环境，补风的温度仅降低了几摄氏度，而空气流速的上限是 0.75 m/s。因为排气气流是在很高的温度下被抽取出来的，而在本项目中补风仅预热到 16 ℃，所以简单的空气－水循环蛇管换热器无法提供很高的排气热回收率，但仍然能满足 70% 的补风加热要求。这就导致了最大限度地降低通风热损失（46 kW·h/（m²·a）），最终使建筑物的空间供暖需求再次符合被动房的性能要求。

结果

以下是在 PHPP 中测试的模型，在这些模型中逐渐增加了各种措施。

（1）模型 1：基线（没有厨房通风效率措施）。

（2）模型 2：在电器和厨房布局中具有改进的能源效率（降低了规定的最大排气流速）。

（3）模型 3：具有 DCV（降低了平均通风率）。

（4）模型 4：具有置换通风（使补风流速降低到排气流速之下，并降低相关加热要求）。

（5）模型 5：具有厨房排气系统热回收功能，以预热补风。

由图 1 和图 2 可知，在执行任何厨房通风能效措施之前的初始模型显示，空间供暖需求为 59 kW·h/（m²·a）（裙楼和塔楼组合），在增加了各种厨房通风能效措施之后，该建筑物的空间供暖需求能降低到 15 kW·h/（m²·a）。

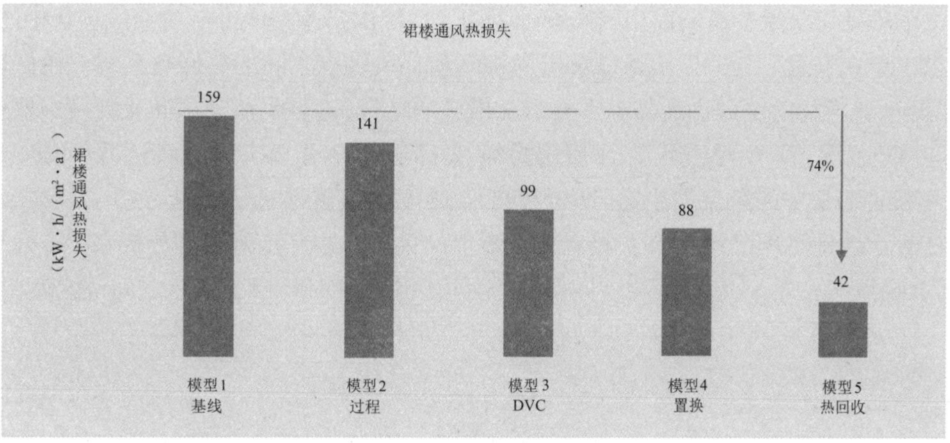

图 1　裙楼通风热损失

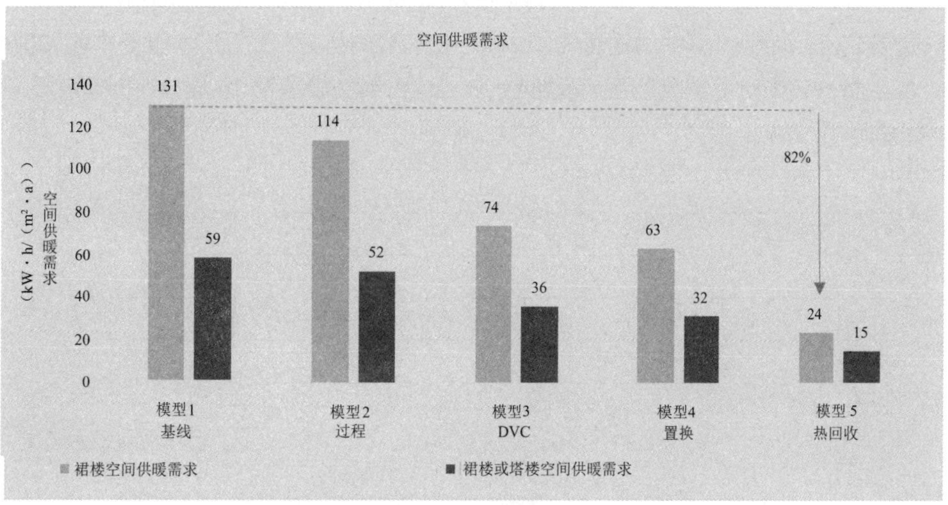

图 2　仅裙楼以及裙楼和塔楼组合的空间供暖需求

PER 降低策略

在空间供暖需求平衡降低到可接受的水平后，需要额外的策略来弧线下调与厨房相关的 PER 值。目前讨论到的策略包括但不限于：

（1）通过高效电器降低电力消耗；

（2）通过保温性强、密闭的制冷机房降低冷负荷；

（3）通过使用凉水进行预清洗以及使用高效电器（例如具有废水热回收功能的洗碗机）降低生活热水（DHW）的使用量。

正如厨房通风热回收方法所示，根据总建筑规模，寻找可用废热和具有供暖要求的最终用途之间的协同作用是降低总建筑能耗的关键。与通风相关的最大的最终用途之一是 DHW，主要来自厨房（除了塔楼住宅相对较小的需求之外）。目前调查的有两个关键策略：

（1）对来自制冷设备的高等级排热，用于 DHW 的预热（奥地利被动房 MPREIS 超级市场广泛采用了此方法）；

（2）对厨房使用过程中产生的废水热量进行回收，并直接用于水 - 水式热泵对 DHW 进行预热。

结论

维多利亚大学被动房学生公寓的商用厨房设计采用了广泛的措施来降低厨房通风运行中的高强度能量，包括厨房电器和布局的优化、"DCV" 策略以及厨房排气和补风供应之间的热回收系统。在保证被动房性能水平的前提下，降低建筑物的空间供暖需求需要以上措施的结合，这表明被动房商业厨房中使用高能效的通风系统已成为事实。为此，所有利益相关方（厨房厨师、食品服务顾问、客户和设计团队）早期介入至关重要。然后是降低与本机构厨房中的第二大用途（即生活热水）相关的高能量需求。全方位（需求、分配和能源）地改进厨房的 DHW 系统是使建筑物 PER 更接近认证限值的关键。这一步将通过分析和实施几个额外的策略来完成，除了所介绍策略之外，还包括优化不同系统的可用废热和 DHW 预热要求之间可能存在的热回收。

参考文献

[1] 费斯特· W.Arbeitskreis kostengünstige Passivhaüser，Protokollband Nr. 47:Energieeffiziente Kantinen und Gewerbeküchen. 被动房研究院，达姆施塔特，2012.

[2] 德国工程师协会标准.VDI2052:Raumlufttechnische Anlagen für Küchen.Düsseldorf，2006.

[3] 卡拉斯·A，费希尔·D. 商业厨房中的通风需求，新兴技术案例研究. 食品技术服务中心，2006.

[4] 克拉克·A，格兰特·N. 被动房学校厨房 / 费斯特·W，2012 年汉诺威第 16 届国际被动房大会议程. 被动房研究院，达姆施塔特，2012.

换挡:一家正在成长的被动房车经销商

安德鲁·皮尔 / 皮尔被动房咨询公司

世界上第一家被动房车经销商已在加拿大阿尔伯塔省红鹿市建成。该设施由 Cover Architecture Collaborative 和 Sublime Design 设计, Black Creek Developments 建造,面积为 1 540 m^2,容纳了新的 Scott Subaru 经销商。这一遗产项目与开发该项目的公司 Scottsville Auto Group 的 50 周年纪念非常吻合。

动机

该公司所有者兼首席运营官加勒特 • 斯科特希望建造一座对环境影响较小的建筑,以支持他不断增长的业务。他欣然承认自己并不是一个热心的环保主义者,但他认识到按照被动房标准来建造房屋会带来巨大利益。他说:“我认为应该建设更加智能的零售设施,并向人们展示这些零售设施的结构仍然能够满足零售企业的需要,而且能够为企业内部团队提供更好的工作环境,更不用说给客户带来的好处。我们希望这些长期优势将有助于激励其他人建造类似类型的建筑。”

标准设定

大多数大型汽车制造商在美观、布局和服务要求方面都有严格的企业标准, Subaru 也不例外,该公司会在基本要求基础上考虑客户的特定需求。但其中最主要的是,任何为获得被动房认证而做出的决定,都不允许损害到客户或车辆服务。另一个影响设计的主要因素是当地冬季的设计低温达到了 -29℃。满足这些需求是极具有挑战性的,要求整个设计团队做到最好。

基础设计

该建筑分为三个主要区域:展示区、维修车间和汽车放置区(图 1)。展示区包括位于一层的汽车展示区、客户接待区、休息室和销售办公室以及位于二层的后勤办公室、会议室和员工厨房。维修车间包括两层,一层有六个服务区和零配件储藏室,二层有夹层、储藏室和窄道。汽车放置区是一个单层区域,用于收集顾客的汽车进行维修,并在夜间和恶劣天气期间向顾客展示停放在停车场的新车。

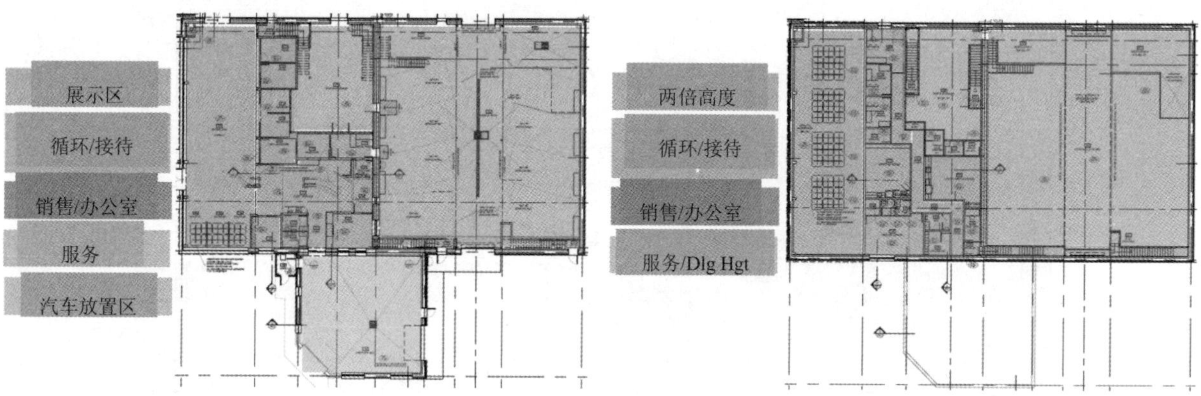

图 1 Cover Architecture 按区域划分的建筑利用(Peel 被动房咨询公司进行了修改)

不透明围护

一个典型汽车经销商的基本设计对被动房来说是较为理想的，即一个漂亮的大盒子。虽然其存在一些围护方面的挑战，本文之后会对此进行探讨，但主要的挑战是不透明维护结构。一个由 12 英寸 LSL Engineers 螺柱建造的木框架结构，带有外部保温层和内部服务墙、楼板下保温层和保温基础（图 2）以及蜂窝状填充的空腹网状木桁架屋顶。

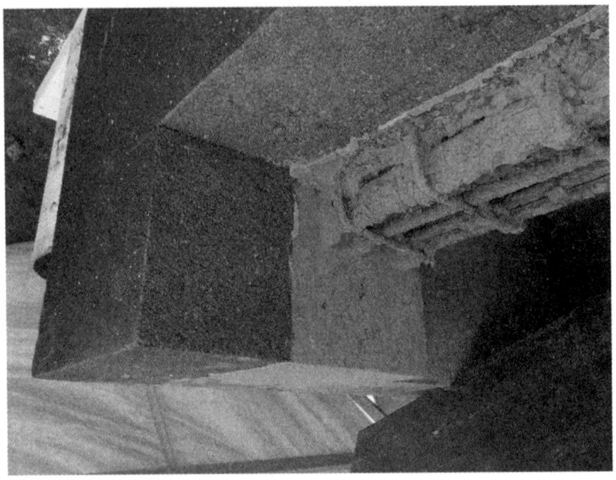

图 2　保温基础（在基础墙周围搭起了一顶帐篷，并对其进行加热，以便在冬季继续施工，Cover Architecture）

透明元素

要做到透明，一个很关键的挑战是要减轻玻璃（由公司设计指南决定）对朝西店面产生的 65% 的影响。红鹿市坐落在加拿大阳光最充足的两个城市卡尔加里和埃德蒙顿之间，受到的西向辐照比德国多 50%。根据公司设计指南规定，不允许安装屋檐，虽然当西落的夏季太阳处于低角度时，这些屋檐只能提供有限程度的遮阳。该社区是平坦的，只包含低层建筑，所以没有自然遮阳。当地种植落叶树木用于景观美化，但研究发现这些树木在冬天会阻挡大量太阳能得热。后考虑过采用外百叶窗，但由于红鹿市的大风天气，该方案也不可行。且业主也以美观为由对此提出了反对。进一步研究的方案是采用电致变色玻璃（其 SHGC 可以通过电荷进行控制），但无法为该项目找到适合其特性（U_g、SHGC 范围）的产品。最终，唯一可以采取的措施是在顶排玻璃中安装保温拱肩镶板（图 3）以及采用可进行手动制动的内自动百叶窗。遗憾的是，这项措施不足以减少高制冷负荷。

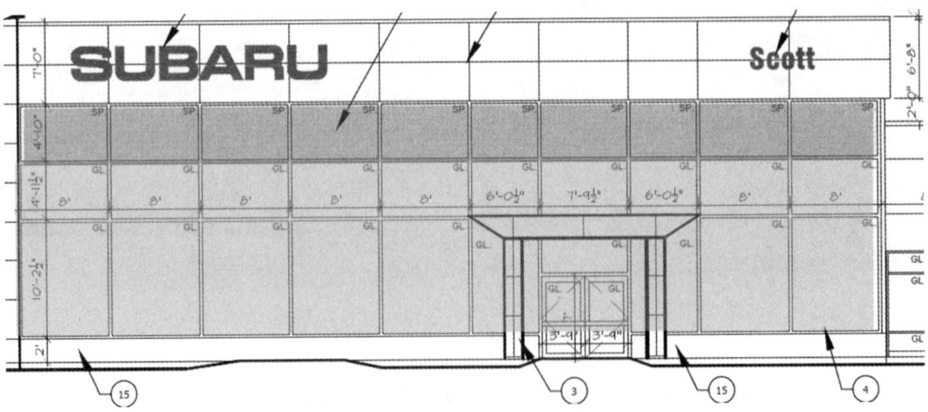

图 3　南面立面图（显示了保温拱肩镶板（红色）和标准幕墙玻璃（蓝色），Cover Architecture）

对于处在寒冷气候中的其他项目，窗户舒适性已经成为一个关键挑战。目前，北美洲市场上只有一种获得被动房研究院(PHI)认证的窗户,还没有获得认证的幕墙系统。为满足红鹿市的舒适性要求,安装窗户的 U 值必须小于或等于 0.61 W/(m²·K)(0.106 BTU/(h·ft²·℉))。建筑物依靠从玻璃表面吹下来的集中分布的热量来确保满足舒适性要求。

升降门

升降门是另一个围护结构的挑战。最初的设计需要七扇升降门,被动房顾问设计了一个只需要两扇门的替代方案。客户觉得这种设计会过多地干扰服务,最终协商决定折中采用四扇门方案(图 4)。

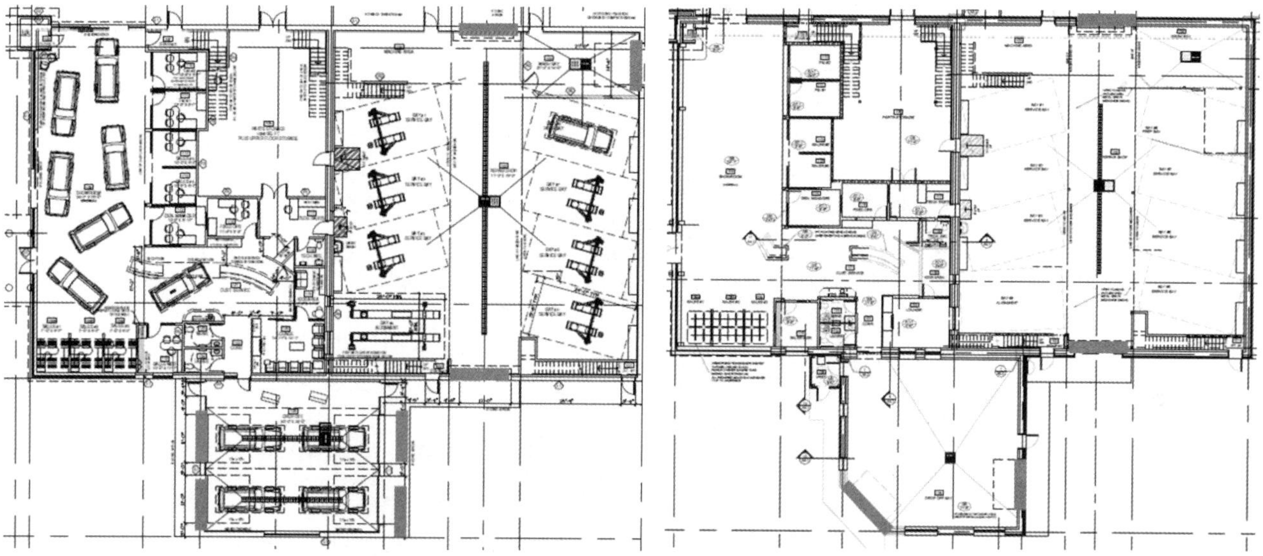

图 4 地面平面图显示了初始设计和最终设计的升降门的位置和数量(Cover Architecture)

最初担忧会由于这些门造成热损失。但调查显示,最小换气量(15 m³/(h·开门))对热损失的影响微不足道。更令人担心的是备用空气的泄漏。虽然升降门数量有所减少,但仍然占墙壁总开放面积的 17%。传统的北美入口门并没有对其气密性进行过评估,所以不能依靠此类入口门。相反,研究小组将目光投向欧洲,不仅是为了寻找入口门,也是为了对门的气密性进行独立评估。为此,该项目评审了 EN 13241-1《工业、商业、车库门及大门——产品标准》,其中定义了气密性等级。等级 2 可以将整个建筑的气密性增加 0.08/h,整个建筑的漏风率增加了 20%(项目的建筑物目标为 0.4/h,以满足空间供热需求)。该团队设法找到了一种等效气密性为 0.04/h 的产品,这使得整个建筑物的漏风率只增加了 10%,该值在可接受范围内。此外,精心的细节设计确保了门框和墙壁之间的持久密封。

建筑物的独特用途要求对内部得热(IHG)进行详细研究。对此,关键的步骤是在项目早期阶段编制一份设备清单,以便从一开始就支持更精确的 PHPP 建模。由于无法找到汽车维修设备方面的数据,我们与客户一起围绕用途和额定功率制定了合理的假设。由于室内温度不同,必须考虑展示区和其他区域之间的传热,为了维修人员的舒适,维修车间和汽车放置区温度需保持在 18 ℃。另一个最初被忽略的因素是进店汽车导致的热量增加或减少。汽车在停放时温度可能比周围环境高,也可能在被放置一整夜后,最终变成一个"大冰块"。分析表明,在年能量平衡过程中,热量增加和减少量基本平衡,可以忽略不计。而真正不可忽视的是在修理过程中运行发动机所产生的热量。其排气温度可达 340 ℃,这对 IHG 的贡献因发动机运行时间的不同而存在较大差异。客户对典型维修程序的输入信息对于估计这些得热量至关重要。

通风

汽车尾气中也含有有害污染物,必须直接排放到户外。为了满足规范要求,六个服务区中的每一个都需要安装排气管(图5),每根容量为680 m³/h。通常情况下,所有区域都连接到同一个排气扇,这样一来即使只有一个区域在使用,所有区域都要进行排风。在该项目中,每个区域都安装了单独的排风口,减少了83%的排放率。

为了进一步减少损失,研究小组还尝试了直接向汽车发动机补风,以避免对这些空气进行加热。但由于担心会对服务产生影响,该解决方案被客户否决了。研究小组也探索了进行排气废热回收的位置,选项包括HRV、同轴管、缠绕线圈和热管。没有一家制造商会保证他们的设备可用在汽车排气系统中,因此这些措施不可行。进一步的考虑是安装一根接地管来预热新风。高风量将需要使用大容量,对应的成本较高。冬季地面平均温度约为4 ℃,限制了可提取的能量,故仍然需要安装补风系统。最后,排气的额外热损失必须通过改进的建筑气密性0.4/h进行补偿。考虑到建筑师和被动房顾问的经验(他们之前都从事过认证项目相关工作)以及建筑物的较大尺寸,这是可以实现的。

图5 汽车排气软管

供暖和制冷

供暖和制冷由管道中的变制冷剂流量(VRF)系统提供,室内装置隐藏在走廊的吊顶内。为了节省成本,研究团队考虑过住宅模型,但由于担忧设备寿命,最终放弃了这个选择。在每个室内装置的送风部分中都安装了电阻线圈,以便在高峰供暖期间,热泵会由于温度非常低而停止运行的情况下继续供暖。如果在设计中已经考虑到按PHPP规定的热负荷,线圈和热泵的容量可以大大降低。

尽管红鹿市的夏季夜间温度和湿度水平较低,但由于太阳能和内部得热,无法避免主动制冷。研究团队一直在努力减小室内装置的尺寸,但展厅内的高太阳能得热对我们的工作产生了不利影响。在PHPP中研究了几种方案来估计冷负荷峰值。将标准PHPP计算结果(最暖24 h的平均负荷)和最坏情况(峰值3 h的太阳能获得量,未部署可移动式遮阳,最大IHG)的结果进行比较(表1),发现在冷负荷方面存在5倍差异。后一种情况的结果接近工程师计算的负载(57 kW)。这一结果与文献的研究结果相一致,该研究表明,当存在高太阳能得热时,PHPP冷负荷算法是不准确的。

表1 不同场景下PHPP计算的冷负荷峰值(西面的太阳能得热量为235 W/m²)

场景	标准计算	峰荷日合理得热	峰荷日最差得热	峰荷3 h最差得热
内部遮阳换算系数	60%	60%	100%	100%
净内得热量(W)	1 911	4 859	9 215	9 215
冷负荷峰值(W)	10.7	15.4	24.3	52.9

生活热水(DHW)

建筑中存在两个独立的DHW负荷。第一个负荷针对的是员工和客户卫生间以及员工厨房,需求相对较低,仅由一个CO_2热泵就能满足需求。为了减轻水管冻结的问题,同时将热量从室外装置传输到储罐,将储罐放置在维修车间中,这样在夏天可以提供额外的免费制冷。而超大的VRF室内装置和电阻线圈可确保冬季的制冷得到有效补偿。

第二个负荷是根据客户的服务要求清洗每一辆进入维修车间的汽车,负荷为2 020 L/d(60 ℃温度下,当量值),这是二氧化碳热泵无法满足的。相反,由一个便携式、按需工作的燃气热水器(图6)提供热水,这是该建筑中唯一使用天然气作为燃料的服务。考虑到所需的电力容量和使用费用,电热水器不具备可行性。此外,阿尔伯塔省的电网碳强度相对较高,导致碳排放量很大。随着技术的发展和电网的逐步脱碳,这种装置在未来也很容易被电力驱动装置所取代。仅此项服务所产生的PER就达到34 kW·h/m^2,为总建筑预算的56%。为了减少这项消耗,研究小组寻找了一种合适的排水余热回收装置,以回收部分废水余热。在市场上没有找到设计为水平安装的设备,所以选择了一种垂直安装的设备。虽因方向不匹配导致热回收效率大大降低,但该设备仍使总DHW的需求显著降低。

图6 便携式燃气热水器(Hotsy)

建筑性能

鉴于目前的技术状况,设备选择有限,缺乏关于设备能源需求的数据以及提供所需服务的内在高能源需求(表2),在认证方面已批准放宽建筑的总PER目标值。

表2 建筑能源性能

空间供暖需求(kW·h/(m²·a))	15	热负荷(W/m²)	22	气密性	0.4/h
空间制冷需求(kW·h/(m²·a))	2	冷负荷(W/m²)	34	PER(kW·h/(m²·a))	84

总结

寒冷气候给被动房设计带来的挑战并不是什么新鲜事。但是,气候、项目需求和操作现实的结合迫使设计团队成员需要不断地重新评估提出的解决方案,以优化设计并确保可验证性。一个致力于项目目标并愿意认真探索其他解决方案的团队是成功的关键。

参考文献

Planungstools für den Sommerfall im Nichtwohngebäude.In:Arbeitskreis kostenguentige Passivhaeuser, Protokollband Nr 41, Sommerverhalten von Nichtwohngebäuden im Passivhaus- Standard; Projekterfahrung und neue Erkenntnisse, 达姆施塔特,被动房研究院,2012.

被动房室内游泳馆设计指南

杰西卡·格鲁夫·史密斯，以斯贴·高尔威泽，索伦·佩伯 / 被动房研究院

介绍

游泳是一种大众化的和健康的休闲和体育活动。然而，通常情况下，传统的游泳馆经营相当耗费能源，不但维护成本高，碳排放也很高。许多市政当局面临的问题是他们如何能够负担向居民提供此类设施以及如何协调游泳馆经营与碳排放目标之间的关系。因此，减少室内游泳馆的经营成本和碳排放成为一个紧迫的问题，这就需要极大地提高能效水平。

自 2009 年以来，被动房研究院（PHI）一直致力于公共游泳馆的能效研究。2018 年，发布了一份新的综合研究报告以及关于如何实现游泳馆高能效的通用指南概要。其调查结果是根据后续研究以及对试验项目监测数据的详细评估所得出的。所有研究出版物都可以在 PHI 网站（德国）上免费获得。

在许多其他方面，新发布的游泳馆被动房指南包括典型的能源需求目标（空间加热、馆水加热、馆水循环用电等）以及系统优化、系统调试和成功运营的建议。本文将对如何实现公共游泳馆建筑高能效做出总结。

室内游泳馆的被动房概念

将被动房概念应用于游泳馆，首先要优化建筑的围护结构，节约能源（图 1）。要实现综合建筑的总能效，必须对所有设施进行分析和优化，例如基于需求进行高效通风以获得优质的空气、可靠的除湿，并设计一种高效节能的游泳馆水处理系统，减少对热水的需求，考虑排泄水的热回收等。

本文提出的所有建议都是针对中欧地区冷温带的干燥气候条件的。不同的气候条件适合不同的技术方案。目前，中国青岛中德生态园住宅开发试验项目正在进行中，其制冷和除湿需求突出（暖温带气候区，冬季寒冷，夏季炎热潮湿）。被动房概念正系统应用于热围护结构和机械系统，通过在用能源监测，我们将进一步了解和学习潮湿条件下的被动房游泳馆。

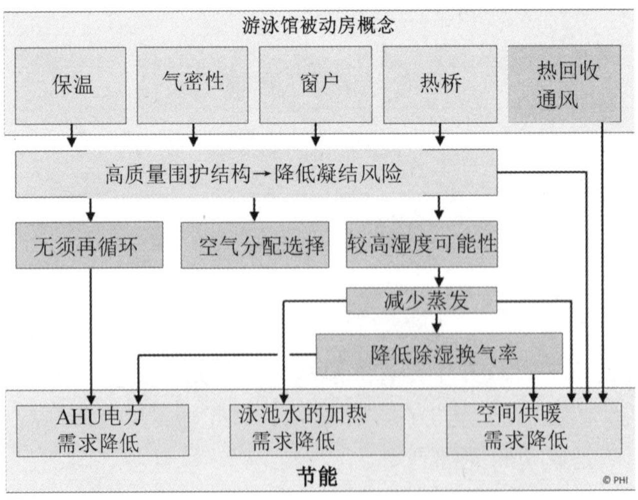

图 1　被动房概念和节能之间的关系示意图

游泳馆通风

室内游泳馆通风通常有两个目的：确保良好的空气质量（去除消毒副产物）和除湿（游泳馆和浴室的高湿

负荷）。根据外部湿度，游泳馆每小时的室外通风率差别很大，这取决于游泳馆的占用率和使用情况以及全年营业情况。为了将通风热损失降到最小，主要应保证较高的热回收效率（建议效率 >85%）。

游泳馆通风通常是根据潮湿的夏季的高入住率和除湿要求，但平均而言实际的室外空气要求要低得多。通常，再循环空气将排放到室外空气中，使供气容积流量保持恒定。由于被动房建筑的围护结构高度保温，凝结风险大大降低，因此无须通过控制暖干气流保护和保持建筑立面干燥。被动房试验项目证实，可省掉（或至少大大降低）额外的再循环空气，同时还不影响游泳馆的空气质量或舒适度（图 2）。这种针对不同情况的控制方法，能够节省大量电力。

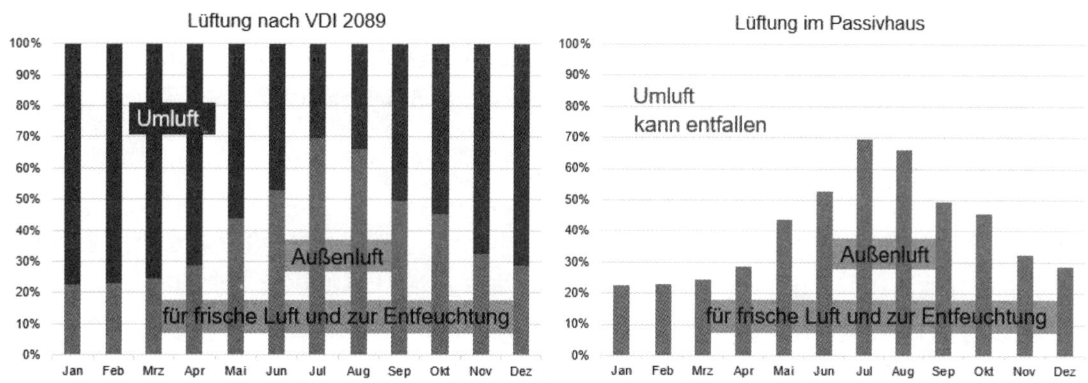

图 2　包括（左）和不包括（右）再循环空气的全年每月平均空气流量

作为研究工作的一部分，我们以三卤甲烷为指标，在 3 个不同项目中测量游泳馆空气污染物的浓度。为了更好地理解不同空气分配装置对游泳馆空气质量的影响，还进行了流体动力学（CFD）的计算。为了保证空气质量、舒适度和能源效益，建议采用所谓的“分层通风”策略，保持游泳馆表面上方稳定的高湿环境，并降低朝向天花板的湿度。原则上，要实现这一点，可从游泳馆下部抽取空气，从建筑立面、房间使用区上方或天花板引入送风。

泳池水的处理

游泳馆需要消耗大部分能源来提供温暖干净的泳池水。例如，在被动房试验项目“Lippe Bad”中，加热泳池水所需能源占总供热能源的 40%。除这种供热能源外，用于循环泵运行和水处理的电力需求也很大。在“Lippe Bad”项目中，监测数据表明，仅循环泵用电量就占该建筑总用电量的 23%。

浅水池（学习和休闲）的温度要比深水池（竞赛 / 游泳）温度高。游泳馆平均使用率越高，水循环率就越高，所需的稀释水就越多。因此，休闲游泳馆的能源需求一般都较高，这就表明其节能潜力更大。

1. 循环泵的电力需求

由于循环泵运行时间长且负荷高，即使很小的改进，也能显著减少用电量和成本。因此，有必要设计一种压力损失较小的管道工程布局，例如采用低流速（建议 1~1.3 m/s）、避免笔直弯管（45° 而非 90°）、减少游泳池水面与平衡水箱区的高度差等。在设计高效率游泳馆时，建议其正常使用条件下的水头损失为 5~10 m。同时，为实现高效率，应选择合适的泵。为保证有效运营，变频器的使用已成为一项标准操作。由于泵的转速由变频器控制，不同的操作点也可以实现高效率，建议泵的总效率 >70%（包括泵、发动机和变频器）。要实现进一步节能，可根据需求调节循环流量，尤其是对休闲游泳馆，例如通过夜间降温或根据典型的使用模式预设时间（图 3）。作为大概的指南，有效系统将实现 25~40 W · h/m³ 的电力需求（在 DIN 19643 规定的标称流量下，假设负荷系数 k=0.5 m³）。参照泳池面积，这相当于深水池约 1 017 W/m² 的平均电力需求和浅水池 17~29 W/m² 的平均电力需求（由于更高的入住率和由此带来的更高的循环使用率）。

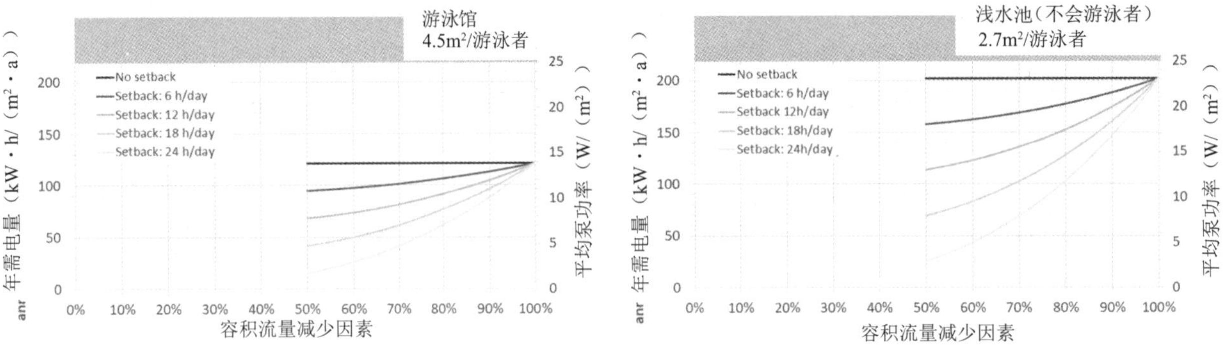

图 3　浅水池（上部）和深水池（下部）不同类型的部分负荷运行的循环泵电力需求实例
（边界条件：水泵压降 8mWS 和泵的总效率 70%，高尔威泽等人 2018 联合发表）

2. 泳池水的加热需求

通过有效方法，泳池水的加热量预计在 400~700 kW·h/（m^2_{pool}·a）。但是，有许多影响因素会导致重大偏差，例如循环泵和其他游泳馆技术的效率水平及相应的热损失。为计算加热泳池水的能量需求，能量平衡计算也成为研究工作的一部分。图 4 显示了一个典型的浅水池（学习游泳）示例，这种能量平衡有助于评估在设计阶段就已存在的各种设计、产品和运行选择的影响。

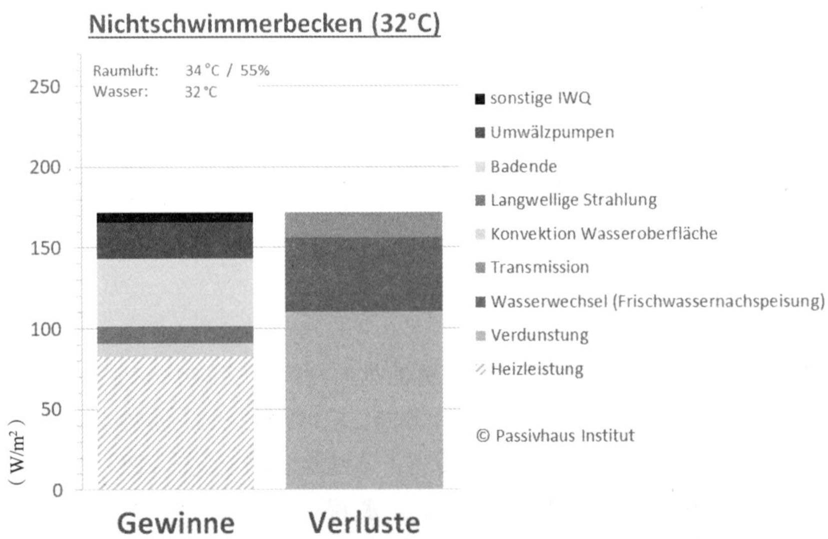

图 4　浅水池（学习游泳）能量平衡示例

淡水补充（水稀释）量对加热需求影响较大。出于卫生考虑，每名游泳者的标准水稀释量为 30 L。然而，在许多情况下，实际水稀释量更高，这取决于保持滤池清洁所需的水量（反洗滤池）。在针对特定项目选择过滤技术时，应将该事实考虑在内。一般来说，有 2 种方法可以减少水稀释造成的热损失，如果使用对反洗水要求很高的过滤技术，这些问题将变得更为重要。

（1）游泳池排水处理：可在游泳池中重复使用，或作为工艺用水（卫生间）。

（2）温排水热量回收：采用被动方式使用热交换器，或采用带热泵的主动系统（效率高，成本也高）。

游泳池水面蒸发量也起着关键作用，这表明其节能潜力也很大。蒸发量越高，补偿焓损失的加热需求就越高。除降低加热能耗外，降低蒸发量也有利于游泳馆的通风系统，因为除湿需求也会影响通风速度。研究工作和监测数据为我们了解平均蒸发率和峰值负荷提供了宝贵的资料。假设水传递系数 β=15 m/h，则平均蒸发量与 VDI 2089 计算结果非常相符。根据 VDI 2089，峰值负荷范围相对安全，这表明可以缩小通风系统的规格。有必要评估特定项目的峰值负荷。图 5 给出了其中一个游泳馆测量的除湿率示例,其与蒸发率大致相同,其中的线显示了根据 VDI 2089 预计的蒸发量。减少蒸发率的有效措施如下:

(1)增加游泳馆内的空气湿度,本指南建议湿度在 55%~60%;

(2)降低夜间水位,无溢流和内循环;

(3)精心选择和按需运营的水特性。

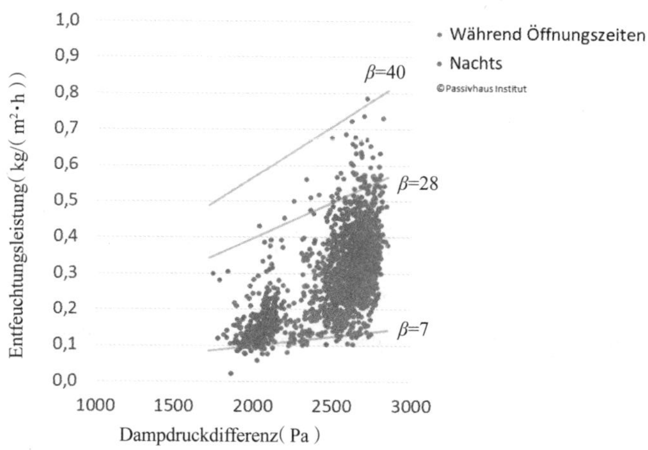

图 5 某家休闲游泳馆通过空气处理装置除湿情况的"Lippe Bad"项目测量数据分析(2016 年数据,不包括夏季假期,水温和空气温度为 32 ℃)

其他节能区域

在该建筑的不同区域,应根据实际使用情况和新风要求决定通风系统的规格和运营情况。规范与条例通常规定了最大容积流量,但在许多情况下,较低流速就足够了。例如,在 Bambados 项目中,运营通风所用的电力减少了 50%。除了节省电力外,还降低了通风热损失,从而降低了供热需求。按需管理的第一步是只在营业期间运营该装置(包括在适当时间进行冲洗)。在运营期间,传感器可根据需要控制流量,例如浴区的湿度传感器、更衣室的 CO_2 传感器等。

降低淋浴热水供热需求的最有效方式是使用约 6 L/min 的低流量配件和计时器来降低耗水量。淋浴排水热回收(被动或主动)方面也有很大的节能潜力。由于排水温度相对较高(约为 35℃)且使用频繁,所以采取简单的被动措施(热交换器)就可节省大量能源,也可使用带热泵(尤其是用于室内游泳馆的热泵)的主动系统。

根据被动房概念的全屋方法,该建筑各区域都应努力实现高能效。解决方案会根据特定项目中的可用设施而有所不同,如水疗区、健身区、餐饮区。将温度、湿度设定值和用途不同的区域适当分区是实现整体高效建筑的起点。如果存在主动制冷区域,应将余热回收利用,以满足馆区较高、连续的供热需求。

调试和在用能源监测

调试以及能源监测和优化在实现预期的低能耗计划中发挥着重要作用。项目运营者必须基本了解其控件,并且应该能轻松地核实是否一切正常以及能耗是否符合预期。作为促进该过程的起点,已编制核查表和调试、监测的一般建议,以便能够更好地记录能耗情况,确定节能潜力。这些核查表可作为项目报告的补充免费下载。

总结与展望

对首创项目进行监测，证实了将被动房概念应用于室内游泳馆可节省约 50% 的能源。对在用监测数据和补充研究的详细分析表明，还有更大的节能潜力有待开发。现已将研究工作的结果和设计建议以及在用经验总结为一份指南文件，以备未来项目使用。

致谢

该研究由德国联邦环境基金会（DBU）资助，基金号码 33217/01-24/2。

参考文献

[1] 高尔威泽· E，格鲁夫·史密斯· J，佩珀· S.Passivhaus-Konzept für Hallenbäder: Datenauswertung und Empfehlungen. 德国达姆施塔特：被动房研究院，2018.

[2] 高尔威泽· E，格鲁夫·史密斯· J，佩珀· S，等.Passivhaus-Konzept für Hallenbäder: Leitfaden. 德国达姆施塔特：被动房研究院，2018.

专题论坛 14
项目监测及结果

保持过热冷却

杰西·梅南德斯 /ZE 被动房服务有限公司

引言

过去 20 年来，被动房标准一直受到冷暖气候的监测和验证。然而，目前该标准对南欧、美洲或大洋洲等差异显著的温暖和炎热气候区的影响，在大多数情况下，需要加强建筑监测和采用不同的设计方法，以为夏季提供良好的室内环境。PHI 最近的一份出版物定义了七个不同的气候区域，即极地、寒冷、寒温、暖温、温暖、炎热潮湿以及非常炎热（图 1）。

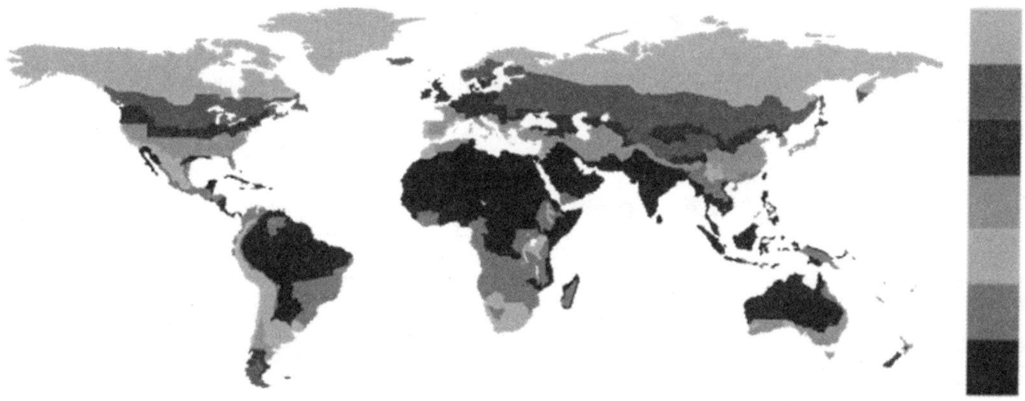

图 1　被动房标准气候图和图例（资料来源：PHI）

在设计耐久且有弹性的舒适建筑时，应仔细考虑温度上升对全球气候变化的影响。夏季，会有过热的风险，并对居住者的健康造成不良后果。在传统上被认为是寒冷和寒温带的地区，过热风险尤其有害，因为这些地区的建筑设计并不是为了让居住者保持凉爽。然而，一些研究和越来越多的认证项目揭示了地中海气候下住宅和商业建筑被动房标准的可行性。由于城市热岛效应，大中型城市的中心区也可能发生意想不到的夏季过热现象。主要是由于路面和沥青的辐射加热以及交通和外部空调设备的污染，这种现象可能导致市区内的整体温升高达 2 ℃。本文为规划人员提供了几种主动和被动设计策略，以确保夏季被动房建筑的室内空气质量和温度在可接受的范围内。在温暖气候条件下，主要的规划目标是“保持过热冷却”。

参考建筑的方法和描述

传统的被动低能耗策略，如合适的建筑几何结构、计算通过窗户的太阳能得热、无热桥施工以及对单个连续气密层的明确定义，已广泛应用于世界各地的数千个被动房项目中。除了极地和寒冷气候外，当内部得热（IHG）和不理想的太阳能得热影响到许多权威机构推荐的最佳室内舒适条件时，新的挑战出现了。这些模型选择的室内空气热质量标准基于预测舒适度的平均水平，该平均水平突出了预计平均得票数（PMV）和满足率（PPS），如文献 [3] 所定义。然而，这种方法不考虑可能影响使用者空气质量感知的其他因素，如皮肤或其他健康状况。夏季的被动房室温舒适标准必须保持在 EN 15251 规定的范围内，如果有主动制冷系统，则操作室温必须保持在 26 ℃以下。如果主要的制冷装置不是主动系统，只采用被动策略，虽然强烈建议 5% 的设计极限，但在一年中建筑物内的温度超过 25 ℃的量值不应大于 10%。

我们乐于研究和制订在任何类型的建筑中都能广泛和商业化地实施的策略。本研究不涉及调查任何类型建筑的性能。因此，占用、内部得热或产生能量等因素被忽略。然而，最近在西班牙北部通过被动房认证的

Veka 展厅和办公楼仅被视为比较不同策略的参考基准(图 2)。

图 2　参考建筑——Veka 展厅(Veka Iberica)

这些空气质量舒适度结论和此处假定的能量输出值不得外推到任何其他位置或其他建筑类型。本建筑位于暖温带气候中,其特征见表 1。

表 1　参考建筑的设计特性

经处理后的楼面面积(TFA)	130 m^2	北面玻璃 %	0%　(—)
墙壁 U 值	0.140 W/(m^2·K)	东面玻璃 %	40%　(21.8 m^2)
屋顶 U 值	0.095 W/(m^2·K)	南面玻璃 %	70%　(63.5 m^2)
板块 U 值	0.175 W/(m^2·K)	西面玻璃 %	0%　(—)
玻璃 U 值	0.53 W/(m^2·K)	g 值	50%

参考项目介绍了一个由两台空对空热泵提供的主动制冷系统,这是由于建筑占地面积变化很大。关于过热风险和制冷需求,PHPP 最终研究的验证数据如表 2 所示。

表 2　参考建筑的验证(上部为主动制冷,下部为被动制冷)

					Criterio	Criterios alternativos	¿Cumplido?[2]
	Superficie de referencia energética	m²	129.5				
Calefacción	Demanda de calefacción	kW · h/(m² · a)	9	≤	15	—	Sí
	Carga de calefacción	W/m²	17	≤	—	10	
Refrigeración	Demanda refrigera. & deshum.	kW · h/(m² · a)	8	≤	15	15	Sí
	Carga de refrigeración	W/m²	10	≤	—	11	
	Frecuencia de sobrecalentamiento (> 25 °C)	%	—	≤	—		—
	Frecuencia excesivamente alta humedad (> 12 g/kg)	%	0	≤	10		Sí
Hermeticidad	Resultado ensayo presión n_{50}	1/h	0.4	≤	0.6		Sí
Energía Primaria no renovable (EP)	Demanda EP	kW · h/(m² · a)	115	≤	—		—
Energía Primaria Renovable (PER)	Demanda PER	kW · h/(m² · a)	53	≤	60	60	Sí
	Generación de Energía Renovable	kW · h/(m² · a)	0	≥	—	—	

					Criterio	Criterios alternativos	¿Cumplido?[2]
	Superficie de referencia energética	m²	129.5				
Calefacción	Demanda de calefacción	kW · h/(m² · a)	9	≥	15	—	Sí
	Carga de calefacción	W/m²	17	≥	—	10	
Refrigeración	Demanda refrigera. & deshum.	kW · h/(m² · a)	—	≥	—	—	—
	Carga de refrigeración	W/m²	—	≥	—	—	
	Frecuencia de sobrecalentamiento (> 25 °C)	%	11.1	≥	10		No
	Frecuencia excesivamente alta humedad (> 12 g/kg)	%	0	≥	20		Sí
Hermeticidad	Resultado ensayo presión n_{50}	1/h	0.4	≥	0.6		Sí
Energía Primaria no renovable (EP)	Demanda EP	kW · h/(m² · a)	112	≥	—		—
Energía Primaria Renovable (PER)	Demanda PER	kW · h/(m² · a)	51	≥	60	60	Sí
	Generación de Energía Renovable	kW · h/(m² · a)	0	≥	—	—	

被动制冷策略

下面列出一系列太阳能被动式设计策略，并从参考建筑中进行评估。必须注意的是，改变任何设计参数都可能影响其他值，如供暖或一次能源需求。然而，本研究分析了主要影响被动制冷夏季舒适度的变量。

1. 方向

尽管设计师并不总是能够完全控制建筑物的方向，但南北向的建筑物将提供最佳的方向，因为可以通过悬挑提供遮阳。偶尔，对于主导风向为东西方向的地区，与这个方向成 30°~45° 的角度可能是更好的建筑方向，以增加两个外立面之间产生的风压差，从而直接增加净化夜间无制冷通风。

2. 窗口太阳能得热

在夏季，除了自然光和额外的通风率外，窗户应尽可能保持低的太阳能负荷，以防止内部过热。我们指定了一个较低的 *g* 值，将可以减少这种内部太阳辐射。由于玻璃单元的太阳能系数在一年中被认为是恒定的，极低的 *g* 值可能对冬季的供暖需求产生非常负面的影响。本研究并未考虑其他玻璃性能，如 *U* 值或玻璃亮度。

3. 固定和临时遮阳

虽然临时遮阳只能优化建筑所需的制冷能量需求，但安装在窗户上的固定式永久遮阳装置可能会提高冷负荷和增加夏季过热的风险。在夏季，这些固定式遮阳装置会对供暖需求产生巨大影响，因为阳光的路径比夏天要低得多。一般来说，在东、西向位置，最好使用带垂直遮阳板的遮阳装置，如百叶窗或百叶帘，而水平遮阳板在朝南的窗户中效果更好。此外，如果将遮阳设备安装在外部，设备的效率将更高。

4. 热质量和致密绝热

在被动房中，由于热围护结构相移不符合建筑要求，被动房建筑中热质量对热负荷主导气候的影响很小。相移是最大热量到达建筑组件内部的时间差。此外，室内空间的热防护还受到透过窗户的直接太阳辐射和室内暴露建筑特征的总蓄热能力的影响。然而，热质量可以改善建筑物在夏季的能量耗散。此外，为了在夏季实现充分的热防护，应使用具有高蓄热能力的内部装饰材料，并结合使用软木、纤维素或木纤维等外部致密绝热材料。

5. 附加通风

夏季的热回收机械通风系统（MVHR）通风策略应包括热回收装置的旁通，以阻止抽出的气流进入热交换器，从而将任何不需要的热量转移到通风口的新风中。此外，设计一个稍大的 MVHR 机组可能会很有用，通过以有效的转速运行该机组的风机，可以在夏季提供更大的风量，而不会增加风机的电力负荷。但是，对于潮湿气候，必须采用除湿装置，以避免增加建筑物内的潜在冷负荷。此外，在夜间温度不低于 23 ℃的炎热气候中，这种策略可能不可行。额外的夏季通风也可以通过更有效的方式提供，例如打开窗户，特别是在夜间。然而，在交通和其他令人讨厌的噪声、污染物、昆虫、过敏原或其他有害物质含量高的地区，这种策略可能不合理。在安全可能成为问题的区域，这一策略也是不可行的。在通风和间接遮阳方面，采用传统的内庭院可以显著降低制冷需求。表 3 介绍了参考建筑中采用的被动策略，南北方向，*g* 值为 35%，比热为 84 W·h/K。

表 3 参考建筑中实施的被动制冷策略（独立考虑）

（kW·h/m²·a）	被动		主动		供暖需求
	%	PE（一次能源）	制冷需求	PE	
参考	8.9	112	8.1	115	8.9
东北—西南方向（+45°）	12.4	108	9.5	110	6.6
西北—东南方向（-45°）	11.2	140	8.8	142	20.4
g 值 35%	5.5	131	3.4	131	17
热质量（132 W·h/K）	4	105	1.9	104	14.8
热质量（204 W·h/K）	2.7	104	1.1	103	13.6
附加通风（0.3 ach）	4.6	114	2.5	114	17
附加通风（0.6 ach）	4	115	2	114	17

主动制冷策略

在温暖、炎热和潮湿的具有挑战性的气候中，我们通常需要对建筑物进行主动制冷。下面研究介绍可用于制冷的不同主动系统，从使用较基本的技术到更先进的技术，都有不同的策略，不包括通过 MVHR 系统进行制冷。

1. 大风量低转速风扇（HVLS）

持续的气流运动可以在"真实温度感"方面对居住者的舒适感产生积极影响。大风量的吊扇低速旋转，提供无中断的连续气流，有效地混合空间中的所有空气，并移动大量气流。尽管这些装置不能为空气提供有效的冷负荷，但在夏季人体会对加速对流制冷做出积极反应，从而通过蒸发制冷的热传递增加人体舒适度。就 PHPP 而言，考虑到这一影响的保守方法是将夏季的工作温度提高 1~2℃（表 4）。然而，这种方法并没有考虑运行风扇的得热，因为风扇应该具有较高的电效率。

表 4 参考建筑中 HLVS 调整内部工作温度的影响

（kW·h/m²·a）	被动		主动		供暖需求
	%	PE	制冷需求	PE	
参考	8.9	112	8.1	115	8.9
HLVS（26.0℃）	6.4	114	4.5	113	8.9
HLVS（26.5℃）	5.2	114	3.8	112	8.9
HLVS（27.0℃）	4.2	114	3.3	112	8.9

HVLS 特别适用于地板到天花板的高度较高的空间，如体育馆、超市等。计算流体动力学（CFD）分析显

示，房间空气速度介于 1~2 m/s，人们在夏季可以接受。

2. 空对空热泵

小型分体式或多联机空调系统可以为建筑物提供所需的制冷能量。最新的装置可以在低流速（即 200 m^3/h）下工作，仍然足以提供大约 1.5 kW 的冷负荷。最新的制冷剂气体 R32 对臭氧几乎没有影响，在发生意外气体泄漏时，与更常见的 R410A 气体对环境造成的危害相比，R32 对环境的危害降低了约 75%。这些系统的季节能效比（SEER）高达 6.0，可以在一定程度上提供供暖、制冷甚至除湿。在占用时间非常短暂的建筑物如第二套住宅中，它们可以在比其他辐射式制冷系统更短的时间内提供主动制冷。

3. 辐射制冷

向建筑物输送冷负荷最常用的方法之一是用水或盐水作为制冷剂进行制冷的辐射面。如果辐射面仅提供制冷，通常最好使用天花板；而如果系统必须同时向建筑物提供热负荷和冷负荷，则使用墙壁或天花板。为了避免表面出现不必要的冷凝，特别是在潮湿气候下，强烈建议安装一台除湿器和（或）使液体在 16℃左右运行。活动板也是多层建筑的一种解决方案，它可以通过钢筋混凝土结构内的闭合回路，流水或盐水可激活混凝土板。

结论

本文为规划人员提供了几种设计策略，以确保夏季被动房的室内空气质量和温度在可接受的范围内。为了比较被动制冷策略（如方向、窗户、遮阳、热质量或附加通风）的效果，本文描述了一个经过认证的参考项目。高效的主动制冷系统，如小型分体式空调或辐射板，在被动房中越来越普遍。然而，在 PHPP 内不考虑 HVLS，但可以用很少的能源输入来改善室内气候。

参考文献

[1] 塔尼亚·伯杰，克里斯托夫·阿曼，赫伯特·弗梅尔，等. 城市位置和气候变化对奥地利维也纳办公楼能源需求的影响. 建筑和环境，2014，81，258-269.

[2] 尤尔根·施纳德，沃尔夫冈·费斯特，路德维希·隆恩. 不同气候区的被动房. 能源和建筑，2015，105：81-87.

[3] P.O. 范格. 环境工程分析与应用哥本哈根，1970：244.

[4] 阿那瑞特·弗兰特. 地中海气候中的城市环境. 艾斯维尔，牛津，2016.

[5] 杰西·梅南德斯. 被动房屋摄影棚：项目和用户体验. 第 22 届国际被动房屋大会，慕尼黑，2018.

[6] 人类居住热环境条件（ANSI 批准），美国采暖、制冷和空调工程师协会，2013.

[7] 热环境的人类工效学：利用 PMV 和 PPD 指数的计算和局部热舒适度标准，分析测定和解释热舒适度.CEN，2001.

[8] 对人有特殊要求的国际标准热环境应用的人类工效学.ISO 标准化，2005.

黑部市被动房村三期监测数据

森美和 / 日本被动房

日本首个通过被动房认证的多层住宅小区

日本黑部市富山县被动房村项目于 2010 年启动，整个项目共分为 6 期，主要提供住宅单元和一些商业用房，1 至 3 期已于 2017 年完成（图 1）。其中，1 期和 2 期为新建工程，而第 3 期则改造了两栋近 30 年的多层公寓楼。“J 栋”楼包括 27 个公寓单元，2017 年被德国被动房研究院（PHI）认证为日本首个多层住宅楼 EnerPHit 项目（被动房数据库识别号：5304）。同时，相邻的包括 10 个公寓单元的“K 栋”楼也按照与 J 栋楼相同的规范进行了改造，旨在获得“LEED（能源与环境设计先锋）铂金认证住宅”。K 栋楼获得了美国绿色建筑委员会（USGBC）颁发的 2017 年度绿色多层住宅项目。该被动房村 3 期还于 2018 年 12 月获得了日本建筑家协会（JIA）颁发的可持续建筑特等奖。本报告是关于 J 栋楼的测量结果。

图 1　黑部市被动房村 1 至 3 期工程（已于 2017 年完工）

每一期项目都应该由不同的设计团队进行设计，因此客户强烈要求测量各期的实际能耗，以便收集有关被动设计和节能方法的知识。J 栋楼的测量始于 2017 年 1 月，并与日本 5 所大学合作进行。J 栋楼共有 27 个住宅单元，每个住宅单元面积为 40 m²，是专为单人或双人设计的。公寓内唯一的制冷、供暖设施是安装在起居室内的分体式空调（图 2），每个居住者可以随时打开、关闭空调，也可以在整个供暖、制冷期内保持空调运行。

(a) (b)

图 2 空调机组的位置

(a)平层公寓 (b)复式公寓

J 栋楼的规范

为消除热桥效应,对原有建筑的悬臂式混凝土阳台进行了拆除,在采用新的聚苯乙烯泡沫(EPS)外保温之前,钢结构的新阳台已安装在外墙上,并且使用了数量最少的接头;安装了新型的 PVC 窗户,窗户上装有三玻两腔玻璃,还安装了装有真空双层玻璃的铝木复合入户门。现有的 25 mm 厚的挤塑聚苯乙烯泡沫(XPS)外保温层保持在墙体的原始位置。拆除原有的混凝土阳台明显减轻了楼体本身的重量,使一些新的穿透承重墙或天花板的工程成为可能。这使我们有可能安装新的电梯井或创建复式公寓单元。因此,现有面积为 65 m^2 的家庭式公寓可以转换为 40 m^2 的单人、双人公寓,而且也不会危及楼体的抗震性能。J 栋楼改造前后对比如图 3 所示。

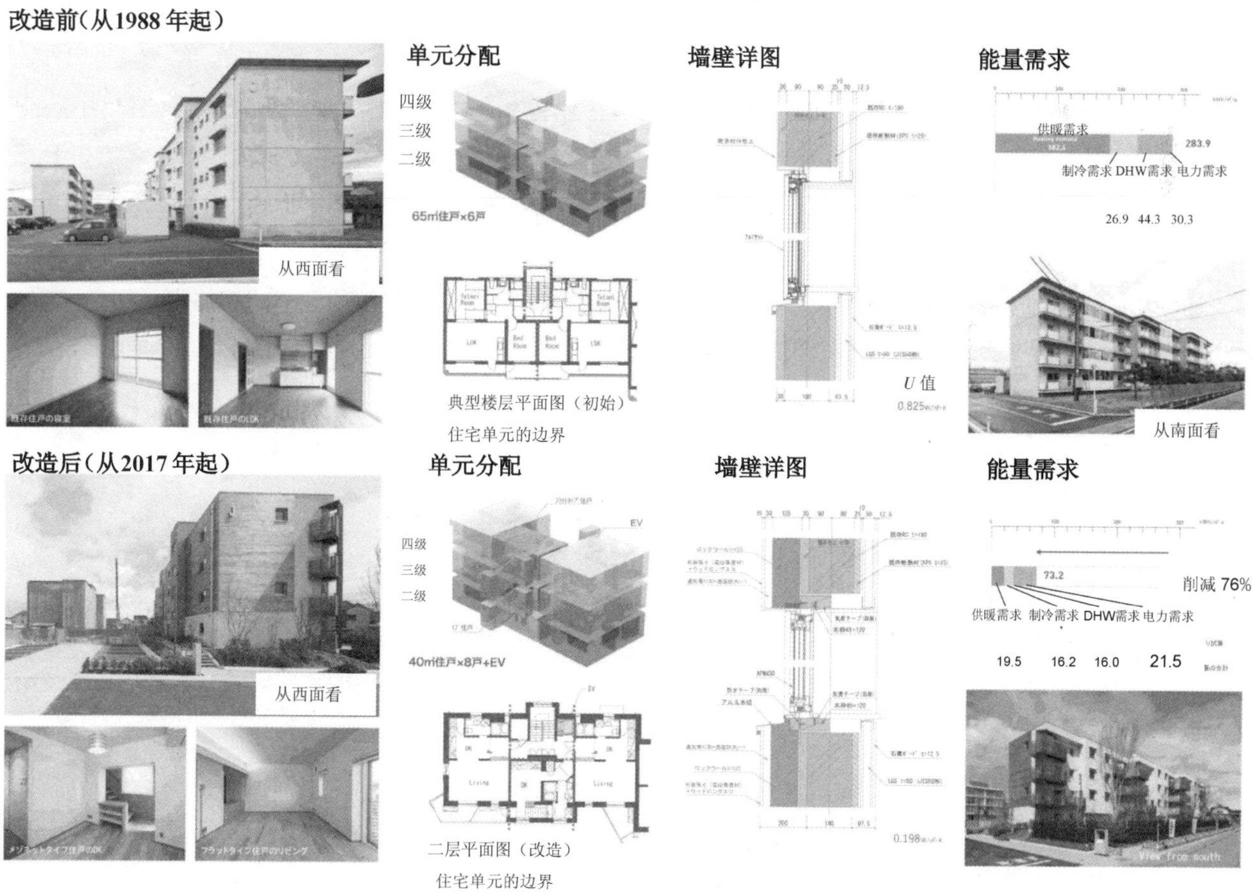

图 3 J 栋楼改造前后对比

每个公寓的机械服务设备都很简单，安装的设备如下：

（1）一套额定功率为 2.8 kW 的东芝分体式空调机组，采用两台压缩机，用于制冷和供暖；

（2）一台森德（Zehnder）（CA70）能量回收通风（ERV）装置；

（3）一个供电饭锅使用的循环式厨房抽油烟机；

（4）一台生活热水（DHW）供应热泵。

过去三年气候的比较

对 J 栋楼的能耗以及内部温度、湿度进行了为期 1 年的监测（从 2018 年 4 月 1 日至 2019 年 3 月 31 日）。被动房村现场室外温度 3 年多的监测结果（图 4）表明，2018 年冬季和夏季的气温是近 3 年来最高的。

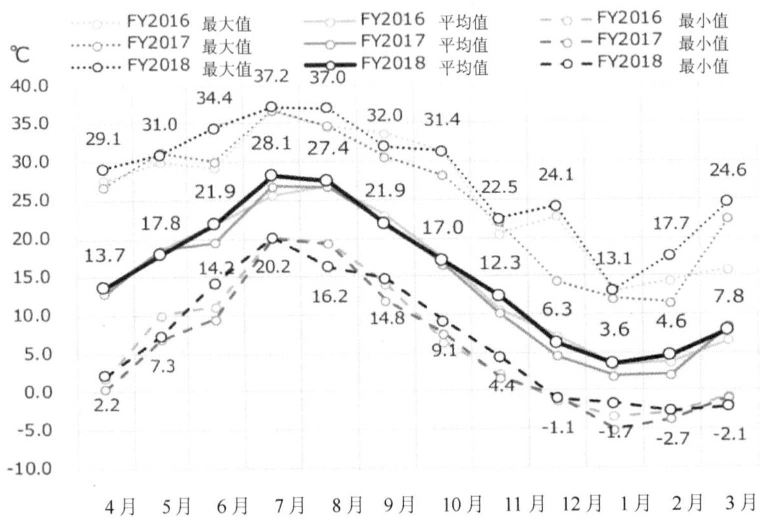

图 4 被动房村的月平均温度和最高 / 最低温度（从 2016 年 4 月至 2019 年 3 月测量，2018 年日建设计株式会社和日建设计综合研究所（NIKKEN SEKKEI & NSRI））

在 J 栋楼 27 个公寓单元中，测量期间有人居住的至少有 17 个，最多有 23 个。因此，平均值是根据 63%~85% 的入住率计算。平均居住人数为 1.02 人 / 套。

如图 5 和图 6 所示，需要注意的是，在被动房标准中，平均室温并不像通常的独立式房屋那样恒定。绝对湿度水平也很高，据推测这是由于间歇性使用空调而造成的。

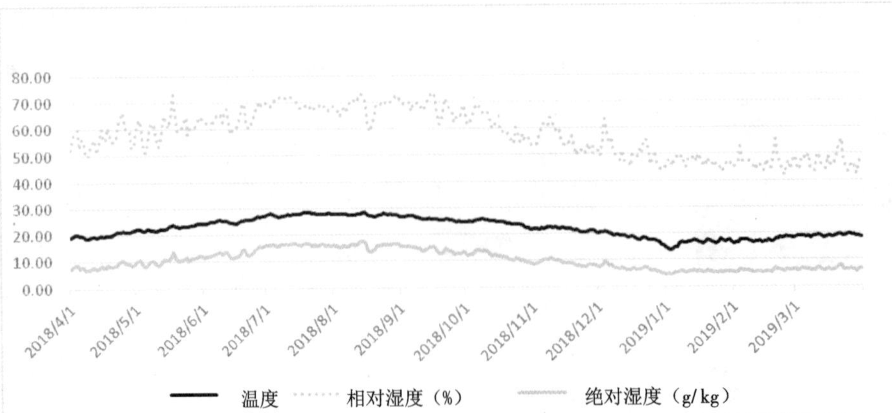

图 5 2018 年 4 月至 2019 年 3 月 17~23 个公寓单元的日平均值

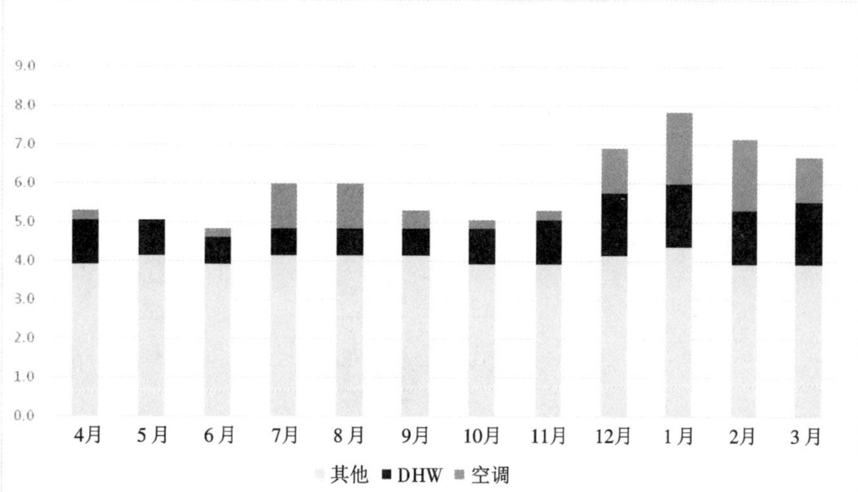

图 6　2018 年 4 月至 2019 年 3 月入住单元的月平均能耗(2018 年日建设计株式会社和日建设计综合研究所(NIKKEN SEKKEI & NSRI))

J 栋楼共有 21 套平层公寓和 6 套复式公寓，103、301、408 单元是为大学的不同研究目的而保留，因此这 3 个单元没有居住者，则没有生活热水(DHW)的消耗，也没有内部得热。考虑到每个公寓在测量期间对室外温度的暴露程度不同(图 7)，入住率也不同，居住者的“生活方式”差异较大(图 8)。

	平层	复式	平层	平层	复式	平层	平层	复式	平层
2 级	409 100%	408 89%	407 未知	406 37%	405 100%	404 未知	403 未知	402 100%	401 100%
1 级	306 100%		305 56%	304 100%		303 100%	302 100%		301 100%
0 级	209 100%	208 85%	207 87%	206 72%	205 未知	204 88%	203 93%	202 97%	201 94%
1 级	103 100%		门厅	102 96%		门厅	101 61%		门厅

单元布局(从南面看)和从 2018 年 4 月 1 日至 2019 年 3 月 31 日的入住率，为研究目的而保留 103、301、408 单元(无居住者)。

图 7　公寓单元类型、布局和入住率概述

然而，207 公寓单元(具有 87% 的入住率)似乎值得仔细监测，尤其是在夏季，因为居住者似乎在 7 月和 8 月尝试了两种不同的制冷操作。

7 月的最后两个星期，每当居住者感到不舒服时，就间歇性地使用了空调。在能耗曲线和室温及湿度曲线中都显示了这种情况(图 9)。而在 8 月接下来的两周里，空调似乎一直在运行，因此确保了相当恒定的室温及湿度水平，空调的温度似乎设定在 27 ℃左右(图 9)。

由于空调的持续使用，8 月的平均室内温度和湿度更接近舒适标准，但连续运行的监测能耗比偶尔运行的低 5%(表 1)。

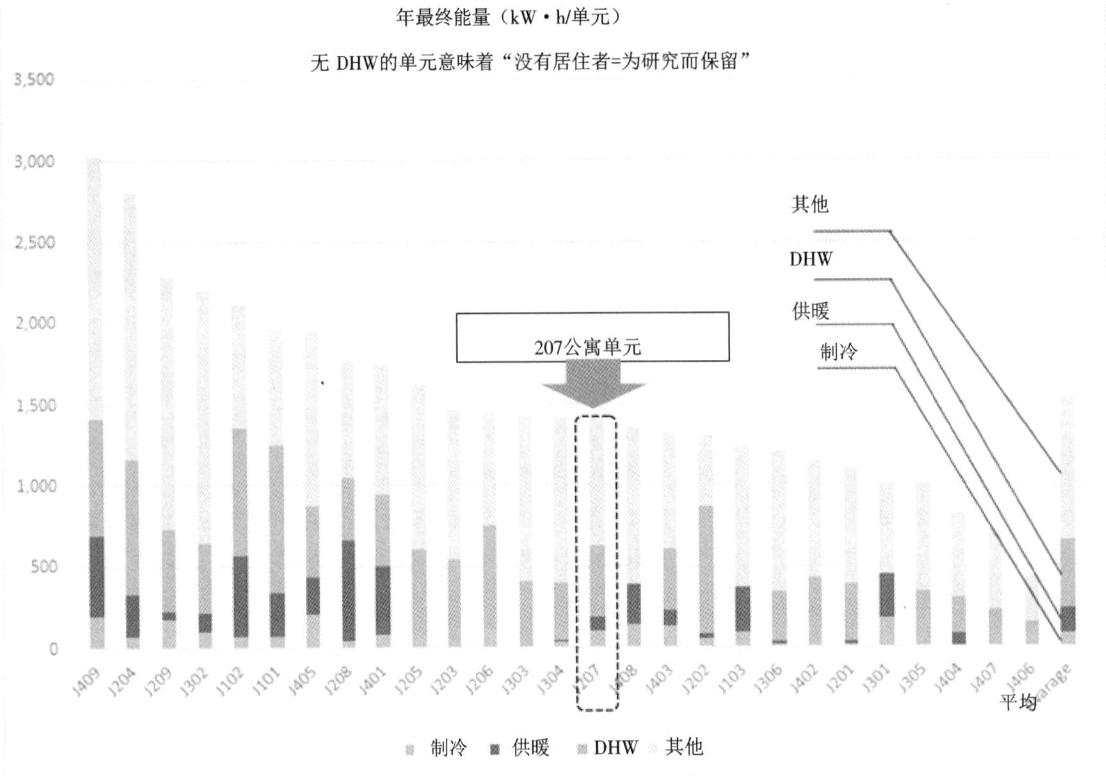

图 8　2018 年 4 月至 2019 年 3 月 27 个公寓单元的年能耗

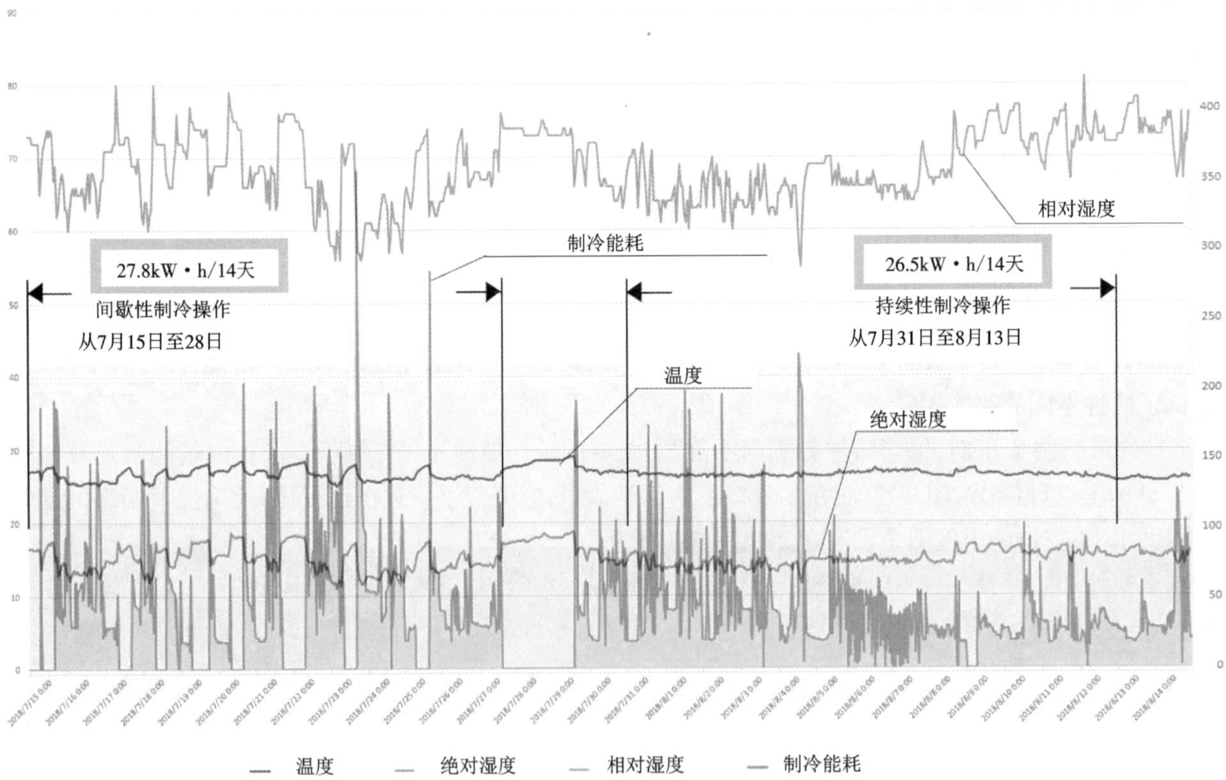

图 9　2018 年 7 月 15 日至 2018 年 8 月 13 日 207 单元的监测结果

表 1 不同运行方式下各时段(14 天)的能耗对比

2018 年夏季比较		户外条件		室内条件(仅 207 单元)		能耗
制冷期限	制冷方法	温度(℃)	湿度(g/kg)	温度(℃)	湿度(g/kg)	(kW·h/14 天)
从 7 月 15 日至 7 月 28 日	间歇性	28.6	17.1	26.9	15.3	27.8
从 7 月 31 日至 8 月 13 日	持续性	28.4	17.4	26.4	15.0	26.5

阿联酋被动房试点项目监测结果

马尔科·菲莉比，米歇尔·多里戈 /“能源 +”项目
毛罗·博诺托 /Casetta & Partners

项目

在维也纳举行的第 21 届国际被动房大会（PHI 2017）上，展示了第一座在炎热气候下建造的被动房。该建筑经处理后的楼面面积（TFA）为 410 m²，用作办公楼。它的特点是轻质结构（木框架结构），具有高保温水平、低 g 值的三玻两腔中空玻璃窗以及循环制冷系统。图 1 总结了该项目的主要特点。

建筑设计

结构
墙：U = 0.09 W/（m²·K）
地面：U = 0.11 W/（m²·K）
屋顶：U = 0.08 W/（m²·K）
窗户：U_f = 1.10 W/（m²·K），U_g = 0.50 W/（m²·K），g = 0.28
遮阳：百叶帘

MEP
热泵：
22.7 kW @ A45℃ /W7℃
排放：
送风制冷 / 除湿 + 风机盘管 + 地板供冷
发电：
40 kWp 光伏发电场，储存电量 25 kW·h

PHPP

经处理后的楼面面积		m²	410.8
空间供暖	供暖需求	kW·h/（m²·a）	0
	热负荷	W/m²	—
空间制冷	制冷和除湿需求	kW·h/（m²·a）	50
	冷负荷	W/m²	9.7
	过热（> 25℃）频率	%	—
	湿度过高（> 12g/kg）频率	%	0
气密性	增压测试结果 n_{50}	1 次 /h	0.48
不可再生一次能源（PE）	PE 需求	kW·h/（m²·a）	143
可再生一次能源（PER）	PER 需求	kW·h/（m²·a）	73
	可再生能源发电	kW·h/（m²·a）	185

图 1　阿联酋试点被动房特点概括

监测系统

该项目的一个重要特点是监测系统，其设计用于多种目的，即验证实际的气候数据（温度、湿度、太阳辐射）、室内质量（温度、湿度、CO_2 浓度）、能耗、光伏发电场的效率和电力储存系统。必须注意的是，该监测系统不利用专用部件，例如具有 DIN43760 精度的探头，但它存储了指挥和控制系统已经到位的组件的读数，即读数的精度并不是人们所期望的科学监测项目所能达到的精度。以下所示的结果摘自 2017 年 1 月 1 日和 2018 年 12 月 31 日的监测系统数据（如果未另行说明）。

1. 室内舒适度

被动房最重要的参数之一是热舒适性,即室内空气的温度和湿度。为了验证试点被动房的热舒适性,收集了来自开放式办公室的数据,并绘制了一张图表,其中 *X* 轴为空气温度, *Y* 轴为相对湿度。根据文献 [2] 中定义的舒适范围来验证舒适性,关系图如图 2 所示。

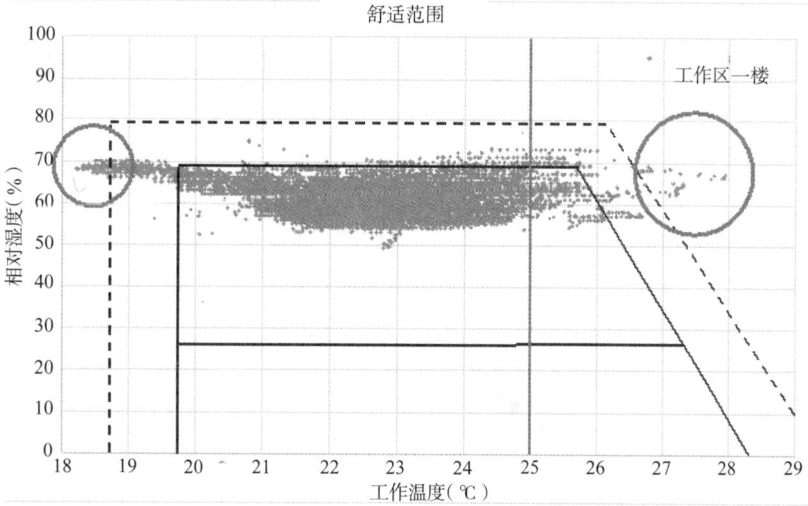

图 2 开放式办公室的温度和相对湿度读数

图 2 中的每个点都是一个读数(采样周期为 1 h)。可以看到,几乎所有的读数都在舒适范围(实线)内,其余的点仍在延伸舒适区(虚线)内。只有少数几个点位于舒适区之外(圆圈区域)。值得注意的是,大部分读数低于 PHI 夏季温度(25 ℃时的垂直线),这意味着租户并不认为 25 ℃是一个舒适的温度。图 2 中左边的圆圈表示在某些情况下,室内温度低于 19 ℃——不是在供暖时,而是在制冷时,即租户将设定温度降低到至少 18 ℃。使用一幅不同的曲线图研究图 2 中右边的圆圈:空气温度与时间的关系,如图 3 所示。可以看到,所有不舒服的事件都发生在一个可完全识别的时期,与缺乏维护导致的暖通空调关闭相对应。研究发现,空气过滤器和循环水过滤器没有定期清洗,因此导致流速不足,随后无法使建筑物适当降温。

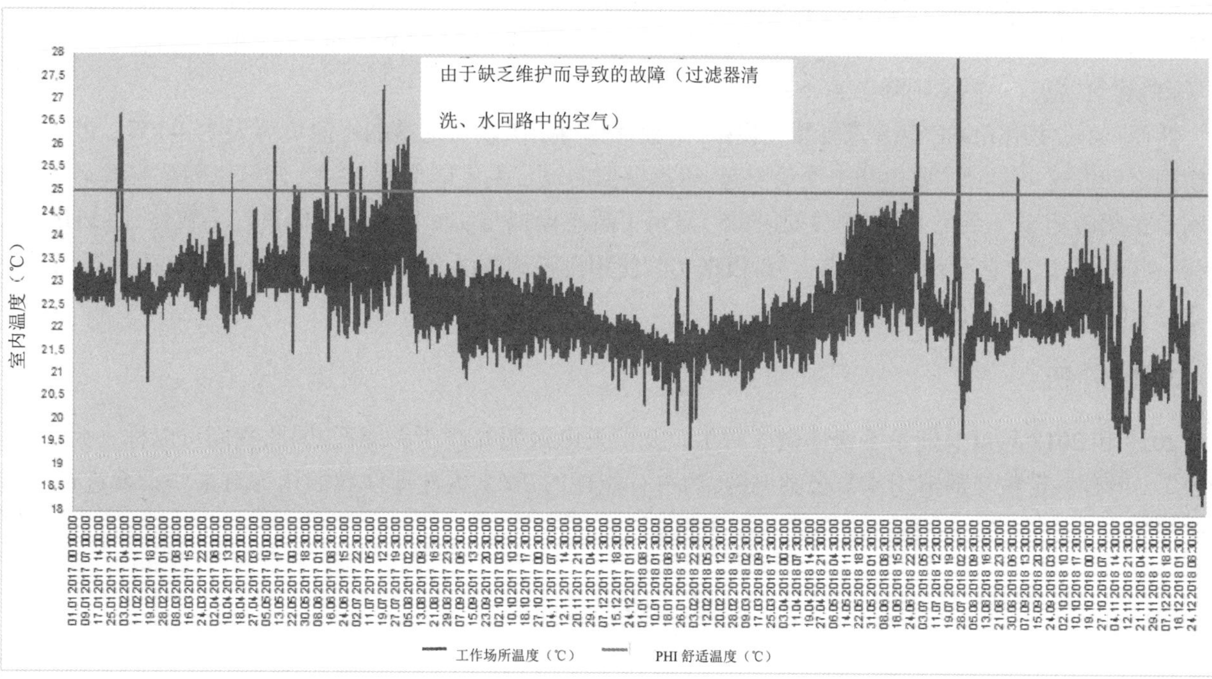

图 3 2017 和 2018 年开放式为公室的温度读数(故障导致温度峰值)

室内舒适度的另一个组成部分是室内空气质量。监测同一个开放式办公室的 CO_2 水平，如图 4 所示。数据表明 CO_2 浓度几乎总是低于 1 000 ppm，有些峰值超过 2 000 ppm，这是很正常的，因为通风装置不是为拥挤会议（很少发生）而设计的。

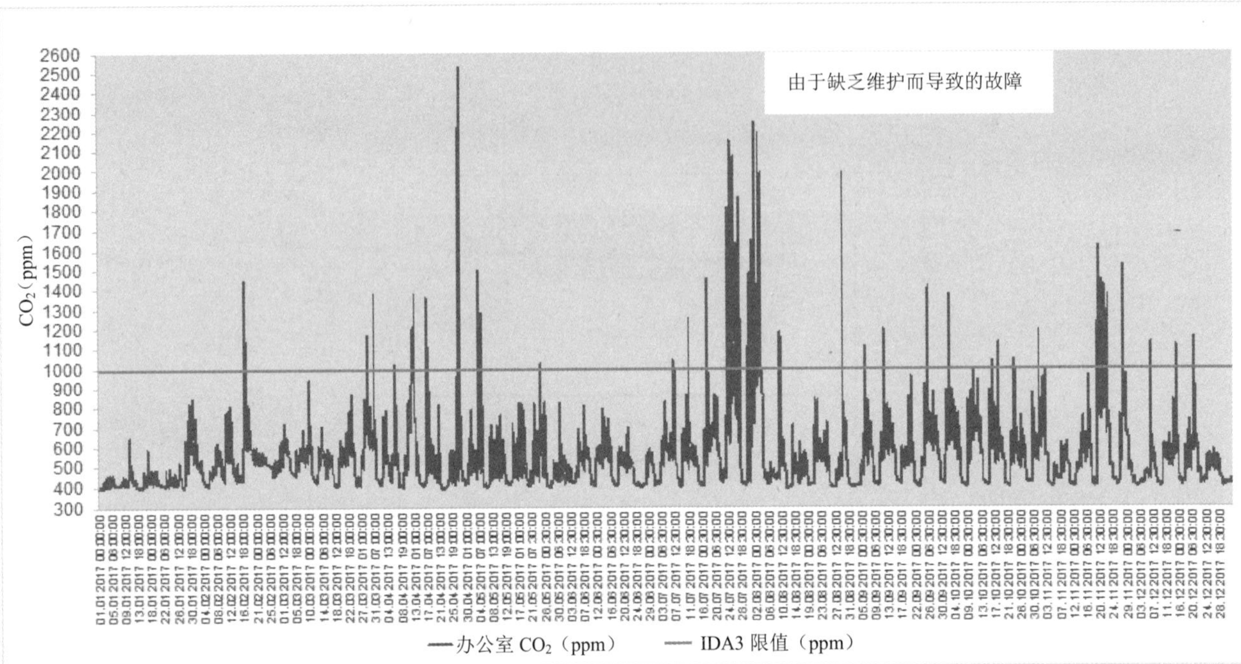

图 4 2017 年开放式办公室的 CO_2 浓度读数（特殊情况导致峰值）

更有趣的是，在特定的时间段内，CO_2 浓度持续超过 1 000 ppm。对比图 3 和图 4 可以发现，舒适度较低的时期是相同的，即缺乏维护严重影响了室内空气质量，导致整体舒适度下降。

2. 冷负荷

PHPP 预测的冷负荷为 6.2 kW（这是假设持续占用，而没有换气、温度、IHG 等因素影响的情况下的日平均值）。这一尺寸的“一切照常”建筑（使用 PHPP 计算时）需要约 79.5 kW 的功率来使建筑降温；而相同情况下“绿色建筑”的这一需要则降至 46.5 kW。

然而，通过使用 EDSL TAS 进行瞬态模拟，单独计算得出被动房建筑的峰值负荷为 25.0 kW。PHPP 和瞬态模拟之间的这一差异主要由两个变量引起：瞬态模拟的设定温度降低到 22 ℃，建筑以间歇模式运行（工作时间后关闭暖通空调系统）。监测数据（图 5）显示了瞬态模拟与实际行为之间的良好一致性，而 PHPP 需要进行一些调整，因为它没有考虑间歇运行：根据实际使用设置调整温度和 IHG，PHPP 峰值负荷计算结果增加到 20.3 kW，这与测量值非常接近。

3. 能量平衡

2017 和 2018 年度总能量平衡如图 6 所示。光伏发电量明显高于总能耗，因此我们可以称之为“能源 + 建筑”。仍有一定数量的电力来自公共电网，约占总能耗的 20%，因此即使我们认为对某些设置进行微调可能会导致自主性建筑，也不能将建筑视为离网建筑。

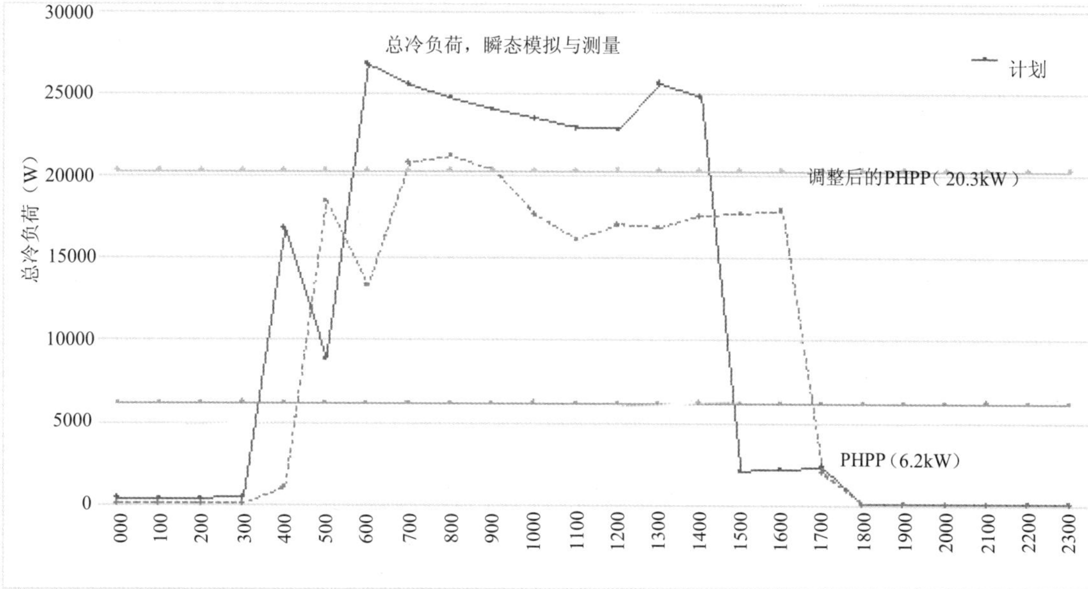

图 5　计划峰值冷负荷（EDSL TAS、PHPP）与读数之间的比较

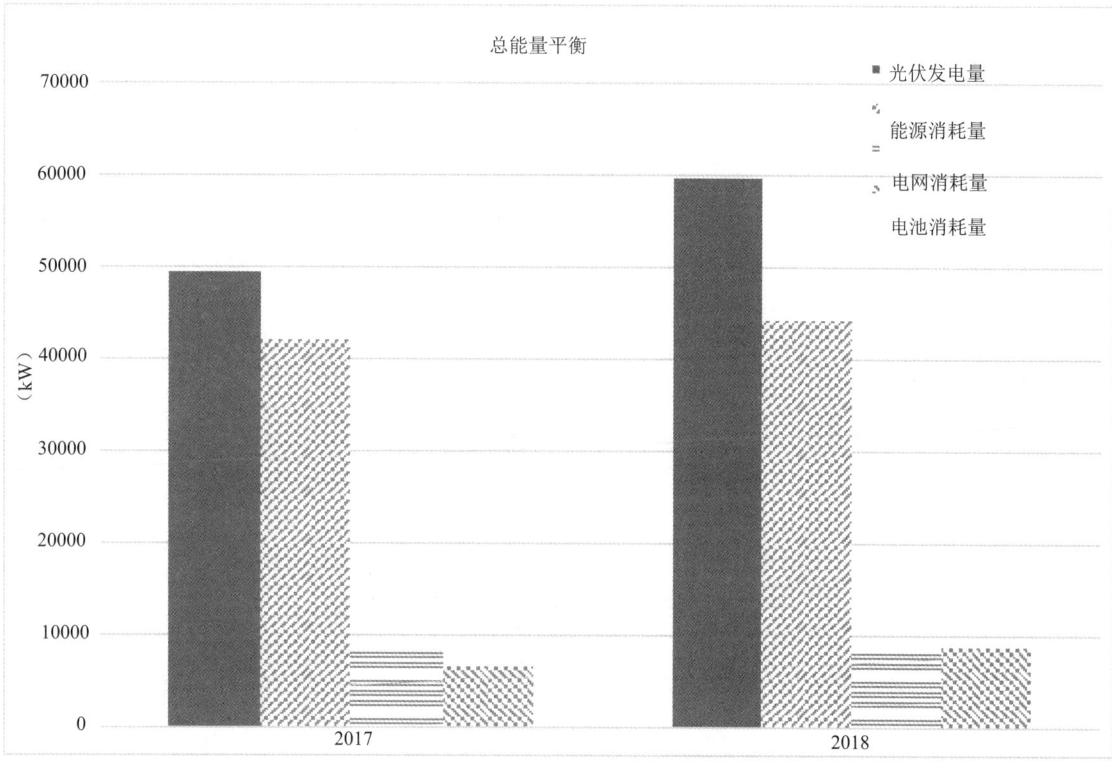

图 6　2017 年和 2018 年的总能量平衡

可知总能耗明显高于原 PHPP 计算值。这是由于从预测行为到实际行为存在许多偏差，我们可以通过监测数据进行计算。将这些偏差汇总在表 1 中，并用作"竣工"PHPP 计算的输入数据。

表 1　根据测量数据对 PHPP 进行的主要调整

变量	计划	竣工
夏季室内温度（℃）	25.0	22.5
最大室内绝对湿度（g/kg）	12	12.01

续表

变量	计划	竣工
非住宅+附属建筑用电总量(kW·h)	11 593	24 928
IHG(W/m²)	2.8	6.8
入住率(人)	16	16
热回收通风系统(HRV)装置的电效率(Wh/m³)	0.29	0.40
制冷能效比(EER)	2.70	2.48
光伏发电量(kW·h)	52 553	56 781

测量的气候数据显示,其与 PHPP 中已有的气候数据集非常一致,如表 2 所示。

表 2 迪拜的 PHPP 数据集与测量数据

AE0001a-迪拜	纬度	25.3°	经度	55.3°	海拔高度(m)	6	夏季每日温度波动(K)			8.9		
计划外部温度	19.8	21.2	24.1	28.2	32.6	34.3	36.0	36.0	33.7	30.4	26.0	21.9
测得外部温度	20.6	21.2	24.6	29.3	32.5	34.8	36.8	36.2	34.2	30.9	26.1	22.0
北方辐射量	35	37	48	52	66	74	70	57	47	42	35	33
东方辐射量	71	79	97	107	120	114	110	109	103	97	80	69
南方辐射量	141	129	117	86	66	56	61	77	107	144	151	144
西方辐射量	71	82	98	106	119	116	110	108	105	98	79	70
水平辐射量	121	135	171	192	222	215	205	201	184	167	132	114
计划露点温度	11.3	12.2	13.0	13.9	16.5	20.8	22.3	21.8	22.0	19.4	16.2	13.5
测得露点温度	12.5	12.5	13.6	14.4	16.7	20.5	20.4	22.1	19.5	19.8	15.9	13.2
计划露天温度	6.3	6.7	9.5	10.9	14.1	18.3	19.7	19.8	19.3	16.3	12.9	9.5
测得露天温度	7.1	6.7	10.0	12.0	14.0	18.8	20.5	20.0	19.8	16.8	13.0	9.6

还有一些未知的变量,这些变量可能会显著影响能量平衡,例如实际通风流量、通风装置的恢复效率、遮阳装置的实际使用情况。但是,我们可以将实际消耗量和"调整后的"PHPP 消耗量之间进行相当现实的比较,如表 3 所示。

表 3 PHPP 结果与调整数据和测量值的比较

变量	调整后的 PHPP	测量值
制冷和除湿需求(kW·h/(m²·a))	97.0	104.0(+7%)
冷负荷(W/m²)	20.3	30.4(+49%)
不可再生一次能源(kW·h/(m²·a))	293.0	267.0(-9%)

结论和经验教训

我们可以得出结论,被动房屋概念可以成功地应用于像迪拜这样的气候恶劣的地区,这意味着我们可以像在欧洲一样保证室内舒适度和低能耗。而且还有很大的改进空间:未来的项目应重点关注以制冷为主的气候条件下的热回收核心的有效性,使用移动式室内空气来提高感知舒适度以及使用当地技术来降低施工成本和确保正常维护。

参考文献

[1] 马尔科·菲莉比,米歇尔·多里戈,毛罗·博诺托. 阿联酋迪拜经被动房标准认证的办公楼 / 费斯特· W, 2017 年维也纳第 21 届国际被动房会议论文集. 达姆施塔特,被动房研究院,2017.

[2] 施纳德·J,费斯特·W,舒尔茨·T,等. 不同气候区的被动房. 达姆施塔特被动房研究院,2011.

[3] http://www.web.alsaafat.ae

两栋多层净零能耗建筑的三年监测分析

乔治·德门子，费比安·奥克斯 / 奥地利因斯布鲁克市节能建筑单位因斯布鲁克大学

介绍

欧洲《建筑能效指令》重新定义了净零能耗建筑(NZEB)，提出以下三个方面要求：①新建筑将非常高效节能；②额外的低能耗需求将由可再生能源提供；③能耗的成本将处于最优水平。因此，考虑到经济因素，改写《建筑能效指令》的目的是尽量减少额外能源需求和 CO_2 排放量。所以，未来的建筑应具有非常高的能源性能，如被动房，并应使用热泵和大量具有成本效益的可再生的能源(光伏或太阳能热)。

净零能耗建筑(NZEB)的一个主要实现理念是太阳能光伏系统和热泵的结合使用。IEA HPT 附件 49 是对附件 40 净零能耗建筑热泵集成方案的后续研究，并对净零能耗建筑热泵的设计和控制以及与能源系统的集成进行了研究。如果把“净零能耗”作为一个目标可能会引起误导，与多层建筑相比只有一层的建筑(可以利用的屋顶、立面面积较小)要实现净零能耗更加困难。然而，从整体活力和宏观经济角度来看，更紧凑型的 MFH 是有利的，另见文献 [4]。在本研究中，我们以根据净零能耗建筑理念设计的两栋多户住宅楼为例进行了监测分析，并对其经验教训进行了讨论。

案例分析

对于因斯布鲁克的被动房项目 Vögelebichl(两栋多户住宅楼，共有 26 个社会住房的 NHT 公司公寓，图 1)，确定了给定边界条件下光伏和太阳能热(ST)的最佳比例。其中一栋住宅的屋顶完全由光伏(16 kWp)覆盖；另一栋住宅的屋顶空间一部分用于光伏发电，另一部分用于太阳能热(ST)。根据可利用的最大无遮蔽屋顶空间，确定了不同比例的太阳能集热器的能源需求。为了使地下热泵的性能达到最佳，设计人员提出采用分散式换热器的低温分配系统(地暖)和分离式生活热水(DHW)回路系统。与 2 管系统相比，4 管系统可以使热泵的性能更好，并能在夏季发挥一些冷却功能。

图 1　Innsbruck Vöegelebichl 两栋多户住宅的东南视图外景(NHT Tirol)

通过模拟研究发现，改变光伏(最大 19 kWp)和太阳能集热器(ST)的比例，可以得到光伏和太阳能集热器系统(包括热泵性能和配电网网损)的最高能效。

最终得到北部屋顶上布置 74 m² 太阳能集热器和 53 m² 光伏是能量获得最佳设计方案。在文献 [2] 中可以获得技术细节和建筑物特征数据。

图 2 展示了一个简化的液压系统图，包括 GW 热泵（两级）、太阳能集热器（SC）、低温热分布和单独的分散式淡水供应（生活热水热交换器）。

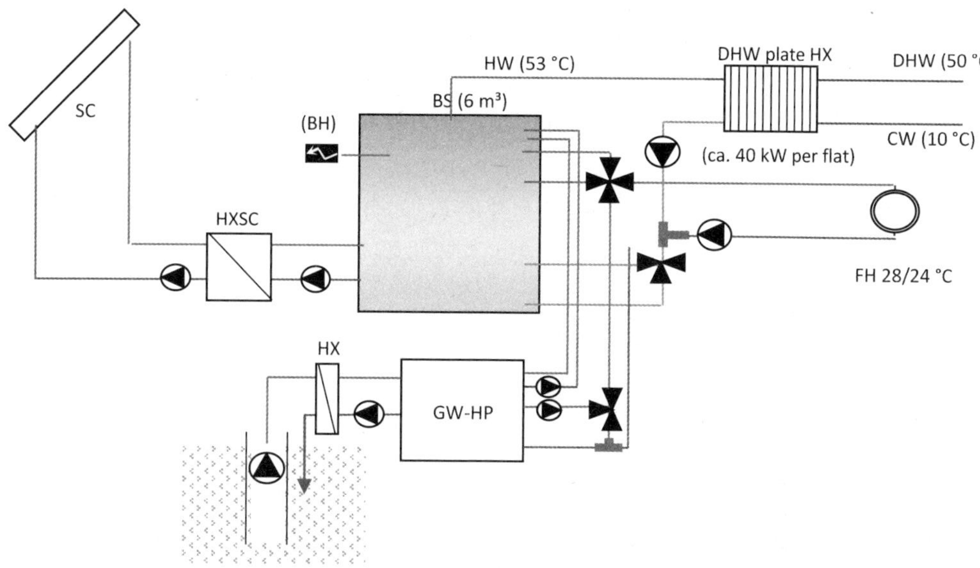

图 2　采用太阳能集热器（SC）、缓冲存储（BS）、带热气 HG 的 2 级地下水热泵（HP）的简化水力方案，采用地板加热（FH）和分散式热交换器（HX）进行加热模式的过热降温生活热水（DHW）供应

双级热泵设有液压回路，实现热气（HG）降温。根据运行的模式（加热或生活热水供应），热泵的水流加满缓冲存储器（BS）或者到距顶部 1/3 处。加热回路和生活热水回路的组合水流流入 6 m³ 的大缓冲存储器，水面高度取决于缓冲器底部或距底部 1/3 处的温度高低。目前未使用备用电加热器（BH）。

监测分析

1. 供暖需求

图 3 介绍了两座建筑物（南侧和北侧）实测和计算的供热需求。在设计阶段使用 PHPP 供热需求。文献 [9] 和 [10] 中有几项研究对比了 PHPP 和监测结果。此外，对每一监测年的 PHPP 进行了新的计算，将室内温度（导致不同加热量的天数）、室外温度和太阳辐射调整为监测的月平均值。第一年，测得的供热需求为 29.2 kW・h/（m²・a）和 32.4 kW・h/（m²・a），明显高于计算值，而南部和北部建筑计算值分别为 14.1 kW・h/（m²・a）和 15.4 kW・h/（m²・a）。2016 年供暖需求量高的主要原因是建筑潮湿。第二和第三年，南部建筑物的 PHPP 和测量结果一致，但测量值高于北部建筑的计算值。对于这两座建筑，测量的供热需求均高于设计的供热需求，这主要是由于室内温度高。

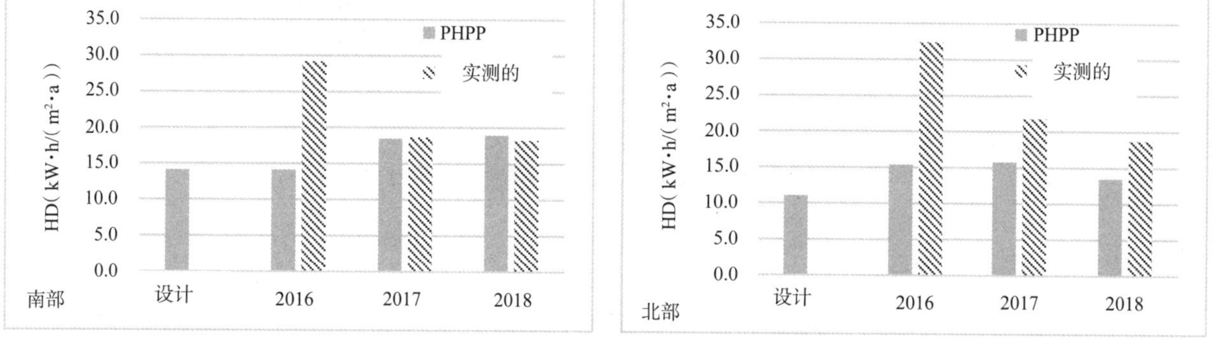

图 3　南部和北部建筑连续三年的计算和测量的供热需求（HD）（计算数据的天气和室内温度已为修正值）

2. 技术设备的热能平衡和电能平衡

整个系统(两栋建筑)的年度热能平衡如图 4 所示。在加热模式下,由于热泵提供的能量比供热需求(HD)少,即在高于要求的温度(55 ℃,而不是 32 ℃)时,需要输入热量。为了改善分级存储,需要进一步改进控制。2018 年,估计的热损失率高达 14%。减温器与热泵供热量之比为 16%~17%。虽然太阳能热性能很高,但它主要加热生活热水,而对房间供暖几乎没有作用。

图 4 显示三个监测年的年度电能平衡。与 2016 年的用电量相比,2017 年和 2018 年热泵的用电量显著下降。但是,与 2016 年相比,2017 和 2018 年辅助电量略有增加,分别增加了 0.3 kW·h/(m²·a)和 1.1 kW·h/(m²·a),没有达到净零能耗辅助电量的要求。在过去的两个监测年中,其主要原因是辅助电量比例高和热损失高(图 4)。在减少热损失方面,需要进一步优化系统。

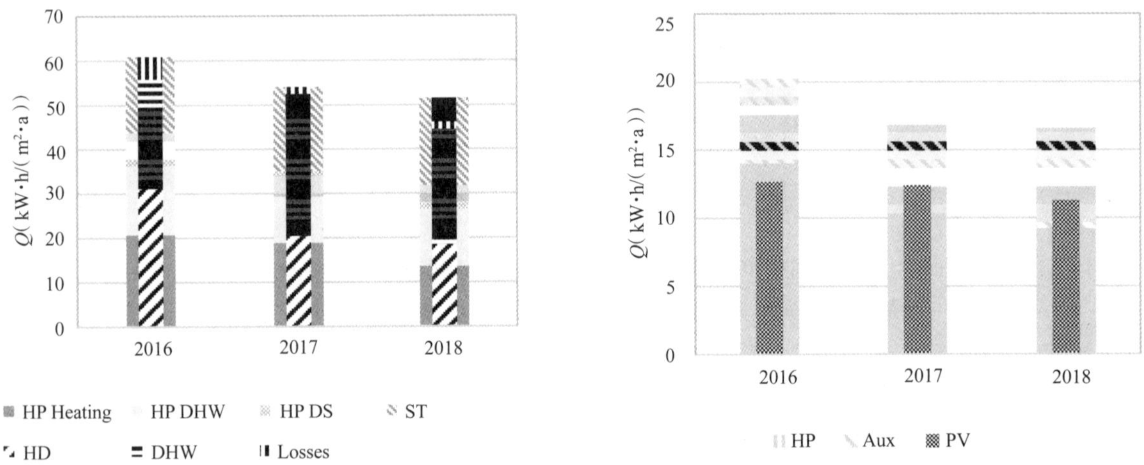

图 4 年度热能平衡(左)(在缓冲罐周围测量)和年度电能平衡(右)

图 5 显示了关于 2017 年和 2018 年的辅助电量份额。与 2017 年的 61% 相比,2018 年热泵的电量份额降低到 56%。

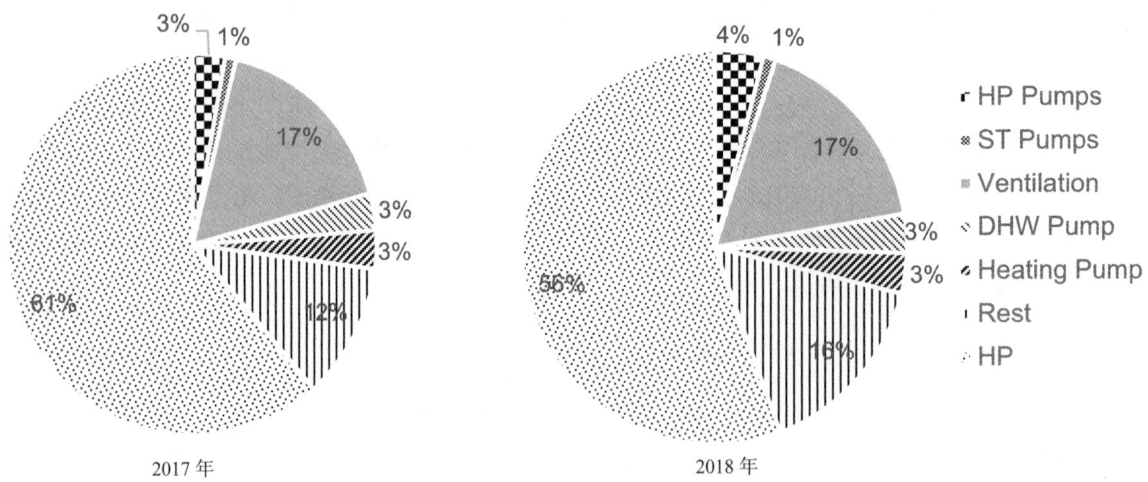

图 5 2017 和 2018 年每个部分的电量消耗份额

3. 热泵和太阳能热利用性能

为了评估热泵和整个系统的性能,计算了不同系统条件下的 5 种不同类型的季节性能因子,如表 1 所示。总体而言,2017 年和 2018 年的表现非常相似,但与 2016 年相比,2017 年的表现明显有所提高。2017 年,热泵的 SPF 为 3.2，比包括泵在内的 SPF 小了 0.2。在房间供暖（低温）期间，热泵的 SPF 为 4.1，而供应生活热水（低温）的 SPF 为 2.8。考虑到储存损失，SPF_{HP+ST} 由 4.9 降至 4.4（SPF_{sys}）。最后，包括剩余辅助能源（通风系统除外）用电的 SPF_{tot} 为 3.4，略高于 2018 年（数值为 3.2）。

表 1　带减温器的地下水热泵和包括太阳能集热器在内的整个暖通系统的 SPF

	定义	2016	2017	2018
SPF_{HPonly}	$Q_{condenser}/W_{compressor}$	3.1	3.4	3.4
SPF_{HP}	$Q_{condenser}/W_{(compressor+pumps)}$	2.9	3.2	3.2
SPF_{HP+ST}	$Q_{(HP+ST)}/W_{(HP+HPpumps+ST)}$	4.0	4.9	5.1
SPF_{sys}	$Q_{(HD+DHWinc\ pipe\ losses)}/W_{(HP+HPpumps+ST)}$	3.7	4.4	4.4
SPF_{tot}	$Q_{(HD+DHWinc\ pipe\ losses)}/W_{(HP+HPpumps+ST+Aux.\ w/o\ ventilation)}$	3.2	3.4	3.2

与文献中的其他研究相比，我们认为 SPF_{HP} 为 3.2 的热泵性能不是十分有效。然而，必须考虑到在夏季占比相对较大的太阳能热系统提供了大部分生活热水。例如，文献中测量了 56 台地源热泵，平均 SPF 为 3.9、最小值为 3.1、最大值为 5.1；在另一个项目中，45 台地源热泵，平均 SPF 为 4.0、最小值为 3.0、最大值为 5.4。

目前正在进一步优化系统控制，特别是在使用减温器方面，另见文献 [8]。

结论

本文介绍了两栋净零能耗建筑设计的多户被动房项目，历经三年监测后的监测结果。第一年的供热需求明显高于第二年和第三年的监测结果，这主要是由于建筑潮湿。因此，建议对新建建筑物进行一年以上的监测。通过监测分析，第二年整体能源表现有所改善。因此，强烈建议在调试和运行期间进行质量保证控制，将计算出的 PHPP 供热需求量与实测供热需求量进行比较。其中一栋建筑，在过去的两个监测年（即相关年份）中表现出了相当好的一致性；而在另一栋建筑中，测量值略高于计算值。

地下水源热泵的能耗性能 SPF 为 3.2。尽管安装的质量很好，但热损失相对较高（蓄热池、管道和阀门），而且发现辅助加热耗电量较高，因此还有进一步优化的潜力。

两栋建筑几乎能够达到净零能耗的水平。然而，供暖季节的能源缺口仍然很大，可再生能源对冬季供热的贡献微乎其微。因此，被动房标准甚至是实现净零能耗的先决条件。应采用每月一次能源因素法对 CO_2 排放或一次能源节约进行公平评估，并加强对 NZEB 的关键讨论。通过这个项目，可以证明在欧洲我们可以信心满满地推行《建筑能效指令》，以实现可持续的建筑存量。

致谢

该项目由奥地利因斯布鲁克的 Neue Heimat Tirol（NHT）提供资金支持，由因斯布鲁克被动房研究院完成建筑设计优化、PHPP 计算和 PH 认证。感谢奥地利交通、创新与技术部和奥地利研究促进署（FFG）通过 IEA 研究合作（IEA HPT 附件 49）对这项工作提供的资助。

参考文献

[1] IEA HPT 附件 49.http://heatpumpingtechnologies.org/annex49/.

[2] 乔治·德门子，费比安·奥克斯. 对两个带减温器地下水热泵的居民区近零能耗进行详细的监测分析. 赫里克，第五届国际高性能建筑会议，2018.

[3] 欧洲议会和理事会. 建筑能效指令.2010/31/EU. 欧洲议会和欧盟理事会. 欧盟官方公报.L153: 13–35.

doi:10.3000/17252555.L_2010.153.eng.

[4] 沃尔夫冈·费斯特. 被动房:下一个十年. 亚琛,第 18 届国际被动房大会,2014.(由被动房研究院编辑)

[5] 马雷克·M,君特·D,朗讷·R,等. 德国 10 年的热泵监测,多次监测活动的结果,从低能耗房屋到未改造的单户住宅. 第 12 届鹿特丹 IEA 热泵会议,2017.

[6] 费比安·奥克斯,乔治·德门子,沃尔夫冈·费斯特. 将多层被动房的剩余能源需求降至最低:结合热泵对太阳能热发电和光伏发电进行能源和经济分析.Energy Procedia, 2014, 48: 1124-1133. doi:10.1016/j.egypro.2014.02.127.

[7] 费比安·奥克斯,乔治·德门子, Ksiezyk A. 热泵、太阳能热、光伏两种被动房屋标准样品的模拟监测结果.Abu Dhabi, UAE: In Solar Heating Conference, 2017.

[8] 佩珀· S,沃尔夫冈·费斯特. 被动房标准的能源效率:通过实际测量确认的期望值. 德国达姆施塔特,2015. http://www.passiv.de/downloads/05_energy_efficiency_of_the_passiv_house_standard.pdf.

被动式公共建筑精细化运行数据监测分析
——中德生态园被动房技术中心

刘斌 / 中德生态园被动房建筑科技有限公司

摘要

党的十九大报告指出，全国要加快推进建筑行业绿色低能耗低碳发展。被动式建筑作为一种低能耗、低排放、高舒适的建筑形式，在国内得到了积极地推广。本文以青岛中德生态园被动房技术中心项目为例，解析了本项目运行过程中通过监测采集、数据分析等措施来探索合理的节能运行模式，采集分析对象包括建筑冷热量、耗电量、温湿度、污染物等参数。希望能够建立适用于夏热冬冷地区的被动式建筑运行数据库，为今后被动式建筑的设计及运行奠定坚实基础。

中德生态园被动房技术中心项目自 2016 年 10 月正式开始运营，占地面积为 4 843 m^2，总建筑面积为 13 768.6 m^2，共分为 5 层，功能包括会议、展厅、办公以及体验式公寓。该项目获得由德国被动房研究院（PHI）颁发的被动房认证，同时获得国内绿建三星认证，成为亚洲体量最大、功能最复杂的通过德国 PHI 权威认证的单体被动式建筑。该建筑采用了高性能围护结构、防热桥设计、高效气密性、外遮阳技术、可再生能源利用等节能措施。冷热源采用土壤源热泵，末端使用冷梁设备，室内采用温湿度独立控制系统，运行管理结合能源管理系统及智能楼宇控制系统。

能耗数据分析

1. 年度能耗分析

该被动房项目：2017 年度总能耗为 445 496 kW · h，折合单位建筑面积耗电量 32.35 kW · h/（m^2 · a）；2018 年度总能耗为 375 391 kW · h，折合单位建筑面积耗电量 27.26 kW · h/（m^2 · a）。相对比，项目通过不断合理优化运维模式，2018 年比 2017 年节约用电 70 105 kW·h，能耗强度降低 16%，减少 CO_2 排放量 69 894 kg。从能耗分项分析，2017 年暖通空调（新风 + 热泵）+ 照明终端能耗占总能耗比重为 70%，2018 年暖通空调（新风 + 热泵）+ 照明终端能耗占总能耗比重为 59%，由此证明项目 2018 年运行期间主要的节能分项是暖通空调（新风 + 热泵）项。（参考图 1 至图 4）

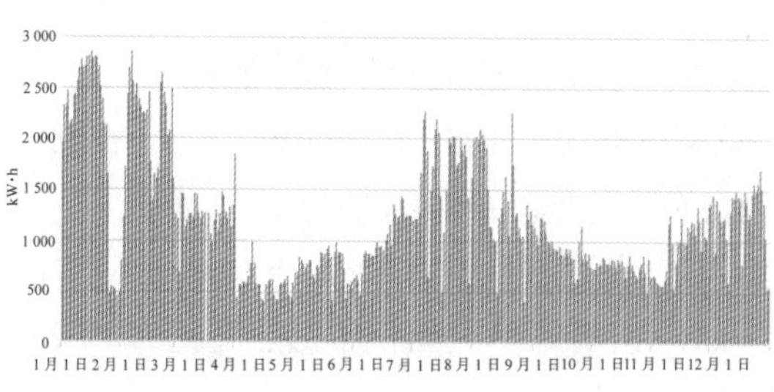

图 1　全年逐日能耗（2017 年）

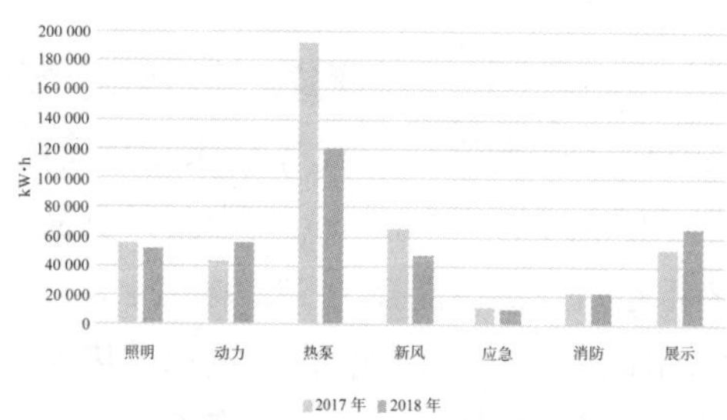

图 3　2017 年与 2018 年年度分项能耗对比

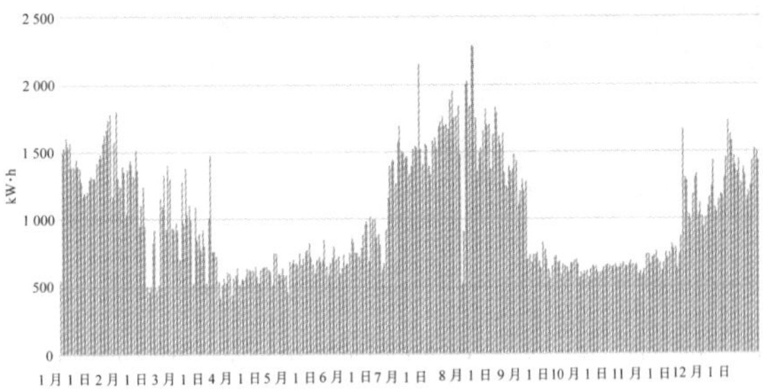

图 2　全年逐日能耗（2018 年）

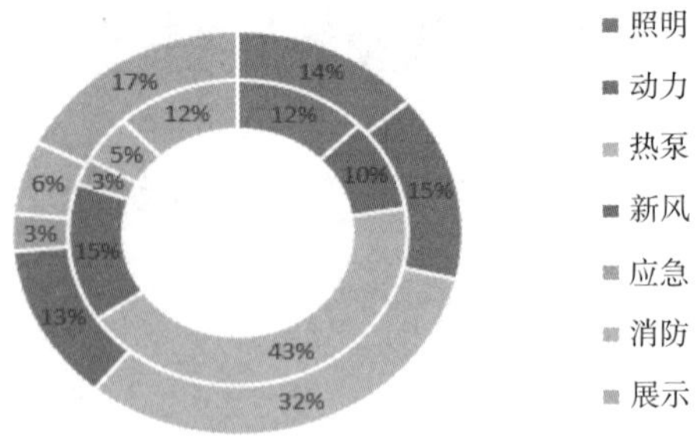

图 4　2017 年与 2018 年分项能耗百分比
（内环为 2017 年，外环为 2018 年）

2. 季度能耗分析

该被动房项目：2017 年制冷季总能耗为 117 385.06 kW·h，热泵能耗为 56 644.23 kW·h，折算单位面积供冷能耗为 6.9 kW·h/(m²·a)；2018 年制冷季总能耗为 111 395.1 kW·h，热泵能耗为 59 080.3 kW·h，折算单位面积供冷能耗为 5.9 kW·h/(m²·a)。2018 年制冷季度比 2017 年制冷季度总能耗节约 5 990 kW·h，能耗强度降低 5.1%，减少 CO_2 排放量 5 972 kg。（参考图 5）

2017 年采暖季总能耗为 158 608.7 kW·h，热泵能耗为 61 656 kW·h，折算单位面积采暖能耗为 6.2 kW·h/(m²·a)；2018 年采暖季总能耗为 150 331 kW·h，热泵能耗为 57 882.5 kW·h，折算单位面积采暖能耗为 5.8 kW·h/(m²·a)。2018 年采暖季度比 2017 年采暖季度总能耗节约 8 277.7 kW·h，能耗强度降低 5.2%，减少 CO_2 排放量 8 252.9 kg。（参考图 6）

（* 注：2017 年制冷季供冷面积为 8 200 m²，2018 年制冷季供冷面积为 10 090 m²，2017 年及 2018 年采暖季供暖面积为 10 090 m²。）

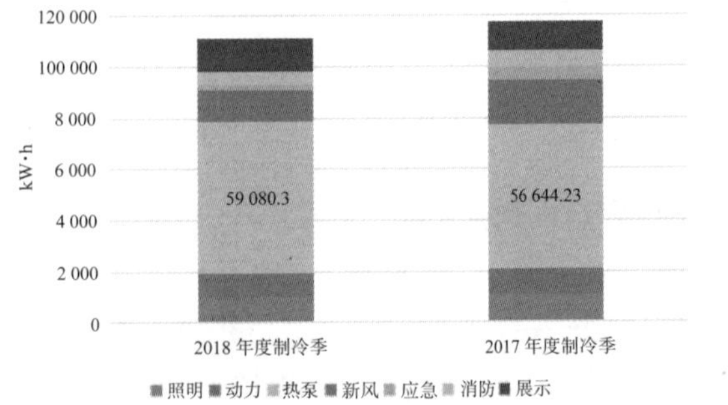

图 5　2018 年制冷季与 2017 年制冷季能耗对比

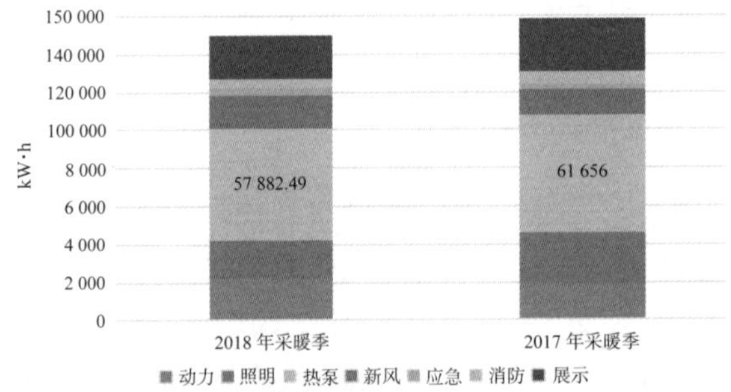

图 6　2018 年采暖季与 2017 年采暖季能耗对比

3. 供冷供热量分析

该被动房项目：2017 年建筑总制冷能耗为 194 733.2 kW·h，折算单位面积年制冷能耗为 23.75 kW·h/(m²·a)，其中新风负荷占 63%，室内末端负荷占 37%；建筑总供热能耗为 195 547.55 kW·h，折算单位面积年供热能耗为 19.38 kW·h/(m²·a)，其中新风负荷占 38%，室内负荷占 62%。（参考图 7）

2018 年建筑总制冷能耗为 232 983.2 kW·h，折算单位面积年制冷能耗为 23.3 kW·h/(m²·a)，其中新风负荷占 65%，室内末端负荷占 35%；建筑总供热能耗为 194 434 kW·h，折算单位面积年供热能耗为 19.26 kW·h/(m²·a)，其中新风负荷占 36%，室内负荷占 64%。（参考图 8）

（注：自 2017 年采暖季开始被动房技术中心负一层和部分负二层区域开始启用接待展示功能，相对应地增加了负二层非被动区 1 890 m² 空调面积，大大增加了建筑冷热需求；且开启负一层和负二层气密门供客人参观进出，长时间及频繁的开门也导致大量冷热量损失，因此实际建筑供冷热量大幅度超出 PHPP 模拟测

算值。)

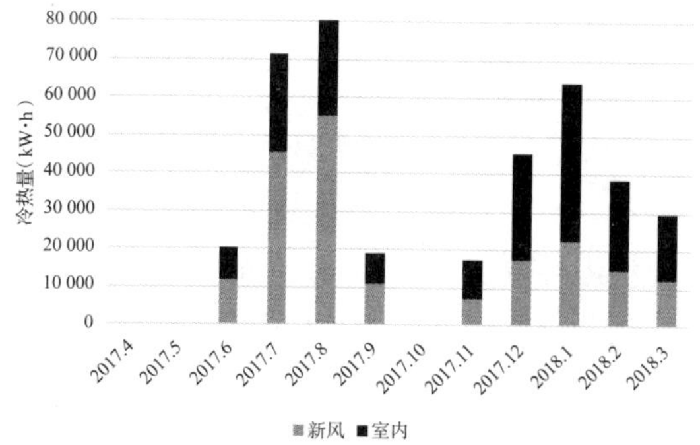

图 7　2017 年建筑制冷量与采暖量

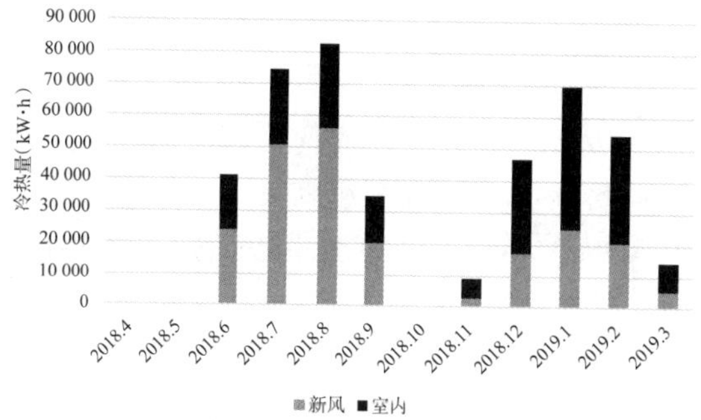

图 8　2018 年建筑制冷量与采暖量

2018 年建筑制冷负荷比 2017 年降低 1.9%,2018 年建筑采暖负荷比 2017 年降低 0.6%,且根据采集数据,本项目冷热站综合能效比数值详见表 1。

表 1　2017 和 2018 年冷热站综合能效比

	2017	2018
冷热站制冷综合能效比	3.44	3.94
冷热站制热综合能效比	3.17	3.36

4. 可再生能源分析

被动房技术中心项目光伏总装机容量 52 kWp,光伏用电模式为自发自用,多余发电量并入市政电网。2017 年建筑光伏发电实测量为 36 746 kW·h,占总年度用电能耗的 8%。2018 年建筑光伏发电实测量为 42 888 kW·h,占总年度用电能耗的 11%。建筑发电高峰期为 5—9 月,占总发电量的 61%。(参考图 9)

5. 同类公建能耗分析

从《青岛市国家机关办公建筑和大型公共建筑能耗公示》中选取同类公共建筑共 108 座,同类型公建单位面积能耗平均值为 53.83 kW·h/(m^2·a)。(参考图 10)

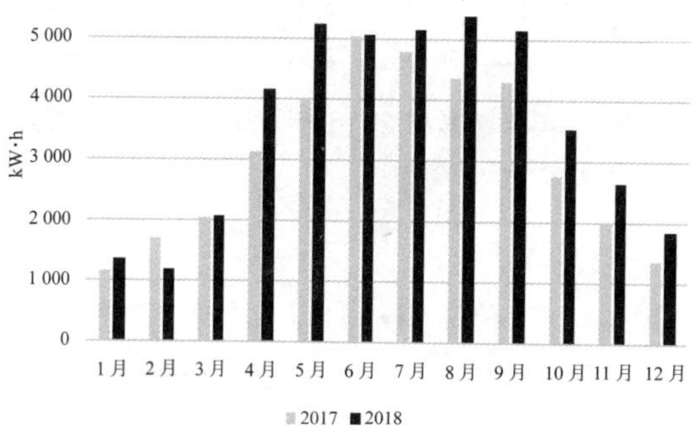

图 9　2017 和 2018 年建筑光伏发电量

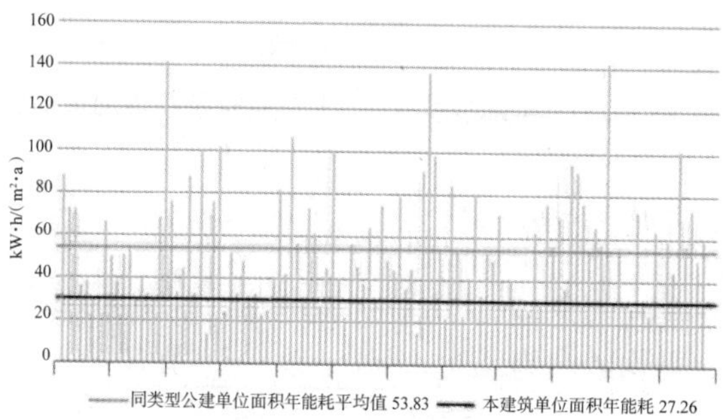

图 10　青岛市同类型公共建筑能耗对比

环境数据分析

1. 季度温湿度分析

该被动房项目：2017 年制冷季室内平均温度为 25.41℃，平均相对湿度为 62.73%；2018 年制冷季室内平均温度为 25.24℃，平均相对湿度为 59%。相对比，2018 年制冷季室内环境优于 2017 年制冷季，温湿度波动较小，综合 PMV 为 0.48，PDD 为 9.01%。但两年制冷季整体室内环境温度偏高，含湿量较大，处于舒适度临界值，需要后期进一步优化运行。（参考图 11 和图 12）

图 11　2017 年制冷季与 2018 年制冷季建筑温度对比

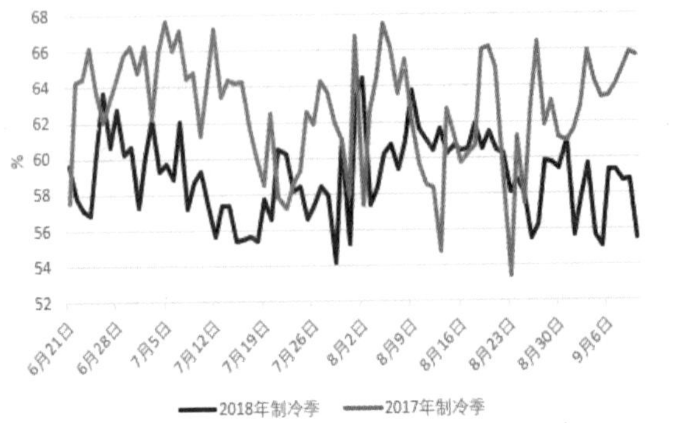

图 12　2017 年制冷季与 2018 年制冷季建筑相对湿度对比

2017 年采暖季室内平均温度为 21.91℃，平均相对湿度为 36.91%；2018 年采暖季室内平均温度为 21.72℃，平均相对湿度为 40.14%。相对比，2018 年采暖季室内平均温度稍低于 2017 年采暖季，但相对湿度适宜，温度波动稳定，综合 PMV 为 -0.41，PDD 为 8.86%。（参考图 13 和图 14）

图 13　2017 年采暖季与 2018 年采暖季建筑温度对比

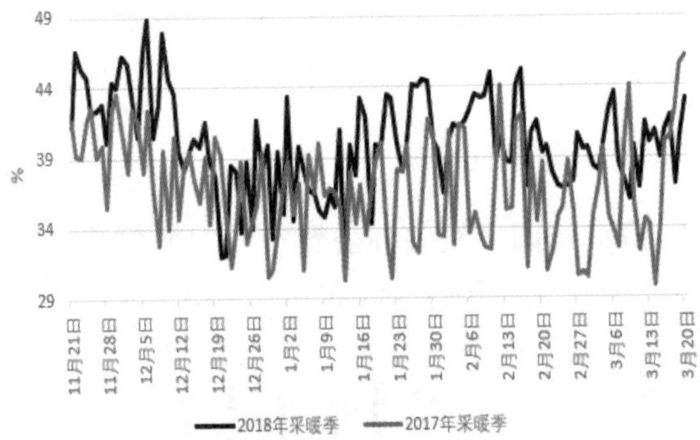

图 14　2017 年采暖季与 2018 年采暖季建筑相对湿度对比

2. 年度污染物分析

该被动房项目：2018 年全年室内 VOC 平均浓度为 308.41 μg/m³，室内 CO_2 平均浓度为 531.3 μg/m³，室内 PM2.5 平均浓度为 4.36 μg/m³，室内空气污染物指数均低于国家规定标准值。（参考图 15 和图 16）

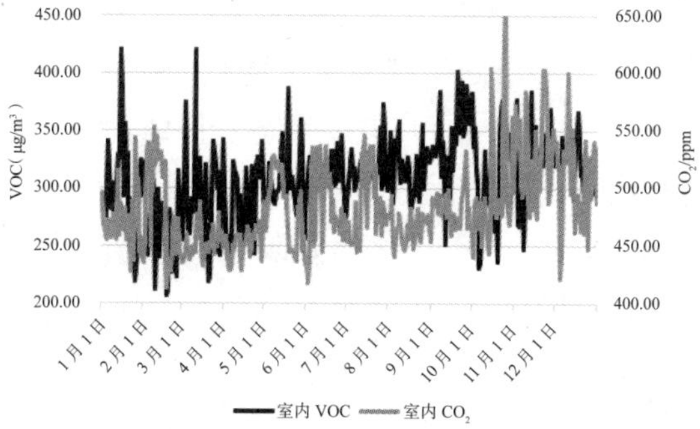

图 15　2018 年室内 VOC 与 CO_2 平均浓度变化趋势

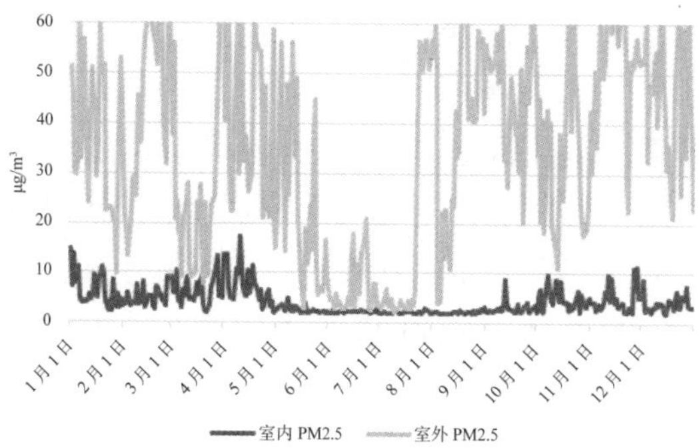

图 16　2018 年室内外 PM2.5 平均浓度变化趋势

3. 地源侧温度分析

2018 年制冷季对被动房技术中心项目地源侧水温进行了监测分析。根据监测数据，地源侧供水温度基本维持在 20~22 ℃，平均值为 21℃；地源侧回水温度基本维持在 22.5~24.5℃，平均值为 23.7℃，地源侧供回水平均温差约为 3℃，地源侧水温相对稳定。（参考图 17 和图 18）

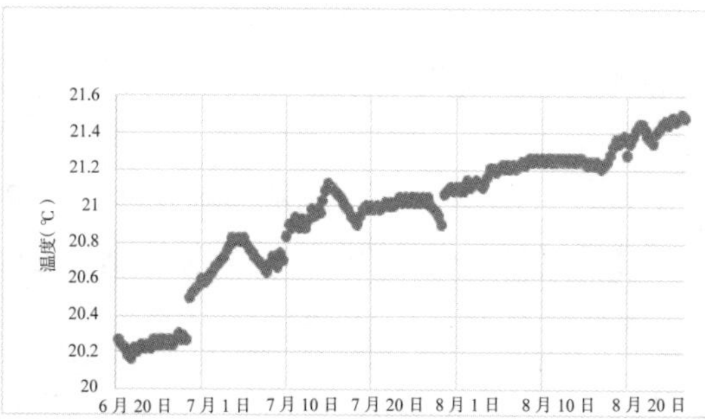

图 17　2018 年夏季地源侧供水温度监测

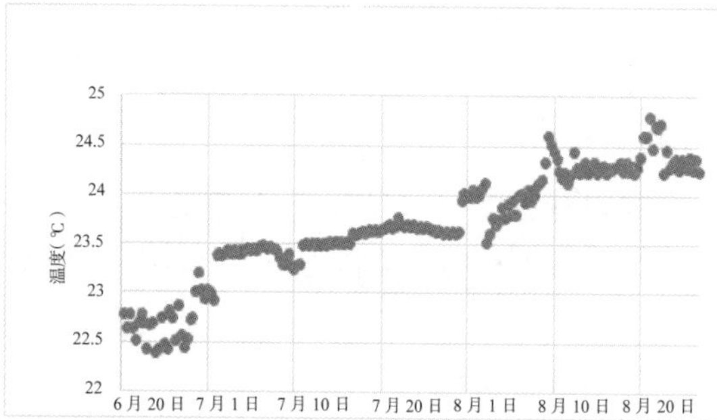

图 18　2018 年夏季地源侧回水温度监测

4. 围护结构温度分析

2018—2019 年采暖季典型日对被动房技术中心围护结构进行监测分析。通过围护结构内置的热电偶温度传感器所监测的温度可以看出室外平均温度为 0.5℃，保温内壁面平均温度高于 20℃，且墙体内壁面与保温内壁面温差小于 1℃，围护结构无明显热工缺陷。（参考图 19 和图 20）

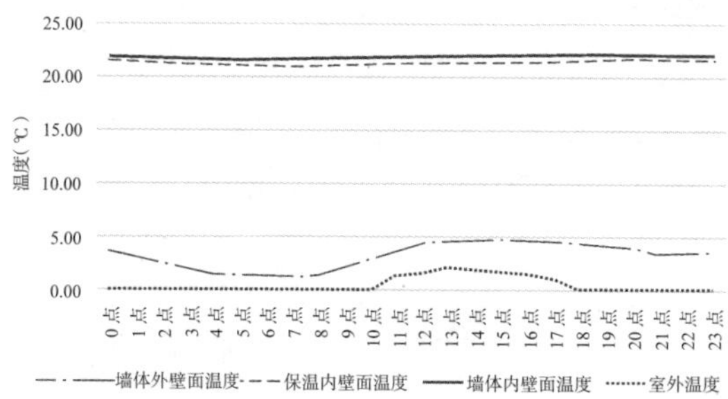

图 19　冬季典型日南向墙体壁面温度监测

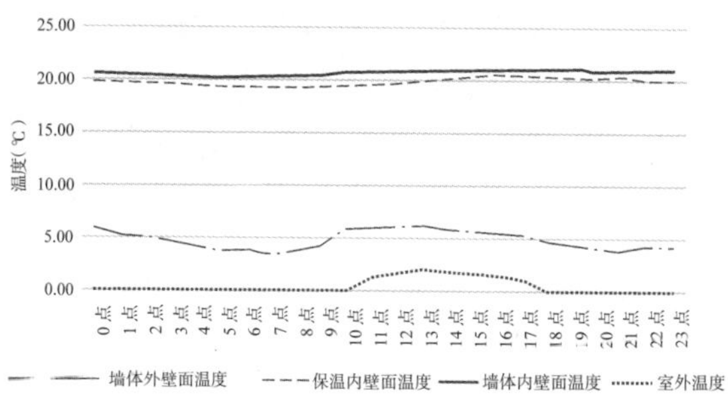

图 20　冬季典型日西向墙体壁面温度监测

结语

综上所示，中德生态园被动房技术中心项目运营两年多时间，通过不断优化运行策略和提升系统能效，在保证室内环境舒适度前提下建筑能耗逐年递减，证明了精细化运行管理对于被动式建筑实现低能耗、高舒适度的重要意义。与此同时，综合两年运行数据，建筑室内平均温度为22.94℃，平均相对湿度为48%，处于一级舒适度水平；建筑单位面积耗电量为29.80 kW・h/(m^2・a)，仅为青岛市同类型公共建筑平均单位面积能耗的55%，证明了本项目是北方寒冷地区具有示范意义的被动式公共建筑。最后，中德生态园将结合园区被动式建筑产业发展规划，建立能耗管控平台，对园区不同功能类型建筑进行能耗数据采集分析、移动端管理、组态监控、BIM运维管理等。能耗管理平台辐射山东及寒冷地区，形成产学研一体化的数据采集、分析及研究应用平台，为超低能耗建筑发展提供大数据支撑，推动建筑节能减排和建筑产业升级。

参考文献

[1] 中华人民共和国住房和城乡建设部. 被动式超低能耗绿色建筑技术导则(试行)(居住建筑). 2015.
[2] 赵士玉. 走进被动房：被动房概述与案例. 东营: 中国石油大学出版社, 2016.
[3] 赵士玉. 被动式建筑典范：青岛中德生态园被动房技术中心项目解析. 东营: 中国石油大学出版社, 2017.
[4] 清华大学建筑节能研究中心. 中国建筑节能年度发展研究报告. 北京：中国建筑工业出版社，2018.
[5] 中国对外翻译出版公司. 生态城市与绿色建筑 夏季刊. 北京：中国出版期刊中心, 2018.
[6] 青岛被动屋工程技术有限公司. 青岛中德生态园被动房技术中心2017制冷季能耗与环境监测分析报告. 2017.
[7] 青岛被动屋工程技术有限公司. 青岛中德生态园被动房技术中心2017—2018采暖季能耗与环境监测分析报告. 2018.
[8] 青岛被动屋工程技术有限公司. 青岛中德生态园被动房技术中心2018制冷季度精细化运行报告. 2018.
[9] 青岛被动屋工程技术有限公司. 青岛中德生态园被动房技术中心2018—2019采暖季度精细化运行报告. 2019.

第 23 届国际被动房大会

Passive House Institute

专题论坛 15

进阶专场:建筑围护结构

377 **本杰明·克里克,索拉亚·洛佩兹,爱德华·洛斯**

2019 年组件奖——未来之窗

该颁奖活动已圆满完成,来自 12 个国家的 23 家公司完成了 31 种产品的生产,评委会颁发了 10 个常规奖和 3 个特别奖。使用被动房窗户可以大量节省生活成本,降低 CO_2 排放,但必须注意百叶窗外壳引起的热桥。该奖项展示了出色的解决方案。

演讲者:索拉亚·洛佩兹,盛巳宸

387 **弗朗茨·弗瑞德**

20 年的被动窗开发工作——一个很酷的故事

沃尔夫冈·费斯特对被动窗可用标准的定义改变了窗户世界。小型木窗生产商成为第一个被被动房研究院科学家们关注的群体。结果,被动窗的质量,无论是在美观性、可持续性、能耗,还是在成本效率上,都处于最高水平。

392 **哈根·韦伯**

被动房认证幕墙系统——需求与现实的矛盾关系

寒温带气候区的被动房认证窗户需满足多方面的要求,除了所要求的总 U 值和相应的参考 U 值外,安装玻璃的 U_W 值也必须达到≤ 0.85 W/(m²·K)的标准,还必须满足被动房认证的所有规范。

396 **罗成·克莱默**

减少结构性热桥效应——中国被动房优秀项目研究

欧洲公认的隔热解决方案,必须根据是否符合中国建筑规范对其重新进行评估。可用于阳台和空调板(以及外墙固定件)的系统,已经成功通过中国国家认证检测中心的评估和审核。

402 **索拉雅·洛佩兹·加西亚**

被动房透明及非透明外围护结构认证

本文全面概述了全球被动房组件当前发展水平,介绍了组件认证系统的基本原则,简要概述了现有的已认证组件,并展望了当前的创新挑战。

2019 年组件奖——未来之窗

本杰明·克里克，索拉亚·洛佩兹，爱德华·洛斯 / 被动房研究院

奖项

目标：改良所有窗户的热性能。近年来，窗户的热性能取得了显著改善。为了对气候保护做出重大贡献，这些改良窗户必须成为全球主流。

方法：与基线窗口比较。参与者必须提供经认证的被动房窗户解决方案，包括“倾斜和旋转窗户”以及“窗户组合”等安装和遮阳方案。根据窗户的生命周期成本和 CO_2 节约量，将每个窗户与基线窗户进行比较，这从参与者的角度来说是比较标准的做法。专家评审团对主题的创新性、实用性和美观性进行评价，并决定最终类别和获奖者。评审团成员包括 L. 隆恩教授、H. 克劳斯教授、D. 米库莱柯、S. 盛硕士、E. 洛斯硕士以及顾问 S. 洛佩兹硕士和 B. 克里克博士。

参与者：来自世界各地的窗户制造商。总共有来自 12 个国家的 23 家公司携带 31 种产品及其变体参加了竞争。这些产品包括 21 种木铝复合窗、6 种铝窗、3 种木窗和 1 种塑料窗。北极气候带有 1 种，寒冷气候带有 6 种，寒温带有 14 种，暖温带有 8 种，温带有 2 种窗户参加。评审团会颁发了 10 个普通奖和 3 个特别奖。

发现

1. 生命周期分析：投资和运营成本

由于世界各地建筑成本水平不同（尤其是被动房窗户）以及提议的基线窗户变化各异，评审团会发现很难根据生命周期成本做出决定。在某些情况下，这就导致对结果产生疑问。例如在新西兰，木铝复合窗户并不常见。因此，与被动房窗户进行比较的基线窗户可能是木窗或铝窗。被动房窗户与传统木窗相比，被动房窗户非常经济实惠；而与大批量生产的铝窗相比，两者的生命周期成本差异非常小。与北美或欧洲相比，中国的劳动力和建筑成本相对较低，因此参照窗户和被动房窗户的生产和安装成本也很低。由于世界各地的能源成本是相同的，这就导致在窗户价格较低的市场，能源成本的影响相对较大，被动房窗户在这些市场中更有益。在这种情况下，评审团有权对结果进行仔细核实。

供暖系统的选择对生命周期成本和 CO_2 排放也有很大影响。该奖项在分析生命周期时，将燃油锅炉考虑在内，并估计 CO_2 排放量。假设热能费为每千瓦时 9.8 €，包括 2.4 €的 CO_2 补偿成本。然而，在大多数情况下，新西兰（南岛，靠近基督教堂，没有制冷需求）是直接用电或通过热泵供暖，而不是使用燃油锅炉。图 1 显示了 ThermaDura NatureLine（经济特别奖获得者）与不同供暖系统相结合的生命周期成本和 CO_2 节约量。

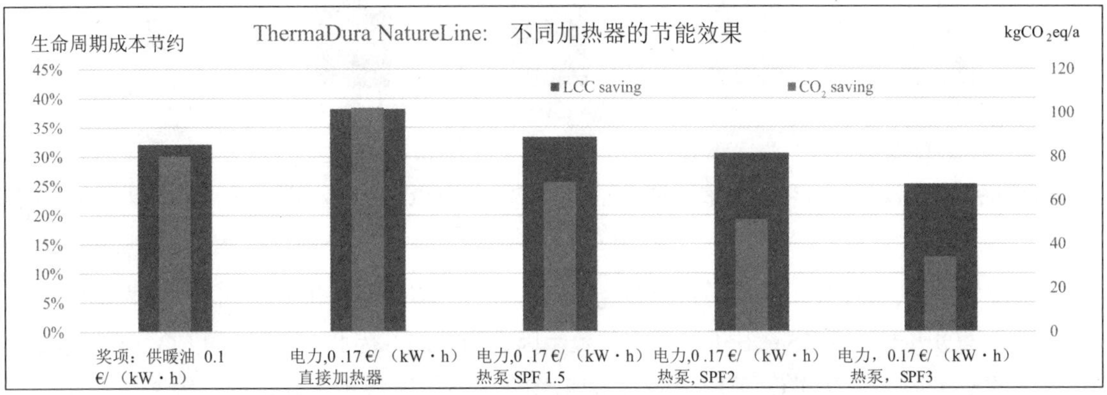

图 1　加热器不同的 ThermaDura NatureLine 的生命周期成本和 CO_2 节约量
（电价为 17 €/(kW·h)，450 gCO_2eq/(kW·h)，PHI 2019）

可以看出，在直接使用电热器和使用较差热泵的情况下，生命周期成本高于奖项指定的生命周期成本；但如果使用较好热泵，生命周期成本则低于奖项指定的生命周期成本。应该指出的是，电价中并没有考虑 CO_2 补偿成本，也没有考虑加热器的不同投资成本。

低能源价格（10 €/(kW·h)）和低 CO_2 排放（63 gCO_2eq/(kW·h)）中都考虑到制冷问题，因为我们假设使用的是一个相对高效的热泵（SPF 2.5），由光伏板供电。图 2 显示了制冷和供暖系统不同的日本 Daimaru Kogyo Ltd. smartwin compact 的节约情况。日本实际电价（供暖和制冷）为 21 € Cent/kWh，这里也没有考虑 CO_2 补偿成本。日本电力 CO_2 排放量为 520 gCO_2eq/kW·h。

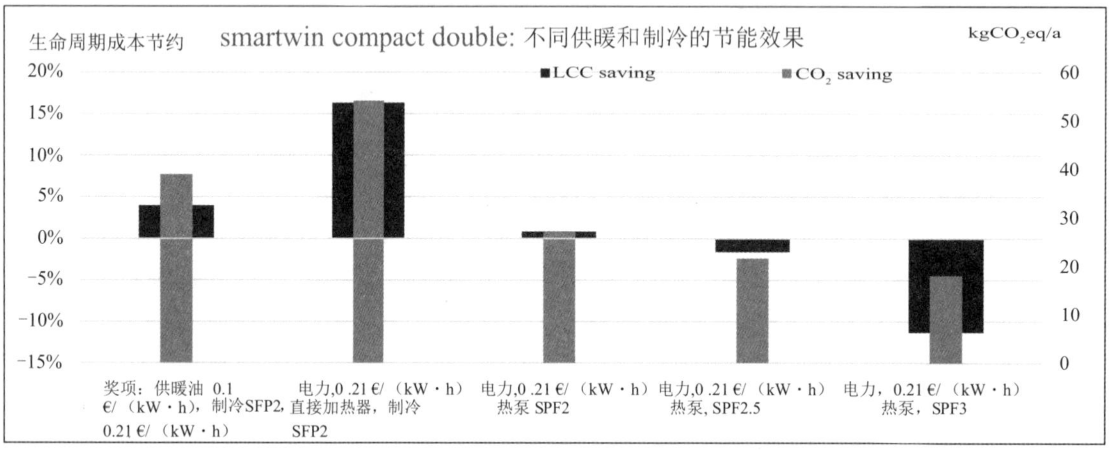

图 2　加热器和制冷器不同的日本 Daimaru Kogyo Ltd. smartwin compact 的生命周期成本和 CO_2 节约量（PHI 2019）

可以看出，除用性能相对较差的热泵直接供暖，节约的生命周期成本很少甚至为负。此外，本项目的制冷成本似乎比标准窗户高，这是因为该项目玻璃分块较高，玻璃 g 值较高。

图 3 显示了一种变化，即窗户大小被减小到与基线窗户的玻璃面积相匹配。同样，投资成本降低，玻璃 U 值优化为 1.04 W/(m²·K)，$g=45\%$。现在只有使用性能良好的热泵，生命周期成本节约量才会低于奖项规定，客户才会获得生命周期益处。

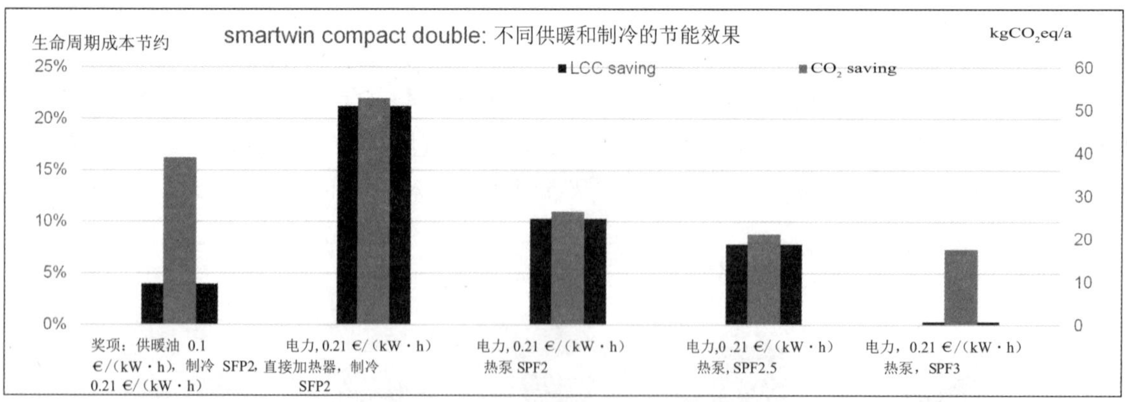

图 3　加热器和制冷器不同、窗户尺寸可调、玻璃 U 值优化的日本 Daimaru Kogyo Ltd. smartwin compact 的生命周期成本和 CO_2 节约量（PHI 2019）

在中国，情况则不同，这里使用的煤炭价格仅为 700 元/t。奖项中使用了 CO_2 补偿成本，这导致在热价为 5.3 €/(kW·h)时，煤炭价格变为 75 €/t，供暖系统的效率因数为 1.25。因此，可实现的 CO_2 节约量减少。因为与油相比，煤炭的 CO_2 因子较高，CO_2 节约量同时增加，图 4 显示了寒温带气候铝窗一等奖获得者——河北奥润顺达 Moser 115 的生命周期成本和 CO_2 节约量。

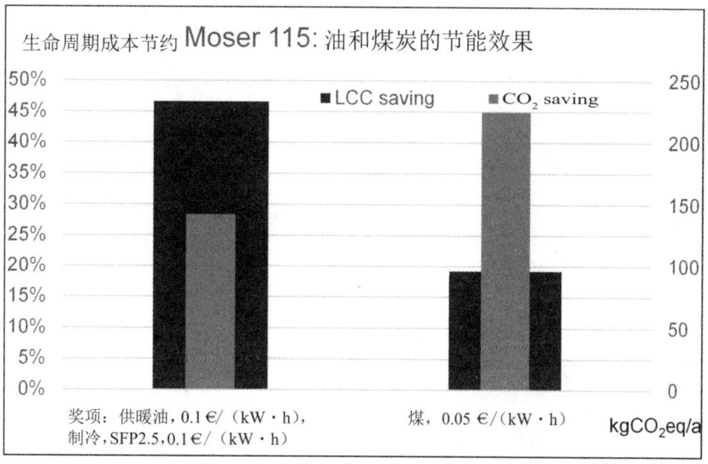

图 4 燃煤供暖符合奖项边界条件和标准的 Moser 115 的生命周期成本和 CO_2 节约量(PHI 2019)

2. 安装

几乎在所有情况下,基线窗户的安装都显示出极高的热桥水平(安装在承重层,未显示保温),大多数被动房窗户显示结果都不错,因此可安装或部分安装在带框保温层,外部由保温墙壁覆盖。必须要注意的是,安装情况对窗户的能量平衡和经济效益都有重要影响。这表明,考虑到热桥和气密性,需要精心设计安装和高质量工艺。研究人员提出了 5 种不同的窗户安装方案。

(1)钢支架安装:用螺钉将角钢固定在混凝土墙以及窗框上。由于钢的导热性高,因此角钢可导致较高的热桥水平。此外,为了避免保温材料、墙体和窗框间的角钢和螺钉产生间隙,有必要将保温材料与角钢安装得当。如果角钢是安装在黏合层,没有穿透窗框保温层,并且使用了埋头螺钉,额外的热损失将在可接受范围内。在某些情况下,窗户底部由一根木梁支撑。

(2)胶合板安装:胶合板与窗框连接并固定在承重层,变成窗台和窗侧覆盖层。通过这种方式,窗框可固定在保温层,产生的热桥可忽略。由于胶合板是可以看见的,所以安装时必须非常小心。如不采取进一步措施,螺钉也是可以看见的。对于更大的窗户,可能要使用增强元件。这种方法也可在换新窗户时使用。

(3)百叶窗框安装:百叶窗框,如高硬度 EPS 泡沫制成的百叶窗框是用胶水和螺钉固定在保温层,然后再连接到构造层。百叶窗框作为清洁表面,其上可安装窗户,可与气密层相连。使用期限结束时,很容易更换新窗户。此外,高密度 EPS 泡沫还具有隔音效果。对于更大的窗户,可能要使用增强元件。

(4)部分安装在构造层内:如果窗框较深,采用外部保温,则该窗户很可能部分安装在承重层内,窗框可直接安装在承重层中,不需要额外元件。这种安装方式既简单又便宜,重要的是窗框和墙体的保温层要尽可能重叠。

(5)封闭在构造层内:为进一步改进承重层内的窗户安装(部分安装),青岛乐克来新型门窗有限公司提出了一个切实可行的解决方案,即用一根由 resolic 泡沫和木块组成的长棒作为混凝土模板的一部分,在与窗户相连的窗口周围形成一个保温框。采用这种解决方案,能够在没有高水平热桥的情况下,将窗户安装在承重层上。但需要注意的是,这样窗户会被更深的窗侧和突出部分遮住。

图 5 显示了具有各自热桥系数和供暖成本的不同方法。可以看出,等温线越偏,热桥越大;还可以看出,各方案存在安装成本分摊、额外安装成本以及生命周期成本差异较大的问题。但要注意,由于环境不同,无法对这些数据点进行完全比较。例如, Rocky 110,其百叶窗外壳安装成本已包含在基线窗户的安装成本内,但 Rocky 110s 的综合遮阳安装成本较低,导致产生额外的安装负成本。

案例	典型基线	钢支架	胶合板	百叶窗框	部分安装在构造层内	封闭在构造层内
	Double alu， 中国	Pazen 120， 中国	Smartwin， 日本	Timm， 德国	Cascadia， 加拿大	Rocky110s， 中国
模型		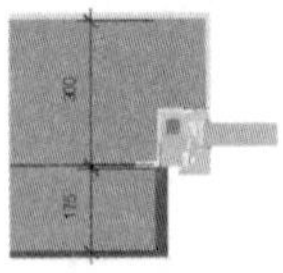	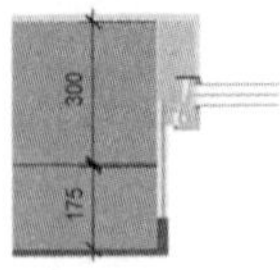	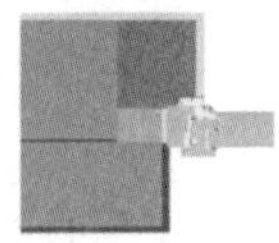	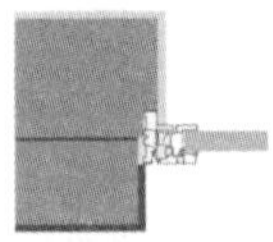	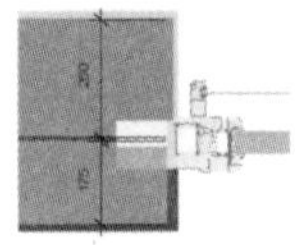
等温线图	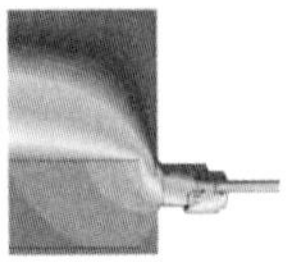	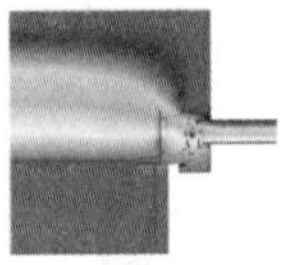	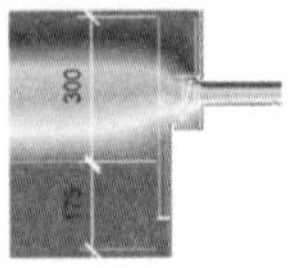	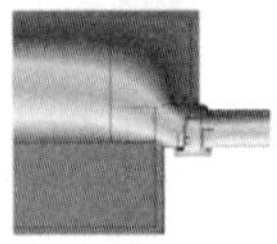	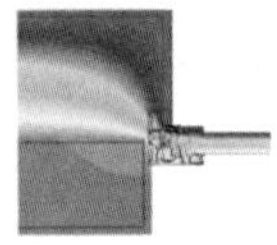	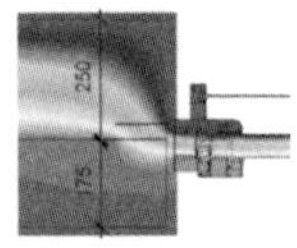
ψ(W/(m²·K))	0.170	0.007	−0.002	0.013	0.033	0.023
能源成本 (€/(m·a))①	1.29 €	0.05 €	−0.02 €	0.10 €	0.25 €	0.17 €
生命周期能源成本 (€ / 窗户)②	162 €	7 €	−2 €	12 €	31 €	22 €
保温成本分摊(%)	10%	12%	5%	17%	11%	6%
额外保温成本 (€ / 窗户)	– €	55 €	22 €	106 €	– €	−18 €
生命周期成本(€)	162 €	62 €	20 €	118 €	31 €	4 €

注：① 0.10 € /(kW·h)，76 kK·h/a。

②使用寿命 40 a，3% 实际利率。窗户尺寸 1.23 m × 1.48 m，假设四边热桥相同。安装件的热桥取决于窗框和其他因素。因此，此处呈现的数值未进行比较。

图 5　不同的安装策略和各自的热桥系数以及产生的供暖成本和生命周期成本(PHI 2019)

3. 遮阳

下列是遮阳方案的使用场景。

(1)在北极、寒冷气候下：软百叶窗(7)，纤维滤网(1)。

(2)在寒温带气候下：软百叶窗(8)，纤维滤网(3)，卷帘(2)，综合遮阳(1)。

(3)在暖温带气候下：软百叶窗(6)，卷帘(1)，综合遮阳(2)，经典百叶帘(1)。

在北极、寒冷和寒温带气候下，最主要的遮阳方式是软百叶窗。百叶窗外壳与墙体直接接触时，热桥就会非常高。热损失超过 1 W/(m · K)，相当于 9 m² 的原状墙体，导致每个窗户的生命周期热损失超过 200 €，如图 6 所示。通过热分离，热损失可减少至 0.28 W/(m · K)，相当于 2.3 m² 的原状墙体，生命周期能源成本为 60 €。但是作为获奖作品中的一个极好示例，热桥可以小 90%，因此并不比没有百叶窗外壳的高多少。

实现这一良好结果需要采取四种措施：①使用窄百叶窗外壳；②尽可能将百叶窗外壳移到外面；③在墙壁和百叶窗外壳之间使用非常好的保温材料；④将窗户与该保温材料对齐。

案例	软百叶窗				纤维滤网	
	没有保温的基线	非保温的基线	典型解决方案	典型解决方案	外部外壳	保温层内的外壳
	铝 中国	木铝复合 德国	ENERsign primus	smartwin 太阳能 By i2	ThermaDura	smartwin
模型	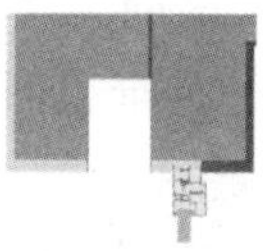	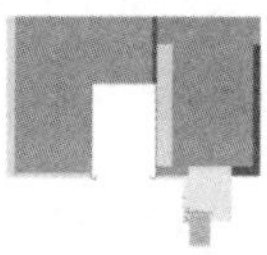	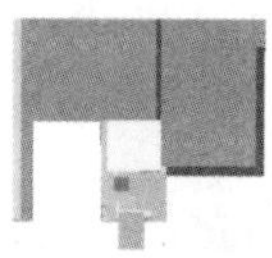	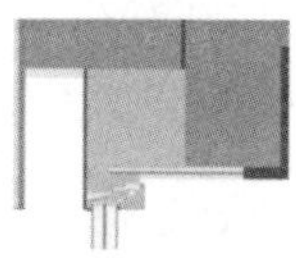	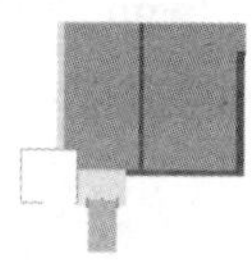	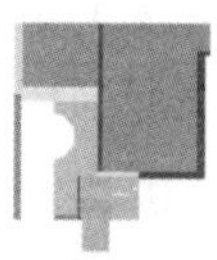
等温线图		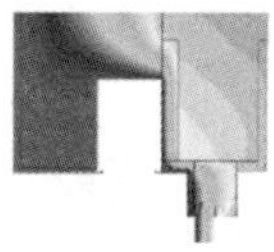	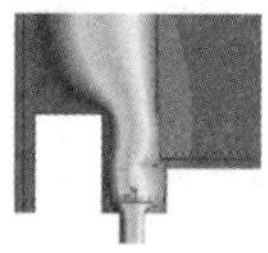	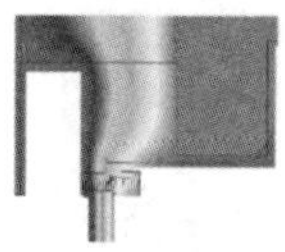		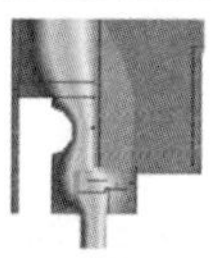
ψ(W/(m²·K))	1.094	0.278	0.024	0.025	0.063	0.055
能源成本 (€/(m·a))①	8.31 €	2.11 €	0.18 €	0.19 €	0.48 €	0.42 €
生命周期能源成本 (€/窗户)②	236 €	60 €	5 €	5 €	14 €	12 €
保温成本分摊(%)	51%	29%	28%	26%	38%	18%
遮阳成本 (€/窗户)	275 €	518 €	518 €	342 €	897 €	216 €
与热桥损耗相同的墙体(m²)	9.0 @U_{Wall}= 0.15 W/(m²·K)	2.3 @U_{Wall}= 0.15 W/(m²·K)	0.2 @U_{Wall}= 0.15 W/(m²·K)	0.3 @U_{Wall}= 0.12 W/(m²·K)	0.3 @U_{Wall}= 0.25 W/(m²·K)	0.3 @U_{Wall}= 0.25 W/(m²·K)

注：① 0.10 €/(kW·h)，76 kK·h/a。

②使用寿命 40 a，3% 实际利率。安装件的热桥取决于窗框和其他因素。因此，此处呈现的数值未进行比较。

图 6　具有各自热桥系数的遮阳解决方案以及由此产生的供暖和生命周期成本(PHI 2019)

正如我们所见，在寒温带、寒冷和北极气候下，可以达到低热桥值。这主要是因为保温层足够厚，能够包含所述百叶窗外壳；然而，在暖温带或温带气候下，保温层较薄，因此很难在百叶窗外壳和墙壁之间进行保温。

为了克服这个问题，该奖项中采用了多种策略。其中一个策略是使用布帘而不是软百叶窗帘，因为布帘的外壳更小。这也可能是暖温带和温带气候区主要采用布帘的原因。ThermaDura 将部分外部外壳直接连在窗框上，既减少了热桥也减少了安装成本。就耐久性(水会滴在外壳和石膏灰泥之间，从而造成受潮损坏)和美观角度而言，评审团认为这一解决方案是关键的。Smartwin 的解决方案是把窗帘转过来，以便将其卷到外面，从而能够在卷轴和墙壁之间施加更厚的保温层。这样一来，热桥值能够减少至约 0.06 W/(m²·K)，相当于暖温带气候中的 0.3 m² 原状墙壁，参见图 6。还可通过在混凝土模板的过梁区域放置一块保温材料，进行进一步改善。

两家制造商以不同形式使用了集成遮阳。这一解决方案非常经济实惠，能够保护遮阳设备不受天气影响，并且提高窗户 U 值。然而，该方案还考虑了额外窗格的清洗、更高水平的冬季遮阳(在不使用时通过薄板进行遮阳)以及更低水平的夏季遮阳(由于承载百叶窗的气隙过热而导致的更低效率)。而且，固定玻璃必须内部遮光。一家制造商使用了传统百叶窗进行遮阳，这看起来似乎是一个非常好的解决方案，因为这相对比较便宜，并且热桥并不显著。

获奖者

1. 北极和寒冷气候

授予德国 ENERsign 有限公司的四玻三腔玻璃 ENERsign arctis（图 7）热保护特别奖。评审团赞扬了其高美学标准以及非凡的热保护性能，能够使 CO_2 节省 94%，并且满足卫生以及舒适标准，即使是在瑞典基律纳等北极气候区。

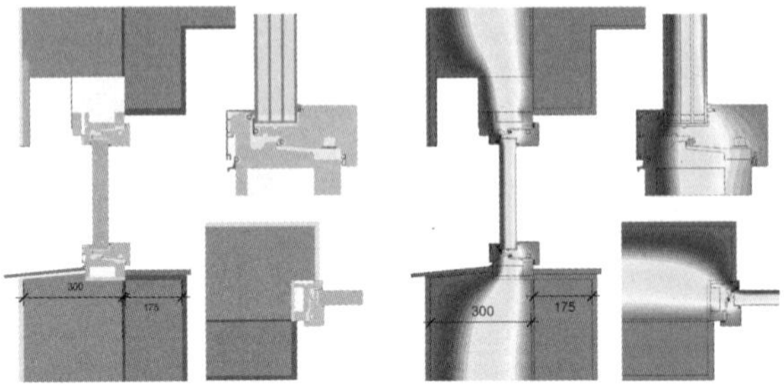

图 7　ENERsign arctis

授予中国哈尔滨森鹰窗业股份有限公司的窗户 PAZEN120（图 8）寒冷气候一等奖。评审团赞扬了其高美学标准以及高水平热保护性能，即使是在哈尔滨严寒气候条件下，也能够使 CO_2 节省 88%，并且满足卫生以及舒适标准。

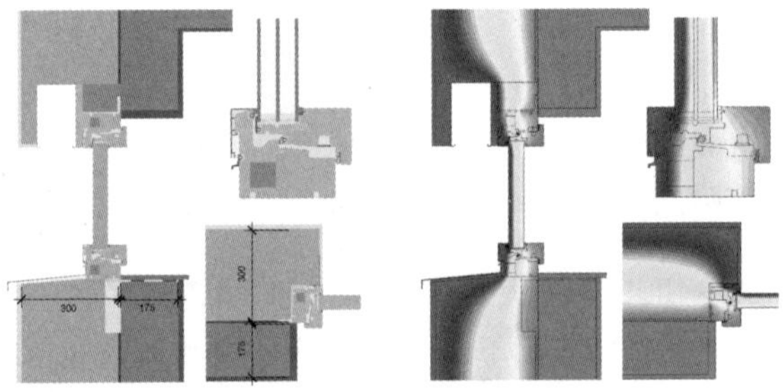

图 8　PAZEN 120

授予优势建筑木制品公司（美国）和 i2 工厂（拉脱维亚）的窗户 smartwin solar（图 9）寒冷气候二等奖。评审团赞扬了其高美学和创新标准以及高水平热保护性能，窄窗框使玻璃比例能够高达 80%。

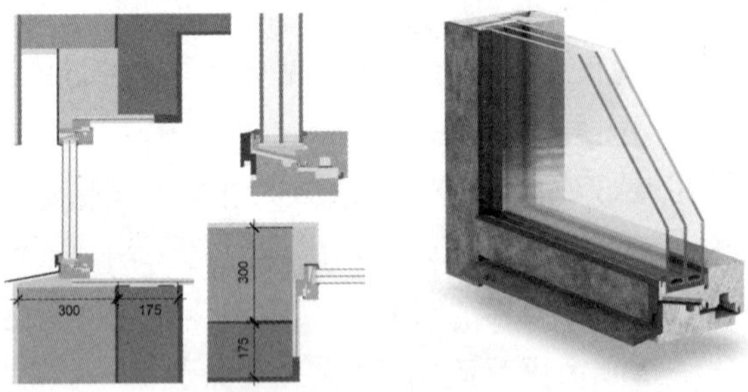

图 9　smarturin solar

授予哈尔滨 OPTIWIN、加拿大施蒂希咨询的窗户 PURISTA ALPINE（图 10）寒冷气候三等奖。评审团赞扬了其高标准和干净的安装环境，还有高水平的热保护性能、节能和 CO_2 节省性能。

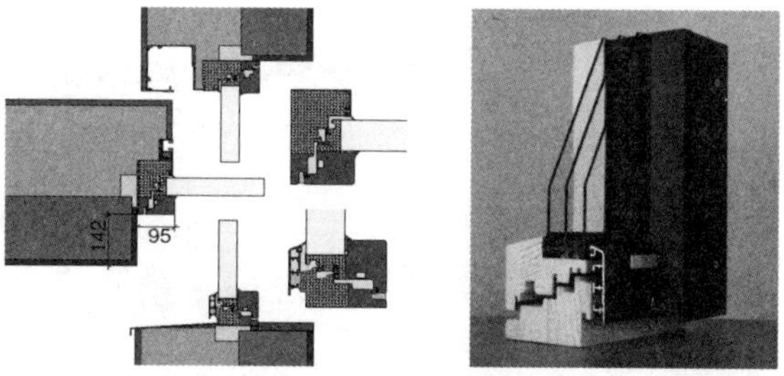

图 10　PHRISTA ALPINE

2. 寒温带气候：木铝窗

授予德国 ENERsign 有限公司的 ENERsign primus（图 11）一等奖。评审团赞扬了其高美学标准以及高水平热保护性能。该方案将遮阳及其组件整合到总体概念中，这在美学上是令人愉悦的，得到了评审团高度赞扬。

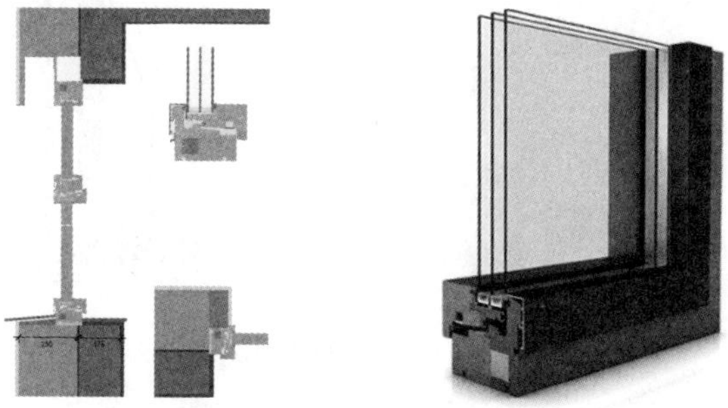

图 11　ENERsign primus

授予 Timm Fensterbau 的窗户 TIMM C87 I –A/-H/-M + W87 –A/-H-/-M（图 12）二等奖，其中这些窗户与德国梅森博格的 Blaugelb Triotherm+ 窗户安装系统一起安装。评审团赞扬了其遮阳系统的成本效益和低维修费用以及高标准和清洁安装。对于德国来说，评审团表明应使用三玻两腔玻璃窗为基准。

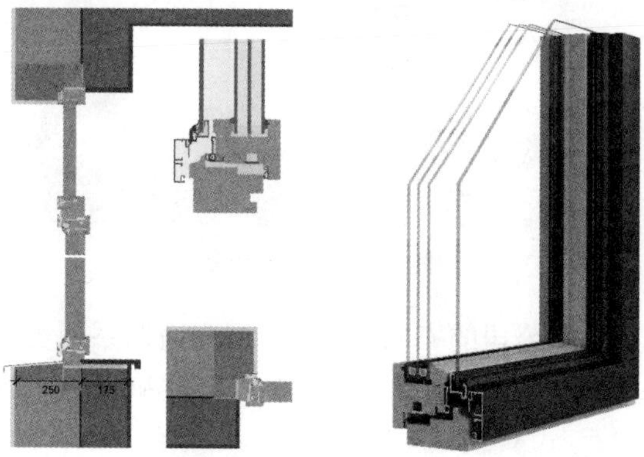

图 12　TIMM C87 I –A/-H/-M + W87 –A/-H-/-M

授予 PARK Byoungyoeol、Architecture Studio Time 和 Human and Space, Korea 的窗户 smartwin compact hpl triple（图 13）寒冷气候三等奖。评审团赞扬了其高美学和创新标准以及高水平热保护性能。

图 13　smartwin compact hpl triple

3. 寒温带气候：铝合金和塑料窗

授予中国河北奥润顺达窗业有限公司的 Moser 115（图 14）铝合金系统被动窗一等奖。评审团赞扬了该超薄窗框概念的高美学性质以及窗户的能源和成本效益。应该注意与石膏灰泥连接的卷帘窗。

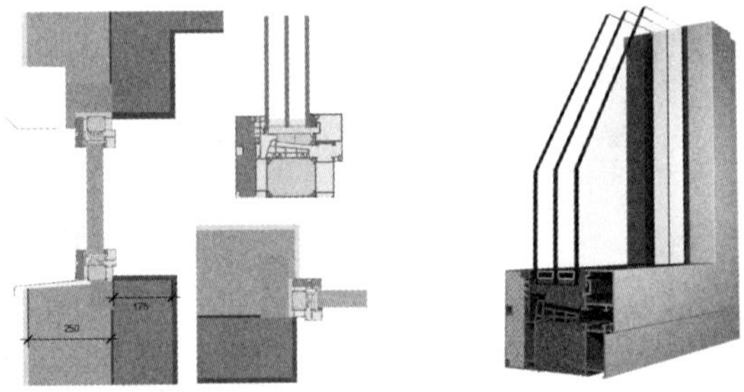

图 14　Moser 115

授予中国北京伍迪建筑科技有限公司的铝窗 Pural eco 90（图 15）二等奖。评审团赞扬了该窗户概念的高美学性质以及其能源和成本效益。评审团建议将窗框与百叶窗外壳刚性 EPS 块连接在一起，以避开钢架和减少热桥。

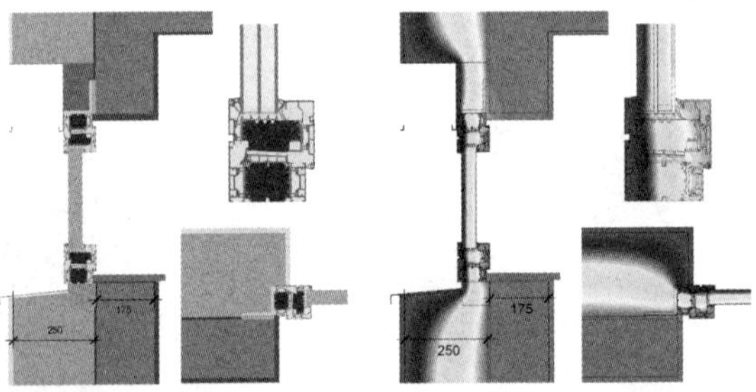

图 15　Pural eco 90

授予加拿大卡斯卡迪亚窗业有限公司的 GRP（图 16）窗户通用系列美学和创新特别奖。评审团赞扬了该窗户概念的美学和创新性质以及非常合理的投资成本及其能源和成本效益，特别是与相对较好的基线窗户相比。

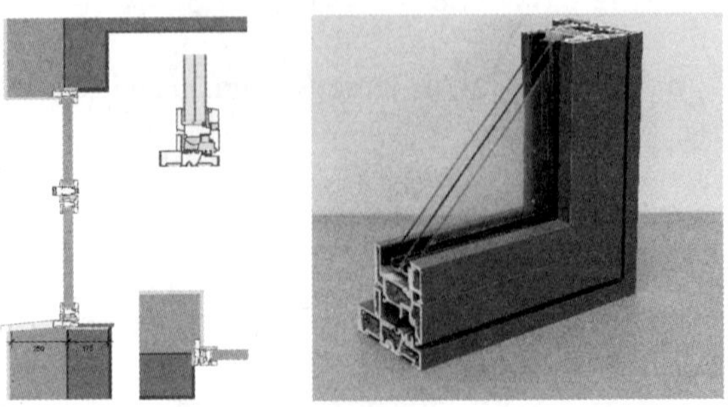

图 16　GRP

4. 暖温带气候:木铝窗和木窗

授予大丸兴业株式会社(日本)、布鲁默莱曼公司(中国)和 SEDA(新西兰)的 smartwin compact(图 17)窗户木铝窗一等奖。评审团赞扬了其美学和创新标准、高水平热保护性能以及该保温厚度的创新遮阳解决方案。

图 17 smartwin compact

授予意大利 Eurofinestra s.a.s. 的 ZEN(图 18)木窗一等奖。评审团赞扬了该窗户的高创新和美学性质以及遮阳概念。评审团强调,与基线窗户相比,该窗户在暖温带气候区的生命周期成本节省具有示范性。

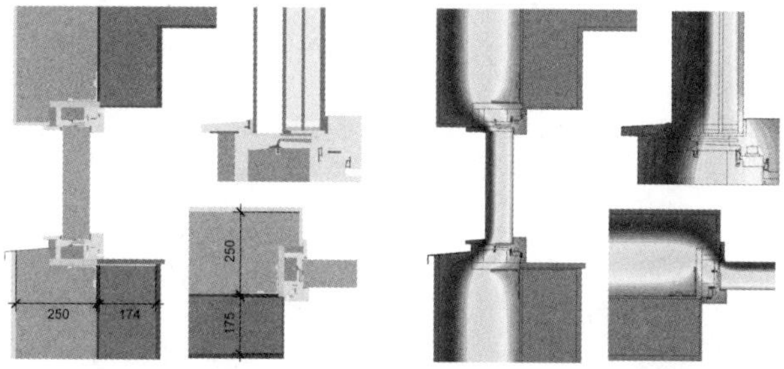

图 18 ZEN

授予新西兰 ThermaDura 的 NatureLine(图 19)经济特别奖。评审团概述了该窗户的高质量工艺和实用性以及窗户安装。与质量较差的传统新西兰木窗相比,NatureLine 的成本更低。

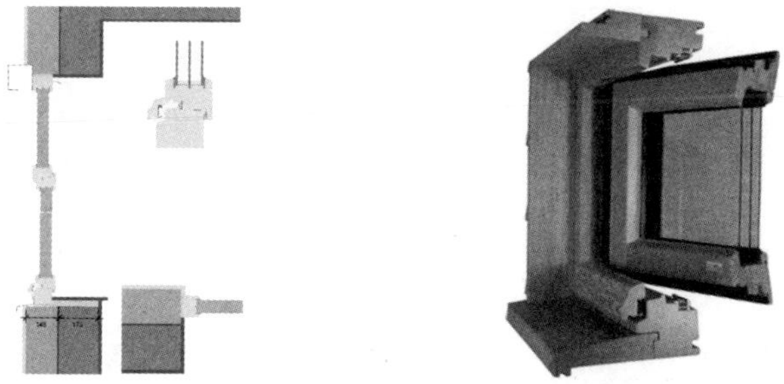

图 19 NatureLine

授予中国青岛乐克来新型门窗有限公司的 Rocky 110(图 20)遮阳和安装特别奖。评审团既赞扬了其创新遮阳概念(百叶窗受第四个窗格的保护),又赞扬了其部分位于构造层的安装(结合木块和高度保温 resolic 泡沫、低水平热桥以及简单快速应用)方式。

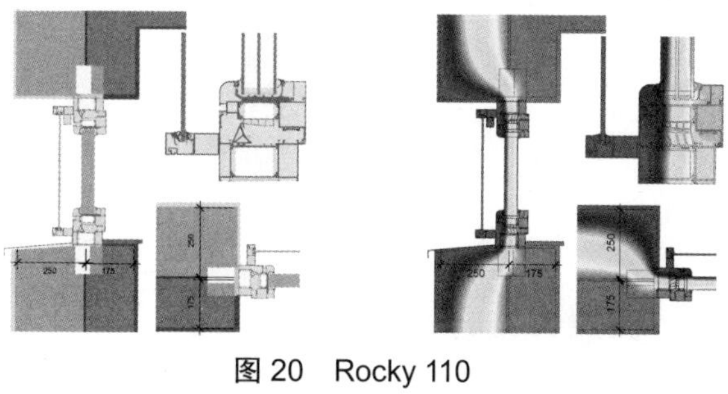

图 20 Rocky 110

Affordable Zero Energy Buildings

This project has received funding from the European Union's Horizon 2020 research and innovation programme under grant agreement No 754174

20 年的被动窗开发工作——一个很酷的故事

弗朗茨·弗瑞德 /pro Passivhausfenster 有限公司

第一阶段始于 1999 年

1999 年 2 月在奥地利布雷根茨举行的第 3 届国际被动房大会上,首次展示了被动房木窗。一些小型窗户制造商希望将改进后的木窗推向市场,但没有为新窗制定可持续的能效等级。如果 U 形架、密封垫片和密封安装工艺没有固定目标,新窗就无法全力发展。

沃尔夫冈·费斯特本人设法解决了这种情况,他从被动房舒适性标准中推导出对玻璃和窗框的要求,这些要求至今仍然适用。简而言之,这种窗框在今天仍然效果很好,其窗户外层可以抵御高温,这样窗户下面的温度调节器可以调节出舒适的温度。1999 年第一个被认证的寒温带气候被动房木窗如图 1 所示。

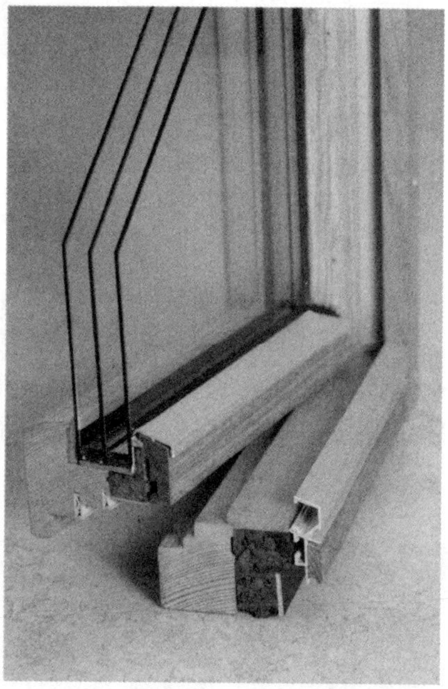

图 1 1999 年第一个被认证的寒温带气候被动房木窗图片

(这扇窗户被称为“Drei3holz”,来自奥地利的 Freisinger,采用三层技术:内层(左)为由实木制成的固定层,中心为由软木背衬制成的天然保温层(Lambda = 0.040 W /(m^2·K)),外层(右)为由耐用木材(橡木和落叶松)制成的防风雨层)

虽然人们已经开始开发未来式窗户,但是很明显还需要更进一步的发展。如果按照施纳德博士 1998 年制定的被动窗标准,那么现在已经完全可以实现这一目标。该标准是将保温层整合在窗框内,并将其装在一个平面上,整个窗框进行不断板全包保温,还需避免在热流方向上出现气腔,玻璃边缘采用比窗框更耐温、更深的密封材料包裹。必须坚持明确计划,才能实现这一目标。

被动房先驱者们起初很乐意接受这些新的、昂贵的窗户,因为它们也是最先使被动房成为可能的人。但经过仔细观察,结果并不是很满意,因为其成本高,也不够美观。造成窗框超宽、不美观的原因是窗扇玻璃单元安装深度太深(图 2)。此外,产品还需要达到与现有垫片材料相关的卫生标准。

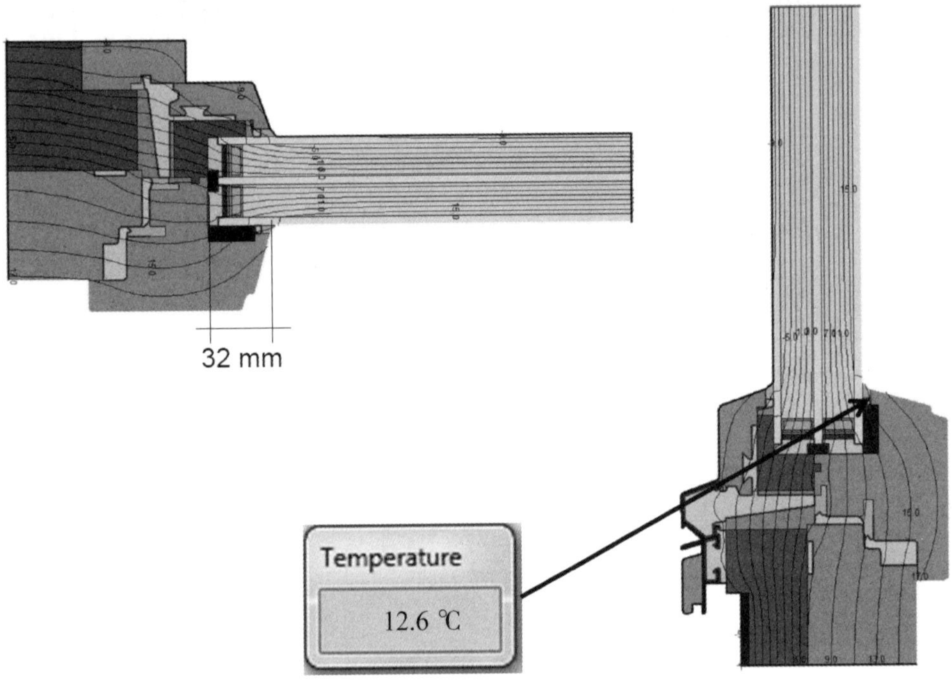

图 2　奥地利 Freisinger“Drei3holz”三玻两腔玻璃窗有限元模拟（达到了卫生标准，此处只有窗扇中玻璃单元的安装深度）

第二阶段始于 2001 年

一些被动窗生产的先驱者了解这个问题后，提供了新的更薄、更好、更经济的窗户（图 3）。

由于宽窗框架降低了太阳能得热，因此第一批被动窗制造商认识到了开发宽窗框是错误的，并开始做出改变。漂亮的窄窗框热损失低、得热量高，使窗户达到了很高的节能标准。非常重要一点是其生产成本较低。这些改进为被动窗赢得了更广阔的市场。

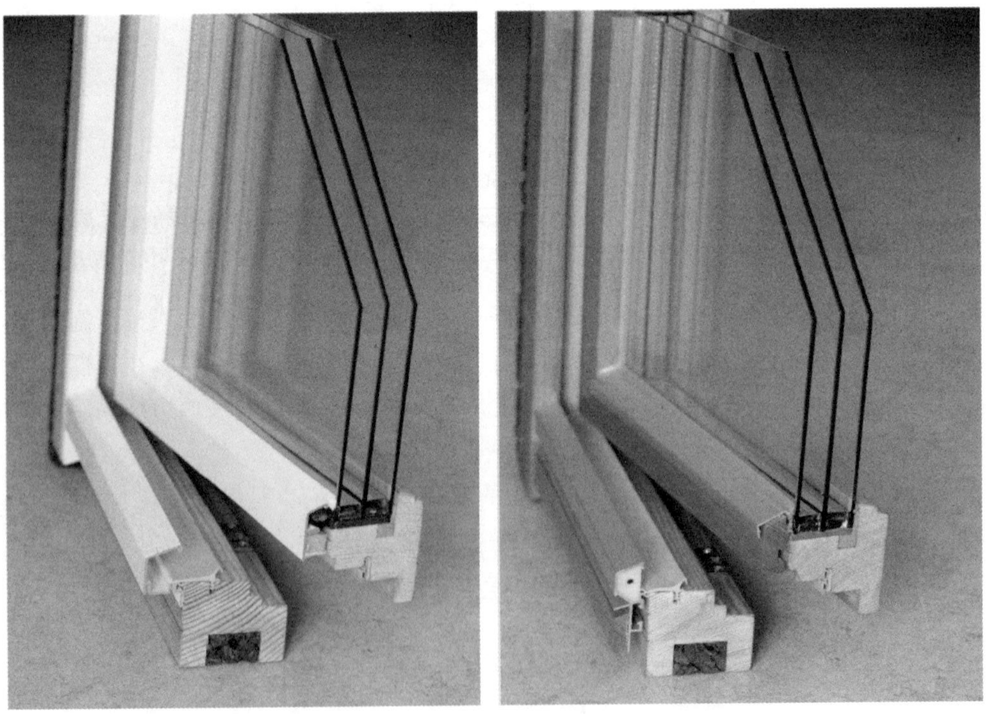

图 3　Freisinger 的“Alu2holz”和“Zwoa2holz”被动窗图片
（作为第二阶段的典型代表，与标准窗户具有相同或更好的美学效果）

由图 4 可知，第二阶段的 U 形框架值为 0.95 W/(m²·K)，远高于第一阶段的 0.73 W/m²·k。与此同时，外部的太阳条件是完全一样的。当然，由于窗户玻璃面积更大，太阳能得热量更大。

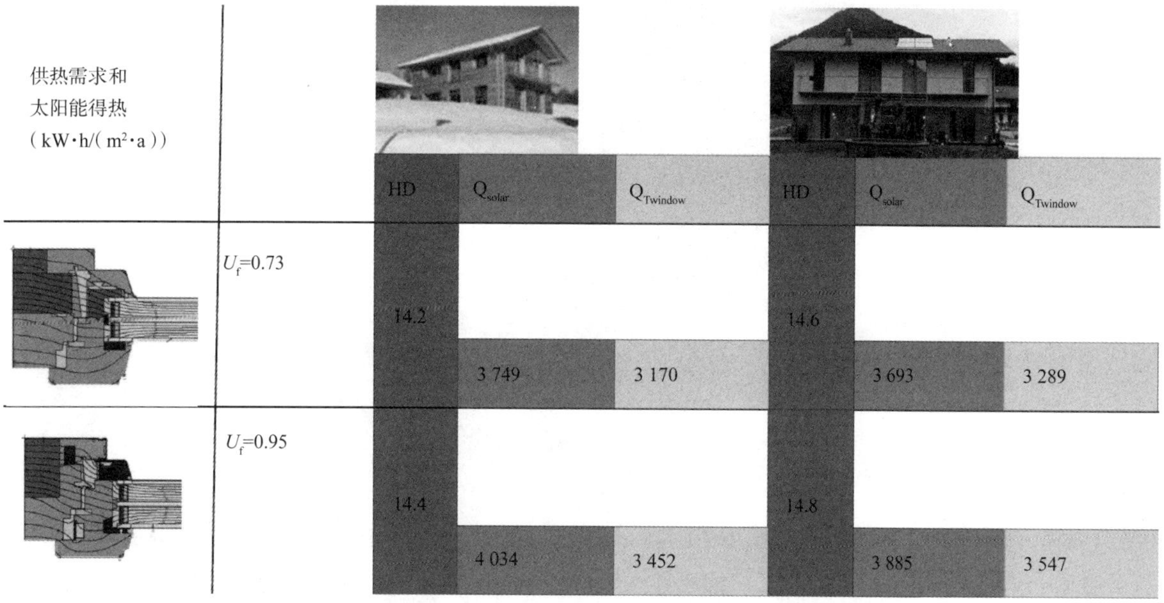

图 4　第一和第二阶段窗户现有和经认证的被动房热需求

2009—2012 年第三阶段，被动窗能效等级

从 2009 年到 2012 年，被动窗先驱首次对窗户进行了全面改造，而不仅仅是像以前那样进行调整。该过程的物理基础由尤尔根·施纳德定义，他的研究如图 5 和图 6 所示。

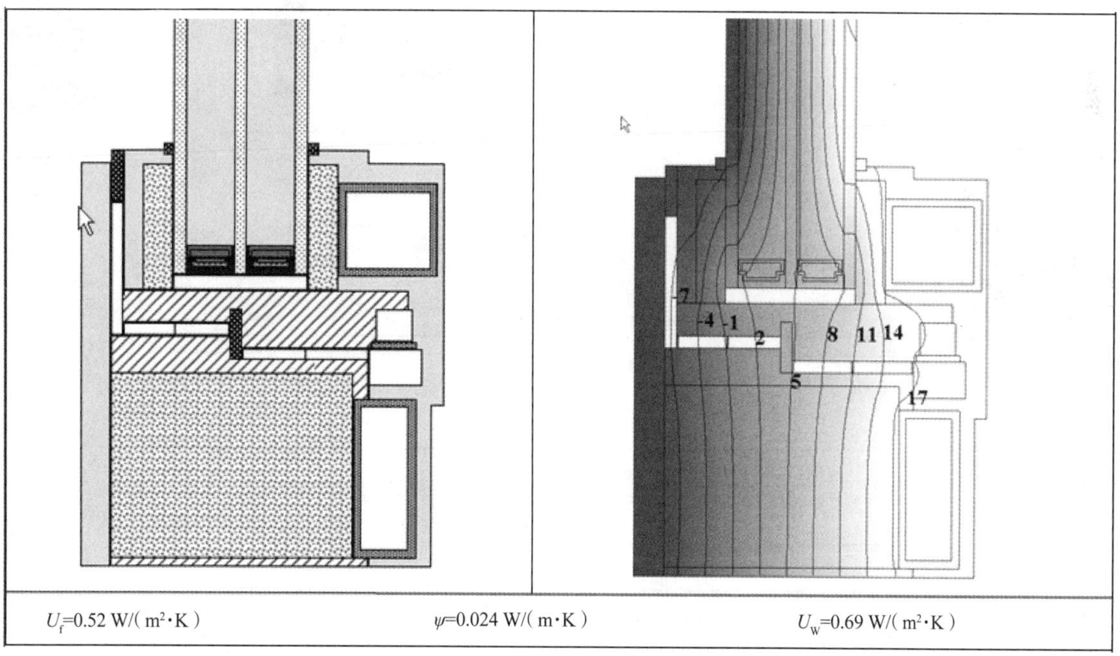

图 5　尤尔根·施纳德研究后将窗户划分为固定层、保温层和防风雨层

图 6 新的窗户解决方案为采用 86 mm 宽的框架（其具有高静态性能，因为窗框有 110 mm 深，能承受很大重量）

其他窗户先驱者也在跟随这种理念，被动窗正也由“丑小鸭”变成美丽的天鹅，市场上出现了这种更美观、更高效、更舒适，每个人都可以买得起的窗户。

2012 年，PHI 通过更新认证标准对这一发展做出了反应。Dr.-Ing.Krick PHI 将被动房能效等级 PHA+ 引入了窗户能效认证（图 7），由此推动被动窗发展。

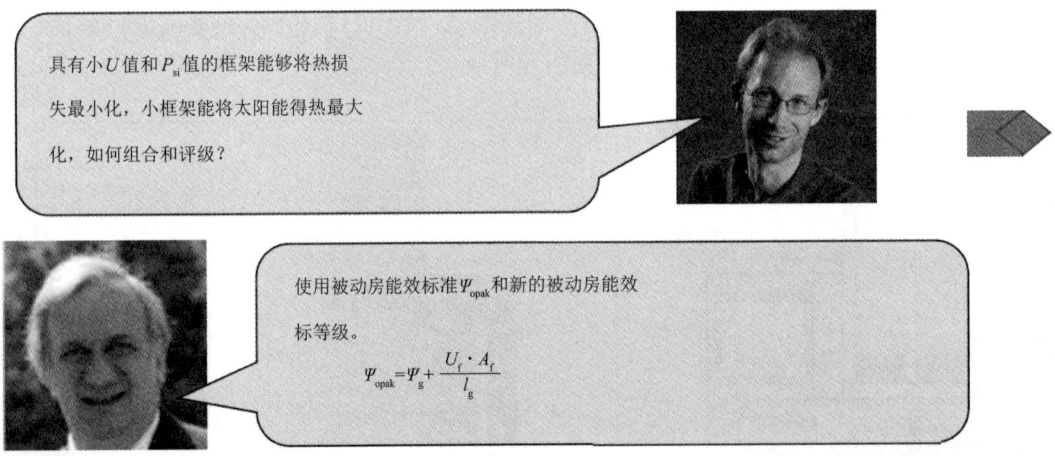

Ψ_{opak} （W/（m·K））	PH能效等级	描述
≤0.200	phC	可认证组件
≤0.155	phB	基本组件
≤0.110	phA	高级组件
≤0.065	phA+	非常先进的组件

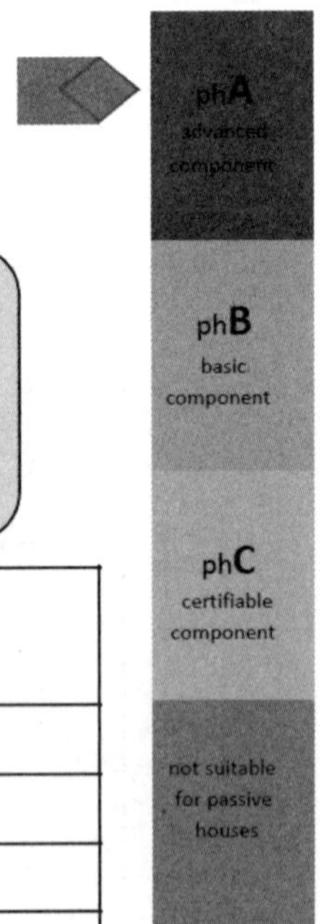

source:PHI

图 7 定义被动窗能效等级（Krick 2012）

第四阶段从 2012 年开始,被动窗适用于寒冷气候

现在还没有达到 PHA+ 级别并且足以适应寒冷气候的窗户。在研究宽度小于 86 mm 窗框时发现了解决方案,即采用简单的纤维增强聚酰胺角件,它承载窗户 100% 重量,并直接将负载传给铰链。这种技术使得窗户玻璃单元到墙壁的保温层中没有承重材料,只有角件这个地方会有较高的热传导。

图 8 中显示的构造已有应用并有很好的质量保证,这款被动窗由全球所有地区的同一家公司生产和安装。

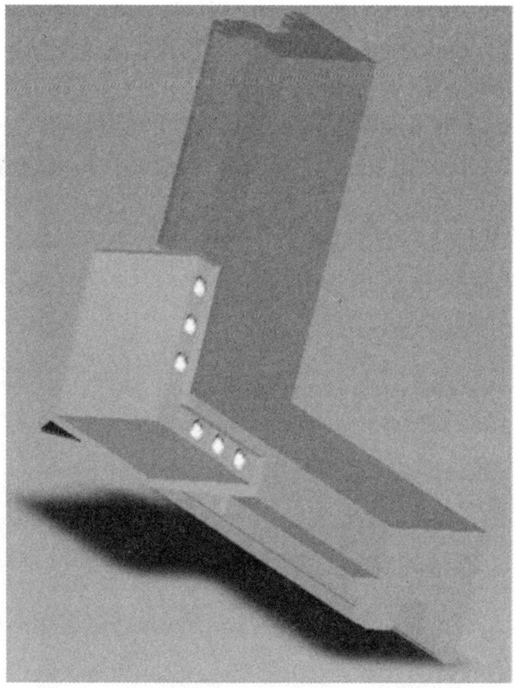

图 8　智赢太阳能窗户具有连续保温的窗框和窗扇

挑战 2019 年

现在各式各样的窗户都可以买到,技术上的进步是众所周知的,所以我们应该停止开发任何能效等级低于 PHA 的被动窗系统。在温暖气候区,使用更便宜的双层玻璃窗足以满足需要。但在一些附属配件和遮阳等方面还有很大进步空间。窗框作为墙体的一部分,具有方便安装、节能减排、节省成本等巨大潜力。

参考文献

[1] Freundorfer Franz. Protokollband Nr.37 AKK“Der optimierte Fensteranschluss”.2008.
[2] 尤尔根·施纳德. 卡塞尔第 4 届国际被动房大会会议记录.2000.
[3] 本杰明·克里克. 在图尔农罗纳河畔的合作展览上定义了被动房能效等级.2012.

被动房认证幕墙系统——需求与现实的矛盾关系

哈根·韦伯 /RAICO Bautechnik 有限公司

在气候变化和空气污染日益严重的时代，建筑围护结构的节能和能效要求在建筑行业越来越重要。凭借专有技术，RAICO Bautechnik 作为竖框－横梁结构、高保温性能门窗的系统供应商，提供了多种经认证的被动房组件，对于封闭围护结构的被动房，其提供了一个具有适当热阻的连续热围护结构。

图 1 为 2016 年 12 月初笔者的天气应用截图。

图 1　天气应用截图（来源：天气应用、Spiegel、autoextrem）

问题是我们该如何改善这种情况？我们可以从空气污染和能效两方面入手，现代有效窗户的安装为中国在提高建筑能效提供了巨大潜力。

被动窗和幕墙为节能提供了巨大潜力。被动房证书规定了经认证组件的某些与气候无关的标准以及只适用于某些气候区的标准。中国有很多不同气候区，因此中国需考虑有关夏季和冬季保温的许多不同要求。

经认证的被动房证书是针对特定气候区的，如图 2 所示。大多数被动房证书都是针对寒温带气候。这些气候区对经认证的被动窗的要求是全面的。除了所要求的窗户总 U 值满足 $U_w \leq 0.80$ W/（m²·K），玻璃参考 U 值 U_g=0.7（对寒温带气候而言），还必须满足 $U_{w已安装} \leq 0.85$ W/（m²·K）。必须使用合适的组件（型材、玻璃和垫片），这些组件在被动房证书中有规定。此外，必须将 $f_{Rsi} \geq 0.70$ 作为卫生标准。

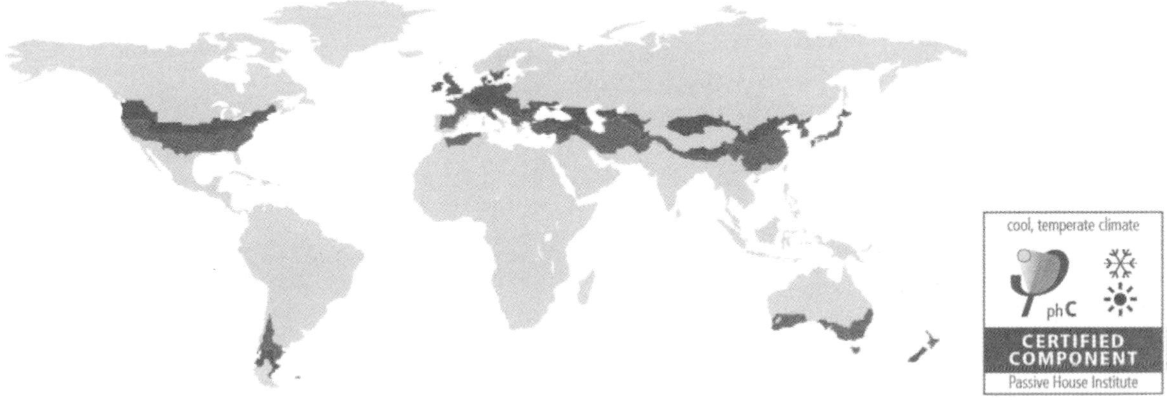

图 2　被动房证书适用于特定气候区（来源：RAICO PHI 证书 THERM+ 50 A-V）

RAICO 提供了用于幕墙和窗户区的各种经认证组件。作为幕墙的解决方案，不同的系统可用于木材、铝和钢材质，且极具价值。

在实际建设中，仅使用合适的被动房组件是不够的。同样重要的是，要考虑在整个建筑围护结构的性能中各组件都发挥其重要作用。

特别要注意的是使用正确的玻璃品质（$U_g \leqslant 0.7$ W/（m²·K），垫片要符合被动房要求）和正确的型材，保温材料要具有适当的性质。只有导热性低的系统组件，如被动房证书中提及的有机玻璃载体或合成螺钉导向系统，才可用于被动房结构。如果最终允许使用金属组件，则可通过合成组件进一步改进。此外，必须观察系统文件中规定的玻璃镶件，例如对于表面宽度为 76 mm 的 THERM+ H-I 木材幕墙：玻璃镶件为 23 mm，而不是标准的 15 mm。

另一个重要方面是卫生标准（或最低保温）f_{Rsi}。如果窗户或建筑连接件的任何位置 f_{Rsi} 都不低于 0.70，则视为已提供卫生标准 f_{Rsi} 的证明。

$$f_{Rsi}=\frac{\theta_{si}-\theta_e}{\theta_i-\theta_e}$$

式中　θ_{si}——房间侧表面温度；

θ_i——室内气温；

θ_e——室外气温。

除了被动房施工本身，还要特别注意建筑连接件，因为 $\Psi_{安装}$值（$\Psi_{已安装}$）包含在 $U_{w安装}$（$U_{w已安装}$）计算内，即

$$U_{w安装}=\frac{A_w U_w + l_{安装} + \psi_{安装}}{A_w}$$

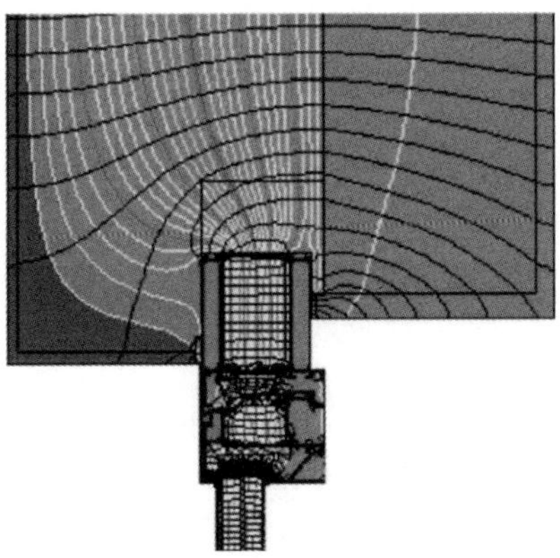

图 3　截面图（来源：RAICO PHI 证书 FRAME+ 90WI、组件 ID 0246wi03）

在此背景下,使用的建筑连接件的值不应低于证书中规定的 $\Psi_{安装}$ 值。

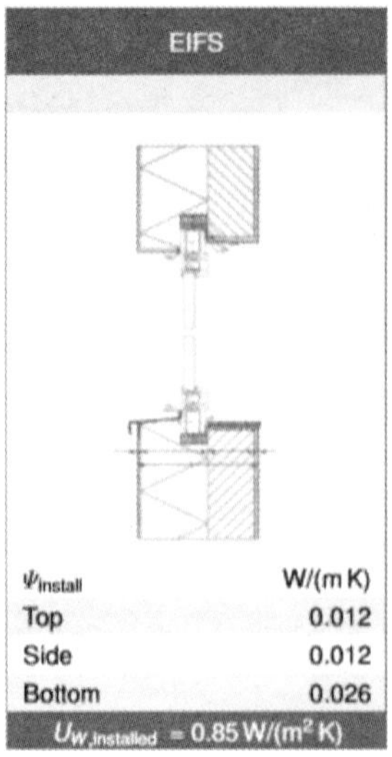

图 4 截屏图(来源:RAICO PHI 证书 FRAME+ 90WI、组件 ID 0246wi0)

除了正确设置建筑连接件本身外,还应设计这些高性能结构,确定这些结构在建筑结构中的正确安装位置,方法是模拟建筑结构中不同安装位置的热流(热模型)。其目的是确保建筑连接件中的温度曲线尽可能呈直线。例如,关于安装位置,建议将幕墙结构保温水平的内边缘置于建筑结构保温水平的内边缘之上。这一点作为高质量连接设计的一个指标,也反映在建筑连接件的 f_{Rsi} 值中。

高性能幕墙或被动房结构的另一个重要建设规则是使用合适的玻璃垫片。经认证组件的被动房证书明确规定了所使用的玻璃垫片及其 Ψ 值。该垫片对该结构热性能的影响如图 5 所示。

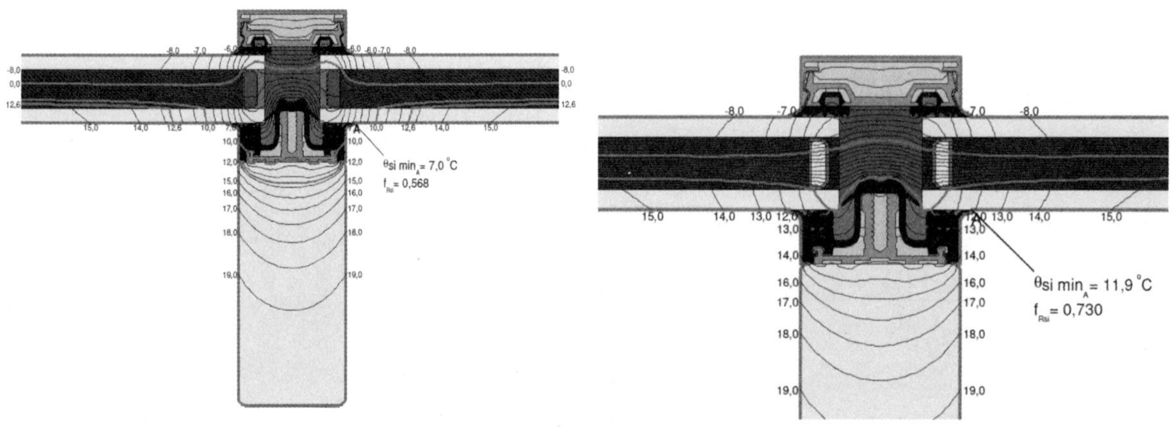

图 5 带铝垫片的木 - 铝竖框 - 横梁结构与 SWISSPACER 相比的等温线(来源:RAICO)

当使用铝垫片时,等温线向内强烈偏移。玻璃边缘与内部垫片黏结区域的表面温度下降至 7 ℃,f_{Rsi} 只有 0.568,因此产生冷凝和霉菌的风险很高。如果已知边界条件(例如相对湿度和内部温度),则 f_{Rsi} 值作为卫生标准还提供有关建筑冷凝风险的信息。然而,冷凝现象不仅取决于所使用的系统及其热阻特性,还与连接设计有关。由于建筑规划还受几何因素影响,例如在幕墙结构中,由于墙板较低,较深横梁或较小横梁间距会阻碍型材支撑截面周围的气流,因此无法将房间暖风充分吹至内部垫片和玻璃连接件之间的角落,该角落就会迅速冷却,则该区域特别容易出现冷凝(图 6),这就需要考虑建筑的供暖技术。

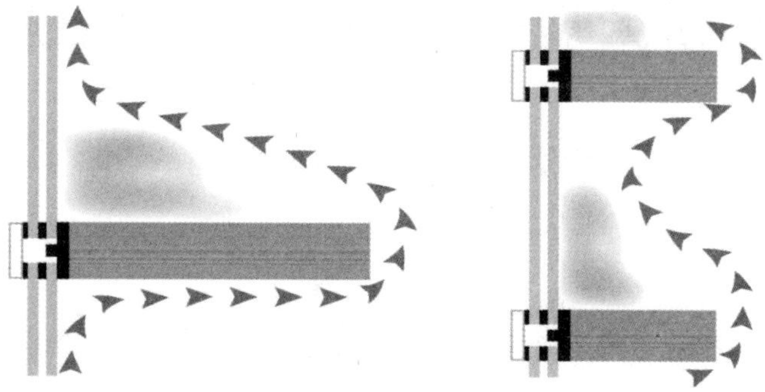

图 6　因几何学引起的对流壁龛而产生的冷凝行为(来源:RAICO)

部分被动房项目信息如下。

法兰克福(特拉华州)ZWUV

建筑物业主:G & L ARS Management 有限公司。

设计院:schneider + schumacher Planungs 有限公司。

制造者:ALU-SOMMER Deutschland 有限公司。

RAICO 系统:FRAME$^+$ 90 WI/WB, THERM$^+$ 50 A-I。

高碑店市(中国)Bahnstadt

建筑物业主:龙湖房地产有限公司。

设计院:北京清华同衡规划设计研究院。

制造者:河北奥润顺达窗业有限公司。

RAICO 系统:THERM$^+$ 56 H-I, FRAME+ 75 DI。

雄安(中国)Servercentre

建筑物业主:雄安运营委员会和北京建筑设计研究院。

设计院:北京建筑设计研究院。

制造者:河北奥润顺达窗业有限公司。

RAICO 系统:THERM$^+$ 56 H-I, FRAME$^+$ 75 DI。

郑州(中国)五方科技馆

建筑物业主:河南五方合创建筑设计有限公司。

设计院:河南五方合创建筑设计有限公司。

制造者:河北奥润顺达窗业有限公司。

RAICO 系统:THERM$^+$ 56 H-I, FRAME$^+$ 75DI。

参考文献

[1] 苹果天气应用,截图自 2016 年 12 月初.

[2] 被动房研究院. Informationen, Kriterien und Algorithmen für Zertifizierte Passivhaus Komponenten: Transparente Bauteile und Öffnungselemente in der Gebäudehülle. 第 5.1 版, 19.07.2017. 在线: https://passiv.de/downloads/03_zertifizierungskriterien_transparente_bauteile.pdf

减少结构性热桥效应——中国被动房优秀项目研究

罗成·克莱默 /HALFEN GmbH

热桥简介

热桥指建筑结构内传热速率明显高于周围区域的区域或位点。热桥的表现形式各不相同，本文重点分析 2 种基于设计的典型热桥，即：

（1）结构热桥——部分结构穿过建筑围护结构；

（2）材料热桥——不同传导性材料的组合使用。

在实践中，这 2 种典型热桥通常共同发生。其中一个典型的例子是阳台板，如果未谨慎处理连接处，就会出现热桥问题。悬臂式阳台的热图像（图 1）表明，如果阳台处的热桥未进行适当的保温处理，阳台就会变成一个“散热片”，将热量传导出建筑物，并降低靠近阳台房间内的温度。

常见的热桥不利影响如下。

（1）发霉：相邻房间的室内温度可能远低于露点温度，这便会导致冷凝作用，并使灰泥和涂料变质，同时形成利于霉菌生长的环境（图 2）。

（2）高能耗：由于阳台连接处的热量流出，热量被从每个房间抽走，导致供暖成本和能耗显著增加。

（3）不适：房间表面温度较低会导致不适的生活环境。

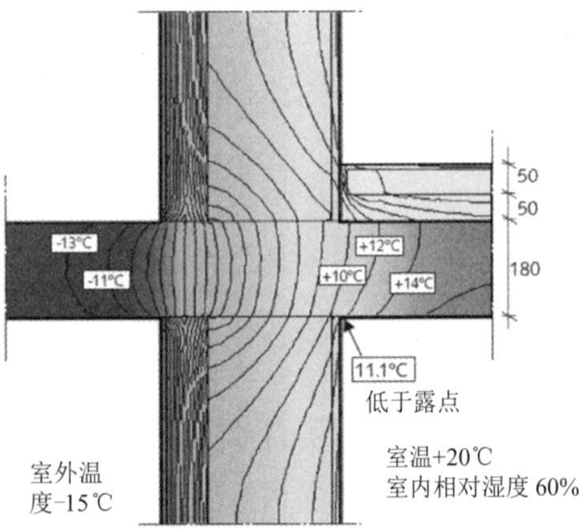

图 1　悬臂式阳台热图像

图 2　表面凝结作用造成严重发霉（©bau-schaden-gutachter.de）

解决方案

1. 悬臂式结构构件

断热连接件是常见的结构元件，可以防止结构发霉，并确保满足结构的物理要求。这些元件通常为线性元件，主要由钢拉杆、保温部件和压缩剪切轴承构成。除了保温效果外，所使用的材料还必须满足最高的耐火要求（DIN EN 13501-2 中的 REI120）。具体示例如图 3 和图 4 所示。

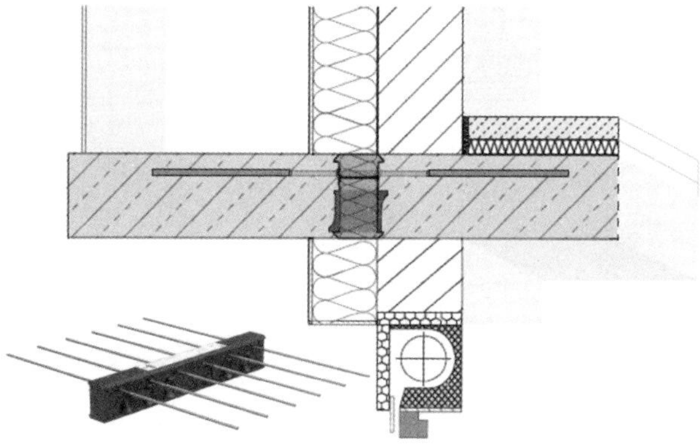

图 3 具有结构断热层的阳台(HALFEN GmbH,2019)

图 4 具有结构断热层的空调板(©HALFEN GmbH)

2. 外立面嵌固件

现代低能耗建筑通常采用各种立面覆层材料,这些材料需要安全地固定在轴承结构上。近年来,业界已针对覆层材料开发出保温性能良好的优化锚固系统。具体示例如图 5 至图 7 所示。

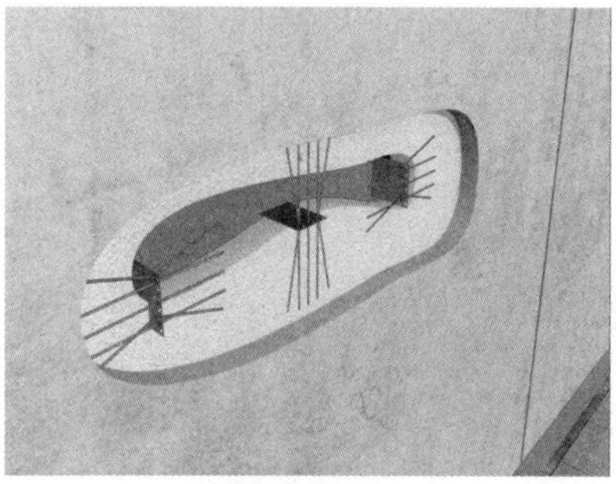

图 5 预制混凝土夹芯板(©HALFEN GmbH)

图 6 混凝土预制板(©HALFEN GmbH)

图 7 通风砖砌外立面(©HALFEN GmbH)

热性能

1. 具有结构断热层的阳台

图 8 至图 10 显示了冬季 3 种不同热性能解决方案的横截面的温度场(以等温线表示)。基于室外温度 -15℃,室内温度 20 ℃计算,阳台和主楼板之间没有外立面保温层和断热层,最低表面温度为 3.57℃(图 8);添加 22 cm 厚的外立面保温层,可将最低表面温度提升至 12.88℃(图 9);图 10 显示了断热层在提升最低表面温度方面的作用,表面温度达到 17.5℃(正常性能)或 17.9℃(优越性能)后,将不会出现冷凝和霉菌生长的问题。此外,热流会从 201 W/m 降至 18 W/m(表 1),这样便有助于整体节能。

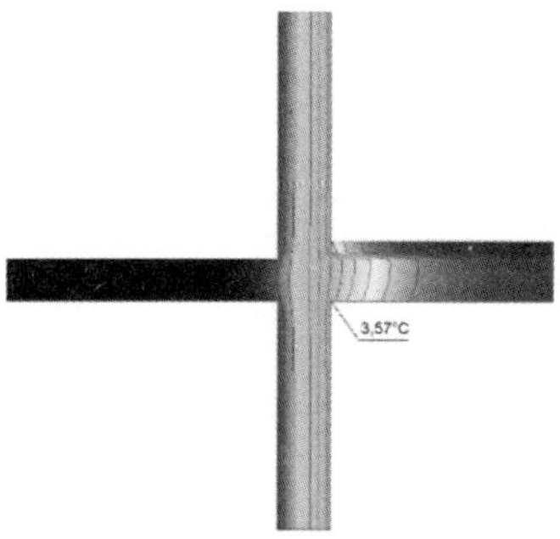

图 8 无外立面保温层和断热层

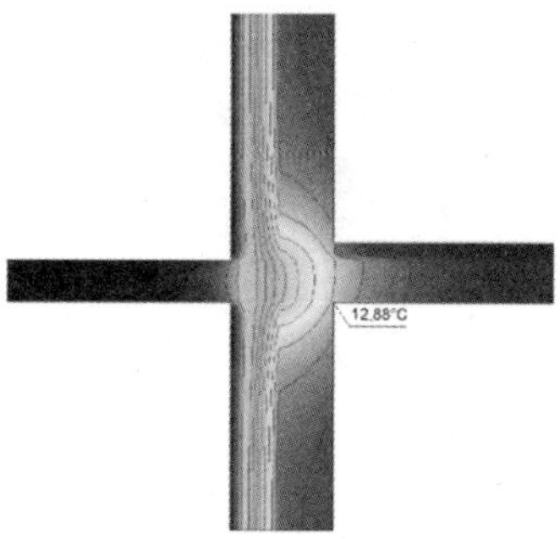

图 9 有外立面保温层,无断热层

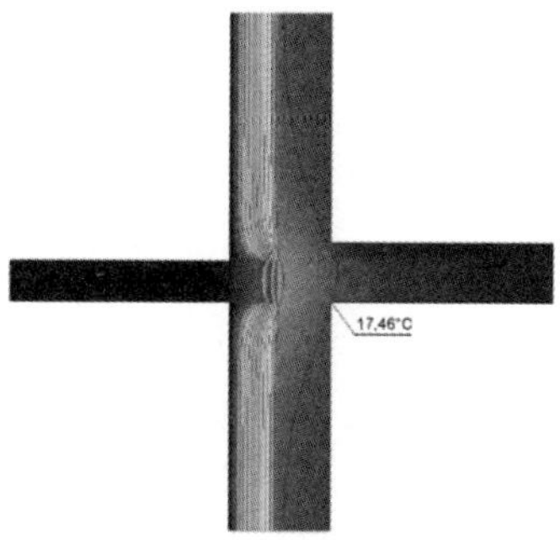

图 10 有立面保温层和断热层

表 1 外立面保温层和阳台断热层的影响（Heidolf & Carminati，2016）

		ψ(W/m·K)	冬季		夏季	
			温度 q_{min}(℃)	热流 Q(W/m)	温度 q_{min}(℃)	热流 Q(W/m)
外立面保温层 断热层	无 无	0.260	3.6	200.9	29.4	114.8
外立面保温层 断热层	有 无	0.715	12.9	36.8	24.1	21.0
外立面保温层 断热层（正常）	有 有	0.266	17.5	17.7	21.5	10.1
外立面保温层 断热层（优越）	有 有	0.211	17.9	15.8	21.2	9.0

如表 1 所示，在夏季基于室外温度 40℃和室内温度 20℃计算。尽管不存在霉菌生长问题，但外立面保温层和阳台保温结构可显著降低空调的能耗。

2. 混凝土夹芯板

采用 SPA 锚固系统的混凝土夹芯板（图 11 和图 12）由 2 个支撑锚和 1 个水平锚组成。支撑锚主要负责支撑面层静载荷产生的垂直载荷。水平锚负责承载由温度形变、风或模板黏附力产生的垂直于楼板的力。

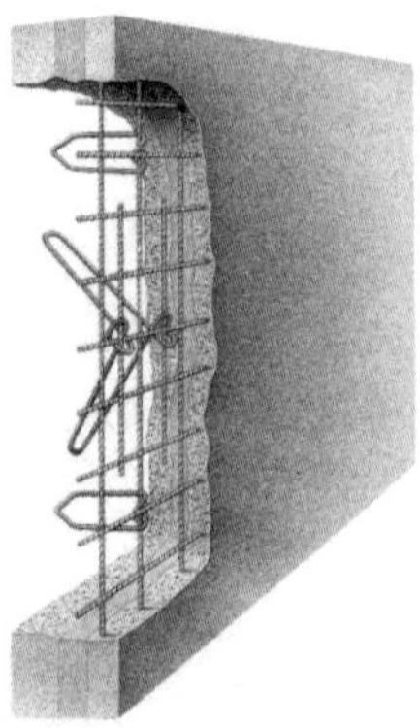

图 11 采用 SPA 锚固系统的混凝土夹芯板

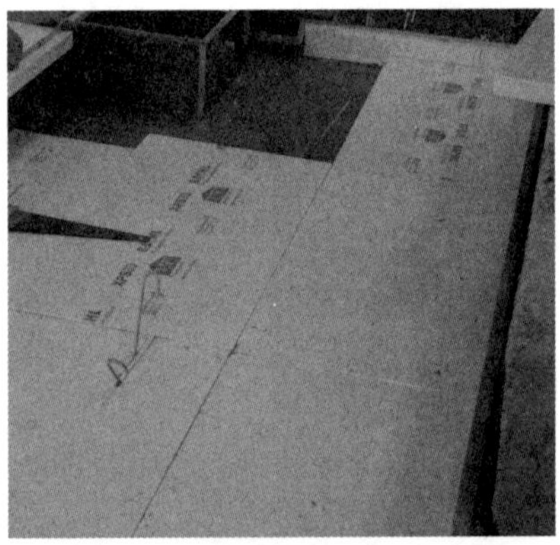

图 12 安装过程中的 SPA 锚

为确定单一元件的锚固和接头系统以及整个立面系统的额外热损失，应采用精确的计算方法，以得到准确的 U 值。文献 [6] 中详细介绍了一种计算模型（图 13）。表 2 中列出了所选锚型和保温厚度的局部传热系数。

图 13 传输影响区的热图像（威廉斯和黑林格，2010）

表 2　不同型号和直径的锚以及不同保温厚度情况下的局部传热系数(χ_{Ank})(威廉斯和黑林格，2010)

χ_{Ank}(W/K)		保温厚度(cm)						
		6	10	14	16	18	20	24
承重锚 SPA-1								
ϕ(mm)	5	0.005	0.004	0.003	0.003	0.002	0.002	0.002
	6.5	0.008	0.006	0.005	0.004	0.004	0.003	0.003
	8	0.012	0.009	0.007	0.006	0.006	0.005	0.004
	10	0.019	0.013	0.010	0.009	0.008	0.008	0.007
承重锚 SPA-2								
ϕ(mm)	5	0.010	0.008	0.006	0.006	0.004	0.004	0.004
	6.5	0.016	0.012	0.010	0.008	0.008	0.006	0.006
	8	0.024	0.018	0.014	0.012	0.012	0.010	0.008
	10	0.038	0.026	0.020	0.018	0.016	0.016	0.014
水平锚 / 拉接筋								
ϕ(mm)	2.5	0.002	0.001					
	4	0.004	0.003	0.002				
	6	0.009	0.007	0.005	0.005	0.004	0.004	0.003
	8	0.016	0.011	0.009	0.008	0.007	0.007	0.006

中国的最佳实践案例

1. 设有结构断热层的阳台和空调板

自 2015 年以来，中国多个被动房项目成功应用了最先进的断热层解决方案(图 14 和图 15)。传统解决方案要求阳台和空调板都用保温板完全包裹，目前已由先进的断热层替代，且所有相关问题(如成本和时耗增加问题)均已得到解决。

图 14　济南汉峪海风被动房项目——空调板断热层

图 15　威海一战华工纪念馆，结构断热层解决方案(©German Energy Agency)

2. 通风砖砌外立面

在 2010 年上海世博会期间，汉堡之家(图 16)成为中国大陆建设的首个被动房。该建筑采用通风砖砌外立面，保温厚度达到 180 mm。砖砌面层由 HALFEN's HK5 系统支撑，主要包括支架和水平拉结筋(图 17)。

得益于优化的支架设计，保温穿透点的总数降至最低。因此，立面支撑系统的热损失可以忽略不计。

图 16 上海世博会汉堡之家被动房

图 17 支架（静载荷）和水平砖墙拉结筋（风载荷）

中国国家标准规范和系统解决方案认证流程

1. 国家标准

迄今为止，相关的中国国家标准中尚未涵盖详细的设计规范以及避免热桥相关的规范。然而，可在国家图纸目录 G310-1 中找到一个规范。该目录介绍了悬臂板结构断热层的概念设计（图 18）。

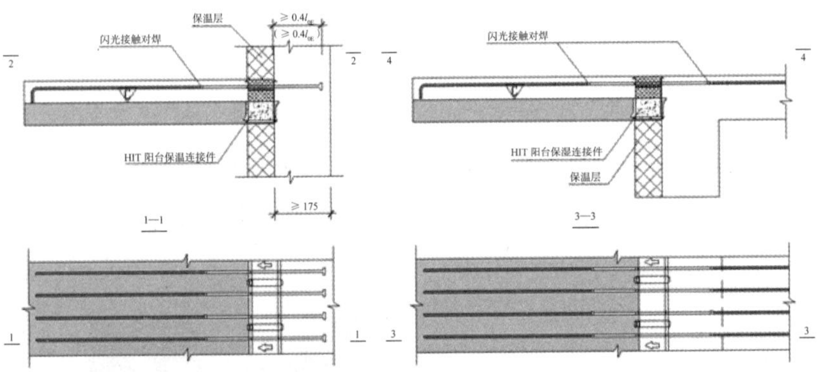

图 18 国家图纸目录 G310-1 结构断热层（CIBSDR，2015）

图 19 被动房认证

《近零能耗建筑技术标准》（GB/T 51350—2019）自 2019 年 9 月 1 日起生效，其中第 7.2.3 和 7.1.16 条要求穿过建筑围护结构的结构部件应采用适当的方式进行隔热处理。

2. 产品认证体系

断热层元件属于承重部件（主要承载静载荷）。由于国家建筑规范中未对建筑产品进行监管，因此应强制获得相关认证部门（在中国为 CABR 认证中心）下发的认证证书。在中国建筑科学研究院认证中心的领导下，中国已制定并公布了与结构断热层解决方案相关的评价标准。根据承重断热层的技术规范等文件，CABR 认证中心将评估各个解决方案并颁发相应的认证证书。这将使得被动房项目的开发商和设计人员能够参照这些认证体系，提高建筑的整体质量。

此外，多项断热层解决方案已通过被动房部件（图 19）和环境性能声明（EPD）认证。

参考文献

[1]CABR, 2018. Technical Specification for Load Bearing Thermal Breaks. s.l.: s.n.
[2]CIBSDR, 2015. National Drawing Catalogue for Pre-Cast Structures. s.l.: s.n.
[3]HALFEN GmbH, 2019. HALFEN HIT Insulated Connection. s.l.: s.n.
[4]Heidolf, T., 2013. Bemessungskonzept für wärmedämmende Plattenanschlüsse
[5]mit Druckschublagern. Beton- und Stahlbetonbau, March, pp. 179-187.
[6]Heidolf, T. & Carminati, D., 2016. Application and advantages of a balcony thermal insulation element.
[7]Willems, W. & Hellinger, G., 2010. Exakte U-Werte von Stahlbeton-Sandwichelementen.
[8]Bauphysik, pp. 275-287.

被动房透明及非透明外围护结构认证

索拉雅·洛佩兹·加西亚 / 被动房研究院

动机

在 20 世纪 90 年代初，达姆施塔特便已开始在聚居区建造被动房，并使得此类建筑达到可全球推广的标准。达成被动房标准的关键在于高度关注细节，并努力使其概念易于理解。

本文旨在总结被动房组件的基本原则，并全面概述目前全球被动房的发展水平。

被动房标准并不是对随机限制条件的概述，而是基于物理条件、当地环境条件和舒适度要求形成的一种结构概念和建筑技术。在建筑设计阶段，设计人员基于生物气候学进行优化设计，而未采用任何主动式系统，被动房标准因此而得名。

同一个被动房在不同气候下的整体能量平衡大致相同。但是，该标准是基于特定位置的需要，使用高性能组件来实现的。所有组件必须能够响应基于气候数据所规定的外部边界条件。被动房标准可针对所有气候（在寒冷至炎热气候下均有通过认证的建筑，目前还针对北极气候区开展了可行性研究）、建筑传统和使用要求进行调整。

基本原则

被动房概念在功能层面主要根据两个原则来定义：第一，根据 ISO 7730：2005 标准，以“A 级”室内气候为目标，达到高水平的舒适度；第二，在该目标的实现过程中，尽量降低主动能耗。

将人类的舒适度视为全球常数，这种纯粹的功能性方法适用于每种气候。为了实现这一点，必须优化建筑物的生物气候设计，以在需要时利用立即可用的环境资源（如太阳辐射、地面保护、遮阳），并在不需要时避免使用它们，从而降低年度总能耗。

一旦采取优化设计，室内空气可通过热回收通风系统进行小幅度供暖、制冷或除湿，这样可确保提供高水平的舒适度。这将导致建筑系统冗余，并可简化建筑技术，进而降低生命周期成本。被动房设计的潜在简化意味着仅通过通风系统调节空气无法达到要求的舒适度，在这种情况下，必须仔细规划主动性系统，并尽量减少该类系统的应用。

卫生

为居住者提供高水平的舒适度，并形成最佳生活空间，首先要确保一个健康的环境。通过限制室内相对湿度，并确保热围护结构中维持较高的表面温度，可保证表面无霉菌生长，进而保证较高的空气质量。

水分活度的定义为材料孔隙中或材料表面正上方空气的相对湿度。如果水分活度长时间超过 0.80，则可能滋生霉菌。在热围护结构最薄弱处（透明组件和热损伤处），如果内表面温度较高，可避免冷凝和霉菌生长。

这些原则适用于根据 DIN 4108-2 标准确定的温度系数 f_{Rsi} 的计算。该系数是一个无因次数，表示其他内表面辐射降低而导致的最薄弱点处的温度损失百分比，该系数取决于外部温度和内部相对湿度。

在被动房中，为保证卫生和舒适度，设计温度设定为 20℃，且采用受控通风系统限制空气的相对湿度（根据 Freymark Leusden 的研究，最佳范围为 H_{rel}=35%~55%）。

公式 $f_{Rsi}=(\theta_{si}-\theta_e)/(\theta_i-\theta_e)$ 可用于计算任何位置的最小 f_{Rsi}。例如，在华沙，最冷月份的平均室外气温为 -10℃，假设 θ_i=20℃且 H_{rel}=50%（被动房的典型数值），则所有连接部位都应确保最小 f_{Rsi} 值为 0.75。

经被动房研究院认证的所有透明和非透明组件都应采用该方法计算，同时必须符合相应气候区的卫生标准。

在改造项目中，如果采用典型的内部保温措施，且某些热桥无法避免，也应适用该卫生标准。建议进行仔细规划并计算 f_{Rsi} 因子。f_{Rsi} 与 θ_a 的关系如图 1 所示。

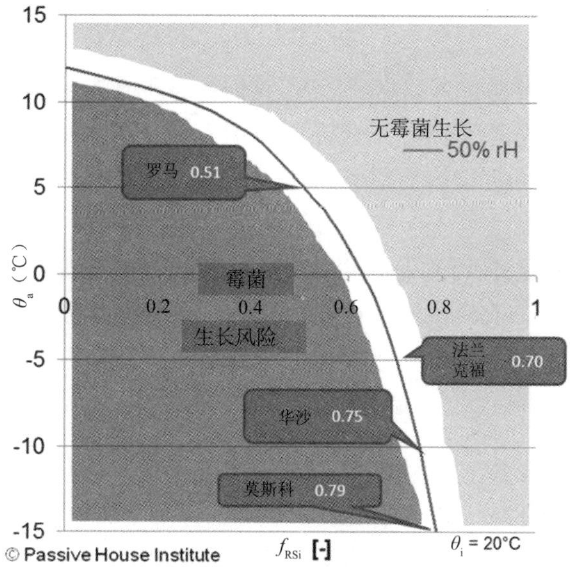

图 1　f_{Rsi} 与 θ_a 的关系

舒适度

如上文所述，舒适度是被动房设计和施工期间需考虑的主要原则之一。Ole Fanger 公式描述了身体活动、衣服和热环境参数之间的关系以及对居住者舒适度的影响。这些参数包括空气温度、周围表面温度（合为辐射温度）、空气流速、湍流和湿度。其中，辐射温度的不对称性是达到恰当舒适度的关键，并且透明和非透明组件对其影响很大。

对于人类来说，身体面对冷表面时会导致不平衡的辐射温度，这会造成不舒服的感觉。只有在温差小于 4.2 K 时，才会感到舒服。因此，组件的内表面温度与平均室内温度之间的温差最大不应超过 4.2 K，其也被称为感知温度。

对于透明组件来说，更难满足这一热条件。在对比中欧气候的典型值时，这一点会更加明显：$U_{窗}$= 0.80 W/(m²·K)，$U_{墙}$=0.15 W/(m²·K)。在以偏热占主导的气候环境中，不透明组件的热性能通常大大超过透明组件，因此舒适度成为最大热透射系数的限制因素。

传统上，窗户的不良性能可通过附近的供暖系统来补偿，这样可提高人可感知到的辐射温度。如果使用经认证的透明组件，设计则可不受限制，从而无须在窗下放置补偿散热器。在被动房中，无须采用主动热源即可保持舒适的温度。

全球可行性、经济状况和气候区

透明和非透明围护结构的现行标准不仅基于舒适度和卫生原则，同时还基于经济研究结果。

该标准全球推广的第一步是研究全世界建造被动房的可行性。施纳德和尤尔根在 2012 年开展了一项“不同气候区的被动房”的研究。在两个研究案例（露台末端新建工程和市区建筑改造工程）中使用的边界条件如下：从 NASA 获得的 1 289 个单源气候数据集，其精度为赤道处 111 km；基于“净现值”法的经济可行性；四种通风策略；经济条件允许下的最佳的气密水平。

被动房的全球（一些人口稀少的地区除外）可行性已通过了动态热建筑模拟和技术可行性研究的证明。随后，研究人员在 PassREg 欧洲项目框架内进行了经济分析，以在降低生命周期成本的前提下，确定组件的最佳热性能。针对具有成本效益和气候依赖性的组件，施纳德和尤尔根在 2012 年的研究采用精细化方法制定了相应的标准。结果表明，投资高性能组件可获得更高的经济效益，因为相较于较高的初始投资成本，高性能的组件可节省大量成本。因此，在选定的边界条件下，高性能组件在技术和经济方面都更优于建筑节能标准，因此更为可取。

考虑到成本优化组件结果以及居住者的热舒适度，我们针对所有涉及能耗的建筑组件，包括门、窗、保温和建筑服务装置（热泵和能量回收通风系统），绘制了一份图，该图按类似要求划分为不同的区域。该图显示，在温和的气候条件下，舒适度标准很容易便可达到，因此允许比避免辐射不对称的最小透射率还高的透射率。

根据气候条件使用经认证的组件，可确保被动房满足卫生、舒适和低能耗要求；认证信息将被纳入更广泛的 PHPP 计算信息中，包括建筑几何和机械系统所需的详情，以了解建筑能量整体平衡的情况。

被动房组件认证

每个气候区的第一组限值主要基于卫生和舒适原则来确定。之后进行的经济研究表明，在偏冷气候占主导的区域，成本效益研究得出的组件允许热透射率比舒适度的标准更加严格。

任何满足这些要求的组件都可获得认证：所有类型的建筑装配，不考虑结构材料（木材、钢框架、EIFS、整体系统、模板等）以及透明组件（铝、木材、PVC、木材 GFRP、铝木结构等）。至 2018 年经认证被动房组件（按类别）的数量变化如图 2 所示。

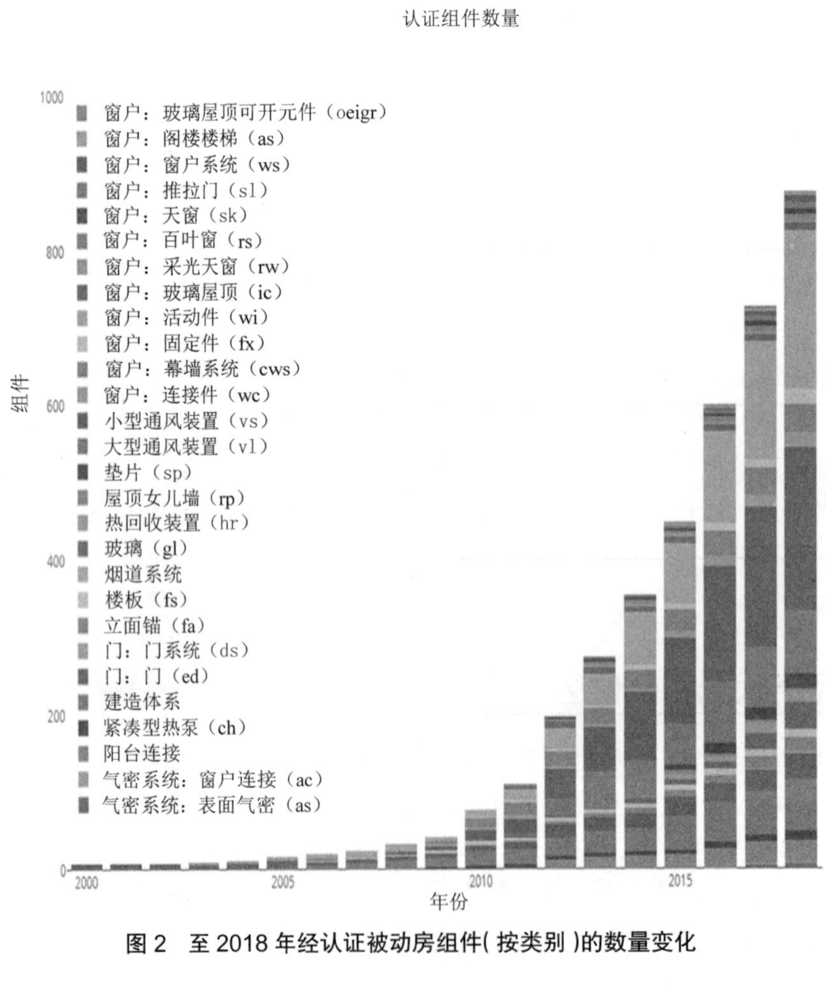

图 2 至 2018 年经认证被动房组件（按类别）的数量变化

与制造商的密切合作显著改善了组件的热性能。复杂的科学理论与现实实践经验的结合，使得目前（2019年6月）在38个国家共有950多个组件获得了认证。因此，我们可以很容易地找到被动房组件的制造商或当地经销商，可提供被动房组件的国家包括阿拉伯联合酋长国、奥地利、比利时、保加利亚、加拿大、智利、中国、克罗地亚、捷克共和国、丹麦、爱沙尼亚、法国、芬兰、德国、匈牙利、冰岛、爱尔兰、意大利、日本、拉脱维亚、立陶宛、卢森堡、荷兰、挪威、波兰、葡萄牙、韩国、罗马尼亚、俄罗斯、塞尔维亚、斯洛伐克、斯洛文尼亚、西班牙、瑞典、瑞士、乌克兰、英国、美国。

组件认证的主要目的在于简化被动房的规划过程。非透明和透明组件的认证将验证组件的内表面温度、热流和气密性。开始设计时参照PHI认证的详细信息，可减少规划阶段出错的可能性。连接件、装配和气密规范由制造商提供，从而使被动房更加实惠。

在过去数年中，我们见证了被动房组件质量的稳步提升。目前出现了新的挑战，对认证类别进行了细分，包括具有穿透性的气密系统、表面空气密封和窗户连接等子类；或玻璃边缘黏合剂、垫片（已存在）和二级密封剂。

前景

目前，业界已经取得了许多重大突破，但仍有许多工作要做。在2019年组件奖——未来之窗的背景下，研究进一步取得了重大进展，来自世界各地的制造商展示了他们杰出的创新产品。新材料、创新装配和高效断热层以及成本优化的生产只是先进组件创新中的一小部分。

其中一个示例是玻璃纤维增强聚酯（GRP）的创新使用。尽管这种材料早已在开窗行业中应用，但它主要用作窗框内金属元件或小零件的替代品。在短时间内，该材料从简单的热分离材料变成了框架的主要材料。另一个示例是窗户的整体应用，具体包括具有遮阳、排水（简化窗台的紧固）功能的壁装式集成解决方案。

在不久的将来，将会有更多的改进；新材料的研发对于进一步简化并降低被动房的成本来说至关重要。标准化的窗户安装系统可加快施工过程。在温暖气候条件下，需针对百叶窗采取新的解决方案，因为保温层的厚度会使集成复杂化。具有较低 g 值和较好 U 值的玻璃窗，可更好地吸收太阳能并降低热损失，这将进一步提高能效。最后，采用经济有效的方法进行翻新可以有效降低能耗。

未来的创新将降低被动房的建造成本，并提高被动房标准在全球的采用率。

参考文献

[1] 沃尔夫冈·费斯特. 被动房：一项原则，多套区域解决方案. 因斯布鲁克，第15届国际被动房大会会议记录，2011.

[2] 施纳德，费斯特，舒尔茨，等. 不同气候区的被动房. 达姆施塔特，被动房研究院，Rongen Architects GmbH，2011.

[3] 克里克·本杰明，沃尔夫冈·费斯特，尤尔根·施纳德. 被动房功能规范：所有气候的定义. 因斯布鲁克，第15届国际被动房大会会议记录，2011.

[4] 沃尔夫冈·费斯特. 气候、文化、概念. 汉诺威，第16届国际被动房大会会议记录，2012.

[5] 尤尔根·施纳德. 不同气候区的被动房：技术及经济方面. 汉诺威，第16届国际被动房大会会议记录，2012.

[6] 克里克·本杰明.PHI窗户认证：之前的成功案例和新的气候区. 亚琛，第18届国际被动房大会会议记录，2014.

[7] 沃尔夫冈·费斯特. 在PassREg项目中将特定气候区域定义为PHPP的建筑区域 任务5.2.1. 被动房研究院，2015.

专题论坛 16

欧洲地区被动房改造项目

SINFONIA 项目
——因斯布鲁克的选择结果和最佳实践范例

拉斯·洛莱普 / 被动房研究院

SINFONIA 介绍

“智能城市与社区”示范项目 SINFONIA（智能城市的倡议，完全致力于投资先进的大规模能源解决方案），自 2014 年 6 月以来一直在欧盟第七研发框架计划项目中运行，拥有来自欧洲 8 个国家的 30 多个合作伙伴。

该示范项目位于奥地利的因斯布鲁克和意大利的博尔扎诺，在选定地区，最终能源需求将减少 40%~50%，可再生能源在电热供应的份额将增加 30%，预计 CO_2 排放量将下降 20%。

在因斯布鲁克，总计 66 000 m² 的建筑正在按照 EnerPHit 标准或 EnerPHit 改造计划进行逐步改造，而博尔扎诺有 33 000 m² 的建筑也在同步进行。此次改造主要是针对有人居住的社会住房，但是学校建筑也在由当地的住房开发商与科技公司合作进行，例如被动房研究院和因斯布鲁克大学。

对于 500 套公寓的主要部分，将通过测量来评估室内空气质量（CO_2）和舒适度（室内温度和湿度）。能耗按供暖、热水、屋宇设备、家庭用电分别计量，并将实际能耗的测量值与计划阶段的计算值进行比较。在这两个城市，都将实施地区供暖和制冷以及智能电网方面的改造措施。

能效是将能源优化的单个建筑整合到智能能源网络中的关键。在 SINFONIA 项目中开发的指南数据库的主要目标是通过了解现有和实施的最佳实践标准，来促进实现欧盟 2050 年要求的“近零能耗”标准，其中一些标准甚至超过了这些目标。它还可以作为一种支持工具，帮助查找和比较已经可用且经济实惠的建筑物最佳实践改造解决方案，所有这些都是为了出色地完成改造。它可以被视为实施现有创新系统的一种辅助资源，包括环境友好的建筑组件、最新的暖通系统技术和低能耗设备。

建筑改造

本文中展示了因斯布鲁克建筑改造中选择实施的最佳改造解决方案。两家大型本地房地产开发商——Neue Heimat Tirol（NHT）和 Innsbrucker Immobiliengesellschaft（IIG）——都是 SINFONIA 项目的合作伙伴，负责奥地利先锋城市面积约 66 000 m² 建筑的改造。

1. 阳台

现有建筑物热损失的主要原因之一是热桥。在过去，阳台为悬臂式混凝土板或控制台，没有对建筑物围护结构进行任何的保温。为了避免在改造后产生热损失，有 2 种常见方案：将阳台板包裹上保温材料；拆掉现有的阳台，重建造一个新的无热桥结构阳台。还有一种方案，就是用玻璃幕墙封闭开放式阳台作为暖房，同时其可以为房间供暖提供热量。但是这种改造不符合建筑规范，而且租户也不希望这样做。

第 1 种方案也不太可行，因为阳台的地板没有足够空间。此外，外墙保温也导致阳台面积减少，很难得到住户的认同。因此，在 SINFONIA 项目中的大多数情况下，认为第 2 种解决方案是合理的。如项目 NHT 中编号为 IN40 的项目，阳台上的结构被完全拆除，新建结构“几乎独立”于阳台，只有少部分连接到热围护结构，如图 1 至图 4 所示。

图 1　项目编号 IN40(NHT),现有建筑的阳台情况(资源来源:PHI)

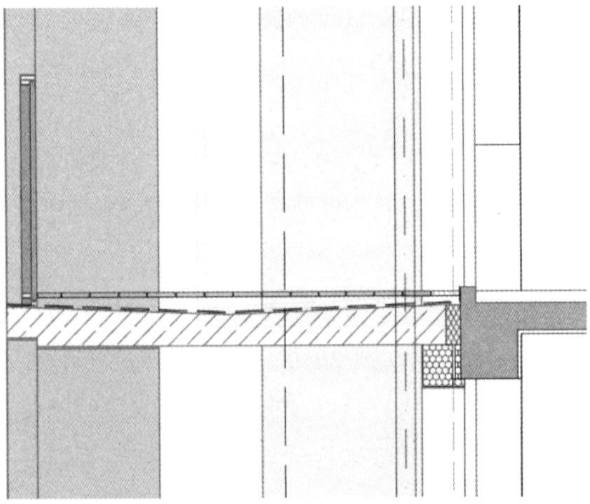

图 2　项目编号 IN40(NHT),新结构隔热详图
(资源来源:因斯布鲁克建筑师沃格·费恩海姆)

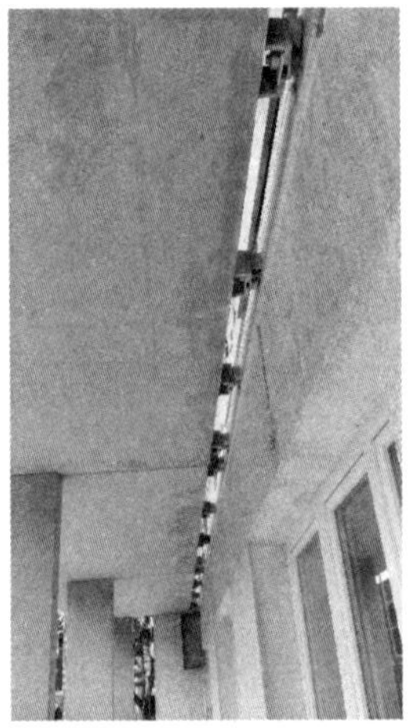

图 3　项目编号 IN40(NHT),新独立式阳台结构,只有少数点状结构连接到热围护结构(资源来源:PHI)

图 4　项目编号 IN40(NHT),经过改造的无热桥阳台建筑(资源来源:PHI)

2. 窗户

即使在高标准要求下改造外墙，通常也不是一个很大的挑战，但更换窗户却是一项繁重的任务。技术可行性、经济性和能源效率决定了如何更好地解决这个问题。在 SINFONIA 项目中，大多数窗户已经达到或超过了原计划的使用寿命，并已被被动房构件所取代。由于经济原因，在目前的改造过程中，只有少数窗户在过去 10 年中被租户自己更换过。

为了减少错误安装造成的巨大热损失，新安装的窗户必须达到相应的保温水平。因此，市场上有不同的安装方法和认证产品，但也希望找到简单的自制解决方案，以获得足够的热损失系数值。

窗户安装在保温层上易于施工，同时具有很高的能效。因为能耗更低，花费额外的成本也值得。此外，住户也可以获得更多的热能来享受更舒适的生活。

3. 通风

对于那些有人居住的房子来说，通风改造是最大的挑战。这项工作需要进入公寓，在很大程度上影响了居民的隐私，而且工作耗时较长，还给住户制造了很多垃圾。此外，根据奥地利法律规定，在实施改选计划时，需要每个租户的同意才能进入他们的出租公寓。如果租户拒绝了，那么该公寓内的任何改造都无法实施。在这种情况下，只能改造建筑物热围护结构。出于这个原因，大多数 SINFONIA 项目的房屋尚未完全改造，大部分物业都在逐步进行 EnerPHit 改造。然而随着时间的推移，那些没有同意改造的住户，也由于搬迁、思想转变、住户变更等原因而都接受了改造。

因斯布鲁克的两家房地产开发商(NHT 和 IIG)都试图尽量减少安装和施工工作，利用空置公寓来减少施工时间和处理污染物。通过这些措施，施工对住户影响的时间从原来的几周减少到了 5 天。

图 5 和图 6 显示了在现有建筑中实现垂直风管集中通风系统节省空间的可能性。楼梯平台的三角形缺口使得垂直分配系统可以同时供应和抽取空气，而不受楼梯宽度的限制。

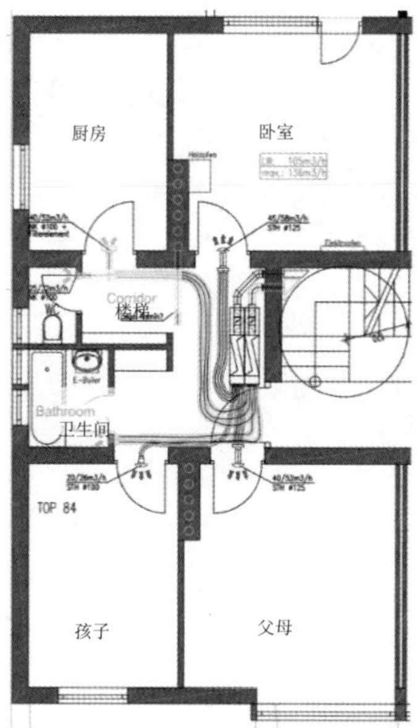

图 5　项目编号 IN42(NHT)，配有空气分配的公寓平面图(资源来源：因斯布鲁克 AlpSolar -Admir Music)

图 6 项目编号 IN40(NHT),安装在楼梯上的节省空间的垂直风管(资源来源:PHI)

在编号为 IN22/23 号项目中,可以实施另一个解决方案,如图 7 和图 8 所示。由于建筑的平面设计和空间要求,送风管道可以整合到外墙的外部。现有的最小保温层有助于将管道工程完全整合到新保温层中,同时可以减少热桥效应。通过这种解决方案,可以将对公寓住户的干扰减少到最低限度,从而提高居民的接受度和满意度。

总而言之,对每套公寓都进行因地制宜的审查和分析,总可以找到满意的解决方案。

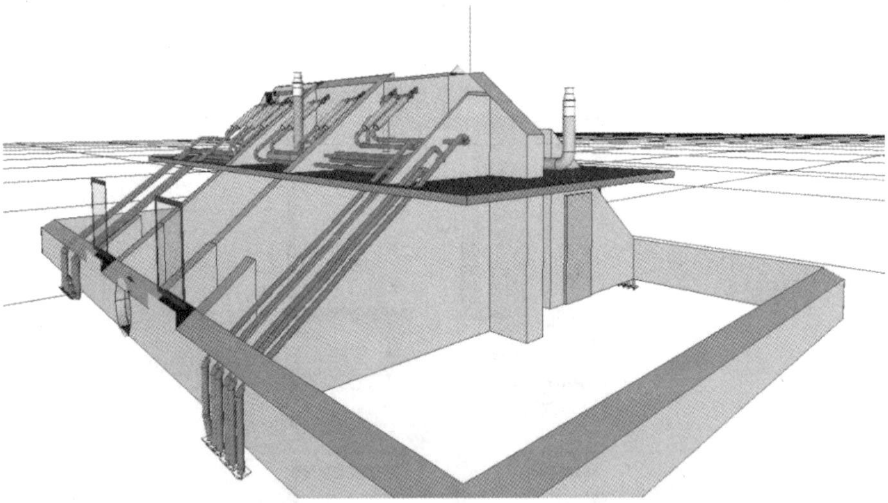

图 7 项目编号 IN22/23(NHT)的通风系统的 3D 设计图(资源来源:因斯布鲁克 AlpSolar-Admir Music)

图 8 项目编号 IN22/23(NHT),外立面通风管道的施工(资源来源:PHI)

在指南数据库中,被动房研究院为 SINFONIA 进一步开发了一个计算工具,用于研究城市区域的不同的改造和开发细节,该工具被称为“districtPH”。除此之外,根据改造方案,数据库会提出在光伏和太阳能热系统以及风力涡轮机、区域供暖网和热电联产(CHP)、街道照明和电力驱动方面的建议,本计划还考虑了现有建筑的建筑类型、建设年份、实际的供暖能源需求,此外还编制了一份热桥目录,其中包含许多不同的细节,以便于检测标准热桥的损耗系数。

致谢

该项目获得了欧盟第七研究、技术开发及示范活动框架计划的资金支持,资助编号为 609019。

参考文献

[1] http://www.sinfonia-smartcities.eu/

[2] https://sinfonia.passiv.de/

[3] https://passivehouse.com/04_phpp/07_districtph/07_districtph.html

[4] https://passipedia.org/basics/building_physics_-_basics/thermal_bridges/thermal_bridges_catalogue?s[]=thermal&s[]=bridge

[5] https://ec.europa.eu/research/fp7/index_en.cfm

奥地利齐斯多夫小学和体育馆改造工程

胡伯·马丁，翰内斯·基斯林格 / 绿色建筑群

出发点、动机、目标

原综合楼（图 1）由一所小学和体育馆构成，按照 1974 年的保温标准，外墙装有 3 cm 厚的全保温材料。根据齐斯多夫第一所奥地利被动房幼儿园（2003 年）的经验，对于齐斯多夫教区来说，将此综合楼改造成被动房合乎逻辑且可行，并符合最低规范。除了提高能源效率外，最重要的是优化室内气候，特别是室内空气质量和采光。除了保温改造外，还在开发、可达性和消防安全方面进行了大量的功能性改造工程。

图 1　齐斯多夫小学（在旧地下室设置新的入口）（©schewig-fotodesign）

改造前建筑

此建筑在 20 世纪 70 年代建造，配有电热供暖设备。体育馆通过带有电热调温装置的空气循环系统供暖。电热锅炉为综合楼提供热水。除了能量性能不佳和电加热外，建筑物的维修状况（屋顶漏水、地下室潮湿、有害建筑材料造成室内空气污染等）以及当前的需求功能（托儿所、多用途体育馆、音乐学校的额外使用等）远远不能满足实际使用需求。

改造前，供暖需求（根据 PHPP）为 15 467 kW·h/（m^2·a），测得的一次能源消耗为 578.630 kW·h/a。

改造技术措施

此综合楼的整个改造计划始于 2013 年的公开建筑设计竞标。建筑工程于 2015 年开始，经过 13 个月的施工后，体育馆和小学于 2016 年 3 月重新开放。根据国家规定“ÖNorm B1800”计算，对于 4 091 m^2 的净面积，大规模改造的成本约为 520 万欧元。其中，大约一半费用由贷款融资提供，其余费用由下奥地利联邦州以及奥地利联邦政府气候与能源基金会组织的“Mustersanierung”（示范性改造）活动提供资金。

自改造以来，木质燃料供暖系统为体育馆、小学和幼儿园供暖，体育馆由新安装的地板供暖系统调节其室内温度，其余房间使用配有恒温阀的新型低温暖气装置供暖，从木质燃料供暖系统获得热水。

为确保室内空气质量优良，安装了高效热回收（回收效率高达 88%）和水分回收（回收效率高达 85%）的中央通风装置。还装有 CO_2 浓度感应独立式房间控制系统——供应和排出的空气量由 CO_2 传感器通过低流动阻力消声体积流量控制器进行控制。该系统能够将空气带到人们所在的区域。由于通风系统的个性化用

户设计，使得通风系统的投资成本可以降低 40%。该通风系统确保了教室内 CO_2 浓度不会高于 1 500 ppm 的临界范围。全面的产品管理确保了室内空气不受建筑材料的污染，最重要的是，在整个项目中使用低排放、低污染以及不含 HFC 和 PVC 的产品。

改造将 LED 照明（日光控制）与遮阳设施（协同控制）相结合，优化了日光利用率，减少了对人工照明的需求。

为避免夏天过热，采用了零功耗制冷概念，结合了夜间窗户通风、外部遮阳、中央通风系统以及现有设备。这可以通过结构构造（窗户对准和尺寸）实现，从而使得外部制冷降低至 11 W/m²。

改造后，供暖需求（根据 PHPP）为 2 193 kW·h/（m²·a），测得的一次能源消耗为 56.267 kW·h/a。

此建筑物的能源性能得到了实际改善，能源需求减少量高达 90%。该建筑改造前后区域的相关需求如图 2 所示，改造前后的绝对需求如图 3 所示。

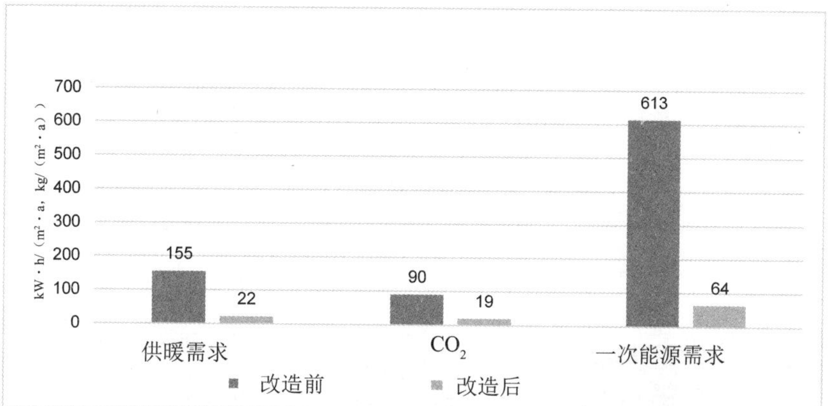

图 2 （根据国家能效证书基于 PHPP、CO_2 的供暖和一次能源需求）改造前后区域的相关需求（©IBO Felix Heisinger）

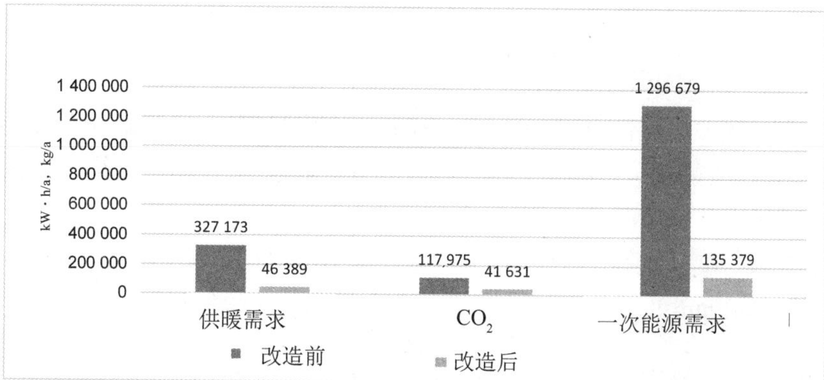

图 3 （根据国家能效证书基于 PHPP、CO_2 的供暖和一次能源需求）改造前后的绝对需求（©IBO Felix Heisinger）

所述措施可使每年能够节省 76.3 t CO_2（根据国家规定的 CO_2 换算系数），而且同时能够显著改善热舒适度和室内空气质量。

合作项目管理

能够成功完成此能源改造工程的基本先决条件不仅包括规划者和交易人的技术能力，还包括所有利益相关者为实施示范性改造工程的共同努力以及相应的文化交流和听取的各方不同的意见。利益相关者不仅是直接参与规划和实施的人员，也是受本工程影响的所有人员（教师、学生、亲属、地方议会、协会和经济界人士等）。

这项工程取得成功的一个关键因素是客户让他们自己的员工来主持每周一次的延伸规划和建设会议，而该会议被称为“市长圆桌会议”。

由于所有参与者本着寻求解决方案的方式进行沟通，因此相关的问题和冲突得到了建设性的解决。

这项工程从一开始就征求了所有利益相关者的意见，从而建立了实现共同目标的普遍意愿。例如奥地利应用生态学研究院（IBO）为所有参与者举办了气密性测量主题研讨会。在研讨会期间，整个团队学到了很多知识，例如遵守规定气密性等级的必要性，尤其是在改造期间。在此过程中的学习经验也有助于实现整个工程项目的共同目标。

运营经验

与能源和通风相关的措施满足了所有人的期望。对于用户而言，最大的好处显然是优化了光线和空气的舒适度，并避免了忍受夏季过热的天气。监测小学第一、二年运营的耗热量，如图 4 所示。

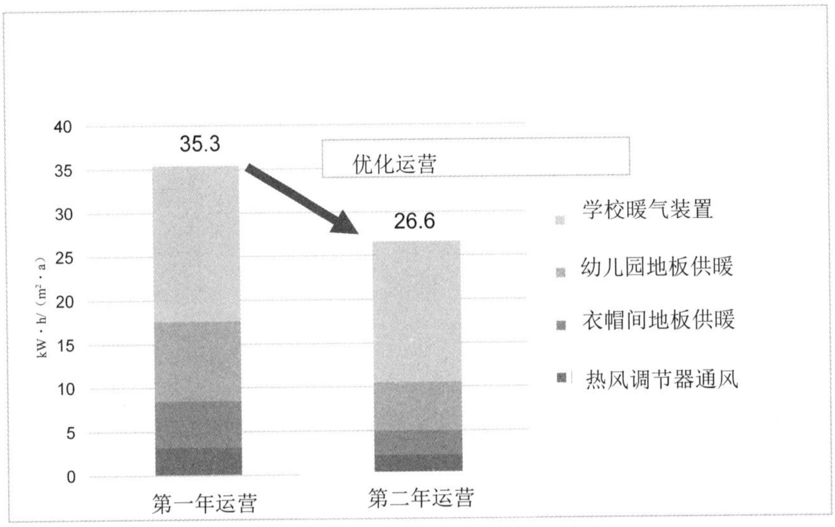

图 4　监测小学耗热量（©IBO Felix Heisinger）

在第一年运营的调整阶段，外部支持至关重要。在第一个供暖期间，建筑服务设备的所有区域均进行了重大的运营改进。例如，供暖能耗可以降低 25%。只有进行专业监测，才能确定综合楼在运营后是否达到所有预期的节能和空气质量标准。

此改造工程在“建设”和“运营”方面达到了国家生态建筑的“金牌”标准（https://klimaaktiv-gebaut.at/volksschulsanierung-ziersdorf.htm）。

项目参与者

建筑承包商：Volksschulgemeinde A-3710 Ziersdorf vsziersdorf.ac.at。

设计机构：AH3 Architekten ZT GmbH ah3.at。

建筑物理设计机构：IBO-Österreichisches Institut für Bauen und Ökologie ibo.at。

建筑服务规划：新能源咨询。

资助：Klima- und Energiefonds，Mustersanierung klimafonds.gv.at Land Niederösterreich noe.gv.at。

两所奥地利学校深度改造成果

沃尔夫冈·施特莱彻，卢卡斯·森格尔，雷内·弗吕格 / 因斯布鲁克大学节能建筑单位

引言

欧盟的 SINFONIA 项目（智能城市的倡议，完全致力于投资先进的大规模能源解决方案）专注于中型城市的能源解决方案。该方案为期 6 年，已获得欧盟第七研究技术开发及示范活动框架计划的资助。该项目的目标是实现 40%~50% 的一次能源节约，并将先锋地区的可再生能源比例提高 20%，从而减少碳排放。

在该项目中，对奥地利因斯布鲁克的 3 所公立学校，包括 1960 年建成的文物保护小学“Siegmairstraße 小学”、1955 年建造的“Angergasse 小学”和“Neuarzl 小学”进行了深度改造。

下面对前两个学校建筑的能耗、舒适度相关参数及其相互关系进行评估。

学校建筑和能源相关干预措施的说明

1.Siegmair 学校

Siegmair 学校建于 1960 年，是一座文物保护建筑。由于文物保护的需要，其外墙面必须保持不变，而且不允许进行大型的结构变动。在 2015 年为期 9 周的暑假内完成了面积为 3 786 m² 的改造工作。其中，新屋顶安装了保温层和三玻两腔玻璃，其框架与原始几何结构完全匹配（图 1）；传统的送排风管道只安装在地下室；在建筑的其余地方，为了避免走廊内安装送风管道，教室通风采用主动溢流通风（图 2）的原则，送风通过穿孔吊顶进入楼梯，并从那里穿过走廊，再通过主动溢流通风进入教室。

图 1　西附楼改造前（左）和改造中（右）的南侧墙面图（弗吕格，2016）

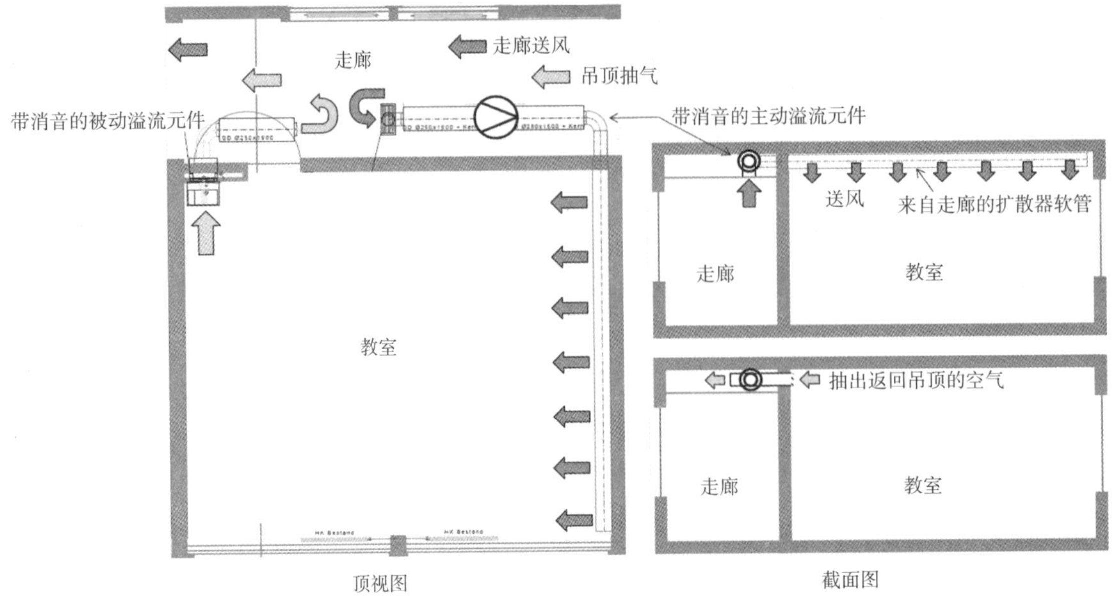

图 2　改进的主动溢流通风系统（顶视图和截面图展示教室的送风和排风）（弗吕格，2016）

2.Angergasse 学校

2016 年暑假（总共 12 周）对 Angergasse 小学的主要部分（5 139 m^2 中的 3 073 m^2）进行了改造。实施的改造措施包括换窗、对整个建筑物围护结构安装额外的保温层、转换为 LED 照明、安装光伏电站以及热回收通风系统（图 3）。在这种情况下，新风进入教室，被被动溢流门引入走廊，作为级联通风系统进入排气管。

此外，学校还拓展了一些新功能，现在在下午还提供了新的午餐室和课后托管室。

图 3　Angergasse 小学改造前（左）和改造期间（中和右）（森格尔，2018）

监测系统

已实施监测系统用来确保这些建筑物的空气质量和能源需求。在教室中，每隔 15 min 会测量温度、湿度和 CO_2 含量。对于学校改造的部分，分别测量了房间供暖和生活热水的需求。此外，电力需求量被单独测量，其需求分为暖通系统、人工照明和其他（休息时间）用电需求。

Siegmar 学校的监测期为 2017 年 1 月至 2017 年 12 月，Angergasse 学校的监测期为 2017 年 3 月至 2018

年 2 月。

结果

1. 舒适参数

舒适参数湿度和 CO_2 都保持在可接受范围内，分别为 20%~60% 的相对湿度和低于 2 000 ppm 的 CO_2 浓度。Angergasse 学校在教学期间温度在 20~28 ℃，Siegmair 学校的温度在 20~32 ℃。Siegmair 学校较热的原因是外部的纺织遮阳帐篷，由于受国家文物保护的限制，所以该学校必须快速通风降温。下面展示了一些详细的数据结果。

在图 4 中，可以看到 Siegmair 学校某间教室的通风策略。在学校开始上课之前，进行 1 h 的预通风，以便降低 TVOC 浓度（稀释夜间因空气不流通聚集的污染物）。学校 8:00 开学后，CO_2 浓度以及相对湿度上升。从这时起，通风的流量由 CO_2 浓度来控制。从图中可以看出，这种控制策略很慢（高时间常数）。我们现在建议从一开始就切换到全流量通风。教室在 10:00—11:00 空无一人，直到 12:00 学生才会全回来，之后教室又会空无一人——当 CO_2 含量降到 1 000 ppm 时，通风流量会降低。全天的 CO_2 含量不超过 1 800 ppm，相对湿度保持在 55% 以下。

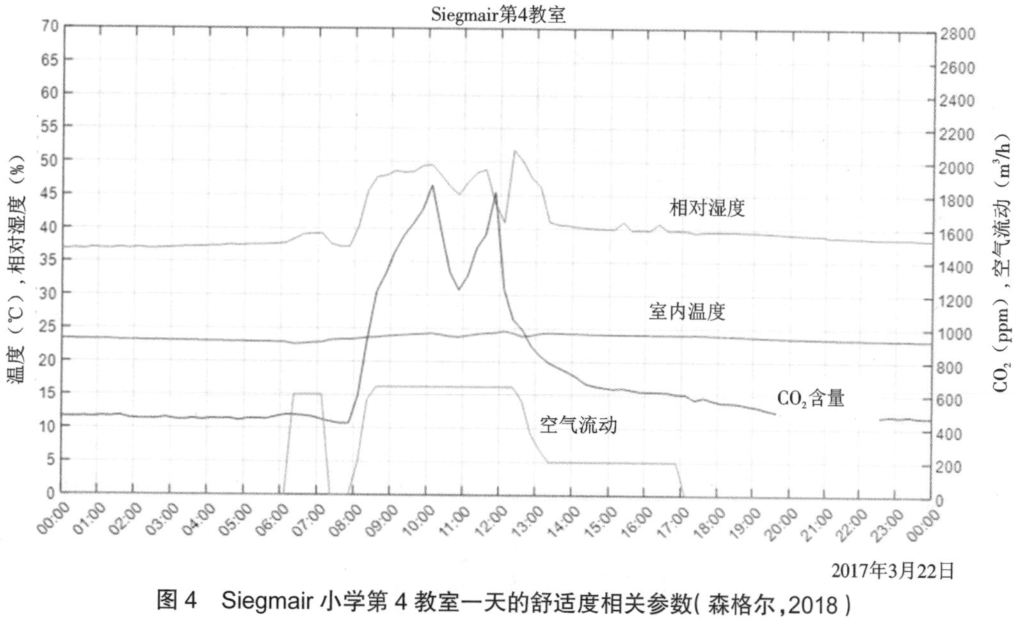

图 4　Siegmair 小学第 4 教室一天的舒适度相关参数（森格尔，2018）

图 5 显示了 2017 年 Siegmair 学校另一间教室教学期间的月湿度分布，可以看出它保持在上述范围内，这是因为夜晚和周末通风系统并不运转，否则所有湿度缓冲器（墙壁、天花板等）都会变得很干燥。

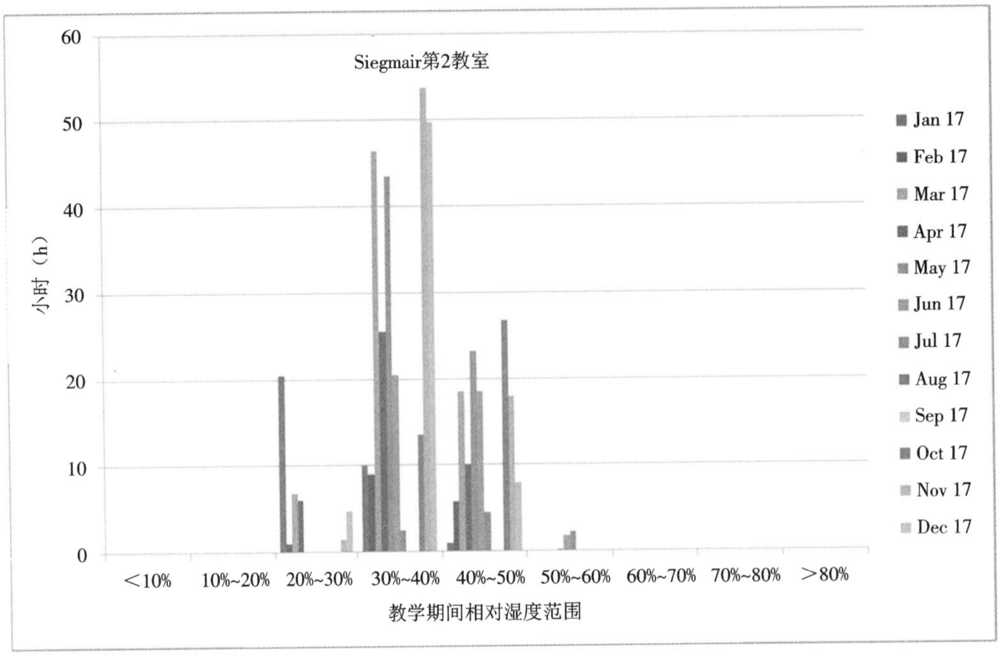

图 5　2017 年 Siegmair 学校第 2 教室教学期间的相对湿度分布(森格尔，2018)

在图 6 中，显示了 Angergasse 学校教学期间第 12 教室一年测量期(2017—2018 年)的温度分布。大多数情况下，温度范围在 20~26 ℃，有些时间可达到 28 ℃。因斯布鲁克的气候不需要降温系统。这是由于国家文物保护局规定，对其外部遮阳物进行法律保护。然而，在 Siegmair 小学的几个教室中温度达到了 32 ℃。因为在因斯布鲁克，往往会同时出现高太阳辐射和高风速(天气)。

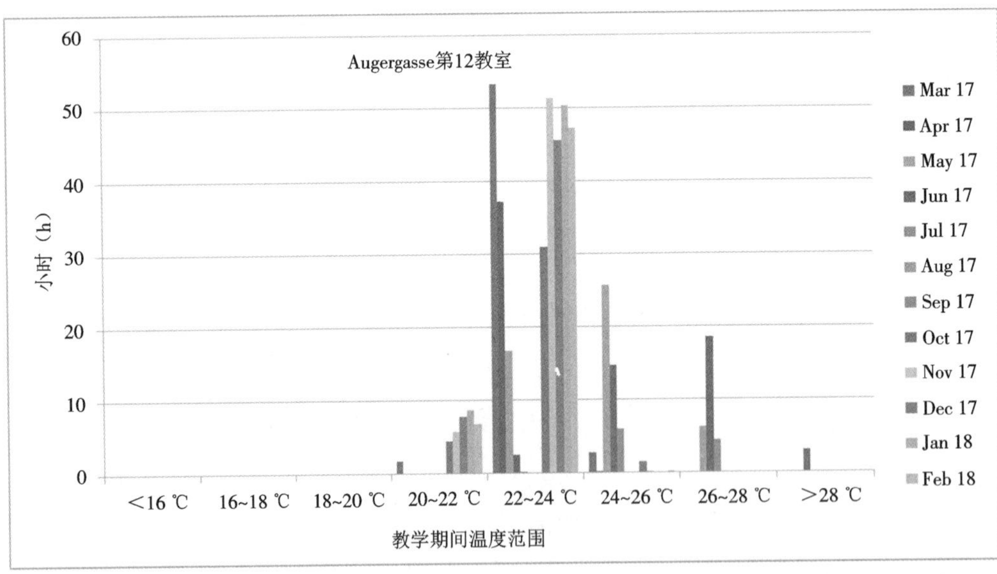

图 6　2017—2018 年 Angergasse 学校第 12 教室教学期间的温度分布(森格尔，2018)

图 7 显示了 Angergasse 小学教学期间第 2 教室一年测量期(2017—2018 年)的 CO_2 浓度分布。与 Siegmair 小学相比，其更有效的通风系统(级联通风而不是主动溢流通风)可使 CO_2 含量大部分时间保持在 400~1 400 ppm。

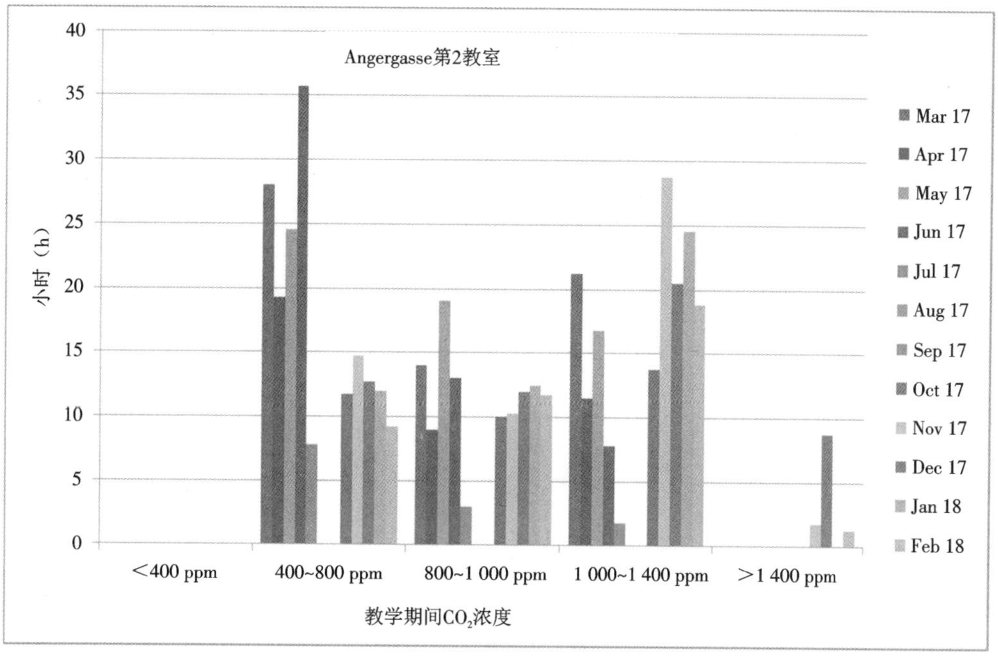

图 7　Angergasse 学校第 2 教室在 2017—2018 年教学期 CO_2 浓度分布（森格尔，2018）

2. 能耗比较

关于能源消耗，Siegmair 学校用于空间供暖的最终能耗从 119 kW·h/（m²·a）减少到 36 kW·h/（m²·a）；对于 Angergasse 学校，则从 76 kW·h/（m²·a）减少到 23 kW·h/（m²·a）。

在改造前使用奥地利能源证书计算方案的供暖能源需求约为 155 kW·h/（m²·a），这远高于测量值。不仅是这样，改造后计算的需求值也高于实际的需求值。特别是在有文物保护要求的 Siegmair 学校，而且在 Angergasse 学校真正实现的能耗减少量远远高于预期。这表明，在许多出版物假定的改造过程中，对能源需求减少的负反弹效应不能被视为一般规律。

测量的电力数据显示，Siegmair 小学的总耗电量为 10.76 kW·h/（m²·a），而 Angergasse 小学的总耗电量为 8.53 kW·h/（m²·a）；Siegmair 学校的通风系统耗电量为 3.25 kW·h/（m²·a），而 Angergasse 学校的通风系统耗电量为 1.63 kW·h/（m²·a）（见表 1）。

关于换气效果，主动溢流通风以及级联通风系统都可以很好地改善空气质量。当然，主动溢流系统需要额外的能量，但是由于供应空气的管道长度较短，压力会降低。不过总体来说，与用于通风的总能耗相比，这点电能消耗微不足道。

由表 1 可以看到，电灯的电力消耗存在明显差异。尤其是要注意到，在 Siegmair 小学中，只计量了教室里的电力消耗；而在 Angergasse 小学，电源插座和遮阳系统的电力消耗也包含在该测量中。据推测，这种能耗差异主要归因于电灯。在这两所学校中，改造的建筑部分已经更换为 LED 灯。

生活热水的消耗非常相似，这是因为在这两所学校中，温水供应都是相同的，主要用于健身房的淋浴，而教室只供应冷水。

就深度节能而言，两所学校的建筑改造都取得了巨大的成功，如果允许采用高风稳定性墙体保温和对遮阳织物进行改造，Siegmair 学校的效果将得到更加显著的提高。从通风控制结果中吸取的经验表明，随后可将 Neuarzl 学校改造的控制由 CO_2 浓度控制简化为时间进度控制。

表 1　两所学校一年内能源消耗比较（按目的分开）（森格尔（Sengl），2018）

Siegmair	【kWh/m²a】	Angergasse
154.4	现有建筑物空间供暖（计算）	156.5
81.5	空间供暖的建议值（计算）	30.3
118.57	测量现有建筑物的空间供暖值	75.53
35.65	测量空间供暖改造后的最终能耗	22.58
10.76	改造后的电力总消耗	8.53
3.25	通风	1.63
1.48	灯光	5.22
2.21	生活热水	2.73

参考文献

[1] 雷内·R. 减少通风管网：Siegmair 学校的改造作为欧盟 SINFONIA 项目的一部分. 第 20 届国际被动房大会议程，2016.

[2] 森格尔·L. 对欧盟 SINFONIA 项目中教室测量数据的能量评估. 因斯布鲁克大学节能建筑单位硕士论文，2018.

从开始实验到 Plus 等级被动房:40 年的视角

贝恩德·斯坦米勒 /BSMC 公司

介绍:1974 年飞利浦实验室项目——被动潜力和优先事项

受 1973 年石油危机以及供暖和制冷占工业国家能源需求的主要份额这一事实的影响，40 多年前,飞利浦公司开始了对建筑能源使用的广泛研究(图 1)。通过试验验证的计算机模型、全年成千上万小时的计算机模拟以及作者进行的系统参数研究,展示了如何通过适当的“被动”措施达到 5~20 倍的节能目的。

事实上,在大多数气候条件下,集中力量进行被动式改造,尤其关注“被动”建筑围护结构及其热损失或增量,可以从根本上解决问题,比“主动”措施更为有效(例如保温不足而设计的供暖和制冷系统),并且能够深远影响建筑的规模、成本以及效用。因此,对于一个已经开始积极寻找商业机会的公司来说,应优先考虑被动措施。

在下文中,作者(从那时起一直从事能源与建筑、数字工业和可持续性管理工作)将概述随后的发展,并分享在专业环境实践中的实例和见解。

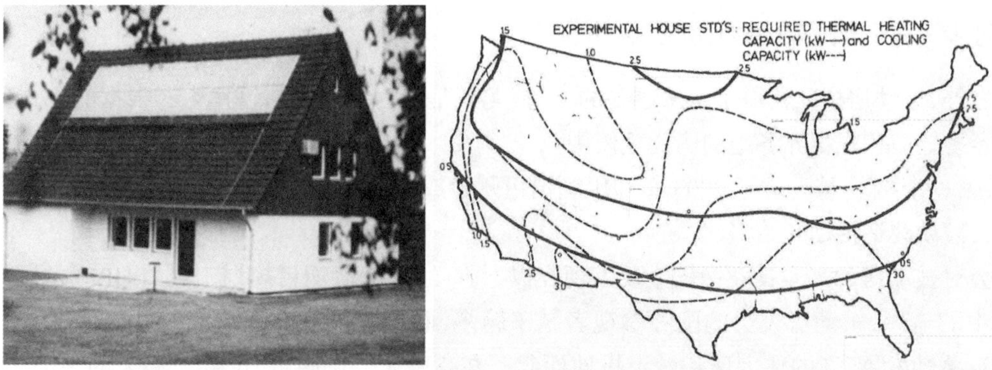

图 1　飞利浦实验室项目(1974 年)和美国加热及制冷负荷

1985 年新建筑的被动房标准

1. 德国和欧洲的迟滞和进步

虽然飞利浦的研究人员在很大程度上已转向其他研究方向,但德国并没有将所获得的知识付诸实践,而是跟随公众开发太阳能的热潮,在 20 世纪 80 年代初开始研究“被动式太阳能建筑”。这严重偏离了要遵循的适当被动目标,势必会产生糟糕的结果。 此外,没有采取被动措施而是大量宣传“砖造大厅”更加延误了节能研究的步伐。这更令人遗憾,因为越来越明显的是,除了节能之外,我们还必须大幅降低 CO_2 排放量。

沃尔夫冈·费斯特也受到了斯堪的纳维亚研究的鼓励,并得到了德国黑森州 IWU(住房与环境研究所)的支持,以适当的方式改进了被动方法,从而形成了被动房标准。这为新建筑的效率和热舒适性定义了一个新的最佳方案——最大热负荷为 10 W/m^2(相当于中欧朝南建筑的最大热需求 15 kW · h/m^2)。1991 年,达姆施塔特 - 克莱尼斯坦的第一个被动房就证明了这一点(图 2),而自 20 世纪 90 年代中期以来,整个被动房定居点已经证明了这种方法的经济性和可持续性(图 3)。2003 年,黑森州法兰克福市在公众影响下开始对所有建筑实施被动房策略。更多城市紧随其后,如 2019 年 5 月在德国海德堡举行的被动房大会所示。然而,在国家层面,这些认知并没有被反映出来:1995 年德国建筑规范允许的供热需求为 150 kW · h/(m^2 · a),到 2002 年之前为 100 kW·h/(m²·a)。即使在目前,这一差距还没有缩小——造成现有知识和必要的国家行动之间的巨大不匹配。

在欧洲,被动房研究由欧洲低成本被动房标准(CEPHEUS)项目以及后续项目推动。欧盟在其 2006 年行动计划中认识到需要建造被动房,并最终呼吁到 2019 年对公共建筑和到 2021 年对私人建筑实施“近零能耗建筑”规范,然而这仍在等待国家层面的行动。

图 2　1991 年德国达姆施塔特首个被动房

图 3　1997 年威斯巴登第一个被动定居点展示了其经济性和可持续性

2. 全球进步—— 一瞥美国,中国领先?

在欧洲之外,被动房标准获得了越来越多的支持,尤其是因为它以透明、科学、有根据的方式免费提供,因此它可以很容易地应用在世界各地的广泛气候中。

在美国,第一个“新”被动房于 2003 年在伊利诺伊州建成, 2006 年在明尼苏达州出现首个经认证的被动房,此后不久,被动改造活动开始兴起。

国际社会对被动房的兴趣日益增长主要表现在以下方面:被动房项目规划工具“PHPP”的国际化, PHPP 在全球研究中的应用,被动房大会的国际参观者越来越多,而且会议首次在欧洲以外的地区——中国举办。这里的新建筑蓬勃发展,新的住宅区和城市拔地而起。在高碑店会场附近,世界上最大的被动房标准区目前正在建设中。很明显,由于每栋新建筑在很长一段时间内都会增加未来的气候负荷,因此按照最先进的住房标准建造是绝对必要的。因此,我很高兴看到所取得的成绩,并希望被动房标准能迅速传遍中国和全世界。

2000 年老建筑的挑战

然而,现有的大量建筑存量给我们未来的气候预算增加了更高的负担,所以需要在全世界范围内进行深度和广泛的能源节约行动。作者通过在飞利浦获得的经验,通过 IWU 进行了系统的拓展,于 20 世纪 90 年代重新开始了这项研究,德国和北美各地区的可持续翻新合作活动表明,建筑可节能 5~10 倍。下面举例说明这一点,并从 2010 年以来的 EnerPHit 标准中反映出来。

2000 年在德国区域范围内举行了各种竞赛,通过交流最佳实践,传播有关节能潜力的知识以及利用节能潜力的方法以得到最佳方案(图 4)。试点项目加深了人们的认知,并证实被动房技术可以成功应用于住宅和非住宅建筑的可持续翻新。

在国家层面,自 2003 年以来,新成立的德国能源署(DENA)与国有银行“KfW”联合开展了融资计划,以补足现有的区域性项目(图 5)。然而,这些方案是根据相当宽松的国家建筑规范来制定的。虽然作者可以激励 KfW 向更低的能源目标开放资金规模,但是 EnerPHit 被动房的资金仍然缺乏。

就国际活动而言,作者帮助在寒冷和炎热气候区推广被动房,其主要集中在美国。对欧洲活动兴趣的增加,促成了多次会谈以及 2007 年在旧金山举行的峰会。作者与 Linda Wigington 一起提出在北美地区对

1 000 户家庭进行深度节能挑战的想法。虽然深度节能和被动房技术已经成为美国改造方法的一部分，但目前政治支持还远远不够。

图 4　2000 年比赛中确定的区域领先者

图 5　2003—2005 年德国比勒费尔德优化旧建筑中的被动房技术试点

2015 年 Plus 等级被动房

想要能源需求大幅减少，可再生能源和积极措施就必须得到优化整合。事实上，由于过去的迟滞认知导致我们大大超支了地球的碳预算，“节能 10 倍”行动已经不够了，在不久的将来必须达到“零”甚至“负”排放。虽然优化取决于满足的具体边界条件，但过去十年中，典型建筑措施已经提供了很多实践经验，被动房 / EnerPHit 的“Plus 等级”和“Premium 等级”标准(2015 年)为可持续建筑提供了框架。

作者将通过一项相当具有挑战性的改造项目来说明这一点，即德国一栋东西朝向的 2 户住宅附属建筑，该建筑的 A/V 比一般，是第二次世界大战后用旧材料重建的，其地窖的厚墙体原先是德国的一面古城墙。虽然煤炭已被燃气所取代，单层玻璃窗也已变为双层玻璃窗，但其能源消耗仍处于高度不可持续的状态。2015—2016 年，屋顶菌类横生，促使了其进行 Plus 等级被动房改造。被动改造(保温、三玻两腔玻璃窗、翻新烟囱通风)将可再生一次能源需求从约 500 kW·h/(m^2·a)减少到约 70k Wh·/(m^2·a)，减少到了约 1/7，而主动改造(热泵、光伏)则分别节省 40 kW · h/(m^2 · a)和 60 kW · h/(m^2 · a)。其 2017 年达到了 Plus 等级被动房标准，并在两个供暖期后通过测量得到了很好的确认(图 6)。

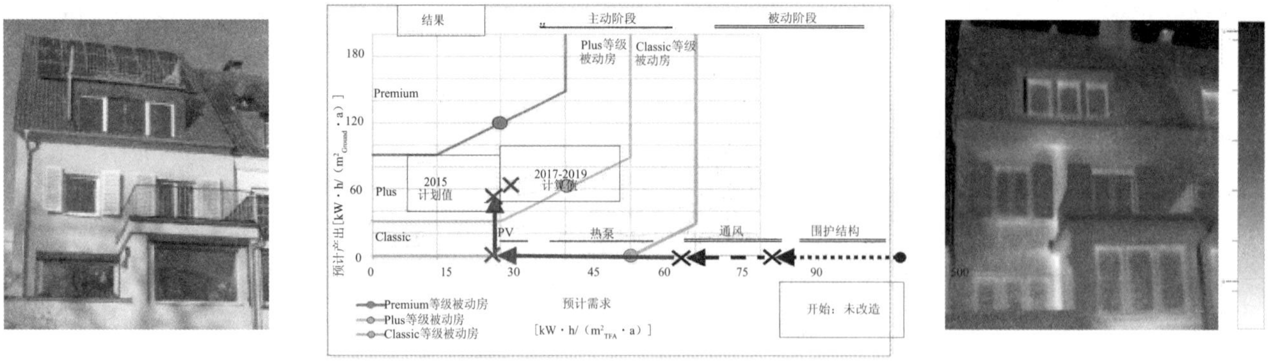

图 6　建筑改造中被动房 Plus：结果、措施和开始

就被动方面而言，其保温水平与那些典型、经济的新被动房一致。然而，地下室墙壁、连接墙、屋面、天花板产生的热桥以及突出的开间窗户，都还需要特别注意。我们封闭了不必要的窗户，同时优化了所需的窗户，并安装了新的保温层，后续还需要一些额外的改造工作。最后，旧建筑的通风控制也是一个特殊的挑战。然而，在这里通常可以使用现有的烟囱和开放式楼梯来使安装和改造成本最小化。

就主动改造方面而言，光伏的安装相当简单，因为房屋的朝向适度减少了主动和被动太阳能得热。热泵需要在效率、成本、噪声和可用的室外及室内空间之间进行更多的考量和权衡。在这里，我们选择了一个小型土基系统，该系统通过埋在花园下的 0.4 m × 2 m × 7 m 水池中的 3 个预制集热器组来收集热量，并通过一个集成的 170 L 水箱将其输送到一个热水分配系统或另一个旧的散热器系统。由于采取了被动措施，后者现在可以在低于 35 ℃的温度下良好地运行。

两个夏季和两个取暖期后用户给出了积极的反馈——热舒适性高，而运营成本极低。

其他一些通过“Plus”措施改造的非住宅项目也都取得了很好的反响。另外，在中欧，受过良好教育的工匠短缺已成为多年来日益严重的问题。

结论和展望

尽管 1973 年石油危机引发的能源研究至今已有 40 多年，人们了解了可以采取哪些措施，但由于知识观念扩散缓慢、利益集团阻碍以及缺乏政治和公众的支持，能源消耗并未减少。此外，自 20 世纪 90 年代以来，还有新的情况出现，除了减少能源使用之外，CO_2 排放量也必须大幅降低。遗憾的是，现实恰恰相反，使地球变暖保持在 1.5 ℃以下的剩余碳预算已经缩减到约 5 000 亿吨 CO_2（2/3 的可能性）。以目前每年约 500 亿吨的消耗率，这意味着为了气候适宜，我们只有十年的时间进行最深刻的改变。为了不超标，甚至需要我们“负排放”。

由于建筑行业对于该问题起到重要作用，我们必须大幅加快转型，落地实施，传播先进理念。被动房概念及其标准提供了一个框架，为新老建筑提供了无碳未来和可持续的解决方案。同时需要相应的政治支持、强有力的可持续建筑规范和对决策者、建筑师、规划者、工匠的教育，形成强有力的针对性行动，才能最终实现突破。这次在中国举行的大会能够起到重要的推动作用。

参考文献

[1]　布鲁诺·R，斯坦米勒·B. 建筑物能源需求. 亚琛：飞利浦研究实验室报告，1977.

[2]　布鲁诺· R，斯坦米勒· B. 美国建筑和单一热泵市场：现在和未来. 亚琛：飞利浦研究实验室，实验室记录 20/79，1979.

[3]　埃贝尔· W，弗雷德· A，格罗克洛斯· M，等.Wohnen in Passiv- und Niedrigenergiehäusern – Eine vergle-

ichende Analyse am Beispiel der Gartenhofsiedlung Lummerlund in Wiesbaden-Dotzheim. 达姆施塔特：IWU，2001.

[4] 费斯特·W.Forschungsprojekt Passive Häuser. 达姆施塔特：IWU，1988.

[5] 费斯特·W. 中欧被动房 卡塞尔综合大学，1993.

[6] 霍斯特·H，伯格曼·G，布鲁诺·R，等.Neue Wege zum energiesparenden Wohnhaus.Hamburg: Philips Fachbuchverlag，1980.

[7] IPCC. 全球变暖 1.5 C 的特别报告.2018. https：//www.ipcc.ch/sr15/

[8] 曼·S. 千栋房屋改造挑战.2009. http：//homeenergy.org/show/article/nav/retrofit/id/610

[9] 拉施· F.Kostengünstige Passivhäuser in Wiesbaden/ 费斯特· W，Arbeitskreis kostengünstige Passivhäuser. 达姆施塔特：PHI，1997.

[10] 斯坦米勒·B，布鲁诺·R. 建筑物的能源需求. 能源和建筑 2，1979：225-235.

[11] 斯坦米勒·B. 美国和欧洲建筑物及窗户系统的热工性能. 亚琛：飞利浦研究实验室，实验室报告，1979.

[12] 斯坦米勒· B. 不同隔热标准家庭式窗口系统性能研究 /Minogure P，第 3 届国际 CIB- 建筑环境中的节能研讨会. 都帕林，1982.

[13] 斯坦米勒· B.Zum Energiehaushalt von Gebäuden - Systemanalytische Betrachtungen anhand vereinfachter dynamischer Modelle. 柏林工业大学，1982.

[14] 斯坦米勒· B.Passivhaustechnologien im Bestand – von der Vision in die breite Umsetzung/ 费斯特· W，第 9 届国际被动房大会. 路德维希港，2005.

[15] 斯坦米勒·B. 将能源减少 10 倍：促进西方节能住房 CSM，吕内堡，2008.

[16] 斯坦米勒· B.Passivhaussporthalle Sande - Vorbildlich auf Sand bauen?/ 费斯特· W，第 15 届国际被动房大会. 因斯布鲁克，2011.

[17] 斯坦米勒· B.Rathaussanierung mit Passivhausstandard Richtung Null: Wirtschaftlich nachhaltiges Unterfangen?/ 费斯特·W，第 16 届国际被动房大会，汉诺威，2012.

[18] 斯坦米勒· B，沃茨· R，坎济奥拉· M.20 世纪 50 年代到现在独立式住宅到 EnerPHit/Plus 被动房的建设进展 / 费斯特·W，第 21 届国际被动房大会，维也纳，2017.

[19] https://passipedia.org/basics/the_passive_house_-_historical_review/passive_versus_ active_measures_in_europe_america 和 https：// www.bsmc.de/

以 EnerPHit 标准改造的维也纳历史保护居住建筑

厄恩斯特·施里夫，赫尔穆特·旭博 /Schöberl & Pöll 有限公司

如果只为保护历史遗产而导致不能实现外墙能源高效利用的话，这一定不是一座 19 世纪维也纳住宅楼的高质量改造。

初步情况和修复

玛丽亚大街 182 号是一栋威廉大帝风格的住宅建筑，坐落在维也纳第 15 区玛丽亚大街外的一个角落。该建筑是 19 世纪末维也纳典型街区边界开发的一部分。

这栋建筑始建于 1872 年，2014 年 4 月 26 日早晨因发生瓦斯爆炸而受损，部分倒塌。该建筑面向玛丽亚大街的几乎整个二楼、三楼和屋顶的侧面区域都被毁坏（图 1）。由于建筑的天花板破碎，墙体的大部分暴露在阳光下并且急剧坍塌。邻近的建筑物玛利亚大街 184 号 /Denglergasse1 和玛利亚大街 180 号正式进行人员疏散，以防发生紧急情况，并暂时禁止进入。在接下来的几天里，在建筑管理部门的监督下，通过清除瓦砾、拆除易倒塌的部分、搭建安全结构和修理屋顶等措施，使该建筑恢复到了稳定状态。此后立即开始采取初步恢复措施。

图 1　瓦斯爆炸后严重损坏（资料来源：Trimmel Wall Architekten）

该栋威廉大帝风格建筑的外立面将根据高效的能源标准进行重建，同时恢复其旧貌。这对业主来说是一个重大问题。

通过拆除倒塌的楼梯，在庭院中建造新式现代楼梯以及减少过道面积，可以实现区域开发的优化。电梯系统可以确保公寓的无障碍进出。经过改造或部分重建的旧式公寓采用被动房标准的开放式现代平面布局，配有可控通风系统。新建的外墙采用生态建筑材料麻来保温。历史悠久的外墙覆盖着高性能的气凝胶保温石膏。

该栋威廉大帝风格建筑的外观塑造了维也纳的城市景观，实际上可以在细节上进行修复，同时还可以实现被动房改造标准 EnerPHit（适用于整个建筑）。因此，该建筑作为一个旗舰项目，证明了能源效率、现代生活标准和传统建筑城市景观的维护不会相互冲突。

1. 采取的措施概述

（1）206 根钢筋混凝土小钻孔灌注桩地基修复。
（2）对历史悠久的人物陶像外观进行精心改造。
（3）庭院：一楼建筑，电梯建设和新楼梯。
（4）重新设计房子的入口。
（5）20 间公寓采用开放式现代平面布局。
（6）阁楼扩建，共有 9 套公寓，采用被动房标准。
（7）所有公寓均采用机械通风。
（8）创造高品质的开放空间：绿色屋顶、屋顶花园、凉廊和阳台。
（9）车库：所有停车位都配有电动充电站。
（10）底层区域有 3 个营业场所。
（11）Denglergasse 高效的气凝胶保温外墙。
（12）玛丽亚大街门面和庭院内的生态保温麻。
（13）紫红色纺织物防晒帘适应历史时代。
（14）屋顶装有约 30 m^2 太阳能热水系统（能量生产率为 347 kW·h/m^2）。
（15）整个建筑的 EnerPHit 认证。

2. 外立面的修复和保温

外墙的保温采用了两种不同的材料（图 2）：重建的外墙和面向庭院的外墙采用麻保温材料，而现有的墙壁则覆盖了高性能的气凝胶保温石膏。

在 Denglergasse 现存的外立面，修复工作者揭开了花卉装饰，并不用任何涂层。人物陶像飞檐也被大量复原。墙体残留的平面区域（约 250 m^2）覆盖了约 5.5 cm 厚的气凝胶膏材料。

该建筑大部分新建的外墙采用麻来保温，花卉和图形饰边部分采用预制泡沫玻璃进行重建。

3. 高性能气凝胶膏

现有的外墙使用高性能的气凝胶保温石膏，并采用结构化外墙，这也是维也纳威廉大帝风格建筑首次采用这种方法（图 3）。一个重要的创新是路边墙面的保温优化，同时通过使用气凝胶膏保持原始外观。

气凝胶作为石膏的添加剂，具有很好的保温效果和最佳的建筑物理性能，例如它具有极高的渗透性、不易燃（A2-s1-0）、防水且导热系数低至 0.028 W/（m·K）。

用气凝胶石膏保温外墙的热性能评估是研究项目的一部分。其中，测量了用气凝胶石膏覆盖的外墙和非保温外墙的 U 值。将气凝胶覆盖的外墙面的测量 U 值与计算的 U 值进行比较，结果表明，测量的 U 值高于计算值，这表明气凝胶膏在实际应用中的导热系数似乎高于实验室的测量值（由制造商公布，用于计算假设气凝胶膏的导热系数为 0.028 W/（m·K））。

高能效标准——EnerPHit

整个建筑（改造的现有楼层和阁楼楼层的延伸部分）已根据 EnerPHit 标准进行认证。根据被动房设计包（PHPP）24 kW·h/（m^2·a）的热负荷（HWB），满足了 HWB ≤ 25 kW·h/（m^2·a）的能源需求。

为了分别确认计算出的能耗，本项目对伴生能量和舒适度实施了监测，并在 2 年内进行了评估。

中期报告已经记录了第一个加热期的能源监测结果。结果表明，该方法能保持电耗指标不变，而热耗指标存在微小差异，应进一步分析找出原因。根据调查结果进行整改，根据第 2 个监测期结果可以看到这些整改的良好效果。

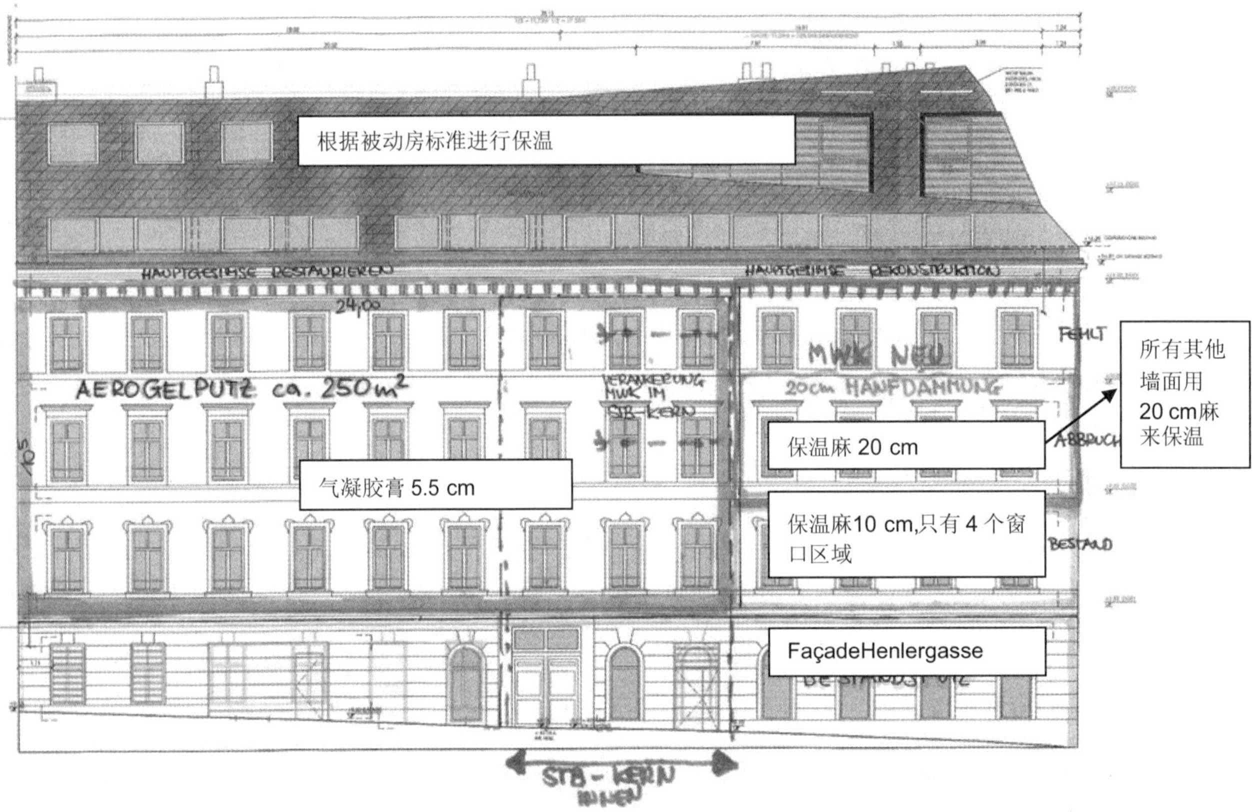

图 2 外立面保温措施的概述（资料来源：Trimmel Wall Architekten）

结论

结论显而易见，我们成功地对一座历史建筑进行了改造，使其能够恢复外观，并在旧建筑和改造建筑之间实现了视觉上无法辨别的过渡改造（改造后的阁楼除外）。

改造建筑另一个引人注目的特色就是它的防晒功能（图 4 和图 5）：在南侧和西侧的紫红色纺织防晒帘被装在古典的旧建筑墙面，在城市景观中展现了新时代的元素。

这座 19 世纪的建筑的改造达到了优秀的能源性能水平，并已获得了令人羡慕的 EnerPHit 认证。此外，该建筑还配备了一个能源和舒适度监测系统，该系统将在 2 年（2018—2020 年）内实施和评估。

图 3　气凝胶膏的应用(资料来源:Trimmel Wall Architekten)

图 4　改造后的建筑物和修复后装饰的正面(资料来源:Trimmel Wall Architekten)

图 5 改造建筑的图像(资源来源:Trimmel Wall Architekten)

参考文献

[1] Krempl M, Hüttler W, Wall I.Modernisierung eines Gründerzeitgebäudes unter Anwendung eines Aerogel-Dämmputzes.Berichte aus Energie- und Umweltforschung,2018.

[2] Krempl M.Gründerzeitgebäude mit Anwendung eines Aerogel-Dämmputzes.Monitoringbericht.Berichte aus Energie- und Umweltforschung,2019.

Passive House Institute

专题论坛 17
被动房项目：制冷需求气候区

萨拉戈萨(西班牙)的被动房多户住宅：Basa I

巴勃罗·卡兰扎·纳瓦罗 /BIONM estudio
克拉拉·罗伦特·马丁 /Grupo Lobe

介绍

Basa I 位于西班牙的萨拉戈萨，面积为 18 930 m²，是一栋有 165 户家庭的多户零能耗建筑(图 1)。Basa I 中 81 户住宅已于 2019 年 2 月竣工，并通过了被动房 Classic 等级的认证。它是根据被动房建筑标准设计和开发的，并通过了被动房 Classic 等级的认证。本文介绍了在恶劣气候条件下为实现能量平衡所采用的主要被动策略，描述了如何应用被动房的 5 项原则以及用于模拟和实现被动房标准要求的策略，还将解释供暖、制冷、热回收系统和能量模拟结果，使用能量参数监测来检查和改善主动系统的性能，以便确定最佳配置，最终以最小的能耗满足高水平的用户舒适度。

图 1　Basa I(被动房 Classic 等级认证)

项目说明

该建筑是一个带内部庭院的封闭式建筑的一部分，位于萨拉戈萨郊区街道 Miralbueno。这些住宅的平均面积为 85 m²，有 3 或 4 间卧室。建筑物两侧为悬臂式的大露台，可为玻璃窗口提供大量的太阳能；两侧立面都有窗户，使得所有住宅都可以对流通风。

能量模拟模型

该建筑共有 8 层，底层设有休闲空间，顶层 2 层为复式顶层公寓。其作为封闭式建筑的一部分以及由于周围建筑物的大小和高度不同，会导致外立面的朝向和遮阳变化很大。被动房设计包（PHPP）是一个单区域能量模拟工具，因此决定将该建筑按能量模型划分为具有类似能量性能的不同模块（图 2），以限制整个住宅可能存在的热失衡。因此，被动房标准已经通过 14 个区域分别验证，所有住宅都经过了气密性要求的测试。

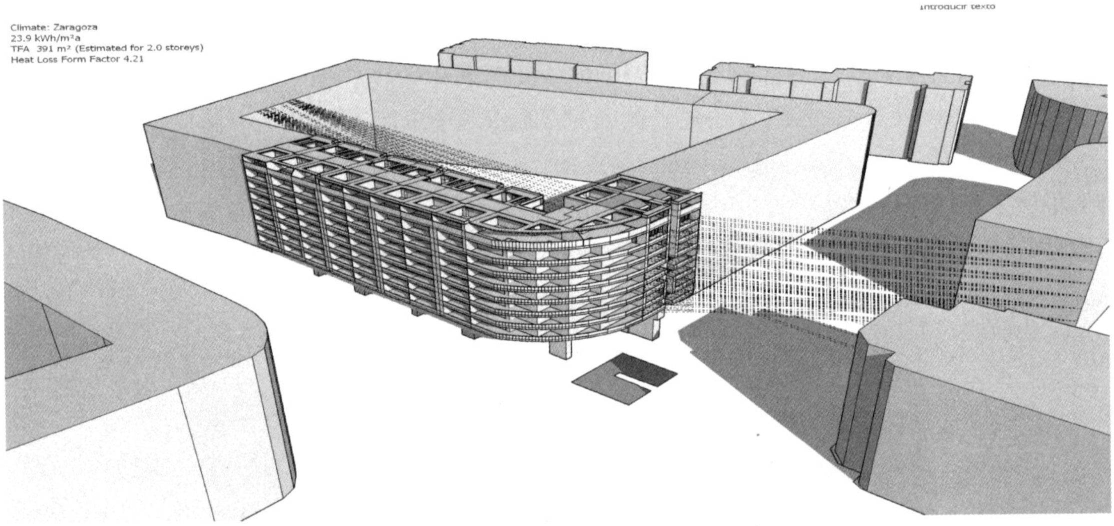

图 2 designPH 模型

公共区域和楼梯不受气候控制，但是根据 PHPP 手册中的图表，它们的热围护结构呈现出与楼梯接触的热围护结构相似的特征（图 3）。为避免将公共区域模拟为外部环境，应用了 ISO 13798 标准下的温度系数计算。

RESIDENCIAL BASA DE LA MORA. FASE I. E04 / Clima: Zaragoza / SRE: 1216 m² / Calefacción: 11.4 kW·h/(m²·a) / Refrigeración; 7.7 kW·h/(m²·a) / PER: 55.4 kW·h/(m²·a)

Temperatura interior: 20.0 ℃
Tipo de edificio: EDIFICIO RE SIDENCIAL
Superficie de referencia energética A_{SRE}: 1216.4 m²

Elemento constructivo	Zona de temperatura	Superfice m²		Valor-U W/(m²·K)		Fact temp Ft		G_t kW·h/a		kW·h/a	Por m² de SRE
Muro ext. - aire ext.	A	457.5	*	0.226	*	1.00	*	38.1	=	3938	3.24
Muro ext. - terreno	B		*		*	1.00	*		=		
Techo / cubierta - Aire ext.	A	401.1	*	0.240	*	1.00	*	38.1	=	3665	3.01
Solera / losa piso / forjado sanitario	B		*		*	1.00	*		=		
	A		*		*	1.00	*		=		
	A		*		*	1.00	*		=		
Vivienda-zonas comunes	X	452.3	*	0.492	*	0.66	*	38.1	=	5592	4.60
Ventanas	A	271.4	*	0.946	*	1.00	*	38.1	=	9784	8.04
Puerta exterior	A		*		*	1.00	*		=		
Puentes térmicos exteriores (longitud en m)	A	565.4	*	0.060	*	1.00	*	38.1	=	1296	1.07
Puentes térmicos perimetro (longitud en m)	P		*		*	1.00	*		=		0.00
Puentes térmicos piso (longitud en m)	B		*		*	1.00	*		=		0.00
Total de superfices de la envolvente térmica		1582.3									kW·h/(m²·a)
Pérdidas de calor por transmisión Q_T									Total	24275	20.00

图 3 传输热损失汇总表中的温度折减系数（PHPP，Basa I 中单元类型的结果）

温度折减系数“b”（依据 ISO）或“f_t”（依据 PHPP）表示 PHPP 中使用的无量纲折减系数，以“有利于”计算一年中具有不同温度的室外非空调区域的能量损失。“b”或“f_t”因子代表了非空调区域与外部之间的温差，因为当它乘以 U 值（W/(m²·K)）时，热透射率变得更有利，这就代表传热会更少。

构建解决方案

立面采用双层砌体结构，*U* 值为 0.23 W/(m²·K)。屋顶和底层外部保温层的 *U* 值分别为 0.19 W/(m²·K) 和 0.2 W/(m²·K)。住宅楼梯间墙体的热透射率约为 0.4 W/(m²·K)。窗户由具有 U_f=1 W/(m²·K)的 PVC 框架和填充有 90% 氩气及 10% 空气的低辐射三玻两腔玻璃构成，可实现的透射率为 U_g=0.6 W/(m² · K)和 *g*=0.46。卧室和起居室的窗户装有带聚苯乙烯泡沫(EPS)保温层的 PVC 电动卷帘，其热透射率为 0.7 W/(m²·K)。

混凝土地板解决了水平面的气密性问题。在垂直墙面上通过使用气密膜密封的预制聚苯乙烯板(挤出或膨胀)解决了密封问题。

热桥法

建筑设计中的节能原则与商业、房地产、成本效益和建筑规划标准相结合。通过从当地传统建筑发展得来的适度建筑解决方案，使这些不同的要求相互兼容，完成了这栋符合被动房标准的可出租建筑的改造。

迭代分析计算已被用于优化建筑的解决方案和施工细节，以避免超标。在所有情况下，均检查了卫生和舒适标准的实现情况。

热桥处理的重点是解决那些数量更多、更具线性的问题，因为它意味着建筑物的热损失更大。

热桥的长度与外部交换的热通量(W)成正比(图 3)，因此优化首先要解决较长的热桥。

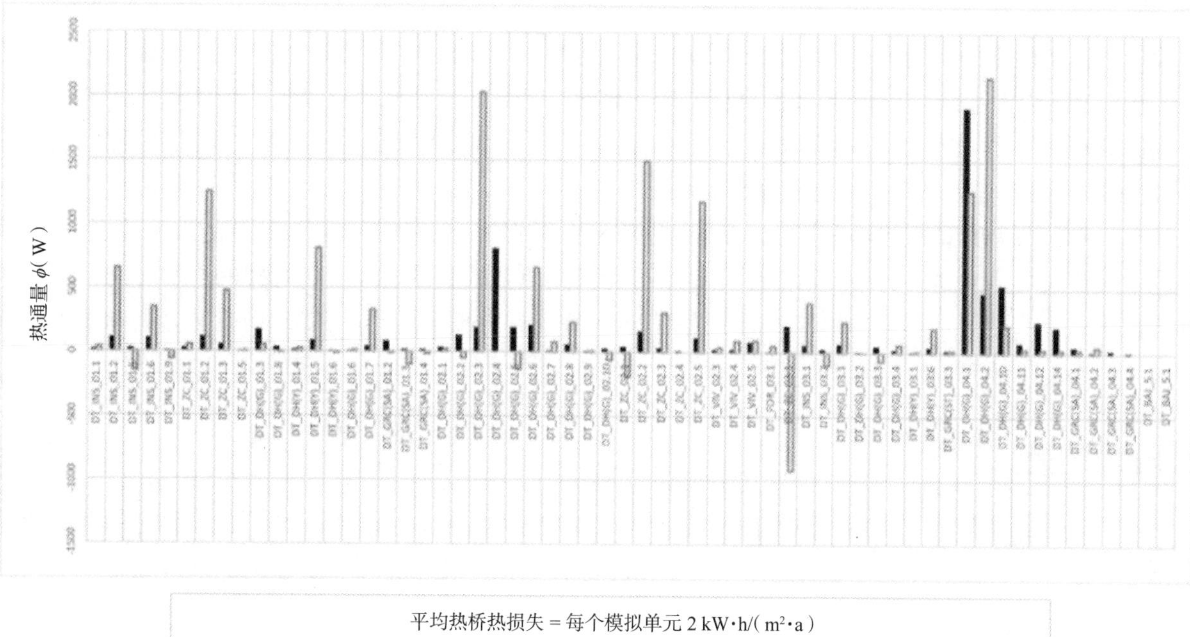

图 4　长度(黑色)和热通量(灰色)之间的关系(作为热桥线性热透射率 [W/(m·K)] 的函数，按照 ISO 10211/ISO 14683 进行计算)

就 Basa I 而言，较长的热桥位于窗户周边和被露台板隔断的外立面内。

为解决后一种热桥问题，在楼板中嵌入高热阻材料，为外立面提供连续保温，如图 5 所示。

图 5　楼板施工（白色为高热阻材料）

主动系统

设计选择了独立的气动热空气水单元作为供暖和制冷系统，同时也可提供生活热水；安装了高舒适度和健康的辐射地面供暖系统，通过辐射地面进行制冷和供暖。其高热惯性使其成为被动房住宅的首选。

我们只选用了电力系统，以迎合未来可再生能源的使用，为业主安装自用光伏发电机组提供了灵活性。此外，每月还可以节省额外的天然气能源使用费。

已安装单独的 PHI 认证的热回收通风系统，具有 3 种不同的流量编程，包含在认证的气流范围内。然而，系统的实际流量更大。这一特性使得业主在夏季可以使用免费的制冷通风。所选择的星形分配系统包括能够补偿长管道引起的压力损失的组件。通过这种方式，系统具有预平衡流量，使现场流量监测和平衡测试更加容易。

自动化和控制

气动热气候系统集成了湿度和温度传感器，实现了安装性能的自动调节，以达到预先设定的气候和舒适度条件。中央控制板能够监测设备的能耗和效率以及确定环境、生活热水和辐射表面的设定温度。

讨论和结论

将 PHPP 能源模拟扩展到多户住宅建筑需要投入大量的时间。在要处理的元素数量方面，每个模拟单元有 200 个窗口面板或者在建筑的 2 个阶段都有超过 120 个热桥，所以必须找到更优化的工作流程、系统化控制，并且将建筑设计的自然演变与被动房标准原则的验证联系起来。尽可能地将 PHPP 工具中的所有测量和数据导入数字化和自动化，这对于减少重新计算优化过程中建筑设计的每个变化所花费的时间至关重要。

双向工作流程（如 BIM 方法提供的工作流程）将简化标准的演变，为设计师提供更多时间来考虑结论以及改进和优化所用的建筑解决方案。

在将几何图形建模并导出到 PHPP 方面，DesignPH 工具得到了进一步的发展，但仍然存在遮阳模拟等基本方面的错误。在地中海气候中，遮阳是一个非常重要的考虑因素。

总结

Basa I 是根据被动房认证的多户建筑。本文介绍了在凉爽气候条件下实现能量平衡的主要被动设计策略,描述了如何应用 5 个关键原则以及用于模拟建筑的策略。

在温暖和炎热气候里被动房有效的制冷和除湿战略

盛巳宸 / 被动房研究院

引言和前期工作

被动房标准由被动房研究院制定，是一项国际公认的与性能相关的建筑能耗标准。为了向中国所有气候区的被动房设计提供系统化的基础，被动房研究院进行了大量的研究，并于 2016 年发布了中国被动房气候研究结果。该研究证明，中国各个气候区均可建造被动房，但具体配置必须根据当地条件进行调整。与中国的标准建筑实践相比，被动房可以节省 80%~90% 的供暖能耗以及约 50% 的制冷和除湿能耗。被动房的建造有助于节约能源、节约地利用资源，并实现全球环境保护目标。

在前期工作中，研究人员针对一栋 10 层高的典型中国住宅楼进行了研究。该住宅楼的围护结构紧凑、外表面较小且窗户尺寸适中，户型呈矩形，南向设有开放式阳台，通往阳台的大尺寸玻璃门朝南。为简化制水和机械通风设施的安装，每户的卫生间紧邻厨房。被动房在参照区域的配置值时（表 1），如围护结构的 U 值、玻璃门窗的 g 值、通风系统的效率等，已根据被动房设计包（PHPP）进行了调整，并通过动态建筑模拟进行了验证。

表 1　被动房在参照区域有用的能源需求和峰值负荷

	北京	上海	成都	广州	琼海	拉斯维加斯
有用的供暖需求（kW·h/（m²·a））	8.0	10.1	14.9	1.3	0.0	3.4
有用的制冷需求（kW·h/（m²·a））	7.0	9.2	7.2	17.4	26.0	17.6
有用的除湿需求（kW·h/（m²·a））	5.7	12.2	10.2	20.3	29.2	0.0
24 h 平均供暖负荷（W/m²）	7.6	6.5	7.6	4.0	0.0	3.7
24 h 平均制冷负荷（W/m²）	5.4	5.5	5.5	7.1	7.3	10.1
24 h 平均除湿负荷（W/m²）	7.1	6.3	5.1	5.6	5.7	0.1

由于中国不存在典型的炎热、干燥气候，因此本文选择拉斯维加斯作为参照区域，以便与中国气候进行比较。

制冷和除湿系统面临的挑战和类型

在温暖以及炎热的气候中，保温、可移动遮阳、太阳能防护玻璃或高效红外反射涂料（冷色）等被动技术仅能够降低显热冷负荷。在潮湿的夏季，室外空气较高的湿度水平在一定程度上可通过 ERV 降低。然而，室内居住者、植物、沐浴或烹饪产生的湿负荷相对稳定。被动房的显热冷负荷与潜冷负荷的比值往往低于标准建筑。有时，潜冷负荷甚至会大于显热冷负荷，这可能会导致制冷装置出现问题，例如小型分体式空调或风扇盘管，因为这些装置无法基于适当的显热冷负荷充分对空气除湿。施纳德等人 2016 年的研究结果表明，无论通过送风还是采用分体式空调制冷，都不足以为潮湿气候提供充分的除湿效果。为实现可接受的舒适度，并防止表面冷凝或霉菌生长，应仔细选择并设计适合特定气候的恰当系统，同时可能需要采取一些除湿措施。

因此，在本研究中，我们深入研究了各种系统配置在制冷条件下的性能。在特定的气候中，需要一个可行、简单且有效的系统。我们主要模拟并讨论了 3 种主要类型的制冷系统：分体式空调、送风制冷和混凝土核心温度控制系统（辐射制冷）。我们已将典型值用作参数，如辅助电力消耗和热泵效率（用于确定温差）。对于在实践过程中存在的一些挑战，如低温情况下的控制策略或 DX 蒸发器的使用，本文并未进行讨论。

1. 基于分体式空调的系统

分体式空调是主动制冷最常见且最简单的方法，因此被广泛用于住宅楼中。室内空气通过室内机的制冷盘管实现再循环，通过制冷剂实现直接蒸发，废热通过室外机（冷凝器）排放到室外。我们在一定的送风温度下（假设为 15 ℃），基于变风量对分体式空调的性能进行了模拟研究，结果表明可提供适当的除湿并避免冷气流带来的不适。为了提高除湿性能，可考虑在潮湿气候条件下使用专用的除湿器。我们另外测试了一个简化的室内除湿器，该装置可将室内空气干燥至理想状态 12 g/kg。其废热被排放到室内，因此需要分体式空调以更大的制冷功率运行。

或者，可提升分体式空调的制冷量来满足除湿需求，而同时产生的副作用是显热制冷量升高，可选择安装电再热器来补偿过冷问题。实现室内空气再加热的另一种方法是使用冷凝器产生的废热，这样可节省电力消耗。

正常制冷机制如图 1（a）所示，打开室内机的膨胀阀，因此 2 个热交换器均可作为蒸发器，对循环的室内空气进行制冷和除湿。如果激活干燥模式（图 1（b）），室内机 2 个热交换器之间的膨胀阀会将它们分隔开来，首先再循环的空气将通过蒸发器制冷和除湿，然后由内部冷凝器再加热，因此可以在不降低室内温度的情况下降低室内湿度。基于分体式空调的系统如图 2 系统。

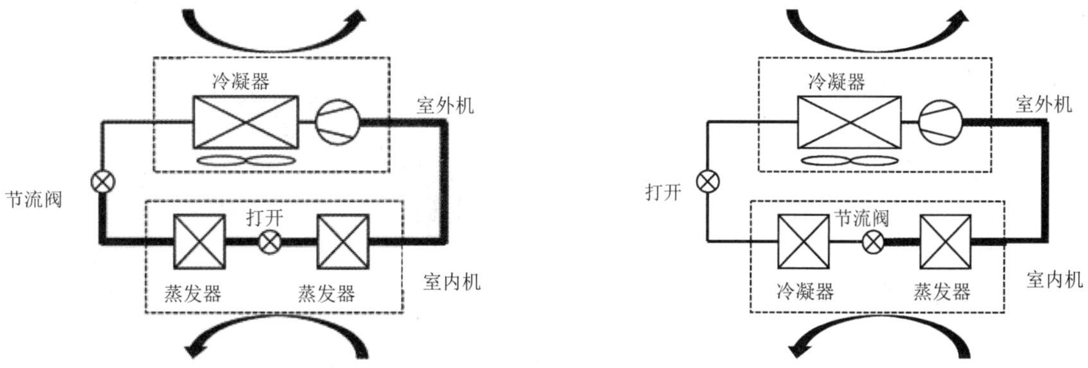

图 1 配有内部冷凝器的分体式空调简化操作机制

（a）制冷模式 （b）干燥模式

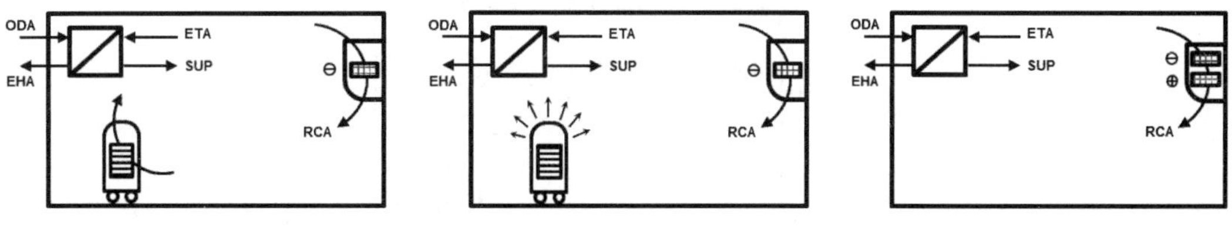

图 2 基于分体式空调的系统（⊕指制暖盘管，⊖ 指制冷盘管，下同）

2. 基于送风制冷的系统

在被动房中，新风通常通过管道系统分配，如果需要，在余热（或能量）回收后，还可进行制冷和除湿，以覆盖冷负荷。本文研究了送风制冷的直接膨胀（DX）系统，并确定了其效率。由于送风量以及可达到的空气温度受限，其最大制冷量为 6~7 W/m²。当制冷量不足时，可以在制冷盘管前增加一些再循环空气，有利于系统的运行。被动房的峰值冷负荷几乎可达正常负荷的 2 倍，因此可通过盘管向气流中添加 100%~200% 的再循环空气。

有时，仅通过送风制冷无法充分进行除湿，因此可在系统中配置一个室内型除湿器。由于产生的废热会排放到室内，且气流流速固定，因此需要借助较低的送风温度进行制冷。

另一种有效除湿的方法为使用可控的环绕式热管，此类热管甚至可以单独控制显热制冷和潜制冷（图 3）。进入空气首先通过预冷的热管盘管进行预冷，然后预冷的空气通过现有的制冷盘管进一步进行制冷和除湿。热管中的制冷剂会在热盘管中冷凝，并将被动热量传递到空气中，这比电力再热系统更加节能。此外，热管的热回收率可通过工作流体的质量流率进行控制。

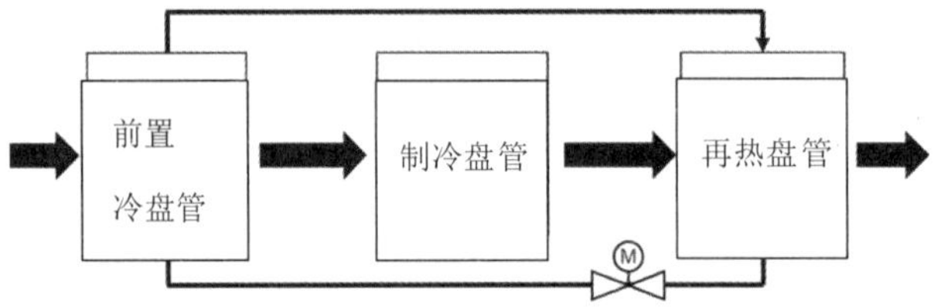

图 3 可控环绕式热管系统的原理

或者，再循环空气也可在与室外气流混合之前，通过送风制冷系统相同的热泵进行制冷。如果有要求，再循环空气可以通过冷凝器产生的废热进行加热，以调整显热冷 / 潜冷比。

基于送风制冷的系统如图 4 所示。

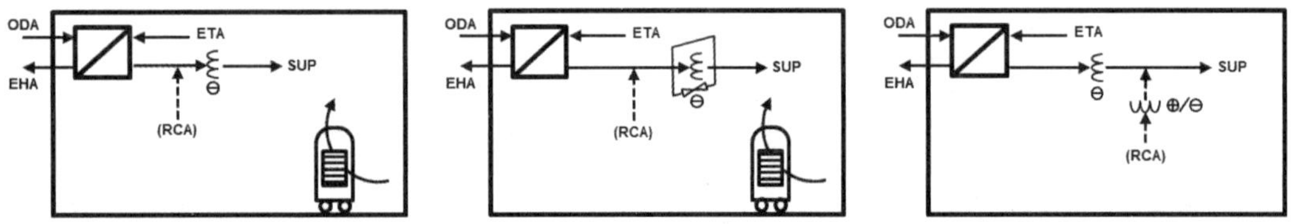

送风制冷＋（再循环空气）＋DH　送风制冷＋环绕式热管＋（再循环空气）＋DH　送风制冷＋调节空气再循环（冷凝器废热再加热）

图 4 基于送风制冷的系统

3. 基于混凝土核心温度控制的系统

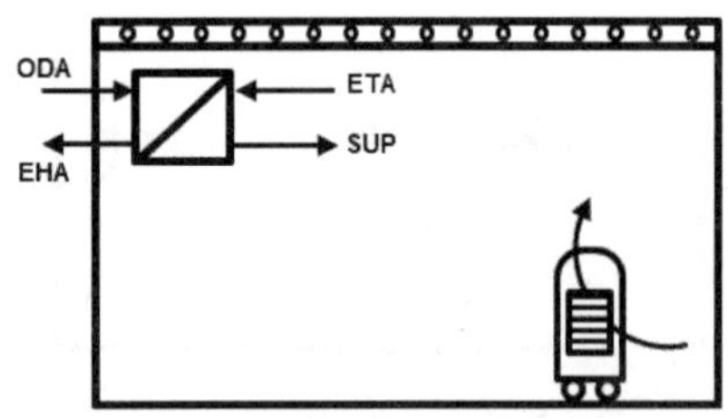

混凝土核心温度控制系统＋ DH

图 5 基于混凝土核心温度控制的系统

混凝土核心温度控制系统（图 5）基于建筑结构（包括大面积的地板和天花板）较高的蓄热能力发挥作用，以吸收或释放能量。管道通常放置在楼板内，以控制混凝土的温度，进而稳定室温。由于可用于热交换的面积较大，因此可使用相对较高的供给流体温度。白天制冷能量从混凝土中排出，然后夜间再用冷水补充。

由于混凝土核心温度控制系统仅能够涵盖显热冷负荷，因此当室内湿度超过上限值 12 g/kg 时，应分别进行除湿。额外配备一个除湿器可能是干燥室内空气最简单的解决方案，其释放的废热可由制冷系统再次冷却。

制冷和除湿系统的对比

1. 基于分体式空调的系统

对于在中国气候区的许多被动房来说，除湿需求有时会超过显热冷需求——SHR（显热比）低于 0.5。因此，在中国大多数气候区中，被动房中标准的分体式空调无法提供充分的除湿效果。因此，额外配备一个除湿器可能是解决该问题最简单的方法。除湿器产生的废热通常会排放到室内，因此会加大分体式空调的制冷功率。总之，这样会使所需能量增加至单个分体式空调所需能量的 1~2 倍。

在分体式空调的基础上增加一个电再热器，并不是一种节能选择，主要是因为其过冷补偿效率较低，但需要超过总电力需求一半的电力。整个系统的 SPF（季节性能系数）仅大约为 1。如果这种过冷可以通过分体式空调中的内部冷凝器再加热，则可以显著提高效率，并可使 SPF 达到 3。

2. 基于送风制冷的系统

原则上来说，在许多夏季气候区，仅通过送风即可实现充分的显热制冷。在盘管上运行一些再循环空气可能是有利的，为了获得更高的效率，只有在需要足够制冷量时才能使用。通过盘管再循环空气具有显著优势，因此为了保证更高的效率，仅在要求充分制冷量的情况下才能使用。

送风制冷面临的最大挑战是除湿。由于送风温度仅由显热冷负荷调节，因此无法单独控制湿度水平。尽管送风温度可能较低，有时可以达到较低的 SHR 值，但在中国气候区内，制冷时几乎也都会启用额外的除湿器，因为其电力需求相对较小。该方法的效率相当于分体式空调加除湿器，且其 SPF 值从 2.6 到 3.4 不等，这取决于具体的气候。

通过使用可控制的环绕式热管，送风的潜冷量可根据要求进行调节。特别是在夏季，可以显著减少除湿器的运行时间。其效率优于没有热管的情况，并且在中国的所有气候区中，SPF 值均高于 3.2。

具有空调再循环功能的送风系统是适用于中国所有气候区的功能系统，因为 SHR/LHR 值可以根据需求进行精确调整。其效率相当于分体式空调加除湿器，且 SPF 值约为 3。

3. 基于混凝土核心温度控制的系统

研究表明，混凝土核心温度控制系统加除湿器在潮湿的中国气候区内的效率最差。制冷机可受益于较高的制冷温度，因此在所有功能系统中，压缩机的电力需求最低。但是，该系统不提供任何除湿功能，且必须与专用的除湿设备相结合。混凝土核心温度控制加标准除湿器的 SPF 值略高于 1。但是，在炎热、干燥的气候中，如拉斯维加斯，该系统具有最佳的效率，其 SPF 值可达 4.5 左右。

参照不同区域制冷系统的季节性能系数如图 6 所示。

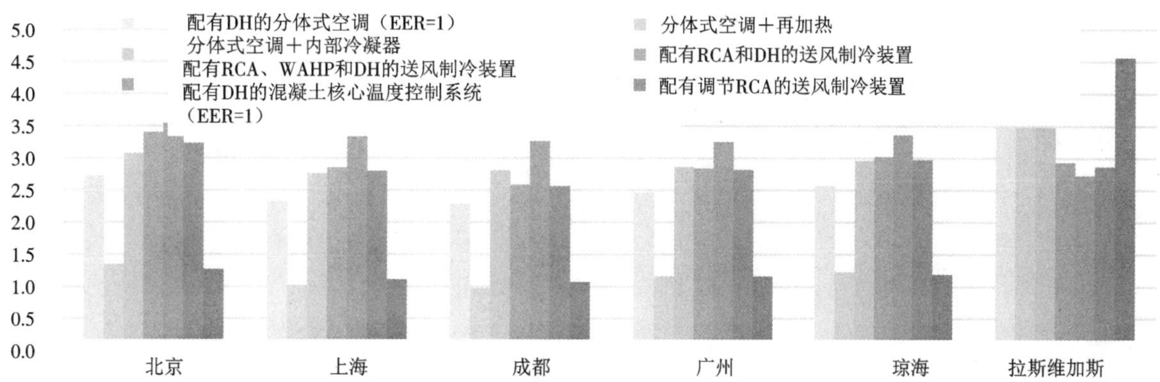

图 6　参照不同区域制冷系统的季节性能系数

结论

对于中国的大多数被动房来说，除湿是最大的挑战。对于制冷和除湿，不论是再循环还是送风系统，基于空气的处理系统都是首选。不建议采用辐射制冷，如混凝土核心温度控制系统，因为这种制冷方式效率低，且除湿器大功率运行会产生噪声。分体式空调设有内部冷凝器和送风制冷系统，可实现调节空气再循环，或配有环绕式热管，使其具有较高的能效。它们在中国大多数气候区都是理想化的，因此需要配有内部再加热的装置。应注意的是，本文中未提及的其他系统配置可能也具有良好的性能。

参考文献

施纳德·J，舒尔茨·T，费斯特·W，等. 中国气候下的被动房达姆施塔特：被动房研究院，2016.

温暖气候中经济划算的多户住宅建筑

皮耶罗·拉索 /Ingegneria Architettura

建筑研究案例

该建筑是意大利首个采用钢筋混凝土框架的多户住宅被动房（图 1）。该建筑位于属于温带气候区的普蒂尼亚诺（巴里），其共有 3 层，包括 8 间公寓，外加 1 个地下停车场。该项目于 2016 年初开始设计，并自 2018 年 6 月建成入住。

为了在不改变当地典型施工方法的前提下获得更好的性能，该建筑以常用的钢筋混凝土框架建造，但却采用了效果更佳的围护结构，也采用了优化的热桥和气密材料。精确的建筑物理参数计算可以精确调整每个组件的大小，以实现成本效益。首先要做的是为精确的位置建立一个合适的长期气候数据集，但目前仍很难做到这一点，因此我们必须补充一些数据，并验证周围区域的多个数据集。

城市规划会限制一些建筑特性，如方向、最大高度和体积，但该建筑的 *S/V* 值较佳，为 0.36。

图 1　南向（左）和北向（右）的建筑立面图

围护结构

钢筋混凝土框架建筑的外部保温层更容易达到高能量性能的要求，而该围护结构未对当地施工方法做出根本性改变。对于外立面，内墙采用黏土空心砖（300 mm）砌筑，而外部保温层采用 EPS（160 mm），使得建筑的 U 值达到 0.16 W/（m²·K）。尽管被动房标准通常建议 U 值低于 0.15 W/（m²·K），但在当地气候下，该数值也可以满足供暖需求。值得注意的是，意大利能源法规中规定的最低标准为 0.34 W/（m²·K）。在屋顶处，岩棉保温层厚度为 180 mm，U 值为 0.18 W/（m²·K）。在地下室天花板处，岩棉层厚度则为 120 mm。

气密性

允许的低漏气率必须经气密性检测证明，并符合欧洲标准 UNI EN 13829：2002。对于 2 种试验方法——方法 A（使用中建筑试验）和方法 B（围护结构试验），在试验条件下（内外压差为 50 Pa），换气率必须低于 0.6/h。该建筑的测量结果如下：

（1）50 Pa 时的换气率为 n_{50}=0.31/h；

（2）50 Pa 时的透气度为 q_{50}=0.421 m^3/hm^2。

认证协议建议在建筑体积大于 1 500 m³ 时，验证 q_{50} 值。

传统上使用的石膏内层，在保证气密性方面可发挥巨大作用。相反，在安装窗户以及在热围护结构上钻孔穿线和布设管道时，需要了解详细的气密性信息。

窗户

在保温良好、气密性高且热桥减少至最少的被动房中，窗户属于关键的组件。图 2 显示了该部分围护结构对整体传输损耗的影响：所有窗户（仅占整个表面的 20%）损耗 17 kW·h/(m²·a)，而其他非透明表面（占 80%）的损耗几乎相同（19 kW·h/(m²·a)）。

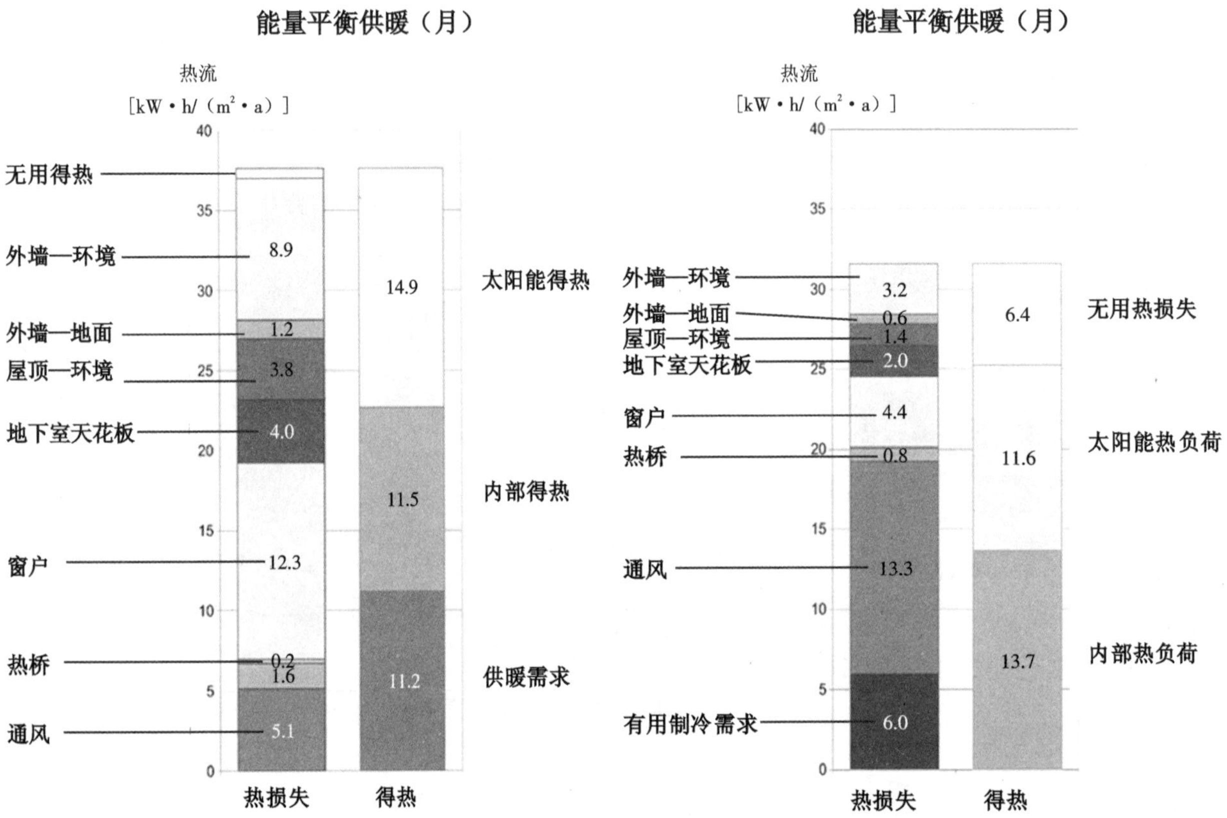

图 2 供暖和制冷的能量平衡。

与非透明的围护结构相比，以单位面积计，窗户的成本通常高出 3 倍左右，而传输损耗通常也高出 3 倍左右。但在冬季，阳光透过窗户照入室内，可以显著弥补总体（较小）热损失。因此，特别是在温暖的气候中，玻璃的 U 值不是唯一需要考虑的因素。为减少热损失，最佳选择是采用 U_g=0.65 W/(m²·K)的三层玻璃，尽管其 g 值为 0.47。相反，双层玻璃的 U_g 值最差（1.10 W/(m²·K)），但却有更好的太阳能透射率（g=0.65）且更便宜。

图 3 对这 2 种选择进行了对比，左图中北立面采用三层玻璃，而其他三面采用双层玻璃；右图中全部立面，均采用三层玻璃。结果明确表明，第一种选择的能效更高。在冬季，南立面如果采用双层玻璃，其传输损耗为 4.159 kW·h/a；而如果采用三层玻璃，则传输损耗为 3.111 kW·h/a。但对于太阳能得热来说，双层玻璃为 6.590 kW·h/a，三层玻璃为 4.765 kW·h/a。总之，在供暖期，南向的双层玻璃比三层玻璃对能耗的影响高出约 50%。

	供暖期间传输损耗 kW·h/a	供暖期间太阳能得热 kW·h/a
北	3 411	950
东	645	424
南	4 159	6 590
西	174	138
水平	68	87
	8 457	8 190

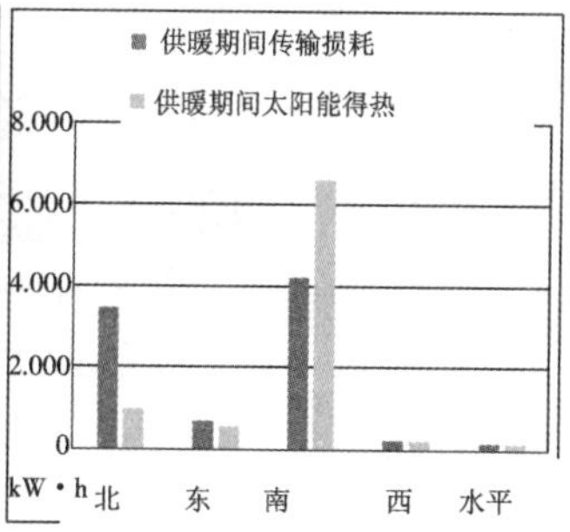

	供暖期间传输损耗 kW·h/a	供暖期间太阳能得热 kW·h/a
北	3 411	950
东	505	306
南	3 111	4 765
西	129	100
水平	68	87
	7 223	6 209

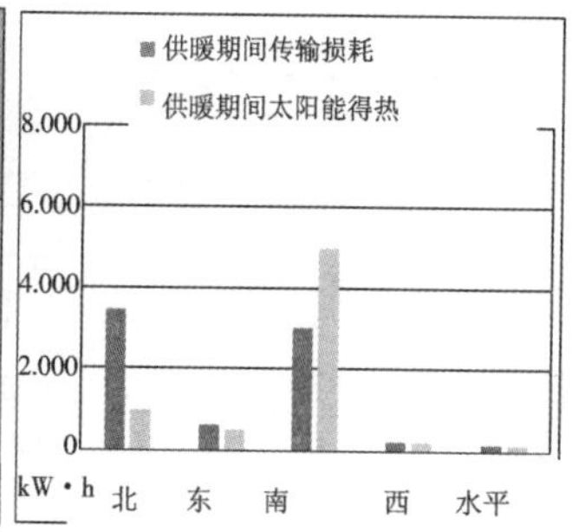

图 3　供暖期双层玻璃（左）和三层玻璃（右）的传输损耗和太阳能得热

对比发现，双层玻璃的损益平衡优于三层玻璃，分别为 −267 kW·h/a 和 −1 014 kW·h/a。

在冬季，从窗户照射入室内的阳光属于得热，但在夏季却会成为负荷，对于温暖气候区来说尤为如此。因此，在早期设计阶段应考虑采用遮阳系统（见图 4）。

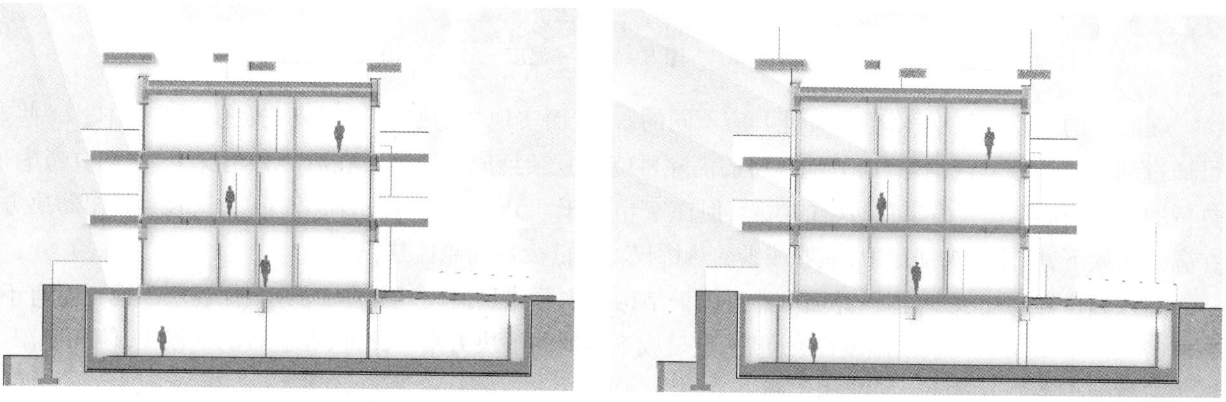

图 4　夏至（左）和冬至（右）太阳辐射的横截面（南—北）

热桥

目前，建筑法规和国家法规中对热桥进行了明确规定，通常要求或建议尽量减少热桥的数量。被动房标准中承认了热桥的重要性，并明确了它们对高性能围护结构的影响，因此被动房建筑需要采用连续的热围护结构。这意味着无热桥结构可确保围护结构具有较高的性能，并从根本上提高能效且达到极高的舒适度。

在保温性能不佳的围护结构中，热桥导致的热损失仅占一小部分，但如果被动房存在同样的热桥，则热桥导致的热损失将在围护结构热损失中占据较大比例。Ψ 值≤ 0.01 W/（m·K）满足“无热桥”标准，不满足该标准的热桥必须使用 2-D 热流模拟模型（如 THERM）单独进行计算，并且应尽量减少热桥的数量。

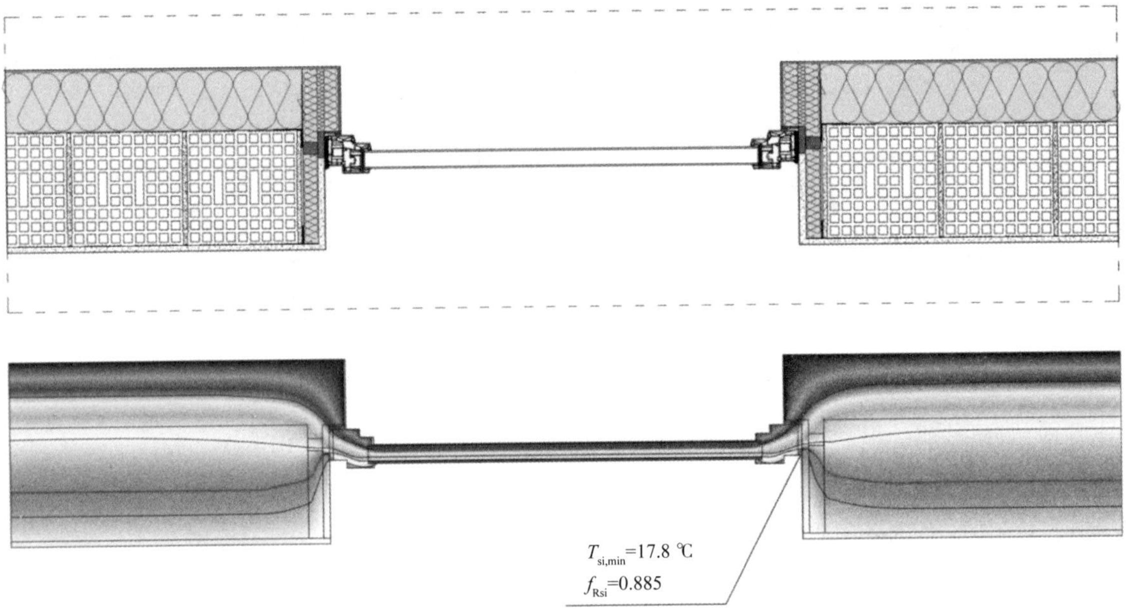

图 5 窗户—温度

在温暖的气候中,热桥对整体性能具有不同的影响,而实现“无热桥”目标将花费较高的成本。一些热桥可通过细节设计减弱或消除,而其他热桥的消除可能更复杂且成本较高。在后一种情况下,需认真考虑每个热桥的内表面温度以及发霉和冷凝的风险,但在 Ψ 值低于 0.01 W/(m·K)的情况下,无法轻易找出解决方案。在温暖气候下,即使在被动房中,能够减少的热桥仅可降低少量的总体热损失。

在保温良好的建筑中,窗墙界面可通过围护结构减少总体热损失。如图 5 所示,保温层和窗户略有不齐,Ψ=0.07 W/(m·K),但内表面温度没有问题,这是成本较低的解决方案。此外,在温暖的气候中,侧面遮阳可在夏季有效减少东西方向的太阳能热负荷。

建筑设备

对于供暖和制冷需求较低的被动房来说,最佳的解决方案是采用紧凑型供暖、制冷、机械通风系统。Nilan 系统包含一个热泵,可以回收气流中的热量,并传输至送风气流和生活热水(DHW)器中。在冬季,热泵可释放储热罐中制冷剂产生的部分热量,以处理制冷剂液过热的问题,然后在送风热交换器中实现冷凝。提取和送风气流通过高效的热交换器,以最大限度地增强整个系统的能效。

根据室内环境的参数,紧凑型系统拥有 4 种工作方式,均由控制系统自动管理,并基于建筑的内部和外部参数来确定具体的工作方式:

(1)被动热回收;

(2)主动热回收;

(3)旁路;

(4)主动制冷。

可使用分体式空调对室内空气(二次空气)进行再循环,以在炎热的夏季满足特定地理区域的峰值负荷需求,并应注意避免不当的操作,如长时间开窗而导致热空气和冷空气的进入。分体式空调集供暖、制冷和除湿功能于一体,处理后的补充空气通过具体的分配系统输送到室内,室内机位于建筑中央天花板下方。

空气分配系统采用获得认证的聚乙烯管,管道内径为 74 mm,可降低通道中的空气流速和压力损失。输送管道采用 λ 值为 0.035 W/(m·K)且具有保温性能的柔性聚乙烯挤压管保护,以避免管道外侧温度降低和冷凝。天花板下方安置的空气收集器,可以更好地平衡空气(一次空气)分配系统。新风通过内径为 160 mm 的管道进入室内，可避免空气短流。分体式空调的再循环空气（二次空气）与机械通风系统的新风通过特定的双喷嘴共同分配到室内。

Nilan Compact P 与分体式空调系统集成化管理。监控装置可直接设置温度、湿度和 CO_2 浓度，并切换空调系统，以达到所需的值。Compact P 中的传感器作为主控制器，一个 RS485Modbus 通信系统控制 2 个空调装置，只有在需要作为增压器使用时，才会涉及分体式空调系统。8 号公寓内的空气分配系统如图 6 所示。

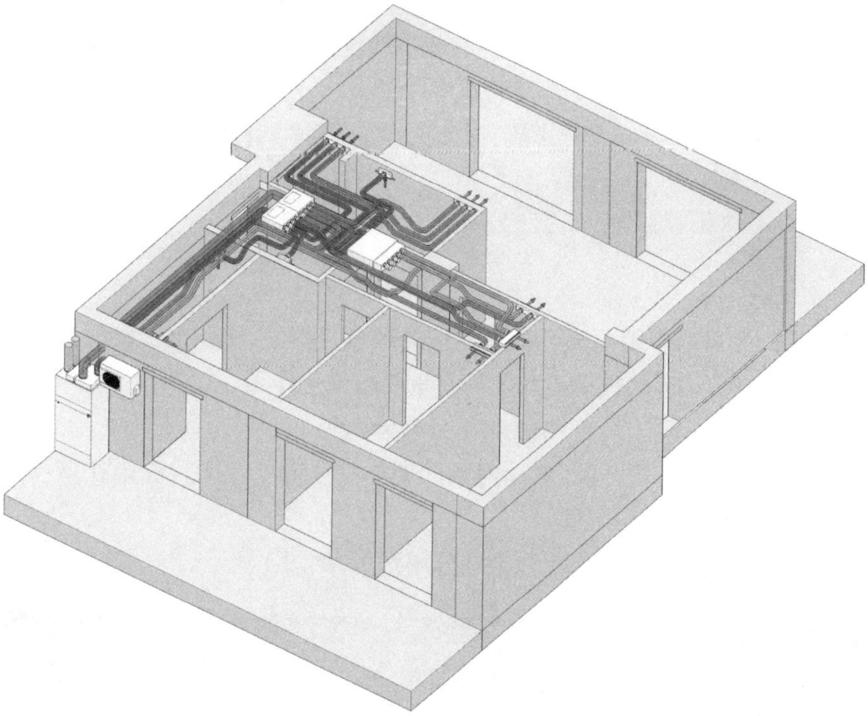

图 6　8 号公寓内的空气分配系统

结论

该建筑中的所有公寓均以与周围同期建筑相同的价格（1 800.00 €/m²）售完，但其他新建房屋都不属于被动房。该建筑采用了更详细、集成化的设计，并利用了被动房设计包（PHPP）的计算结果，同时对施工人员进行了培训，因此该项目的建造成本比其他项目高 3% 左右，但采用的组件不同、能效不同，而最重要的是内部舒适度不同。

参考文献

[1] https://passivehouse-database.org/#d_5308

[2] 拉索·P，普里马韦拉·P. 意大利普利亚区被动房的性价比优化：与普通建筑对比. 博洛尼亚：第五届意大利被动房大会，2017.

[3] 费斯特·W. 各种气候区的被动房. 达姆施塔特：被动房研究院和因斯布鲁克大学，2012.

[4] Causone F，卡卢奇·S，Pagliano L，等. 地中海气候零能耗概念建筑.Energy Procedia62，2014.

成都混合用途建筑——中国中部被动房挑战

米歇尔·沃索弗 /Energiehaus 建筑认证员

摘要

本文旨在介绍四川省会成都混合用途建筑的被动和主动设计策略，以期达到被动房标准。所述建筑的总面积为 2 637 m²，建设工程计划于 2019 年 7 月开始施工。

本文着重分析该项目遇到的技术和文化挑战，详细论述了东西方管理技术的总体战略转变以及具有建设性的垂直热围护结构解决方案。

介绍

四川省位于中国中部，是目前中国西部经济最发达的区域。然而，中国的被动房建筑主要集中在东部沿海地区。因此，介绍该建筑对该地区的被动房开发具有重要的催化作用。

该建筑的居住面积为 2 637 m²，计划于 2019 年 7 月开始施工。

该项目由一家中国本土建筑公司开发，被动房顾问即本文作者。本文旨在描述该项目的被动和主动策略，重点介绍该项目面临的技术和文化挑战。

该项目建筑是非典型欧洲建筑，为半住宅和半办公用楼房，如图 1 所示。

图 1　建筑全景

被动房策略

1. 气候

成都受季风影响，属亚热带湿润气候，全年温暖，相对湿度较高。然而，成都的冬天可能会很冷（1 月平均温度 6.2 ℃），其特点是辐射强度很低（相比于 1 月巴塞罗那南部 113 kW · h/m² 的辐射强度，成都只有 43 kW · h/m²）。因此，在这种情况下，要达到被动房标准是非常具有挑战性的，需要在整个建筑上连续铺设 18~20 cm 厚的保温层，并安装太阳能玻璃（U_g 值为 1.04 W/（m²·K），g 值为 28%）。焓热回收和主动除湿是另外的有效解决方案。

2. 建筑描述

如上所述，该建筑一半为住宅、一半为商用。一楼设有大型接待厅，具备典型社会功能。阁楼包括办公区，带有与一楼相连的开放空间。二楼是标准的办公楼。三楼和四楼都为住宅，其设计时考虑到公司员工的住宿需求，有点类似于酒店。

一楼有一个带专业厨房的餐厅，独立于主楼设计。该“附属建筑”未被作为 PHPP 计算的一部分，因为国家对（气源灶）通风孔的要求使其无法达到被动房气密性要求值。然而，这部分建筑将采用与主楼相同的围护结构解决方案进行施工。

3. 挑战：本地“传统”解决方案背景下的技术解决方案

最初的项目导致了很高的供暖和制冷需求，因此我们必须说服当地建筑师改变原有的建筑设计，减少南北立面的窗户面积（最终减少量约为原始窗户面积的 20%）。因此，被动房窗户的实际额外成本也因窗户面积减少有所降低。此外，还装配了外遮阳设备，以保证夏季的舒适度，因为这个问题最初没有考虑到。

该项目的主要困难在于如何安装垂直热围护结构。根据当地气候，这些结构需要采用 18 cm 厚的 XPS 保温材料。这对施工人员来说是一个挑战，因为他们计划采用混凝土夹层构件（主要结构是混凝土梁），最初计划是采用传统钢筋。为达到被动房标准并减少热桥，我们计划使用碳纤维完成这些构件。对于当地建筑师来说，另一个不常见的解决方案是保温层的厚度很厚，因此内外混凝土板之间的间距较大。优化所有方案后，保温层厚度保持在 18 cm。

规划过程包括由当地建筑师绘制设计图纸，仅大致定义一些施工节点。这就需要在不影响认证目标的情况下，解决该项目热桥的不确定性问题。由于建筑团队在设计阶段和施工阶段之间发生了变更，因此在此过程中必须重新解释和讨论已做出的决策。实际上，设计过程还没有完成，然而施工却很快就要开始了。因此，我们计划提前进行现场考察，以确定最终解决方案（计划于 2019 年 10 月）。

我们的部分工作是指导当地团队（建筑师、工程师、执行公司）制定被动房标准，因此在设计阶段组织了几次研讨会（图 2），并由外部翻译人员协助。此外，一支由中国专家组成的团队来到我们在西班牙的办公室接受更多的强化培训，并参观了当地的被动房部品制造商。为了解决现场问题，我们为中国当地建筑团队和 Energiehaus 西班牙办事处建了一个微信群。

图 2 西班牙团队和中国团队的被动房研讨会在成都举行

在设计过程中,开发人员强调了他们对被动房标准额外成本的关注,因此我们尽量避免使用三玻两腔玻璃,因为这种方案在该地区并不常见,我们对该建筑使用了更加经济的双层玻璃窗。

由于气候潮湿,几乎有一半的制冷需求是用于除湿,因此设计了具有焓热回收功能的机械通风(图 3)。

我们建议客户安装经过 PH 认证的 ERV 设备,从而提高建筑物通风系统的质量。目前已经邀请欧洲制造商和中国当地代理商向建筑师解释并提出解决方案(图 4)。

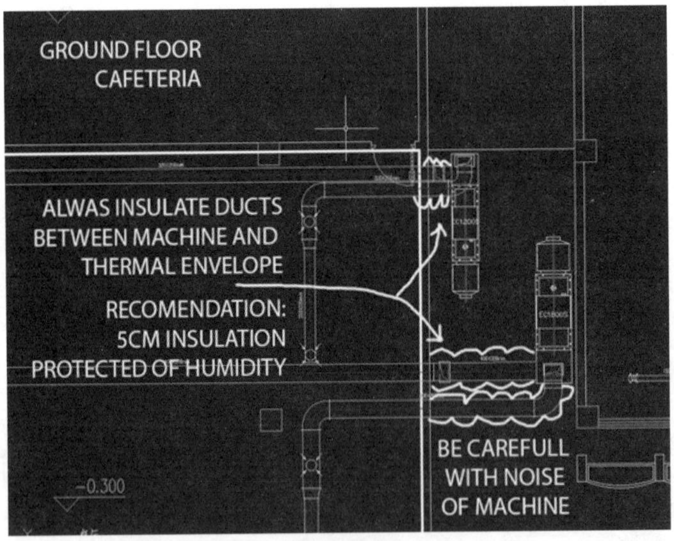

图 3 改进机械通风设计的评估工作实例

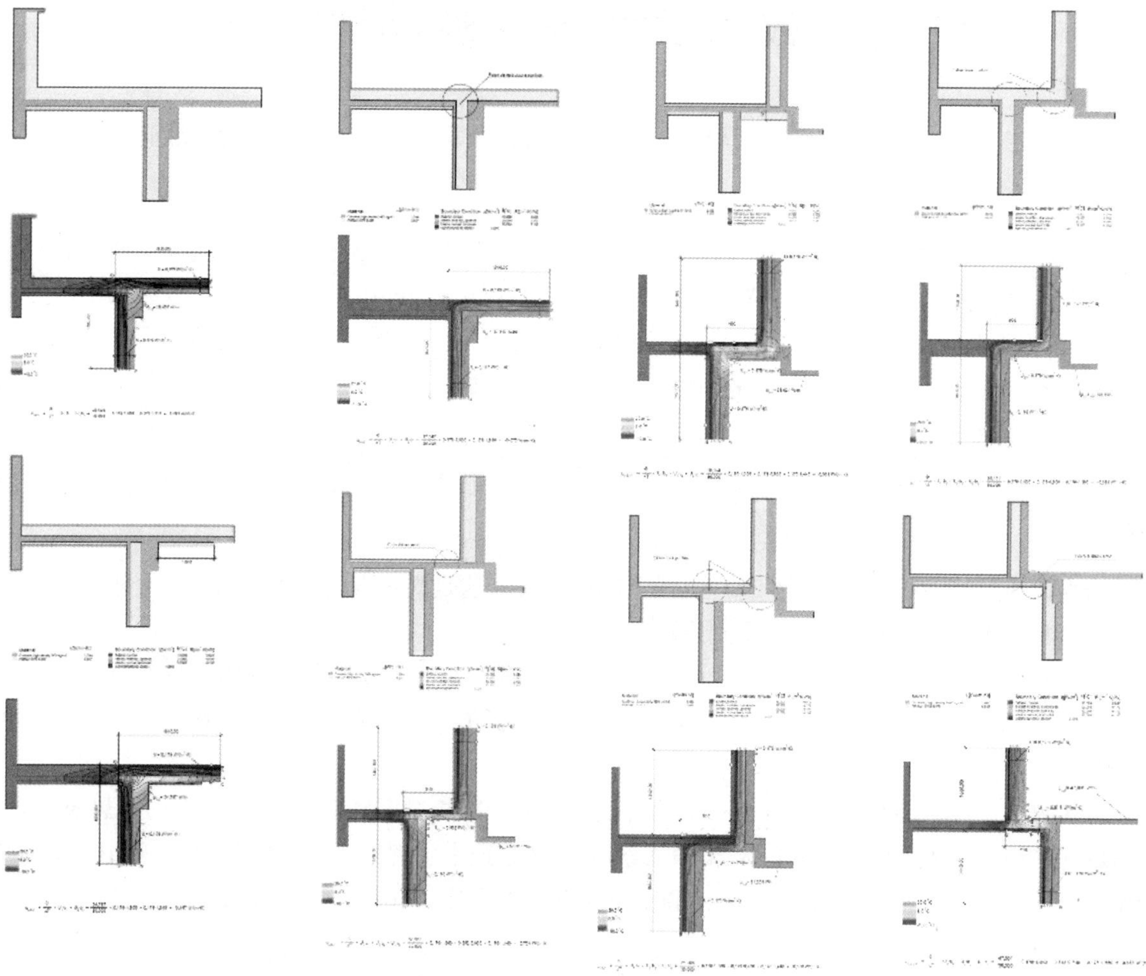

图 4　通过热桥计算选择以改善施工节点

结论和经验教训

由于极端的气候条件，目前中国的被动房设计是一个具有挑战性的问题。中国的被动房解决方案将对全球所有地区产生明显的推动作用，如果中国的第一批经验给出了非常好的预期解决方案，它们将激励项目开发商寻求类似的解决方案。尤其是对于那些不习惯当地建筑传统的西方专家来说，发展被动房需要一个开放的心态和倾听当地习惯的能力，这样才能使东西方之间合作愉快。

参考文献

[1]　尤尔根·施纳德. 欧洲西南部的被动房. 达姆施塔特：被动房研究院，2009.

[2]　米歇尔·沃索弗.De la Casa Pasiva al Estándar Passivhaus. 巴塞罗那：Editorial Gustavo Gili，2014.

通过参数化设计满足被动房标准

胡安 - 巴勃罗·塞普维达·科拉蒂尼 / 澳昱冠工程咨询公司（前身为艾奕康工程顾问公司）

介绍

莫纳什大学是澳大利亚五星级大学之一，致力于到 2030 年实现净零碳排放。作为该战略的一部分，莫纳什大学规定，其位于莫宁顿半岛校园内的新建的 150 个房间、6 层高的学生宿舍（总建筑面积 5 185 m^2）必须符合被动房标准（PHS）及其屋顶必须具备生产可再生能源的功能。这是在莫纳什大学的净零碳排放战略下，第一个按照被动房标准建造的建筑。

确定挑战

被动房强调通过热围护结构来减少寒冷气候下的热损失。这是墨尔本设计团队的第一个被动房项目，但该认证与墨尔本气候之间的相关性经常受到质疑。

由于时间限制，该项目的设计和施工时间仅有 19 个月。因此，有必要给该设计团队提供一些快速指导。设计人员对中欧的经典被动房项目和墨尔本地区的学生宿舍进行了简单的比较，为了理解整体能量平衡，分离出了两个因素：外部热源和内部热源。

初步分析显示，在澳大利亚气候条件下，被动房供暖需求标准相对容易满足。然而，在内外热源的双重作用下，出现了过热的现象（图 1）。图 1 中，步骤 A 表示通过比较来了解项目的气候限制；步骤 B 显示了最初的架构概念；步骤 C 和右侧的一列显示了如何调整设计以解决步骤 A 中确定的主要风险——过热。

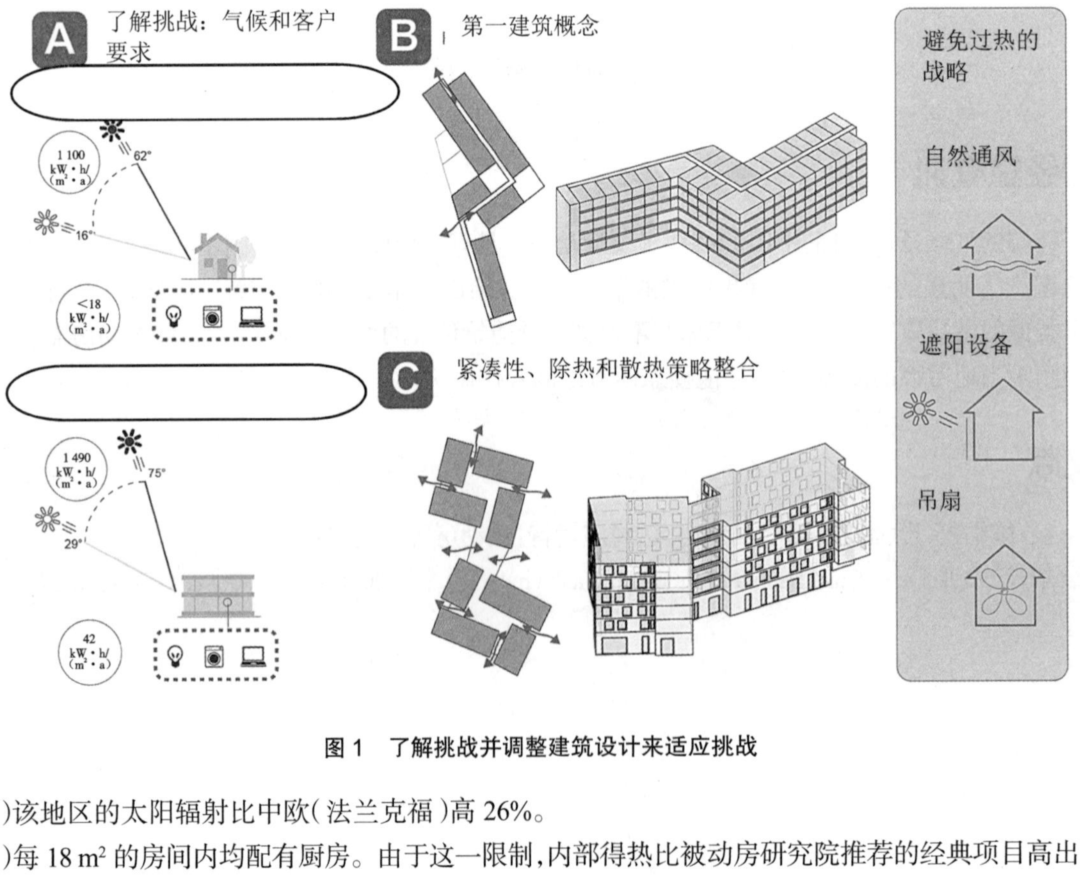

图 1　了解挑战并调整建筑设计来适应挑战

（1）该地区的太阳辐射比中欧（法兰克福）高 26%。

（2）每 18 m^2 的房间内均配有厨房。由于这一限制，内部得热比被动房研究院推荐的经典项目高出 250%。

调整建筑体量以解决过热问题

作为对这些挑战的第一反应，我们修订了最初的构架概念，提高了体积的紧凑性，降低了表面和体积之间的比例。这对项目的经济可行性产生了积极影响，同时有助于减少热传递和太阳能热增益。

为了控制 18 m^2 的房间内热负荷，我们提出了不同的布局。房间的集中度限制在 5 个单位，以便散热。在房间群之间，大型公共自然通风区域可以实现夜间的净化和白天的采光。

为了散热，我们实施了一般原则。在房间内，自然通风由用户通过倾斜和转动可操作的窗户来控制，学生可随意操作。在公共空间中，当外部和内部条件需要通风散热时，由温度传感器机械控制的窗户可消除多余的热量。

考虑到建筑类型和墨尔本的天气，对热围护结构也进行了优化，以更好地平衡当地条件。根据冬季和夏季条件，对建筑结构进行了优化，具体见表 1。

表 1　建筑的结构属性

热围护结构	材料	λ 值（W/（m·K））	厚度（mm）	*U* 值
CLT 墙	CLT	0.13	138	0.3
	胶带	0	0	
	岩棉	0.035	90	
	防雨	0	0	
	空腔	0.1	30	
	外部粉刷	0.066	2	
CLT 屋顶	CLT	0.13	140	0.129
	胶带	0	0	
	岩棉	0.35	280	
	金属板	5	2	
混凝土楼板	混凝土	1.5	220	0.843
	XPS 保温	0.33	30	

参数优化：进化算法

由于建筑体量受到场地的限制，房屋 8 个朝向的立面都需要分别处理。为了减少太阳辐射并确保建筑的夏季舒适性，我们对遮阳板进行了参数化设计和优化，以应对 8 种不同的朝向情况。

这一策略尤为重要，因为客户提出了满足采光百分比绿色之星（澳大利亚绿色建筑认证体系）标准这一额外要求，标准要求初始区域 60% 的面积至少有 80% 的时间要达到 200 Lx 的照度。这一要求产生了两个相矛盾的目标：采光百分比与太阳能热增益。

为了与设计团队一起简化设计流程，我们建立了解决此问题的迭代工作流程。首先将建筑师的原始设计图文件转换为经 Rhino-Grasshopper 参数优化的脚本，并使用多目标优化方法（Pareto Frontier 公式）确定建筑师每个遮阳设备提案的解决方案和立面工程师结构需求（图 2）的解决方案；然后将每个立面方向的最佳解决方案纳入到被动房设计包（PHPP），以确定哪些解决方案也符合被动房标准。

为了确保建筑的每个房间，特别是学生房间达到热舒适度，我们使用 IES（虚拟环境）多区域热力学模拟工具进行了一组额外的模拟，以提供更详细的结果。这种类型的模拟可以确定参考年内任一小时室内的最终温度，然后用心理测量图表重新处理这些结果，以评估吊扇运行的效率。结果表明，如果在每个学生房间都安装吊扇，这些房间将全年保持在热舒适区。

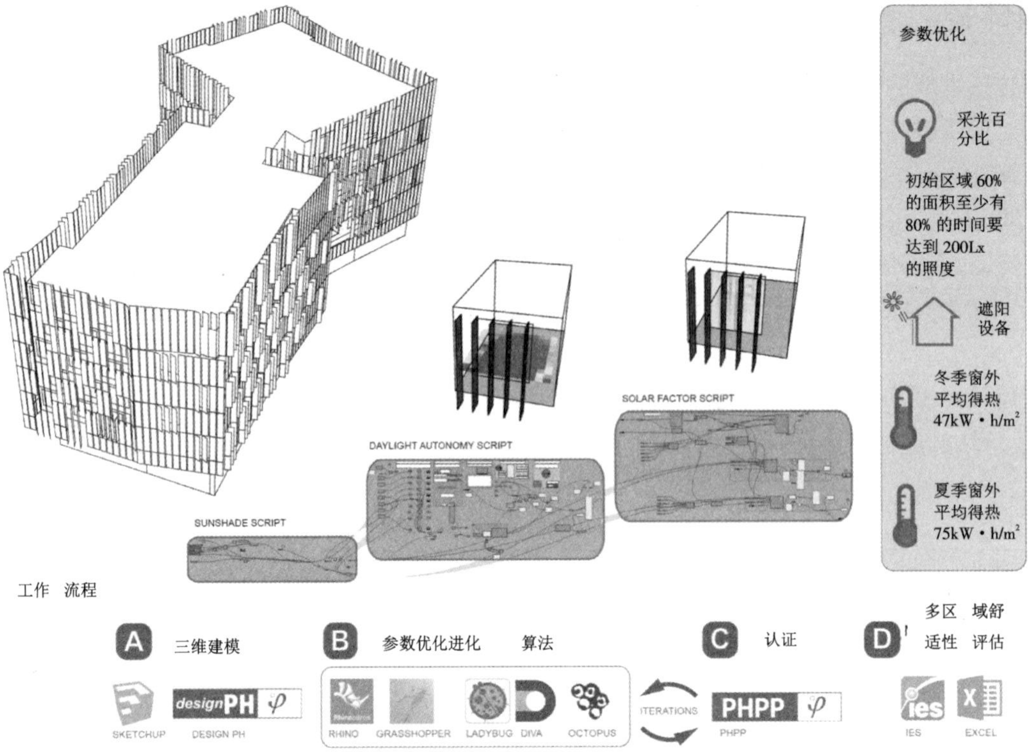

图 2 计算设计工作流程(使用参数优化进化算法找到满足采光百分比标准的最佳解决方案,同时实现夏季和冬季太阳能热增益之间的最佳平衡)

材料选择:正交胶合木

对于设计团队和客户来说,这么短的时间要求是前所未有的。预制是一个可行的解决方案。采用简单一致的无热桥详图设计对于缩短施工时间和最大限度地减少误差是至关重要的。在所有研究备选项中,正交胶合木(CLT)具有许多优势:

(1)本质上,它是一种轻型结构,有助于降低六层建筑在低质土壤上的地基要求;

(2)这种预制品的准确性降低了出现间隙和误差的可能性,并可以使用工厂的设备(电气、液压和机械)贯穿整合;

(3)作为密封膜与密封胶带结合使用,降低了成本和工艺;

(4)材料本身可以降低热桥的影响,这是一个非常重要的考虑因素,因为固定在立面上的外部遮阳板是控制太阳能热增益总战略的重要组成部分;

(5)可减少建筑的总体碳排放,这与莫纳什大学的净零碳排放战略一致;

(6)作为一种中等热惯性材料,能够更好地稳定内部条件和有利于夜间通风净化和被动冷却策略实施。

结论

PHPP 计算表明最终设计符合过热标准(高于 25 ℃时间不超过 10%),并达到了被动房认证标准。预计供暖需求将为被动房标准的 20%(3 kW・h/(m²・a))。此外,设计中还整合了可再生能源系统(60 kWp 光伏阵列),预计每年将为该建筑系统提供四分之一的运行能耗(图 3)。

图 3　项目成果(低能耗,高舒适度的建筑,采用适应气候的设计;现场生产可再生能源,符合莫纳什大学的净零碳目标)

模拟多个区域的结果表明,吊扇可以降低 3 ℃的体感温度,在每个立面最关键的房间 98% 的时间可以达到热舒适度。

成功设计了这套适应澳大利亚气候的被动房,其工程和建筑战略与莫纳什大学的净零碳排放战略相一致。

参考文献

[1] 劳德萨力· M.S,帕克· M,史密斯· A.Ladybug:环境插件参数——用于帮助设计师创建环境意识设计. 第 13 届国际建筑性能模拟协会会议,2013:3129-3135.doi:citeulike-article-id:8354697 。

[2] 莱因哈特·C. 采光手册.2014.

专题论坛 18 政策与补助

北莱茵 - 威斯特法伦州前煤炭和钢铁区域的 50 个太阳能和 100 个气候保护被动房

哈特穆特·穆沙尔 / 德国北莱茵 - 威斯特法伦州经济事务、创新、数字化和能源部

北莱茵 - 威斯特法伦州的经济结构变化

长期以来，北莱茵 - 威斯特法伦州的经济都以煤炭和钢铁为主导，成千上万的人在煤矿和钢铁行业工作，城市发展主要集中在鲁尔地区的工人住宅区，该区域曾是欧洲的工业中心。在过去的几十年里，由于节能建筑和可再生能源的应用，该州的经济结构出现了较大变化。

北莱茵 - 威斯特法伦州在过去 20 年间始终积极推进被动房的建设

自 20 世纪 90 年代末以来，该州政府一直致力于推进被动房的建设，并不断向外界提供此类施工方法优势的相关信息。例如：

（1）在 1998 年杜塞尔多夫第 2 届国际被动房大会以及 2014 年亚琛第 18 届国际被动房大会上与被动房研究院合作；

（2）组织区域被动房日；

（3）各种出版物，如《在被动房中生活：被动房评估》和《成功规划和建造被动房》，现已翻译成中文；

（4）通过 NRW 的推广计划，为被动房的建设提供持续财政支持。

从那时起，我们已经为 NRW 的 6 000 个被动房提供了财政支持。此外，我们还支持在学校、疗养院、幼儿园、写字楼、体育馆、游泳池和市政厅建设被动房。

从单体建筑到住宅区——太阳能和气候保护住宅区

20 世纪 90 年代，北莱茵 - 威斯特法伦州政府还启动了一项倡议，即建设 50 个太阳能住宅区；并在 2009 年倡议建设 100 个气候保护住宅区。建设太阳能和气候保护住宅区的决定性因素包括采用适当的保温措施可降低能源需求以及可利用太阳能和其他可再生能源。经过彻底的评估，跨学科评审委员会（由建筑师、城市规划师和能源技术人员构成）确定了被动房的优越性。

除技术方面外，还涉及其他方面，例如：

（1）连贯的外观设计；

（2）房屋与环境（位置和基础设施）的集成；

（3）主动太阳能系统的创新集成。

1.50 个太阳能住宅区

对于太阳能房屋，在新建筑和现有建筑中实施了诸多不同的能源和建筑概念，涵盖了 20 世纪 20 年代、50 年代和 60 年代的住宅以及新建筑中的被动房。

房屋面向太阳建造，可充分利用太阳光，提供高品质的生活空间。我们不可低估阳光对幸福感的重要性，尤其在冬季。

令人高兴的是，几乎 70% 的被动房都为现有建筑，因此部分房屋的 CO_2 排放量可减少 90%。现在有超过 10 000 人在这些建筑中生活。

2.100 个气候保护住宅区

气候保护住宅内的 CO_2 排放量必须比根据当前国家标准建造的建筑低 50% 左右。在此类房屋中，可选择利用多种可再生能源技术。除了太阳能热能和光伏发电之外，还可采用生物质和热泵。

气候保护住宅已得到较大范围推广，家庭、地产开发商以及住房协会均乐于建设此类房屋，许多现有建筑和新建筑正在进行翻新。目前，42 个气候保护住宅区的建设已完成，51 个正在建设或正在规划。这些项目完成后，北莱茵－威斯特法伦州的气候保护住宅将容纳 17 000 人居住。

结论

近年来，人们越来越关注节能型、太阳能和气候保护住宅的建设。我方项目的成功，一方面得益于能源效率和可再生能源的使用，另一方面得益于建筑和城市的发展。城市规划者和建筑师必须认同节能型被动房，而这只能通过令人信服的示例来实现。

对于被动房的发展来说，政府的支持也十分重要，我方项目正是在州政府的指引下才取得了成功。

这 50 个太阳能住宅区和 100 个气候保护住宅区采用了跨学科知识，并且是以居住为目的来建造的，它们都是独一无二的，欢迎国际团体前来参观。

只有数字可靠——社会住房实际生命周期成本

马丁·普洛斯 / 奥地利福拉尔贝格州多恩比恩县 33 号能源研究所

最初情况、目标和方法

1. 最初情况和目标

奥地利的福拉尔贝格地区是欧洲引入被动房标准的先驱之一，第一批项目实现于 1996 年。由于该标准在研究项目中非常成功，2008 年将其作为地区社会住房最低要求。然而，从 2010 年起，对这一措施的批评声越来越大，批评的主要观点是高额的建造成本和超过理论计算的能耗。

为了回应这种批评，福拉尔贝格能源研究所构思了一个研究项目“KliNaWo”（图 1），这是一个计划改造和监测 19 户典型的社会住房的项目。该项目旨在：

（1）量化能源水平对投资和生命周期成本的影响；

（2）监测热舒适性、空气质量和能耗；

（3）开发一种在生命周期成本内代表许多不同能源概念变体的建筑能源经济优化方法。

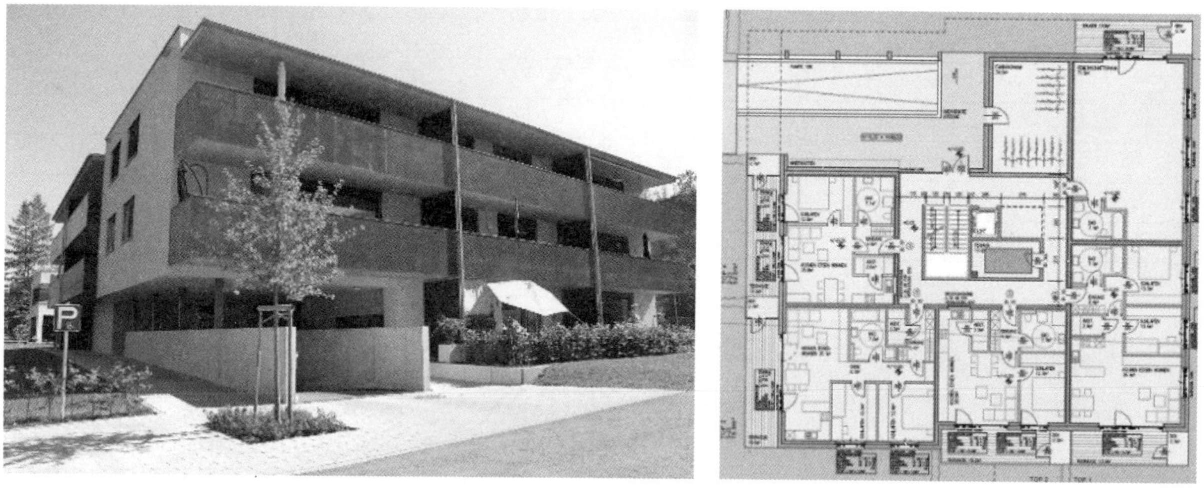

图 1　KliNaWo 项目社会住房、foto 和楼层平面图（Walser+Werle，Feldkirch）

3. 方法

对于该项目，使用在先前项目中成功通过测试的项目过程，即为了一步步优化建筑的能源和经济设计，将经过改造的计划招标分为多个变体。这些变体在围护结构的能源质量、建筑类型、建筑服务等方面各不相同。根据招标结果，确定所有变体的投资成本。基于详细的能量需求量化计算预期的能源成本。最后，所有变体的生命周期成本均由投资成本和能源成本以及预期的维护和更换成本总和确定。

选择实现一个明确的、能源需求极低的、生命周期成本最低的变体。建筑改造完工后，对其能耗以及最重要的舒适度进行监测。

图 2 显示了 KliNaWo 项目中审查的变体矩阵图。

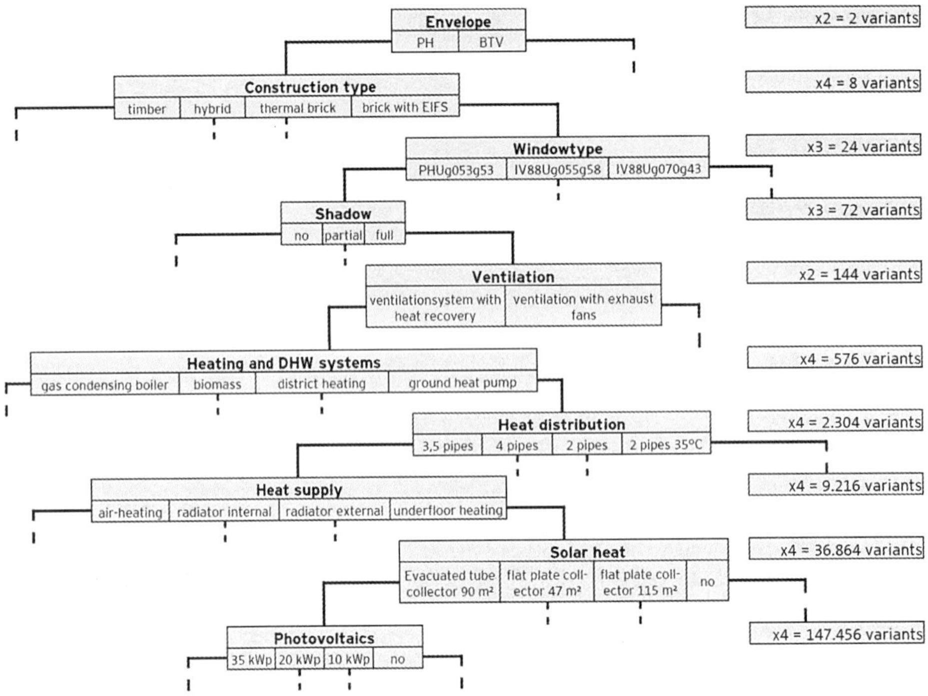

Envelope	围护结构
Shadow	遮阳
Ventilation	通风
Heating and DHW systems	供暖和生活热水系统
Heat distribution	热能分配
Heat supply	供暖
Solar heat	太阳能热
Photovoltaics	光伏
timber hybrid thermal brick brick with EIFS	木材 混合材料 保温砖 带外墙外保温系统的砖块
no partial full	无 部分 全部
ventilation system with heat recovery ventilation with exhaust fans	热回收通风系统 带排气扇的通风系统
gas condensing boiler biomass district heating ground heat pump	冷凝式锅炉 生物质锅炉 区域供暖 地源热泵
air-heating radiator internal radiator external underfloor heating	热风供暖 散热器内部 散热器外部 地暖
Evacuated tube collector 90 m² flat plate collector 47 m² flat plate collector 115 m² no	真空管集热器 90 m² 平板集热器 47 m² 平板集热器 115m² 无

图 2　考虑的变体矩阵(BTV 为最小区域要求，PH 为被动房)

使用 PHPP 自动计算所有变体的能量需求：对于每个变体，除了使用标准边界条件进行计算之外，还进行了具有单独边界条件（例如气温 22 ℃、更高的热水需求等）的计算。

以这种方式确定的值（“消耗预测”）将被用于确定能源成本和计算生命周期成本。有关程序的详细说明、所审查的变体以及计算生命周期成本的方法和边界条件，请参见中期报告。

结论——能源需求、投资和生命周期成本

图 3 显示了能源水平对投标中确定的作为一次能源需求函数的具体净施工成本的影响。

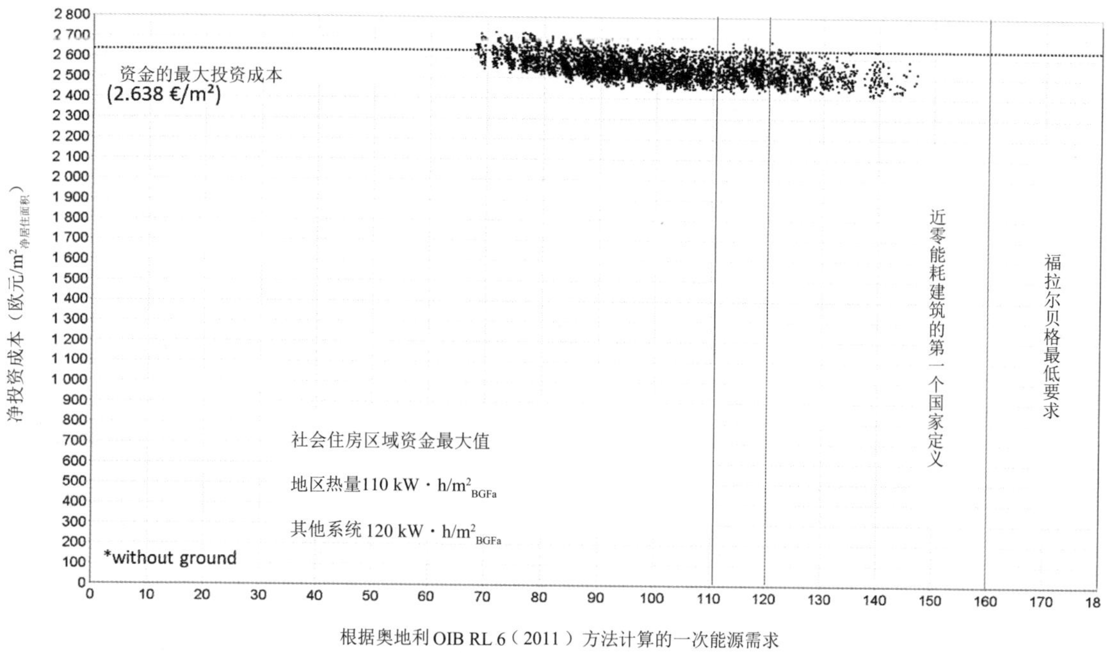

图 3　根据 OIB RL 6(2011)，净施工成本作为使用 EUR/m² 净居住面积计算的一次能源需求的函数

如图 3 所示，建筑的能源质量对建筑成本的影响很小。

能源水平对生命周期成本的影响

图 4 显示了能耗建筑标准对生命周期成本的影响。

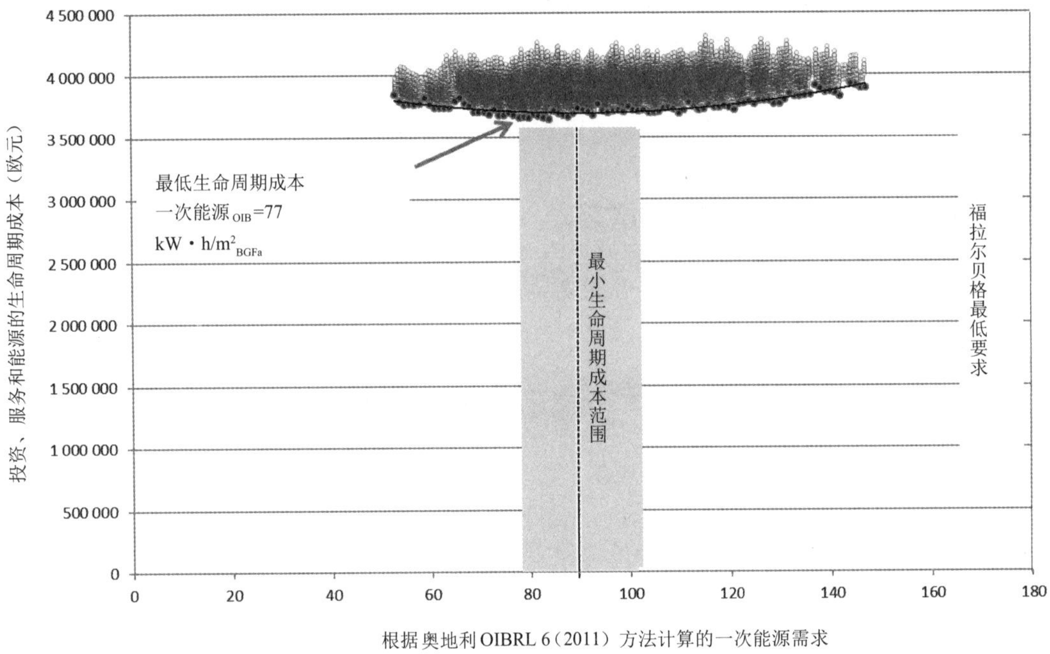

图 4　根据 OIB RL 6(2011),投资、维护和能源的生命周期成本作为一次能源需求的函数
(考虑周期:50 年,没有资金)

如图 4 所示,最佳成本基本持平。这些改造的变体能源需求比当地最小需求节省了 60%,实现了最低的生命周期成本,基本达到被动房级别。

实现变体

选择生命周期成本最低的变体实施。已实现改造的 1 281 m^2 净居住面积建筑具有以下技术特征:

(1)建筑围护结构达到被动房标准;

(2)排气系统无热回收,恒定空气流量为 0.3/h;

(3)一个高效盐水热泵用于供暖,另一个用于产生生活热水;

(4)太阳能热系统(98 m^2 集热器 +6 740 L 缓冲罐);

(5)优化的热分配系统 + 地暖。

结果——舒适度、测量能耗和成本

1. 热舒适性

监测结果表明,其热舒适性非常好。在最寒冷的冬季,室外温度低至 -13 ℃,室内平均气温为 21.9 ℃。整个采暖期的平均室内空气温度为 23.1 ℃。

2. 测量能耗

由于盐水热泵的性能非常好,供暖和热水的最终能耗为 14 kW・h/($m^2_{净居住面积}$・a),略低于 PHPP“能耗预测”的计算结果;监测内的辅助能源消耗为 3.7 kW・h/($m^2_{净居住面积}$・a),略高于计算需求,如图 5 所示。

家庭用电量较低,为 20.0 kW・h/($m^2_{净居住面积}$・a),与 PHPP 计算值非常吻合。

由于能源性能非常好,居住面积为 76 m^2 的公寓每月能耗消费(取暖和热水)仅为 10.60 欧元。

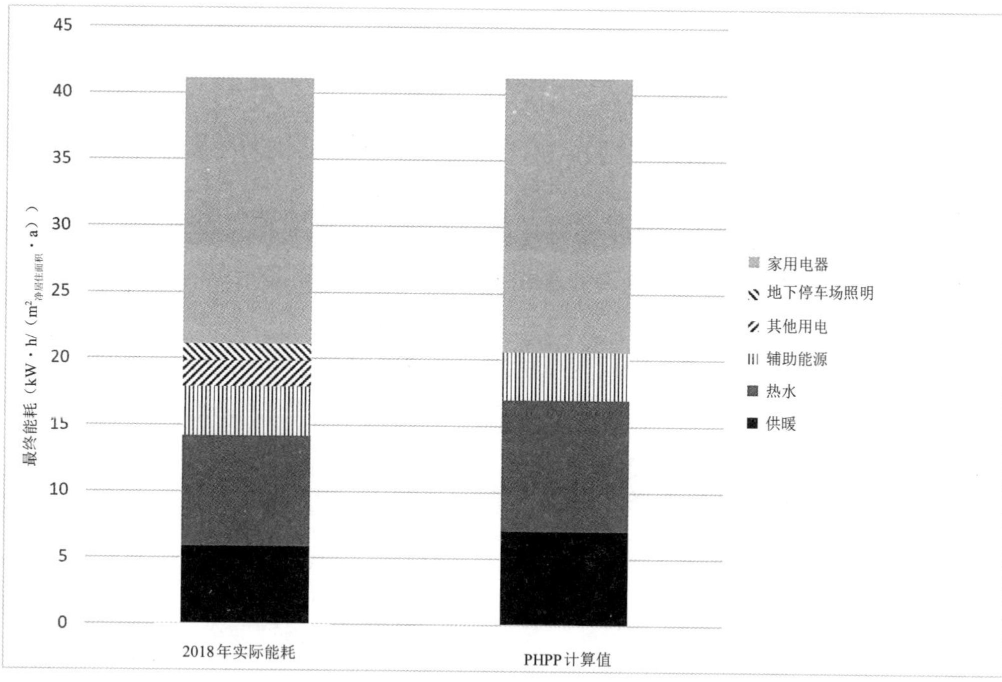

图 5　测量的最终能耗和 PHPP 计算的能量需求

3. 计费成本

由于良好的规划和项目管理，该项目的净施工成本整体为 2 400 欧元 /m^2 净居住面积，低于根据招标成本编制的第一份中期报告中提到的每平方米 130 欧元 /m^2 净居住面积。该值也远远低于社会住房项目成本的极限。

图 6 比较了 KliNaWo 项目与福拉尔贝格地区同时期建设的近 70 个社会住房项目的计费净施工成本，可知 KliNaWo 项目不仅具有更好的能源性能水平，而且成本比其他所有项目的平均值低超过 200 欧元 /m^2 净居住面积，其所示的成本比较更有意义，因为 KliNaWo 建筑与所示其他所有项目的平均规模完全一致。

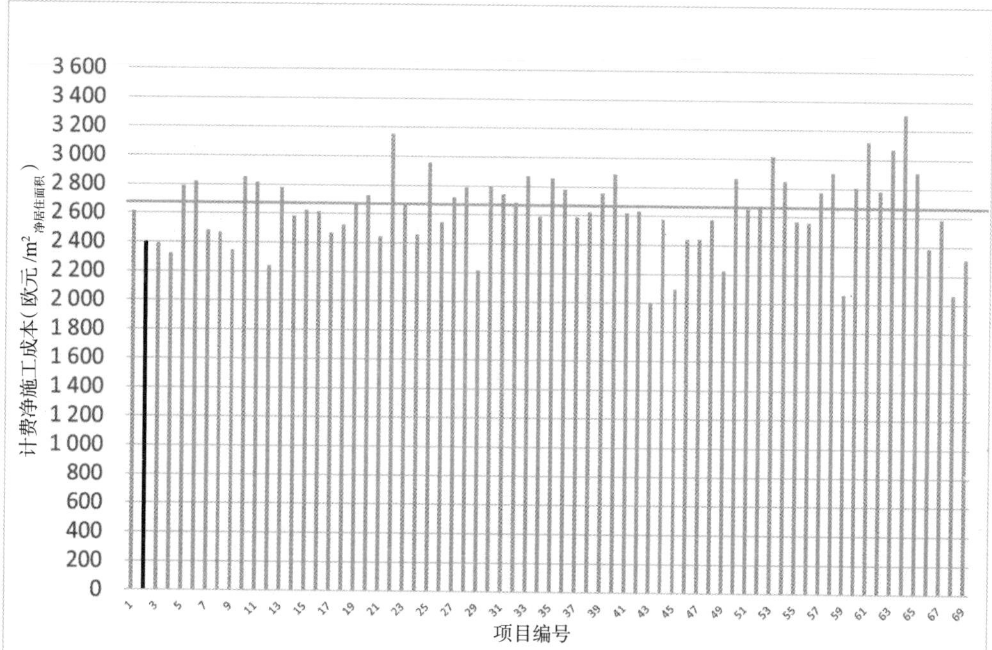

图 6　KliNaWo 项目（黑色线条）与福拉尔贝格地区同时期其他所有社会住房项目的计费净施工成本比较

主要成果

这次 KliNaWo 项目调研总结如下：

（1）供暖和热水的最终能耗非常低，为 14 kW·h/($m^2_{净居住面积}$·a)，与使用 PHPP 计算的需求量非常吻合，该建筑是奥地利最高效的热泵供暖公寓之一；

（2）对于 76 m^2 的公寓来说，供暖和热水的每月计费能源成本极低，为 10.60 欧元；

（3）这座高效建筑的额外投资成本仅为 3%，KliNaWo 项目表明，提高能源效率不是成本增加的驱动因素；

（4）正如生命周期成本计算所显示的那样，极低的能源成本能够补偿额外的能效改造支出；

（5）欧洲中部气候区新建筑公寓的节能优化达到被动房标准范围，即使没有资金，这种节能水平也可以大幅降低生命周期的成本；

（6）这次研究开发的成本最优变体选择方法已经证明了其价值，可用于其他每个项目，与此同时，它已成功用于大约 10 个奥地利项目。

参考文献

[1] Krapmeier H，Drössler E.CEPHEUS：不取暖也可舒适生活. 纽约：施普林格维恩出版社，2001.

[2] 普洛斯·M，等.Modellvorhaben Kostengünstige Passivhäuser Kaiserslautern，Ministerium der Finanzen Rheinland-Pfalz，Kaiserslautern，Forschungsbericht，2001. https://www.edoweb-rlp.de/resource/edoweb:1638720-1/data

[3] 哈特· T. El estándar “Passivhaus” en el centro-sur de Chile: Un estudio parámetrico multifactorial；Universidad del Bio-Bio，Conceptión，2012. http://cybertesis.ubiobio.cl/tesis/2012/hatt_t/html/index-frames.html

[4] 普洛斯· M，哈特· T. Modellvorhaben “KliNaWo” Klimagerechter nachhaltiger Wohnbau，Zwischenbericht Jänner. 多恩比恩：福拉尔贝格能源研究所，2017.https://www.energieinstitut.at/wp-content/uploads/2017/05/Zwischenbericht-KliNaWo-012017.pdf

使公寓在 EnerPHit 改造前后的生活开支接近持平的新金融模式

卡尔·彼得·古森斯 /BouwNext 公司

融资至关重要

融资对于释放全球能源效率的巨大潜力来说至关重要。长期贷款可以提前获得一大笔资金。通过深度改造节约的能源,加上节省了 30 年的维护费用,可以轻松偿还贷款和利息。最近,荷兰阿森市推出了一项颇具前景的构想,为多户住宅的深度能源改造提供资金:一旦承包商提供了长期能效保证,并设立保证基金,就会获批一笔长期贷款用于全面改造。被动房技术是这一过程的催化剂,它能降低能源成本,并且使长期能效的风险降至最低。

为了实现这一目标,政府(市级或省级)必须设立一个保证基金,用于降低因事故导致的公寓楼倒塌给银行带来的风险。虽然风险可以忽略不计,但是银行所提供贷款的利率是 1.9% 而不是 3.5%,这正好可以实现 EnerPHit(按照被动房结构质量标准进行的节能改造),使得在改造前后的住房成本持平。目前已向 2 万多个住房协会提供了这一机会,它们能够在阿姆斯特丹市、赖斯韦克市和阿森市以及整个德伦特省和格罗宁根省使用这一保证基金(图 1)。

图 1　2018 年 3 月 15 日,在阿森市(德伦特省)、乌特勒支省和赖斯韦克市的倡议下,各个城市和地区签署了意向声明:"关于住房协会公寓建筑群可持续性能源持平(多数)的住房成本持平的长期融资"

令人无法拒绝的提议

这种"评估者服务费用模式(Assener Service kosten Model)",将每月的能源账单改为向公寓业主协会收取更高的服务费的方式。服务费是房屋业主一项普遍的财务义务,房屋出售后,该义务将自动转移到下一位业主。

保证基金由阿森市设立，因为荷兰的住宅协会在法律上不能承担超过维护费用的责任，因此不能以其他方式获得贷款。保证基金仅保证协会每月的付款。

与建造商签订的长期维护合同，强化了尽职调查。该协议允许每 5 年调整一次维护计划及其相关的服务费用。

首个以这种方式进行融资并实施改造的是长廊公寓楼“艾伦”（图 2 至图 5），其共有 28 套公寓。“特里多斯”银行提供的贷款，期限为 30 年，实际利率为 1.9%。对大多数个人房主来说，由于他们现有的抵押贷款已经超过了房产价值，所以他们无法获得改造贷款。这一改造，既保证了他们的生活开支不变，同时由于舒适度和外观的改善，公寓的价值也大幅度提升。

图 2　阿森市首个获得长期融资的公寓建筑群“艾伦”

图 3　2018 年 3 月，在慕尼黑，沃尔夫冈·费斯特为 Renolution 公司改造的城市房屋颁发 EnerPHit（按照被动房结构的质量标准进行的节能改造）证书

图 4 2018 年 10 月 1 日，内政及王国关系部 K.H. 奥隆格伦博士（女）参观公寓建筑群"艾伦"（https://youtu.be/-yt7i4dDJ4Q）

图 5 超级组件挂在长廊的正前方，长廊上有一个 Zehnder WHR920 热交换器

高质量，低风险

保温性能的严格改进使供暖的平均预期能源需求降至 12 kW·h/(m²·a)。采用的改造组件由"Bouw Next"建筑顾问公司开发，已经过被动房（改造的城市房屋）认证。该公寓由 Zehnder WHR920 热回收通风系统进行供暖，外加一台用于高峰负荷的电暖器。屋顶上的光伏电池板为每个公寓提供 1 800 kW·h 的电力，为

配套设施（电梯和照明）提供 4 500 kW · h 的电力。现在，它实现了 Plus 等级被动房目标。承包商“Renolution”在现场外生产改造组件，因此最大限度地减少了现场的活动。该公寓建筑改造历时 1.5 个月，保温围护结构在 2 天内完成，每组 4 套公寓，在实施过程中进行了全面的质量控制。“IUNGO”系统可监控若干个不同电路的后续能源使用情况，从而可以在出现问题时进行精确分析。其他案例和分析如图 6、图 7、表 1 所示。

图 6　我们正在实施改造的三座公寓：赖斯韦克市的奥卡利那、瓦格宁根市的诺兰斯、赖斯韦克市的梅尔兹恰特

一套 Plus 等级被动房改造的费用为每套 5.6 万欧元，政府为每套公寓提供 8 000 欧元的资助，一笔 30 年期 48 000 欧元的贷款，利息和还款为每月 140 欧元，利率为 1.9%。

采用综合方法，被动房每月可节省 50 欧元的维护费用。进行 25 kW · h/（m^2 · a）能耗的深度改造后，每月就能节省 90 欧元的取暖和能源费用。通过对 25 kW · h/（m^2 · a）能耗设置保证限制（只有 10% 的消费者例外），同时使 Plus 等级被动房改造达到 12 kW·h/（m^2·a）的能耗水平，这样风险就可以忽略不计了。

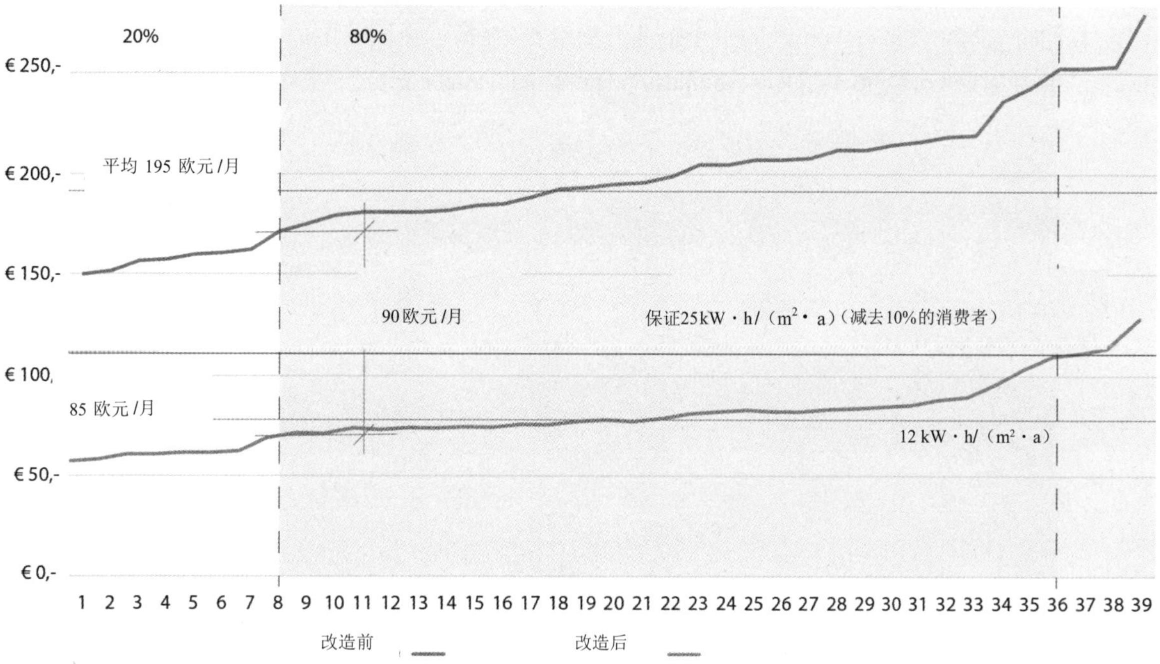

图 7　荷兰赖斯韦克市的奥卡利那 39 套公寓每月的能源费用示例（在改造后，80% 的居民每月生活开支必须与之前持平或者更少，否则没有必要进行改造）

这种服务收费模式为另外 2 万个荷兰住宅协会进行被动房标准的深入改造扫清了障碍。2019 年，我们有 15 个公寓建筑群（大约 50 套公寓）正在改造之中。

表 1　对荷兰阿森市的“艾伦”进行深度改造所商定的性能水平

能源	保证水平	单位	保证期限
每套公寓的最大供暖消耗（kW·h），位于街角和街区尽头的公寓，可能会比这一保证水平多消费 10% 能源	25	kW·h/(m²·a)	30 年
每套公寓至少产生的再生电力	1 800	kW·h/m²	30 年
至少产生的再生电力（供业主协会使用）	100%		30 年
舒适度	保证水平	单位	保证期限
厨房和客厅中可达到的最低温度	21	℃	30 年
卧室中可达到的最低温度	18	℃	30 年
每年夏天，任何通道、走廊中温度超过 26℃的最大小时数量	400	h	30 年
最低的通风量（此外，任何具有热回收功能的平衡通风系统（如 NEN1087 中规定的 HRV/ 系统 D），都将配备有符合 ISSO 62 的一个旁路）	按照荷兰现行建筑法规对新建工程的规定		30 年
气流小于 0.15 m/s	是否有超过 6 户家庭对气流进行了投诉		
室内气候	保证水平	单位	保证期限
二氧化碳浓度保持在 1 200 ppm 以下（用二氧化碳测定仪进行测量）的最小时间百分比	95%		30 年
室内气候达到标准	按照荷兰指南 BRL8010 中的规定		30 年
穿过外墙的最大噪声水平（$G_{A,K}$）	<20	dB	30 年
居住区中公寓建筑服务产生的最大噪声水平（单独考核）	<30	dB	30 年
门、玻璃、窗框的安全标准	按照荷兰 PKVW 防盗指南的规定，或者至少达到 SKG 三星级水平		30 年

首批倡议项目由以下组织开发:约斯特·施莱特伦·谢贡金融,简·威廉·斯洛 Renolution 承包商,本·哈特曼和卡尔·彼得·古森斯 BouwNext 建筑开发公司,埃里克·海宁 COM_zone_ 建筑师公司。

今年,我们将与“DNA in de bouw”的中小企业开展合作,在荷兰全国范围内对其进行推广。https://dnaindebouw.nl/mkb-ondernemers-ontwikkelen- woonlastenneutra-renovatiebedrijf/

对布伦克街区有效节能改造的长期监控成果

蒂洛·孔兹 /WSP 德国股份有限公司
约翰·梭维斯特 / 巴斯夫法国公司

背景

在位于路德维希港（Ludwigshafen）的总部，巴斯夫（BASF）所拥有的住房公司持有大约 6 000 套公寓，它们建成于 20 世纪的不同年代，主要是为其自己的产业工人而建造的。靠近工厂的布伦克维尔特尔（Brunck-Quarter）区在第二次世界大战中被完全摧毁，并从 20 世纪 30 年代起开始在最初规划基础上进行重建。由于年久失修、条件恶劣，许多住宅无人租住，所以 2001 年不得不重新进行修缮。

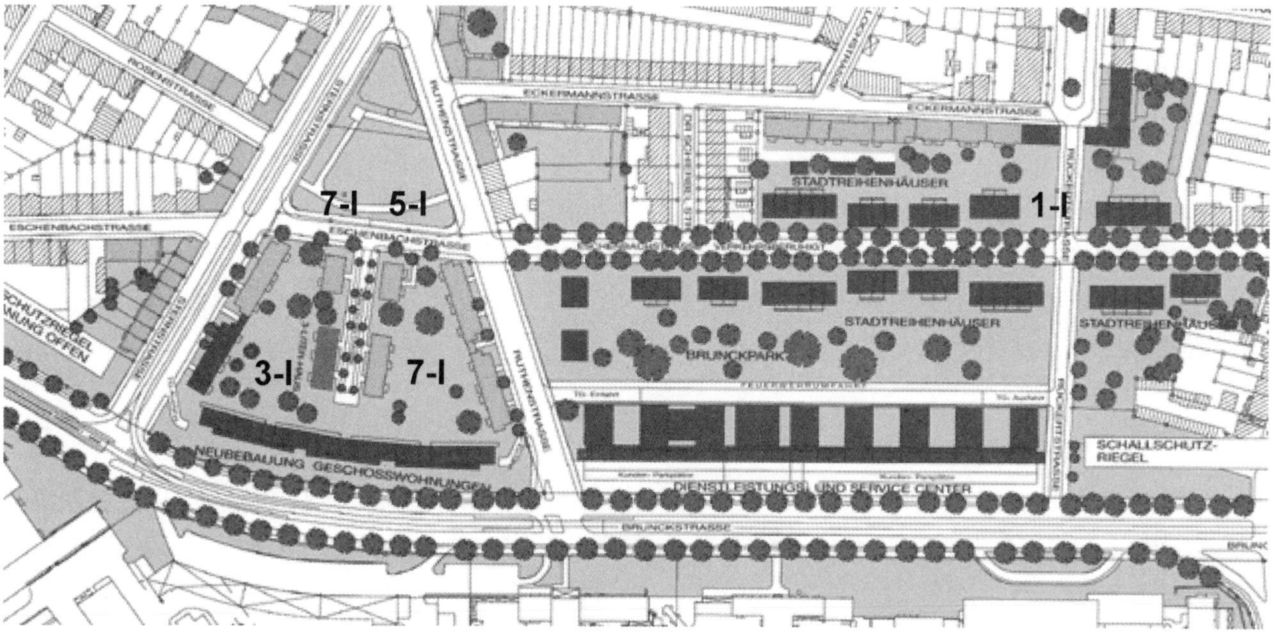

图 1 布伦克维尔特尔（Brunck-Quarter）新建筑工地平面图（深色表示）、符合法定标准的翻新工程（浅色表示）以及试点工程（包括现有的 3-L- 房等级、5-L- 房等级和 7-L- 房等级建筑以及 1-L- 房等级的新建筑）

作为与许多当地利益相关者讨论的全面规划进程的一部分，设计人员制订了现代化解决方案，这些解决方案不仅关注经济方面，而且关注环境可持续性和用户利益方面的问题。通过翻新和新建工程，使建筑可以多用途使用，并具有社会多样性，为所有世代创造了一个充满活力的地区。

改造翻新中的被动房组件

改造的主要目标是以负担得起的费用改善生活舒适度，同时减少能源消耗（改造前的供暖需求超过 200 kW·h/（m^2·a））。与被动房研究院合作，通过使用目前非常常见的被动房组件，开发和实现了不同能效水平的模块化概念。在新建住宅中，实现了 1-L- 房（能耗为 10 kW·h/（m^2·a））；在翻新住宅中，首次使用被动房组件，完成了 3-L- 房、5-L- 房和 7-L- 房（供暖需求分别为 30、50、70 kW·h/（m^2·a））。

所有现有建筑的屋顶和外墙都增加了厚度为 14~20 cm 的保温层，地下室天花板也增加了厚度为 8~20 cm 的保温层，以尽量避免热桥，还采用了双层或三层玻璃的新式窗户。不同标准房屋的主要区别在于通风系统：7-L- 房采用窗户通风，5-L- 房采用排气通风，而 3-L- 房采用机械通风和热回收。翻新工程中用以达到不同能效水平所使用的组件见表 1。

表 1 翻新工程中用以达到不同能效水平所使用的组件

组件	3-L- 房	5-L- 房	7-L- 房
外墙	20 cm，0.035 W/（m·K）	20 cm，0.035 W/（m·K）	20 cm，0.035 W/（m·K）
屋顶	20 cm，0.035 W/（m·K）	20 cm，0.035 W/（m·K）	14 cm，0.035 W/（m·K）
地下室天花板	20 cm，0.035 W/（m·K）	8 cm，0.035 W/（m·K）	8 cm，0.035 W/（m·K）
窗户	三层玻璃，0.80 W/（m^2·K）	双层玻璃，1.1 W/（m^2·K）	双层玻璃，1.1 W/（m^2·K）
热桥	ψ_{TB}=0.05 W/（m·K）	ψ_{TB}=0.075 W/（m·K）	ψ_{TB}=0.075 W/（m·K）
通风	机械通风，热回收 75%	机械排气	窗户通风

长期监测

由于在项目开始之前，几乎没有可供比较的地区现代化的经验，该项目从一开始就得到了科学支持，并通过一项为期 3 年的无故障试运行计划，对可持续性的所有相关方面进行长期监测（对十多年后的成功情况进行审核，并于 2013 年报告），最后 2018 年在现有边界条件下进行经济性重新考量。

第一个监测阶段已经印证了对项目的高期望值。虽然由于个别用户的行为，少量结果存在一定的差异，但是当对整个地区进行平均时，舒适度和效率符合计算值。2013 年，启动了另一项监测计划，汇总了 10 多年来与可持续发展相关的所有方面——技术、社会、生态和经济。由于巴斯夫是一家高性能保温泡沫的制造商，所以监测重点放在他们的产品上。

技术方面

一位独立专家分析了外墙外保温系统（EIFS）的状况。原则上，整个墙体的保温性能仍然正常，抹灰层的一些裂缝是由于施工失误造成的，如保温板没有完全粘在一起（要求中间没有缝隙），钢筋网层位错误，或者窗台与窗帮之间缺少密封带等，适当的施工和密切的监督将保证长期的成功使用。

图 2 造成抹灰层中存在缝隙的原因（施工中的失误（左）、穿过保温缺口（中）以及密封带缺失（右））

社会方面

虽然每个人都知道节能是保护环境的一项基本要求，但是仍然有人对保温和通风系统的使用表示担心。在一项调查中，要求布伦克维尔特尔区的所有居民表明他们对自己的住宅状况的个人满意度（图 3）。

调查结果显示，超过 80% 的居民对他们的公寓至少感到舒适，40% 安装有通风系统的居民甚至表示他们感到非常舒适，而 90% 安装有通风系统的居民表示他们在家里感到舒适或者非常舒适。这样看来，将 EPS

（聚苯乙烯）作保温材料似乎是可行的，因为只有不到 10% 的居民表示不满意或者非常不满意。

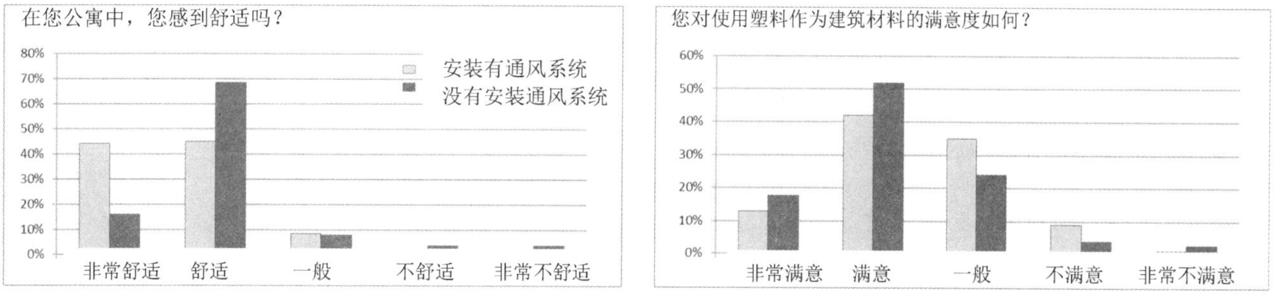

图 3　关于布伦克维尔特尔区居民的居住舒适度的调查（安装通风系统（左）以及使用保温材料（右））

生态方面

供暖引起的 CO_2 年排放量显著减少（图 4），3-L- 房减少了 84%，5-L- 房减少了 75%，7-L- 房减少了 66%。根据当地气候计算的供暖需求，在所有三个级别上都低于政府标准，而且在考虑到实际天气条件后，供暖需求更少。在理论计算中使用实际天气资料，取得了较好的结果。

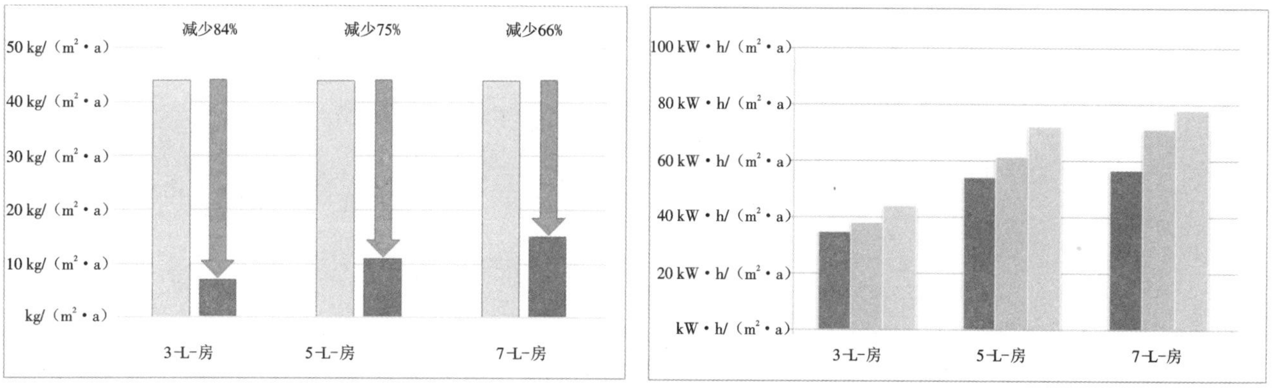

图 4　CO_2 排放量减少（按照能效水平（左）以及基于不同假设（当地天气、当地气候、标准气候）的供暖需求计算（右））

经济方面

2018 年，根据当前边界条件，对经济方面进行了重新计算（图 5）：3-L- 房改造的回收期只有 20 年多一点，5-L- 房改造的回收期更短一点，而 7-L- 房改造的回收期大约为 16 年；保温组件（外墙、屋顶、地下室）的回收期远低于平均水平，而窗户、热桥、通风系统的回收期却高于平均水平。尽管如此，不应该单独进行组件改进，而应该始终将建筑视为一个整体来进行改进。

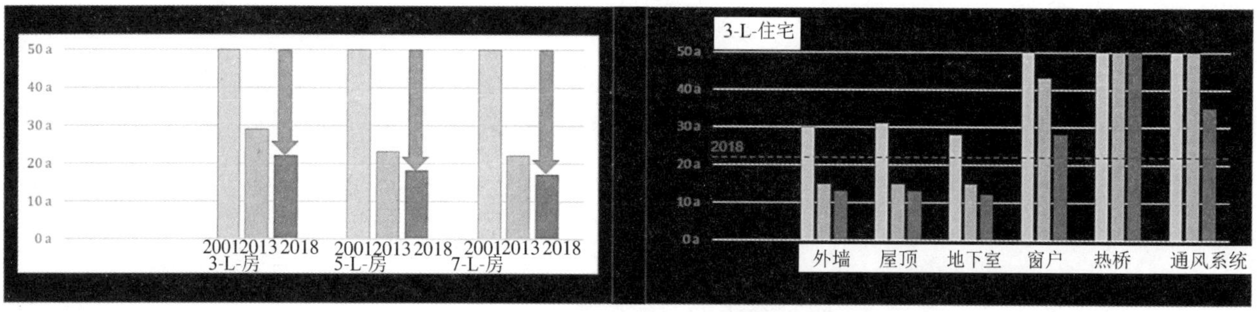

图 5　回收期的缩减，以及单个组件的回收期

通过节能建筑市场的发展，一些产品的价格涨幅小于一般建筑成本（如保温材料）的涨幅，甚至有的产品价格还降低了（如窗户、通风系统）。只要贷款利率和资本利息低于能源价格的上涨，则节能就是环保的，也是有利可图的。由于在舒适度、健康、耐用性等方面存在许多额外的好处，所以能源效率不需要单靠节省费用的观点来提供经费，而且在考虑到所有的好处后，回收期将进一步缩短。

参考文献

[1] 卢沃格.3-L- 房. 巴斯夫旗下的住房公司（现为巴斯夫住房和建筑公司），路德维希港.

[2] 卢沃格咨询公司. 对布伦克维尔特尔住宅现代化的长期监测. 卢沃格咨询股份有限公司，路德维希港，2013.

[3] 蒂洛·孔兹. 保温措施的效率：关于布伦克维尔特尔可持续现代化长期监测的经济方面的更新. 蒂洛·孔兹咨询公司，海德堡，2018.

河北省超低能耗建筑成就与经验

程才实 / 河北省住房和城乡建设厅

摘要:本文从总体概况、研究论证、标准支撑、政策支持、法规建设 5 个方面,阐述了我国超低能耗建筑先行省份——河北省超低能耗建筑的成就与经验,可供发展超低能耗建筑借鉴。

建设成就

(一)示范概况。

到 2019 年 9 月底,全省累计建设超低能耗建筑 67 个,建筑面积 316.62 万 m^2。其中竣工 22 个, 55.52 万 m^2;在建 45 个,261.1 万 m^2。

河北省的超低能耗建筑在全国处于领先的位置,并已经发展为成片建设阶段。在河北,人们对超低能耗建筑的认知日益增强,超低能耗建筑正在成为大众向往、社会推崇的建筑,预示着光明的发展前景。

(二)先河工程

1. 中国第一座超低能耗居住建筑:中德国际技术合作秦皇岛"在水一方"C 区 15# 住宅楼。

"在水一方"住宅小区 C 区一期工程 4 栋住宅楼,建筑面积 28 050 m^2, 2012 年 3 月开工, 2013 年 10 月建成。德国专家对 C15 号楼进行气密性测定结果为 0.26,通过了德国能源署质量认证,标志着我国第一座超低能耗建筑的诞生。

C 区 15 号住宅楼建筑面积 6 718 m^2,地下 1 层、地上 18 层,混凝土剪力墙结构,获得我国三星级绿色建筑设计标识。与当时执行的 65% 居住建筑节能标准相比,年供暖和制冷可节约标准煤 59.36 t,减少 CO_2 排放 155.52 t。室内空气清新度、温湿度、洁净程度均明显优于普通居住建筑。该项目在全国起到了重要的示范引领作用。

"在水一方"住宅小区 C 区二期工程 2 栋住宅楼,建筑面积 21 098 m^2, 2014 年 3 月开工, 2016 年上半年建成。其中的 C22 号住宅楼建筑面积 11 314 m^2,与当时执行的 75% 居住建筑节能标准相比,建造成本增加 577.1 元 /m^2,但其社会、经济、环境效益非常显著。

2. 中国第一座超低能耗公共建筑:中德国际技术合作河北省建筑科技研发中心科研办公楼。 河北省建筑科技研发中心科研办公楼位于石家庄市鹿泉区上庄镇,总建筑面积 14 527 m^2,地下 1 层,地上 6 层,混凝土框架结构。2012 年 6 月开工, 2015 年 4 月建成交付使用。德国专家对河北省建筑科技研发中心科研办公楼进行气密性测定结果为 0.22。

该项目获得德国能源署认证、我国三星级绿色建筑设计标识。与当时执行的 50% 公共建筑节能标准相比,年供暖和制冷可节约标准煤约 224 t,减少 CO_2 排放量约 587 t。室内热舒适环境、空气品质比普通办公建筑有很大提升。时任德国外交部长、现任总统费兰克 - 瓦尔特·施泰因迈尔等中外各方人士莅临观摩。该项目为编制河北省《被动式超低能耗公共建筑节能设计标准》提供了重要技术支撑。

(三)最大项目

全球最大、规划建筑面积 120 万 m^2(超低能耗区域面积 82 万 m^2)的高碑店市列车新城项目,一期一标段 26.8 万 m^2(超低能耗区域面积 21 万 m^2)业已建成,二标段 17.4 万 m^2(超低能耗区域面积 13.8 万 m^2)正在建设中。

作为规模宏大的超低能耗建筑综合社区，2018 年初在德国慕尼黑举办的第 22 届国际被动房大会上，“高碑店·列车新城”获得了中国首个 PHI 区域预认证。通过建筑能耗模拟计算，本项目与当时执行的 75% 居住建筑节能标准、65% 公共建筑节能标准相比，冬季供暖节约标准煤 2 456 t；夏季制冷节约电能 687 万 kW · h，折合标准煤 1 754 t。

综上所述，本项目年节约标准煤合计 4 210 t，减少 CO^2 排放 11 031 t，减少 SO_2 排放 36 t，同时大大提高居民的幸福指数。列车新城项目将为我国乃至世界大规模推广超低能耗建筑提供借鉴。

研究论证

开展了《河北省发展被动式低能耗建筑的可行性研究及建议》课题研究工作。本课题由河北省建筑科学研究院承担。课题内容既有政策性的研究及建议，也有技术性的支撑和创新。主要内容及创新点如下。

（1）全面分析，得出结论。从环境气候条件、建筑类型适用性、居民生活习惯、技术可行性、经济可行性、政策可行性 6 个方面，对河北省的现状进行分析研究，得出河北省发展超低能耗建筑适用可行的结论，提出了超低能耗建筑的发展策略。

（2）政策研究，提出措施。政策研究方面，通过河北省建设“建筑节能省”可持续研究，构建了“建筑节能省”的总体目标及指标体系，并提出了政策性保障措施建议，其中很重要的一项是提升建筑能效。

（3）技术研究，给出做法。通过超低能耗建筑外围护结构保温体系研究，给出了适用于河北省超低能耗建筑的外围护结构保温体系性能保障的技术措施和做法，为发展超低能耗建筑提供了技术保障。

（4）因地制宜，拓展研究。按照课题鉴定意见和建议，作为后续支撑技术研究的经济型超低能耗建筑技术研究，分析了建筑能耗的影响因子及权重比例，构建了严寒、寒冷地区经济型超低能耗建筑的技术指标体系，提出了适用于经济型超低能耗建筑的施工措施建议。

依据《河北省发展被动式低能耗建筑的可行性研究及建议》研究成果，河北省及其各地陆续出台了促进超低能耗建筑建设的相关引领性政策。

标准支撑

自 2015 年 2 月至 2019 年 9 月，河北省先后编制实施超低能耗居住建筑、公共建筑节能设计、施工、验收、评价、检测 5 部标准，在全国处于领先水平，填补国内标准空白，基本构建了全省超低能耗建筑标准体系。

（1）《被动式低能耗居住建筑节能设计标准》，2015 年 2 月 27 日发布，2015 年 5 月 1 日实施。

（2）《被动式低能耗建筑施工及验收规程》，2017 年 6 月 25 日发布，2017 年 9 月 1 日实施。

（3）《被动式超低能耗公共建筑节能设计标准》，2018 年 6 月 23 日发布，2018 年 9 月 1 日实施。

（4）《被动式超低能耗居住建筑节能设计标准》，2018 年 9 月 25 日发布，2019 年 1 月 1 日实施。

（5）《被动式低能耗居住建筑节能构造》，2016 年 6 月 1 日实施。

（6）《被动式超低能耗建筑评价标准》，2019 年 9 月 9 日发布，2019 年 10 月 1 日实施。

（7）《被动式超低能耗建筑节能检测标准》，2019 年 9 月 9 日发布，2019 年 10 月 1 日实施。

政策支持

1. 省级层面

自 2014 年开始，省财政每年安排建筑节能专项资金，对超低能耗建筑建设进行补助。补助标准为：10 元 /m²，单个项目最高不超过 80 万元。自 2018 年开始，补助标准调增为：100 元 /m²，单个项目最高不超过 300 万元。

2. 市级层面

石家庄、保定、张家口、衡水、承德、沧州、定州等市，均出台了超低能耗建筑支持政策。现以石家庄市为例简要介绍。

2018 年 2 月 14 日，石家庄市人民政府印发《关于加快推进被动式超低能耗建筑发展的实施意见》（石政规 [2018]3 号），其中明确：

（1）给予用地支持。对按照被动房标准要求建设的项目，优先保障用地。

（2）在容积率上给予支持。在办理规划审批（或验收）时，对于采用被动房方式建设的项目，按其建设被动房的地上建筑面积 9% 给予奖励，不计入项目容积率。奖励的不计入容积率面积，不再增收土地价款及城建配套费用。

（3）优化办事流程。为被动房项目报建手续开辟绿色通道。对主动采用被动房方式建造的单体建筑，投入开发建设资金达到工程建设总投资的 25% 以上和施工进度达到主体动工（已取得《建筑工程施工许可证》），可办理《商品房预售许可证》；被动房建筑在办理商品房价格备案时，可上浮 30%。

（4）给予差别热费（居民）和热力贴费（非居民）减免。支持优先采用清洁能源作为被动房补充供热方式。不参加集中供热的免收差别热费（居民）和热力贴费（非居民）；参加集中供热的差别热费（居民）和热力贴费（非居民）按 20% 收取，用户实行计量收费。

（5）给予财政补贴。对符合被动房节能标准的建筑项目，竣工后经专家评定，达到被动房建设标准，由市财政给予补贴。

2018—2019 年开工建设（已取得《建筑工程施工许可证》时间为准）的，每平方米补贴 200 元，单个项目不超过 300 万元；2020 年开工建设（已取得《建筑工程施工许可证》时间为准）的，每平方米补贴 100 元，单个项目不超过 200 万元。政府投资项目，增量成本部分可计入投资预算。

2018 年 5 月 25 日，石家庄市住房城乡建设局、发展改革委、城管委、国土资源局、城乡规划局、财政局、行政审批局等 7 部门联合印发《关于落实被动式超低能耗建筑优惠政策工作的通知》（石住建办 [2018]108 号），从 9 个方面进行了细化，明确了部门责任分工。

法规建设

《河北省促进绿色建筑发展条例》（以下简称《条例》经河北省第十三届人民代表大会常务委员会第七次会议于 2018 年 11 月 23 日通过，2019 年 1 月 1 日起施行。

《条例》填补了河北省绿色建筑缺乏地方性法规的空白，并对超低能耗建筑作出了明确规定，为促进超低能耗建筑发展提供了法规依据，具有划时代重要的意义。

（一）明确应用比例。在第二章“规划、设计与建设”第八条规定：“绿色建筑专项规划应当确定新建民用建筑的绿色建筑等级及布局要求，包括发展目标、重点发展区域、装配式建筑、超低能耗建筑要求和既有民用建筑绿色改造等内容，明确装配式建筑、超低能耗建筑和绿色建材应用的比例。”

（二）支持示范建设。在第四章“技术发展与激励措施”第二十四条规定：县级以上人民政府应当根据绿色建筑专项规划，安排资金重点支持“三星级绿色建筑、超低能耗建筑、既有建筑绿色改造等示范项目建设。”

（三）容积率的优惠。在第四章“技术发展与激励措施”第三十三条规定，对研发绿色建筑技术、产品材料和建设、购买绿色建筑的，按照下列规定予以扶持：“（三）符合超低能耗建筑标准建设的居住建筑，因墙体保温技术增加的建筑面积，不计入容积率核算。”

专题论坛 19

中国项目:被动房住宅项目

处理 25 m² 单元内厨房的新鲜空气并实现废气流通。

507 **陈守恭**

上海舜元被动房项目

舜元被动房建于 2018 年，是自 2010 年世博会德国馆汉堡之家后，上海首个获得认证的被动式房屋建筑。其木结构填充岩棉保温层、三层玻璃窗以及具备热回收和湿度调节的通风系统、集成加热和冷却系统符合被动房标准。

509 **朴伯烈，郑成**

韩国被动房村

我们在一个小居民点中成功地实现了 18 所经认证的被动房或低能耗建筑。在这 18 所房屋中，6 所达到被动房标准，12 所达到低能耗建筑标准。

天津生态城高层被动房住宅楼项目

罗尔夫·德姆勒 / 索杰建筑设计咨询(上海)有限公司

天津中新生态城被动房

2015 年秋，索杰建筑设计咨询(上海)有限公司受天津生态城投资开发有限公司的委托，为根据德国 PHI 被动房标准设计的 2 栋 16 层公寓楼的建设提供咨询建议。这 2 栋建筑是总体规划住宅区(图 1)中的一部分，预计于 2019 年夏季完工，届时将成为亚洲最高的被动房建筑。

图 1　正在建设的 4 和 5 号楼(2019 年 5 月)

天津生态城的总体开发本质上遵循广泛的可持续原则，如土壤生态修复和可再生能源利用等原则。此类可再生能源包括风能、太阳能和地热能，构成了中国地区级首个智能城市电网。当然，绿色建筑策略在生态城的建设中起着至关重要的作用。所有建筑都需满足中国绿色建筑标准的要求，但这 2 栋高层被动房建筑在舒适度、能耗和耐久性方面均超越了该绿色建筑标准的要求，同时为中国将来的建筑实践提供了质量参照。

设计手册

1. 设计手册——作为沟通工具

正如中国规划实践中的典型情况,索杰建筑在方案设计(SD)阶段结束后才参与项目。因此,该项目面临的第一个挑战是开发一个快速可靠的工具,用于管理和协调复杂的被动房设计活动,同时促进项目参与者(即业主、项目管理方、当地设计院(LDI)部门和被动房研究院(PHI))之间的沟通。

因此,各方确定将《设计手册》视为解释、开发、参考、检查、执行并最终记录这2栋高层被动房建筑设计和施工过程的一体化文件。该《设计手册》主要包括A、B和C 3章内容。

《设计手册》A章主要介绍了项目目标,包括被动房设计包(PHPP)的概述、职责、项目进度和质量保证程序以及总体规划(平面图、截面图、立面图)和技术系统策略与组件的描述(图2)。

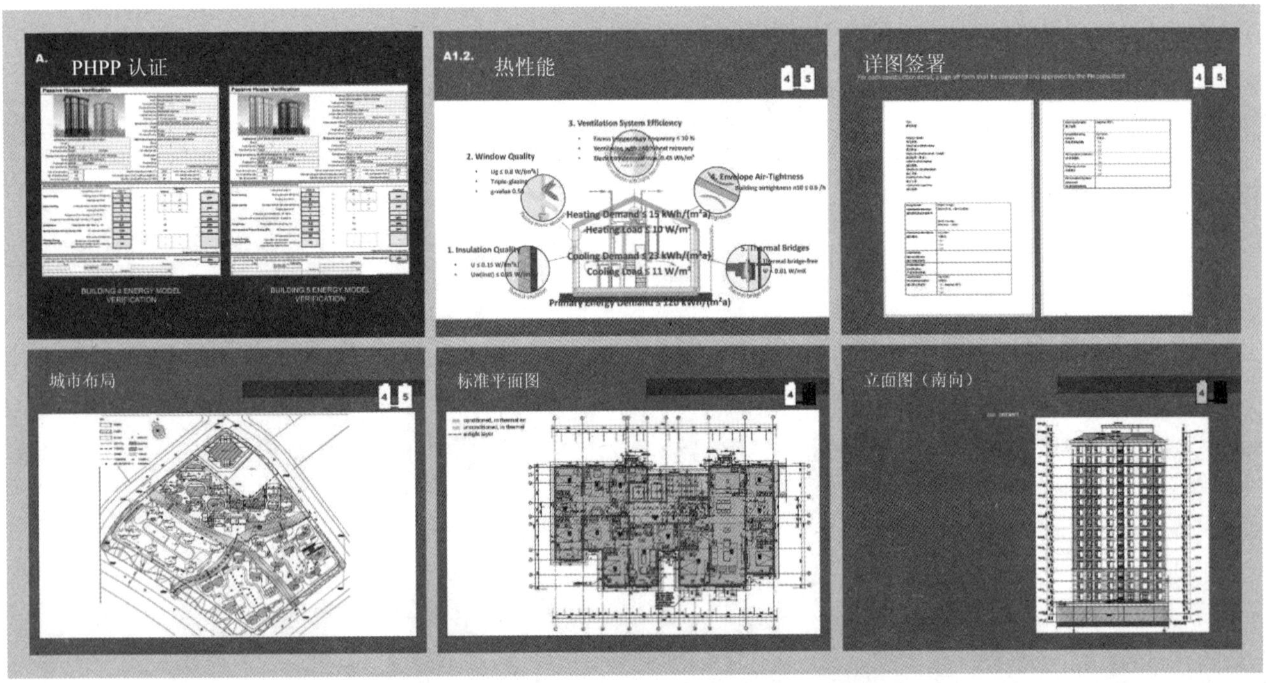

图2 《设计手册》A章:一般信息和流程示例

《设计手册》B章囊括了建筑和结构组件的所有规划信息。对于被动房的设计来说,规划信息包括所有关键信息,主要是热围护结构的全面描述,如不间断气密层的整合、保温层和遮阳系统的完整性以及热桥的管理。每份施工详图都随附相应的工程量、规格、计算数据和图纸概览,以便于确定详图所示在建筑中的位置。在施工期间,还需对施工细节照相记录,并随附至《设计手册》中(图3)。

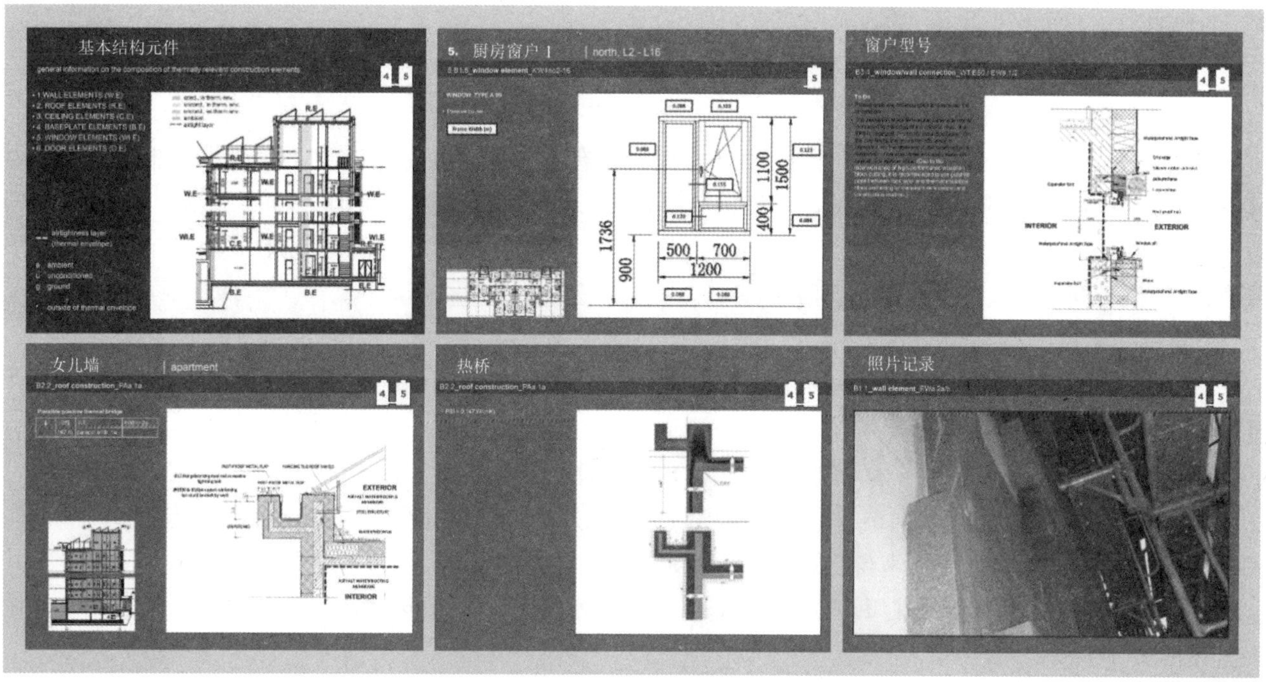

图 3 《设计手册》B 章：围护结构示例

《设计手册》C 章采用与 B 章相同的结构，主要用于开发并记录建筑技术系统的详细信息。在被动房设计中，通常涵盖通风系统和 HRV/ERV 组件，但根据当地的气候和文化，还可涵盖大量其他功能。如本项目中所示，在厨房中设置分体式 VRV 系统进行除湿，该系统独立于排烟系统（图 4）。

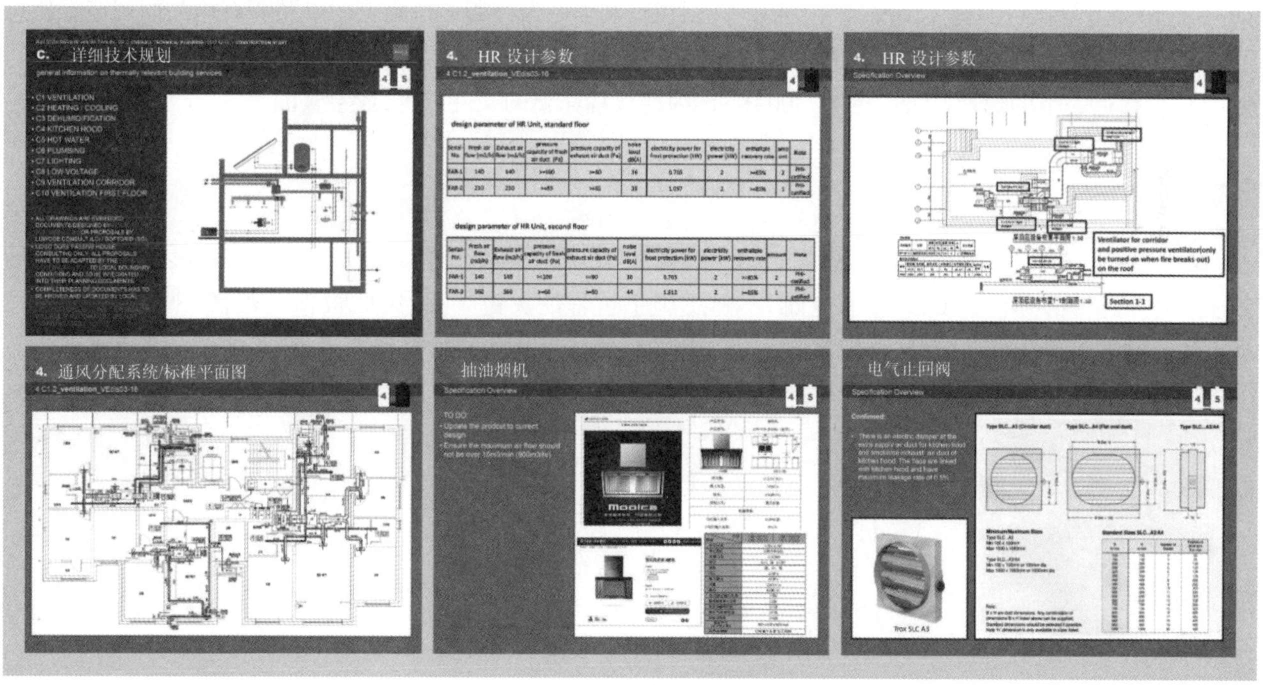

图 4 《设计手册》C 章：技术系统示例

2. 设计手册——工作流程

在项目施工期间，对《设计手册》不断进行修正，并在预设的项目里程碑目标达成后公布为最终文件，如：

（1）最终设计（LDI 施工图）；

（2）投标；

（3）施工开始（GC 施工图）；

（4）建筑移交后记录（PHI 认证）。

简而言之，《设计手册》主要用于收集、整理并记录所有技术顾问的意见以及业主和营销部门的战略决策，最终成为一种可靠的沟通工具，并向所有参与者提供。反过来，该《设计手册》还可尽量减少沟通不畅导致的错误和延误。结构组件的命名在所有图纸 / 规范和《设计手册》、PHPP 和 designPH 模型的解读中需保持一致，以便供不同编写人员进行有效、可靠的更新。

《设计手册》的典型编制流程包括：

（1）在设计阶段召开研讨会向所有项目参与人员、编写人员（不同的 LDI 部门、PM、业主）介绍《设计手册》；

（2）基于 LDI 数据收集标准的计划详情（如 SD、DD 阶段）；

（3）将从 LDI 获得的规划详情与中国关键项目标准之外的详细描述要求进行比对，根据组件、围护结构和技术系统的 PHPP 规划，添加来自产品制造商和供应商的相关规范；

（4）记录最终设计（基于修订和调整的 LDI 施工图以及超出典型 CD 阶段的所有相关规范和信息），并随附至投标文件阶段；

（5）在施工阶段召开研讨会，向所有项目参与人员、编写人员（GC、现场经理、PM、采购经理、业主）介绍《设计手册》；

（6）从 GC 收集额外、修订的规划详情，包括产品选择；

（7）根据所有组件、围护结构和技术系统已更新的 PHPP 规划，将来自 GC 的计划细节与产品制造商和供应商提供的所有施工细节、关键项目和相关规范的签署保持一致；

（8）记录最终执行的施工情况，该记录基于已更新、调整的最终版 GC 施工图以及所有相关的规范和信息而编写，以作为详细的竣工图和文档集。

目前，接近完本的《设计手册》包含 400 多页，为连贯且完整的文件，可供业主查阅，并便于项目管理。

样板间

尽管《设计手册》中涵盖了所有相关的设计信息，但却无法解决由于缺乏中国被动房建设知识和经验导致的相关问题。必须假设 GC（总承包商）不熟悉施工过程的关键项目，因此根据《设计手册》中的标准按 1：1 的比例事先建造了一个“样板间”，样板间采用与后续施工相同的材料和工艺建造（图 5）。

图 5　样板间——1：1 比例建造的窗户和栏杆示例

被动房标准的改动

在《设计手册》中,还需考虑其他事项,即应符合中国人的行为习惯和固有的生活方式。例如,在德国,标准再循环厨房通风口是基于欧洲的烹饪习惯(每天最多烹饪一次热菜)设计而成;而在中国,几乎三餐都在厨房准备,且多用油煸炒,因此其厨房换气率应至少是德国标准的 3 倍,同时通风口也应单独连接(图 6)。

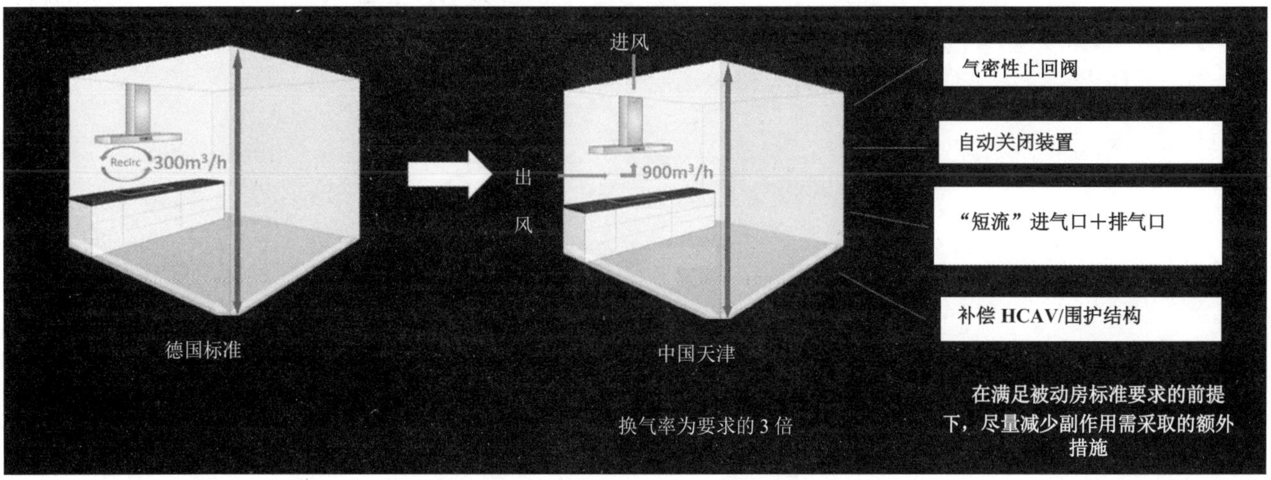

图 6　调整厨房排气系统,以适应中国人的烹饪习惯

该解决方案属于"生活方式"一类,因此通常效率较低,但效率并不属于决策的重要影响因素。相反,该问题可以通过其他措施进行补偿,如安装自动化的气密性通风盖、较短的空气送风以及增强 ERV 和围护结构的质量。

天津生态城被动房公寓是可复制的模型

1. 被动房展示

从一开始，该项目便不仅仅旨在成为一个成功的被动房展示项目，而是作为一个机遇来调整、选择并定义一种基于项目地点和当地文化的适用被动房建造方法、性能标准和目标的方式。

该项目底层已经开放，并提供了一个多媒体展厅，用于展示施工过程中采取的质量保证流程，同时开放2个完全装修的样板间，它们用于确定所用的材料，并用作施工期间气密性检测的示例。样板间中还按1∶1的比例展示了所有具体设施，其中包含所有施工解决方案的物理示例。因此，样板间完全复制了施工细节，可允许决策制定者以一种直接、直观和身临其境的方式了解被动房的质量、优势以及在中国的建造策略。

2. 生态城被动房设计指南

《设计手册》中还提供了一份名为《天津生态城被动房住宅楼建筑设计指南》的蓝图，该指南将在不久的将来颁布。

该指南汇总了《设计手册》中涉及的关键信息，并通过被动房的目标列表（如年供暖、制冷和PE需求）和详细规范（如 U 值、g 值和ERV效率等）反映了被动房的设计原则；非常重要的一点是，该指南还涵盖了基于项目地点确定的施工细节（如气密性和遮阳等）。

该指南将详述天津生态城被动房住宅楼设计和施工阶段产生的知识，并为其未来的发展提供了宝贵的一手经验，且可供复制使用。

参考文献

[1] 天津生态城出版部门，天津大学，天津生态城绿色建筑研究所. 天津生态城被动房住宅楼建筑设计指南. 天津，2019.（该引用为草拟版本，仅供查阅。该指南仍正在编写，尚未正式发布。）

[2] 中新天津生态城管理委员会网站：www.eco-city.gov.cn/yxstc.

夏热冬冷地区外墙外保温 *U* 值与玻璃 *g* 值的优化

李淳 / 河北绿色建材有限公司

摘要

在被动房技术中,不透明围护结构的传热系数(*U* 值)和玻璃太阳能总透射比(*g* 值)是两个非常重要的技术参数,它们的取值对建筑能耗的大小起着至关重要的作用。本文以位于中国夏热冬冷地区的武汉某项目为例,通过 PHPP 软件采用控制变量法分析外墙外保温 *U* 值和玻璃 *g* 值对建筑能耗的影响,探讨参数优化方法及途径。

建筑概述及主要参数选取

1. 建筑概述

本文以位于夏热冬冷地区的湖北省武汉市某一居住建筑为例,该建筑目前处于施工阶段。该建筑地上均为住宅,结构形式为框架剪力墙结构,共 8 层;地下 1 层,局部为设备用房,其他均为车库。地上建筑面积 7 804.99 m^2,建筑高度 25.10 m。

2. 主要参数

建筑能耗计算软件为 9.6a 版本的 PHPP 软件。夏季室内温度不超过 25 ℃,冬季室内温度不低于 20 ℃;室内湿度保持在 40%~60%;气密性指标 N_{50} 为 0.6/h;屋面保温采用挤塑聚苯板,传热系数为 0.165 W/(m^2·K);地下室顶板采用挤塑聚苯板,传热系数为 0.127 W/(m^2·K);门窗传热系数为 0.8 W/(m^2·K)。

夏热冬冷地区冬季温度有时候跌破 0 ℃,因此仍然需要采暖。但主要的挑战是温暖潮湿的夏季,夏季温度和湿度高,需要主动制冷除湿,且不宜夜间通风。武汉市气候数据见表 1。

表 1　武汉市气候数据

武汉		纬度(°)	30.6	经度(°)	114.05	海拔(m)	34	地点名称	武汉	ΔT 夏季(K)	7.4	源自	Temp = 1981—2010,其他源自 CSWD & Meteonorm
月份		1 月	2 月	3 月	4 月	5 月	6 月	7 月	8 月	9 月	10 月	11 月	12 月
环境温度	℃	4.6	7.1	11.3	17.8	23	26.5	29.5	28.9	24.6	18.9	12.6	6.8
北向辐射	kW·h/(m^2·月)	25.0	27.0	35.0	44.0	52.0	54.0	56.0	54.0	41.0	35.0	28.0	26.0
东向辐射	kW·h/(m^2·月)	37.0	40.0	56.0	66.0	77.0	74.0	89.0	84.0	68.0	56.0	46.0	39.0
南向辐射	kW·h/(m^2·月)	61.0	55.0	63.0	60.0	54.0	50.0	55.0	68.0	71.0	75.0	77.0	66.0
西向辐射	kW·h/(m^2·月)	37.0	40.0	55.0	63.0	77.0	72.0	88.0	83.0	66.0	55.0	47.0	41.0
水平辐射	kW·h/(m^2·月)	60.0	64.0	93.0	112.0	131.0	129.0	153.0	140.0	112.0	90.0	73.0	61.0
露点温度	℃	0.1	2.6	6.7	12.1	17.6	22.0	24.8	24.1	19.1	14.2	7.6	0.2
天空温度	℃	-7.3	-4.4	1.0	7.7	13.9	18.6	21.8	20.7	16.1	9.3	1.7	-5.7

夏热冬冷地区外墙外保温 U 值的优化

1. 分析方法

采用控制变量法分析外墙外保温 U 值对建筑能耗的影响。将外墙外保温（石墨聚苯板）厚度作为变量，使用 PHPP 软件计算建筑的供暖需求、制冷需求、供暖负荷和制冷负荷。对比分析计算数据，确定外墙外保温层的厚度。

2. 计算数据及分析

经 PHPP 软件计算以及数据整理，计算结果见图 1 至图 4。

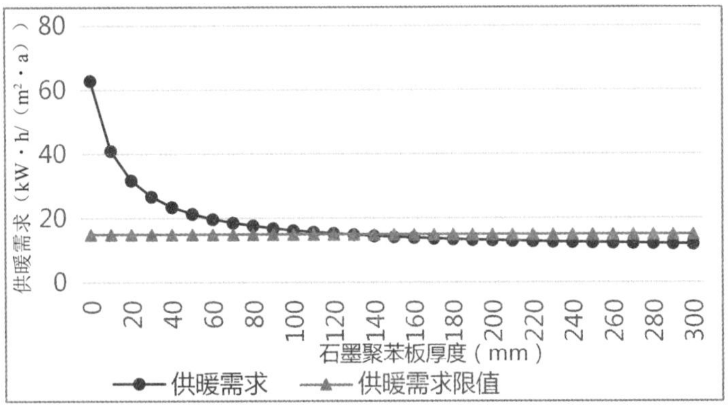

图 1　石墨聚苯板厚度与供暖需求关系图

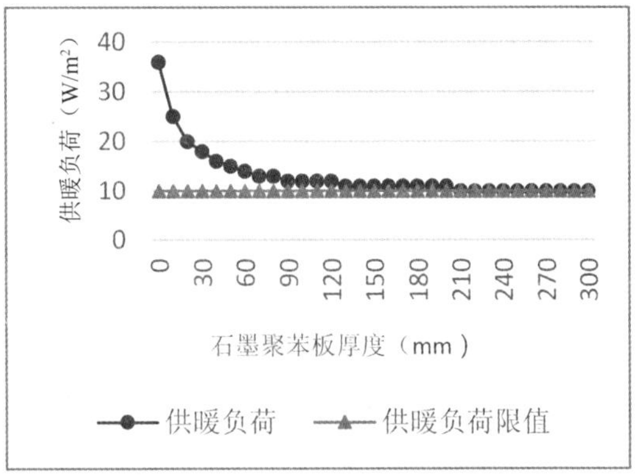

图 2　石墨聚苯板厚度与供暖负荷关系图

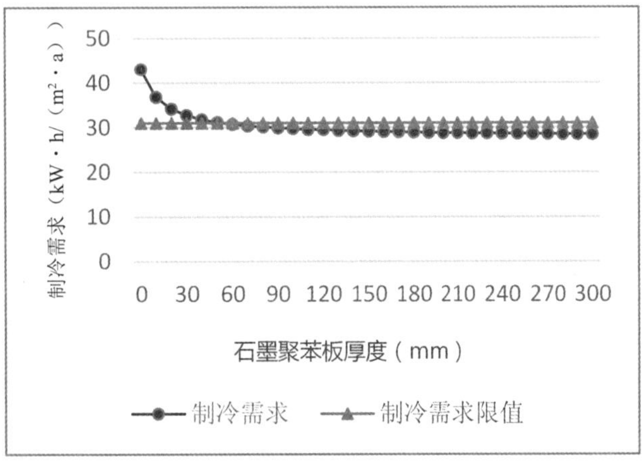

图 3　石墨聚苯板厚度与制冷需求关系图

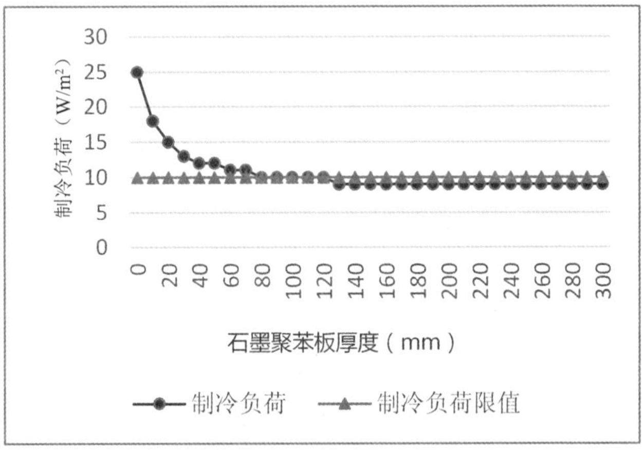

图 4　石墨聚苯板厚度与制冷负荷关系图

图 1，石墨聚苯板厚度达到 130 mm，外墙 U 值为 0.228 W/（m²·K），供暖需求可满足被动房设计限值；图 2，石墨聚苯板厚度达到 210 mm，外墙 U 值为 0.153 W/（m²·K），供暖负荷可满足被动房设计限值；图 3，石墨聚苯板厚度达到 60 mm，外墙 U 值为 0.417 W/（m²·K），制冷需求可满足被动房设计限值；图 4，石墨聚苯板厚度达到 130 mm，外墙 U 值为 0.228 W/（m²·K），制冷负荷可满足被动房设计限值。

根据被动房标准，供暖需求不超过 15 kW·h/（m²·a）或供暖负荷不超过 10 W/m²；制冷需求根据当地的气候环境等因素确定，本建筑制冷需求标准不超过 31 kW·h/（m²·a）。通过数据对比，石墨聚苯板厚度达到 130 mm 即可满足被动房标准。由于被动房施工工艺较复杂，施工过程中可能会存在薄弱环节，需要为建筑储备一定的保温能力，最终确定外墙外保温层厚度为 150 mm。

夏热冬冷地区玻璃 g 值的优化

1. 分析方法

g 值即太阳得热系数（SHGC），是指通过透光围护结构（门窗或透光幕墙）的太阳辐射室内得热量与投射到透光围护结构（门窗或透光幕墙）外表面上的太阳辐射量的比值。g 值是影响有效太阳得热的关键。在满足国家规范的前提下，选用不同供应商的玻璃对建筑进行能耗计算，通过计算数据对比，确认玻璃的 g 值，从而确定玻璃供应商。

2. 性能参数

玻璃厂家提供的相关参数见表 2。

表 2　被动门窗玻璃选配表

玻璃编号	g 值	U_g 值（W/(m²·K)）	可见光透过率 T_v
玻璃 1	0.52	0.6	70%
玻璃 2	0.5	0.69	56%
玻璃 3	0.46	0.72	66%
玻璃 4	0.355	0.78	57%
玻璃 5	0.23	0.73	39%

3. 计算数据及分析

考虑到玻璃的制作工艺等原因，变量为 g 值，但 U_g 值并不能完全控制。为了了解 U_g 值变化对建筑能耗的影响，不考虑玻璃能否制造，将 g 值设为定值 0.23，U_g 值分别选取选配表中最小值 0.6 W/(m²·K)和最大值 0.78 W/(m²·K)，建筑制冷需求分别为 29.3 kW·h/(m²·a)与 29.45 kW·h/(m²·a)，变化量仅为 0.15 kW·h/(m²·a)。可见 U_g 值的变化对建筑能耗影响较小，其并不是影响建筑太阳得热的主要因素，因此在以下计算和分析中将 U_g 值的影响忽略。

经 PHPP 软件计算以及数据整理，计算结果见图 5 至图 8。

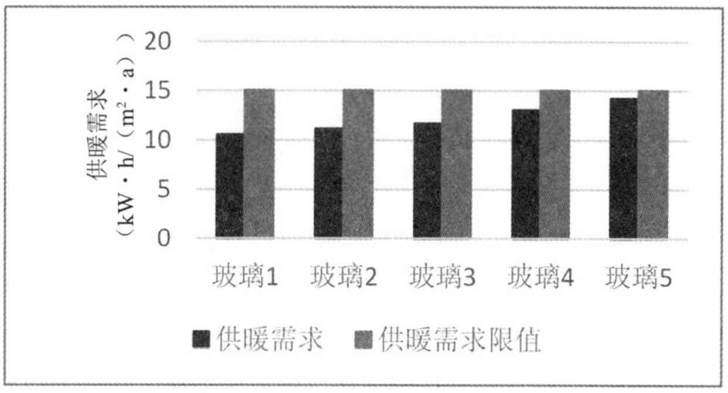

图 5　建筑供暖需求

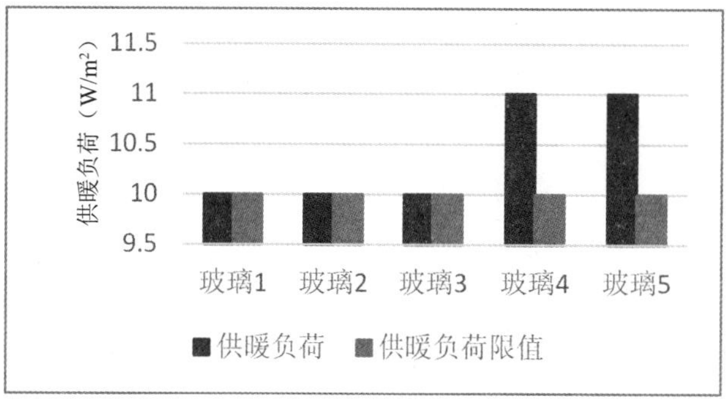

图 6　建筑供暖负荷

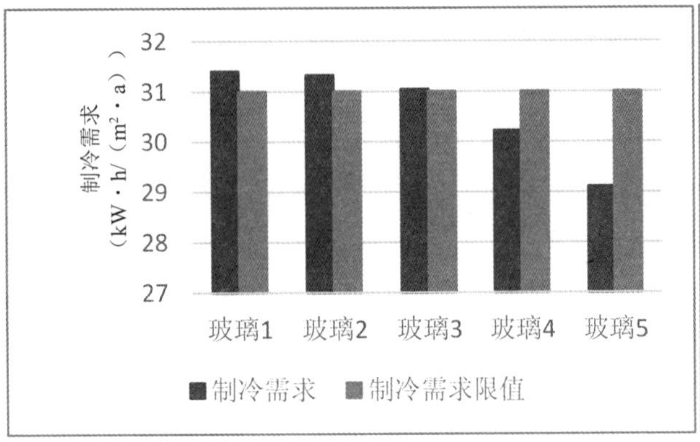

图 7 建筑制冷需求

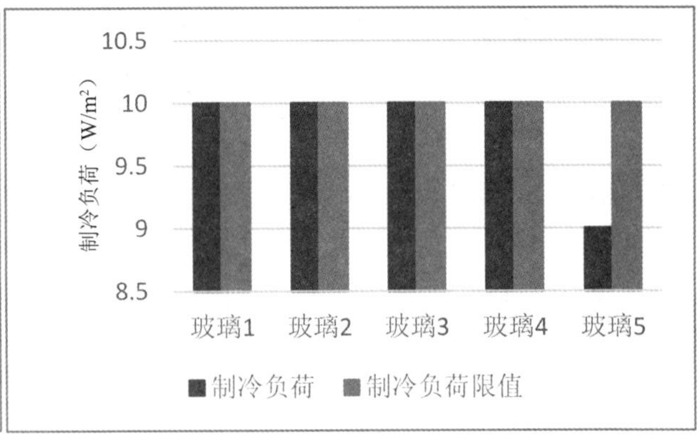

图 8 建筑制冷负荷

结合被动房标准，5 款玻璃均能够满足被动房供暖的指标要求。夏热冬冷地区的主要挑战是温暖潮湿的夏季。通过图 7 和图 8 可知:建筑透明围护结构选用玻璃 4 与玻璃 5 时,均能满足被动房夏季制冷的指标要求。玻璃 4 和玻璃 5 的可见光透过率分别为 57% 和 39%,为了保证室内具有良好的光线,最终确定选用编号为玻璃 4 的玻璃。

参考文献

[1] 湖北省质量技术监督局,湖北省住房和城乡建设厅.DB42/559—2013 湖北低能耗居住建筑节能设计标准. 北京:中国建材工业出版社,2013.

[2] 贝特霍尔德·考夫曼,沃尔夫冈·费斯特. 德国被动房设计和施工指南. 徐智勇,译. 北京:中国建筑工业出版社, 2015: 5-59.

北京(曹妃甸)现代产业发展实验区(生态城先行启动区)一期 40# 住宅楼项目的设计、优化以及施工

姜福罂 /Jiang-Passivhaus Technik

项目简介

设计单位:北京首钢国际工程技术有限公司,杭州中联筑境建筑设计有限公司。

建筑物理咨询:Jiang-Passivhaus Technik(德国)。

被动房施工监理:Jiang-Passivhaus Technik(德国)。

被动房认证:德国被动房研究院(PHI)。

该建筑位于曹妃甸现代产业发展实验区,是中国首个通过德国被动房研究院(PHI)认证的住宅类项目。其主体采用钢筋混凝土结构,地上 9 层,地下 1 层,总建筑面积为 5 511.44 m²,其中采暖区面积为 3 633 m²。该项目共有 54 个单元,3 种不同的户型,居住面积分别为 56 m²,73 m² 以及 83 m²。

1. 建筑外围护结构

外墙:200 mm 钢筋混凝土 + 300 mm 石墨聚苯板(SEPS),U 值 =0.125 W/(m²·K)。

地下室楼板:160 mm 钢筋混凝土 +240 mm 石墨聚苯板(SEPS),U 值 =0.116 W/(m²·K)。

屋面:120 mm 钢筋混凝土 +300 mm 石墨聚苯板(SEPS),U 值 =0.107 W/(m²·K)。

窗户 / 大门:Harbin Sayyas Windows Stock Co. Ltd.,PASSIVE 120,U_g=0.63 W/(m²·K),g 值 =47%,U_f=0.73 W/(m²·K),U_w=0.847 W/(m²·K)。

2. 设备系统

采暖、制冷以及除湿:新风系统 + 空气源热泵。

Zehnder,Comfohomate CHM-AC60HB00AA 热交换率为 75%,焓效率为 55%,耗电量为 0.45 W·h/m³。

热水供给:太阳能集热器(70%)+ 电力。

3. 能源需求(根据 PHPP)

采暖需求为 14 kW·h/(m²·a);采暖负荷为 10 W/m²;制冷以及除湿能源需求为 17 kW·h/(m²·a);制冷以及除湿负荷为 7 W/m²;气密性为 0.15/h;一次能源需求为 119 kW·h/(m²·a)。

建筑物理分析以及优化

1. 建筑采暖需求分析

该建筑的能量损失主要来自外墙(7.8 kW/h/(m²·a))、窗户(13.9 kW·h/(m²·a))以及通风(14.2 kW·h/(m²·a)),分别占整个能量损失的 20%、35% 以及 36%。外墙的能量损失可以通过增加保温层的厚度来降低;窗户的能量损失可以通过使用更高效、更节能的被动窗或者减小窗户的面积来降低,但应注意窗户面积减小的同时会导致太阳能得热降低;通风的能量损失可以通过改善建筑的气密性来降低,但该项目的气密性为 n_{50}=0.15/h,已经很完美了。导致通风能量损失很大的主要因素是带有补风装置的抽油烟机。中国人的生活习惯与欧洲人的生活习惯存在很大的差异。欧洲家庭的抽油烟机多为内循环,在抽油烟机工作过程中,不会有

任何室内热量流失到室外，所以不会对采暖需求造成影响。而中国人的厨房油烟比较大，所以要安装大功率（如 700 m³/h 风量）的抽油烟机，并且是外循环，同时要设置排烟道。这将导致在做饭过程中有 700 m³/h 的室内暖空气带着热量流失到室外，同时又有 700 m³/h 的室外冷空气通过补风装置进入到室内，而这一部分冷空气与室内 20 ℃的暖空气混合后导致室内温度降低，从而大大增加了采暖需求。同时，由于排烟道内的空气温度低于室内空气温度，所以在排烟道的外侧即室内墙体的内侧容易产生冷凝水，以至于发霉，从而影响了室内的居住环境。

该建筑如果使用内循环的抽油烟机，采暖需求可以降低 30%，即 9.8 kW·h/(m²·a)；一次能源需求可以降低 11%，即 105.91 kW·h/(m²·a)。如果采暖需求以及一次能源需求不发生变化，那么外墙以及屋面的保温层厚度可以从 300 mm 降至 180 mm，从而大大降低了建筑成本。

该建筑能量平衡如图 1 所示。

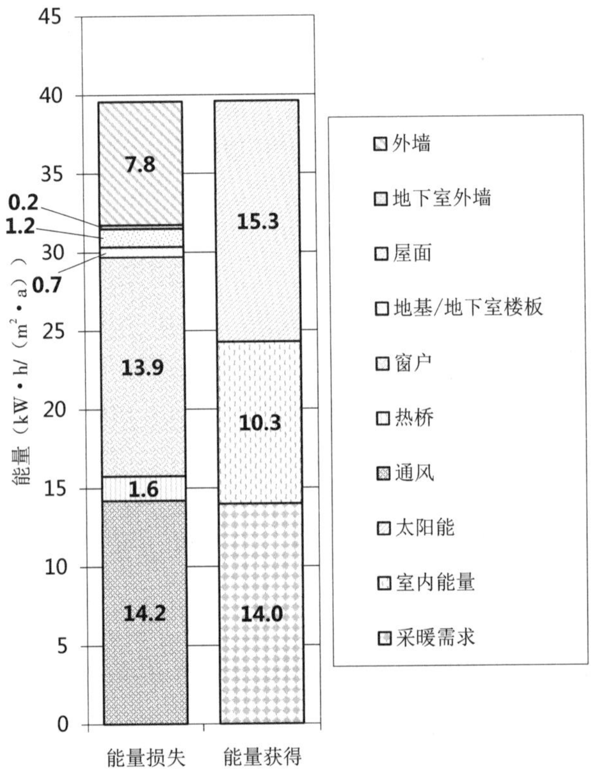

图 1　能量平衡

2. 一次能源需求分析

该建筑的一次能源需求为 119 kW·h/(m²·a)。其中，用于采暖的一次能源需求占 27.56%，即 32.80 kW·h/(m²·a)；用于制冷以及除湿的一次能源需求占 22.18%，即 26.4 kW·h/(m²·a)；用于热水供给系统的一次能源需求占 10.08%，即 12 kW·h/(m²·a)；用于家庭用电包括电梯的一次能源需求占 40.60 %，即 48.3 kW·h/(m²·a)。

降低一次能源需求的途径除了使用内循环抽油烟机外，还可以通过改善热水的加热系统实现。该建筑的每个单元均采用太阳能热水系统，该系统采用平板型集热器，辅助热源为电辅助，热水供给温度为 45~55 ℃。太阳能集热器固定在南部的外墙上，与水平方向的夹角为 75°，面积为 1.45 m²。根据曹妃甸的太阳能辐射，只有大约 70% 的热源来自太阳能，其余 30% 的热源由电供给。由于电的一次能源转换系数为 2.6，所以导致一次能源需求比较大。建议在未来的项目中可以采用例如燃气锅炉（一次能源转化系数为 1.1）等作为辅助能源。这样可以使热水供给系统的一次能源需求降低大约 50%。

建筑施工

被动房的施工质量是至关重要的,直接决定了建筑是否能达到被动房的设计要求。施工质量主要通过建筑的气密性来体现。

1. 门窗、外遮阳的安装

门窗施工的精准度,隔气膜、透气膜的粘贴,气密性检测等都需要非常专业的队伍才能完成。

2. 新风系统的安装

新风系统的安装一般由暖通安装队伍完成,专业化程度比较高,但需要对其再培训,尤其是在设备安装的防噪声控制、气密性处理、管道保温层厚度、现场管道防污处理上要进行严格的检查。

3. 保温材料的粘贴

保温板采用错层施工,避免通缝,缝隙要求小于 4 mm。但在中国很难找到专业的施工队伍。由于施工过程达不到要求,就会出现多次返工现象,这样既浪费了材料也浪费了人工。保温施工同样需要由训练有素的队伍才能完美的完成。

4. 其他工序的施工

对于污水管道以及热水管道的保温和防噪声的处理以及气密性的处理(图 2),应该首先培训工人如何施工,并严格执行,逐一检查。

该项目在施工监造过程中,通过各方的紧密配合、协调管理和各施工方的认真负责,得到了比较满意的结果。

该项目的数据参数请参阅 https://passivehouse-database.org/#d_1431

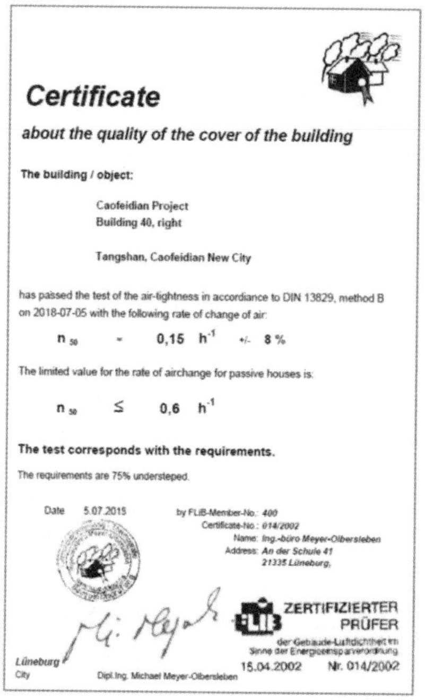

Certificate

about the quality of the cover of the building

The building / object:

Caofeidian Project
Building 40, right

Tangshan, Caofeidian New City

has passed the test of the air-tightness in accordance to DIN 13829, method B on 2018-07-05 with the following rate of change of air:

n_{50} = 0,15 h^{-1} +/- 8 %

The limited value for the rate of airchange for passive houses is:

n_{50} ≤ 0,6 h^{-1}

The test corresponds with the requirements.

The requirements are 75% understeped.

Date 5.07.2018

by FLiB-Member-No.: 400
Certificate-No.: 014/2002
Name: Ing.-büro Meyer-Olbersleben
Address: An der Schule 41
21335 Lüneburg,

ZERTIFIZIERTER PRÜFER
der Gebäude-Luftdichtheit im Sinne der Energieeinsparverordnung
15.04.2002 Nr. 014/2002

Lüneburg
City

Dipl.Ing. Michael Meyer-Olbersleben

图 2　现场地基基础的保温层施工以及气密性检测报告

总结

在被动房的设计过程中,不仅要考虑建筑的外围护结构、门窗、热桥、通风等建筑物理要素,同时还要充分考虑到未来居住者的生活习惯,居住者的生活习惯直接影响建筑在未来使用过程中的实际能源需求。另外,施工也是至关重要的,建筑的气密性直接反映了施工质量,正所谓“三分设计,七分施工”。

中国多户住宅——初始设计、优化潜力及其影响

格尔吉娜·拉德娃，奥列里亚·利波利斯 / 被动房研究院

引言

本文的思路是通过讨论中国目前正在建设的多户住宅，以确定其是否达到被动房标准；首先介绍现状，揭示出中国的起点；然后论述验证这类项目时遇到的挑战，接着探讨我们发现的优化潜力，并给出带来影响的概括性描述；最后给出可以实施的优化效果，这意味着可以节省成本和减少碳排放量。

背景

中国正在快速发展，并且正在迅速扩张。在中国大多数城市都有开发区，许多建筑正在建设之中，当人们初到城市时，就有地方居住和工作。现代化的住房、设施和企业是维持这种增长所必需的，而伴随这种增长而来的是大量的建设。中国的 CO_2 排放量几乎占全球的三分之一，这使得中国成为世界上最大的“污染国”。这种污染的名声以及与之相关的健康后果，正促使中国迅速采取行动。其首要任务就是治理雾霾城市，同时，应对气候变化也是中国当前计划的一个关键组成部分。

在过去的几年里，越来越多的建筑以达到被动房标准的方式进行建造。与此同时，甚至还出现了一些以提高建筑能效和降低碳强度为目标的整体住宅建筑群。被动房作为一种实现节能的建筑方式，在中国得到了越来越广泛的应用。

中国的多户住宅

1. 初始建筑设计

当你在中国的城市中旅行时，你很有可能会看到许多公寓楼建筑群已经建成或仍在建设之中。出于节约成本和快速建设的目的，你也很可能会发现，这些建筑群中的多户住宅看起来并无差别。如果你不知道这是不是一个被动房或节能建筑，那么单从外观来看，你将很难下结论。我们所面临的主要问题，可以概括如下。

（1）楼面平面图。平面图的结构往往非常相似。所有的客厅都位于建筑的南侧，所有的次卧都位于建筑的北侧。虽然背后的想法可以理解，但是实际上这种安排导致建筑非常长且狭窄。这样的话，建筑物就会丧失紧凑性。此外，房间本身的几何形状也变成了狭长的矩形。

（2）外立面。因为客厅位于南侧，所以南立面有许多大窗户，这些窗户被分解成许多小元素。通常这会导致一些并发性问题，如建筑对制冷和除湿需求的增加以及由于窗户尺寸太小而无法满足舒适度标准。在这种情况下，达到被动房标准的被动方法并没有真正地完全用到，而且在大多数情况下机械制冷并不是可有可无的。

更值得注意的是，外立面上存在大量的向前和向后的跨越。由于建筑物不够紧凑，建筑的围护结构不断增加，同时供暖和制冷的需求也在增加。

南立面上的大阳台改善了居住环境，北立面上的小阳台供外部安装电器使用，大阳台和小阳台是多户住宅设计的组成部分。阳台和热围护结构之间并不总会提供热分离，这在其侧面造成很大的热损失。

（3）屋宇设备。中国多户住宅中屋宇设备的处理，也会带来一些挑战。由于楼层平面设计以及中国不同的法规和规范，在建筑内部可以发现不同类型的竖井。其中一种就是所谓的厨房抽油烟机竖井。抽油烟机的排气阀门连接到这些竖井上，空气通过竖井输送到屋顶。即使不考虑在这种情况下呈现出来的烟囱效应，这

些竖井也确实成为大型热桥。另一种典型竖井（大型定居点的组成部分），将空气从地下停车场输送到外面，且再输送回来。这些竖井经常与住宅建筑相邻，并且是住宅建筑热围护结构的组成部分。除了由此而出现的大型热桥之外，还存在冷凝被大量吸收的风险，尤其是在住宅建筑的一楼。

在设计节能建筑时，合适的通风和空气流速设计必不可少。由于中国存在若干个不同的规范和法规，所以并不是每次都能避免尺寸过大的设计。《民用建筑供暖通风与空气调节设计规范》（GB 50736—2012）中规定，住宅建筑的平均换气率应在 0.5/h 以内。这样的起点并不十分有利，并且在通往住宅节能的道路上，还会面临进一步的挑战。如果想要分别将供暖需求和制冷需求的碳排放量保持在最低水平，那么对通风设备有一个基本的了解并进行正确的实施就至关重要。

2. 建筑设计优化

获得一个合适、可持续、符合被动房修正标准的建筑设计，是设计师们都追求的一个目标。通过可以而且应该采用的被动措施，可以创造出一个更有益的初始设计。如果想要使一个非紧凑型设计满足被动房的需求，简单地优化建筑结构和几何形状，就可以节省时间和成本。

（1）看一看中国多户住宅的典型楼面平面图，你就可以发现优化的潜力。为了实现更好的建筑紧凑性，可以在建筑的进深上设计两套住宅，通过一个走廊对它们进行分隔。在这种情况下，如果需要的话，建筑向北偏移可能需要重新考虑。这样就可以避免狭长的卧室，从而为居住者提供一个更好的居住环境。利用楼面平面设计，还可以使城市建筑更为多变、更为活泼，并且避免出现重复的建筑景观。

（2）关于外立面的问题，一般来说，南侧的大窗户可以采用较小的尺寸，并将其划分为小元素以实现局部遮光。这不仅会使制冷和除湿的需求降低，而且还会节省在额外遮阳设施和昂贵玻璃方面的费用。阳台需要与建筑进行热隔离，这样如果可以将其隔离，则所有的热损失都可以避免，或者如果不能完全隔离，那么热损失至少也可以降至最低。

（3）通风，0.3/h 的平均换气率已被设定为被动房住宅建筑的标准空气流速。当然，这可能会有一些变动，但是出于室内空气卫生的考虑，它不应该低于 0.3/h；而且它也不应该太高，如此一来，室内空气在供暖期间就不会变得太干燥。具有“最大”空气流速设置的通风装置，应同时满足国家标准和 PHPP（被动房设计包）的要求，而且通风装置应以较低的 PHPP 设计的空气流速运行。

建筑设计优化的一个重要组成部分是尽量减少内部竖井的数量。厨房抽油烟机的抽气，可以采用不同的方式解决，如可以采用分散的方式，这样就可以避免使用厨房抽油烟机竖井。

在对通风进行优化时，应该考虑的另一个方面是厨房抽油烟机本身。在建筑的能量平衡中，厨房抽油烟机排烟罩的正确规划设计考虑变得越来越重要，有几个细节必须考虑：通过优化厨房的通风，可以在很大程度上减少通风损失；使用内部再循环空气排烟罩，意味着可以减少通风损失，并且不需要厨房抽油烟机竖井。

基于比较的效果——初始设计状态与优化设计状态对比

采用 PHPP 变量，比较中国典型的多户住宅和不同的优化变量。建筑的原始变量包括：带有热回收（75%）和湿度恢复（60%）的通风装置，典型的热桥（如阳台、竖井等），0.5/h 的平均换气率，厨房抽油烟机排气罩的排气，墙上 150 mm 的保温厚度，并且建筑是在一个温暖的气候区内。尽管玻璃的 g 值较低（0.3），并且南侧窗具有外部遮阳，但是制冷需求仍然高于被动房的标准，各个 PE 的 PER 需求也过高。

在第一个变量中，只是优化了几何形状，这意味着外立面没有向前和向后跨越，没有竖井，只是窗户略小而已。其结果是虽然建筑的整体能耗下降了，但是仍不足以达到被动房的标准。

第二个变量显示的是建筑性能的差异（仅对热桥进行优化的情况下）。这栋建筑的性能提升了很多，但是还是没有达到被动房的标准。

第三个变量是关于建筑的整体通风。调整空气流速，使平均换气率达到 0.3/h。把厨房抽油烟机排气罩换成一个再循环式排气罩，这意味着就不会存在“厨房抽油烟机排气罩竖井”。如表 1 所示，通过设计一个简单的更好的通风策略，建筑的能源效率就会提高，并且关于制冷和一次能源需求方面也不再有问题。

表 1　中国一个典型多户住宅的初始设计状态和四个优化变量之间的比较

	原始	优化几何	优化热桥	优化通风	整体优化
供暖需求（kMh/（m^2a））	13.5	9.9	7.2	11.4	6.2
热负荷（W/m^2）	13.8	10.5	9.7	12.4	8.1
制冷和除湿需求（kMh/（m^2a））	33.1	30.1	32.2	28.0	25.0
冷负荷（W/m^2）	10.4	8.0	8.9	9.7	7.1
PER 需求（kMh/（m^2a））	76.0	69.8	65.2	64.6	53.8
是否是经典的被动房?	否	否	否	是	是
PE 需求（kMh/（m^2a））	133.5	123.9	116.9	115.2	98.2

最后一个变量显示出，如果我们用尽上述所有的优化潜力措施发生的变化，整体能耗会大幅下降，这样我们就可以更加自由地选择建筑组件。而且，墙体和屋顶的保温厚度，可以轻易降低 50% 以上；并且玻璃的 *g* 值不再需要那么低，就可以确保白天房间更好的自然采光。同时，通风装置的湿度恢复效率也降低了 50%，从原来的 60% 降低到现在的 30%。

因此，我们可以得出结论，优化建筑设计只能有助于提高能效和减少建筑碳排放量。理论上，上述的所有变化和调整似乎都是很容易做到的。但是，如何以及能否在中国市场上真正实施这些变化和调整，是一个我们无法回答的问题。但有一点是肯定的，即如果中国住宅建筑行业能够稍加适应节能建筑的需求，那么目前存在的大部分障碍都可以抛之脑后。

参考文献

被动房研究院. 被动房住宅厨房所用的厨房排气系统，德国建筑、城市、空间规划研究所资助项目（项目编号：SWD-10.08.18.7-17.27），2019.

山东华建铝业集团黄山接待中心项目

张环林 / 潍坊泰来钢结构工程有限公司

潍坊泰来钢结构工程

潍坊泰来钢结构工程有限公司成立于 2003 年，公司主要从事钢结构、薄壁轻钢结构的设计、制造、施工及进出口业务。

我公司设计、施工的山东华建铝业集团黄山接待中心被动房项目，由 6 栋单体建筑组成，是按照被动房标准建造的，主体采用薄壁轻钢结构。该项目于 2018 年 4 月 10 日通过了被动房（PH）认证，它是世界上第一座由薄壁轻钢建造的并且已通过被动房研究院（PHI）认证的被动房建筑。

由于没有现成的项目作为参考，我公司在第一时间进行了技术储备，参加了多项专业技术培训，很多人都获得了德国被动房研究院颁发的设计师证书，这就为被动房的设计与施工提供了充分的技术支持。施工前，我们必须坚持原型的开口（opening of the prototype），先在试验室测试各个节点的方法，达到标准后再在工程中应用。同时，对施工人员进行系统培训，做到施工前提交、施工中指导、施工后检查，以控制施工全过程质量。

被动房项目

华建铝业集团黄山接待中心的被动房位于山东省潍坊市临朐县，地处寒冷地区。该被动房为一个单跨结构，高架在底部上方，房前有一个悬臂式观景台，四周有大窗户；屋面悬挑高 2.7 m，墙高 4.2 m，体形系数约 0.7；背面有许多窗户，增加了施工和设计的难度。

在施工过程中，为满足被动房五大原则的要求，我公司在材料、工艺等的选择方面进行了详细的论证和调研。

（1）连续外保温：该项目采用 60 mm 厚的真空保温板和 70 mm 厚的聚氨酯发泡剂，保温材料优良，墙体传热系数低于 0.10 W/（m^2·K）。由于建筑物底部是架空的，所以对于建筑物地板的保温层也采用低导热性的聚氨酯，并对周边热桥进行了处理。

（2）气密性良好：气密层由瑞士 SIGA 公司生产的气密薄膜和气密胶带组成。气密层设置在墙体中间，内设结构层和装饰层，外设保温层和保护层，既防止人为破坏，又增加了气密薄膜的使用寿命。为了确保气密性满足被动房设计要求，我公司从德国引进了气密性试验设备，并建设了一个试验室。为了确定气密层的有效性，在试验室进行了多次对比试验。工程竣工后，n_{50} 值达到了 0.33~0.491/h（6 座单体房屋），气密性试验结果均满足被动房标准要求。

（3）优质透明构件：6 栋楼选用了华建易欧思铝合金被动窗、华达铝木复合门窗、米兰窗、铝木复合门窗。它们都是经 PHI 认证的被动窗，导热系数低于 0.8 W/（m^2·K），三玻两腔，2 个 Low-E 膜，剖面比例小于 25%，玻璃的总能量透射率为 56%。在窗户安装过程中，严格遵守了被动窗的安装要求。安装后，U 值小于 0.85 W/（m^2·K）。米兰窗被动门的导热系数低于 0.8 W/（m^2·K）。

4）高效热回收新风系统：选用森德（Sende）新风系统。从洁净区底部和顶部送入新风，从卫生间和其他房间排出废气，并设有内循环系统。增加智能接口，通过电脑和手机应用程序远程控制新风设备。每栋楼选用了 2 台康舒冷暖一体机，康舒冷暖一体机采用“顶回”管道布置。康舒膜获森德新风专利，热回收率达 75% 以上，耗电量小于 0.45 W·h/m^3。此外，为满足特定条件下（如人员密集）的通风要求，每栋楼均配置一台带热交换功能的 Kangshuan 新风机，新风机采用墙下侧送风方式。

（5）无热桥设计以及精细施工：在项目设计过程中，得到了专业人士的专业指导和大力支持。房屋的平面尺寸合适，可以避免墙角产生热桥。屋檐工程长度为 2.7 m，可在夏季有效防止室外阳光进入房间，也可在冬季防止阳光完全进入房间。除北窗外，南、东、西立面窗均设有自动遮阳系统，遮阳叶片的角度可随室外阳光强度自动调节，达到遮阳效果。

山东华建铝业集团黄山接待中心于 2017 年 12 月投入使用。它经历了寒冷冬季和炎热夏季，使用效果达到了设计要求。冬季室外温度为 −12 ℃时，室内温度为 20~22 ℃。在夏季炎热的日子里，室外温度为 34~37 ℃，餐前室内温度为 22~24 ℃，餐后达到 24~27 ℃，餐后 2~3 h 又恢复到餐前温度。一年（完整的供暖和制冷周期）后，总用电量为 8 209.2 kW·h，相当于 27.11 kW·h/（m^2·a），该值 <30 kW·h/（m^2·a），低于 PHI 被动房标准，节能效果明显。

参考文献

贝特霍尔德·考夫曼，沃尔夫冈·费斯特. 德国被动房设计和施工指南. 徐智勇，译. 北京：中国建筑工业出版社，2015.

北京市符合被动房标准的社会住房

石特凡·希默 / 德国能源署（DENA）

德国能源署被动房标准试点项目

北京市政府希望有一个最佳实践样本，即使是社会弱势群体，也应该有可能生活在像被动房一样舒适的室内环境中。开发商北京金隅集团有限责任公司开发的西砂西区公租房 12 号楼，是在一个高层住宅小区内为贫困家庭建造的一栋楼。该住宅楼共 16 层，总计 240 间小公寓，每间公寓面积约 25 m^2，包括一个私人浴室和一个厨房角落。其一层平面图如图 1 所示。

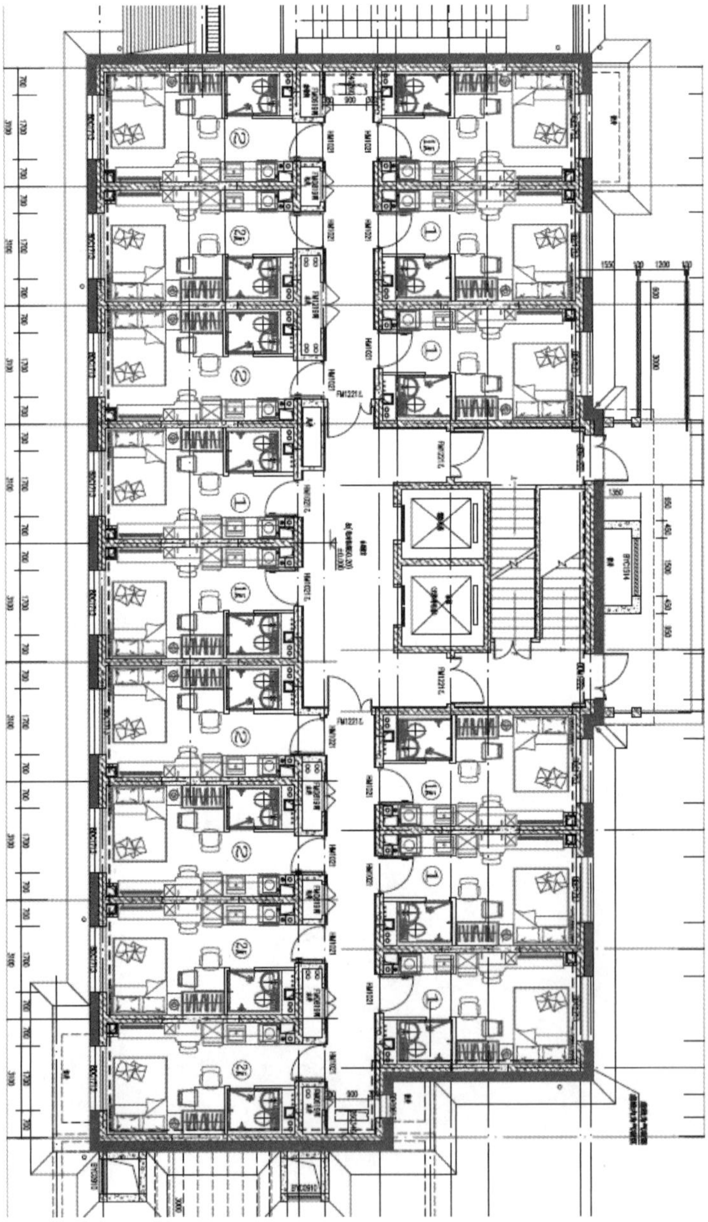

图 1　该项目一层平面图（建都设计研究院，2017 年）

在该住宅楼的设计和施工阶段，德国能源署提供了强大的质量保证体系。在其设计和施工的每个阶段都有德国能源署专家进行协调，并按被动房要求对设计和施工人员进行集中培训。在德国能源署实施现场控制期间,仔细修订了每一张详图,并提供了有价值的建议,以改善保温层、密封层、热桥和防水层。采用 250 mm 厚的外立面保温层(岩棉,λ =0.043 W/(m·K),k=0.15 W/(m^2·K))和 300 mm 厚的屋面保温层(高密度聚苯乙烯泡沫,λ =0.035 W/(m·K),k=0.15 W/(m·K)),能够获得极佳的 U 值。

中国的高层建筑存在外墙外保温系统(ETICS)耐久性问题,即仅用砂浆和锚固件固定的大厚度(200 mm 及以上)岩棉板保温层是否足够稳定?在这座建筑中,设计师开发了专用支架,并集成在每一层楼板中,彼此相距 1.20 m,如图 2 所示。

图 2　外墙外保温系统支架(石特凡·希默,德国能源署)

被动房建筑设备是一个巨大的挑战。在小房间和走廊中,通风井和管道的空间不大,暖通空调设计师有时会忘记必要的保温层厚度。小公寓的厨房区域也有一个问题:走廊中的大型新风管道和厨房抽油烟机的排烟井需要良好的隔热和气密性。在施工现场进行强有力的质量管理,并由德国能源署和中国合作伙伴进行集中控制,是达到被动房要求的必要条件。两个带热回收功能的中央通风系统位于顶层和地下室层的暖通空调间内,配有通向所有公寓的送风管道以及浴室排气管道。送风在中央系统内预热和冷却,每个公寓的风机盘管可提供额外的加热和冷却。该楼计划于 2019 年 9 月竣工,2019 年 10 月 14 日可供参观。更多相关信息请参阅德国被动房研究院(PHI)日程表。该项目的公寓样板房如图 3 所示,每间公寓的暖通空调系统如图 4 所示。

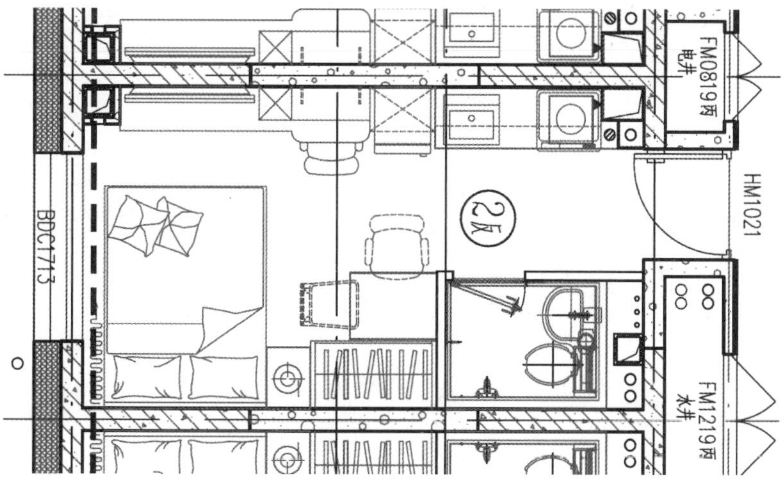

图 3　公寓样板房(建都设计研究院,2017 年)

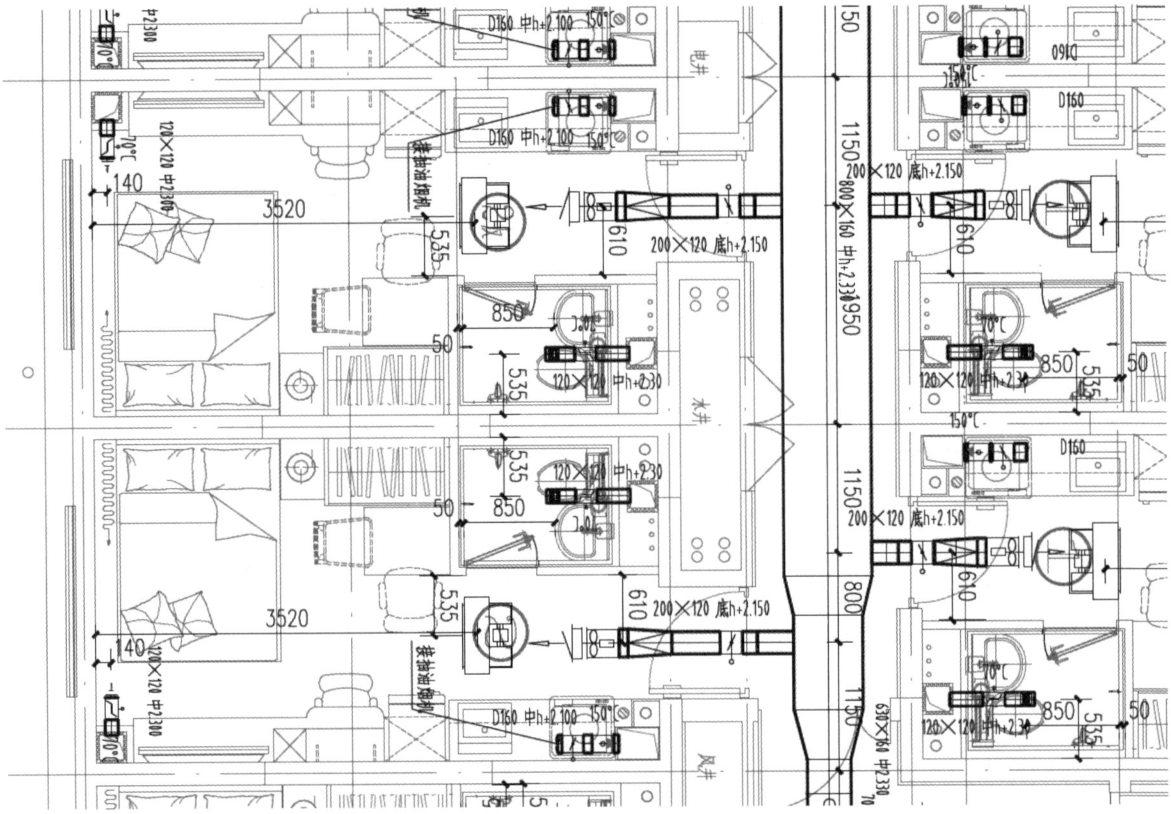

图 4　每间公寓的暖通空调系统(建都设计研究院,2017 年)

上海舜元被动房项目

陈守恭 / 被动房研究院

摘要：舜元被动房建于 2018 年，是继 2010 年世博会德国馆汉堡之家之后在上海首个获得认证的被动房。其木结构填充岩棉保温、三层玻璃窗以及热 / 湿回收并集成制冷供暖的新风系统，满足了被动房标准要求。

虽然过去两年中，在中国北方被动房越来越受欢迎，但在上海，舜元被动房项目是 2010 年世博会德国馆汉堡之家之后至今唯一一个获得被动房研究院认证的被动房。在夏热冬冷地区，由于缺乏经验，对被动房技术存有怀疑和犹豫。这个项目是在此类气候区实现被动房理念的一个示范。

结果表明，这个相对较小，体形比不利，又有大窗户的建筑物，也可以满足被动房标准的要求。其大多数主要材料和部件，如矿棉、真空隔热板、经被动房研究院认证的三层玻璃窗以及具有能量回收和集成冷却 / 加热功能和热泵的多功能通风系统，均来自本地市场。

舜元被动房坐落在舜元集团七层办公大楼屋顶露台的西北角，主建筑是钢筋混凝土或钢结构。被动房本身是一栋单层建筑，采用轻质木结构。它在功能上分为可接待 20 人的会客厅、餐厅和茶室，实际上没有内隔墙，周围是走廊，连接到东侧的独立厨房和卫生间。被动房长 18 m，宽 5~8 m，净高 2.8~3.2 m，总面积 134 m^2，内部净面积 116 m^2。

此建筑采用木结构也是一个不寻常的例子，在中国，混凝土或钢结构占主导地位。由于该建筑物的高度，对消防有较高的要求，因此选择了 A 级保温材料。木结构与混凝土结构相比，在相同保温材料条件下可实现更小的壁厚。外墙和屋顶的木结构空隙都用岩棉填充。在外遮阳箱后面，安装了总厚度为 50 mm，λ= 0.008 W /（m·K）的真空隔热板，以补偿该处较薄的岩棉层。

南立面是玻璃幕墙，选择 PHI 认证的铝木窗和幕墙系统，U_w = 0.8 W/（m^2·K）。在进行了许多比较计算后，确定最佳 g 值为 0.38，可以同时满足供暖和制冷需求的限值。

气密性主要通过气密膜 SIGA Majrex 确保，它也同时作为阻汽膜，从内侧密封整个木结构与岩棉，包括墙和天花板，再用刨花板覆盖。气密膜向下延伸连接到混凝土圈梁，圈梁与混凝土底板（即主建筑物的屋顶）共同形成气密壳体的下部。

舜元被动房的配置和热工性能见表 1，包括通风系统的纵剖面如图 1 所示。

表 1　舜元被动房的配置和热工性能

建造时间	2017—2018 年	供暖需求	13 kW·h/（m^2·a）
外墙保温与 U 值	岩棉 38 cm，0.106 W/（m^2·K）	制冷与除湿需求	27 kW·h/（m^2·a）
底板保温与 U 值	XPS 20 cm，0.135 W/（m^2·K）	供暖负荷	14 W/m^2
屋顶保温与 U 值	岩棉 36~56 cm，0.85 W/（m^2·K）	制冷除湿负荷	11 W/m^2
窗户 U 值与 g 值	0.80 W/（m^2·K），0.38	可再生一次能源（PER）	52 kW·h/（m^2·a）
热回收率	78%	不可再生一次能源（PE）	94 kW·h/（m^2·a）
湿回收率	65%	换气次数 n_{50}	0.6/h

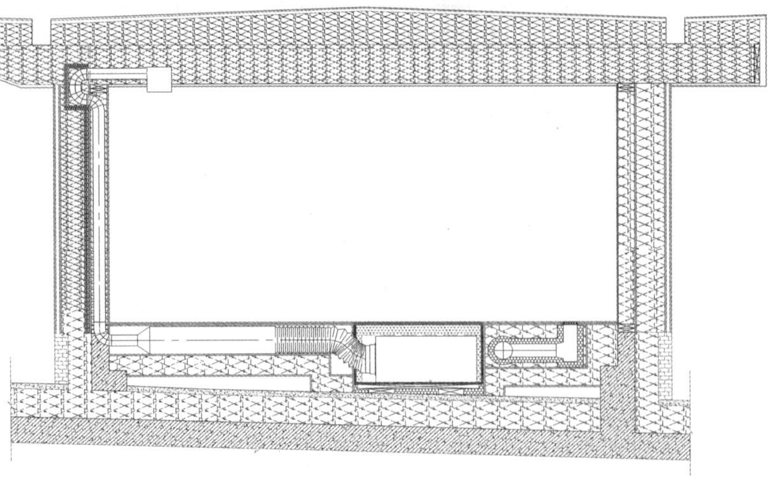

图 1　包括通风系统的纵剖面(新风机组位于木地板下方,送风口在地板上)

图 1 为被动房的水平木地板和倾斜底板(即主建筑的顶板)之间形成楔形空间。该空间被用于容纳新风系统和风管。系统选择两组带热回收和湿回收的集成供暖、制冷盘管的多功能新风系统。单组制冷容量为 7 kW 的空气源热泵安装在墙外。该系统每组提供 300 m^3/h 的新风和 600 m^3/h 的循环风,满足 20 多人的制冷、供暖、除湿需求。热交换后再经冷却、加热,送风口在沿着北面墙的木地板中。因此,新鲜的且经调温的空气首先充满人员活动的房间下半部,比天花板送风更有效、健康、经济。原本设计安装在天花板上方的新风机,稍作修改后被颠倒过来安装在地板下方。

韩国被动房村

朴伯烈 / 时间、人和空间建筑工作室
郑成 /BACK/ 设计

在韩国,虽然有数百所"潜在被动房",但是想找到经过认证的被动房却并不容易。为了改变这种状况,我们试图在位于朝鲜半岛南部海岸的顺天市及其周边地区实现由被动房研究院认证的被动房。2017 年,我们获悉顺天市和一些人正在规划建设一处近零能耗定居点,包括大约 20 所独立式住宅。这些人问我们能否帮他们进行定居点规划(图 1),我们接受了他们的提议,并首先说服他们把房子建成经认证的被动房。

该定居点的所有房屋都没有地下室,屋顶装有 3~5 kWp 的太阳能光伏系统。大多数房子都有朝东的阁楼。屋顶保温采用 15 cm 厚的聚氨酯和 7.5 cm 厚的聚苯乙烯泡沫塑料(EPS)板,墙壁保温采用 20 cm 厚的 EPS 板,底部保温采用 15 cm 厚的挤塑聚苯(XPS)板。在通风系统方面,安装了森德公司(Zehnder)的 Comfo Air 180 或德国沃乐夫(Wolf)公司的 CWL 300。

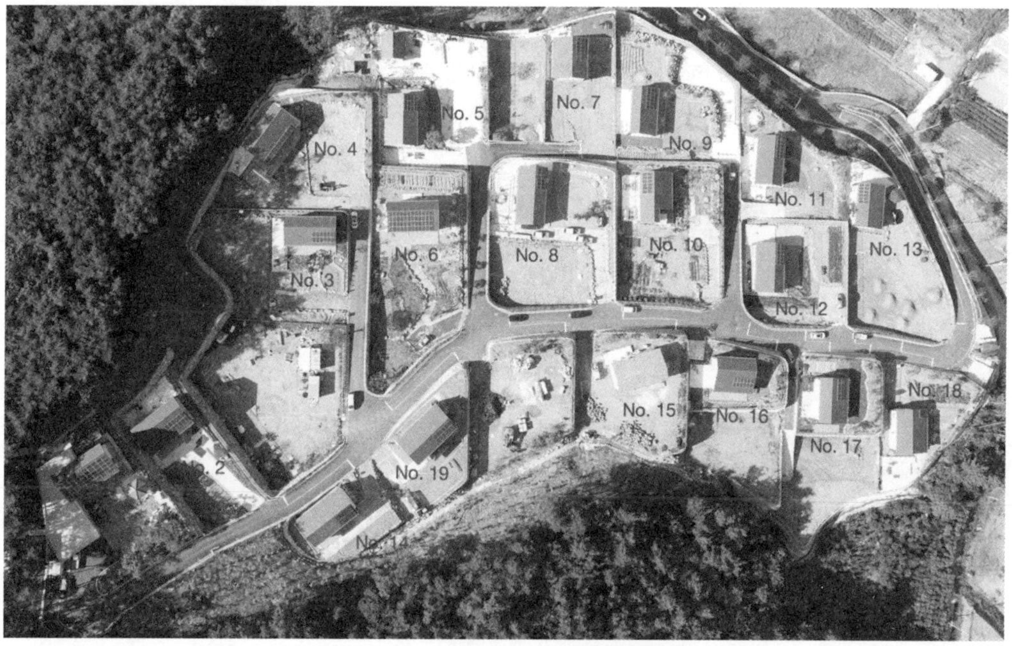

图 1　顺天市被动房定居点鸟瞰图

其窗户和大门采用了德国科默林(Kömmerling)公司的一种被动房窗框以及韩国生产的三玻两腔中空玻璃。所有项目的建设成本约为 1 600 $/m^2$。

2018 年底,所有项目的施工工作全部完成,并开始 18 所房屋的认证过程。在完成施工工作后,进行了最终的气密性测试,获得的换气次数 n_{50} 值为 0.26~0.6/h。

根据 PHPP 计算,供暖需求介于 10~23 kW・h/(m²・a)。因为朝鲜半岛夏季气候十分温暖湿润,所以制冷是影响生活舒适度的重要因素。为了冷却室内空气,安装了机械分体式制冷装置和遮阳系统。通过采取这些措施,可以把制冷需求降低到 18~23 kW・h/(m²・a)。

在这 18 所房屋中,6 所达到被动房标准,12 所达到低能耗建筑标准。因为大多数房屋朝东,5 所朝南,3 所朝东南,另外一些没有阁楼的房屋太小,经处理后的建筑面积不足 90 m²,所以只有 6 所房屋达到了被动房标准。在 18 所房屋中选定 6 个样板房的能量平衡见表 1。

表 1　所选 6 个样板房的能量平衡

项目	 2 号	 6 号	 8 号	 11 号	 16 号	 19 号
结果	低能耗建筑	被动房	被动房	低能耗建筑	被动房	被动房
供暖需求（kW·h/（m²·a））	21	10	13	19	14	15
制冷需求（kW·h/（m²·a））	23	18	20	20	21	18
一次能源需求（kW·h/（m²·a））	114	96	71	111	106	105
朝向	南	南	东	东	南	东南
经处理后的楼面面积（m²）	88	137	160	127	128	140

在朝南的房屋中，有 2 所房屋经处理后的楼面面积（TFA）分别为 88 m^2 和 76 m^2，只能达到低能耗建筑标准，另有 2 所房屋的 TFA 均约为 130 m^2，达到了被动房标准。3 所东南朝向的房屋，由于其 TFA 相对较大，分别为 131 m^2、140 m^2 和 141 m^2，达到了被动房标准。在朝东的房屋中，只有一所房屋因为 TFA 较大，为 160 m^2，所以能够达到被动房标准。

2019 年，大多数客户喜迁新居，现在他们正亲身体验被动房的优势。

专题论坛 20

进阶专场:设计工具介绍

539 **尤尔根·施纳德**

排水管热损失计算方法

热封套中的排水管向外排风，从而引起额外的热损失。对被动房规划设计软件包（PHPP）第 9 版中的现行计算程序进行更新，用以解释通过上述管道中的气流逐渐变暖的过程，尤其是针对高层建筑热损失较低的结果。

PHPP 10——稳健的设计工具和未来建筑

杨·施泰格，杰西卡·格鲁夫 - 史密斯 / 被动房研究院

摘要

在 PHPP 中，可以使用针对气候或边界条件的标准假设来验证被动房标准。PHPP 10 包含各种可能性条件，以评估极端情况下建筑物的性能，例如气候变化、极端的用户行为或建筑用途引起的极端气候条件。

一般挑战

使用 PHPP 对被动房建筑或 EnerPHit 改造项目进行认证，需要一组特定位置的标准气候数据和对有关内部得热、居住或遮阳和通风装置的标准假设。然而，在操作和实际完成时，由于用户的操作、建筑物内实际使用的设备不同或恶劣的天气条件，使得每栋建筑物的边界条件可能会有很大差异。

1. 不同的气候条件

气候条件每年都不同，例如城市热岛效应可能导致内城区的局部平均气温明显高于位于市中心以外的气象站检测到的气温，而且全球气候条件正在逐步变暖。如图 1 所示，为法兰克福 1870—2018 年气温超过 30 ℃的炎然天气天数变化。

即使建筑物的能源需求可能会因使用额外的辅助电能被动制冷或主动制冷而略微增加，被动房建筑是否足够稳健，是否能够应对这些极端的情况，并且仍能保证特别是夏季的最高的舒适度等，值得进一步研究。

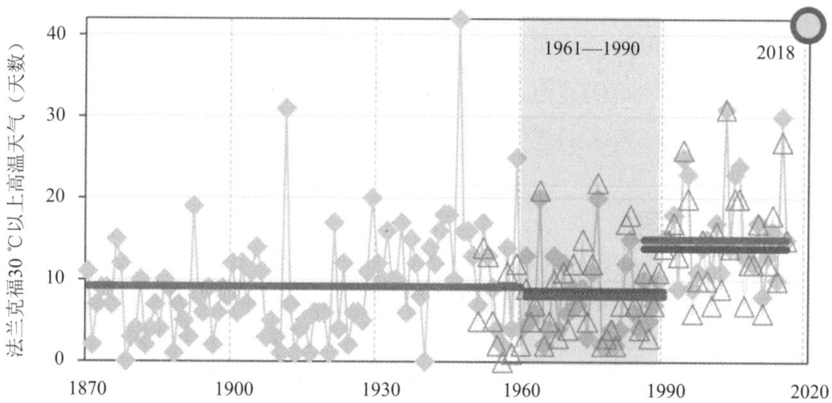

图 1　法兰克福自 1870 年以来气温超过 30℃的炎热天气天数

（资料来源：HessischesLandesamtfürNaturschutz，Umwelt und Geologie）

2. 个人用户对边界条件的影响

不仅建筑物所处位置的外部温度可能会发生变化，建筑物内的居民也会对边界条件产生影响。在 PHPP 中，特别是对高性能建筑的夏季舒适度评估中，可以使用标准假设，然而一旦建筑完工并投入使用，将会受到用户的很大影响，这时可以使用设计师自定义的设置，以考虑内部得热、临时遮阳或夜间通风。

内部得热取决于公寓的使用情况和技术设备。这些参数只能预测到一定的精度。夜间通风或使用临时遮阳计算设定是基于居民或设施管理部门对建筑物合理操作的假设。图 2 所示的示例说明了建筑物对这些相关被动制冷组件运行的依赖性，对具有相同（气候）边界条件的 30 个相同建筑物的过热频率进行了监测，由于受用户操作的影响，结果发生很大变化。

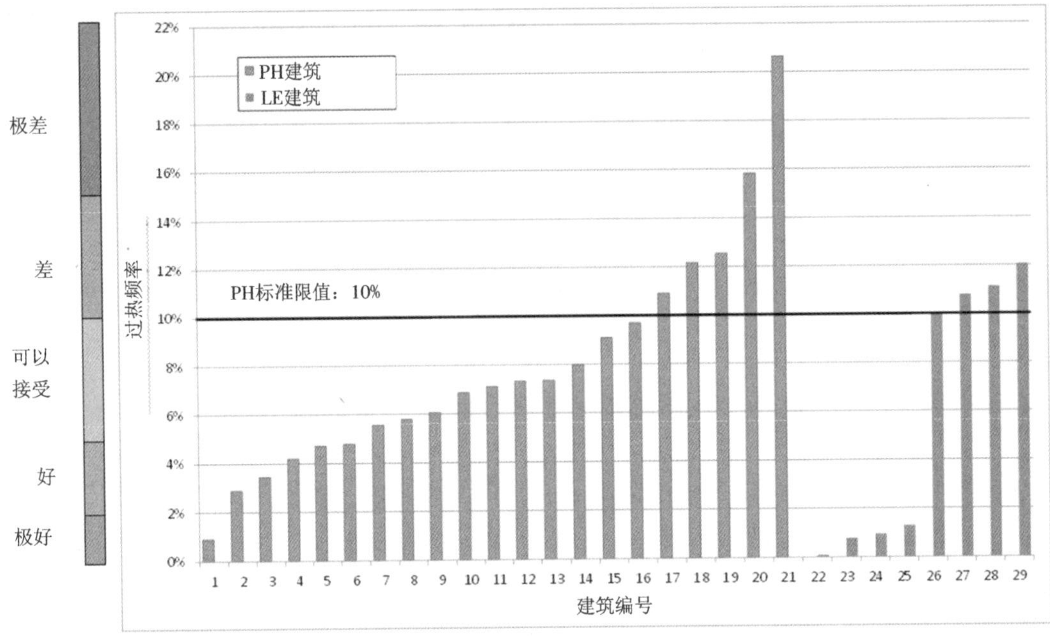

图 2　2001—2002 年威斯巴登 Dotzenheim 地区 PH 协议下相同气候条件下 LE 和 PH 建筑物的过热频率
（资料来源：InstitutfürWohnenund Umwelt（IWU））

当相关参数仅适用于一般情况或者可能会因用户的行为而发生显著变化时，如何根据默认的气候数据、假设或设定进行建筑效率设计？如果全球变暖导致平均气温上升，设计师是否需要考虑将来会因此安装额外制冷设备，还是最好投入精力到当前建筑围护结构的遮阳方面？当然，经验丰富的 PHPP 用户已经可以使用 PHPP 9 中的变量计算概念来评估这些参数的相关性，以此来设置用户定义的变量参数，并模拟各种边界条件及其对舒适度或能量需求结果的影响。

然而，目前正在开发的 PHPP 10 将有可能包含其他的评估，以评估极端条件下建筑物的性能和舒适度，例如气候变化、极端的用户行为或建筑用途引起的极端天气条件。这种压力测试将有助于设计高效和稳健的建筑，使设计师能够预见极端情况或未来的气候。

气候数据变化的夏季温度

对于全球气候变暖趋势、城市热岛效应或仅仅是极端的夏季条件，就像过去几年经历的那样，一栋建筑夏季会表现如何？从 www.passivehouse.com 下载的一个工具可以帮助设计师评估建筑设计的夏季舒适度。此工具的功能是通过输入假定的夏季温度升高值，修改现有的 PHPP 气候数据，以适应夏季较高的温度。如果该工具生成的较高的夏季温度的修正气候数据被复制粘贴到 PHPP 中作为替代气候数据集，那么在更极端的夏季条件下，修正后的温度数据可用于测试建筑物的夏季舒适度或制冷需求。

1. 通过未来气候预测夏季气温升高

未来地表平均温度将上升多少在很大程度上取决于气候变化的情况，包括能否在特定地点成功地显著减少 CO_2 的排放量。参考 1981—2010 年这段时期的气温数据，到 21 世纪中叶可以合理假设地表温度将上升 1~1.5 ℃。根据 2013 年 IPCC 政策制定者总结报告，考虑到原始气候文件的参考时间、建筑物的使用寿命和气候预测方案的严谨程度，用于估计特定位置的温度升高的更为个性化的数据，可从工具的气候数据夏季温度中提供的附加指南中获取（图 3）。

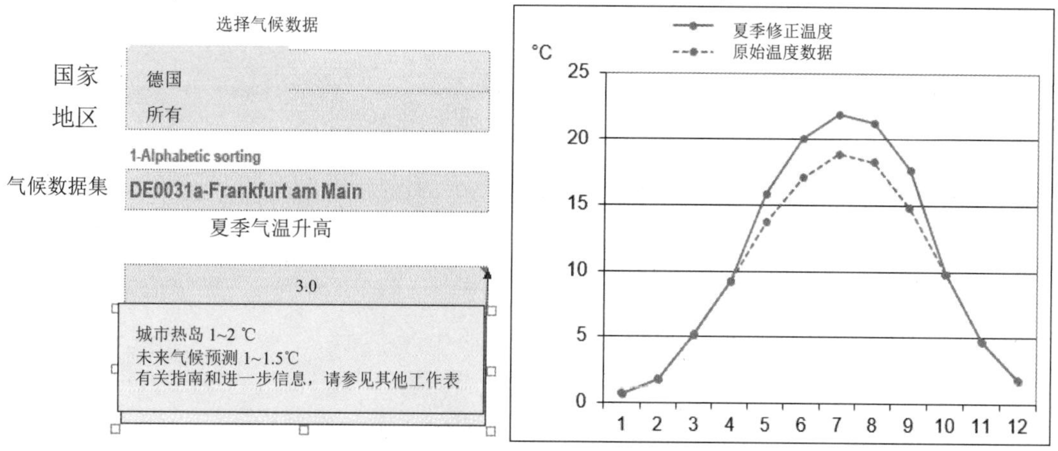

图 3　夏季气候数据工具的截图（用于输入夏季温度升高和夏季温度校正）

2. 城市热岛效应

作为一个粗略的指标，可以基于文献 [2] 使用广义折减系数，温度的升高量取决于居民的数量。根据文献 [3]，城市热岛效应通常导致内城区的年平均温度比郊区高达 2 ℃。为了更精确地估计数据（图 4），必须根据个案分别研究。请注意，如果 PHPP 的气象站位于城市内，则热岛效应可能已包含在 PHPP 气候数据集中。

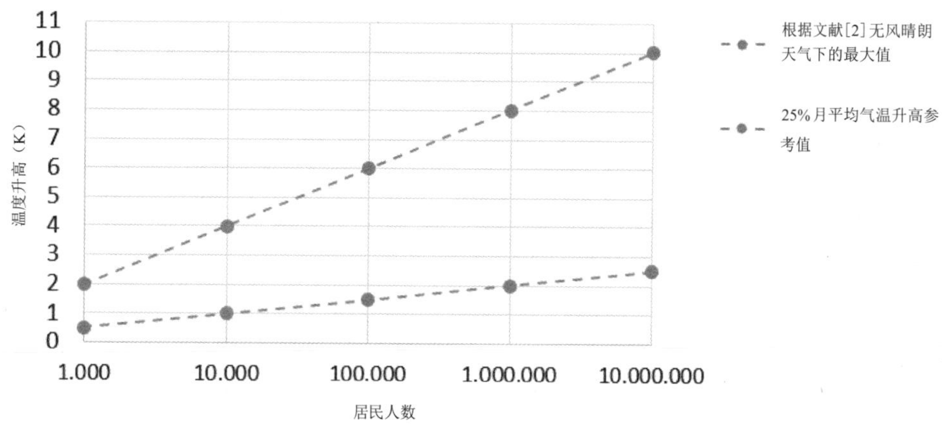

图 4　城市热岛效应的温度修正系数估算

3. 夏季温度升高的影响

夏季温度升高对建筑影响取决于建筑本身。在城市热岛效应或未来温度设想的各种条件下对一个示例项目进行评估，根据慕尼黑的标准气候数据假设其显示出良好的夏季舒适度。

由图 5 可以看出，由气候变化导致温度升高 2 K 仍然是良好的或可接受的结果。目前，可以观察到城市热岛效应，与 DIN 4108-6（1961—1990）的气候数据相比，意味着温度将增加近 3 K，从而显著增加了过热频率。

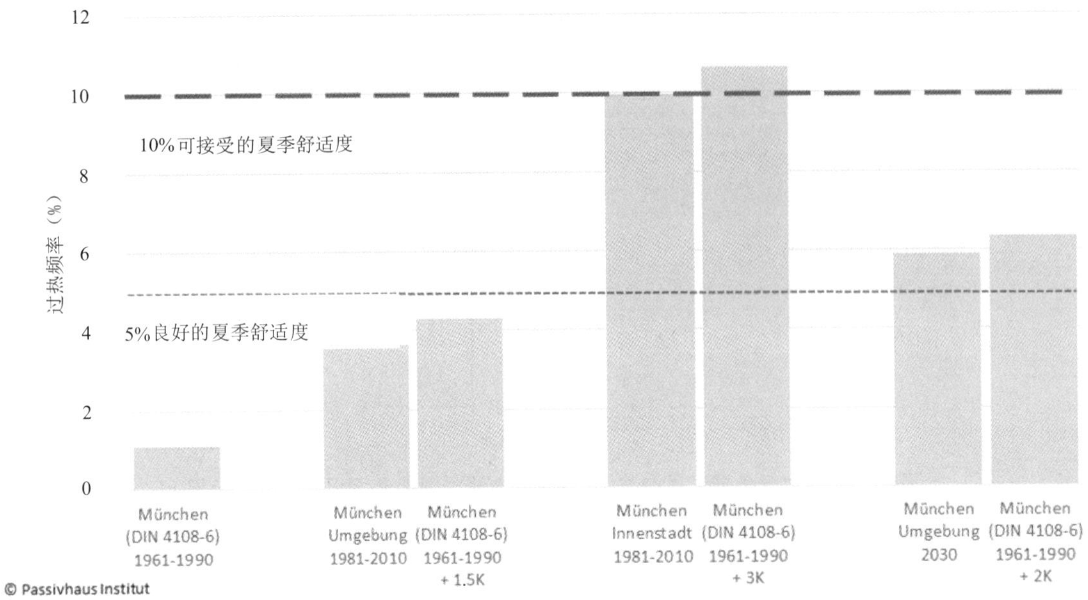

图 5　各种情况导致慕尼黑夏季气温升高的过热频率

用户对夏季舒适度的影响

PHPP 允许设计师通过大量参数微调建筑效率。使用各种参数可以评估和设计建筑物的夏季舒适度。然而，如前所述，其中用户行为主要会影响内部得热（IHG）、夜间通风和临时遮阳等。

1. 单一和组合影响参数

以夜间通风为例，如果建筑物未按照 PHPP（参考设置）设计进行通风，则过热频率会增加，但压力测试设定值为 75%、50% 或 25% 时，空气变化率较低，如图 6 所示。

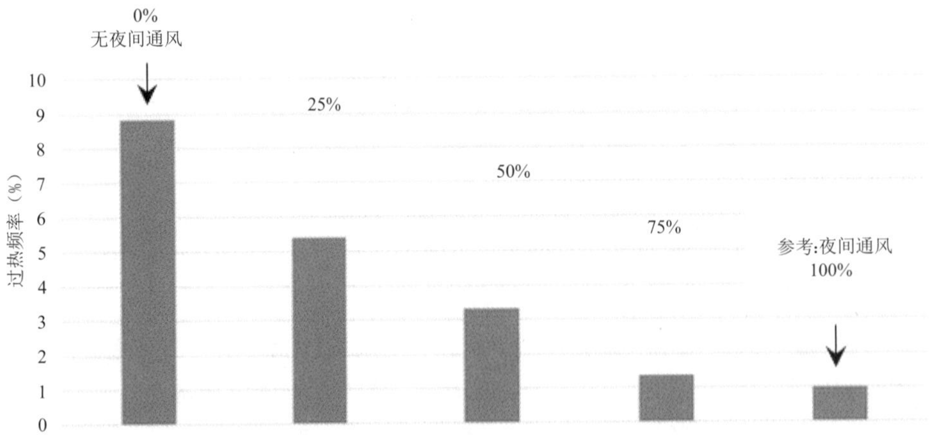

图 6　夜间通风量对过热频率的影响（100% 代表参考案例，然后按照 PHPP 中的设计运行建筑）

如图 7 所示，如果用户未正确使用夜间通风，例如因为昆虫或噪声或防盗系统的原因，窗户没有按设计打开，不会显著降低热舒适度，也不会减少临时遮阳的应用。然而，如果通风和遮阳的使用同时减少，则夏季舒适度将会显著降低，同时如果内部得热高于 PHPP 中标准假设的预期值，则更会降低夏季舒适度。

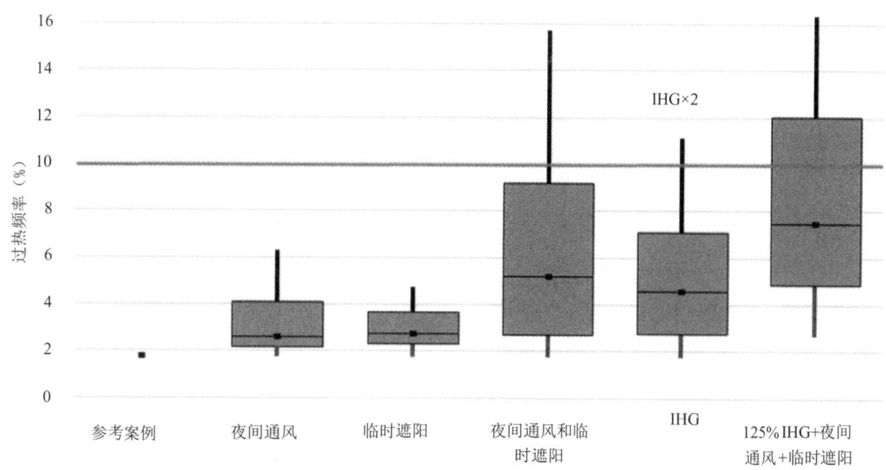

图 7　单一压力测试参数导致可接受的舒适度降低和组合压力测试参数导致的临界舒适条件

2. 测试更稳健的建筑设计

由图 8 可以看出，建筑物舒适条件对影响参数的依赖性有着显著变化。为了预测相关建筑设备的非最佳使用，以避免出现严重的不舒适状况，这些压力测试为测试建筑物的稳健性提供了很好的可能性。

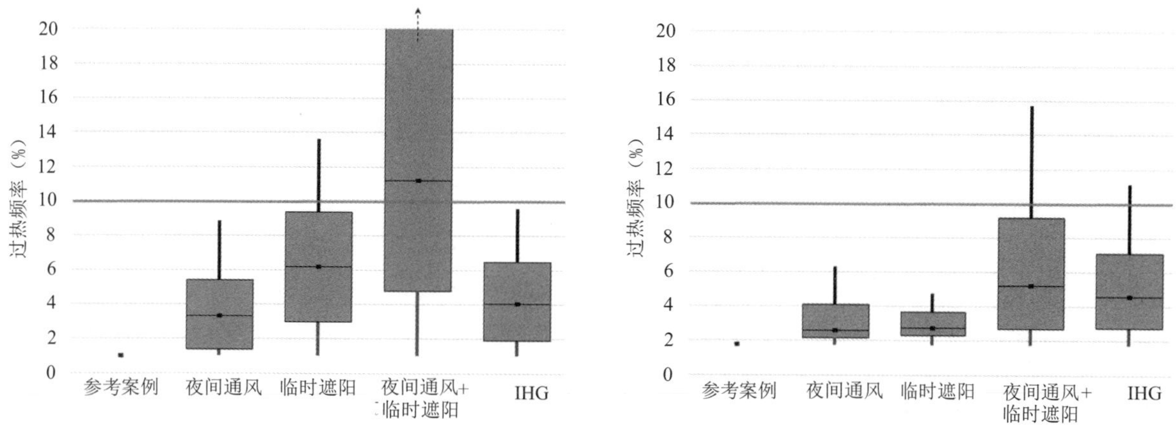

图 8　在相同应力测试条件下，不太稳健（左）和更稳健（右）的建筑的设计过热频率

PHPP 10 将提供此类压力测试参数的默认设置，从而使设计人员能够更好地评价和提高建筑设计的稳健性。

参考文献

[1] T.F. 斯托克，D. 秦，G.K. 普拉特纳，等. 政策制定者摘要 /2013 年气候变化：物理科学基础. 第一工作组对政府间气候变化专门委员会第五次评估报告的贡献. 剑桥：英国剑桥大学出版社，2013.

[2] U. 维纳特，F. 克莱恩卡本，A. 斯佩凯特，等. 一种估算城市热岛强度的简单方法，用于模拟建筑物的热行为. Met.Z，2013，22（2）：179-185.

[3] A. 霍伊博士.Klimaänderungen in den Städten und mögliche Anpassungsmaßnahmen. Protokollband Arbeitskreis kostengünstige Passivhäuser 53: Sommerkomfort – bezahlbar und energieeffizient，Darmstadt，2018.

[4] M. Großklos. Sommerliches Verhalten – Ergebnisse aus Feldmessungen. Protokollband Arbeitskreis kostengünstige Passivhäuser 53: Sommerkomfort – bezahlbar und energieeffizient，Darmstadt，2018.

使用“Grasshopper（蟋蟀）”优化 PHPP 的探索

切尼·陈，西莲·柯林斯 / 帕金斯威尔建筑设计事务所

被动房设计面临的机会

被动房规划设计软件包（PHPP）是一款用于低能耗建筑设计的功能强大的工具。Elrond Burrell 在他的博客中写道：“……被动房规划设计软件包（PHPP）是一系列具有清晰定义的建筑物理算法的集合。只要输入必要信息，就会得到准确可靠的结果。”然而，必要信息的获取离不开大量交叉重叠的设计决策，你很难从一开始就能做出最具影响力的选择。由于建筑设计是一个决策过程，因此低能耗目标的实现需要使这些设计决策的价值最大化，特别是在早期阶段。这些决策包括形式、体量和紧凑性、方向、采光和遮阳以及有关装配件和组件规格的多种选择。PHPP 的“Variants（变量）”选项卡能够限制直接生成和分析设计备选方案的范围，因此，与其说它是一款设计辅助工具，不如说它是一款合理规划性工具。

Rhino 和 Grasshopper 还被广泛用于设计师和建筑师的创成式设计平台。Grasshopper/Rhino 的界面可轻松指定几何图形的替代方案，并呈现参数，以便确定最优的迭代。借助由第三方工具和插件组成的大型开源生态系统，通过搜索设计空间连续体，可对设计方案进行分析和优化。同时，还可以对美学设计决策及其性能目标进行分析，从而使设计更为完整、准确。

从被动房设计的角度来看，利用 Grasshopper 优化方法，设计师可以参与到初始设计阶段中，为 PHPP 提供多种设计决策信息，最终提高实现高性能目标的概率。这并不是为了取代 PHPP，而是提供一种替代设计辅助方案（参见图 1）。

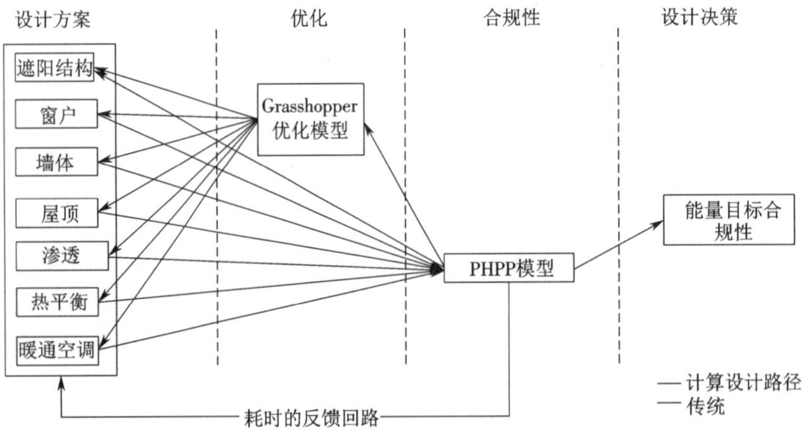

图 1　Grasshopper 填补了设计空白，使 PHPP 更容易获得高质量输出

案例研究：利用 Grasshopper 优化遮阳结构

在初始设计阶段，设计师更容易通过优化建筑的立面、照明和机械系统的性能，来降低建筑的能源消耗。由于建筑围护结构充当着内部和外部环境的环境过滤器，因此第一步通常需要优化建筑围护结构。窗户、遮阳结构和其他建筑元素共同发挥作用，对太阳的能量进行分配、改变其方向或进行收集，以加热、冷却或照亮一个空间。然而，复杂的交叉重叠和权衡取舍给设计师做出快速直观的设计决策造成了阻碍。这种阻碍在控制可用的太阳能辐射时则表现得更加明显。

一座设计精良的被动房建筑依靠遮阳结构来最大限度地减少供冷季的太阳能得热，并在供暖季最大限度地增加太阳能得热。考虑到遮阳的重要性，遮阳计算应该是动态且准确的。然而，PHPP 中的遮阳计算很难达到 100% 准确。特别是对较为复杂的几何结构和建筑方位来说，当前使用的遮阳算法在 PHPP 中很可能受限。此时，PHPP 用户需要做出最准确的判断，或者通过某种方式来简化太阳能的计算。为此，德国被动房研究院开发了一些额外的工具，如 designPH 2.0，通过三维光线追踪和 Perez 辐射模型来解决这个问题。通过对三维模型的几何分析，基于遮阳对象的详细光线跟踪检测和相应的阴影遮罩，计算出 PHPP 中要求的季节性遮阳折减系数。

利用 Grasshopper 对遮阳分析进行的优化可遵循相同的算法，有如下好处：

（1）搜索多个设计方案，而非对单一模型进行评估；

（2）根据设计要求定制更精确的输出；

（3）实现真正的多目标优化。

1. 搜索多个设计方案，而非对单一模型进行评估

利用 Grasshopper 进行优化，可实现设计环境、设计方案和性能分析模块的参数化集成。Grasshopper 模型可主动提供根据特定的设计限制而定制的全因子设计方案，无须使用设计师的遮阳设计进行分析。根据图 2 所示的常用六步优化方法，设计师可对建筑、工地，特别是其窗户、遮阳的尺寸和方向，有更深入的了解。这种方法提供了一个有效的设计、分析循环，设计团队可利用该方法定量地定义基线，并将潜在的设计变量迅速缩小到一个合理的范围。如有必要，建议在整个初始设计阶段根据逻辑设计进程进行多个建模循环。图 3 显示了在确定其格式和方向之后，如何对替代遮阳方案的视野阻挡、太阳能得热甚至能量平衡情况进行进一步的评估和优化。Grasshopper 优化循环不仅可以帮助设计人员避免通常发生在项目启动第一天的潜在错误，而且还可以对设计决策进行微调，从而在预设计、概念设计和方案设计阶段实现保护目标。

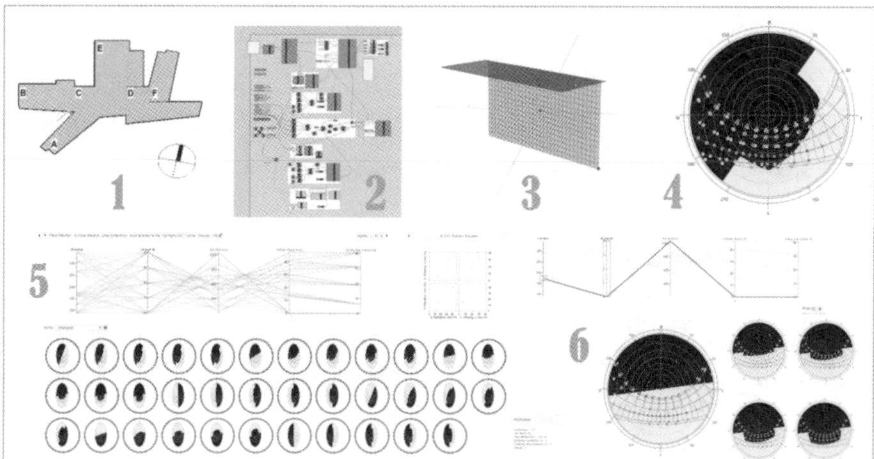

图 2　六步优化方法

第一步—下载设计文脉；第二步—翻译成 Grasshopper 语言；第三步—设置典型分析对象；第四步—生成视觉反馈（阳光遮罩）；第五步—生成全因子平行坐标图（PCP）；第六步—按方向量化遮阳策略

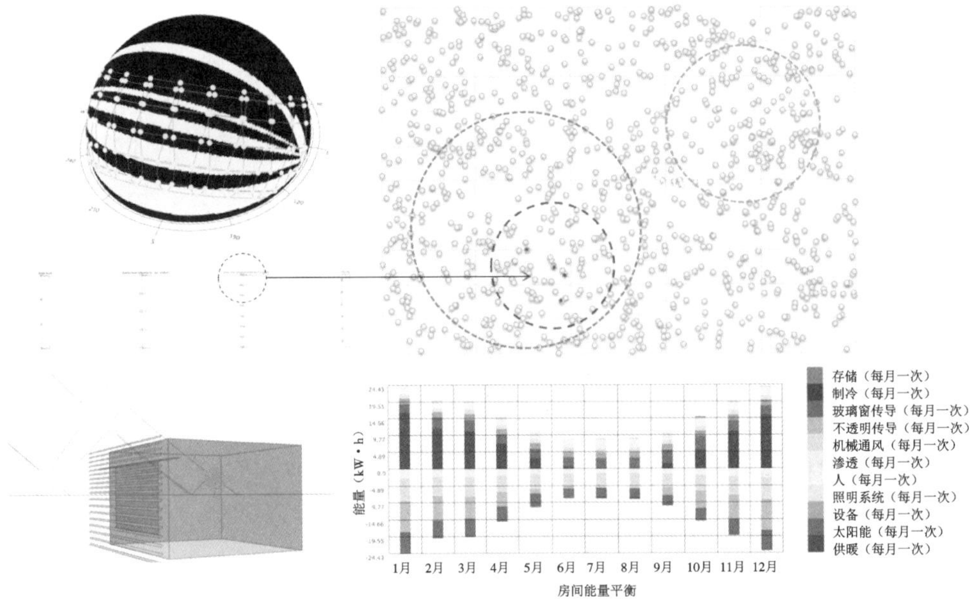

图 3　多个数据搜索循环的示例

2. 根据设计要求定制更精确的输出

PHPP、designPH 和 Grasshopper 工作流程之间的差异如表 1 所示。借助庞大的工具与插件生态系统，Grasshopper 中的遮阳计算可遵循 Perez 辐射模型，或者使用经过验证的引擎（如 Radiance 和 Daysim）更精确地生成按小时计算的结果。用户可以根据项目要求以及计算效率和精度的平衡来定制输出规范。此外，多计算引擎拓宽了研究领域。如建筑师通常会根据审美期望、太阳能保护、日光和能源性能等条件，验证有关遮阳材料的决策（材质、颜色、不透明性等）是否合理，是否需要进行优化。可惜的是，由于遮阳材料缺乏详细定义，PHPP 或 designPH 的太阳能计算没有很好地解决这些问题。而 Grasshopper 可以很好地定义模拟场景中遮阳板的材料特性，以便使用辐射引擎进行深入的模拟。在我们的优化案例研究中，将实心铝竖框盖（mullion cap）和穿孔铝竖框盖（以 50% 的比例）与其他设计变量（包括叶片尺寸、密度和旋转角度）进行了比较（见图 4）。灵敏度研究表明，不透明度差异是通过一组垂直放置的翅片来改变太阳能截获模式的驱动因素。

表 1　在遮阳系数计算和优化的背景下，PHPP、designPH 和 Grasshopper 工作流程的交叉比较

		PHPP	designPH	Grasshopper 工作流程
输入	水平障碍物	输入尺寸	三维模型	三维模型
	垂直窗帮	输入尺寸	三维模型	三维模型
	挑梁	输入尺寸	三维模型	三维模型
	其他遮阳元素	输入尺寸	三维模型	三维模型
	夏季遮阳选择	输入尺寸	三维模型	三维模型
	材质	不适用	不适用	由用户定义
	模拟步骤	不适用	每月按小时计算 / 代表天数	小时计算 / 按用户定义的时间步长
输出	遮阳系数（有遮阳辐射与无遮阳辐射之比）	由经验推导的算法近似	通过针对每个窗户生成的阴影遮罩进行实时几何分析	动态多目标模拟 / 累积天空法或基于 Daysim 的小时法
	优化	非常有限	有限	无限制
	早期设计辅助	耗时的过程	耗时的过程	计算效率的过程

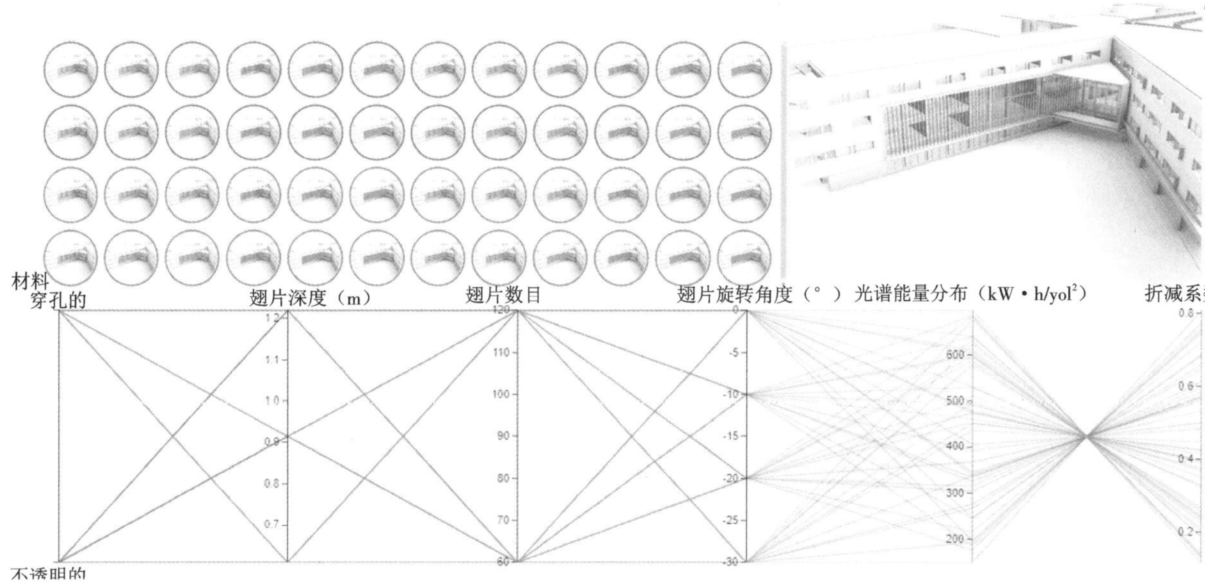

图 4　材质、翅片尺寸、密度和旋转角度方面的太阳能保护优化

3. 实现真正的多目标优化

建筑设计问题从本质上看属于多学科问题。一个有效的建筑决策过程必须考虑到分析多个标准的方法，而这些标准有时可能会相互冲突。因此，不应将遮阳策略优化视为一个单独的目标过程。除被动式太阳能得热以外，日光、眩光、居住者热舒适度、暖通空调负荷和能源消耗都与遮阳性能息息相关。单独使用 PHPP 来研究除能源以外的其他性能目标仍是一项艰巨的任务，而 Grasshopper 平台可以充分实现多目标优化。通过连接不同的计算模块，可以对超出能量考虑范围的遮阳进行深入的研究。图 5 显示了一个多目标优化过程，即在设计的空间中寻找太阳能保护、采光性能和眩光潜力之间的平衡。

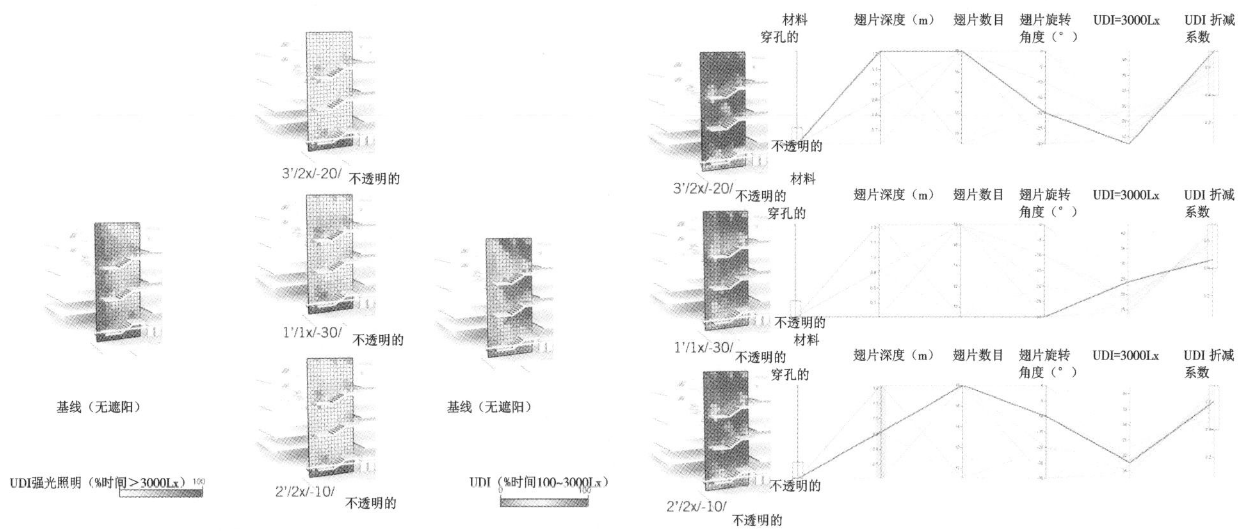

图 5　遮阳板的多目标优化——太阳能保护、采光和眩光

优化 PHPP，从而实现集成度更高的设计

参数化分析是在建筑实践中，尤其是在设计初期，进行设计探索的一种重要方法。设计空间构建（DSC）是一个参数分析框架，旨在实现更加系统化的多学科设计探索。它可以作为一种分层技术解决方案在项目中

实施，由分析引擎、插件和包装器（wrapper）、参数化建模和数据可视化界面构成，如图 6 所示。

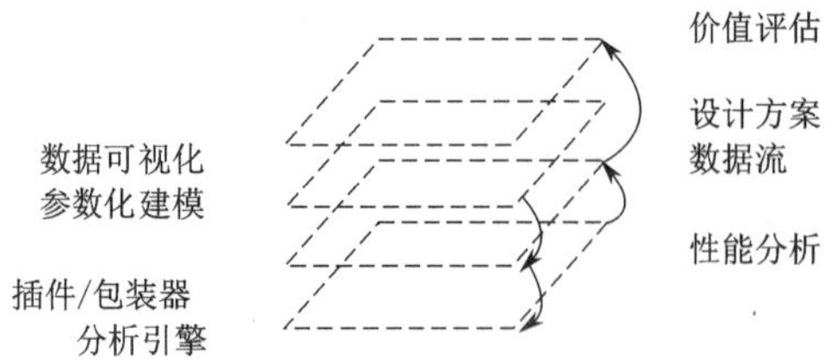

图 6　DSC 的分层实现

帕金斯威尔建筑设计事务所（Perkins and Will Architects）研究团队通过研究型方法在一些实际项目中开发并验证了 DSC。图 7 展示了一个学校建筑围护结构的设计，该设计应用 DSC 对立面面板进行了多目标优化，以满足被动房和采光标准（见图 7）。

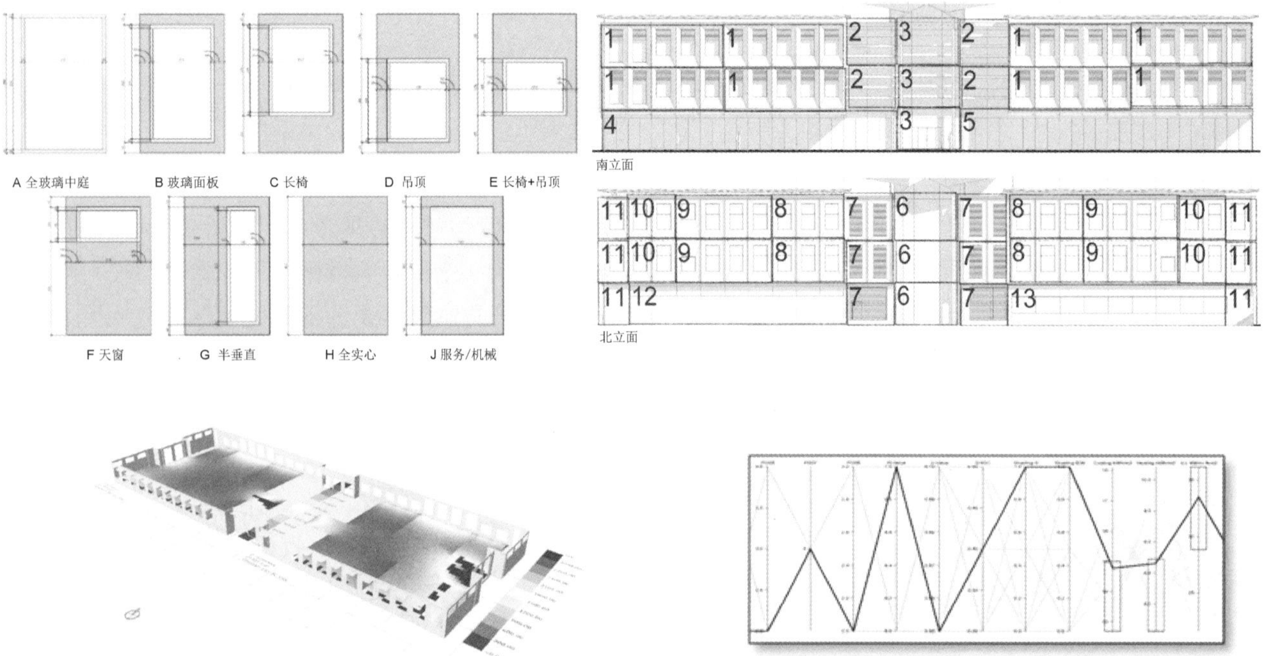

图 7　学校建筑围护结构设计中的 DSC 应用

结论

本文介绍了温哥华帕金斯威尔建筑设计事务所正在研发的计算设计过程的工具，有助于按照被动房标准进行大型项目的早期设计。设计空间构建（DSC）是借助 Grasshopper 的功能来进行包络分析、设计方案评估，并根据预定义的标准提供解决方案的框架。

DSC 框架灵活性强，可通过多个分析引擎的切换或组合来满足不同的项目要求。针对引入的新引擎，工程师还开发了 Grasshopper 插件和包装器。近期，帕金斯威尔建筑设计事务所的研究团队与佐治亚理工学院（Georgia Institute of Technology）开展了密切合作，致力于将能源性能计算器（EPC）与 EnergyPlus 并行集成，作为替代的 DSC 能源引擎。EPC 也是一个基于 Excel 的能源建模软件，类似于 PHPP。多能源计算引擎的引入具有巨大的潜力，在不久的将来，通过 DSC 进行优化后，既能满足被动房设计的要求，也能满足多个性能目标的要求（见图 8）。

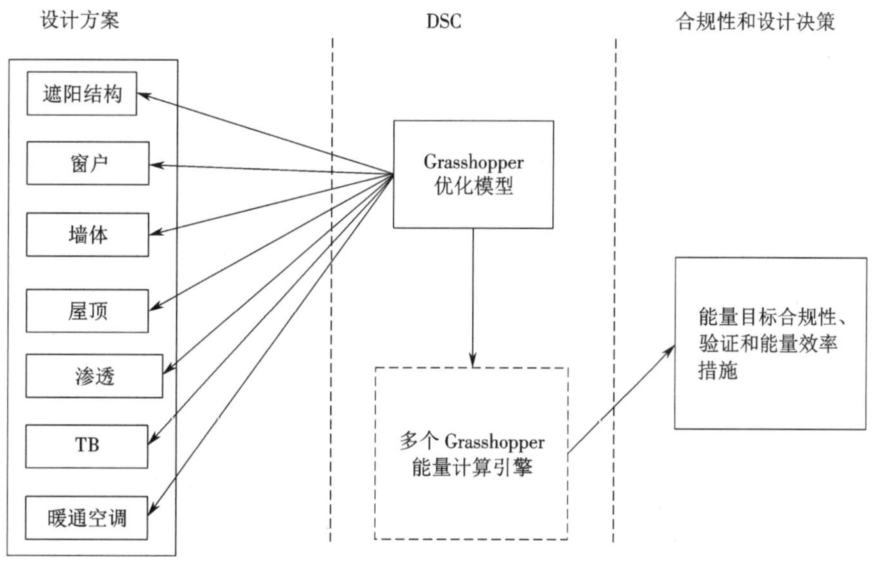

图 8　将多个能量计算引擎集成到 DSC 框架中

参考文献

[1]　莎拉·路易斯.PHPP 插图：被动房设计包设计师伙伴.RIBA 出版社，2016.

[2]　艾尔隆德·伯勒尔. 什么是被动房设计包（PHPP）？https://elrondburrell.com/blog/passive-house-planning-package-PHPP/

[3]　克里斯托夫·莱因哈特，等. 哈佛大学设计研究生院.http://www.gsd.harvard.edu/research/gsdsquare/ABPS.html

[4]　海梅克·约翰，等. 设计空间构建：支持协同、参数化决策的框架. 建筑信息技术学报，2018，23：157-178.

根据 ASHRAE 140 进行 PHPP 验证

尤尔根·施纳德 / 被动房研究院

引言

被动房设计包 PHPP 9 是被动房的设计工具，它还可用于预测低能效建筑的能源需求和能源规划改造。

根据 ISO 13790，PHPP 基于每月的能量平衡来计算供暖和制冷需求（通常也称为“年度负荷”），此外还计算建筑的总能源需求，包括生活热水和电力，即建筑中的所有能源应用。它已被证明是一个适用于被动房设计的工具。

除了被动房标准外，大多数国家的建筑规范中都有其特定的能源性能要求。除了被动房的认证外，还需要对每栋建筑的合规性进行验证。这给设计团队带来了大量额外工作，却丝毫没有改善建筑的能源性能，因此需要简化程序。

一些地区和国家的管理机构允许使用模拟程序进行代码验证。为了避免由模拟程序引起的错误，通常需要以某种方式验证各个程序。ASHRAE140 是一种经常用于此目的的验证程序。

2019 年 1 月，针对 ASHRAE140 成功进行了 PHPP 验证，以下对结果进行了总结。

值得注意的是，每小时动态模拟在 PHPP 的开发过程中得到了广泛的应用。PHPP 结果已成功地与更详细的每小时动态模拟结果以及监测结果进行了比较。在详细讨论 ASHRAE 140 验证之前，我们将简单介绍其中的一些工作。

PHPP 与动态模拟的比较

对于 PHPP 算法的开发和大多数验证，应用了在被动房研究院开发的每小时动态模拟程序 Dynbil。

作为欧盟资助的 EuroPHit 项目的一部分，本文比较了 Dynbil 和 PHPP 在 7 种欧洲气候条件下的被动房屋和保温不良的现有建筑的供暖和制冷需求的计算结果，如图 1 所示。图 1 中的虚线给出了可接受的偏差——2 kW·h/(m²·a)（由于建筑工地实际执行的变化，这是任何建筑能源计算可以达到的准确度）或动态模拟结果的 10%，以较大者为准。

对于被动房的需热量，会出现大约 1 kW·h/(m²·a)的小幅高估，这是简化程序所希望的趋势。对于现有建筑，PHPP 低估了几个百分点的需热量。这并不是问题，因为现有建筑物的室温以及由此产生的需热量，实际上比通常假设的要低，因此这一误差不仅很小，而且也使结果更加真实。

尽管应该注意到在所有欧洲气候下制冷需求相对较低，但制冷方面也达成了良好的协议，因此这里仅表示有限范围的典型制冷情况。

在中国某些气候条件下，制冷和除湿的需求较高。图 2 显示了动态模拟程序的供暖、制冷及除湿结果和 PHPP 的供暖、制冷及除湿结果在这些气候条件下也非常一致，特别是对于被动房而言。

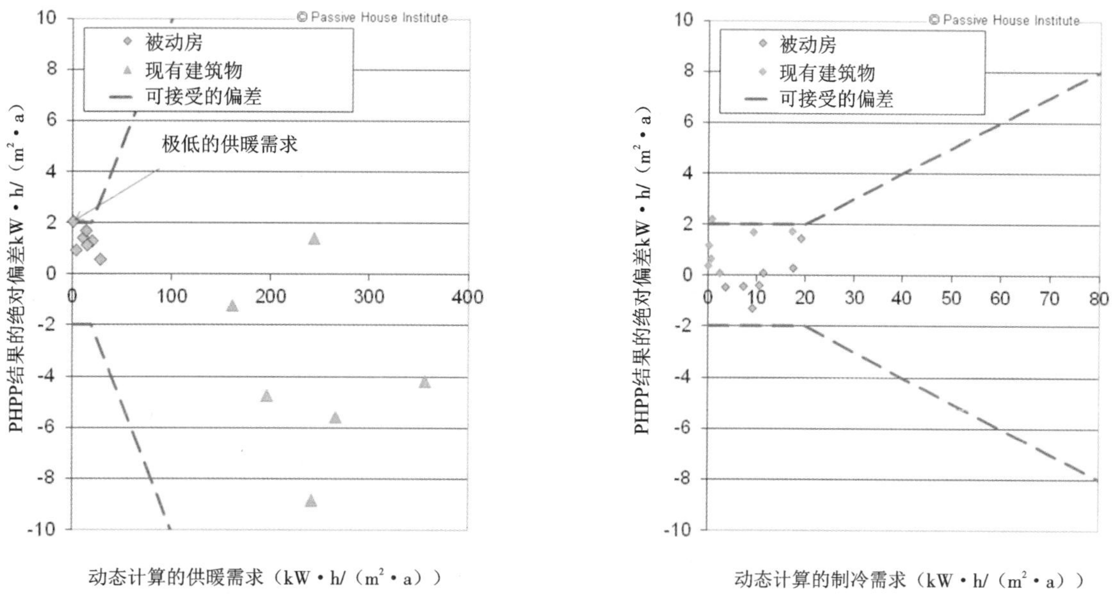

图 1　PHPP 计算年供暖和制冷需求，并与动态每小时模拟结果进行比较（来自 Schnieders，2015）

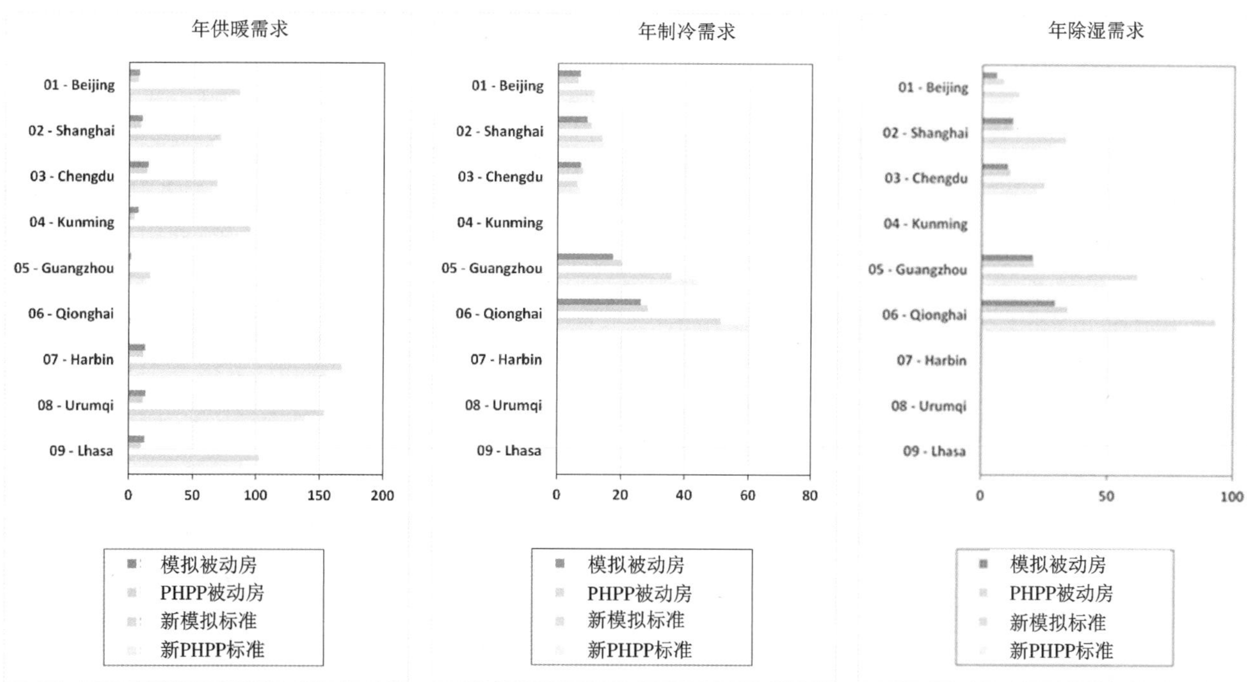

图 2　中国不同气候条件下被动房和标准新建筑供暖、制冷和除湿需求协议（来自 Schnieders，2016）

PHPP 与已建成建筑的比较

中欧的许多被动房项目都受到了仔细的监测，并将它们的实际性能与 PHPP 预测的结果进行了比较。因此，在监测期间有必要输入 PHPP 计算中的正确边界条件，例如内部温度和外部温度或太阳辐射。

如图 3 所示，单个住宅单元的耗热量是无法预测的。由于不同的用户行为，系数 4 通常出现在相同住宅单元的最高和最低消耗之间。然而，足够数量的住宅单元的平均耗热量与 PHPP 预测非常吻合。

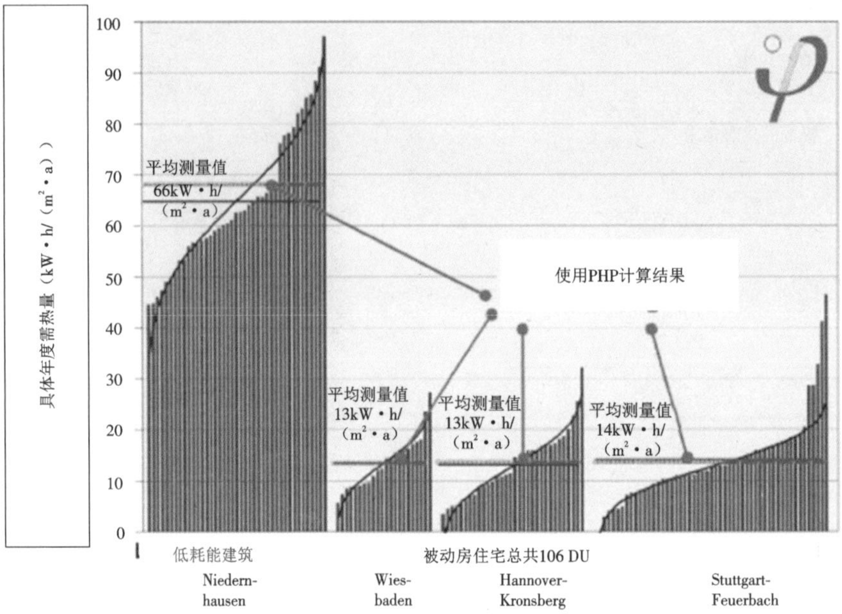

图 3　几个项目实测能源与预测供暖能源的比较(来自 Peper,2015)

根据 ASHRAE140 验证 PHPP

美国 ANSI/ASHRAE 标准 140 是用于构建模拟程序的测试包,最新版本于 2017 年发布。其 II 级试验程序包含一个简化的单区域建筑的详细说明以及三个不同动态建筑模拟程序产生的年度热负荷和冷负荷的模拟结果:BLAST 3.0, DOE 2.1E 和 SERIRES/SUNCODE 5.7。从一个参考案例着手,定义 20 种与热质量、窗户朝向、遮阳、保温和地面耦合等变化有关的不同变量。这些变量中,大多数经过了两次计算,并用于供暖和制冷,总共出现了 38 种情况。

正如预期, 3 个参考动态模拟程序的结果并不相同,图 4 显示了一个供暖示例。这些偏差是系统性的, SERIRES 结果最高, DOE 结果通常最低。本标准并不声称参考程序是正确的。标准中始终没有通过或是失败的具体指标,但会有一个建议的有效范围,验证过程中也使用了此范围。

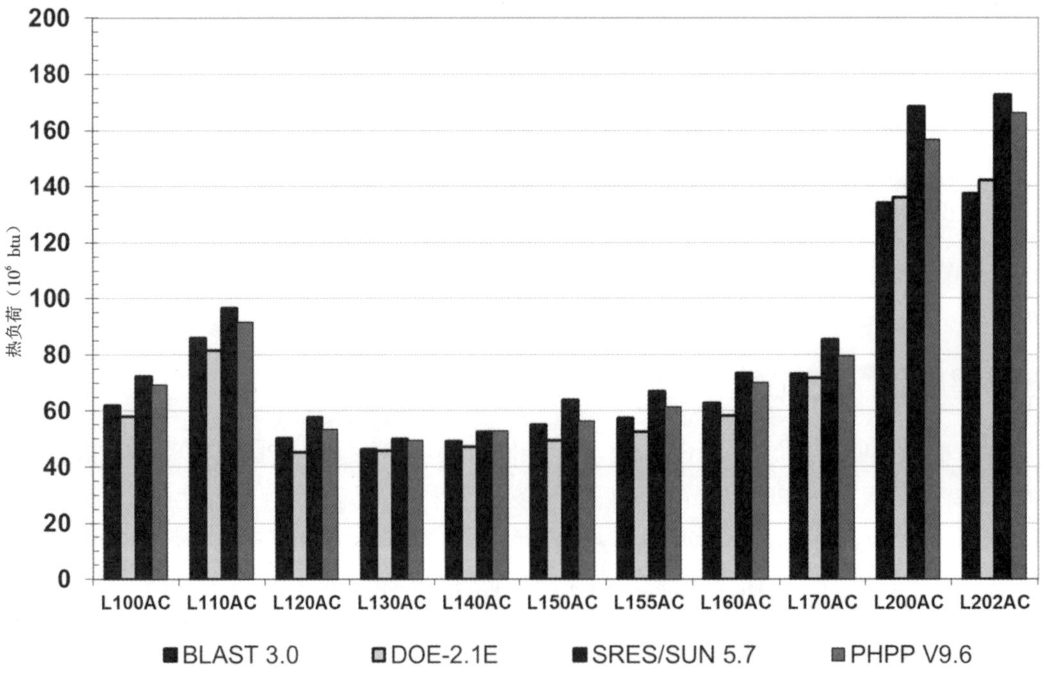

图 4　需热量的示范结果(请注意,该标准使用 IP 单元)

该测试程序基于 1995 年首次发布的建筑能耗模拟测试（BESTEST）。它与保温性能相当差的建筑物有关。在基本情况下，墙的 U 值为 0.48 W/（m²·K），屋顶的 U 值为 0.28 W/（m²·K），窗户为单层玻璃。该建筑有 2×4 款式的墙、高架地板和无隔热阁楼，简化了典型的美国老式独户住宅（见图 5）。对于科罗拉多斯普林斯市的气候条件，根据所使用的模拟程序，其需热量在 119~148 kW·h/（m²·a）。对于华达州拉斯维加斯市的气候条件，其制冷需求在 112~125 kW·h/（m²·a）。

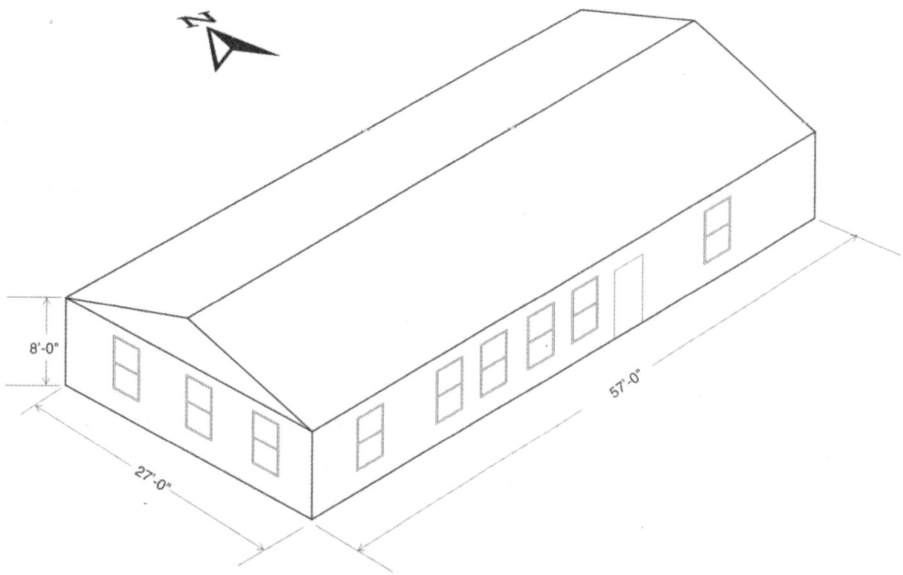

图 5　ASHRAE 140 基地大楼

尽管参考建筑已经过时，但 ASHRAE 140 仍被好几个国家用于验证建筑模拟程序是否可用作建筑规范能耗性能合规性的能源模型。

PHPP 验证

为了证明 PHPP 符合 ASHRAE 140，2019 年 1 月，Remi Charron Consulting Services 根据 ASHRAE 140 对加拿大被动房、加利福尼亚被动房、纽约被动房和被动房研究院的 PHPP 进行了第三方验证。尽管在阳光明媚的气候条件下，保温性能差的轻质建筑的边界条件还是具有挑战性，但 PHPP 成功地通过了这一测试：几乎所有的供暖和制冷结果都在标准建议的验证范围内（图 6）。

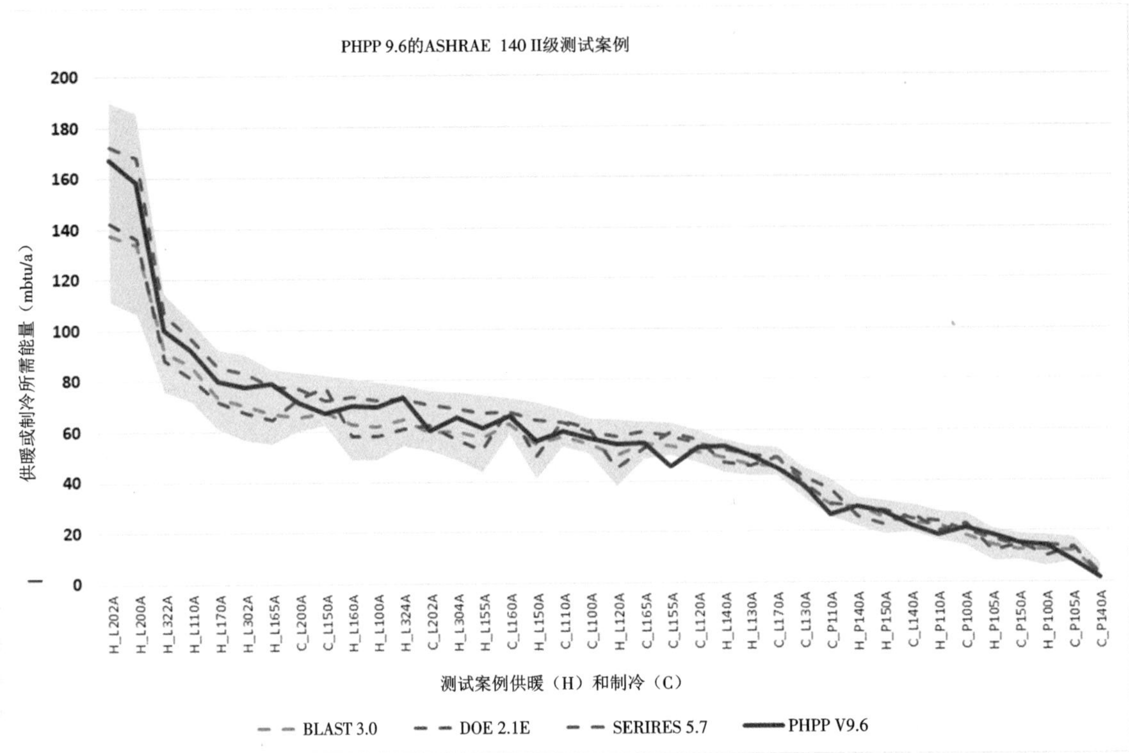

图 6　PHPP 9.6 与 ASHRAE 140 建议可接受的带宽值结果进行比较

参考文献

[1] ANSI/ASHRAE 标准 140—2017. 评估建筑物能耗分析计算机程序的标准试验方法.

[2] 被动房设计包(PHPP). 达姆施塔特，被动房研究院，2016.

[3] 德国工业标准 13790：2008-09. 建筑物的能耗性能：空间供热和制冷的能耗计算.

[4] S. 佩珀，W. 费斯特. 被动房标准的能源效率：通过实际测量确定的期望值. passivehouse.com/downloads/05_energy_efficiency_of_the_passive_house_standard.pdf, accessed 21 Dec 2018

[5] D2.4.1 Balancing tool for step-by-step energy efficient refurbishment incl. RES，Report_Optimisation of the PHPP for old buildings with high energy consumption ，https://europhit.eu/sites/europhit.eu/files/EuroPHit_D2.4_BalancingToolforSBSRetrofits_EN_PHI.pdf, accessed 07 Jul 2019

[6] 尤尔根·施纳德，T. 舒尔茨，W. 费斯特，等. 中国气候下的被动房. 达姆施塔特，被动房研究院，2016.

被动房认证具体项目一次能源的需求

季诺·巴斯廷，埃琳娜·雷耶斯·贝尔纳，杰西卡·格鲁夫·史密斯，尤尔根·施纳德 / 被动房研究院

引言

根据被动房标准，建筑认证有固定的可再生一次能源消耗量标准：普通标准 60 kW·h/(m^2·a)、高级标准 45 kW·h/(m^2·a)、最高级标准 30 kW·h/(m^2·a)。但认证标准也规定了在高能源强度的特殊用途下，可再生一次能源消耗量标准有可能获得豁免。项目团队可以请求项目特定目标，该目标须根据具体情况定义。

近年来，大型和混合用途被动房建筑数量显著增加，越来越多的项目向被动房研究院申请一次能源豁免。为了提高透明度和一致性，简化和加快这些建筑的认证程序，被动房研究院正在制定一项标准化方法，以适用于项目特定的一次能源要求。这也将从项目前期就为开发商提供规划保障，从而使被动房成为更切实可行的目标。

在第一步中，已针对密集居住建筑开发该方案，并已通过一个工具（根据建筑的最终用途设定一次能源目标）来实施。由被动房研究院与温哥华零排放建筑交易所（ZEBx）和北美被动房从业人员技术委员会合作实施该项目。本文概述了该方案的制定过程以及对适用项目认证的影响。

住宅建筑的高能耗

密度是决定住宅项目豁免 PE/PER 与否的主要因素之一。对于较小的居住单元，每平方米居住面积通常具有较高的比能耗。这是由以下原因造成的：①每平方米居住面积的人数通常较多；②如果与较大居住单元相比，较小居住面积内使用的电器（冰箱、盥洗设施、电子设备等）数量相近。与单户住宅相比，多户住宅还会使用额外的能源和设备（如水泵和电梯），以及其他的区域（如走廊、便利设施和储藏室，本文统称为“公共区域”）。

方法论

首先是确定住宅建筑中最相关的能源使用。然后根据被动房标准、被动房的推荐值、已集成在 PHPP 中的标准值和辅助计算以及市场上现有技术的效率值，得出每种最终用途的适当效率目标。这些值给出了最终能源的目标，再通过换算系数转换为一次能源（PE）或可再生一次能源（PER）目标。各方案使用的换算系数考虑了能源载体、最终用途和地点。最后将计算出的目标与已认证或正在认证的项目 PHPP 模型进行比较，以验证这些目标。

确定相关最终用途和各自目标

各最终用途的适当效率目标定义如下。

（1）供暖、制冷和除湿：这些最终用途的被动房标准构成了目标依据。

（2）通风设备、生活热水和家用电器：这些目标按人均能源需求设定，因此按密度来衡量。

（3）辅助用电、公共区域和电梯：这些目标根据项目特点——经处理后的楼面面积（TFA）、居住单元数量或项目是否包括电梯或公共区域，进行调整。

表 1 包括每种最终用途的目标和换算系数。在向完全可再生能源供应过渡期间，可通过 PER 或 PE 需求获得被动房认证。因此，调整后的目标也适用于这两个方案。

表 1 每项最终用途的目标以及根据 PE 和 PER 需求的换算系数

<table>
<tr><th rowspan="2"></th><th rowspan="2">最终用途</th><th colspan="2">最终能源需求</th><th rowspan="2">换算系数 PER</th><th colspan="2" rowspan="2">换算系数 PE</th></tr>
<tr><th>目标依据</th><th>效率系数</th></tr>
<tr><td rowspan="3">项目特征调整</td><td>辅助电力</td><td>PHPP 计算</td><td>PHPP 计算</td><td>1.25</td><td colspan="2">当地电力系数</td></tr>
<tr><td>公共区域</td><td>运行时间（kh/a）</td><td>3~4.6 W/m²</td><td>1.25</td><td colspan="2">当地电力系数</td></tr>
<tr><td>电梯</td><td>年需求量</td><td>甲类</td><td>1.25</td><td colspan="2">当地电力系数</td></tr>
<tr><td rowspan="5">随密度调整</td><td>HH 电力</td><td>默认值 PHPP</td><td>默认值 PHPP</td><td>1.25</td><td colspan="2">当地电力系数</td></tr>
<tr><td rowspan="2">生活热水（DHW）</td><td rowspan="2">实用需求 + 高达 100% 的配电损耗</td><td>热泵（SPF=2）</td><td>1.25</td><td>当地电力系数</td><td rowspan="2">两者之中较小者</td></tr>
<tr><td>锅炉（效率 =1）</td><td>不适用</td><td>1.1</td></tr>
<tr><td rowspan="2">通风</td><td rowspan="2">被动房的建议率</td><td rowspan="2">0.45（W·h/m³）</td><td>夏季 1.50</td><td colspan="2" rowspan="2">当地电力系数</td></tr>
<tr><td>冬季 1.65</td></tr>
<tr><td rowspan="4">基于标准</td><td>除湿</td><td>取决于气候</td><td>效率 =2</td><td>1.60</td><td colspan="2">当地电力系数</td></tr>
<tr><td>制冷</td><td>取决于气候</td><td>热泵（SPF=3）</td><td>1.50</td><td colspan="2">当地电力系数</td></tr>
<tr><td rowspan="2">供暖</td><td rowspan="2">15 kW·h/（m²·a）</td><td>热泵（SPF=2）</td><td>1.65</td><td>当地电力系数</td><td rowspan="2">两者之中较小者</td></tr>
<tr><td>锅炉（效率 =1）</td><td>不适用</td><td>1.1</td></tr>
</table>

验证

通过在不同气候区的 6 个项目，包括 5 个多户项目和 1 个单户项目（PHPP 中的默认示例），详细验证了新方法用于确定项目特定 PE/PER 目标的适用性。该分析包括一系列场景，反映了对设备和装置有不同效率等级要求的建筑物的性能。表 2 总结了不同方案的主要特征，图 1 包含了分析的主要结果。

表 2 用于验证 PER 和 PE 目标的不同方案的特征

方案	描述
原始	具有设备和电器效率原始值的项目
PH 适宜设备	使用的家用电器和通风装置的默认值：热回收率为 75%，电力需求为 0.45 W·h/m³，如果使用热泵，应声明 COP 为 3.5
良好设备	原始项目的系统和设备，效率介于该地区最好的系统和设备效率与市场平均效率水平之间
最佳设备	原项目的系统和设备，具有该地区最好的性能
PH 适宜 + 热泵	使用的家用电器和通风装置的默认值：热回收率为 75%，电力需求为 0.45 W·h/m³，如果使用热泵进行加热或冷却，应声明 COP 为 3.5
技术上可行	使用性能最佳的技术，而不考虑其所在地区，所有供暖、制冷系统均使用性能最佳的热泵

如表 2 所示，各方案涉及改变设备和装置，但未探讨影响能源平衡的其他方面的改善。分析表明，在较小住宅单元项目中，如果不做出重大的额外努力，就无法达到通用的 60 kW·h/（m²·a）PER 标准。除了单户住宅（图 1 中的最右边），除非使用最佳设备，否则这些项目均高于阈值。对于含有最小居住单元的地区（图 1 中的左边），需要综合运用最佳设备和高效的热泵。

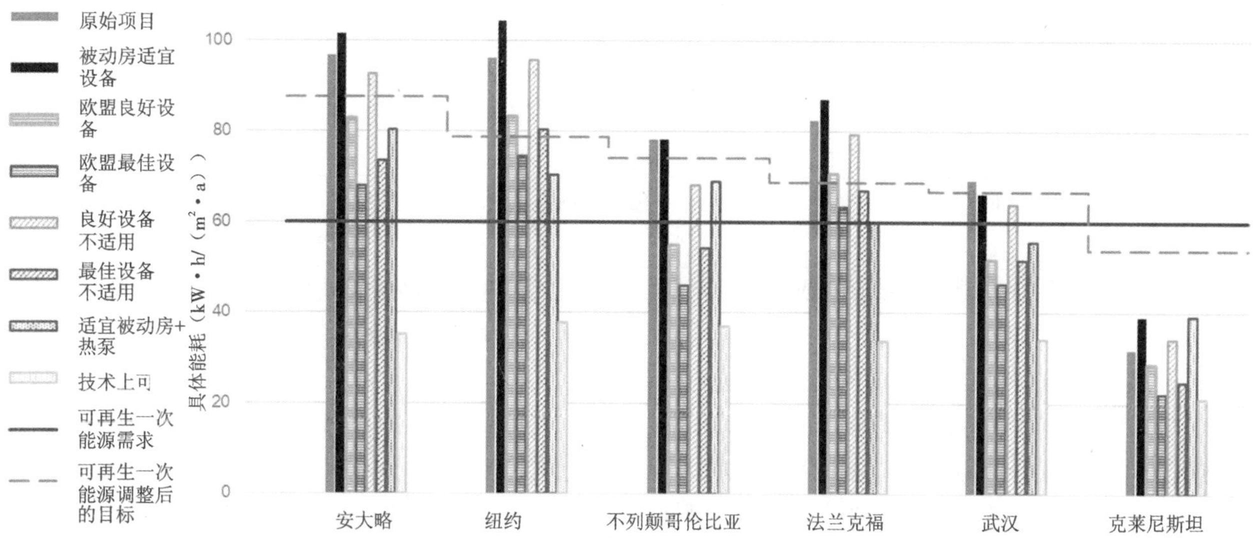

气候	3：寒温带	4：暖温带	3：寒温带	3：寒温带	4：暖温带	3：寒温带
住宅单元	45	140	74	51	48	1
住宅面积（m^2）	39	51	60	75	120	156
密度（m^2/人）	34	37	37	39	54	54
经处理的建筑面积（m^2）	2 126	8 704	4 727	3 836	5 848	156

图 1　通过市场上（柱状图）可用的装置和设备实现的 PER 需求与根据不同因素（折线图）计算的 PER 目标

结果表明，目标随密度的增加而增加，居住单元越小，新的 PER 阈值越高。然而，调整后的 PER 目标均高于最初的阈值，但仍低于“PH 适宜设备”的方案。这表明，原项目的某些方面（如生活热水系统中的配电损耗）可能仍需改进，或者该项目需要性能优于普通被动房设备或装置的性能才能获得豁免。

进行第二次分析，以验证其他项目特征和位置的计算。在所有被动房气候区（北极除外）计算另外 28 个住宅项目，包括不同规模和数量的住宅单元。图 2 包括第二次分析的结果。

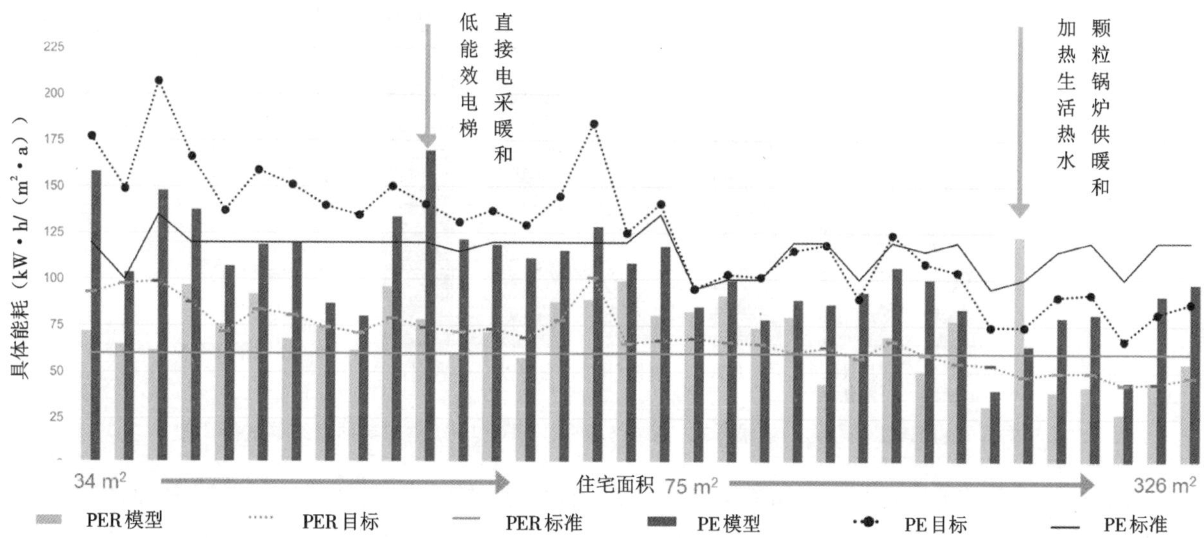

图 2　将为每个项目（条形图）建模的 PER 和 PE 需求与原始 PE 和 PER 标准（折线图）以及调整后目标（带标记的虚线）进行比较

分析证实如下。

(1)与现有的 PHPP 模型相比,调整后目标是可行的。除了其中一个项目(见图 2)之外,所有项目均可以通过调整后的 PER 或调整后的 PE 计划进行认证。影响项目性能的主要因素是电梯效率低下和直接电采暖。通过更改这两个选项中的任何一个,该项目将低于 PER 阈值。

(2)只有将能源有效地用于所有重要设备时,才可以豁免。但这并不代表对原有标准的“放松”。只要住宅面积足够大(大约 PE 为 75 m²,PER 为 90 m²),计算目标就接近或低于原始标准。

(3)对于超过 PER 调整后限值的项目,其特征在于用锅炉加热生活热水或供暖。这恰当地反映了这样一个事实:在可持续的可再生能源供应中,不建议采用这种以化石燃料为基础的解决办法。只要过渡到 PER 的阶段仍然在进行,这些项目目前即可通过 PE 进行认证。

(4)只有一个项目的 PER 需求高于 PE 需求(见图 2)。其显示了 PER 和 PE 概念之间的主要区别:PER 方案假设完全过渡到可再生能源供应,因此反映了项目的可再生能源需求,而 PE 反映了当前或过去以化石燃料为基础的能源供应结构。在此项目中,颗粒燃料被用作生活热水和供暖的热源,导致 PER 需求低,但 PE 需求高,因为一旦超出预算,生物量的使用就不再可持续(使用更高的换算系数)。

(5)在被动房项目中,供暖和制冷的能源已经大大减少,其他最终用途对总能源需求的贡献变得更加重要。分析表明,通过限制配电损耗求以降低生活热水的能源需求和通过使用欧洲及北美市场上现成的更高效装置,进一步降低家用电器的能源需求具有巨大潜力。

调整后 PER/PE 目标的项目应用

对于申请通用 PE/PER 标准豁免的项目,可以使用链接到项目 PHPP 文件的新开发工具来计算目标。该工具还允许将每个最终用途目标与项目结果进行比较(见图 3),从而更容易确定可以改善能源需求的最终用途。

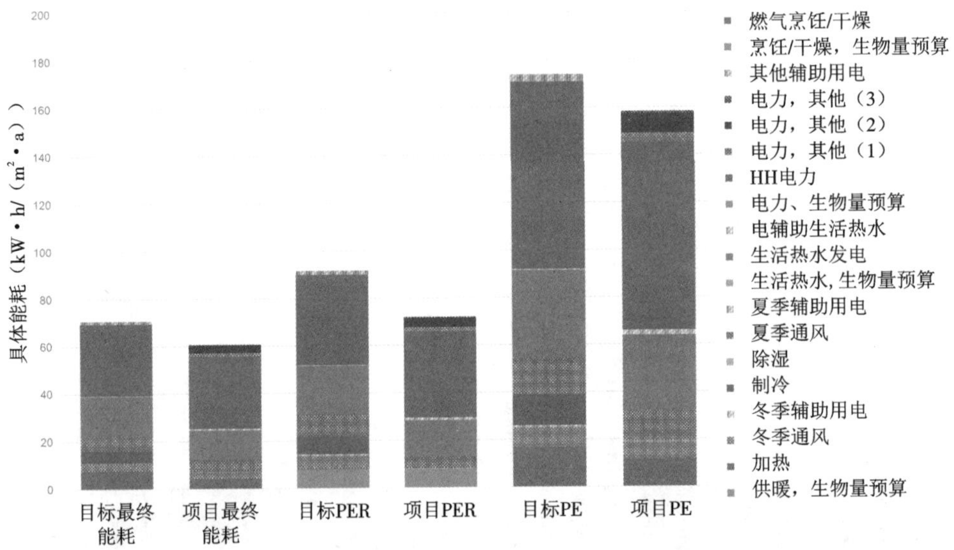

图 3 使用该工具获得的结果样本,将最终目标、PER 和 PE 需求与项目结果进行比较

该计算目前仅对住宅建筑有效。如果建筑物包括其他用途(如零售、游泳池),不同用途(面积加权平均)的总限值将作为综合目标。调整后的 PE/PER 目标将在测试阶段实施,在此期间,该工具将通过认可的被动房建筑认证机构提供。测试期结束后,计算结果将收集到 PHPP 的新版本中。

PER 需求的目标也可以根据其在不同等级中的用途进行调整。可再生能源发电标准不变,但 PER 需求成为标准被动房、高级被动房 −15 kW·h/(m²·a)和最高级被动房 −30 kW·h/(m²·a)的目标。如图 4 所示,允许通过可再生能源发电补偿来增加能源需求的替代标准也相应地进行了调整。

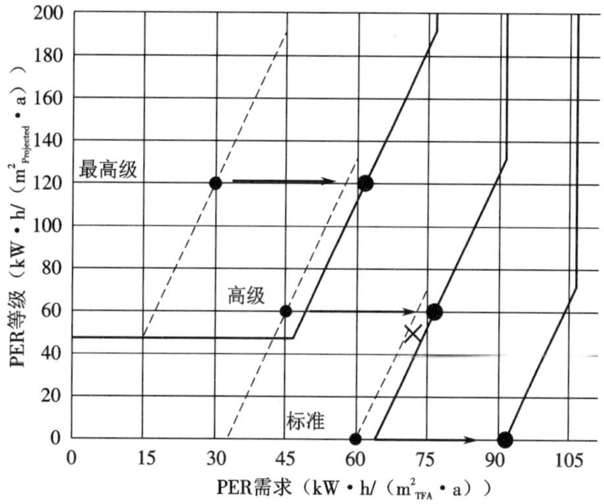

图 4　调整后的 PER 目标和不同等级

总结、结论和展望

到目前为止，被动房的标准包括需要满足的固定一次能源目标。经被动房研究院仔细评估实施效率水平后，个别情况可获豁免。根据项目中可用的最终用途，新引入的计算 PE/PER 目标的方法允许在需要标准豁免的情况下，更容易、更快和更透明地定义允许的 PER 需求。通过认识密度和额外能源使用的影响，从规划过程的早期阶段提供更多的确定性，新方法将对以前难以达到 PER 标准的密集多户型项目产生显著的积极影响。它适当地确认了一些杰出的项目，除了被动房的目标之外，在这些项目中，为提高能源效率，需要付出更多努力，并与可再生能源发电相结合。

从长远来看，预计将扩展新开发的工具和方法，以便为各种高能源强度的建筑类型确定明确的 PER 目标。

参考文献

[1] 被动房标准：Enerphit 和 PHI 低能耗建筑标准.9F. 被动房研究院，2016.

[2] 与居住区相关的内部得热：PHPP 9 中新版住宅建筑内部得热标准假设.https://passipedia.org/planning/calculating_energy_efficiency/phpp_---u the_u passive_u house_u planning_u package/internal_u heat_u gains_u in_u relation_u to_u living_area

[3] 被动房：下一个十年.https://passipedia.org/basics/passive_house_-_assuring_a_sustainable_energy_supply/passive_house_the_next_decade

[4] 德国工程师协会.VDI 47 70-1：Aufzüge Energieeffizienz.2009.

使用 PHPP 10 进行性能监测和评估

沃尔夫冈·哈斯佩/被动房研究院

系统性的试运行和性能评估

1. 重要性

对于高效节能建筑而言，被动房具有经济上的吸引力，可以为用户提供良好的室内空气质量和全年的热舒适性。而且，高水平的能源效率，使得完全从现场或该地区供应可再生能源成为可行，即使在不利的天气条件下（典型的是在寒冷季节，PV（光伏）发电量下降的情况下）也是可行的。虽然根本性原则简单明了，但是这需要始终如一的实施。从设计到招标，从施工到试运行的整个价值链上的质量保证（QA），对于以日常为基础实现项目的成功而言至关重要。鉴于此，被动房研究院为设计师和专业技工的教育以及产品和建筑设计引入了质量保证计划。

然而，特别是对于大型计划而言，屋宇设备和控制系统的试运行，对于在短时间内了解设计的运行特性起着关键的作用。但当前行业中的实践往往不够，并且在某些情况下，设计中的弱点在此期间会变得很明显。

2. 方法

根据经验对供暖、制冷、通风和遮阳等所设置的运行参数进行检查，并按实际设计的规范实施，这本身就是一项任务。而且，最好是由一个人来做这件事，以便对情况进行跟踪，并适当考虑相互之间的影响。然而，在许多情况下，很多相关人员之间的交流与合作是造成拖延的主要挑战和原因。因此，早期阶段的组织性措施就具有重要的意义（明确界定合约义务、试运行阶段未预见措施的一些预算、试运行小组提前设定的会议日期并且有义务参加会议）。

监测建筑物的性能需要收集有关内部温度的数据，而且如果可行的话，还要包括内部相对湿度和 CO_2 浓度、液体循环加热系统的温度和计量的能源使用（电力、供热、制冷）及入住率。同时，这些值必须在规定的时间间隔内连续收集，并随时可供参考。可以通过选择日志间隔的方式，来应对情况的复杂性和所需的分辨率，甚至月度的读数/平均值都可能是非常有价值的。任何房间和系统温度的每分钟数据，可能会呈现出完全相反的极端情况。所以，应及早设计数据点的适当范围和分表，以适应研究中项目的特点，这本身应该被视为一项规划任务。

性能监测和将所获得的数据与设计数据进行比较评估，并根据实际边界条件进行更新，构成实践中所获得性能特征的某个系统性分析的基础。结果表明了初步选择的控制参数的适当性，并指出了优化的潜力。在这种情况下，必须对用户的舒适性状况和能源性能进行区分。据了解，在新建筑入住后的最初阶段，优先考虑的事项是用户的舒适度。假设所设计的控制设定在现场是合理的且确定的，那么被动房建筑也应该具有良好的能源性能。然而，根据实测数据，有针对性的优化行动是有可能做到的，这样一来，经过两年的试运行，就可以实现非常好的管理体制。

在使用实测数据时，必须始终考虑到任何值都存在固有的测量不确定度（图 1）。它取决于传感器的质量以及整个模拟和数字测量链的性能。

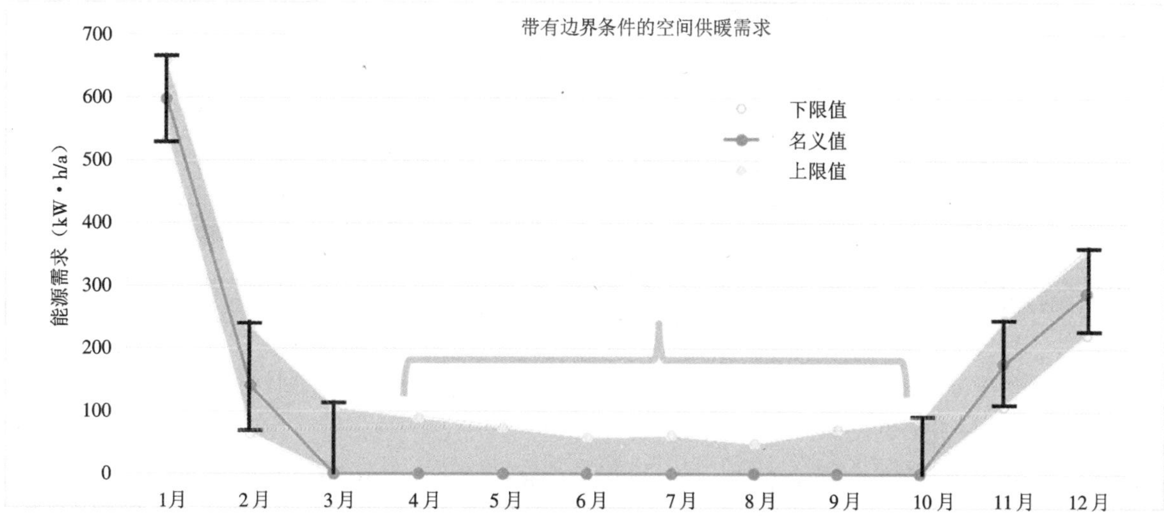

图 1　根据实际边界条件更新能源平衡计算（考虑到测量的不确定度，会得到一系列看似合理的结果。如果在夏季的几个月份里切断供暖，则这段时间内按上限规定的空间供暖需求可视为人为产物（范围））

在一般的楼宇自动化系统中，传感器和测量链的规格并不总是令人满意的。温度读数的测量不确定度可能受到 0.6~1.5 K 不确定度的影响。在制定或评估控制算法时，这也是一个重要的考虑因素。例如基于供应量和回流量 0.7 K 的测量不确定度，如果这是关闭液体循环加热电路的理想标准，则无法建立 1 K 的温差。关于温度传感器，文献 [1] 给出了一些提示，包括传感器类别。

3. 培训

被动房研究院为欧盟委员会"地平线 2020 计划"资助的项目（经济适用型零能耗建筑）范围内，制作了英文版本的试运行和性能评估培训课程幻灯片。

10 中的新工具

1. 实测数据的预处理器

为了有助于将性能数据的评估作为常规性测量手段，PHPP 10 将添加相应的功能，来对实测数据进行预处理，并根据更新的界限重新计算能量平衡。具体做法是用天气数据代替气候数据，并且使用温度和相对湿度的实际加权值以及实际内部得热的近似值代替标准假定。为了获得后者（指标准假定）的数据，需要考虑（非住宅建筑的）电力使用情况、入住率以及运行时间，同时还需要考虑光伏（PV）发电量与输入电网的电量之间的比率，以便正确获得建筑中的电力使用情况。

通常可以从附近的气象站处获得天气数据。只有来自全域水平辐射数据站的数据才是有用的，因为辐射的变化对典型的被动房建筑有很大的影响。所需的实际数据是室外空气温度和相对湿度，它们作为月度平均值，而辐射作为月度积分值（表 1）。PHPP 气候数据包含其他的实际数据，这些实际数据是以简化的方式从输入数据中推导出来的。总体来说，这意味着在基本方向的垂直方向上的太阳辐射是由全域水平图进行估计的，以符合该地区气候数据集中已知的比例。

表 1 表格,用于将天气数据转换为 PHPP 的定制气候数据表

气象站名称:沙地岬角灯塔船(Sandy Spit Lightship)/ 测量不确定度:室外空气温度 ±0.30/ 室外相对湿度 ±3%							
	一月	二月	三月	四月	五月	六月	七月
室外空气温度(℃)	2.7	1.9	6.2	10.4	14.7	17.9	22.1
室外相对湿度(%)	89%	83%	77%	67%	67%	68%	64%
注释	湿度差异很大						湿度差异很大
辐射北(kWh/(m^2Monat))	11.4	21.4	48.0	70.9	79.2	92.1	93.6
辐射东(kWh/(m^2Monat))	14.9	37.1	75.7	128.4	131.5	135.6	141.2
辐射南(kWh/(m^2Monat))	33.1	84.1	121.8	159.1	134.7	127.2	136.1
辐射西(kWh/(m^2Monat))	16.0	39.9	81.2	126.5	129.9	133.9	141.2
全域水平辐射(kWh/(m^2Monat))	24.0	57.0	120.0	207.0	225.0	236.0	245.0
注释		全域辐射差异很大	全域辐射差异很大	全域辐射差异很大	全域辐射差异很大	全域辐射差异很大	全域辐射差异很大
露点温度(℃)	1.1	-0.6	2.5	4.6	8.7	11.9	15.0
天空温度(℃)	-7.6	-10.0	-5.5	-2.5	3.3	7.8	11.9

根据地理坐标输入气象站的位置,计算出设计所用气候数据集到参考点的距离。如果距离特别大,则显示一条消息作为警告,以避免过多的错误。最后的结果是一个采用 PHPP 气候数据表格格式定制的数据集,用于后面的能量平衡计算。

表 2 基于区域平均值,用于简化计算面积加权平均室内状况的表格

室内空气湿度【% RH 相对湿度】± 3%		相对湿度测量不确定度(2014 年年度数据)												
面积【m^2 平米】	百分比 TFA(经处理后的楼面面积)	区域描述	一月	二月	三月	四月	五月	六月	七月	八月	九月	十月	十一月	十二月
12.00	7.7%	走廊	21.50	21.30	21.50	21.50	21.50	21.50	25.00	21.50	21.50	21.50	21.50	21.50
35.00	22.4%	客厅	22.30	22.35	22.30	22.30	22.30	22.30	26.00	22.30	22.30	22.30	22.30	22.30
22.00	14.1%	卧室	21.70	21.40	21.70	21.70	21.70	21.70	26.00	21.70	21.70	21.70	21.70	21.70
20.00	12.8%	儿童房 1	22.10	22.30	22.10	22.10	22.10	22.10	26.00	22.10	22.10	22.10	22.10	22.10
15.00	9.6%	儿童房 2	22.30	22.10	22.30	22.30	22.30	22.30	26.00	22.30	22.30	22.30	22.30	22.30
15.00	9.6%	家庭办公室	21.30	21.20	21.30	21.30	21.30	21.30	26.00	21.30	21.30	21.30	21.30	21.30
12.00	7.7%	厨房	23.60	23.00	23.60	23.60	23.60	23.60	26.00	23.60	23.60	23.60	23.60	23.60

续表

室内空气湿度【% RH 相对湿度】± 3%		相对湿度测量不确定度（2014 年年度数据）												
面积【m² 平米】	百分比 TFA（经处理后的楼面面积）	区域描述	一月	二月	三月	四月	五月	六月	七月	八月	九月	十月	十一月	十二月
25.00	16.0%	卫生间	23.50	22.70	23.50	23.50	23.50	23.50	26.00	23.50	23.50	23.50	23.50	23.50
156	100%	面积加权平均值	22.32	22.10	22.32	22.32	22.32	22.32	25.92	22.32	22.32	22.32	22.32	22.32
室内空气湿度【% RH 相对湿度】± 3%		相对湿度测量不确定度（2015 年年度数据）												
面积【m² 平米】	百分比 TFA（经处理后的楼面面积）	区域描述	一月	二月	三月	四月	五月	六月	七月	八月	九月	十月	十一月	十二月
12.00	7.7%	走廊	30%	35%	35%	35%	35%	55%	60%	35%	35%	35%	35%	35%
35.00	22.4%	客厅	28%	38%	38%	38%	38%	55%	60%	38%	38%	38%	38%	38%
22.00	14.1%	卧室	23%	34%	34%	34%	34%	55%	60%	34%	34%	34%	34%	34%
20.00	12.8%	儿童房 1	34%	36%	36%	36%	36%	55%	60%	36%	36%	36%	36%	36%
15.00	9.6%	儿童房 2	23%	32%	32%	32%	32%	55%	60%	32%	32%	32%	32%	32%
15.00	9.6%	家庭办公室	29%	32%	32%	32%	32%	55%	60%	32%	32%	32%	32%	32%
12.00	7.7%	厨房	23%	36%	36%	36%	36%	55%	60%	36%	36%	36%	36%	36%
25.00	16.0%	卫生间	38%	38%	38%	38%	38%	55%	60%	38%	38%	38%	38%	38%
156	100%	面积加权平均值	29%	36%	36%	36%	36%	55%	60%	36%	36%	36%	36%	36%
露点温度（℃）			3.5	6.2	6.4	6.4	6.4	12.9	17.6	6.4	6.4	6.4	6.4	6.4
室内绝对湿度（g/kg）			4.8	5.9	6.0	6.0	6.0	9.2	12.6	6.0	6.0	6.0	6.0	6.0

室内空气温湿度表格，可接受多达 10 个区域的月度平均值及其在整个处理后的楼面面积中各自所占的比例。在此基础上，计算各区域的面积加权平均值，并将其转移到能量平衡计算中（表 2）。分别输入温度和相对湿度的测量不确定度，如果计算的月度数值超过舒适度范围，则数字将自动突出显示。

能量平衡的最后一个主要变量是居住者的实际自由用热量和用电量。虽然电力计量很容易获取，甚至可以通过月度读数而收集到，但是可能难以得到明确的入住率数字。MVHR（机械通风热能回收）系统的运行时间，也随着入住率的增加而增加。

在为任何具有可再生能源生产能力（如光伏（PV）电池板）的建筑物编制性能评估时，必须确保能够获得总生产量数据。虽然这可能需要一个分表，但是在许多情况下，也可以从现代逆变器处获得数据。这一点的重要性在于，如果只是出于计费的目的而对输入电网的电力进行计量，那么仍不清楚有多少能量已经被立即用于建筑物中，从而增加了内部得热。与其他任何测量一样，电表计量误差取决于所使用电表的等级，因此还可以输入电表的种类。

2. 预计能源使用的能源平衡

PHPP 的设计能源平衡计算，首先需要对施工过程中产生的任何变化进行更新，以便为实际建筑提供一个有效的模型。此外，周围物体的遮阳应最为符合研究期间的实际情况。然后，根据预处理器获得的实际边界条件，自动更新此平衡计算。

事实上，基于粗略的误差估计计算了 3 个不同场景，根据模型获得一组预计能源使用方面的看似合理的结果（图 1）。如果这些结果可以与液体循环加热系统中热力表读数进行比较，或者在不太可能使用电阻加热器的情况下与分表计量的消耗量进行比较，那么这些结果已经具有一定的价值。

续表

在其他情况下,下一步将使用 PHPP 的屋宇设备模型,根据 PHPP 的"PER"工作表推导出最终的能源数据,包括系统损耗。累积的表示法在这里特别有用,类似于仪表读数的增加。其得到的结果,可单独用于每个能量载体。各个部门的计量能源和预计能源中的偏差,已经初步提示了从哪里开始跟踪错误(如果必要的话)。

根据实际边界条件更新预处理器和 PHPP 流程如图 2 所示。

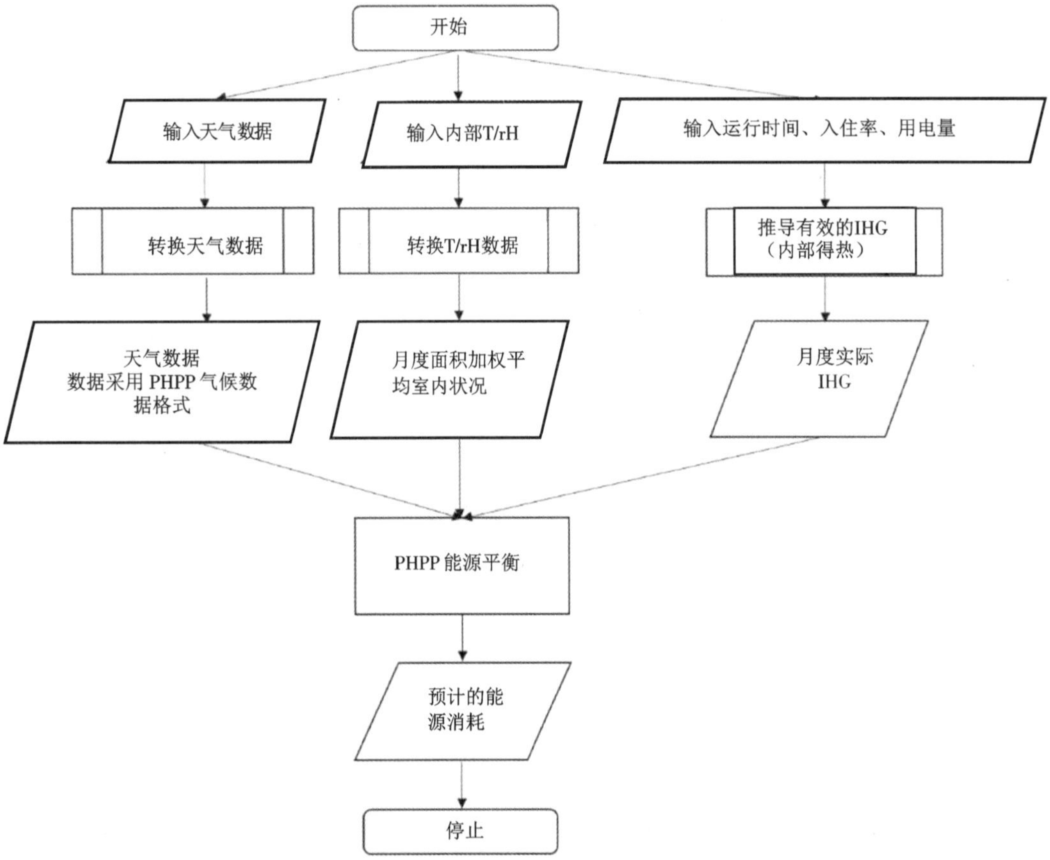

图 2 根据实际边界条件更新预处理器和 PHPP 流程图

参考文献

[1] 过程测量和结构分析部门. 建筑自动化的温度测量:第 1-4 部分. VDI/VDE- 测量和自动化技术协会,杜塞尔多夫,2017.

[2] www.azeb.eu,欧盟委员会地平线 2020 研究与创新计划.(批准协议号:第 754174 号)

排水管热损失计算方法

尤尔根·施纳德 / 被动房研究院

排水管造成的热损失

污水或雨水管道通常需要通过屋顶排放。在供暖期间，烟囱效应会造成气流通过下水道形成连续气流。这种气流比室内温度低，会导致热量从建筑物流失到排水管。

理想的方案是雨水管道不穿过热围护结构，污水管道顶部装有一个进气阀（AAV），不与外界相通。如果不能采用这种解决方案，能量平衡必须考虑冷水管的热损失。

从 PHPP 8 开始，就有一个能够解决此问题的辅助计算工具。它假设排水系统中的所有空气的温度与未扰动地面的温度大致相同。但是对于高层建筑，这种假设不太理想，因为空气在通过管道的过程中会缓慢升温。在均匀的管道中，温度会呈指数升高，且我们只要知道管道中的质量流率，就可以计算出空气平均温度。对于高层建筑物，管道中的空气温度最终会接近室温，此时在上层建筑中不再发生热损失。在这种情况下，对排水管采取保温措施除了防止冷凝外，发挥不了作用。

通过测量排水系统的热损失，发现空气流速为 1 m/s 是一个良好的近似值，其中考虑了风、冷雨水穿过管道的影响以及下水道温度的典型偏差。有关这些考虑因素的详细信息，参见文献。

应用案例

真正的排水管系统可能比一个烟囱复杂得多。图 1 展示了一个案例，其中有许多不同直径的管道。结果表明，排水管所处的位置与结果无关。管道是并联布置还是串联布置以及气流是先通过高 Ψ 值管道，然后再通过低 Ψ 值管道，或者是反过来，这些也都不影响结果。因此，无论其位置如何，只要输入所有通风、排水管的长度和 Ψ 值以及系统限制气流速度的截面直径就足够了。

图 2 显示了带有结果输入的计算工具。该工具可通过文献获得，它也将成为 PHPP 10 版本的一部分。

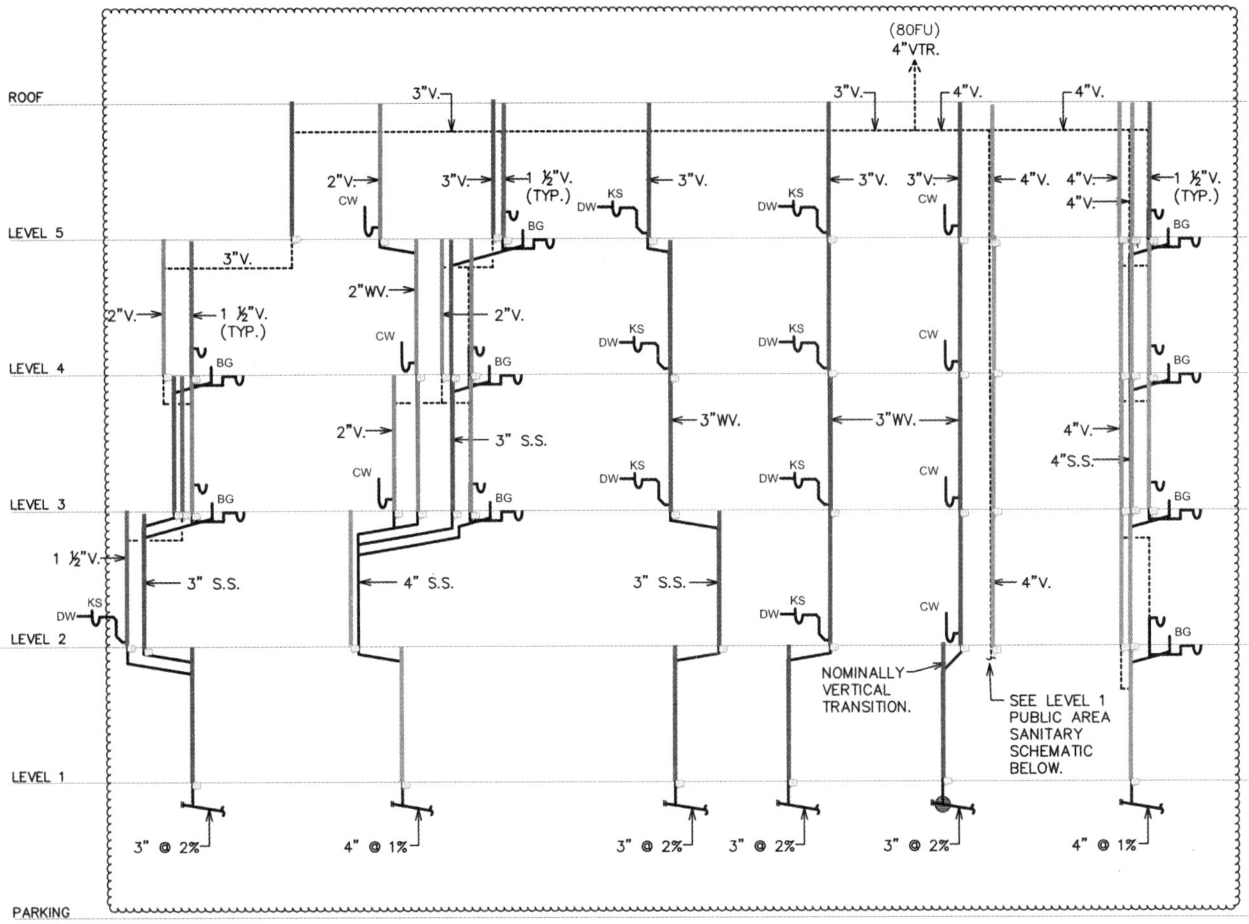

图 1 排水管系统示例（由温哥华建筑提供）

Auxiliary calculation for interior drain pipes that are ventilated through the roof

Nominal width:	λ	Insulation thickness	Reflective coating	ψ value	Length	ψ x l
mm	W/(m·K)	mm		W/(m·K)	m	W/K
102	0.035	50		0.259	51.00	13.209
76	0.035	50		0.210	60.00	12.602
51	0.035	50		0.159	27.00	4.297
38	0.035	50		0.132	18.00	2.380
					m	W/K
				Totals	156.00	32.488
					Red sewer temp	0.625
					Red warming	0.765
					to ambient [W/K]	**15.532**

Limitation of airflow rate in the pipe system:

Width	Number of parallel pipes	Capacitance rate
mm		W/K
102	6	57.8

Auxiliary calculation for interior drain pipes that are ventilated through the roof	经底部通风的内排水管的辅助计算
Nominal width	标称宽度
Reflective coating	反光涂层

续表

Insulation thickness	保温层厚度
Length	长度
Limitation of airflow rate in the pipe system	管道系统中的气流速度限制
Red warming	红色变暖
to ambient	对环境
Number of parallel pipes	并联管道数
Capacitance rate	热容率
Red sewer temp	红色下水道温度
Width	宽度

图 2　排气管的辅助计算,填入图 1 的数据

参考文献

Schnieders, Jürgen: Heat loses caused by drain pipes in the PHPP.passipedia.org/sinfonia/heat_losses_caused_by_drain_pipes_in_the_phpp, accessed 26 Apr 2019

第 23 届国际被动房大会

Passive House Institute

奥地利论坛 21
奥地利被动房及优级被动房探索者

568 **大卫·米库莱柯**

亚洲五年开拓性工作所获经验

作者在凉爽的中国北部和潮湿的南部参与了第一个经过认证的被动式房屋建筑的建造，也在中国对被动房屋规划者进行了培训，由此获得了许多有趣的经验。

572 **马丁·爱克霍泽**

总是与资源息息相关

随着被动房标准和建筑节能标准的确立，在建筑资源节约方面取得了很大成就。后工业国家生态保护工作的巨大进步表明，要进一步减少建筑业的资源消耗，必须进行大量的工作。

574 **托马斯·莱宾格，马尔切洛·图希尼**

绿色建筑解决方案暑期学校：关于可持续发展和被动房屋标准的国际设计研讨会

自 2011 年组织该研讨会以来，绿色建筑解决方法暑期研讨班向参与研讨会的人员（至今有来自 76 个国家的 320 名人员）提供设计被动房的专业技术，并使这些技术成为提高房屋可持续性整体方法的核心内容。

奥地利的被动房和莱茵贝格的建筑：1982—2020 年间的演变

莱茵贝格 / 莱茵贝格建筑事务所

简介

大约在 20 世纪 80 年代，我开始了自己的建筑工作，并与一些家庭一起在奥地利的普克斯多夫完成了我的第一个项目。该项目的基础是更健康的建筑材料、居住者的自决权（在今天称为合作居住）以及更高效的能源利用。

我和曾经的合伙人（Treberspurg 和 Raith）一起试图提高能源性能，我们完成了几个项目。在这些项目中已经使用了一些被动房技术（如图 3 所示的受控通风和热回收）。

1994 年和 1995 年，我与 Wolfgang Feist 教授一起在“福拉尔贝格州的太阳能建筑学校”教学，并深入了解 Feist 在被动房技术方面的工作。多年来，我可以在我的项目中越来越多地运用他的原则和有着明确定义的概念。我将通风系统纳入我的被动式太阳能使用的概念中，并且越来越多地添加到我的“被动房”能源产生要素中，并通过生态建筑材料和更加环保的建筑施工过程实现了我的“被动房项目”。我的项目的产能超过一年所需，最后这些产能建筑提供了一种新的融资方式和社会生活方式。这令我不仅想要建造房屋，还想要促进城市发展。建筑示例及其主要技术设备展示了这一演变过程。在本次会议的第 6 研讨会将详细介绍三个先进项目（图 13、图 27 和图 30）。在以下示例中，记录了规划年份和完工年份。

示例

图 1　奥地利（AT）普克斯多夫住宅单元 A　1981—1984 年

图 2　奥地利维也纳社会住宅 B，C　1987-1991 年

图 3　奥地利维也纳社会住宅 B，D　1991—1996 年

图 4　奥地利维也纳社会住宅 B，D，G　1992—2002 年

图 5　奥地利维也纳社会住宅 A，F　1993—1999 年

图 6　奥地利萨尔茨堡社会住宅 A，B，D，G　1993—1999 年

图 7　奥地利维也纳社会住宅 A，B，D，E，F，G　1994—1998 年

图 8　奥地利格莱斯多夫社会住宅 A，B，C，F，G，H，I　1996—1998 年

图 9　奥地利圣帕尔滕安老院 A，D，J　1997—1999 年

图 10　奥地利约伊斯旅游 A，C，K　1997—2001 年

图 11　奥地利 Tattendorf 镇消防站 C，D，L　2000—2002 年

图 12　奥地利维也纳改造 A，D，M，N　2000—2004 年

图 13　奥地利基尔林改造社会住宅 A，C，D，G，I
2001—2009 年

图 14　奥地利魏德林办公楼 B，C，D，E，F，I，J，N，O，S
2001—2003 年

图 15　奥地利圣法伊特安德格兰办公楼 B，D，F，G，N，V
2001—2002 年

图 16　奥地利上格拉芬多夫日托中心 B，C，D，G，S
2001—2003 年

图 17　捷克 Hostetin 社区活动中心 D，I，P，Q
2002—2006 年

图 18　奥地利 Tattendorf 镇办公楼 A，C，D，K，P，Q，R，S　2004—2005 年

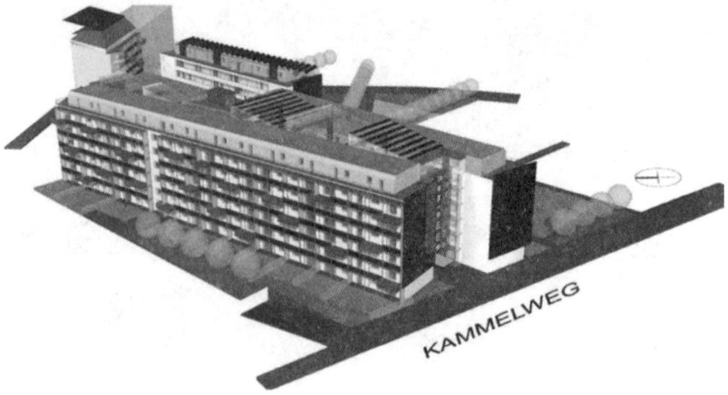

图 19　奥地利维也纳社会住宅 A，D，F，P，S，T　2002 年

图 20　奥地利维也纳幼儿园 B，D，S，P　2004—2007 年

图 21　奥地利埃根堡市中心翻新 A,D,G,N　2003—2004 年

图 22　奥地利维也纳社会住宅 F，J，S，U　2003—2008 年

图 23　奥地利维也纳社会住宅（与 Arch. Thalbauer 一起）A，K　2003—2008 年

图 24　奥地利普克斯多夫社会住宅 A，C，D，G，I，P　2005—2008 年

图 25　意大利摩德纳办公楼 A，C，P，V，W　2006 年

图 26 奥地利 Kraig 联排式住宅原型 A，C，D，F，G，J，K，N，V，X 2007—2009 年

图 27 奥地利德意志瓦格拉姆市幼儿园 B，D，F，G，M，P，U 2007—2009 年

图 28 奥地利维也纳居住单元 P，Y 2008—2013 年

图 29 德国汉堡高层住宅翻新 D，F，P，S，V 2008 年

图 30 奥地利恩斯特布伦办公楼 A，C，D，F，H，O，P，S，U，V，Y，Z 2011—2014 年

图 31 德国埃施韦勒城市概念 A，C，D，F，K，M，O，R，U，T，AA 2012 年

图 32 奥地利维也纳大学建筑 B，C，D，F，O，P，S，U，Y，BB，CC 2012 年

图 33 奥地利维也纳共居住房项目 A，C，D，K，P，T，V 2015—2020 年

图 34　罗马尼亚蒂米什瓦拉办公楼 B，D，F，U，Y 2018—2020 年

图 35　中国清水河文化中心 B，G，O，U，V，Y 2018—2020 年

项目指数的特殊技术

A	被动式太阳能利用	Q	稻草保温
B	自动化被动太阳能利用	R	预制稻草黏土和木结构
C	木结构	S	垂直集热器
D	受控通风和热回收	T	特殊公共区域
E	土壤源换热器	U	被动房 +
F	光伏	V	光伏日晒防护
G	太阳能集热器	W	被动式冷却和除湿器
H	木保温	X	自动化
I	生物质能供热	Y	用于加热和制冷的地热
J	地热制冷	Z	风轮机
K	装配式房屋配件制造	AA	被动房 + 包容的流动性
L	太阳墙(集气器)	BB	蓄冰池(能源)
M	用于冷却和加热的地下水	CC	藻类植物
N	被动房技术	DD	地面挖掘的建筑
O	混凝土活化	EE	素土夯实和混凝土结构
P	被动房		

照片提供

图 1：M. Spillutini。

图 3，4，5，7，8，10，13，14，15，16，20，21，22，23，24，27，30：Rupert Steiner。

图 6：Pez Hejduk。

图 12：Schimka。

图 18：Kylitc。

Aall others: Architekturbüro Reinberg ZT GmbH.

参考文献

图 8:4. Passivhaus Tagung 2000，597-604.
图 13:18. Internationale Passivhaustagung 2014，355-360.
图 17:10. Internationale Passivhaustagung 2006，150-156.
图 18:8. Europäische Passivhaustagung 2004，227-235.
9. Internationale Passivhaustagung 2005，381-386.
11. Internationale Passivhaustagung 2007，371-376.
图 20:11. Internationale Passivhaustagung 2007，75-80.
图 22:13. Internationale Passivhaustagung 2009，467-468.
图 24:13. Internationale Passivhaustagung 2009，153-158.
图 27:14. Internationale Passivhaustagung 2010，523-524.
图 30:20. Internationale Passivhaustagung 2016，115-122.

附加信息

13. Internationale Passivhaustagung 2009，471-472（Palfau Austria）.
17. Internationale Passivhaustagung 2013，315-320（Pölva，Estonia）.
12. Internationale Passivhaustagung 2008，335-344（History，Present and Future of Passive Houses - a Case Study by Architect Reinberg）

奥地利蒂罗尔州新建和改造的低成本被动房的技术和监测结果

沃尔夫冈·施特莱尔，法比安·奥克斯，雷纳·普弗格 / 因斯布鲁克大学单位节能建筑
哈拉德·马尔泽 / 居家社会住宅公司
汉尼斯·格斯特林 / 奥地利因斯布鲁克房地产公司

奥地利蒂罗尔州多山，海拔在 500~3 800 m，面积为 12 640 km²，人口为 75 万。蒂罗尔州首府为因斯布鲁克，位于海拔 570 m 的山谷之中，周围群山围绕，海拔最高达 2 700 m。因斯布鲁克是一个小城市，大约有 15 万居民（人口在不断增长），还有 3 所大学（共有 32 000 名学生）。因斯布鲁克冬季平均气温约为 0 ℃，夏季约 20 ℃，山区的气温要低得多。

能源消耗以空间供暖为主，其次是家庭热水和用电，制冷能源需求非常低。

奥地利多户住宅的一个特色是所谓的社会住房。这些住房要么归市政府直接所有，要么由市政府通过公司向符合特定社会标准的人群出租。住房所有人不允许利用住房谋利，这样一来，给较低收入人群提供住房才成为可能。在蒂罗尔州，这类住房的出租价格在 5~7.5 欧元 /m²。为了实现低租房价格，建筑成本必须保持在较低水平。尽管有种种限制，两家因斯布鲁克房地产公司（分别是因斯布鲁克房地产公司和 NEUE HEIMAT TIROL 社会住宅公司）在多年前即已决定致力于建造符合被动房标准的新建筑。其中，NHT 社会住宅公司建造了 4 200 套被动房公寓，另有 600 套在计划建造当中，所有被动房公寓配备有机械通风系统。现在，这两家房地产公司在如何降低建筑成本上拥有多年经验。被动房建筑的额外建筑成本只比符合国家建筑规范标准的建筑增加了 4%~5%。得益于政府提供的专项补助，这些额外建筑成本会进一步降低，因而租房价格可以保持在较低水平。此外，空间供暖额外降低的成本没有计算在内，这会进一步减轻居民的经济负担。

例如建成于 2010 年的"Lodenareal"拥有 354 套公寓（图 1），建筑面积达 26 000 m²；还有因斯布鲁克的多户住房"Vögelebichl"。

两次供暖期的测量结果表明，"Lodenareal"的平均空间供暖能源需求为 16.4~17.6 kW·h/（m²·a），公寓内 CO_2 浓度很少超过 1 400 ppm；在超过 60% 的时间里，IDA 1 质量符合标准，住户对此非常满意；木质锅炉在 1 000 m² 的太阳能热电厂的辅助下可以产生足够热能。

图 1　因斯布鲁克的被动房社会住房项目"Lodenareal"（NHT 社会住宅公司）

升级版被动房项目"Vögelebichl"包括两个多户住房项目（图 2），共计 26 套住房。地下水源热泵辅以 74 m² 的太阳能集热器和 152 m² 的太阳光电板即可满足供暖能源需求。过去三年的测量结果表明，空间供暖需求由第一年的 30 kW·h/（m²·a）以上（施工湿度导致）降低到 18 kW·h/（m²·a），家庭热水需求也降到

27.2 kW·h/(m²·a)。配电系统的热量损失约为 6.3 kW·h/(m²·a)。在不使用家用电器的情况下,可再生发电即可满足总需求。为了满足家用电器的用电需求,公寓顶部向南面需要额外安装太阳光电板。

图 2 升级版被动房项目 Vögelebichl(NHT 社会住宅公司)

除了新建筑能以较低的附加价格建成被动房之外,建筑改造是当前建筑行业实现 2050 年气候目标所面临的最大挑战。在欧洲,建筑物的使用年限一般为 50~100 年。

作为欧盟智慧城市(EU-Smart City)项目的序曲(城市的智慧倡议完全适用于高级大型能源解决方案的投资), 20 世纪 50 年代至 70 年代建设的 66 000 m² 的多户住房和学校已经得到彻底改造。在同一时期内,因斯布鲁克大学开展了相关测量活动。

例如因斯布鲁克两所划为遗产保护的公立小学——建于 1960 年的“Siegmairstraße”国立小学和建于 1955 年的“Angergasse”国立小学,这两所小学都由因斯布鲁克房地产公司改造,如图 3 所示。

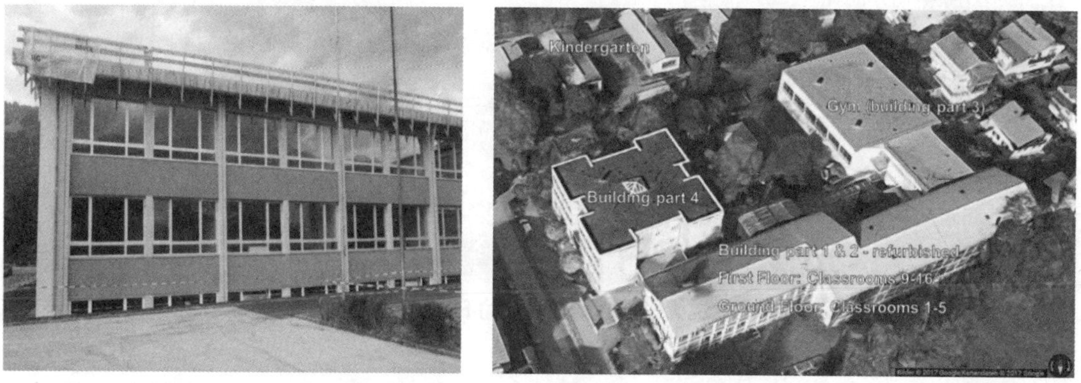

图 3 改造期间的 Siegmair 学校和改造之前的 Angergasse 学校(Pfluger, 2016; Sengl, 2018)

实施监测系统以确保这些建筑的质量得到提升,对几个教室内的温度、湿度和 CO_2 含量都进行了测量,对空间供暖和家用热水需求也分别进行了测量。此外,用电需求在测量时被分成了暖通空调(HVAC)系统、人工照明和其他用电需求。两所学校一年多来的能耗情况见表 1。

表 1 比较两所学校一年多来的能耗情况,以用途划分(Sengl, 2018)

Siegmair	(kW·h/(m²·a))	Angergasse
154.4	改造之前的空间供暖量(计)	156.5
81.5	空间供暖建议规格(计)	30.3
118.57	改造之前测量的空间供暖量	75.53
35.65	改造之后测量的空间供暖最终能耗	22.58
10.76	改造之后的总耗电量	8.53
3.25	通风能耗	1.63

续表

Siegmair	(kW·h/(m²·a))	Angergasse
1.48	灯光能耗	5.22
2.21	家用热水能耗	2.73

从舒适度参数来看，湿度和 CO_2 含量能够保持在可接受范围内，其中相对湿度在 20%~60%，CO_2 含量在 2 000 ppm 以下。上课期间，Angergasse 学校的温度在 20~28 ℃，而 Siegmair 学校在 20~32 ℃。之后出现的令人不舒适的数值是由建筑物外部遮阳的国家遗产限制导致的。

在项目 Sinfonia 9 中，其他一些多户住宅已经或正在改造之中，公寓租户的能源需求极低。现在已经出现了一些新的改造理念，即尽可能减少对公寓的干扰和公寓内的污垢，例如从建筑外部安装保温隔热材料和新窗户以及部门通风系统，并且从内部拆除老旧的窗户。针对供暖系统改造和通风系统安装提供特殊的解决方案，并采取快捷简单的措施。首次测量结果表明，这些系统大体运行良好。

最后一个例子是建于 20 世纪 70 年代的因斯布鲁克大学技术科学学院的 8 层办公楼（图 4）。该办公楼也进行了 EnerPHit 被动房改造，其中在建筑外部使用了预制构件。现在办公楼安装的是拥有一个空腔的 3 窗格窗户，而外侧遮阳构件又被挡风的第 4 个窗格所覆盖。因此，夜间能够进行自动窗户通风，从而实现自然降温，并不需要主动制冷系统。三年来，该办公楼运行状况良好，夏天几乎没有出现过热情况，空间供暖需求约为 22 kW·h/(m²·a)。

图 4　因斯布鲁克大学技术科学学院的 EnerPHit 被动房改造项目

参考文献

[1] Malzer H. Erstes EnerPHit-zertifiziertes Bürohochhaus- Modernisierung mit Passivhaus-Komponenten，19. Passivhauskonferenz，2015：17-18. Leipzig. Darmstadt: Passivhaus Institut Darmstadt，ISBN 978-3-00-048604-3

[2] Oberhuber B. Messtechnische Evaluierung Passivhauswohnanlage Lodenareal，Innsbruck，https://nachhaltigwirtschaften.at/resources/hdz_pdf/events/20140219_hdz_tws_muss_guter_standard_teuer_sein_vortrag_7_oberhuber.pdf?m=1469661669

[3] Ochs F，Dermentzis G. Three years of monitoring analysis of two multi-story net zero energy buildings，University of Innsbruck，Unit Energy Efficient Buildings，Passive House Conference China，Gaobeidian 2019

[4] Schafferer-Architektur | stefaniehueber. https://www.schafferer.cc/portfolio/volksschule-angergasse/，looked Up 28.8.2019.

[5] Dengl L. Energetic evaluation of measured data of classrooms in the course of the EU-project Sinfonia. Master thesis，University of Innsbruck，Unit Energy Efficient Buildings，2018.

奥地利建筑和可持续发展国家奖

海姆特·科哈麦尔 / klimaaktiv

高标准的可持续建筑在气候保护中起着决定性作用，并为改善奥地利的建筑文化做出了重要贡献。“奥地利建筑和可持续发展国家奖”（自 2006 年以来已举办 5 次）以最令人印象深刻的方式将节能、生态建设问题与建筑世界联系起来。2017 年该国家奖的 6 个入围项目和 5 个获奖项目再次表明，在建筑行业一流的建筑和运行能源转型是完全可以兼容的；2019 年的获奖项目于 12 月公布。

评审程序和评审委员会成员

国际评审委员会由 6 人组成，其中一半是建筑行业的专家，另一半是可持续性发展方面的专家。

可持续性和建筑是平等的，因此评审委员会采用全体一致同意制原则。如果一座建筑从建筑的角度看堪称完美，但它的生命力、延续能力并不出色，那么这座建筑就无法获得国家奖。反之亦然，对于达到“EcoSuper（生态强）”“NearlyZero（近零）”“ZeroZero（零零）”或“MegaPlusUltra（超级）”等条件的作品，如果被评审委员会评为平庸之作，该建筑也不能获得该奖项。

获奖建筑必须在可持续性和建筑学这两方面都出类拔萃，这正是该奖项的独特之处。

2017 年，国际评审委员会在多个阶段评估了 76 个项目，这些项目都是在综合考虑了美学、功能、生态、城市规划、社会和经济标准后提交的。klimaaktiv 建筑标准已成为评估可持续性的工具。

专家团队先在线对所提交的内容进行了预评审。在此基础上，再进行进一步筛选，之后评审委员会最终选出国家奖候选项目进行实地考察。在考察了涉及的建筑后，评审委员会成员就所考察的建筑进行了详细讨论，并决定候选名单和国家奖获奖项目。

关注气候保护的建筑

1.klimaaktiv 气候保护倡议

自 2004 年发起“klimaaktiv 气候保护倡议”以来，奥地利环境部一直在利用 klimaaktiv 气候保护倡议在整个奥地利推动环保型技术和服务的引进和快速传播，以减少 CO_2 排放，并促进可再生能源的普及。对于这一涉及甚广的活动，其领域分为四个主题集群：建造、改造、节能、可再生能源以及运输。在此，通过初始培训和在职培训将所称的“绿色技能”传递给能源顾问、工匠、规划师和建筑师等专家是非常重要的。

2.klimaaktiv 建造和改造

在奥地利，当涉及节能的新建筑或高标准的改造工程时，“klimaaktiv 建造和改造”项目是气候保护计划中一个关键部分。富有想象力的规划、优质的建筑材料和节能的构造可以显著降低建筑的能耗、提高用户的生活和工作质量。建筑标准是作为 klimaaktiv 的一部分编制的。根据其质量标准，该建筑标准提供了有用的方向，具有深远的意义。对于房地产开发商、规划者、建筑商、住房公司和奥地利各省的住房补助负责部门以及任何建造或改造房屋的人来说，均具有实际的价值。规划和实施的质量、建筑材料和设计的质量以及舒适性和室内空气质量的关键点，都是采用能效建筑标准来客观评估和评价的。klimaaktiv 建筑标准适用于住宅和功能型建筑，在各情况下均适用于新建和改造建筑。每个标准目录都基于 1 000 点的体系（图 1），可以采用该体系对建筑进行评估和比较。根据得分，所评估的建筑可获得三个质量等级之一（金牌、银牌或铜牌）。

任何满足 klimaaktiv 标准的建筑都可以免费标记为“klimaaktiv 建筑”。

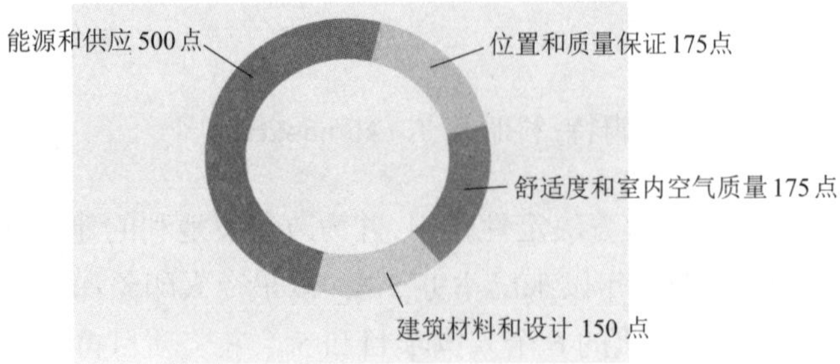

图 1　按类别划分的点数情况（1000 点）

3.klimaaktiv 标准：2017 年分配

klimaaktiv 为碳中和建筑行业树立了新标准。在欧洲，奥地利在评估建筑物方面处于领先地位，特别关注气候保护和能源效率。迄今为止，已对约 500 座各类建筑进行了 klimaaktiv 建筑标准质量保证的评估。就人口而言，欧洲任何地方的其他体系都没有像该体系如此成功地将苛刻的质量保证工具用于现实生活中 。这一成功需要承担责任：现有工具正在不断得到进一步开发，以长期保持其领先地位。2017 年，活动的重点是碳中和问题，也就是完全排除石油，尽可能少用天然气作为供暖能源。

4.klimaaktiv 标准作为国家奖的衡量标准

评估参选“奥地利建筑和可持续发展国家奖”的建筑涉及两个方面：建筑质量和可持续性程度。后者通过 klimaaktiv 建筑标准中规定的标准进行评估。在预审阶段，所有项目都尽可能根据 klimaaktiv 标准进行评估，基于所提供的信息和符合性证据，实现了比较的可行性。在线工具中包含的标准对应于 klimaaktiv 用于评估建筑的质量标准。

2017 年奥地利建筑和可持续发展国家奖

2017 年，奥地利联邦农林、环境和水资源管理部（BMLFUW）第五次授予在建筑质量和可持续性方面均表现杰出的项目“奥地利建筑和可持续发展国家奖”，旨在鼓励全球建设项目的进一步发展和创新。该奖项由 Roland Gnaiger（林茨艺术与工业设计大学）于 2006 年代表环境部发起，Roland Gnaiger 担任评委会主席。在随后的几年（2010 年、2012 年和 2014 年），该奖项是与奥地利环境与技术学会（ÖGUT）和奥地利生态学研究院合作颁发的。

该国家奖在环境部的 klimaaktiv 气候保护倡议框架内公布。对此的总责任部门是环境部的能源和经济政策厅，奥地利环境与技术学会负责组织和实施。林茨艺术与工业设计大学和奥地利生态学研究院的子公司 Pulswerk GmbH（普乐斯有限公司）在特定领域提供支持。

2017 年提交的 76 个项目来自奥地利 9 个省中的 8 个省，其中 1 个项目是在国外实施的。与往年一样，奥地利东部和西部的代表性都很强。

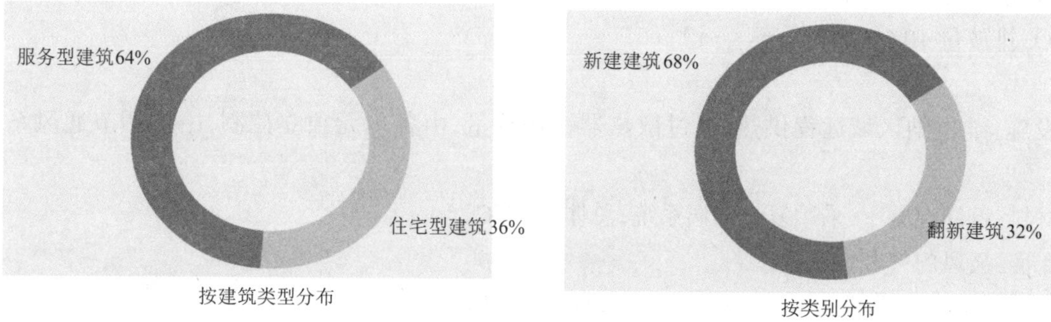

图 2　76 个项目的分布

您可以在此处找到此文的完整版本：

https://www.klimaaktiv.at/service/publikationen/bauen-sanieren/staatspreis2017_englisch.html；

klimaaktiv 气候保护倡议的信息参见：www.klimaaktiv.at/english

几年前，维也纳被宣布为“被动房的世界之都”。1999 年创立的 neunerhaus 协会承担了帮助无家可归者进行自我救助的任务。在该协会看来，一个可以自主安排生活的安全住所是社会融合的第一步。该协会有 3 个综合楼和 80 套单位房，其中有 500 人居住，通常没有收容无家可归者住宿的种种限制，此种情况通常会导致没有居所的人住在街上或住在亲戚或熟人处。

图 3 为 20 世纪 50 年代建造的建筑，有严重缺陷。由于改造成本太高，只要房产所有者拒绝出售，就不可能建造新建筑。最后，住宅协会对已经实施新建建筑的 Kudlichgasse 进行了干预，与 Salesians of Don Bosco 和新建建筑协会（后者最终将成为前者的租户）签订了桥接协议。

图 3　建筑示例

建筑类型：无家可归者（过渡住宿）和残障人士（庇护住宿）的新宿舍，73 个不同的居住单元，由居住者共同经营的咖啡馆。

完成时间：2015 年。

总条件建筑面积：3 861 m²。

能耗等级（PHPP）：

（1）供暖热负荷 10.7 kW·h/（m^2_{TFA}·a）；

（2）一次能源需求 97 kW·h/（m^2_{TFA}·a）；

（3）CO_2 排放量 10.6 kW·h /（m^2_{TFA}·a）。

供应设施：维也纳区域远程供热，通过散热器输送热量，由各单元独立控制，中央调节通风系统，有热回收。

建筑材料：钢筋混凝土，采用复合保温系统，总体无 PVC。

质量保证：鼓风门气密性测试。

发起方：neunerhaus 帮助无家可归者，WBV-GPA 住宅协会。

建筑师：pool Architektur ZT GmbH。

专业规划：teamgmi Ingenieurbüro GmbH（能源），Pfeiler GmbH 博士（建筑物理，结构工程），Rajek Barosch Landschaftsarchitektur（景观美化）。

您可在此处找到更多记录的项目：

https://www.klimaaktiv.at/service/publikationen/bauen-sanieren/staatspreis2017_englisch.html

获奖的中国办公楼——经过奥地利认证的超市和其他非住宅建筑

拉兹洛·莱普 / 德国被动房研究院

青岛中德生态园被动房技术体验中心（中国）

青岛中德生态园被动房技术体验中心（Passive House Technical Experience Center，PHTEC）建于 2016 年，是展示青岛“中德生态园”中高质量被动房技术的样板房，后于此举办了 2016 年和 2019 年亚洲被动房大会。

该建筑由隆恩建筑师事务所（德国瓦森贝格）、特里布斯建筑事务所（意大利）和 Vallentin 建筑师事务所（德国慕尼黑）联合设计，其实施规划则由国内策划团队完成（图 1）。

图 1　青岛中德生态园被动房技术体验中心

国内被动房建筑通常采用知名的钢筋混凝土结构。建筑物外形酷似鹅卵石，并且可以使用 3D 建模工具“designPH”来模拟双曲度护栏、建筑向阳面遮阳以及毗邻建筑物。然后，能量平衡和能源优化则按照国际适用的被动房项目设计工具包 PHPP 来执行。

被动房研究院负责该项目的建筑物理、规划咨询、能量平衡、能源优化、以被动房认证形式提供的质量担保以及效率和可持续性方面的技术转让。

此外，青岛中德生态园被动房技术体验中心被奥地利联邦可持续发展和旅游部（Sustainability and Tourism，BMNT）和联邦交通创新技术部（Transport，Innovation and Technology，BMVIT）授予 2019 年奥地利绿色星球建筑奖（Austrian Green Planet Building Award）。（https://www.agpb.at/phtec_qingdao.htm）

涿州被动房办公楼和宾馆（中国）

涿州被动房办公楼和宾馆（图 2）于 2015 年 7 月竣工。该建筑由中国公司设计和施工，并由奥地利被动房专家团队提供咨询服务。由于在决定将该建筑改造成被动房时施工已经开始，因此设计中的一些节点无法得到充分优化。该建筑的能耗监测也始于 2015 年 7 月，从该建筑运行一年多以来（到 2017 年 2 月底）的有效监测数据来看，结果如下：夏季制冷除湿和冬季采暖服务设备按原设计正常运行，住户对室内舒适度非常满意，虽然采暖和制冷的能耗略高于计算值，但仍在合理范围内。

图 2　2015 年涿州被动房办公楼竣工

对涿州被动房办公楼实施的能耗监测在发现建筑物存在的问题方面发挥了很大作用，这些问题不仅出现在被动房中，也经常出现在新建建筑物中。因此，对建筑物的能耗监测以及延长基建调试和质量控制有助于建筑物的顺利施工，从而达到设计和预期的建筑效果。同时也强烈建议对任何建筑设置都进行监测和精细化控制。该监测研究项目获得了奥地利联邦交通创新技术部的资助。

此外，涿州被动房办公楼被奥地利联邦可持续发展和旅游部以及联邦交通创新技术部授予 2018 年奥地利绿色星球建筑奖，并获得了被动房研究院的被动房认证。

石家庄天山高层住宅楼 7 号楼（中国）

石家庄天山高层住宅楼 7 号楼是一座高 95 m 的 30 层建筑物，位于石家庄的一个新建小区内，拥有 60 套公寓住房。在因斯布鲁克被动房研究院的支持下，来自意大利南蒂罗尔地区的著名被动房建筑师 Michael Tribus 负责提供被动房有关的咨询。建筑施工始于 2019 年 5 月，被动房研究院也将在建筑竣工后对其开始被动房认证。

sol.e.h.[2]（中奥政府资助的研究项目）

“在广东湿热气候下高效节能建筑物的太阳能暖通空调和被动房解决方案”是属于奥地利研究促进署（FFG）的一个公共资助研究项目，从 2018 年 11 月开始运行，到 2021 年 10 月结束。

建筑物节能对于现代城市化来说非常重要，而且在广东的气候条件下特别具有挑战性。因此，最小化建筑物采暖（生活热水）、通风和空气调节（HVAC）的能源需求是实施太阳能 HVAC 系统的重要前提。广东特有的湿热气候十分具有挑战性。但是，sol.e.h. 项目旨在展示在合理且适用于特定气候的被动房概念上加上太阳能 HVAC 的辅助，可以实现一个优于当前最佳水平的联合整体解决方案。利用建筑物的热惯性，并且将热制冷装置作为生活热水的热泵，由此不依赖任何储存设备的太阳能直接降温除湿方法应该可以实现 100% 的太阳能解决方案，而不会出现任何阻碍。

sol.e.h. 项目的奥地利合作伙伴有因斯布鲁克大学、neyer brainworks 有限公司、S.O.L.I.D. 太阳能安装与设计协会以及因斯布鲁克被动房研究院；国内合作伙伴有中国建设与绿色建筑投资有限公司和清华－伯克利深圳学院。

经过认证的因斯布鲁克 MPREIS 被动房超市（奥地利）

这家总部位于奥地利 Völs 的家族企业是最大的提洛尔食品连锁超市，目前有 257 家门店和 6 000 多名雇员（截至 2019 年 8 月）。现在，这家超市以其能够适应周边环境的复杂的门店建筑结构而远近闻名。多年来，这些门店都达到了非常高的建筑标准。为了进一步提升能源利用效率，在与因斯布鲁克被动房研究院合作的情况下，作为被动房建设试点工程的第一家 MPREIS 超市于 2012 年启动。在随后几年时间里，同样的被动房理念在市场上得到进一步推广。截至目前，有 9 家新建的门店实施了被动房设计，其中 1 家门店经过改造甚至达到了 EnerPHit 标准。目前，还有 4 个新的被动房项目正在筹划或施工阶段。

据客户所说，投入的增量成本将在未来 6 年内回收。从 MPREIS 的初步经验来看，即使等待期很短，但被动房超市仅依靠能源成本节约就能实现非常好的经济效益。这是 2018 年对伊施格尔（Ischgl）门店详细研究后得出的论点，该门店最初是依照传统施工方法进行规划和投标的。一次性追加投资成本与年度运营成本节约的比较结果表明，在采用动态净现值法将一次性运营成本考虑在内的情况下，更高的投资成本将在未来 6.15 年内获得再融资。考虑到建筑物的使用年限共有 25 年（MPREIS 数据），门店每年能够节约 15% 的成本。

被动房超市的最终能耗量较传统方法建成的 MPREIS 超市大约降低了 50%，CO_2 排放量也大约减少了 70 t。

奥地利维也纳的学生公寓“GreenHouse”和莱奥本（奥地利）的“Mineroom”

这两栋大型建筑物（建筑面积分别为 8 200 m² 和 5 300 m²）都是由奥地利维也纳的 aap.architekten ZT 有限公司设计规划的，并都由维也纳的 Schöberl & Pöll 有限公司提供被动房的咨询支持，之后有关被动房认证的质量担保则由因斯布鲁克的被动房研究院执行。

GreenHouse 落成于 2014 年，在设计上为升级版被动房建筑，旨在成为全球首个尽可能利用可再生能源来满足自身能耗的学生公寓。除了配备有高效能、需求驱动且实现热回收的通风系统、最佳的建筑围护结构以及最大合理的光伏系统，这栋学生公寓的所有耗能组件都进行了优化。

Mineroom 也是一栋升级版被动房建筑，竣工于 2016 年。该学生公寓将成为 201 位留学生在莱奥本期间的现代化住房。该地区和大学与自然和资源的密切关系也在建筑物的设计上体现了出来。采矿业与这座城市和大学世代息息相关，这也体现在了建筑物上。光伏组件布满了建筑物平屋顶，总功率约 120 kW。

卡尔滕巴赫的 Explorer 酒店（奥地利）

位于卡尔滕巴赫的 Explorer 酒店由因斯布鲁克的建筑师 Giner 和 Wucherer 设计，是阿尔卑斯山脉第六家符合认定被动房标准的探索者酒店。该酒店的认证由因斯布鲁克的被动房研究院执行。

探索者酒店始终走在生态建设的前沿：所有的探索者酒店都是被认证过的被动房酒店，并且其中性的气候是得益于环境友好的能源供应，这在当前的酒店业中是独一无二的。对于酒店创办者和董事总经理而言，可持续发展并不是商业噱头，而是酒店长期成功的核心要素和先决条件。其中，节能是极为重要的一环，包括走廊灯通过运动检测器开启，房卡启动房间供电，凌晨 1 点之后大厅完全黑暗，电梯也处于关闭状态，整个客房都使用 LED 节能灯。

参考文献

[1] Bin L, Binlei S, Lei L. Qingdao PHTEC monitoring within two years of operation/Proceedings of the 23rd Passive House Conference, Passive House Institute, Darmstadt, 2019.

[2] Kaufmann B, Schöberl H, Michulec D. Monitoring of a Passive House Office Building in Zhuozhou, China/Proceedings of the 21st Passive House Conference, Passive House Institute, Darmstadt, 2017.

[3] Lepp L, Reich M. MPREIS Passivhaus-Supermärkte – Eine wirtschaftliche Erfolgsgeschichte/Proceedings of the 22nd Passive House Conference, Passive House Institute, Darmstadt, 2018.

下奥地利联邦州建筑是被动房标准的先驱

马丁·胡伯

第一个被动房组件的试点项目

2005年，下奥地利联邦州决定将规划中的“商务中心”新办公楼建成被动房试点项目（图1）。当时，对每个相关的人来说，被动房建筑标准均是一个未知的领域，因此需要积累大量宝贵的经验。设计师和承包商必须实施新的建筑技术，特别是在窗结构、屋宇设备系统（特别是通风系统）、无热桥设计和高隔热建筑外围护方面。一个值得注意的方面是4个独立建筑部分中的3个采用传统钢筋混凝土施工，另一个则由木材制成。

项目调查结果涉及范围广泛。最重要的见解是，使用钢筋混凝土和木材可以实现被动房标准，并且必须特别注意在规划和施工阶段减少热桥。在采暖期间提供充足的室内空气湿度被证实是一项艰巨的挑战。该试点项目既没有使用CO_2控制的调节器也没有使用加湿装置。这导致在冬季室内空气特别干燥，且不可避免地使使用者表示不满。

图1 下奥地利经济中心 Kammeter

下奥地利州建筑被动房标准的实施

根据初步试点项目的结果和欧盟《建筑物能源性能指令》（EPBD）以及下奥地利州的能效目标，下奥地利政府的环境和能源经济部于2007年发布了初版的《下奥地利州建筑能源效率和可持续性规范》。从此之后，所有新建下奥地利州建筑不仅要遵守被动房标准，还必须满足与使用期间用户带来的能源消耗相关的特定阈值。其原因是高能效建筑在使用期间的能耗往往远远低于预期的消耗值。这一般是屋宇设备系统的运行或调试不佳以及缺乏监控或经验的运营管理造成的。

除了建筑施工要求提高之外，下奥地利州政府还提供了额外资金以支付额外费用。与此同时，“Bau.Energie.Umwelt Cluster Niederösterreich”（下奥地利绿色建筑集群）的任务是为建筑业整体开发合成的“被动房能力”。这个为所有对高能效和生态建设感兴趣的公司设立的网络由下奥地利州的商业机构“ecoplus”管理，主要由联邦州和欧盟基金提供资金。“Bau.Energie.Umwelt Cluster Niederösterreich”发起并通过公共资金资助的合作研究、开发和资质项目为公司提供支持。

最佳实践案例

自试点项目完成以来，各种类别的建筑（行政、学校、幼儿园、健身房、养老院、研究和实验楼）已按照被动房标准建造，所有这些项目的性能均继续受到监督，并在必要时予以改进。

地方行政中心——圣帕尔滕

建筑（图 2）包括地区行政办公室和区域建筑管理局，可容纳约 215 人，于 2016 年完工。调整后的建筑总面积为 2 636 m^2。

图 2 地方行政中心 Tschank

建筑师：Architecture Maurer & Partner ZT GesmbH。

建筑物理学：zt-moser e.U.（土木工程顾问）。

奥地利科技学院实验楼东

根据“形式跟随能源”的原则，设计师打造了一个透明的紧凑形式的 4 层建筑。其有光线充足的中庭，自然采光的走廊以及功能性和差异化的室内设计为交流和科学工作创造了最佳条件。

其包括新实验室和研究大楼，于 2013 年完工。调整后的建筑总面积为 7 000 m^2。

建筑师：Frank + Partner ZT GmbH。

建筑物理学：AMiP Industrial Engineering GmbH。

卡尔·兰德斯坦纳私立大学（KLPU）

奥地利诺贝尔医学奖得主 Karl Landsteiner（卡尔·兰德斯坦）是多瑙河大学克雷姆斯校区新医学私立大学（图 3）的赞助人。该大学采用具有组件激活和热泵 / 冷却器的复杂系统来优化能效，它确保了无气流和令人感觉良好的气候以及全年稳定的温度，保障房间能接收充足的自然光。

图 3 卡尔·兰德斯坦纳私立大学克雷姆斯校区 Michael Rzepa (FM-Plus Facility Management GmbH)

其文教建筑物为新建筑，于 2016 年完工，调整后的建筑总面积为 8 141 m^2。

建筑：Delugan Meissl 联协建筑师事务所。

建筑物理学：Vasko+Partner Ingenieure。

总结

2008 年，下奥地利联邦州决定按照被动房标准建造该州所有公共建筑。因此，灯塔项目被用于启动技术的发展和建筑行业的实践经验的收集。当地建筑业因此获得竞争优势。

世界首个最低能耗高层建筑(奥地利维也纳)

恩斯特·斯瑞佛，赫尔穆特·旭博 /Schöberl & Pöll GmbH

简介

对于过去规划和建造的办公楼而言，集中处理能源效率问题尚不普遍，认为节能解决方案更加昂贵的偏见依然存在。然而，维也纳一个之前的办公和实验楼已经证明：非常低效的建筑物可以成功地翻新成“+ 能源”建筑。该建筑位于 Getreidemarkt，属于维也纳工业大学(TU)，在 2014 年翻新之后，拥有 13 500 m^2 的净建筑面积(共 11 层楼)，为约 800 名员工提供工作空间，如图 1 所示。

图 1　翻新后的建筑物和从顶层的露台上观看到的维也纳视图(其中挑檐上有建筑一体化光伏模块)(资料来源：Schöberl & Pöll)

定义：+ 能源建筑

建筑物的“+ 能源”标准是通过在一年内平衡建筑物的一次能耗和在建筑工地的一次能源生产来定义的。

1. 一次能源平衡

不可再生的一次能源需求(用于建筑运营和使用，考虑到自身消耗现场生产的可再生能源)小于能源输出(算术转换为不可再生的一次能源)。从最终能源到一次能源的转换系数取自奥地利建筑技术研究所(OIB Richtlinie 6，2011 版)的指导原则。

2. 可再生能源的生产地点

可再生能源在现场(在建筑物的边界之内)产生。

3. 考虑期间

平衡消耗和产生的能源的考虑期间是一年，这意味着不用考虑能源消耗和生产之间的时间不匹配(时间框架小于一年)。

4. 考虑能源使用

除了冷热负荷、热水和通风外，计算能源需求时还包括照明和所有其他电气设备 / 组件(楼宇自动化和控制、办公设备、服务器、厨房用具、电梯和消防设备)。

组件优化和实施措施

实现“+能源”标准的基础是被动式房屋质量的围护结构以及安装以需求为导向的通风系统具有高效的热量和水分回收以及优化的电气性能(低比风机功率)。一次能源消耗优化的核心在于大幅降低建筑物内所有用电区域及组件的能源消耗,从加热和冷却系统到计算机工作站和小型的电子元件。在此背景下,对280个类别下9 300多个独立组件进行了评估和能源优化。

为了实现最经济的“+能源”办公大楼,在项目中实施了以下几点。

(1)改进的被动式房屋建筑外壳作为基础。

(2)用于自动化夜间通风和冷却节能的核心通风。

(3)高效节能的加热、冷却和通风系统。

①通风装置:串联双转子,可以更有效地回收水分,避免加湿和除湿。

②所有加热和冷却配管的高保温性(加热6/3(保温厚度达到管直径),冷却3/3)。

③建筑组件热质量的激活(激活的砂浆层,用于加热和冷却)。

④季节能效比(SEER)高于9的制冷机。

⑤通风装置和管道系统具有最小的压力损失,无须加热和冷却盘管。

⑥以需求为导向的通风量。

(4)LED顶灯,照明效率高达110 lm / W。

(5)24 V电网,用于提高能效和电源集中供应。

(6)节能办公设备、厨房用具和服务器解决方案。

①建筑物用户现有设备的逐步交换概念。

②将模拟电源从工作站传输到服务器机房,实现高效的集中制冷。

(7)能源生产:屋顶和里面上的光伏(建筑物一体化),奥地利最大的建筑物一体化光伏系统。

①总功率:328.4 kWp。

②屋顶:97.8 kWp。

③建筑物正面:230.6 kWp。

(8)能源生产的其他来源。

①通过利用服务器机房的废热(用于激活建筑组件的热质量)满足大部分热能需求。

②通过能源回收和降低配重,电梯优于能效等级A。

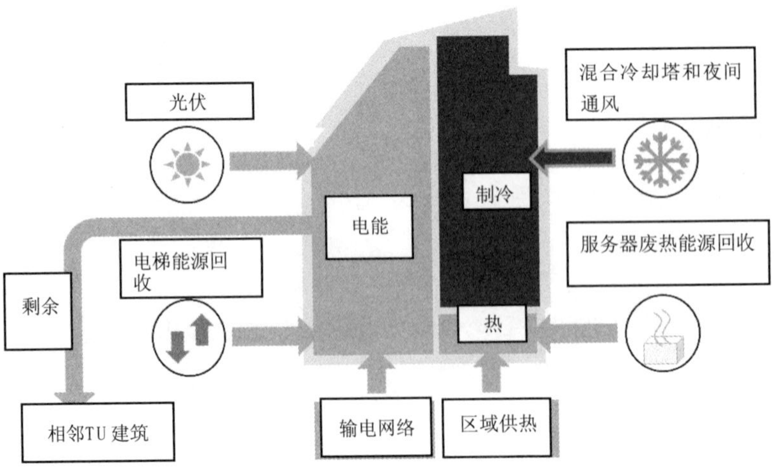

图2 “+能源”办公楼能源和汇的概述(资料来源:维也纳TU,ForschungsbereichfürBauphysikund Schallschutz)

结果

图 3 显示了三种不同变体的主要能源需求：改造前正在考虑中的办公楼（维也纳 TU，Getreidemarkt）、一座典型的新办公楼和整栋翻新办公大楼（已实现）。在改造前的状态和典型的办公楼的情况下，一次能源需求太高，而不能被建筑工地的能源生产所满足。

只有在典型办公楼所有区域的一次能源需求总减少量达到大约 10% 的情况下，一年内 10 个办公楼层（“标准办公楼”）所产生的能源才能大于其所消耗的能源。该建筑物的能源产生主要由奥地利最大的立面集成光伏系统（立面和屋顶总面积达 2 199 m^2）以及服务器废热利用和电梯的能源回收供应。

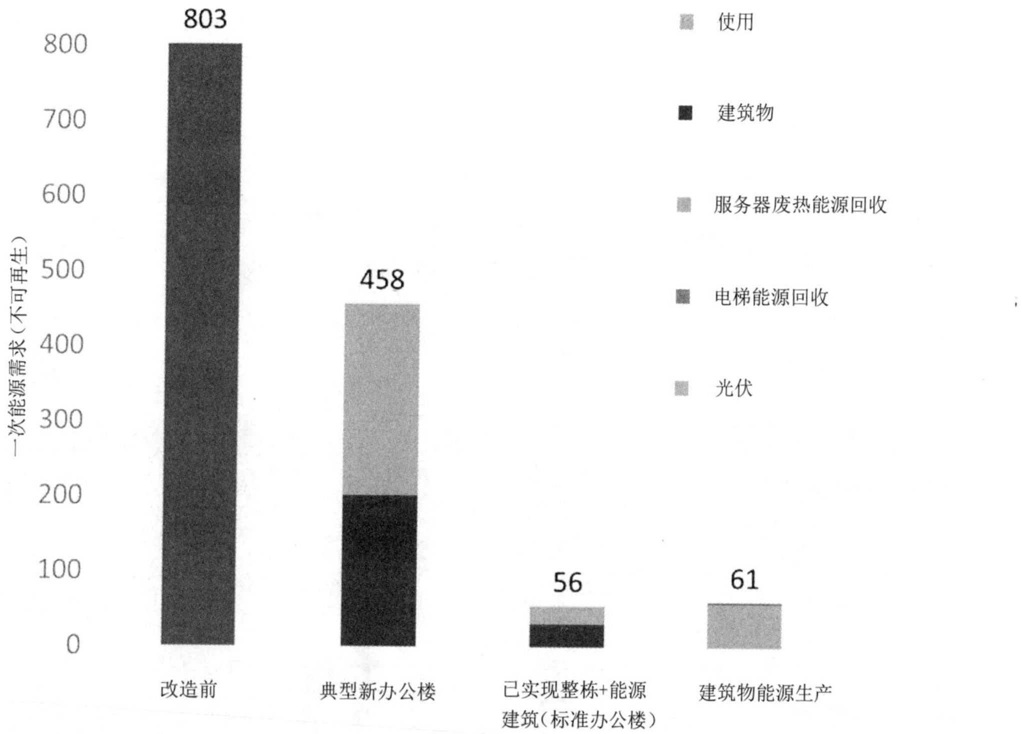

图 3　三种不同办公楼变体的一次能源需求比较（与 Getreidemarkt 维也纳 TU 建筑工地的能源生产形成对比）

参考文献

[1] Bednar T，Rosenberger R，Schöberl H. et al. Entwicklung des ersten rechtssicheren Nachweisverfahrens für Plusenergiegebäude durch komplette Überarbeitung der ÖNORMEN. “Haus der Zukunft”计划框架内的项目报告. 维也纳，2013.

[2] Schöberl H，Hofer R，Leeb M，et al. Österreichs größtes Plus-Energie-Bürogebäude am Standort Getreidemarkt der TU Wien. “Haus der Zukunft”计划框架内的项目报告. 维也纳，2014.

亚洲五年开创性工作所获经验

大卫·米库莱柯 /NEUBAU best.energy 公司

过去数年我们在中东亚能源效率领域的开创性工作积累了一些经验，但总结起来并非那么容易。一方面，亚洲存在无尽的可能性和我们无法想象的资源；另一方面，我们面临一些琐碎问题，这些问题好多年前已经在欧洲实现了标准化和规范化，已属于过去式。

本文首先展示了亚洲尤其是中国的建筑行业存在哪些潜力和可能性。介绍的试点项目表明，如果能够理解不同的文化、工作方法和执行速度，则在极短设计时间甚至是更短的施工时间里发现存在哪些可能。

很多商人认为在全世界做生意都是一个样子，这就是在亚洲所犯的一个巨大错误。除了合同和条款之外，人际关系同样也是不容忽视的重要一环（图 1）。

图 1 Yang Liu 的"东西方相遇"（来源：ISBN 978-3-8365-5402-2）

不同的国家和习俗以及不同国家对时间的不同理解对于成功的合作非常重要。由于距离较远以及不可控的交通因素，时间常常无法严格遵守（图 2）。这是一种责任传递，或只是另有方法来遵守时间规则。在时间处理方面，情况也大不相同。必要的加班或周末上班以及充足的人力资源不再是困扰，而是再平常不过的事情。这就是事物的本质，但快节奏工作往往会牺牲工作质量。

图 2　Yang Liu 的“东西方相遇”（来源：ISBN 978-3-8365-5402-2）

那么，想要了解亚洲建筑业潜力的最好方法是描述已经竣工的项目。以下例子是我之前深入参与并负责发展能源理念以及设计和施工的被动房项目。

世界上首个零能耗清真寺

哈萨克斯坦努尔苏丹（首都）市中心有一座可容纳 800 多名游客的清真寺（图 3），于 2018 年向公众开放。这座清真寺建筑的特别之处在于不仅将现代建筑与被动房构件结合起来，并且一整年没有产生任何运营成本。

图 3　努尔苏丹的零能耗清真寺

“能源城”156 栋不依赖能源的建筑物

在阿斯塔纳（即现在的努尔苏丹）的极端气候条件下（冬季温度低至 -45 ℃）建立了能源新城（图 4 和图 5），是最高等级的被动房。这些被动房通过能源管理系统实现了相互连接和控制，电力和蓄热器采用智能控制，并结合天气预报，从而防止出现负荷峰值。这类建筑理念基于被动房建筑围护结构。

图 4 努尔苏丹能源新城的建筑物视图

图 5 努尔苏丹能源新城的能源理念

中国北方的被动房

作为中国北方首个经过认证的被动房办公楼和员工宿舍，该监测系统依然监测和控制着被动房的设计和施工工程，从而判断其是否真的能够提供最高的舒适度和低能耗。监测数据定期发布，证明常规项目监测能够发挥良好的效果。

图 6 中国北方首个认证的被动房以及奥地利驻华使馆科技司代表 Wolfgang Feist 博士（教授）和设计师 Dawid Michulec 合影

中国南方的被动房

关于被动房是否能在温暖气候下运作良好并实现高效节能的话题在此不再赘述。自 2019 年 10 月起，几个被动房建筑物将测量并发布相关数据，从而实现与监测系统的结合利用（图 7）。

图 7 杭州、嘉兴被动房办公楼以及被动房博物馆

每个被动房项目都面临各自的挑战，但有一个共同点：只有良好的设计团队和逻辑清晰的执行团队才能保证真正实现所承诺的被动房舒适度和能源需求。看清、理解和协调当地具体条件和文化差异也是必不可少的。现在，NEUBAU best.energy 公司和设计师 Dawid Michulec 可以自豪地宣称其在全球所有气候区都建有各类认证的被动房建筑，并已准备好迎接新的挑战。

总是与资源息息相关

马丁·爱克霍泽

被动房标准以及建筑物标准施工的建立节约了大量的能源。后工业国家的显著生态足迹向我们表明，若要进一步减少建筑业的资源消耗，则需要开展大量的工作。新建施工项目依然使用不可再生、不易回收利用的建筑材料，设计和施工阶段大多数时候在现场完成。有很多方法可以加速建筑业的工业化进程，这些方法也极为符合可持续发展目标。其中一种方法是进行模块化建设，可以促使设计和施工过程更为高效、快速和简化，并且鼓励使用低技术含量、当地可取、可再生和易于回收利用的建筑材料。

使用模块化结构在不同的施工阶段会带来哪些优势呢？

使用低碳建筑材料的一大障碍是它们实际上在传统施工实践中并不常见。从这一点来看，低碳建设的决策还需要更多的调研，并且设计过程中会出现临时支出，人员成本也会增加。但是，在采用模块化建设方法的情况下，施工单位可以实现预制和标准化，并且根据建筑物和施工现场的功能需求可以方便快捷地进行整合。所以，这种方法运用起来非常简单，并可以显著缩短设计时间以及节省大量的时间和预算资源。传统的建筑施工过程则转变为了预生产和安装过程。

此外，这种方法将脏乱且令人筋疲力尽的施工现场转化为一个干净的生产大厅，其中不同的建筑材料得以收发和组装。这条不依赖气象条件的生产线可以提高工人的生产效率，促进他们的工作生活平衡，并能确保他们的施工安全。从这一点来看，施工在一个更加可控的环境中进行，从而满足高质量的施工要求。

这种方法要求对施工过程以及技术和规划细节有一个全面的了解，并且需要在非常早期的设计阶段就与施工单位进行持续沟通和协调管理。所以，建筑物设计的同时有必要重新思考施工过程，并且施工过程得到BIM（建筑信息模型技术）和工业 4.0 等不同计算策略的支持。

BIM 和工业 4.0 的目标是将工业建筑施工流程与现代信息和通信技术结合起来。BIM 创建了未来建筑物的数字拷贝，这包含建筑物施工和运营甚至完全竣工之前所需的所有数据。新的建筑施工流程分为详细的规划阶段、大厅的生产阶段、物流运输阶段和最终施工现场的安装阶段。新的系统不再需要传统的施工设计阶段和现场的施工过程监测阶段。预制组件能够在预期的位置上精确到毫米。只需要少数的工人和轻型机械就可以将建筑物像拼图一样组装起来。组装线基于汽车工业模型，能够以更低的成本和最高的质量大批量生产建筑构件。因此，专注于几个重复的步骤即可以提高生产效率。

另一项鼓励使用当地低碳建筑材料并确保整个流程稳步改善的策略是实施精益管理。精益管理的目标是在一个专门生产特殊建筑构件的地方进行自动、连续性生产。这使得分散的当地制造商可以专门生产某种特定的建筑部件，从而降低生产成本。这也意味着建筑构件和结构连接是可拆卸的，导致传统的组合结构不再适用。机器、人员和传感器的连接贯通可以促生高效的沟通方式。透明和可视化的生产线能够促使人们做出明智选择，并更为有效地解决问题。此外，由于（国际）建筑公司以及当地规模小的公司都可以专门开展不同建筑构件的预制生产，所以精益管理也对某些国家的当地经济提供支持。再则，精益管理还可以促进当地低技术含量和低碳建筑材料的利用。

低技术含量系统可以尽可能多地采用被动策略和非技术解决方案，并且专注于满足用户的基本需要和需求。它试图为一个以生命周期为导向的体系均衡地整合生态、经济、社会和文化行为。从这一点来看，这种低技术含量系统能够充分利用当地现有环境资源，减少技术构件数量，建立一种充分、稳健和成本效益较高的建筑施工方法，并尊重当地的建筑文化。这种做法可以促使用户对项目的认可，鼓励他们长期参与项目的维护。

在遵循“尽可能低技术含量”的原则下，所有的低技术含量才有可能得到应用，并且只在获得技术援助之后才能应用。在采取进一步技术措施的情况下，建筑物专注于自给自足的系统。重点是使用简单、当地可取、可重复使用、耐用和可再生资源建立一个高效的建筑物，从而满足用户的基本需要。这一概念力图使建筑物独立于任何高技术含量的解决方案或组件。它专注于气候、环境、用户和材料的系统实现。智能设计通过降低复杂度来考虑当地具体条件。如上文所述，这一概念将低技术含量的建筑材料与当前最先进的建筑技术和管理流程结合起来。

总之，建筑行业需要进行持续改进，重点是模块化规划体系、工业生产流程以及低技术含量的设计策略。借助于一个预定义的施工工具包，规划时间可以缩短。所以，在取消耗时的详细规划的同时，可以提升质量和安全标准。模块化系统适用于工业生产流程。得益于精益管理、BIM 和工业 4.0，可利用成本效益好且质量高的预制建筑构件。建筑构件的精益安装过程也会取代传统的高能耗现场施工过程。这些当前最先进的建筑技术和管理流程与低技术含量的设计理念相结合可以鼓励在施工中使用低技术含量、当地可取、可再生和易于回收利用的建筑材料。所有这些都关乎资源（时间、劳动力和材料）。

参考文献

[1] Hofmeister S, Hellstern C, Leitte S. Positionen zur Zukunft des Bauens. Methoden, Ziele, Ausblicke. Detail Research. München, 2011.

[2] Huß W, Stieglmeier M. leanWOOD. Optimierte Planungsprozesse für Gebäude in vorgefertigter Holzbauweise. TU München, 2017.

[3] Kaufmann H, Krötsch S, Winter S. Manual of Multi-Storey Timber Construction. Edition Detail. Munich, 2018.

[4] Nerdinger W, et al.. Wendepunkt|e im Bauen. Von der seriellen zur digitalen Architektur. Edition Detail. München, 2010.

[5] Winter S, Lechner M, Köhler C. Bauen mit WEITBLICK. Systembaukasten für den industrialisierten sozialen Wohnungsbau. TU München, 2018.

绿色建筑解决方案暑期学校：关于可持续发展和被动房屋标准的国际设计研讨会

托马斯·莱宾格，马尔切洛·图希尼 /OeAD 住房

数字与事实

GBS 暑期学校由维也纳 OeAD 住房办公室与 12 所大学和其他 15 个研究机构及公共机构合作举办。自 2011 年开办以来，GBS 已有来自 76 个不同国家的 320 名校友。仅 2019 年，就有来自 28 个国家的 51 名学员，由 28 位不同的讲师，举行前沿讲座 52 个小时；去往 15 个被动房和其他涉及建筑及可持续发展的场所，进行了 22 小时的实地考察。对于项目工作，GBS 提供了 41 个小时的正式时段，外加学生自愿参加课程计划的其他时间。关于维也纳文化、体育、电影之夜和派对的活动也是该课程计划的一部分。GBS 还与另一所关于替代经济学和货币体系（AEMS）的暑期学校共同提供公共讲座和活动。

主办方：维也纳 OeAD 住房办公室

OeAD 住房办公室是一个非营利组织，每年在 OeAD 招待所和奥地利最重要的城市为约 12 000 名学生提供住宿。其首席执行官 Günther Jedliczka 为 OeAD 住房办公室制定了可持续发展的商业战略。他还创立了两个专注于生态学、可持续发展和资源保护的学术课程计划，GBS 即是其中之一。

学员

学员是国际学生、研究人员或专业人士，他们的学术背景和目标以可持续发展问题为主。其官方语言为英语，不存在与性别、种族、宗教、身体残障或任何其他与此类问题相关的歧视。今年，有第一位来自伊拉克的“被动房设计师”成为我们的学员，为此我们感到很荣幸。

课程计划

最初的课程计划由 Karin Stieldorf 教授制定，我们每年与所有主办方一同讨论和实施课程计划。该课程计划由不同的单元组成，每个单元涉及可持续发展设计的不同方面。

发展历史与绿色建筑设计

在本单元中（第一个单元），学生对以前的可持续发展问题和被动房的开发进行一般性了解，也涉及建筑施工和废物管理背景下的循环经济原则。

初步项目设计

在本单元中，学生初次接触项目主题；通过前沿讲座，学员获得有关现场、计划、当地建筑法规和其他问题的相关信息，还提供带导游的项目实地考察活动。

城市规划、政策与设计

本单元通过前沿讲座、讨论和研讨会，探讨可持续发展与社会和城市相关的方面。

可持续发展规划与建设

在本单元中，学生初次接触能源需求、能源使用和能源消耗。被动房国际发展情况的主讲人是“奥地利被动房”协会（Passive House Austria）的创始人兼首席执行官 G. Lang。

建设生态与创新型城市

生态、健康、舒适、卫生保健是本单元的主题，还介绍了“生物自卫”的原理和优点。

建筑物理学

本单元可让学员对建筑物理学理论有所了解，学员还可以学习到如何达到被动房的标准。

创新型能源技术

本单元由奥地利技术学院（AIT）提供，由 AIT 总部的讲师介绍创新型能源技术。

建筑模拟和信息建模

GBS 为学员提供了处理建筑能量平衡和创新安装的计算机辅助模拟的机会，学生们还可对 BIM 有所了解。

日光工程

本单元为学生们每年都最青睐的单元。在多瑙克莱姆斯大学举行，日光模拟实验室（光实验室）可进行日光模拟，学员们首次了解日光相关理论。之后，他们将构建一个属于项目构思一部分的模型，并在光实验室中进行模拟。

项目设计工作

本单元是整个暑期学校的核心。讲座中学到的所有理论概念都可以在本单元中被全方位地实践和应用。学员分组设计被动房。由于时间短，项目水平当然处于初级阶段，但从城市规模到细节，包括能量流量和消耗，都进行了学习。

短途实地考察

由于该暑期学校在维也纳举行，将有许多有趣的短途实地考察的机会。参观被动房建筑工地为学员提供了有关如何建造被动房的信息，并可参观许多其他完工和在建的被动房，每个被动房都有自己的特色。此外，参观维也纳的区域供热电厂为校友提供了有关如何利用废物生产所需能源的例子。

Sto 研讨会

研讨会的另一个重要部分是由 STO(德国一家重要的建筑材料公司)提供的实践研讨会。在最后一周，与项目工作同时进行，一组学员真正要构筑一堵墙。

友谊

令人惊奇的是，在短短三周内，学员之间就能相互建立起非常深厚的友谊。在 GBS 之后，他们保持联系，仍然分享知识，当他们旅行时，也去见一见曾经的同学。从第一天起，学员就住在经“OeAD 被动房”认证的宿舍中。在那儿，他们可以共同体验在被动房中的生活，并找到促进社交互动的设施。

合作伙伴

国际 GBS 合作伙伴如下：维也纳农业大学，维也纳技术大学、罗马俱乐部，瑞典农业科学大学，乌普萨拉大学，多瑙大学，曼彻斯特－索尔福德大学，多瑙校长会议，中欧多瑙河地区多瑙校长会议研究所，加拿大绿色建筑理事会，瑞尔森大学，奥尔堡大学，格拉茨技术大学，诺丁汉大学，维也纳大学，布尔根兰应用技术大学，奥地利高等技术专业学院，维也纳应用技术大学，沃特福德理工学院，国际应用系统分析研究所，维也纳康普斯高等专业学院，维也纳模都尔大学，奥地利技术学院，德国伍珀塔尔大学，东京大学，联邦教育与研究部，奥地利气候保护国家奖(Klimaaktiv)，创新建筑，奥地利被动房协会，绿色代替灰色协会，维也纳家园，INEX。

结束语

将被动房作为整个学习过程的核心，可以在不同方面产生良性互动，从而促进更加全面的理解和技术的开发。为单纯的设计过程创建其他活动，可增强学习的主动性，并促进信息流动。鼓励建立专业人士和研究人员间的国际级联系，有助于可持续发展问题的传播。这是我个人这三年从 GBS 获得的初步的心得，教育是改良的关键所在。

作者中英译名对照表

A	
Andrea Bombasaro	安德烈·波恩特根凯泽
Andrea Frisque	安德里亚·弗瑞斯科
Andrew Peel	安德鲁·皮尔
Ann-Marie Fallon	安 - 玛丽·法伦
Aurelia Lippolis	奥列里亚·利波利斯
B	
Bernd Steinmüller	贝恩德·斯坦米勒
Berthold Kaufmann	贝特霍尔德·考夫曼
Burkhard Schulze Darup	伯克哈特·舒兹·德瑞普
C	
Clara Lorente Martin	克拉拉·罗伦特·马丁
Camille Sifferlen	卡米·西非朗
Carl-Peter Goossen	卡尔·彼得·古森斯
Cheney Chen	切尼·陈
Cillian Collins	西莲·柯林斯
Christopher Higgins	克里斯托弗·希金斯
D	
Dawid Michulec	大卫·米库莱柯
Dragos Arnautu	德拉戈斯·阿诺图
E	
Edwin May	爱德文·玛雅
Enrico Bonilauri	恩里科·伯尼拉瑞
Ernst Schriefl	恩斯特·斯瑞佛
F	
Franz Freundorfer	弗朗茨·弗瑞德
Fabian Ochs	费比安·奥克斯
G	
Georg Reinberg	乔治·莱茵贝格
Georgios Dermentzis	乔治·德门子
Günter Lang	君特·朗
H	
Hagen Weber	哈根·韦伯
Hartmut Murschall	哈特穆特·穆沙尔
Helmut Krapmeier	海姆特·科哈麦尔
Helmut Schöberl	赫尔穆特·旭博
J	
Jan Steiger	杨·施泰格
Jason Quinn	詹森·奎因
Jessica Grove-Smith	杰西卡·格罗夫 - 史密斯
Jesus Menendez	杰西·梅南德斯

Jürgen Schnieders	尤尔根·施纳德
Johann Souvestre	约翰·梭维斯特
L	
Laszlo Lepp	拉兹洛·莱普
Lloyd Alter	勞埃德·阿爾特
Ludwig Rongen	路德維希·朗根
M	
Marco Filippi	马尔科·菲莉比
Marcus Strang	马库斯·斯特朗
Maria Chiara Failla	玛丽亚·希拉·费拉
Marine Sanchez	马林·桑切斯
Martin Aichholzer	马丁·艾克霍泽
Martin Huber	马丁·胡伯
Michael Ingui	迈克尔·因古伊
Michael Meyer bersleben	迈克·迈耶 - 奥伯斯莱本
Micheel Wassouf	米歇尔·沃索弗
Milica Tumbas	米立卡·托姆巴斯
Miwa Mori	森美和
Marcello Turrini	切洛·图希尼
O	
Oscar Flechas	奥斯卡·弗勒查斯
P	
Pablo Carranza Navarr	巴勃罗·卡兰扎·纳瓦罗
Pablo Sepulveda Corradini	巴勃罗·塞普维达·科拉蒂尼
Piero Russo	皮耶罗·拉索
R	
Ralf Bermich	拉尔夫·贝尔米西
Rolf Demmler	罗尔夫·德姆勒
Roman Kramer	罗成·克莱默
S	
Soraya Lopez	索拉雅·洛佩兹
Stefan Schirmer	石特凡
Susanne Winkel	苏珊娜·温克尔
T	
Thilo Cunz	蒂洛·孔兹
Thomas Lebinger	托马斯·莱宾格
W	
Wolfgang Feist	沃尔夫冈·费斯特
Wolfgang Frey	沃尔夫冈·弗莱
Wolfgang Streicher	沃尔夫冈·施特莱尔
Wolfgang Hasper	沃尔夫冈·哈斯佩

附录

洛卡恩环境一体机

洛卡恩环境一体机是国内率先获得国际认证的被动房专用环境一体机。作为被动房的“呼吸系统”，其功率仅是空调的六分之一，功能却是空调的五倍，实现了恒温、恒湿、恒氧、恒静、恒洁的功能。被动房摒弃了传统的燃煤燃气供暖与空调制冷方式，完全靠环境一体机调节室内的温度、湿度及空气质量。在被动式超低能耗建筑内部安装环境一体机要求极其严格，需要对设备本身的内外结构和配套的机电、新风、控制系统进行科学设计，对气流组织、防冻降噪、加工工艺等方面进行缜密的计算与系统的设计。洛卡恩环境一体机由洛卡恩研发团队同欧洲顶级专家结合中国的气候特点共同研发，核心部件由欧洲知名企业专项定制。

环境一体机 七大优势

洛卡恩环境一体机具有智能控制、保温密封、新风置换、双重双效过滤、能量回收、辅助供暖与制冷、防冻保护七大核心优势。

恒温 恒湿 恒氧 恒静 除霾

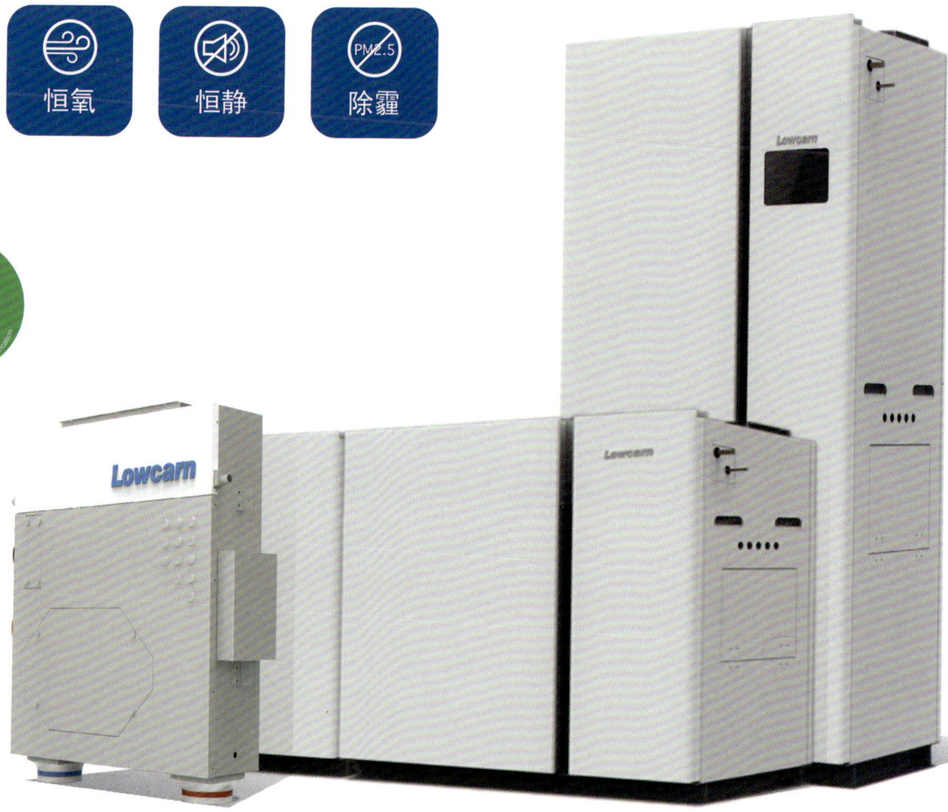

洛卡恩石墨聚苯板

石墨聚苯板作为被动房的“棉衣”，通过融入一定比例的石墨，确保实现更理想的保温效果，是目前被动房外墙保温材料的极佳选择。石墨聚苯板的厚度、密度、安装方式需根据不同的气候、不同的建筑类型进行合理的计算，并结合现场施工条件进行精细化施工。

石墨聚苯板的生产必须有先进的设备、科学的原料配比与养护陈化周期来保障，一旦防火保温效果失效，将成为“空心棉”，发生脱落、着火等灾难性问题。洛卡恩石墨聚苯板甄选优质原料，与世界500强化工集团合作对原料中的化学成分进行严谨的分析与计算，研发出适用于中国不同气候环境的原料配方。结合被动房技术要求，定制引进欧洲先进的设备与技术，同时在院士工作站配有齐全的检验设备，随机检测石墨聚苯板的各项性能指标，为被动式超低能耗建筑的建造提供了可靠的保证。

洛卡恩石墨聚苯板具有导热系数低，保温性能高；燃烧速率慢，阻燃级别高；成本优势明显，性价比高；施工简便，系统整体性好；精细化生产，严格的质量保证五大比较优势。

洛卡恩建筑外遮阳系统

建筑遮阳是建筑物为适应环境、自我调节、改善室内热环境和舒适性的手段，是一种主动有效的建筑节能措施。可以显著的降低建筑物夏季冷负荷需求，节省运行成本，节约空调耗能25%，节约采暖耗能10%以上。

建筑遮阳还具有极强的防盗性、绝佳的隔音性，洛卡恩建筑外遮阳系统可根据用户对光舒适性、热舒适性、隔声性、私密性等性能的不同需求，以及不同气候区域、不同建筑类型提供针对性解决方案，满足产品的私人订制，同时增加建筑物美观度。

洛卡恩外遮阳系统具有保温隔音、安全防盗、智能控制系统三大特点。有百叶式遮阳、卷闸式遮阳、机翼式遮阳等不同类型的产品，适用于不同的建筑类型。

墨瑟被动式门窗系统

被动窗绝非普通用窗，而是包括了独特的外挂式安装方式、专用新型节能副框系统、预压膨胀棉、防水隔气膜、防水透汽膜、窗台板等在内的集成系统。这需根据项目实际情况进行科学计算来选择配置，并需要采用无热桥、气密性等保障措施。

源自德国的墨瑟门窗有着60多年的历史，是奥润顺达集团旗下的门窗品牌，产品包括铝包木系统门窗、木铝复合系统门窗、隔热铝系统门窗、木索系统、阳光房系统等168个产品系列。

近年来，结合中国不同气候区域与建筑类型自主研发了5大系统12个系列被动窗系统，7个系列获得国际认证，其中Passive126被动式铝包木系统窗获得国际认证的全气候奖，是适用于全气候区的被动窗系统。

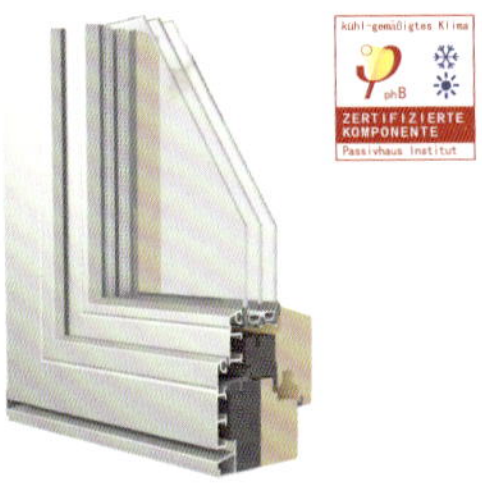

被动式铝包木系统窗
PASSIVE SUPER 78

被动式铝包木系统窗
PASSIVE 130

被动式铝包木系统窗
PASSIVE 126

被动式铝系统窗
FRAME+ 90WI-P

被动式木索系统
THERM+

被动入户门系统
PASSIVE 78 SUPER

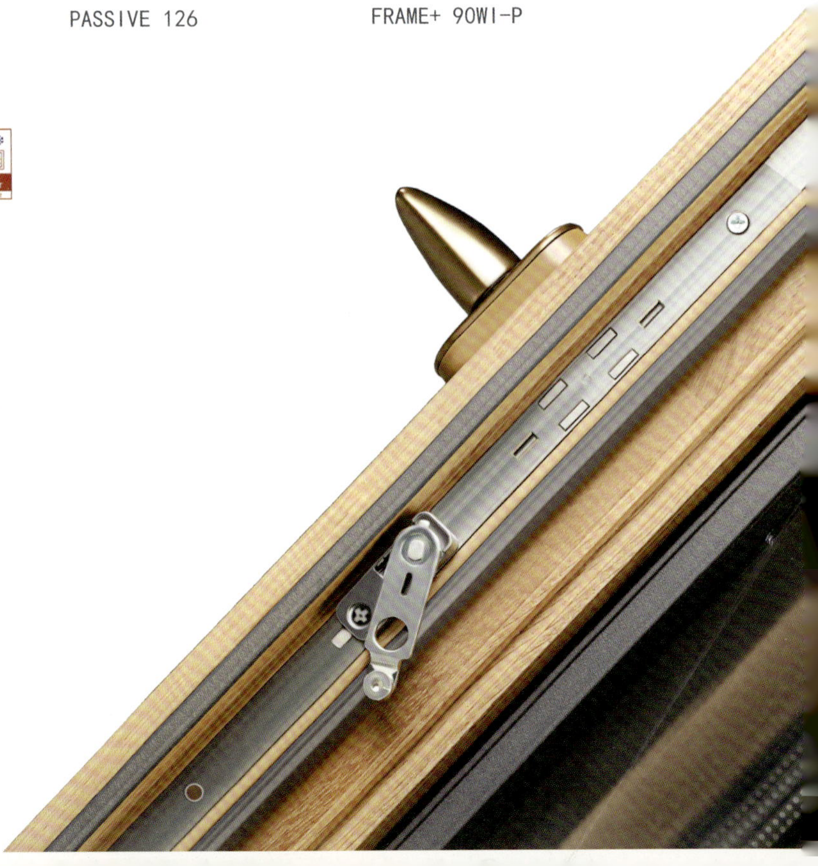

国家超低能耗建筑产业基地

为了推动被动房行业的可持续健康发展，形成产业支撑，2017年8月奥润顺达集团建成并投产了超低能耗建筑全产业链生产基地，产品涵盖超低能耗建筑专用的近零能耗玻璃、环境一体机、被动式门窗、建筑遮阳、石墨聚苯板新型保温材料等。为全球超低能耗建筑产业发展提供了产品支撑，加速并带动了我国建筑节能事业的发展进程。

“365天永不落幕”的国际展览交易中心

中国国际门窗城占地1650亩，总建筑面积50万平方米，是“365天永不落幕”的国际展览交易中心，位于京津雄腹地世界级城市群的重要节点城市高碑店经济开发区，紧邻京港澳高速铁路及高速公路、大兴国际机场，北距北京60千米，东距天津110千米，南距雄安30千米，先后举办了五届国际门窗博览会和第23届国际被动房大会等一系列国际展会。

中国国际门窗城设有国际馆和国内馆，其中国内馆包括门业馆、建筑用胶与五金馆、设备馆、型材与密封系统馆、玻璃与涂料馆等多个专业场馆，被誉为中国乃至世界的门窗幕墙技术研发中心、生产加工中心、信息情报中心、展览交易中心、仓储物流中心。

新住居的样板 住宅体验中心

奥润顺达以人类对未来新住居的需求洞察为基点，规划建设了符合未来居住理念的住宅体验中心，让人们能够“0距离”的体验和感受未来生活及场景。洛卡恩六大系列产品——节能型、经济实用型、健康型、舒适型、智慧生态型、产能型在住宅体验中心进行了集中展示。通过预约，可以亲临体验不同类型的被动房。

住宅体验中心以未来住居的需求为主导，集成了当前世界前沿的设计理念、建筑技术，通过不同类型、不同结构形式、不同绿色节能技术相结合的新型装配式超低能耗住宅示范，寻求新时代生态宜居综合治理新路径，打造全新智慧海绵城乡新体系，引领美丽乡村住宅新革命。

洛卡恩被动房集成系统

洛卡恩被动房集成系统是由被动房核心产品及三位一体运营保障体系构成。被动窗系统、被动门系统、遮阳系统、环境一体机系统、通风管道系统、保温系统、密封系统、微能源系统及智能化生活服务系统等是被动房的“核心产品及系统”，设计与施工、监督检测、运营维护构筑成洛卡恩“三位一体运营保障体系”，是被动房全生命周期的服务保障。

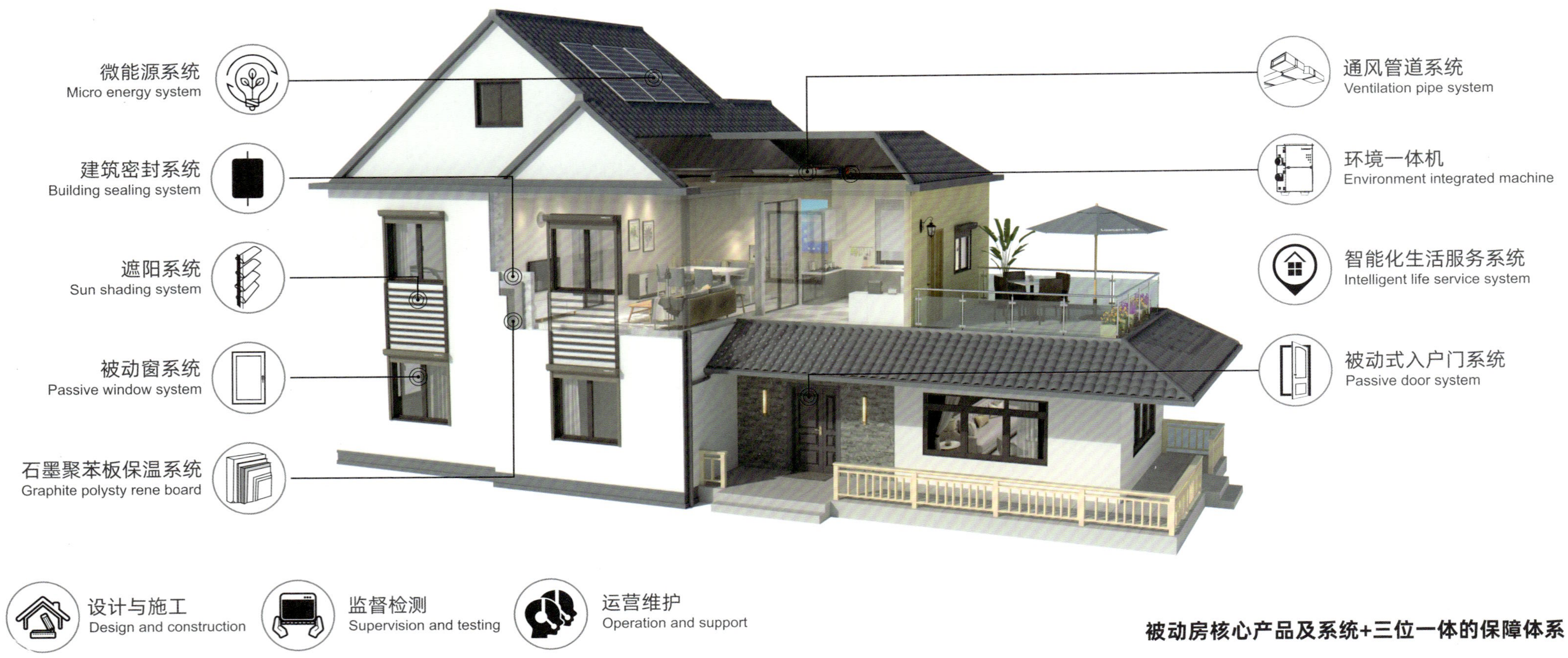

被动房核心产品及系统+三位一体的保障体系